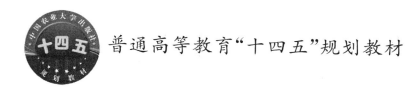

普通高等教育"十四五"规划教材

动 物 药 剂 学

汤法银　郭永刚　主编

中国农业大学出版社

·北京·

内 容 提 要

动物药剂学是研究动物用药物制剂的基本理论、处方设计、制备工艺、质量控制和合理使用等内容的综合性应用技术科学,其研究领域与兽药生产及应用最接近,在兽医临床和兽药生产实践中占据着极其重要的地位,对兽药产业、畜牧业及其相关科学的发展具有较大的推动作用。全书分两个部分,第一部分为理论教学,共十一章;第二部分为实验指导。理论教学第一章至第三章为总论,第一章主要介绍动物药剂学的一些基本概念、基本任务和发展历史等;第二章和第三章主要介绍动物药剂学具有共性的基本理论和基本技术;第四章至第八章主要讲述药剂学各类剂型的概念、特性、质量要求、合理应用,处方及其制备工艺、生产操作及设备等;第九章至第十一章介绍现代动物药剂学研究的新剂型、制剂新技术和兽药新制剂的研发与注册的相关内容。实验部分包括 16 个基本技能实验和 2 个综合性实验。

本书根据动物药剂学专业知识和专家经验编写而成,可作为我国高等农业院校动物药学、动物医学、制药工程等专业应用型本科教育教学的基本教材,也可作为动物药物生产企业中从事药品生产、技术开发等人员的参考用书。

图书在版编目(CIP)数据

动物药剂学 / 汤法银,郭永刚主编. -- 北京:中国农业大学出版社,2024.6
ISBN 978-7-5655-3215-3

Ⅰ.①动… Ⅱ.①汤… ②郭… Ⅲ.①兽医学—制剂学 Ⅳ.①S859.5

中国国家版本馆 CIP 数据核字(2024)第 095656 号

书　　名	动物药剂学		
作　　者	汤法银　郭永刚　主编		
策划编辑	刘　聪　潘博闻	责任编辑	潘博闻　刘　聪
封面设计	北京麦莫瑞文化传播有限公司		
出版发行	中国农业大学出版社		
社　　址	北京市海淀区圆明园西路 2 号	邮政编码	100193
电　　话	发行部 010-62733489,1190	读者服务部	010-62732336
	编辑部 010-62732617,2618	出　版　部	010-62733440
网　　址	http://www.caupress.cn	E-mail	cbsszs@cau.edu.cn
经　　销	新华书店		
印　　刷	河北朗祥印刷有限公司		
版　　次	2024 年 6 月第 1 版　　2024 年 6 月第 1 次印刷		
规　　格	185 mm×260 mm　　16 开本　　26.5 印张　　661 千字		
定　　价	68.00 元		

图书如有质量问题本社发行部负责调换

编写人员

主　　编：汤法银　　郭永刚

副主编：李艳玲　　李宇伟　　匡秀华

编　　者：樊克锋　　河南牧业经济学院

　　　　　郭永刚　　河南牧业经济学院

　　　　　匡秀华　　河南牧业经济学院

　　　　　李红娇　　郑州福源动物药业有限公司

　　　　　李宇伟　　河南牧业经济学院

　　　　　李艳玲　　河南牧业经济学院

　　　　　刘桂兰　　天津瑞普生物技术股份有限公司

　　　　　刘占通　　河南省饲料兽药监察所

　　　　　汤法银　　河南牧业经济学院

　　　　　王坤丽　　河南牧业经济学院

　　　　　王　珊　　河南科技学院

　　　　　吴宝庆　　广东海大集团股份有限公司

　　　　　徐光科　　信阳农林学院

　　　　　周德刚　　国家兽用药品工程技术研究中心

主　　审：邓旭明　　吉林大学

　　　　　胡功政　　河南农业大学

前　　言

目前,我国应用型本科教育正处在蓬勃发展之中,但相关的专业课程类教材亟待建设和完善。我们以党的二十大提出的"深入实施科教兴国战略、人才强国战略"和"加强教材建设和管理"为精神指引,根据教育部相关文件指导,按照高等教育人才培养目标及《动物药剂学教学大纲》的基本要求,为了更好地实现技术应用型人才的培养目标和要求,提高技术应用型教育教学效果以及人才培养质量,组织人员编写了《动物药剂学》教材。

动物药剂学是动物药学、制药工程、动物医学和动物药品生产类专业的主干课程之一,涉及动物药品研究、开发、生产、使用、质量控制、市场流通、监督和管理等方面的有关人员都必须具备一定的动物药剂学知识。在编写本教材过程中,我们坚持拓宽口径、夯实基础、加强能力培养和素质教育的方针,并结合专业教材的适用性和全面性原则,贯彻"OBE(成果导向教学)"理念,以动物药品生产和应用实际需求为目标。本教材包括理论教学和实验指导两部分,内容编写以动物药剂学应用与发展为主线,结合学生认知规律,并体现以下特点:

1. 兼顾系统性和模块化

本教材以动物药剂学应用与发展为主线,理论部分分基础知识、基础理论、各类制剂和新知识新制剂,有完整的学科体系。各类制剂按照模块化原则,强调实用性和能力化,促进知识和技能的灵活应用。

2. 突出强技能和重应用

贯彻"OBE"理念,突出实践能力培养和实用性。在理论部分强化了各类制剂组方、工艺和质量部分介绍,在实践部分对每类剂型都设计了单项技能实验,并在此基础上安排了综合性、设计性与创新性三性实验项目,强化职业能力和创新能力培养,构建了层次递进、产教融合、特色鲜明的实践教学体系。

3. 体现高阶性和创新性

两性一度是国家一流金课标准,在教学内容和工艺案例选取上以当前主流动物药品制剂生产和《中国兽药典》(2020 年版)等药品标准产品为主,并紧跟社会、行业发展需要,将分子生物和"数智"技术等学科引入其中,进行讲解和实验训练,反应前沿性和时代性。

4. 注重引导性和实效性

教材为课程目标和专业培养目标达成服务,本教材以学生为中心,结合学生认知规律,注重理论知识与实践应用结合,设置"学习要求""案例导入""知识拓展"和"思考题"等,注重基础课、专业基础课和专业课内容的取舍、衔接和渗透,注重对学生学习的有效引导和学习效果的适时考核。

本教材的编者主要为应用型本科高校多年从事动物医学、动物药学教学和科研工作的教师,还有来自于省兽药监察所、国家动物药品工程中心和动保企业专家,保证了教材的科学性、先进性和实用性。参加本书编写的人员分工如下:汤法银、刘占通负责第一章和第三章;匡秀华、王珊负责第二章、第六章;李宇伟、吴宝庆、王坤丽负责第四章和附录的实验部分;李艳玲、樊克锋负责第五章和第八章;郭永刚、刘桂兰、徐光科负责第七章、第九章和第十章;周德刚、李红娇负责第十一章。本教材的编写得到了兄弟院校教师的大力支持,特别感谢吉林大学邓旭明教授和河南农业大学胡功政教授在本书编写过程中的精心指导和审阅。书中部分图表是根据参考文献引用、绘制或修改的,在此对原书作者致以衷心的感谢!

本教材适用于动物药学类院校各本科专业的教学,也可作为从事药物制剂开发与研制的科技人员的参考书。如果本教材的体系经实践检验,能为动物药剂学教学内容与课程体系的改革起到抛砖引玉的作用,为 21 世纪动物药学人才的培养做出贡献,编者会倍感欣慰。动物药剂学涉及的基础知识及技术领域非常广泛,专业性与实用性很强,限于编者的水平和时间,书中错误之处在所难免,希望读者提出宝贵意见和建议。

编 者

2024 年 4 月

目　　录

第一章 绪 论

学习要求

1. 掌握动物药剂学、兽药、中兽药、制剂、剂型、辅料、新兽药等基本概念;掌握剂型分类及常见辅料分类。

2. 熟悉课程性质地位、研究内容和基本任务;药物传递系统、常见辅料及应用。

3. 了解药剂学和动物药剂学概况与发展;药剂学的分支学科。

4. 具备"知农爱农兴农强农"职业使命感,培养科学严谨的工作作风和崇高的职业道德。

案例导入

兽药原粉为什么不能直接使用?

案例

个别基层养殖者认为:使用兽药原粉,操作简单,方便省事,最重要的是投药量小,价格相对便宜,可以有效降低药费。兽药原粉可以直接用于养殖生产吗?为什么?

讨论

不可以,《兽药管理条例》第四十一条明确规定:禁止将原料药直接添加到饲料及动物饮用水中或者直接饲喂动物。因此养殖生产中直接使用兽药原粉是违法行为;同时有很多害处,原粉不会标注畜禽的使用量,更不知其在畜禽体内的药代动力学参数,原料药物必须制成具有一定性状和功能的某种形式即剂型,才能发挥出最好的药效。

第一节 动物药剂学概述

一、概念

动物药剂学也称兽医药剂学或兽药制剂学,是研究动物专用药物制剂的基本理论、处方设计、制备工艺、质量控制和合理使用等内容的综合性应用技术科学。它是以动物用药物剂型和制剂为研究对象,研究一切与药物原料加工成制剂成品有关内容的科学。其特点是密切结合畜牧业生产和兽医临床用药实践,将药物设计制备成安全、有效、质量可控、使用方便的临床给药形式。

兽用原料药如天然药材、化学原料、抗生素、生化物质、血清疫苗等不能直接应用于动物机体，必须制成具有一定性状、规格和应用形式的制剂，如粉散剂、颗粒剂、注射剂、溶液剂等来应用。兽用制剂的基本要素为安全性、有效性、稳定性以及制剂质量的可控性。

二、地位和作用

动物药剂学是一门综合性应用技术学科，是动物药学、动物医学等专业的一门主要专业课程，同时也是与兽药实际应用最接近的研究领域，在兽医临床和兽药生产实践中占据着极其重要的地位，对兽药产业、畜牧业及其相关科学的发展具有较大的推动作用。

动物药剂学既涉及兽药生产，具有原料药物加工科学的属性，又涉及兽药应用，必须保证加工生产出来的药物制剂具有良好的理化质量和生理、药理活性。动物药剂学不仅与无机化学、有机化学、物理化学、高分子材料学、机械原理、高等数学、药物分析等密切相关，而且还与动物生理生化、兽医药理学、兽医毒理学以及基础兽医学、预防兽医学、临床兽医学等生命科学密切相关。如物理化学的基本原理可用于指导药剂学中有关剂型性质的研究，主要揭示药物与剂型的共性和各种物理、化学的变化规律与机制，以此来指导药物制剂实践。又如兽医药理学和动物生理学理论和实际操作技术对制剂或新制剂的临床前药效及毒性评价提供指导，是新兽药评价的核心内容之一。预防兽医学、临床兽医学对于兽药制剂的临床研究和评价、剂量的临床监控等具有重要的实用价值。动物药剂学以上述学科的理论为基础，结合具体药物的理化性质、体内动力学特点、作用及作用机理、临床用途等，采用工业药剂学的方法和手段，将药物制成符合兽医临床需要的药物制剂，并实现规模化生产。动物药剂学与多个学科相互影响和渗透，促进了制剂和剂型的迅速发展。

动物药剂学既为兽药剂型服务，又对兽药剂型发展具有指导作用。剂型是一切药物用于动物机体前的最终形式，必须保证具体制剂符合各项规定要求。在兽药新剂型开发、处方设计、制备工艺选择、制剂的稳定性研究和质量控制等领域，必须具备坚实的药剂学理论知识和实践技能才能完成；在兽药生产领域如新产品的试制、中试放大等过程，更需要药剂学理论作为指导。制剂生产中出现的各种困难和问题，需要有丰富的药剂学理论知识和生产实践经验的药学技术人才去解决。在兽药的合理使用、认识和介绍药品特点（如缓控释制剂的作用特点）等兽药的使用领域和销售环节，也都涉及很多药剂学知识，都离不开药剂学理论知识的指导。制剂工艺、药用辅料、制剂设备是制备优质制剂不可缺少的三大支柱，无论是化药、中兽药还是生物技术药物，在制备各种剂型时必须应用到这三大支柱，必须用心学习和掌握。

知识拓展

兽药管理条例

《兽药管理条例》是为了加强兽药管理，保证兽药质量，防治动物疾病，促进养殖业的发展，维护人体健康而制定的行政法规。

《兽药管理条例》经 2004 年 3 月 24 日国务院第 45 次常务会议通过，自 2004 年 11 月 1 日起施行。分别于 2014 年 7 月 29 日、2016 年 2 月 6 日和 2020 年 3 月 27 日进行三次修订。条例全文分九章七十五条。

三、研究内容与基本任务

动物药剂学的基本任务是将药物制成适于兽医临床应用的剂型,并能批量生产具有有效性、安全性、稳定性、均一性的兽用药品,以满足医疗卫生的需要。其根本任务是研究提高兽药制剂的生产水平和在临床治疗中的应用水平,以满足兽医临床和畜牧业生产的需要。

(一)药剂学基本理论的研究

药剂学的基本理论系指药物制剂的配制理论,即处方设计、制备工艺、质量控制、合理应用等方面的基本理论。如增溶、助溶以及片剂成型理论对液体、固体药剂的制备;缓控释、透皮等理论对缓控释制剂、透皮给药制剂等新型药物传递系统的研究、开发等。还有粉体性质对固体物料的处理过程和制剂质量的影响;流变学性质对乳剂、混悬剂、软膏剂等质量的影响;表面活性剂在药剂学中的重要作用等,对开发兽药剂型、新技术、新产品,提高产品质量有着重要的指导意义。

(二)生产技术的创新

药剂学研究的核心内容是药物的处方及其制备工艺设计,以及高效率生产技术的推广,这对全面改进药物制剂生产和提高产品质量具有一定的指导意义。如微粉技术、固体分散技术、微囊技术、环糊精包合技术等对促进和控制药物释放和吸收;干法制粒技术,粉末直接压片技术等对湿、热不稳定药物制剂的制备;流化床干燥、制粒、包衣技术,微波干燥、灭菌等技术在药物制剂生产上的应用等,均有效地提高了药物制剂的生产效率。

(三)新剂型和新制剂的研究与开发

制剂是药物发挥药效的最后阶段。要提高药物的疗效、降低药物的毒副作用和减少药源性疾病,对药物制剂不断提出了更高的要求,药物的新剂型和新技术也正发挥越来越大的作用。随着科学技术的飞速发展,各学科之间相互渗透,相互促进,新辅料、新设备、新工艺的不断涌现和药物载体的修饰、单克隆抗体的应用等,大大促进了药物新剂型与新技术的发展和完善。20 世纪 90 年代以来,药物新剂型与新技术已进入了一个新的阶段。可以认为,这一阶段的特点是理论发展和工艺研究已趋于成熟,药物新型的给药系统在临床较广泛的应用即将或已经开始。对新剂型的研究也同时包括复方制剂的开发,复方制剂以其增强疗效,降低毒性,减少不良反应和降低耐药性产生等方面的组合优势而走俏市场,在畜禽和宠物疾病的防治上发挥越来越大的作用。

目前,我国动物药剂学的研究水平与发达国家相比还有一定差距,剂型种类和制剂品种较少,且能够出口的制剂更不多。因此,积极开发新剂型和新制剂是当前动物药剂学研究的一个主要任务,其根本目的是最大限度地降低毒副作用,提高药物临床疗效,增加稳定性。根据我国国情,新兽药的研发应立足畜禽等食品动物,加强水产养殖类、宠物和特种经济动物群体的用药开发。针对不同动物种类疾病治疗的需要,科学地、配套性地开发针对性强、使用方便的新剂型和新制剂,如牛羊用驱虫浇泼剂、微乳剂、大丸剂;奶牛用乳房注入剂、乳头擦剂、腔道栓剂;仔猪用凝胶剂(舔剂)、滴剂;鸽子用微丸剂;水产用微囊剂、泡腾、膨化剂;宠物用洗涤剂;呼吸道病治疗用气雾剂等。

(四)药用新辅料的应用研究

辅料有天然的、合成的和半合成的,无论来源如何,必须是药用辅料。制剂处方中除药物外,大量借助于应用各种辅料,以满足成型性、稳定性及生物药剂学指标(如缓释、控释或提高生物利用度等)的需要,因此药用辅料的开发和应用,在剂型设计,特别是新剂型设计中起十分能动和关键的作用。如乙基纤维素、丙烯酸树脂系列等 pH 非依赖性高分子的出现,发展了缓控释制剂,聚乳酸、聚乳酸聚乙醇酸共聚物等体内可降解辅料,促进了长时间缓释微球注射剂的发展,微晶纤维素、可压性淀粉、低取代羟丙基纤维素等辅料的开发使粉末直接压片技术实现了工业化。目前,药用辅料正向安全性、功能性、适应性、高效性等方向发展,并在实践中不断得到广泛应用。药用辅料的应用研究对兽药制剂整体水平的提高具有重要意义。

(五)中兽药新剂型的研究与开发

在继承和发扬中兽药理论和传统剂型(丸、散、膏、汤等)的同时,应用先进的现代化科学技术、方法、手段,并遵循严格的规范标准,研制出安全、稳定、高效、质量可控、使用方便并具有现代剂型的新一代中兽药、中西兽药复方制剂。中兽药制剂的研究和创新不仅仅是吸取西药制剂的长处,将中兽药制备成现代化的剂型,更应从中兽医药的理论体系和作用特点出发,研制适合各类畜禽特点和群防群治等临床需求的中兽药的制剂(如微粉技术等),以提高适用性和疗效。

(六)生物技术药物制剂的研究与开发

21 世纪生物技术的发展为新药的研制开创了一条崭新的道路。如基因、核糖核酸、酶、蛋白质、多肽、多糖等生物技术药物普遍具有活性强、剂量小、能治疗各种疑难病症的优点,但同时具有分子质量大、稳定性差、吸收性差、半衰期短等问题。寻找和发现适合于这类药物的长效、安全、稳定、使用方便的新剂型是摆在药剂工作者面前的艰巨任务。

(七)新机械和新设备的应用研究

制剂生产正在向封闭式、高效型、多功能、连续化、自动化及程控化的方向发展。例如,固体制剂生产使用一步制粒机,最新开发出的搅拌流化制粒机、挤出滚圆制粒机、离心制粒机等,使制粒物更加致密、球形化等得到广泛应用;高效全自动压片机的问世,使片剂的质量和产量大大提高等。在注射剂的生产方面,入墙层流式注射灌装生产线、高效喷淋式加热灭菌器、粉针灌封机与无菌室组合整体净化层流装置等减少了人员走动和污染机会。研究应用适合我国兽药制剂实际情况的新型机械和设备,对提高生产效率,降低生产成本,提高制剂质量,具有重要意义。

四、动物药剂学的常用术语

(一)兽药

兽药也称兽用药品或动物药品,是指用于预防、治疗、诊断动物疾病,或者有目的地调节动物生理机能的物质,包括血清制品、疫苗、诊断制品、微生态制剂、中兽药、化学药品、抗生素、生化药品、放射性药品及外用杀虫剂、消毒剂等。兽药的使用对象为家畜、家禽、宠物、野生动物、水生动物、蜂、蚕等。

(二)新兽药

新兽药是指未曾在中国境内上市销售的药品(化学药品的原料及制剂,中药、天然药物的原药、有效部位及制剂)。已上市销售的化学药品改变药物的酸根或碱基、改变药物的成盐成酯,或人用药物转为兽药,以及已上市销售的中兽药改变剂型、改变工艺的制剂,按新兽药管理。

(三)中兽药

中兽药也称传统兽药,是指以天然植物、动物和矿物为原料炮制加工而成的饮片及其制剂,是在传统中兽医药学理论指导下用于动物疾病防治与提高生产性能的药物。中兽药包含中药材、中药饮片、中成药等。

(四)剂型

任何原料药物,都不能直接用于临床,必须制成具有一定形状和性质、适合于临床使用的不同给药形式,称作药物剂型,简称剂型。剂型属于集合名词,一般是指药物制剂的类别,如颗粒剂、片剂、乳剂、注射剂等。不同的药物可以制成同一剂型,如赛地卡霉素预混剂、硫酸安普霉素预混剂等;同一种药物也可制成多种剂型,如恩诺沙星可溶性粉、恩诺沙星溶液、恩诺沙星注射液等。

(五)制剂

将原料药物按某种剂型制成具有一定规格的药剂,即各种剂型中的任何一个具体药品称为药物制剂,简称制剂。如阿莫西林可溶性粉、阿维菌素片等。研究制剂的理论和制备工艺的科学称为制剂学。制剂主要在制药企业生产。

(六)辅料

辅料也称药用辅料,是指在制剂处方设计时,为解决制剂的成型性、有效性、稳定性、安全性加入处方即中除主药以外的一切药用物料的统称。药物制剂处方设计过程实质是依据药物特性与剂型要求,筛选与应用药用辅料的过程。药用辅料是药物制剂的基础材料和重要组成部分,是保证药物制剂生产和发展的物质基础,在制剂剂型和生产中起着关键作用。它不仅赋予药物一定剂型,而且与提高药物的疗效、降低不良反应有很大的关系,其质量可靠性和多样性是保证剂型和制剂先进性的基础。

(七)生物药剂学

生物药剂学是研究药物及其剂型在体内的吸收、分布、代谢与排泄过程,阐明药物的剂型因素、用药对象的生物因素与药效三者之间相互关系的一门学科,是药物动力学与药剂学相结合的产物。生物药剂学主要研究药理上已证明有效的药物,当制成某种剂型并以某种途径给药后在体内的过程,其研究目的是为了正确评价药物制剂质量、设计合理的剂型和制备工艺以及指导临床合理用药,以确保用药的有效性与安全性。

(八)生物利用度

生物利用度是指药物以一定的剂型从给药部位吸收进入全身循环的速度和程度,是评价药物制剂质量的重要指标之一,也是新药研究的一项重要内容。

生物利用度分为绝对生物利用度与相对生物利用度。若用静脉注射剂为参比制剂获得药物活性成分吸收进入体内循环的相对量,因静脉注射的药物100%进入血液循环,所求得的是绝对生物利用度。绝对生物利用度反映给药途径对吸收程度的影响,主要取决于药物的结构特性,如一药物的绝对生物利用度很低,反映该药不宜采用血管外给药。当药物无静脉注射剂型或不宜制成静脉注射剂时,可用吸收较好的制剂为参比制剂(如片剂和内服溶液)获得药物活性成分吸收进入体循环的相对量,所求得的是相对生物利用度。相对生物利用度主要反映某种固定给药途径下,被研究的制剂的剂型、处方和工艺设计所表现的血管外给药的吸收程度,集中体现了受试制剂的体内质量。

(九)生物等效性

生物等效性是指一种药物的不同制剂在相同实验条件下,以相同的摩尔剂量用于动物机体,其吸收速度和程度没有明显差异。即指药物临床疗效、不良反应与毒性的一致性。

生物利用度和生物等效性均是评价制剂质量的重要指标,生物利用度强调反映药物活性成分到达体内循环的相对量和速度,是新药研究过程中选择合适给药途径和确定用药方案(如给药剂量和给药间隔)的重要依据之一。生物等效性则重点在于以预先确定的等效标准和限度进行的比较,是保证含同一药物活性成分的不同制剂体内行为一致性的依据,是判断后研发产品是否可替换已上市药品使用的依据。

五、动物药剂学的发展历史

动物药剂学是药剂学的重要组成部分,是以兽用药物剂型和制剂为研究对象,是药剂学范畴的丰富和发展,动物药剂学的形成与发展和我国传统药学的发展密不可分,也与畜牧业、兽医学的发展密不可分。

(一)药剂学的历史与发展

在20世纪40年代之前,药剂学的主要内容是:阐明原料药物制成剂型的工艺、经验、用法和色味等外观方面的各项要求。绝大多数的制剂质量几乎都是以外观、定性及一些经验方法进行评价,在质量标准中经常是主观性指标多于客观性指标。19世纪以来,伴随着第一次、第二次产业革命,科学和工业技术蓬勃发展,药剂学成为一门独立的学科。由于制药机械的发明,药剂生产的机械化、自动化也在此时期得到迅速发展,从出现了片剂和注射剂以后,到20世纪药剂科技已形成一门系统的科学,特别是20世纪90年代以来,药剂技术更跨入了应用高科技、新理论与新工艺的"药剂传递系统"的时代。生物药剂学的应用,把药物与机体之间相互关系的研究,引入分子与基因的水平。人们不但认识而且能有目的地应用药剂科技来改变或提高药物疗效,并制出了控释制剂、靶向制剂、纳米粒制剂、透皮吸收制剂等新剂型,使药剂技术向控释、缓释、靶向、经皮给药、高生物利用度发展;固体分散体、包合物、薄膜包衣和微囊化等新技术也得到应用;与此同时新的药剂机械设备和技术手段如高速自动控制压片机、注射剂生产联动设备、净化技术以及精密检测仪器等,在提高量化生产的同时也保证了药剂产品的质量,且促进了药物应用向着"高效、速效、长效"和"用量小、毒性小、副作用小"的方向发展。

从古代药剂学、近代药剂学发展到以现代科学理论为指导的现代药剂学,实现了由"量变"到"质变"的跨越,经历了漫长的历史岁月。我国古代医药学起源极早,药物制剂的制造也较早,剂型较多,对世界药学的发展有重大贡献。

早在神农时代的古书即有"神农尝百草,始有医药"的记载。在商代(公元前1766年)即已使用汤剂,为应用最早中药剂型之一。夏商周时期的医书《五十二病方》《甲乙经》《山海经》中已有汤剂、丸剂、散剂、膏剂及酒剂等剂型的记载;在东汉张仲景(公元142—219年)的《伤寒论》和《金匮要略》中记载有栓剂、洗剂、软膏剂、糖浆剂等10余种剂型,并记载了可以用动物胶、炼制的蜂蜜和淀粉糊为黏合剂制成丸剂,比西方各国奉为药剂学鼻祖的格林(Galen,公元

131—201 年)的相关著作还要早千余年。唐代颁布了我国第一部,也是世界上最早的国家药典——唐《新修本草》。后来编制的《太平惠民和剂局方》是我国最早的一部国家制剂规范,比英国最早的局方早 500 多年。明代李时珍(公元 1518—1593 年)总结了 16 世纪以前我国的医药实践的经验,编著了著名的《本草纲目》一书,收载的药物达 1 892 种,剂型近 40 种,附方 11 096则,充分展现了我国古代医药学中丰富的药物剂型。

在 19 世纪初至 20 世纪 50 年代的一百多年间,国外医药技术对我国药剂学的发展产生了一定影响,如引进一些技术并建立一些药厂,将进口的原料药加工生产成注射剂、胶囊剂、片剂等制剂,但规模较小、水平较低、产品质量较差。在 20 世纪 80 年代之前,我国药剂学研究工作几乎处于停滞阶段。进入 20 世纪 80 年代,随着改革开放政策的实施,综合国力的逐渐增强,我国医药事业进入了快速发展时期,近 30 年来,在药用辅料的研究方法方面,先后开发出粉末直接压片用辅料——微晶纤维素、可压性淀粉;黏合剂——聚乙烯吡咯烷酮;崩解剂——羧甲基淀粉钠、羟丙基纤维素等。在生产技术及设备方面,高速旋转压片机的应用使粉末直接压片技术得到了广泛的应用;在制粒技术方面广泛应用流化制粒、高速搅拌制粒、喷雾制粒技术等提高了固体制剂的产量;空气净化技术与《兽药生产质量管理规范》(简称《兽药 GMP》[①])的实施使注射剂的质量大大提高。在新制剂的研究方面,缓控释制剂、经皮给药制剂的新产品上市;脂质体、微球、纳米粒等靶向、定位给药系统的研究也取得很大进展。进入 21 世纪,我国药剂学已从近代药剂学逐渐向现代药剂学发展,其研究内容更加丰富深入,涉及领域更为广泛,新制剂、新剂型层出不穷。药剂学的发展使新剂型在临床应用中向着发挥高效、速效、长效和减少不良反应方向发展。

(二)我国动物药剂学的历史与发展

我国关于兽药及其方剂的记载,可以追溯到公元 2 世纪的药学著作《神农本草经》以及明代李时珍的《本草纲目》等。历代本草书中都含有兽用本草的内容,我国晋代葛洪(公元 281—341 年)著《肘后备急方》,将兽用药剂列为专章进行了论述。唐代的《司牧安骥集》对医治牛马六畜的兽药及其方剂也有着丰富的载述。我国最早的兽医著作是明代的《元亨疗马集》(约公元 1608 年),收载药物 400 多种,方 400 余则,汤、丸、散、膏、酒等剂型在兽医临床上沿用至今。

20 世纪 80 年代至 90 年代中期,伴随着我国经济体制的改革,畜牧业经历了一个高速发展的时期,也同时带动了兽药行业的全面发展,兽药的研究和生产取得了长足的进步。我国推行实施《兽药 GMP》至今已 20 多年,到目前全国已有 2 000 多家兽药企业通过了农业农村部《兽药 GMP》认证,成为 GMP 合格企业。这标志着我国兽药生产水平总体上了一个台阶。自1987 年《兽药管理条例》颁布实施至今,批准了 300 多种兽用化学药品和新生物制品,市场上相继开发出较新的剂型,如阿维菌素浇泼剂、伊维菌素控释丸、盐酸多西环素长效注射液、替米考星缓释微丸、丙硫咪唑和吡喹酮脂质体等。但是和一些发达国家及人用药相比,仍存在很大差距,新上市的药品数量和质量还不能满足目前畜牧养殖业发展的需要,自主开发的新兽药寥寥无几。在制剂方面,国外一种原料药能做成十或十几种制剂,而我国平均一种原料药只能做三种制剂,这对于我们这样一个世界上的畜牧大国来讲很不相配。积极开发新剂型和新制剂是当前动物药剂学研究的一个重要任务。

我国动物药剂学的建立是在 20 世纪 80 年代中期,部分农业院校兽医专业开始开设兽医

---

① GMP 是英文 Good Manufacturing Practice for Drugs 的缩写。

药剂学选修课,90 年代后期一些农业院校增设兽药工艺、药物制剂、动物药学专业,正式开设动物药剂学课程。2008 年,我国正式出版了《兽医药剂学》教材。近年来,一批批药物制剂、动物药学专业本科毕业生陆续走入兽药研发、生产、营销、药检等领域,许多兽医药理方面的硕士、博士生也从事动物药剂学方面的科学研究,兽药新制剂的研究也取得了许多成果;同时兽医基础药理学、兽医药物代谢动力学、兽医生物药剂学及临床药学研究的发展,促进了兽药新制剂与新剂型的研发与应用,为保障兽医临床用药和畜牧业发展起到了重要的作用。

六、药剂学的分支学科

(一)基础药剂学

1. 物理药剂学(理论药剂学)

系以物理化学原理为主导,揭示药物与制剂的共性,用各种化学以及物理的变化规律与机理来指导药剂实践的一门药剂学科。内容包括固相性质、结构、物态、药物分子的物理性质、不均匀分散系、溶液、离子平衡、溶解度和有关现象、络合化学动力学、微粉学、流变学、热力学、药物分解因素以及胶体界面现象。

2. 生物药剂学

系研究药物、剂型和生理因素与药效间关系的科学。即研究药物在制剂中施于体内的量变规律及其影响,以及影响这些规律的因素,进而研究药物及其剂型与治疗效应的关系的学科。致力于研究从机体用药到药物排出体外全过程中有关药物量变和质变的所有问题。

3. 药物动力学

系研究药物吸收、分布、代谢与排泄的经时过程,并研究这些过程与药物的药理强度的经时过程式的关系的科学。即研究药物在体内存在的方式与量变规律的学科。具体研究体内为药物的存在位置、数量(或浓度)的变化与时间的关系。

(二)工业药剂学

系研究药物制成稳定制剂的规律和生产设计的一门应用技术学科。

主要内容包括具体药物制剂大量生产的质量保证、稳定性,疗效的提高和生产技术的改进。目的是为了使药物通过剂型的大量生产,向病员提供理想疗效,副作用和毒性小、无危害性、成本低廉和服用方便的药剂。

第二节　药物剂型与药物传递系统

一、剂型的重要性

原料药物必须制成具有一定性状和功能的一种形式即剂型,剂型是药物的传递物,将药物输送到体内发挥疗效。药物与剂型之间有着辩证的关系,药物本身的疗效固然是主要的,而剂型对疗效的发挥在一定条件下也起着积极作用。

(一)剂型的重要性

剂型是药物适合临床应用的形式,对药物药效的发挥极为重要。剂型的重要性主要包括以下方面。

1. 剂型可以改变药物作用的性质

多数药物改变剂型后治疗作用不变，但有些药物不同剂型能改变治疗作用，如硫酸镁制成内服剂型作为泻药、利胆药，但制成注射液静注则为抗惊厥药，能抑制大脑中枢神经，有镇静、解痉作用。

2. 剂型能调节药物作用速率

药物在不同剂型中作用速度不同。按疾病治疗需要可选用不同作用速度的制剂。我国古代医家已经有"丸者缓也，散者散也，汤者荡也"的认识总结。因此可根据临床需要制成不同的剂型，如对急症患畜，为使药效迅速，宜采用注射剂、吸入气雾剂等速效制剂；对于需要药物持久、延缓的则可用丸剂、植入剂、缓释及控释等长效制剂。

3. 改变剂型可降低或消除药物的毒副作用

如水合氯醛内服有刺激性，易造成消化道的损伤，可制成注射剂后用于静脉注射避免毒副作用；硫酸新霉素吸收后有严重的肾毒性，制成可溶性粉可避免出现这种毒副作用。

4. 某些剂型有定位靶向作用

如脂质体制剂是一种具有微粒结构的制剂，在体内能被单核—巨噬细胞系统的巨噬细胞所吞噬，使药物在肝、肺等器官分布较多，能发挥药物剂型的靶向作用。肠溶制剂在胃中不溶，而在肠中定位释药。

5. 剂型可改变药物的稳定性

某些药物制成固体剂型改变稳定性。如青霉素的钾盐和钠盐在水溶液中不稳定，耐热力也降低，在室温放置易失效，故不能制成溶液型注射剂，但制成注射用无菌粉末，其性质较稳定，在室温中可保持数年而不失去抗菌效能。

6. 剂型影响药物的生物利用度

剂型可直接影响药物的吸收，不同的剂型显然有明显差异，在同一剂型特别是固体剂型中，药物的分散形式和药物晶型都可直接影响药物的释放，进而影响药物溶出、吸收速度和程度即生物利用度。如中药普通散剂和超微粉散剂，因超微粉散剂中80％中药材已达到细胞破壁水平，其有效成分可直接溶出和被吸收利用，而普通散剂有效成分要通过植物细胞壁方可被吸收利用，因此两者生物利用度差异较显著。

(二)剂型与给药途径

剂型的选择主要与给药途径密切相关，动物用药主要有以下10余种给药途径：内服；腔道（如直肠、子宫、阴道、乳管、耳道、鼻腔）；呼吸道（如气管、肺部）；血管组织（如皮内、皮下、肌肉、静脉）等；其他（如皮肤、眼等）。上述给药途径除注射和皮肤给药外，均通过黏膜吸收药物。例如，注射给药必须选择液体制剂，包括溶液剂、乳剂、混悬剂等；皮肤给药多用软膏剂、液体制剂；内服给药可选择多种剂型，如片剂、颗粒剂、胶囊剂、溶液剂、乳剂、混悬剂等；直肠给药宜选择栓剂；眼结膜给药以液体、半固体剂型最为方便。剂型影响到用药的方式和用药量，如通过内服的同一个药物，在饮水中的用量是在饲料中的一半。因此药物剂型必须与给药途径相适应。

目前为适应畜牧业集约化养殖、群防群治和避免捉拿刺激等的实际临床需要，兽药制剂以适应群体给药的剂型为主要研究方向，群体给药方法有混饮给药、混饲给药和气雾给药。

①混饮给药：将药物制剂溶解到饮水中，让畜禽通过饮水摄入药物，适用于传染病、寄生虫病的预防及畜禽群发疾病的治疗，特别适用于食欲明显降低而能饮水的病畜禽，可分为自由混

饮法、口渴集中混饮法两种,其主要剂型为可溶性粉、中兽药超微粉、颗粒剂、泡腾剂、口服液等。混饮给药制剂应选择易溶于水且不易被破坏的药物,某些不溶于水或者在水中溶解度很小的药物则需采取加热、加助溶剂或制成乳剂等办法以实现水溶混饮。

②混饲给药:将药物均匀混入饲料中,让动物采食时同时摄入药物。该法简便易行,既适合于细菌性传染病、寄生虫病等预防用药,也适合与尚有食欲的畜禽群治疗用药。但对于病重动物,食欲明显降低甚至废绝时不宜使用。适合于混饲给药剂型较多,有粉散剂、预混剂、颗粒剂、丸剂等。

③气雾给药:使用相应器械,使药物气雾化,分散成一定直径的微粒弥散到空间中,让动物通过呼吸道吸入体内,或者用于动物体表(皮肤、黏膜)的一种给药方法。体外气雾给药也适用于畜舍、禽舍周围环境及用具消毒。

药物剂型的选择主要以给药途径为依据,除了要满足治疗、预防的需要和药物性质的要求外,同时需对药物制剂的稳定性、生物利用度、用量、质量控制及生产、贮存、运输、使用方法等方面加以全面考虑,以达到安全、有效、稳定、可控的目的。

二、药物剂型分类

药物剂型繁多,常用的分类方法如下。

(一)按形态(物态)分类

即按物理外观来进行剂型分类,具有直观、明确的优点。形态相同的剂型,其制备工艺有类似之处。例如,制备液体剂型时多采用溶解、分散等方法;制备固体剂型多采用粉碎、混合等方法;半固体剂型多采用融化、研和等方法。形态不同的剂型,药物发挥作用的速度不同,如气体剂型(如气雾剂)发挥作用最快,固体制剂较慢。这种分类方法对药物的设计、生产、检查、保存与应用都很有利。

(二)按给药途径分类

将给药途径相同的剂型列为一类,这种分类法与临床使用结合密切,且能反映给药途径与应用方法对剂型制备的特殊要求。但一种剂型可有多种给药途径。例如,溶液剂可以在内服、注射、皮肤、黏膜等多种给药途径出现,尚不能反映剂型内在的特性。

1. 经胃肠道给药剂型

指药物制剂经内服后进入胃肠道,起局部或经吸收后发挥全身作用的剂型。如溶液剂、乳剂、混悬剂、散剂、颗粒剂、胶囊剂、片剂等。

2. 非胃肠道给药剂型

指除内服给药以外的所有其他剂型,包括以下几种。

①注射给药:如注射剂,包括静脉注射、肌内注射、皮下注射、穴位注射及腔内注射等。

②皮肤给药:如外用溶液剂(涂剂、浇泼剂、滴剂、乳头浸剂、浸洗剂等)、搽剂、软膏剂、乳膏剂、糊剂、酊剂、凝胶剂、硬膏剂、局部用粉剂等。给药后可在机体局部起保护或治疗作用,或经皮肤吸收发挥全身作用。

③黏膜给药:如滴眼剂、滴鼻剂、眼膏剂、局部用粉剂、粘贴片及贴膜剂等,黏膜给药可起局部作用,也可经黏膜吸收发挥全身作用。

④呼吸道给药:如喷雾剂、气雾剂、粉雾剂等。

⑤乳房、子宫注入给药:如无菌的溶液剂、乳状液、混悬液、乳膏剂、无菌粉等,通过乳头管

注入乳池,用于预防、治疗泌乳期、泌乳后期和干乳期动物的乳腺炎,或注入子宫治疗子宫内膜炎等子宫疾病。

⑥腔道给药:如栓剂、气雾剂、泡腾剂、滴剂及滴丸剂等。用于直肠、阴道、鼻腔、耳道等。腔道给药可起局部作用或吸收后发挥全身作用。

(三)按分散系统分类

一种或几种物质的粒子,分散在另一种物质中所形成的体系称为分散系统。被分散的物质称为分散相;容纳分散相的物质称为分散介质,在液体药剂中,也称为分散剂或分散媒。按分散系统分类是根据各种剂型内在的结构特性,把所有剂型都看作是各种不同的分散系统加以分类,这种分类法便于应用物理化学原理阐明制剂特征,但不能反映用药部位与用药方法对剂型的要求,其至一种具体剂型由于所用介质和制法不同,可分为几种分散体系,如注射剂就有溶液型、混悬型、乳剂型及粉针剂等类型。按此分类,无法保持剂型的完整性。其分类方法如下。

1. 溶液型

也称低分子溶液。由药物均匀分散于分散介质中形成的均匀分散体系,药物以分子或离子状态存在。如溶液剂、糖浆剂、甘油剂、醑剂、溶液型注射剂等。

2. 胶体溶液型

也称高分子溶液。药物主要以高分子分散在分散介质中形成的均匀分散体系。如胶浆剂、涂膜剂等。

3. 乳剂型

指液体分散相和液体分散剂经乳化剂乳化后所组成的非均匀分散体系。如内服乳剂、静脉注射乳剂、部分搽剂。

4. 混悬型

主要指难溶性固体药物以微粒状态分散在液体分散介质中所形成的非均匀分散体系。如混悬剂、洗剂、合剂等。

5. 气体分散型

主要指液体或固体药物以微粒状态分散在气体分散介质中所形成的分散体系。如气雾剂。

6. 固体分散型

主要指固体药物以聚集状态存在的分散体系。如片剂、散剂、丸剂、颗粒剂、胶囊剂等。

7. 微粒分散型

药物以不同大小微粒呈液体或固体状态分散。如微囊制剂、微球制剂、纳米囊制剂等。

(四)按制备方法分类

将用同样方法制备的剂型列为一类,该分类方法不能包含全部剂型,而且制剂的制备方法随着科学的发展而不断改变,故不常用。

1. 浸出制剂

指用浸出方法制成的剂型。如酊剂、流浸膏剂、浸膏剂等。

2. 无菌制剂

指用灭菌方法或无菌技术制成的制剂。如注射剂、乳房注入剂、子宫注入剂、眼用制剂等。

(五)按一次用药适合于防治的动物数量多少分类

本分类法的优点是反映了动物用药的特点,缺点是与药物的物态关系不十分密切。

1. 群体用药制剂

一次用药可防治动物群体疾病的制剂。如粉（散）剂、预混剂、颗粒剂等。

2. 个体用药制剂

一次用药可防治动物个体疾病的制剂。如注射剂、片剂、胶囊剂、滴眼剂、滴鼻剂、眼膏剂、局部用粉剂等。

3. 既可群体用药又可个体用药制剂

如内服液体制剂等。

(六)按使用对象分类

1. 多种动物通用制剂

适合于畜禽等食品动物、经济动物及观赏动物等的制剂。如注射剂、片剂、胶囊剂、溶液剂。

2. 少数动物用特殊制剂

如马牛特有的大丸剂、宠物特有的项圈等。

(七)按作用特点分类

按作用特点可分为长效制剂、缓释制剂、控释制剂、靶向制剂等。

(八)综合分类法

上述分类方法各有其优缺点，但均不完善，实际中常还采用以剂型为基础的综合分类方法。

1. 给药途径与物态结合分类

如内服溶液剂、内服乳剂、内服混悬剂、阴道药栓、乳房注入剂等。

2. 用药特点与物态结合分类

如群体用药固体制剂、群体用药液体制剂、个体用药固体制剂、个体用药液体制剂等。

三、药物传递系统

药物传递系统(DDS)的概念出现在 20 世纪 70 年代初，80 年代开始成为制剂研究的热门课题。DDS 是指按预期方式和速率释出药物并输送至特定部位的现代药物制剂，其设计理念是把药物在必要的时间、以必要的量、输送到必要的部位，以达到最大的疗效和最小的毒副作用。因此 DDS 作为创新制剂，需要 3 种基本技能：时间的控制即控制药物释放速度、量的控制即改善药物的吸收量和空间的控制即靶向给药技术。

(一)药物的治疗作用与血药浓度的关系

过高的浓度可产生中毒，过低的浓度无治疗效果等，为合理设计剂型提供科学依据，其相应的产物是缓控释制剂，使血药浓度保持平缓，这是 DDS 的初期发展阶段。

(二)靶向给药系统

指用不同微粒作为药物载体或这些微粒载体经过修饰，经由血管注射给药，有目的地将药物传输至某特定组织或部位的系统。当药物达到病灶部位时才能发挥疗效，其他部位的药物不起治疗作用甚至产生毒副作用。使药物浓集于病灶部位，尽量减少其他部位的药物浓度，不仅有效地提高药物的治疗效果，而且可以减少毒副作用。这对癌症、炎症等局部部位疾病的治疗具有重要意义。病灶部位可能是有病的脏器或器官，也可能是细胞或细菌等。以脂质体、微囊、微球、微乳、纳米囊、纳米球等作为药物载体进行靶向性修饰是目前制剂研究 DDS 的热点之一。

（三）自调式释药系统

这是一种依赖于生物体信息反馈,自动调节药物释放量的给药系统。对于胰岛素依赖的糖尿病患者来说,根据血糖浓度的变化控制胰岛素释放的 DDS 的研究备受关注。近代的时辰药理学研究指出有节律性变化的疾病,如血压、激素的分泌、胃酸等,可根据生物节律的变化调整给药系统,如脉冲给药系统、择时给药系统。

（四）缓释和控释给药系统

指能控制药物释放速度、释放部位及释放时间的制剂。

（五）透皮吸收给药系统

指通过皮肤敷贴给药,通过透皮吸收达到维持稳定和长时间有效血药浓度和治疗作用的缓释或控释给药系统。1974 年起全身作用的东莨菪碱透皮给药制剂开始上市,1981 年美国FDA 将硝酸甘油透皮吸收制剂批准作为新药,从此透皮吸收制剂作为透皮药物的传递系统得到了迅速发展。透皮给药具有比较安全、没有肝脏首过作用等特点,但透皮吸收量有限,因此应选择适宜的药物、适宜的透皮吸收促进剂和适宜的制备技术等。

（六）生物技术制剂

随着生物技术的发展,多肽和蛋白质类药物制剂的研究与开发已成为药剂学研究的重要领域,也给药物制剂带来新的挑战。一方面生物技术药物多为多肽和蛋白质类,性质不稳定、极易变质;另一方面药物对酶敏感又不易穿透胃肠黏膜,因此多数药物以注射给药。为使用方便和提高患者的顺应性,药学工作者正致力于其他给药系统的研究,如鼻腔、口服、直肠、口腔、透皮和肺部给药等,虽然上市品种很少,但具有潜在的研究价值和广阔的应用前景。目前基因治疗也受到广泛的关注,如采用纳米粒或纳米囊包裹基因或转基因细胞是生物材料领域中的新动向。如果该研究获得成功,将使基因治疗和药物治疗向简便、实用方向迈进,不仅可用于各种恶性肿瘤的治疗,也为许多基因缺陷性疾病和其他疾病的治疗提供全新的生物疗法。

（七）黏膜给药系统

黏膜存在于人体各腔道内,除局部用药的黏膜制剂外,作为全身吸收药物的途径日益受到重视。特别是口腔、鼻腔和肺部三种途径的给药,对避免药物的首过效应,避免胃肠道对药物的破坏,避免某些药物对胃肠道的刺激具有重要意义。

当前,药物制剂的发展已进入以达到药效最大化、持久化为目的的药物传递系统（DDS）时代,对定向、定时、缓释、控释、靶向制剂、脂质体、微囊、纳米等新剂型的研究是提高我国兽药制剂质量的前提。药物在靶部位选择性集中,且能维持必要的药效时间,之后迅速而完全排泄,尽量不对脏器与组织产生毒副作用,这是 DDS 的理想剂型,也是我们今后应实施的研究课题。

第三节 药用辅料及其应用

根据 2020 年版《中国兽药典》[①]的定义,药用辅料是指生产兽药和调配处方时使用的赋形

---

① 下文出现的《中国兽药典》,若无说明,均为 2020 年版。

剂和附加剂;是除活性成分或前体以外,在安全性方面已进行了合理的评估,并且包含在药物制剂中的物质。药用辅料是在制剂生产中必不可少的重要组成,是可能会影响到药品的质量、安全性和有效性的重要成分,可以说"没有辅料就没有剂型"。

一、药用辅料的作用

药用辅料的用途很多,除了赋形、充当载体、提高稳定性外,还具有增溶、助溶、缓控释等重要功能,但用量和质量要求不同,如用于注射剂时应符合注射用质量要求,用于口服时应符合口服制剂的质量要求。药用辅料的包装上应注明"药用辅料"机器适用范围(给药途径)等信息。概括起来如下:

①作为药物制剂存在的重要组成部分,没有药用辅料就没有药物制剂。

②可改变药物的给药途径和作用方式。如硫酸镁口服为泄泻制剂,注射剂可抗惊厥镇静。

③可影响主药理化性质。如难溶性药物,选用适宜的辅料制成盐、复盐、酯、络合物等前体药物制剂或固体分散体,以提高溶解度,从而使仅能拌料给药的药物变成可饮水给药。具有不良臭味或易挥发或刺激性大的药物,可选用适宜的药物辅料制成包合物、微囊、包衣制剂等,或加入矫味剂等加以掩蔽或消除,如环糊精包合制剂。

④药用辅料可增强主药的作用和疗效,降低毒副作用。链霉素、氯霉素的苯甲酸酯前体药物制剂,增强了抗菌活性,降低了毒副作用,减少了用量。

⑤可影响主药在体内外的释放速度。水溶性注射液、液体制剂、气雾剂、舌下片剂、冲剂等一般速释、速效,片剂、油溶性注射剂、粘贴剂、胶囊剂等一般可达缓释长效的目的,双层制剂则外层速释、内层缓释。

二、药用辅料的分类

根据分类标准的不同,药用辅料产品可以划分为不同的类别,目前,常见的分类标准有按来源分类、按用于制备的剂型分类、按作用用途分类和按给药途径分类四种,详见表1-1。

表 1-1　药用辅料分类

分类标准	产品分类
按来源	天然物、半合成物、全合成物
按用于制备的剂型	制剂稳定性辅料、固体制剂辅料、半固体制剂辅料、液体制剂辅料和其他医药辅料
按作用用途	溶媒、抛射剂、增溶剂、助溶剂、乳化剂、着色剂、黏合剂、崩解剂、填充剂、润滑剂、润湿剂、渗透压调节剂、稳定剂、助流剂、矫味剂、防腐剂、助悬剂、包衣材料、芳香剂、抗黏着剂、抗氧剂、抗氧增效剂、螯合剂、渗透促进剂、pH调节剂、增塑剂、表面活性剂、发泡剂、消泡剂、增稠剂、包合剂、保湿剂、吸收剂、稀释剂、絮凝剂与反絮凝剂、助滤剂等
按给药途径	口服、注射、黏膜、经皮或局部给药、经鼻或口腔吸入给药和眼部给药

三、药用辅料的发展

药用辅料在现代制剂中发挥着越来越大的作用,随着科学技术的发展与社会的进步,新型、优质、多功能的药用辅料不断涌现,从而使药物的新剂型和制剂技术也得到进一步的开发。没有开发优良的辅料就难以有优质的制剂,开发出一种新优良的辅料,可以促进开发一类新剂型、新的系统和一批新的制剂,带动大批制剂产品质量提高,这并不亚于开发出一种新药所具有的社会和经济效益。如在液体制剂中,泊洛沙姆、磷脂的出现为静脉乳的制备提供了更好的选择;在固体制剂中羧甲基淀粉钠、交联聚维酮、交联羧甲基纤维素钠等超级崩解剂的研制,微晶纤维素、预胶化淀粉等优良可压性辅料的出现,不仅提高片剂的质量,而且粉末直接压片工艺得到了新的机遇;在经皮给药制剂中,月桂氮卓酮的问世使药物透皮吸收制剂的研究更加活跃;在注射剂中,聚乳酸、聚乳酸聚乙醇酸等体内可降解辅料的出现,开发了一次性注射给药缓释1~3个月的新型长效注射剂,在以速效为特色的注射剂里增添了以长时间缓释为特征的注射剂新品种。

新型药用辅料对于制剂质量的提高、制剂性能的改造、新剂型的开发、生物利用度的提高具有非常关键的作用。为了适应现代化药物剂型和制剂的发展,药用辅料的更新换代越来越成为药剂工作者关注的热点。

案例讨论

药用辅料在制剂中的应用价值

药用辅料是药物制剂的基础材料和重要的组成部分,在制剂剂型和生产中起着关键作用。它不仅赋予药物一定剂型,并且与提高药物的疗效,降低毒副作用有很大的关系。因此,研究开发、合理应用辅料不仅可提高药物制剂质量和生产技术水平,而且可取得较大的社会及经济效益。

第四节　管理法规与标准

兽药是预防、治疗和诊断动物疾病的重要物资,是保障养殖业健康稳定发展不可或缺的投入品。为加强兽药管理,保证兽药质量,防治动物疾病,促进养殖业的发展,维护人体健康,我国先后颁布了兽药相关管理法规与标准。现行的兽药管理相关政策法规有一百多部,涵盖兽药注册管理、兽药生产管理、兽药经营管理、兽药使用管理等各个方面。此外,与兽药管理的相关法律法规有二十多部。其中,《兽药管理条例》是对中华人民共和国境内从事兽药的研制、生产、经营、进出口、使用和监督管理的基本法律依据,《兽药注册办法》《兽药生产质量管理规范》《兽药经营质量管理规范》《兽药标签和说明书管理办法》《兽用处方药和非处方药管理办法》等是依据《兽药管理条例》制定的用于兽药注册、兽药生产、兽药经营、兽药使用等管理的具体政策法规。本节就兽药管理的主要政策法规作简单介绍。

一、《兽药管理条例》

为加强兽药管理,保证兽药质量,防治动物疾病,促进养殖业的发展,维护人体健康,国务院 1987 年 5 月 21 日发布《兽药管理条例》，于 1988 年 1 月 1 日实施，2001 年 11 月 29 日修订。2004 年 4 月 9 日颁布了新的《兽药管理条例》，自 2004 年 11 月 1 日起实施。2014 年、2016 年和 2020 年进行了修订。《兽药管理条例》对中华人民共和国境内从事兽药的研制、生产、经营、进出口、使用和监督管理等都做出了具体的规定，共九章七十五条。

《兽药管理条例》明确了兽药监督管理的主体，国务院兽医行政管理部门负责全国的兽药监督管理工作，县级以上地方人民政府兽医行政管理部门负责本行政区域内的兽药监督管理工作。

《兽药管理条例》确立了一系列与国际接轨的兽药管理制度。如确立了兽药处方药和非处方药分类管理制定；确立了兽药生产质量管理规范、兽药经营质量管理规范、兽药非临床研究质量管理规范、兽药临床试验质量管理规范等质量管理制度；确立了用药记录管理制度、休药期管理制度；确立了兽药不良反应报告制度；确立了兽用生物制品批签发管理制度；确立了国家兽药储备制度等，形成了对兽药全过程监管的各种制度。

二、《兽药生产质量管理规范》

《兽药 GMP》是兽药生产的优良标准，是在兽药生产全过程中，用科学合理、规范化的条件和方法来保证生产优良兽药的整套科学管理的体系。《兽药 GMP》实施的目标就是对兽药生产的全过程进行质量控制，以保证生产的兽药质量是合格优良的。

（一）《兽药 GMP》发展概况

为推动兽药行业的健康发展，保障畜牧业的持续稳定增长，保证人民身体健康，不断提高兽药产品质量，推进兽药生产管理国际接轨，农业部在 1989 年颁布了《兽药生产质量管理规范（试行）》，决定在兽药生产企业实施 GMP 管理。农业部 1994 年发布了《兽药生产质量管理规范实施细则（试行）》，其中第五条规定"凡在 2005 年 12 月 31 日前未取得《GMP 合格证》的兽药生产企业，将被吊销《兽药生产许可证》，不得再进行兽药生产"。2002 年 3 月 19 日农业部 2002 年第 11 号令颁布了《兽药生产质量管理规范》，自 2002 年 6 月 19 日实施；2020 年 4 月 21 日农业农村部 2020 年第 3 号令发布《兽药生产质量管理规范（2020 年修行）》版，自 2020 年 6 月 1 日施行。

（二）《兽药 GMP》的主要内容

现行《兽药 GMP》为 2020 年版，分为正文和附录两部分，其中正文共十三章二百八十七条。其主要内容为：

第一章　总则　说明制定《兽药 GMP》的法规依据是《兽药管理条例》，同时明确《兽药 GMP》是兽药生产和质量管理的基本准则。

第二章　质量管理　规定企业应建立质量目标，建立质量保证系统并保证有效运行，有完整的质量控制组织机构、文件系统等，并有质量风险管控。

第三章　机构与人员　规定企业应建立生产和质量机构，并规定了企业各级管理人员，特别是关键人员资质、职责及素质，上岗资格及培训要求。

第四章　厂房与设施　规定企业生产环境、厂区布局、生产区、仓储区、质量控制区及辅助区设施的要求。

第五章　设备　规定企业必须具备与所生产产品相适应的生产和检验设备，并规定设备管理和计量检定等方面的要求。

第六章 物料与产品 对生产所需的原辅材料包装的质量与使用,以及原辅材料、中间产品、包装材料与成品的储存等方面的要求,做出明确的规定。

第七章 确认与验证 规定厂房、设施、设备、检验仪器以及生产工艺、操作规程、清洁方法和检验方法等需经确认或验证方可投入生产。

第八章 文件管理 规定企业应有的各类文件及其起草、修订、审查、批准、撤销、印刷及管理的要求,重点对质量标准、工艺规程、批生产与批包装记录、操作规程和记录等进行了细化要求。

第九章 生产管理 规定生产过程、生产操作,特别是污染防控等的控制和要求。

第十章 质量控制与质量保证 规定质量控制实验室管理与运行、物料与放行管理、持续稳定性考察、变更评估与管理、偏差处理、纠正与预防措施、供应商评估和批准、产品质量回顾、投诉与不良反应报告等。

第十一章 产品销售与收回 规定有关销售的各项管理要求,重点是对售出的产品应有可追溯性,并及时回收有缺陷的产品。

第十二章 自检 规定兽药生产企业应制定自检工作程序和自检周期,并定期组织自检。

第十三章 附则 对《兽药 GMP》涉及有关专业术语进行注解。

(三)实施《兽药 GMP》的目的和意义

20 世纪 80 年代初,我国兽药行业处于快速发展时期,企业数量和兽药品种大幅度增长,大多数兽药生产企业普遍存在人员素质差、生产技术落后、生产规模小、生产质量低等问题,这种落后局面已无法适应现代化养殖业持续发展的需要。此外,兽药质量问题和滥用兽药,使动物疾病控制受到影响,许多养殖产品存在药物残留超标,引起出口产品遭退货等事件,不仅造成国家的经济损失,同时严重影响我国的国际声誉。这些问题的发生,激起全社会对兽药产品质量的极大关注。在此形势下,农业部决心大力推行《兽药 GMP》,从根本上解决兽药质量问题。实施《兽药 GMP》对保证兽药质量、规范兽药生产活动起到积极的保障作用,将推动我国兽药行业的健康发展,不断提高兽药产品质量,保障畜牧业的持续稳定增长,保证人民健康,也推进我国兽药出口和国际化进程。

三、《兽药经营质量管理规范》

为加强兽药经营质量管理,保证兽药质量,根据《兽药管理条例》,农业部制定了《兽药经营质量管理规范》。《兽药经营质量管理规范》于 2010 年 1 月 4 日经农业部第 1 次常务会议审议通过,自 2010 年 3 月 1 日起施行。《兽药经营质量管理规范》(简称《兽药 GSP》)就是在兽药流通过程中,针对兽药采购、储存、销售等环节制定的防止质量事故发生、保证兽药符合质量标准的一整套管理标准和规程,其核心是通过严格的管理制度来约束兽药经营企业的行为,对兽药经营全过程进行质量控制,防止质量事故发生,保证向用户提供合格的兽药。《兽药经营质量管理规范》共九章三十七条,主要对兽药经营活动的场所与设施、机构与人员、规章制度、采购与入库、陈列与储存、销售与运输和售后服务等方面做出了明确规定。场所与设施主要规定了兽药经营企业的营业场所、仓库、办公用房的布局和应当具备的条件,同时规定兽药经营企业必须配备保持所经营兽药质量的设备和设施。机构和人员主要规定了兽药经营企业的机构设置和人员条件。规章制度主要规定了兽药经营企业的文件和档案管理,要求企业制定质量管理文件并建立相应记录。采购与入库主要规定兽药经营企业应当建立兽药采购、入库审核检查制度,建立真实完整的采购记录。陈列与储存主要规定兽药经营企业陈列、储存兽药应当具备的条件。销售与运输主要规定兽药经营企业销售、运输兽药应当遵循的原则和应当具备的条件。售后服务主要规定兽药经营企业应当强化售后服务,向购买者提供相应技术咨询,不得误导消费者。此外,还对兽用麻醉药品等特殊药品的管理做了相应的衔接。

四、《兽药标签和说明书管理办法》

为加强兽药管理,规范兽药标签和说明书的内容、印制、使用活动,保障兽药使用的安全有效,根据《兽药管理条例》,农业部制定了《兽药标签和说明书管理办法》。《兽药标签和说明书管理办法》于2002年10月31日农业部令第22号公布,2004年7月1日农业部令第38号、2007年11月8日农业部令第6号修订。《兽药标签和说明书管理办法》对兽药标签的基本要求、兽药说明书的基本要求、兽药标签和说明书的管理等做了具体规定,为中国境内生产、经营、使用的兽药的标签和说明书管理提供了依据。

为保证《兽药标签和说明书管理办法》的贯彻实施,保证兽药标签和说明书编制、审核工作的有序进行,农业部畜牧兽医局就兽药标签和说明书管理中有关事项进行了如下说明:

(1)生物制品"包装"项目如何表述 "包装"项目系指包装规格,包括生物制品在内的注射剂,其"包装"项目应为每盒的支(瓶)数。

(2)药理、不良反应、注意事项、停药期问题 鉴于维生素、微量元素、微生态制剂、纯中药(法定标准中未做出明确规定的)类产品的特殊性,凡由上述药物配制的单方、复方制剂产品,均可执行不标注停药期的政策,其他药物成分的制剂产品及其他兽药产品应严格按照有关规定执行。

(3)有效期标注问题 可以在"有效期"项目上标注有效期×年,并应同时标明生产日期,其生产日期可印制在标签、说明书、包装盒上的任一位置,但应注明"见包装盒或说明书××处"的字样,并易于查找。

(4)中药酊剂含量标注问题 含有毒性药物的中药酊剂每100 mL相当于原药材10 g,其他每100 mL相当于原药材20 g。

(5)中药浸膏和流浸膏含量标注问题 浸膏每1 g相当于原药材2~5 g,流浸膏每1 mL相当于原药材1 g。

(6)中药外文名称问题 名称按农牧发(1998)3号文规定要求,中药制剂产品可只标明拉丁名。

(7)销售最小单元产品标签问题 ≤20 mL小容量注射剂(包括生物制品)可视为最小销售单元,该类产品允许在具备内包装标签的情况下进行销售。

(8)外包装箱标识问题 执行农业部22号令。

(9)药理作用、注意事项表述问题 执行农业部公告第242号。

(10)是否应标识执行标准问题 可不标识,目前无法规依据。

(11)用法用量表述问题 可按法定质量标准或农业部242号公告规定表述。

(12)安瓿、西林瓶上兽药名称标识问题 必须标识兽药通用名,也可同时标识商品名。

(13)注射用复方制剂产品安瓿、西林瓶上有效成分及含量规格标注问题 应标注1~2种主要药物有效成分的通用名称,其含量规格应为产品中各有效成分的累计。

（14）片剂以铝塑包装的，其标签标识问题 可按照内包装标签要求。

（15）兽药化学名称标注问题 凡法定兽药质量标准有化学名称的，其产品说明书必须标注，若法定兽药质量标准暂无化学名称的，可暂不标注。

（16）包装袋、包装盒印制标签和说明书内容的问题包装袋或包装盒的各立体面可以分别印制标签、说明书内容。

（17）是否需标注生产许可证号、标签审批号 不需标注，无法规依据。

（18）是否可标识获奖内容 经兽药管理部门核实并审核后可以标识。

（19）中药功能与主治是否可分开表述 不可，应严格执行农业部令第 22 号及农业部公告第 242 号。

（20）同一产品是否可采用不同的包装形式 可以，但其标签、说明书内容及样式须一致。

（21）渔用、蚕用、蜂用药物的兽用标识问题 按条例规定，一律标识"兽用"。

（22）外包装箱是否属于审查范围 不属于，但应执行农业部令第 22 号及农业部公告第 242 号的应印有或贴有外包装标签内容的规定。

（23）标签及包装盒上是否可印制代表企业形象的文字及图案或文字与图案的混合体 允许，但应经兽药管理部门的审核。

（24）是否可用防伪标记及防伪警示性文字问题 可以，但在标签或包装盒上占用的位置、面积不得影响标签和说明书的规定内容，其字体不得大于"作用用途""用法用量"等内容的文字。

（25）能否标识"应放置儿童拿不到的地方"等内容 可以，可归并于注意事项的范畴。

（26）兽药通用名称印制问题 执行农业部令第 22 号及农业部公告第 242 号，印制文字不得采用大小不同、字体不同、颜色深浅程度不同的文字，文字不得使用不同的色彩。

（27）内、外包装标签问题 内包装标签适用于较小包装材料，外包装标签适用于适中包装材料，产品的最小销售单元应有符合外包装标签和说明书（或二者合一）的内容。在认定具体产品的内、外包装标签问题上应掌握这一原则。

（28）有效期问题 首先以法定国家兽药标准、专业标准为准，其次以稳定性试验结果确定暂定有效期，但最长时间不得超过 2 年。

（29）注意事项、药理等项目标注问题 说明书须列上该项目标题，其内容根据实际情况（按经批准内容或标注"暂不明确"）进行标注。

（30）商品名称问题 一个产品限使用一个商品名，一个品种或剂型的不同规格的产品，应分别核发产品批准文号，同时可按照企业意愿和申请分别核准其商品名。

（31）标签、说明书内容合并的应用范围问题 农业部公告第 242 号规定中关于因包装材料面积问题不宜分别标注标签和说明书的，可将二者内容合并的规定，同样适用于最小销售单元产品。

五、《兽药 GLP》和《兽药 GCP》

《兽药管理条例》第二章规定，研制新兽药，应当进行安全性评价。从事兽药安全性评价的单位，必须经农业部认定，并遵守兽药非临床研究质量管理规范和兽药临床质量管理规范。《兽药非临床研究质量管理规范》(good laboratory practice for non-clinical laboratory studies in respect of veterinary drugs)简称《兽药 GLP》，系指药物用于临床前必须进行的研究，主要用于兽药的安全性评价,以保证使用的安全性。《兽药临床试验管理规范》(good clinical practice for veterinary drugs)简称《兽药GCP》,系指药物在靶动物(疾病或健康动物)进行的系统性研究,以证实或揭示试验用兽药的疗效和不良反应。

六、《兽用处方药和非处方药管理办法》

合理使用兽药可以有效防治动物疾病,促进养殖业的健康发展;使用不当、使用过量或违规使用,将会造成动物或动物源性产品质量安全风险。兽药作为重要的农业投入品,对养殖业健康发展的作用毋庸置疑,但由不规范使用兽药引发的细菌耐药性和兽药残留问题备受关注。在我国要避免兽药使用引发的公共安全问题,就必须按照兽药使用风险等级进行分类管理。

农业部于2013年9月11日颁布了《兽用处方药和非处方药管理办法》(简称《办法》),自2014年3月1日起施行。《兽用处方药和非处方药管理办法》的颁布实施,标志着我国兽药管理已经迈入了新阶段。根据兽药的安全性和使用风险程度,将兽药分为处方药和非处方药进行管理,既符合《兽药管理条例》的有关规定,又是确保动物源性产品质量安全的必然要求,同时也符合国际通行做法。为确保办法的有效实施,农业部还配套发布了《兽用处方药品种目录》和《乡村兽医基本用药目录》。《兽用处方药和非处方药管理办法》的有效实施,促使我国兽药使用将更加规范,动物产品安全风险将大大降低,动物源性食品质量将会更有保障。

(一)《兽用处方药和非处方药管理办法》简介

《兽用处方药和非处方药管理办法》的精髓是在借鉴经验的基础上,从我国实际出发,制定了兽药分类管理、兽用处方药和非处方药标识、兽用处方药经营、兽医处方权、兽用处方药违法行为处罚五项制度。

(1)兽药分类管理制度 根据兽药的安全性和使用风险程度,将兽药分为处方药和非处方药。兽用处方药目录的制定及公布由农业部负责。

(2)兽用处方药和非处方药标识制度 按照《办法》的规定,兽用处方药、非处方药须在标签和说明书上分别标注"兽用处方药""兽用非处方药"字样。

(3)兽用处方药经营制度 兽用处方药不得采用开架自选方式销售。兽药经营者对兽用处方药、兽用非处方药应当分区或分柜摆放,并在经营场所显著位置悬挂或者张贴"兽用处方药必须凭注册执业兽医处方购买"的提示语。

(4)兽医处方权制度 兽用处方药应当凭兽医处方笺方可买卖,兽医处方笺由依法注册的执业兽医按照其注册的执业范围开具。但进出口兽用处方药或者向动物诊疗机构等特殊单位销售兽用处方药的,则无须凭处方买卖。同时,《办法》还对执业兽医处方笺的内容和保存作了明确规定。

(5)兽用处方药违法行为处罚制度 对违反《办法》有关规定的,明确了适用《兽药管理条例》予以行政处罚的具体条款必须符合本办法的规定。

(二)处方简介

《兽药管理条例》规定,兽药经营企业销售兽用处方药的,应当遵守兽用处方管理规定。处方系指兽医医疗和兽药生产企业用于药剂配制的一种重要书面文件,按其性质、用途,主要分为法定处方(又称制剂处方)和兽医师处方两种。

1. 法定处方

指兽药典、兽药标准收载的处方,具有法律约束力,兽药厂在制造法定制剂和药品时,均须按照法定处方所规定的一切项目进行配制、生产和检验。

2. 兽医师处方

兽医师为预防和治疗动物疾病,针对就诊动物开写的药名、用量、配法及用法等用药书面文件,是检定药效和毒性的依据,一般应保存一定时间以备查考。

兽医师处方作为临床用药的依据,反映了兽医、兽药、动物养殖者各方在兽药治疗活动中的法律权利与义务,并且可以作为追查医疗事故责任的证据,具有法律上的意义;兽医师处方记录了兽医师对患畜药品治疗方案的设计和正确用药的指导,具有技术上的意义;兽医师处方是兽药费用支出的详细清单,也可作为兽药消耗的单据及预算采购的依据,具有经济上的意义。因此,在书写处方和调配处方时,都必须严肃认真,以保证用药安全、有效与经济。

思考题

1. 简述药剂学、剂型、制剂的概念及其区别。

2. 概述兽医药剂学的内容与任务。

3. 简述生物药剂学、生物利用度、生物等效性的概念及其区别。

4. 举例说明药物剂型的不同分类方法及其优缺点。

5. 论述兽药制剂药用辅料的概念、分类及作用特点。

6. 什么是《兽药质量标准》《兽药典》《兽药 GMP》?

7. 以 2020 年版《兽药 GMP》的主要变化为主,阐述兽药制剂发展方向和趋势。

第二章　药物制剂的基本理论

学习要求

1. 掌握影响药物溶解度的因素和增加药物溶解度的方法；表面活性剂的特性及其在药剂学中的应用；粉体学在药物制剂中应用；影响药物稳定性的因素和解决方法。

2. 熟悉粉体学的特性。

3. 了解流变学在药剂学中的应用。

4. 理解任何事物都是由多个点和多个方面构成，具备以点为面多方向思考和寻找解决问题的方法的能力。

案例导入

题目

案例1：在25 ℃水和100 ℃水中，油的状态是不同的，为什么？

讨论：与物质溶解度有关。

案例2：取少量生活中常用的洗洁精，滴在25 ℃水和100 ℃水中，均能溶解油和污渍，达到清洁的目的，是为什么？

讨论：与表面活性剂有关。

第一节　药物溶解度和溶解速度

一、药物溶解度

(一)药物溶解度的含义与测定

1. 药物溶解度的含义与测定方法

药物的溶解度系指在一定温度(气体在一定压力)下，在一定量的溶剂中溶解药物的最大量。一般以一份溶质(1 g 或 1 mL)溶于若干毫升溶剂中表示。溶解度也常用一定温度下100 g 溶剂中溶解溶质的最大克数来表示，也可用物质的摩尔浓度(mol/L)表示。溶解度是反应药物溶解性的一种重要物理性质。

《中国兽药典》规定兽药的近似溶解度用以下列名词术语表示：

①极易溶解:溶质 1 g(mL)能在溶剂不到 1 mL 中溶解;②易溶:溶质 1 g(mL)能在溶剂 1 至不到 10 mL 中溶解;③溶解:溶质 1 g(mL)能在溶剂 10 至不到 30 mL 中溶解;④略溶:溶质 1 g(mL)能在溶剂 30 至不到 100 mL 中溶解;⑤微溶:溶质 1 g(mL)能在溶剂 100 至不到 1 000 mL 中溶解;⑥极微溶解:溶质 1 g(mL)能在溶剂 1 000~不到 10 000 mL 中溶解;⑦几乎不溶或不溶:溶质 1 g(mL)在溶剂 10 000 mL 中不能完全溶解。

药物的溶解度数值可通过下列方法获得:①查阅相关药典和数据库、文献资料等;②通过试验测定。

《中国兽药典》规定了溶解度的详细试验方法:称取研成细粉的供试品或量取液体供试品,置于(25±2)℃一定容量的溶剂中,每隔 5 min 强力振摇 30 s;观察 30 min 内的溶解情况,如无目视可见的溶质颗粒或液滴时即视为完全溶解。

2. 药物溶解度的分类与测定

药物的溶解度分为特性溶解度和平衡溶解度。

(1)特性溶解度的含义与测定方法　特性溶解度是指药物不含任何杂质的纯品,在溶剂中既不发生解离、缔合,又不与溶剂中的其他物质发生相互作用时所形成的饱和溶液的浓度。药物的特性溶解度是新药的重要参数之一,对制剂的剂型的选择、处方、工艺的制定等有一定的指导作用。

测定方法:将数份药物制备成不同过饱和程度的溶液,溶液保持恒温持续振荡使达溶解平衡,经离心、滤过后,取上清液测定药物在饱和溶液中的浓度。以测得药物溶液浓度为纵坐标,药物质量与溶剂体积比为横坐标作图,直线外推到比值为零处即得药物的特性溶解度(图 2-1)。

图 2-1 中直线 A 表明在该溶液中药物发生解离,或杂质成分或溶剂对药物有复合或增溶作用等;直线 B 表明药物纯度高,无解离与缔合,无相互作用;直线 C 表明发生抑制溶解的同离子效应,直线外推与纵坐标轴的交点所示的溶解度即为特性溶解度 S_0。

(2)平衡溶解度的含义与测定方法　平衡溶解度又称为表观溶解度,实际工作中,测定药物溶解度时不能排除药物解离、溶剂和其他成分的影响,因此,一般情况下测定的溶解度为平衡溶解度。

测定方法:取数份药物,配制从不饱和溶液至饱和溶液的系列浓度,恒温条件下振荡至溶解平衡,经离心、滤过后,取滤液分析,测定药物在溶液中的实际溶解度 S,以测得药物溶液浓度为纵坐标,配制溶液浓度 C 为横坐标作图,图中曲线的转折点 A 即为该药物的平衡溶解度(图 2-2)。

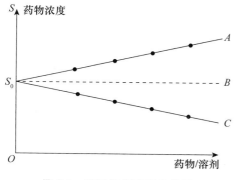

图 2-1　特性溶解度测定曲线

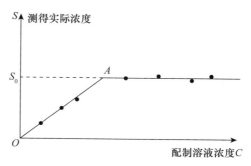

图 2-2　平衡溶解度测定曲线

测定特性溶解度和平衡溶解度,一般都需要在低温(4～5 ℃)和体温(37 ℃)两种条件下进行,以便为药物及其制剂的贮存和使用情况提供参考。如需进一步考查药物稳定性(尤其是 pH 对药物溶解度的影响),应在酸性和碱性两种溶剂系统中测定其溶解度。测定溶解度时,取样温度与测试温度要一致。应注意恒温搅拌和达到平衡的时间,并滤除未溶的药物。

(二)影响溶解度的因素

1. 药物的极性(药物的分子结构)

根据相似相溶原理,药物的极性与溶剂的极性相似者相溶。一般情况下,药物分子间的作用力小于药物与溶剂间的作用力,则药物溶解度大,反之则溶解度小。但药物空间结构也影响药物的溶解度,如丁烯二酸顺式(马来酸)的熔点为 130 ℃,溶解度为 1∶5;而反式(富马酸)熔点为 200 ℃,溶解度为 1∶1 500。

2. 溶剂的极性

溶剂的极性对药物的溶解度影响极大。极性溶剂能切断盐类药物的离子结合,使药物离子溶剂化而溶解。在极性溶剂中氢键对药物的溶解度影响较大,如果药物分子与溶剂分子之间可形成氢键,则溶解度增大;如果药物分子内形成氢键,则其在极性溶剂中的溶解度减小,而在非极性溶剂中的溶解度增大。非极性药物溶于非极性溶剂中,通过药物分子与溶剂分子之间形成诱导偶极-诱导偶极结合而溶解。

3. 温度

温度对溶解度的影响取决于溶解过程是吸热($\Delta H_{\mathrm{f}} > 0$)还是放热过程($\Delta H_{\mathrm{f}} < 0$)。当 $\Delta H_{\mathrm{f}} > 0$ 时,溶解度随温度升高而增加;当 $\Delta H_{\mathrm{f}} < 0$ 时,溶解度随温度升高而降低。温度与溶解度的关系可用式 2-1 表示:

$$\ln X = \frac{\Delta H_{\mathrm{f}}}{R}\left(\frac{1}{T_{\mathrm{f}}} - \frac{1}{T}\right) \qquad \text{(式 2-1)}$$

式中,X 为溶解度(摩尔分数);T_{f} 为药物熔点;T 为溶解时的温度;ΔH_{f} 为摩尔熔解热;T 为气体常数。可见 $\ln X$ 与 $1/T$ 成正比。ΔH_{f} 为正,溶解度随温度升高而增加;ΔH_{f} 为负,溶解度随温度升高而降低。$T_{\mathrm{f}} > T$ 时,ΔH_{f} 越小、T_{f} 越低,溶解度 X 越大。

4. 药物的晶型

药物有结晶型和无定形型。同一结构的药物形成结晶时,由于结晶条件不同使其分子排列与晶格结构不同,而使其具有多种晶型,称为多晶型。多晶型药物溶解度有很大差别,其中稳定型溶解度小,亚稳定型溶解度大。无定形型为无结晶结构的药物,无晶格束缚,自由能大,溶解度和溶解速度较结晶型大。如新生霉素有无定形型和结晶型;维生素 B_2 有 3 种晶型,它们的溶解度均有很大差别。

5. 粒子大小

可溶性药物的粒子大小对溶解度影响不大。对难溶性药物,粒径 $> 2~\mu m$ 时,粒径对药物溶解度几乎无影响;但当药物粒径 $< 100~nm$ 时,溶解度随粒径减小而增大。这一规律可用 Ostwald-Freundlich 方程(式 2-2)表示:

$$\lg \frac{S_2}{S_1} = \frac{2\sigma M}{\rho R T}\left(\frac{1}{r_2} - \frac{1}{r_1}\right) \qquad \text{(式 2-2)}$$

式中，S_1、S_2 分别为半径是 r_1、r_2 的药物溶解度；σ 为表面张力，ρ 为固体药物的密度；M 为分子质量；R 为摩尔气体常数；T 为绝对温度。

6. 溶剂 pH 与同离子效应

（1）pH 多数药物为弱酸、弱碱及其盐，其在水中的溶解度受溶剂 pH 影响。

对于一元弱酸性药物：

$$pH = pK_a + \lg \frac{S - S_0}{S_0} \qquad \text{（式 2-3）}$$

对于一元弱碱性药物：

$$pH = pK_a + \lg \frac{S_0}{S - S_0} \qquad \text{（式 2-4）}$$

在药物的饱和溶液中，式中 S_0 为药物的特性溶解度，S 为某 pH 条件下药物的平衡溶解度。已知药物的 pK_a 和特性溶解度，可计算任何 pH 条件下药物的平衡溶解度。生物机体胃液 pH 和各个肠段 pH 对药物的溶解度有较大影响。

（2）同离子效应 同离子效应是指在弱电解质溶液中加入与该电解质有相同离子的强电解质，从而降低弱电解质的电离度。对于电解质药物，当水溶液中含有其解离产物相同的离子时，溶解度会降低。例如，许多盐酸盐类药物在 0.9% 氯化钠生理盐水中的溶解度比在水中小。

（三）增加溶解度的方法

增加药物溶解度的目的是使药物溶解度达到临床所需要的浓度。

1. 制成可溶性盐

难溶性的弱酸和弱碱性药物，在不改变其生物利用度的情况下可制成盐而增加其溶解度。弱酸性药物（如巴比妥类、磺胺类、黄酮苷类等）可加入碱（如氢氧化钠、碳酸氢钠等）生成盐；弱碱性药物（如生物碱、普鲁卡因等）可加入酸（如盐酸、硫酸、柠檬酸、酒石酸等）生成盐。但应注意选用的物质除了改变药物的溶解度以外，也会影响制成盐后药物的稳定性、刺激性、毒性、疗效等。如乙酰水杨酸的钙盐比钠盐稳定，奎尼丁的硫酸盐刺激性小于葡萄糖酸盐等。

2. 引入亲水基团

难溶性药物分子中引入亲水基团可增加其在水中的溶解度。如维生素 B_2 在水中溶解度为 1：3 000 以上，引入—PO_3HNa 后形成维生素 B_2 磷酸酯钠，溶解度增加 300 倍。又如维生素 K_3 分子中引入—SO_3HNa 则成为维生素 K_3 亚硫酸氢钠，可制成注射剂。

3. 加入增溶剂

增溶是指某些难溶性药物在表面活性剂的作用下，使其在溶剂中（主要指水）的溶解度增大，并形成澄清溶液的过程。具有增溶能力的表面活性剂称为增溶剂。常用的增溶剂有聚氧乙烯脂肪酸酯类和吐温类等。被增溶的物质称为增溶质，每 1 g 增溶剂能增溶药物的克数称为增溶量。增溶的原理主要是药物能够以不同形式分散在表面活性剂形成的胶束中。例如，煤酚在水中的溶解度仅 3% 左右，但在表面活性剂肥皂（高级脂肪酸盐）溶液中，却能增加到 50% 左右，这就是"煤酚皂"溶液。

4. 加入助溶剂

助溶是在药物溶解（配制）时，加入第三种物质，使其形成络合物、复盐以及分子缔合物，以增加其在溶剂中的溶解度的过程。在上述过程中加入的第三种物质就称为助溶剂。如咖啡因在水中的溶解度为1:50,加入助溶剂苯甲酸钠后可制成溶解度为1:1.2的复盐苯甲酸钠咖啡因;又如茶碱溶解度为1:120,加入助溶剂乙二胺后可生成溶解度为1:5的分子缔合物氨茶碱。

常用的助溶剂分为三大类:第一类是有机酸及其钠盐,如苯甲酸钠、水杨酸钠、对氨基苯甲酸等;第二类是酰胺类化合物,如乌拉坦、尿素、烟酰胺、乙酰胺等;第三类为低分子无机化合物,如碘化钾等。助溶剂的用量应通过试验来确定,兽药制剂中常用的助溶剂如表2-1所示。

表 2-1　常见的难溶性药物及其助溶剂

难溶性药物	助溶剂
氟苯尼考	二甲基甲酰胺、二甲基乙酰胺
地克珠利	二甲基甲酰胺
四环素、土霉素、痢菌净	烟酰胺、水杨酸钠、甘氨酸钠
扑热息痛	赖氨酸
阿司匹林	赖氨酸
葡萄糖酸钙	乳酸钙、氯化钠、柠檬酸钠
咖啡因	苯甲酸钠、对氨基苯甲酸钠、水杨酸钠等
茶碱	二乙胺、烟酰胺、苯甲酸钠、其他脂肪胺
安络血	水杨酸钠、烟酰胺、乙酰胺
氢化可的松	苯甲酸钠、二乙胺、烟酰胺等
链霉素	甲硫氨酸、甘草酸
红霉素	乙酰胺琥珀酸酯、维生素C
新霉素	精氨酸
阿莫西林	苯甲酸钠

助溶机理可能为:助溶剂与难溶性药物形成可溶性络合物,或形成有机分子复合物,或通过复分解而形成可溶性盐类。助溶机制复杂,有些至今尚不清楚。助溶剂的选择一般没有规律性,应用时根据药物的性质选择,且要求不影响药物作用。当助溶剂的用量较大时,宜选用无生理活性的物质。

5. 使用复合溶剂

为增加药物或辅料的溶解度或溶解速度,常使用两种或多种混合溶剂。药物制剂中最常用的是水与一些极性溶剂(如乙醇、丙二醇,甘油、聚乙二醇等)的混合体系,也有其他一些溶剂混合使用(表2-2),如苯甲酸苄酯与植物油,二甲基甲酰胺与乙醇等。

在混合溶剂中各溶剂达到一定比例时,药物的溶解度出现最大值,这种现象称为潜溶,这种比例的复合溶剂称为潜溶剂。如在磺胺甲基异噁唑注射液中加入40%的丙二醇、8%的乙醇与注射用水组成的潜溶剂可保证甲氧苄啶(TMP)、磺胺甲基异噁唑(SMZ)在水中充分溶解并不会析出。

表 2-2　复合溶剂提高难溶性药物的溶解度

难溶性药物	混合溶剂	配制药物浓度
扑热息痛	35％～40％聚乙二醇 400 水溶液	10％
氟苯尼考	二甲基甲酰胺 50％＋95％乙醇 15％＋聚乙二醇 400 35％	10％
苯巴比妥	30％以上乙醇水溶液	0.4％
	25％丙二醇＋5％或 15％乙醇水溶液	0.4％
	50％甘油＋5％乙醇水溶液	0.4％
土霉素	甘油甲缩醛＋聚乙二醇 200	30％
恩诺沙星	60％[丙二醇＋乙醇(1：1)～(2：1)]水溶液	10％
吡喹酮	12％苯甲醇、植物油 30％和苯甲酸苄酯 28％	30％

6. 使用药物制剂新技术

为增加难溶性药物的溶解度,可采用制剂新技术。例如,通过微粉化技术将药物的粒径减小,制成超微粉级别或纳米级别,通过固体分散技术制成固体分散体,通过包合技术制成包合物等。

二、溶解速度

(一)药物溶解速度的表示方法

溶解速度是指在一定条件下,在单位时间内药物溶解进入溶液主体的量,一般用单位时间内溶液浓度增加量表示。固体药物的溶解是一个溶解扩散过程,首先是药物分子从固体表面溶解,形成饱和层,然后在扩散作用下经过扩散层,最后在对流作用下进入溶液主体。该过程符合 Noyes-whitney 方程,见式 2-5:

$$\mathrm{d}C/\mathrm{d}t = KS(C_s - C) \tag{式 2-5}$$

式中,C_s 为固体表面药物的饱和浓度;C 为溶液主体中药物的浓度;K 为溶出速度常数;S 为溶出介质面积。

在漏槽条件下,即当 C_s 远大于 C,或 $C \to 0$ 时,也可理解为药物溶出后立即被移出时,上式可变为式 2-6:

$$\mathrm{d}C/\mathrm{d}t = KSC_s \tag{式 2-6}$$

从式 2-6 可以看出,药物从固体表面层扩散进入溶液主体时的溶解速度与溶解速度常数(K)、药物粒子的表面积(S)、药物的溶解度(C_s)成正比。

(二)影响溶解速度的因素

由 Noyes-whitney 方程可知,影响药物溶解速度的因素主要包括以下几个方面:

1. 温度

升高温度会加快药物分子从扩散层向溶液中扩散的速度,使药物溶解度(C_s)增加,溶解速度加快。

2. 扩散层的厚度

搅拌可减小扩散层的厚度,增加药物向溶液中扩散的量,使溶解速度增加。

3. 药物粒径和表面积

药物粉碎后总表面积增加,分散度增大,可使固体药物的溶解速度增加。

4. 溶出介质的体积和性质

药物溶解速度受溶出介质体积的影响较大。溶出介质体积小,则溶液中药物的浓度大,药物的溶解速度就慢;反之则快。《中国兽药典》和《中国药典》(2020 年版)[①]规定应使用新鲜配制并经脱气的溶出介质。常用的溶出介质包括新鲜蒸馏水、不同浓度的盐酸、不同 pH 的缓冲液,或在上述溶出介质中加入少量表面活性剂。

5. 扩散系数

药物在溶出介质中的扩散系数越大,溶出速度越快。在一定温度下,扩散系数与溶出介质的黏度和药物的分子大小有关。

第二节 表面活性剂

一、与表面活性剂有关的概念

1. 界面和表面

物质有固、液、气三相,相与相之间有明确界面,能形成固-液、固-气、液-液、液-气等界面。界面是指两相之间的交界面。通常将有气相组成的气-固、气-液等界面称为表面。

2. 界面现象和表面现象

界面现象是指在物质相与相之间的界面上所产生的物理化学现象。

表面现象是指在气—固或气—液等表面发生的物理化学现象。表面现象是胶体、乳剂、混悬剂等的理论基础之一,并与某些剂型的稳定性、制备、贮存等有密切关系。

3. 表面张力和表面自由能

液体表面分子受到的作用力与液体内部分子受到的作用力不同。液体内部分子所受到的周围相邻分子的作用力是对称的,互相抵消;而液体表面层分子所受到的周围相邻分子的作用力是不对称的,其受到垂直于表面向内的吸引力更大,使液体自身产生了一种使表面分子向内收缩到最小面积的力,这个力即为表面张力。这就是在外力影响不大或没有时,液体趋于球形的原因。

增大液体的表面积实际上是将液体内部分子拉到表面的过程。因为表面分子有向内运动的趋势,因此必须克服分子间的引力,将分子拉开,才能使内部分子转移到表面而增大表面积,这个过程中外界所消耗的功则转化为表面层分子的位能,这种能量即称为表面能或表面自由能。

二、表面活性剂定义与结构

1. 表面活性剂的定义

表面活性剂是指具有很强的表面活性,能使液体的表面张力显著下降的物质。

2. 表面活性剂的结构

表面活性剂的分子为两亲性分子,同时含有极性的亲水基团和非极性的疏水基团(图 2-3)。

---

① 下文出现的《中国药典》,若无说明,均为 2020 年版。

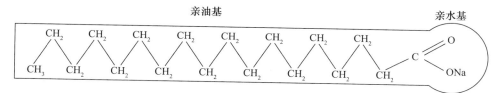

图 2-3　表面活性剂的化学结构

　　表面活性剂的亲水基团一般为电负性较强的原子团或原子,也可以是阴离子、阳离子、两性离子或非离子基团,如羧酸、磺酸、硫酸酯、羟基、酰胺基、巯基、醚键、羧酸酯基及其可溶性盐等。亲水基团在表面活性剂分子的相对位置对其性能有影响,在分子中间润湿性作用强,在末端去污作用强。疏水基团通常是长度 8～20 个碳原子的烃链,可以是直链、饱和或不饱和的偶氮链等,疏水结构的变化会引起表面张力降低能力的改变。例如,疏水基团的羟基中引入碳链分支,可导致临界胶束浓度增大,进而提升降低表面张力的能力。在同系列表面活性剂中,烃链的长度往往与降低表面张力的效率成正比。

三、表面活性剂的分类

　　根据表面活性剂分子组成特点和极性基团的解离性质,可将其分为离子型和非离子型两大类(表 2-3)。前者又可分为阴离子、阳离子和两性离子表面活性剂。在每一类中,根据其亲水基团不同,可以继续分为小类,如肥皂类、硫酸化物等。

表 2-3　表面活性剂的分类

分类		类别	常用品种
离子型	阴离子	肥皂类	硬脂酸钠、硬脂酸钾、硬脂酸钙、三乙醇胺皂
		硫酸化物	十二烷基硫酸钠、十六烷基硫酸钠、十八烷基硫酸钠
		磺酸化物	二辛基琥珀酸磺酸钠(商品名阿洛索-OT)、二己基琥珀酸磺酸钠(商品名阿洛索-18)、十二烷基苯磺酸钠、甘胆酸钠、牛磺胆酸钠
	阳离子	季铵化物	苯扎氯铵、苯扎溴铵
	两性离子	卵磷脂	豆磷脂、蛋磷脂
		氨基酸型、甜菜碱型	Tego(N-十二烷基氨基乙基甘氨酸)
非离子型		脂肪酸甘油酯	脂肪酸单甘油酯、脂肪酸二甘油酯
		蔗糖脂肪酸酯	蔗糖单酯、蔗糖二酯、蔗糖三酯及蔗糖多酯
		脂肪酸山梨坦(商品名司盘)	司盘 20(月桂山梨坦)、司盘 40(棕榈酸山梨坦)、司盘 60(硬脂酸山梨坦)、司盘 65(三硬脂酸山梨坦)、司盘 80(油酸山梨坦)和司盘 85

续表 2-3

分类	类别	常用品种
非离子型	聚山梨酯(商品名吐温)	吐温 20、吐温 40、吐温 60、吐温 65、吐温 80 和吐温 85
	聚氧乙烯脂肪酸酯(商品名卖泽)	聚氧乙烯 40 硬脂酸酯等。
	聚氧乙烯脂肪醇醚(商品名苄泽)	平平加 O、埃莫尔弗
	聚氧乙烯-聚氧丙烯共聚物,又称泊洛沙姆(商品名为普朗尼克)	泊洛沙姆 188

(一)离子型表面活性剂

1. 阴离子表面活性剂

起表面活性的作用部分是阴离子,即带负电荷。

(1)肥皂类　主要是高级脂肪酸的盐,通式为$(RCOO^-)_n M^{n+}$。脂肪酸烃链 R 一般在 $C_{11} \sim C_{17}$,以硬脂酸、油酸、月桂酸等较常用。根据 M 的不同,可分为①碱金属皂,如硬脂酸钠、硬脂酸钾等;②多价金属皂,如硬脂酸钙等;③有机胺皂,如三乙醇胺皂等。它们均具有良好的乳化性能,但易被酸破坏,一般供外用。

(2)硫酸化物　主要是硫酸化油和高级脂肪醇硫酸酯类,通式为 $R \cdot O \cdot SO_3^- M^+$。其中脂肪烃链 R 在 $C_{12} \sim C_{18}$。硫酸化油中硫酸化蓖麻油,俗称土耳其红油,为黄色或橘黄色黏稠液体,有微臭,可与水混合,为无刺激性的去污剂和润湿剂,可代替肥皂洗涤皮肤,也可用于挥发油和水不溶性杀菌剂的增溶。高级脂肪醇硫酸酯类有十二烷基硫酸钠(SDS,又称月桂醇硫酸钠 SLS)、十六烷基硫酸钠、十八烷基硫酸钠等。它们的乳化性很强,且较稳定,主要用作软膏剂的乳化剂,有时也用于片剂等固体制剂的润湿剂或增溶剂。

(3)磺酸化物　主要有脂肪族磺酸化物和烷基芳基磺酸化物等,通式为 $R \cdot SO_3^- M^+$。常用的有二异辛基琥珀酰磺酸钠(商品名阿洛索-OT)、二己基琥珀酸磺酸钠(商品名阿洛索-18)、十二烷基苯磺酸钠等,其中十二烷基苯磺酸钠被广泛应用于洗涤剂。此外,甘胆酸钠、牛磺胆酸钠等胆酸盐也属于此类。

2. 阳离子表面活性剂

起表面活性作用的部分是阳离子,被称为阳性皂或逆性皂。其分子结构的主要部分是一个五价的氮原子,为季铵化物。其特点是水溶性大,在酸性与碱性溶液中较稳定,同时具有良好的表面活性作用和杀菌作用,因此主要用于杀菌和防腐。常用品种有苯扎氯铵(洁尔灭)和苯扎溴铵(新洁尔灭)等。

3. 两性离子表面活性剂

分子结构中具有正、负电荷基团,在不同 pH 介质中可表现为阳离子或阴离子表面活性剂的性质。有天然制品,也有人工合成制品。

(1)天然两性离子表面活性剂　该类代表为卵磷脂,它由磷酸型的阴离子部分和季铵盐型的阳离子部分组成,其主要来源是大豆和蛋黄。根据来源不同,可分为豆磷脂或蛋磷脂。卵磷脂为透明或半透明的黄色或黄褐色油脂状物质,对热十分敏感,在 60 ℃以上数天可变为褐色;在酸和碱及酯酶作用下易水解;不溶于水,溶于氯仿、乙醚、石油醚等有机溶剂。对油脂的乳化作用较强,是制备注射用乳剂及脂质体制剂的主要辅料。

(2)合成两性离子表面活性剂　主要有氨基酸型和甜菜碱型。其分子结构中阴离子部分主要是羧酸盐,阳离子部分为胺盐或季铵盐。由胺盐构成者即为氨基酸型($R^+NH_2CH_2CH_2COO^-$);由季铵盐构成者即为甜菜碱型$[R^+N(CH_3)_2CH_2COO^-]$。两性离子表面活性剂在碱性水溶液中呈阴离子表面活性剂的性质,具有很好的起泡、去污作用;在酸性溶液中则呈阳离子表面活性剂的性质,具有很强的杀菌能力。

氨基酸型两性离子表面活性剂在其等电点(一般为微酸性)时亲水性减弱,可能产生沉淀。目前常用的氨基酸型表面活性剂"Tego"(N-十二烷基氨基乙基甘氨酸)杀菌力很强,且其毒性小于阳离子表面活性剂。甜菜碱型在酸性、中性及碱性溶液中均易溶,在等电点时不产生沉淀,适用于各种 pH 环境。

(二)非离子表面活性剂

非离子表面活性剂系指在水中不发生解离的一类表面活性剂,其分子结构中亲水基团是甘油、聚乙二醇和山梨醇等多元醇,亲油基团是长链脂肪酸或长链脂肪醇以及烷基或芳基等,它们以酯键或醚键与亲水基团结合。由于其在水中不解离,不受电解质和溶液 pH 影响,毒性和溶血性小,能与多数药物配伍,所以在药物制剂中应用较广。常用作增溶剂、分散剂、乳化剂、混悬剂等,可用于外用制剂、内服制剂和注射剂,个别品种也用于静脉注射剂。

1. 脂肪酸甘油酯

主要有脂肪酸单甘油酯和脂肪酸二甘油酯。脂肪酸甘油酯为黄色或白色的油状或蜡状物质,熔点在 30～60 ℃,不溶于水,在水、热、酸、碱及酶等作用下可水解为甘油和脂肪酸。亲水亲油平衡值(HLB)为 3～4,主要用作油包水(W/O)型乳剂的辅助乳化剂。

2. 蔗糖脂肪酸酯

简称蔗糖酯,是蔗糖与脂肪酸生成的多元醇型非离子表面活性剂。根据与脂肪酸反应生成酯的取代数不同,有单酯、二酯、三酯及多酯。改变取代脂肪酸及酯化度,可得到不同 HLB(5～13)的产品。蔗糖酯为白色至黄色粉末,在室温下稳定,在酸、碱和酶的作用下可水解。本品不溶于水、油,可溶于丙二醇、乙醇等,主要用作水包油(O/W)型乳化剂、分散剂。

3. 脂肪酸山梨坦

即脱水山梨醇脂肪酸酯,商品名为司盘(Span)。根据反应的脂肪酸不同可分为司盘20、司盘40、司盘60、司盘65、司盘80和司盘85等。本品为黏稠的白色至黄色油状液体或蜡状固体。不溶于水,易溶于乙醇,在酸、碱和酶的作用下容易水解。其 HLB 为 1.8～3.8,亲油性较强,常在 W/O 型乳剂中与吐温配合使用作为乳化剂。

4. 聚山梨酯

即聚氧乙烯脱水山梨醇脂肪酸酯类,商品名为吐温(Tween)。有吐温20、吐温40、吐温60、吐温80 和吐温85 等多种型号。本品为黏稠的黄色液体,对热稳定;在水和乙醇及多种有机溶剂中易溶,不溶于油,为水溶性的表面活性剂;低浓度时在水中形成胶束,其增溶作用不受溶液 pH 影响。故常用作 O/W 型乳化剂、增溶剂、分散剂和润湿剂。

5. 聚氧乙烯脂肪酸酯

由聚乙二醇与长链脂肪酸缩合而成的酯,商品名为卖泽(Myrij),通式为 $RCOOCH_2$

$(CH_2OCH_2)_nCH_2OH$。该类表面活性剂有较强水溶性,乳化能力强,为 O/W 型乳化剂。常用的有聚氧乙烯 40 硬脂酸酯(卖泽 52 或 S40)等。

6. 聚氧乙烯脂肪醇醚

系由聚乙二醇与脂肪醇缩合而成的醚,商品名为苄泽(Brij),通式为 $RO(CH_2OCH_2)_nH$。因聚氧乙烯基聚合度和脂肪醇的不同有不同的品种,如 Brij 30,Brij 35,平平加 O 等。本类表面活性剂 HLB 在 12~18,为淡黄色油状液体,具有较强的亲水性,常用作增溶剂及 O/W 型乳化剂。

7. 聚氧乙烯-聚氧丙烯共聚物

又称泊洛沙姆,商品名为普朗尼克,通式为 $HO(C_2H_4O)_a(C_3H_6O)_b(C_2H_4O)_aH$。本品有各种不同相对分子质量的产品,如泊洛沙姆 188,泊洛沙姆 401 等。该类产品随着相对分子质量的增加从液体逐渐变为固体,且随着聚氧丙烯比例增加,亲油性增强;随着聚氧乙烯比例增加,亲水性增强,所以 HLB 在 0.5~30。本品具有乳化、润湿、分散、起泡和消泡等多种优良性能,但增溶能力较弱。该类表面活性剂对皮肤无刺激性和过敏性,对黏膜刺激性小,毒性也比其他非离子型表面活性剂小。泊洛沙姆 188 可作为 O/W 型乳化剂,用本品制备的乳剂能够耐受热压灭菌和低温冰冻,是目前用于静脉乳剂的极少数合成乳化剂之一。

(三)其他新型表面活性剂

近年来,出现了一些新型表面活性剂,如碳氟表面活性剂、含硅表面活性剂、生物表面活性剂、冠醚型表面活性剂等,可搜索和(或)参见相关文献。碳氟表面活性剂与传统表面活性剂中碳氢疏水链不同,由氟原子部分或全部代替氢原子,即碳氟键代替了碳氢键,因此表面活性剂的非极性基不仅具有疏水性质,而且具有疏油性质。碳氟表面活性剂也可分为离子型和非离子型两大类,离子型又可以分为阴离子、阳离子和两性离子碳氟表面活性剂。

高分子表面活性剂的相对分子质量大于 1 000,同时存在亲水与疏水结构,也称为双亲性共聚物。如无特殊说明,表面活性剂一般泛指低分子表面活性剂。

四、表面活性剂的性质

(一)对表面张力的影响

在液体表面上分布的分子在表面张力的作用下,有收缩的趋势。将表面活性剂加入水中,在低浓度时,表面活性剂主要聚集在气-液界面,形成定向排列的单分子层,亲水基团朝向水中而亲油基团朝向空气。此时,表面活性剂在溶液表面层的浓度远高于其在溶液中的浓度。表面活性剂在溶液表面层聚集的现象称为分子吸附或正吸附,它降低了溶液的表面张力,随之产生较好的润湿、乳化等作用。表面活性剂降低表面张力的能力即表面活性,除与浓度有关外,其分子结构、碳链的长短、不饱和程度及亲水亲油平衡程度等均可影响其表面活性的大小。

(二)表面活性剂胶束与临界胶束浓度

形成胶束是表面活性剂的重要性质之一,是产生增溶、乳化、去污、分散和絮凝作用的根本原因。

1. 胶束与临界胶束浓度

当表面活性剂的正吸附达到饱和后继续加入,使浓度再增大,但降低表面张力的作用不大,其分子转入溶液中。在水溶液中的表面活性剂,与水分子间的排斥力远大于吸引力,导致表面活性剂分子自身依赖范德瓦耳斯力相互聚集,其疏水基团相互吸引、缔合在一起,形成亲油基团向内、亲水基团向外的缔合体,这种缔合体称为胶束。

表面活性剂在溶液中形成胶束的最低浓度即为临界胶束浓度(critical micelle concentration,CMC)。在到达 CMC 后的一定范围内,单位体积内胶束数量和表面活性剂的总浓度几乎成正比,且溶液的相关物理性质包括电导率、表面张力、去污能力、渗透压、增溶能力等会发生突变。不同表面活性剂的 CMC 不同,相同亲水基的同系列表面活性剂,亲油基团越大,CMC 越小(表 2-4);CMC 越低表面活性剂效率越高,反之越小。

表 2-4 常用表面活性剂的临界胶束浓度

名称	测定温度/℃	CMC/(mol/L)	名称	测定温度/℃	CMC/(mol/L)
辛烷基磺酸钠	25	1.50×10^{-1}	十四醇聚氧乙烯(6)醚	25	1.0×10^{-5}
辛烷基硫酸钠	40	1.36×10^{-1}	丁二酸二辛基磺酸钠	25	1.24×10^{-2}
十二烷基硫酸钠	40	8.6×10^{-3}	氯化十二烷基胺	25	1.6×10^{-2}
十二烷基磺酸钠	25	9.0×10^{-3}	对-十二烷基苯磺酸钠	25	1.0×10^{-5}
十四烷基硫酸钠	40	2.40×10^{-3}	月桂酸蔗糖酯		2.38×10^{-6}
十六烷基硫酸钠	40	5.80×10^{-4}	棕榈酸蔗糖酯		9.5×10^{-5}
十八烷基硫酸钠	40	1.70×10^{-4}	硬脂酸蔗糖酯		6.6×10^{-5}
硬脂酸钾	50	4.50×10^{-4}	吐温 20(g/L,以下同)	25	6.0×10^{-2}
油酸钾	50	1.20×10^{-3}	吐温 40	25	3.1×10^{-2}
月桂酸钾	25	1.25×10^{-2}	吐温 60	25	2.8×10^{-2}
月桂醇聚氧乙烯(6)醚	25	8.7×10^{-5}	吐温 65	25	5.0×10^{-2}
月桂醇聚氧乙烯(9)醚	25	1.0×10^{-4}	吐温 80	25	1.4×10^{-2}
月桂醇聚氧乙烯(12)醚	25	1.4×10^{-4}	吐温 85	25	2.3×10^{-2}

2. 胶束的结构

一般表面活性剂浓度接近 CMC 时,胶束呈球形或类球形结构。随着溶液中表面活性剂浓度增加到 20% 以上时,则形成具有棒状或圆柱形或六角束状结构。继续增加浓度,达到 CMC 的 10 倍以上时,会形成板状或层状结构。在层状结构中,表面活性剂分子的排列已接近于双分子层结构。表面活性剂的亲水基排列在外部形成栅状层结构,而碳氢链在中心形成内核,如图 2-4 所示。在一个表面活性剂溶液体系中往往是几种形状的胶束共存,并且胶束的主要形态与表面活性剂的浓度关系密切。

在高浓度的表面活性剂水溶液中,如有少量非极性溶剂存在则可形成反向胶束,即亲水基团向内,亲油基团朝向非极性液体。油溶性表面活性剂如钙肥皂、丁二酸二辛基磺酸钠和司盘类表面活性剂在非极性溶剂中也可形成类似反向胶束。

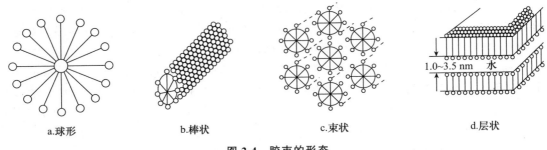

a.球形	b.棒状	c.束状	d.层状

图 2-4　胶束的形态

(三)亲水亲油平衡值

1. 亲水亲油平衡值的概念

表面活性剂分子由亲水基团和亲油基团组成,其对水或油的亲和强弱取决于其分子结构中亲水基团和亲油基团的多少。表面活性剂分子中亲水和亲油基团对水或油的综合亲合力称为亲水亲油平衡值(hydrophile-lipophile balance,HLB)。HLB 是表面活性剂分子中亲水基团与亲油基团之间在大小和力量上的平衡程度的量度。一般将表面活性剂的 HLB 范围限定在0~20,即完全由疏水碳氢基团组成的石蜡分子的 HLB 为 0;完全由亲水性的氧乙烯基组成的聚氧乙烯的 HLB 为 20,其他的表面活性剂的 HLB 则介于两者之间。常用表面活性剂的HLB 见表 2-5。

表 2-5　常用表面活性剂的 HLB

表面活性剂	HLB	表面活性剂	HLB
阿拉伯胶	8.0	吐温 20	16.7
西黄蓍胶	13.0	吐温 21	13.3
明胶	9.8	吐温 40	15.6
单硬脂酸丙二酯	3.4	吐温 60	14.9
单硬脂酸甘油酯	3.8	吐温 61	9.6
二硬脂酸乙二酯	1.5	吐温 65	10.5
单油酸二甘酯	6.1	吐温 80	15.0
十二烷基硫酸钠	40.0	吐温 81	10.0
司盘 20	8.6	吐温 85	11.0
司盘 40	6.7	卖泽 45	11.0
司盘 60	4.7	卖泽 49	15.0
司盘 65	2.1	卖泽 51	16.0
司盘 80	4.3	卖泽 52	16.9
司盘 83	3.7	聚氧乙烯 400 单月桂酸酯	13.1
司盘 85	1.8	聚氧乙烯 400 单硬脂酸酯	11.6
油酸钾	20.0	聚氧乙烯 400 单油酸酯	11.4

续表 2-5

表面活性剂	HLB	表面活性剂	HLB
油酸钠	18.0	苄泽 35	16.9
油酸三乙醇胺	12.0	苄泽 30	9.5
卵磷脂	3.0	西土马哥	16.4
蔗糖酯	5~13	聚氧乙烯氢化蓖麻油	12~18
泊洛沙姆 188	16.0	聚氧乙烯烷基酚	12.8
阿特拉斯 G-263	25~30	聚氧乙烯壬烷基酚醚	15.0

表面活性的 HLB 与其应用性质有密切关系,不同 HLB 的表面活性剂的用途不同。HLB 在 1~3 适合用作消泡剂;在 3~6 适合用作 W/O 型乳化剂;在 8~18 适合用作 O/W 型乳化剂;在 15~18 适合用作增溶剂;在 7~9 适合用作润湿剂(图 2-5)。

2. HLB 的理论计算法

生产过程中,常将多种表面活性剂混合使用,混合表面活性剂 HLB 可通过计算获得。

非离子表面活性剂的 HLB 具有加和性,混合后表面活性剂的 HLB 计算方法见下式 2-7:

$$HLB_{AB} = \frac{HLB_A \times W_A \times HLB_B \times W_B}{W_A + W_B} \tag{式 2-7}$$

式中,HLB_A、HLB_B 分别为 A、B 的 HLB 值;W_A、W_B 分别为 A、B 的质量。

例:用司盘 80($HLB = 4.3$)和吐温 20($HLB = 16.7$)制备 HLB 为 9.5 的混合表面活性剂 100 g,问两者应各需多少克?该混合物可起什么作用?

解答:设司盘 80 的用量为 W_A(g),吐温 20 的用量为 $100 - W_A$(g):

$$9.5 = \frac{4.3 \times W_A + 16.7 \times (100 - W_A)}{100}$$

$$W_A = 58 \text{ g} \qquad 100 - W_A = 42 \text{ g}$$

该混合乳化剂需 58 g 司盘 80 和 42 g 吐温 20,该乳化剂可用作 O/W 型乳化剂和润湿剂。

但上述公式不能用于混合离子型表面活性剂 HLB 的计算。对于离子型表面活性剂,如果把表面活性剂的 HLB 看成分子中各结构基团的综合,则每个基团对 HLB 的贡献可通过数值表示,这些数值称为 HLB 基团数。HLB 的计算公式见式 2-8。

$$HLB = \sum (\text{亲水基团 HLB 数}) - \sum (\text{亲油基团 HLB 数}) + 7 \tag{式 2-8}$$

如十二烷基硫酸钠的 HLB 为:

$$HLB = 38.7 - (0.475 \times 12) + 7 = 40.0$$

表面活性剂的一些常见基团及其 HLB 基团数可从手册或书中查到。表 2-6 列出了部分常见基团的 HLB。

表 2-6　部分常见基团的 HLB

亲水基团	HLB	疏水基团	HLB
$-SO_4Na$	38.7	$-O-$（醚键）	1.3
$-COOK$	21.1	$-CH_3$	0.475
$-COONa$	19.1	$-CH_2-$	0.475
$-SO_3Na$	11.0	$=CH_2$	0.475
$-N=$	0.94	$=CH-$	0.475
酯（失水山梨醇环）	6.8	$-CH_2-CH_2-CH_2-O-$	0.15
酯（游离）	2.4	苯环	1.662
$-COOH$	2.1	$-CF_2-$	0.870
$-OH$（游离）	1.9	$-CF_3$	0.870
$-OH$（失水山梨醇环）	0.5	$-(CH_2CH_2O)-$	0.33

（四）Krafft 点

离子型表面活性剂在水中的溶解度随温度上升而增大，当温度上升至某一温度时，其溶解度急剧升高，溶液由浑浊变澄清，该温度称为克氏（Krafft）点，相对应的溶解度即为该表面活性剂的临界胶束浓度（图 2-6 中虚线）。

Krafft 点越低，说明该表面活性剂的低温水溶液越好；Krafft 点越高，其溶解度越低。如图 2-6 所示，当溶液中表面活性剂的浓度未超过其溶解度时（区域Ⅰ）溶液为真溶液；当继续加入表面活性剂时，有过量的表面活性剂析出（区域Ⅱ）；再升高温度，体系又成为澄明溶液（区域Ⅲ），Ⅲ相是表面活性剂的胶束溶液。Krafft 点离子型表面活性剂的特征值，是其应用温度的下限。例如，十二烷基硫酸钠和十二烷基磺酸钠的 Krafft 点分别约为 8 ℃和 70 ℃。

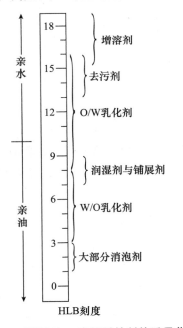

图 2-5　不同 HLB 表面活性剂的适用范围

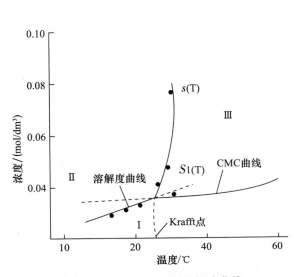

图 2-6　十二烷基硫酸钠溶解度曲线

(五)起昙与昙点

某些含聚氧乙烯基的非离子表面活性剂,其溶解度开始随温度上升而增大,当温度升高达某一温度时,其溶解度急剧下降,使溶液变浑浊,甚至产生分层,但降低温度后又可恢复澄明。这种由澄明变浑浊的现象称为起昙,此时的温度称为浊点或昙点。产生这一现象的原因,主要是该类表面活性剂的聚氧乙烯链与水分子之间形成的氢键,开始时溶解度随温度升高而增大,但升高到某一温度时,氢键断裂,溶解度急剧减小所致。因此,昙点是非离子型表面活性剂应用温度的上限。应注意含起浊现象表面活性剂制剂的灭菌问题。为避免高温灭菌分层,注射剂应选择昙点在 85 ℃ 以上的增溶剂。

聚氧乙烯聚合度低的表面活性剂与水的亲和力小,浊点低;反之,则浊点升高。大多数此类表面活性剂的浊点在 70~100 ℃。不同的表面活性剂有不同的浊点。如吐温 20、吐温 60、吐温 80 的浊点分别为 90 ℃、76 ℃、93 ℃。一般加入盐类、碱性物质能降低其浊点,但某些含聚氧乙烯基的表面活性剂,如聚氧乙烯-聚氧丙烯共聚物泊洛沙姆 188,观察不到起昙现象。

(六)生物学性质毒性

1. 表面活性剂对药物吸收的影响

表面活性剂可能增进药物的吸收,也可能降低药物的吸收。如果药物被增溶在胶束内,则药物从胶束中扩散的速度和程度及胶束与胃肠道生物膜融合的难易程度,都对吸收具有重要影响。如果药物可以顺利从胶束内扩散或胶束本身迅速与胃肠黏膜融合,则增加吸收。表面活性剂溶解生物膜脂质能增加上皮细胞的通透性,从而改善吸收。如十二烷基硫酸钠能改进头孢菌素钠、氨基苯磺酸等药物的吸收。

2. 表面活性剂与蛋白质的相互作用

阳离子或阴离子表面活性剂可与发生解离的蛋白质分子发生电性结合;此外,表面活性剂还可能破坏蛋白质二级结构中的盐键、氢键和疏水键,从而使蛋白质各残基之间的交联作用减弱,螺旋结构变得无序或受到破坏,最终使蛋白质发生变性。

3. 表面活性剂的毒性

实验表明,阳离子表面活性剂的毒性最大,其次是阴离子表面活性剂。非离子表面活性剂毒性相对较小,两性离子表面活性剂的毒性小于阳离子表面活性剂。表面活性剂用于静脉给药的毒性大于口服给药。

4. 表面活性剂的刺激性

长期应用表面活性剂或高浓度使用可能造成皮肤或黏膜损害。例如,季铵盐类化合物高于 1%、十二烷基硫酸钠高于 20%、一些聚氧乙烯类高于 5% 可产生损害作用。吐温类对皮肤和黏膜的刺激性较低。

五、表面活性剂的应用

表面活性剂能够显著降低体系的表面张力,当其浓度超过 CMC 后,在溶液内部形成胶束,从而产生增溶、乳化、润湿、分散、去污、消毒、消泡与起泡等多方面的作用。

(一)增溶剂

1. 概念与机制

(1)概念　为了达到治疗所需的药物浓度,利用表面活性剂形成胶束的原理,是难溶性活性成分的溶解度增加而溶于分散介质的过程,称为增溶。所使用的表面活性剂称为增溶剂。被增溶的物质称为增溶质。

增溶作用的基础是胶束的形成,在 CMC 以上,表面活性剂浓度越大,形成的胶束越多,增溶量也相应增加。当表面活性剂用量为 1 g 时增溶药物达到饱和时的浓度即为其最大增溶浓度(maximum additive concentration,MAC)。CMC 越低、MAC 就越高。

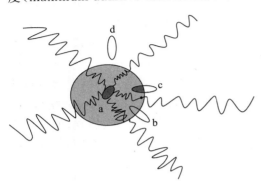

图 2-7 增溶位置示意图

a、b、c、d 分别代表胶束疏水内核、栅栏层深处、栅栏层与亲水层表面

(2)增溶机制 增溶作用是在表面活性剂在溶液中达到 CMC 形成胶束后发生的过程。依据表面活性剂的种类、溶剂性质与难溶性活性成分的结构等不同,活性药物通过进入胶束的不同位置进行增溶,如图 2-7 所示[a. 增溶于胶束内核:完全水不溶性药物;b/c. 栅栏层(深处):双亲性药物;d. 亲水层:水溶性药物]。例如,甲酚在水中的溶解度仅 2% 左右,但在肥皂溶液中却能增加到 50%。

2. 影响增溶的因素

(1)温度 温度对增溶存在三个方面的影响,即影响胶束的形成、影响增溶质的溶解、影响表面活性剂的溶解度。多数情况下,温度升高,增溶作用加大。

随着温度升高,离子型表面活性剂的分子热运动增加,在增加表面活性剂的溶解度的同时,胶束增溶空间加大,增加了增溶质在胶束中的溶解度。

温度对含有聚氧乙烯基的非离子型表面活性剂的增溶影响与增溶质有关。对非极性增溶质,增溶位置在胶束内核,温度升高破坏了聚氧乙烯与水分子之间的氢键,使其水化作用减弱,胶束容易生成,胶束数量增加,体积增大,使增溶量提高。对极性有机物以昙点为界,当温度低于昙点时,水温度上升,增溶量增大;当温度高于昙点时,会使非离子型表面活性剂的聚氧乙烯链脱水,使胶束外壳变紧密,导致增溶能力下降。

(2)增溶剂(表面活性剂)的性质与加入的量 一般情况下,增溶剂 CMC 越小,胶束聚集数越多,增溶剂的增溶作用就越强。增溶质的溶解度随增溶剂用量增大而增大。同一系列的增溶剂,碳氢链越长,CMC 越小,胶束越容易形成,增溶量增大,对 MAC 有提高;直链结构的增溶剂增溶作用大于有支链结构者;碳链中含有不饱和键或极性基团时,增溶性较小;如油酸钾的 CMC 为 1.2×10^{-3} mol/L,而月桂酸钾的 CMC 为 4.5×10^{-5} mol/L。不同表面活性剂有不同的 HLB,且对烃类与极性有机物的增溶作用不同,主要顺序为:非离子型表面活性剂>阳离子型表面活性剂>阴离子型表面活性剂。这是因为非离子型表面活性剂的 CMC 较小,形成的胶束数多;离子型表面活性剂的 CMC 较大,形成的胶束结构较为松散。

在一定温度下,增溶剂的用量不当则得不到澄清溶液,或稀释时变浑浊,增溶剂的用量一般由实验确定。组分的加入顺序也会影响增溶剂的增溶能力,一般将增溶质和增溶剂先混合要比增溶剂先与水混合的效果好。如吐温类增溶维生素 A 棕榈酸酯和冰片,若先将吐温溶解,再加维生素 A 棕榈酸酯和冰片则几乎不溶;将吐温和维生素 A 棕榈酸酯或冰片混合再加水稀释,能较好溶解。

(3)药物的性质 ①结构的影响:同系列药物的烃链越长,其增溶能力越低。因增溶剂所形成的胶团体积有限,药物分子质量增大则摩尔体积也增大,使其在一定浓度增溶剂中的增溶量减少。不饱和化合物比对应的包合物更易溶解,环状化合物的支链增加,使增溶量增加。②极性的影响:对强极性和非极性药物,非离子型表面活性剂 HLB 越大,增溶作用越大,如吐温类对维生素 A 的增溶作用,随 HLB 的增大而增强。对弱极性药物则相反。③解离度的影响:未解离药物、非极性药物易被表面活性剂增溶;解离型药物增溶效果较差。解离型药物与带有相反电荷的表面活性剂混合时,在不同配比下可能出现增溶、形成可溶性复合物和不溶性复合物等多种复杂情况。解离型药物与非离子型表面活性剂的配伍很少形成不溶性复合物,但 pH 会影响药物的增溶量。弱酸性药物在偏酸性环境中有较大的增溶量;弱碱性药物在偏碱性条件下有较大的增溶量;两性药物在等电点有最大限度的增溶量。④多组分的影响:制剂中存在多种组分时,对主药的增溶效果取决于各组分与表面活性剂的相互作用,如其他组分与主药竞争同一增溶位置则主药的增溶量减小。

(4)其他成分 抑菌剂在表面活性剂溶液中溶解度提高但抑菌作用降低,增加用量来达到相应的抑菌作用。添加无机盐会引起离子型表面活性剂的 CMC 减小,胶束聚集数量增加,胶束变大,使烃类化合物的增溶量增加。但同时,无机盐会降低栅栏层之间的排斥力,增加其致密性,导致增溶空间的减少,降低增溶量。对于非离子型表面活性剂,无机盐的添加对化合物的增溶量影响较小。

(二)乳化剂

表面活性剂含有较强的亲水基和亲油基,具备较强的乳化作用,容易在乳滴周围形成较强的乳化膜,常用于制备油乳剂、乳膏剂等。表面活性剂的 HLB 在 8～16 可用作 O/W 型乳剂的乳化剂,HLB 在 3～8 可用作 W/O 型乳剂的乳化剂。通常,离子型表面活性剂因毒性较大,主要用于外用制剂的乳化剂,如软膏剂等,常用的阴离子型乳化剂有:硬脂酸盐、十二烷基硫酸钠(SDS)、十六烷基硫酸化蓖麻油等。两性离子型表面活性剂可用作内服制剂的乳化剂,如阿拉伯胶、西黄蓍胶、琼脂等;磷脂可用作静脉注射乳剂的乳化剂。非离子型乳化剂可用作外用、内服或注射制剂,如脂肪酸山梨坦、吐温、卖泽、苄泽、泊洛沙姆等。硬脂酸盐、脂肪酸山梨坦、吐温等在兽用油乳剂灭活苗注射剂中应用广泛。实际应用中经常使用复合乳化剂,其效果优于单一乳化剂。

(三)润湿剂

促进液体在固体表面铺展或渗透的作用称为润湿;具备润湿作用的表面活性剂称为润湿剂。润湿剂的 HLB 常为 7～9,并应具有一定的溶解度。通常,非离子型表面活性剂有较好的润湿效果,且碳氢链较长对固体药物的吸附作用更强,阳离子型表面活性剂的润湿效果较差。能产生润湿作用的表面活性剂类有:聚山梨酯类的吐温 80、聚氧乙烯-聚氧丙烯共聚物类的泊洛沙姆 188、聚氧乙烯脂肪醇醚类的埃莫尔弗等。

润湿剂在片剂、颗粒剂、混悬剂等剂型的制备过程中应用较多,润湿剂会影响制剂的体内行为,如溶出与吸收等。如在片剂的制备过程中加入一定量的润湿剂,能增加颗粒的流动性,利于片剂的生产;同时,当片剂口服并转运到消化道后,润湿剂能促进水分子深入片芯,使崩解剂易于吸水,促进片剂崩解,加快了片剂的润湿、崩解和药物溶出的过程。

(四)助悬剂

混悬剂是指药物颗粒分散于水性介质的非均一体系,若不添加其他物质,药物颗粒会很快发生聚集与沉降等问题。表面活性剂是常用的助悬剂,其在体系中的作用主要包括:①在疏水药物颗粒表面形成水化膜,并荷电,降低液-固的表面张力,提高颗粒间的排斥力,提高颗粒的润湿性与分散性,减少沉降;②高分子表面活性剂的加入可进一步提高分散介质的黏度,延缓药物颗粒的沉降。

(五)起泡剂与消泡剂

泡沫是气体分散在液体中的分散体系。泡沫形成时,气-液界面的面积增加,界面吸附表面活性剂,形成吸附膜,增加液体的黏度,并使泡沫稳定,这是表面活性剂的起泡或稳泡作用。能产生泡沫与稳定泡沫存在的表面活性剂称为起泡剂和稳泡剂,起泡剂具有较强的亲水性和较高的HLB。起泡和稳泡是两个不同的概念,起泡是指表面活性剂产生泡沫的能力,如肥皂;稳泡是指泡沫稳定存在的能力。表面活性剂一般都是较好的起泡剂,但稳泡能力不一定强。通常,起泡能力上,阴离子型表面活性剂大于非离子型表面活性剂;助表面活性剂有较好的稳泡能力,如醇与醇酰胺等;因此,这两种表面活性剂配合使用能产生稳定性较好的泡沫。在腔道给药与皮肤表面给药中,起泡剂和稳泡剂有一定的应用,使药物均匀分布且不易流失,提高治疗作用。

另一些表面活性剂具有较强的亲油性和较低的HLB,其表面活性大,可吸附在泡沫的表面上,取代原来的起泡剂,由于本身碳链短不能形成坚固的液膜,使泡沫破坏,这种用来消除泡沫的表面活性剂称为消泡剂,HLB在$1\sim3$。含皂苷、蛋白质等成分的中药浸出液,在浓缩时常产生稳定的泡沫影响操作,加入消泡剂后,可破坏泡沫,利于生产。常见的消泡剂有C_5-C_6醇、醚、硅酮等。

(六)去垢剂

用于去除污垢的表面活性剂称为去垢剂或洗涤剂,HLB通常在$13\sim16$。其作用机理为表面活性剂通过吸附到固体基底与污垢表面,降低污垢与固体表面的黏附作用,在外力(如水流与机械力)作用下,是污垢从固体表面分离并被乳化、分散及增溶的过程。去污能力以非离子型表面活性最强,其次是阴离子型表面活性剂。常用的有油酸钠和其他脂肪酸的钠皂、钾皂、十二烷基硫酸钠或十二烷基磺酸钠等。

(七)消毒剂或杀菌剂

表面活性剂可使细菌生物膜蛋白质变性或破坏,而具有消毒、杀菌作用。大多数阳离子表面活性剂和两性离子表面活性剂都可用作消毒剂或杀菌剂,少数阴离子表面活性剂也有类似的作用。可配制成不同浓度,用于手术前的皮肤消毒、伤口或黏膜消毒、器械消毒和环境消毒等。常用的有苯扎氯铵和苯扎溴铵等。

(八)复配

表面活性剂相互之间或与其他化合物的配合使用称为复配,主要包括阴离子—阳离子、阴离子—非离子、阳离子—非离子、阴离子—两性离子的混合物。复配通过协同作用或增效作用能显著改善表面活性剂的效能,如增溶、润湿、乳化等。

与单组分相比,离子型—非离子型表面活性剂复配体系有更高的表面活性、表面张力与浊点,具有更好的洗涤性与润湿性等。非离子型—阴离子型表面活性剂的相互作用强于非离子型—阳离子型表面活性剂。而阴离子型—阳离子型表面活性剂复配体系中,因正负电荷的吸引与疏水基之间的相互吸引,使表面活性剂更容易缔合成胶束,并被界面吸附,具有更好的表面活性;该复配体系同时具备两种表面活性剂的应用特性,如同时具有乳化、增溶、润湿、消毒作用等。

第三节　流变学基础

一、概述

流动和变形是自然界中最常见的现象。流动是液体固有性质;变形是固体固有性质。在适当的外力作用下,物体所表现出来的流动和变形的性能称为流变性,它是物体中质点相对运动的结果。研究固体变形和液体流动的科学称为流变学,它研究对象多是具有双重性,同时具有固体变形和液体流动两方面性质的物质。

在药剂学中,流变学理论不仅广泛应用于混悬剂、乳剂、软膏剂等传统药物制剂,也可应用于纳米凝胶、纳米乳等新兴药物制剂的制备和使用过程中。如皂黏土兼具非牛顿流体和触变性,可增强混悬剂在静止时的稳定性和使用时的流动性。

(一)变形与流动

变形是指对某一物体施加外力时,其内部各部分的形状与体积发生变化的过程。对物体施加外力时,物体内部存在一种与外力相对抗的内力而使物体保持原状,此时物体在单位面积上存在的内力为应力。物体在外力作用下发生变形,当解除外力后恢复原来状态的性质称为弹性。可逆性变形称为弹性变形,非可逆性变形称为塑性变形。弹性变形时,与原形状相比变形的比率称为应变。应变分为常规应变和剪切应变,应变的大小与应力成正比。在药剂学中物料的弹性与塑性变形与物料的硬度或韧性和脆性有关。

流体在外力的作用下质点间相对运动而产生的阻力称为黏性。流动是液体的主要性质之一,流动的难易程度与物体本身的黏性有关,也被视为非可逆变形的过程。

另外,对软膏剂或硬膏剂等半固体制剂施加较小的外力时观察不到变形,但施加较大的外力时可发生变形,且解除外力后不能复原,这种性质称为塑性,引起变形或流动的最小应力称为屈服值。

(二)黏弹性

黏弹性是指物体具有黏性与弹性的双重特征。具有这种性质的物体称为黏弹体。如软膏剂或凝胶剂等半固体制剂均具有黏弹性。

研究黏弹性需用到两个重要概念,即蠕变和应力松弛。蠕变是指把一定大小的应力施加于黏弹体时,物体的形变随时间而逐渐增加的现象。蠕变是应力不变,外形发生变化。应力松弛是指试样瞬时变形后,在不变形的情况下,试样内部的应力随时间而减小的过程,即应力松弛是外形不变,应力发生变化。松弛时间和推迟时间是应力松弛的特性参数,常作为半固体制剂的质量评价指标。

(三)剪切应力和剪切速率

液层做相对运动,顶层下各液层的流动速度依次递减,形成速度梯度即切变速率或剪切速率,单位为时间的倒数,用 $D(\mathrm{s}^{-1})$ 表示。使各液层间产生相对运动的外力称为剪切力,单位面积上的剪切力称为剪切应力,单位为 N/m^2,以 S 表示。剪切速率、剪切应力是表征体系流变性质的两个基本参数。对于理想液体,剪切应力 S 与剪切速率 D 成正比,可用牛顿黏性定律表示,见式 2-9。

$$D = \frac{1}{\eta} \cdot S \tag{式 2-9}$$

式中,η 为黏度,其物理意义是剪切速率为 $1\ s^{-1}$、面积为 $1\ cm^2$ 时物体的顶层与底层两液层间的内摩擦力,单位为 $Pa \cdot s$。遵循牛顿黏性定律的流体称为牛顿流体或黏性流体,黏性是物质的固有性质。

二、流体的基本性质

根据流变特性常把流体分为两类:一类是牛顿流体,遵循牛顿黏性定律;另一类是非牛顿流体,不遵循牛顿黏性定律。

(一)牛顿流体

遵循牛顿黏性定律的流体称为牛顿流体或黏性流体。如图 2-8 所示,牛顿流体的剪切速率 D 与剪切应力 S 呈直线关系,且通过原点,直线斜率的倒数为黏度。牛顿流体的黏度为常数,不随剪切应力的变化而变化。牛顿流体一般为低分子溶液或高分子稀溶液。

(二)非牛顿流体

不遵循牛顿黏性定律的流体称为非牛顿流体;其剪切应力和剪切速率之比不是常数,是切变速率的函数,用 η^a 表示,称为表观黏度,随剪切速率的变化而变化,如乳剂、混悬剂、高分子溶液、胶体溶液等。非牛顿流体具体分为以下几种类型。

1. 塑性流体

当外加剪切力较小时,物体不流动,只发生弹性变形;当剪切力超过某一数值时,物体发生永久变形,表现出可塑性,呈现塑性流动,具有这种性质的物体称为塑性流体。如从软膏管中挤软膏,用力小,膏体不流出,只凸出管口,松开手时又缩回;增大用力,膏体就会从管中流出。如图 2-9 塑性流动的特征曲线不通过坐标原点,与切应力(S)轴相交于 S_0,S_0 是引起塑性流体的最小剪切应力,称为屈服切应力或屈服值。当 $S < S_0$ 时为弹性体,$S > S_0$ 时为牛顿流体,呈线性关系,黏度与剪切速率无关,见式 2-10。

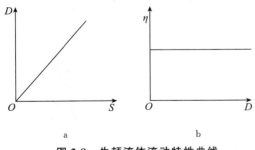

图 2-8　牛顿流体流动特性曲线

(引自药剂学第 2 版,孟胜男)

a. 剪切速率与剪切应力的关系　b. 剪切速率与表观黏度的关系

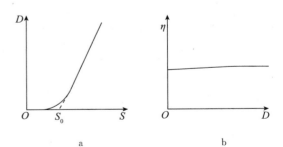

图 2-9　塑性流体流动特性曲线

(引自药剂学第 2 版,孟胜男)

a. 剪切速率与剪切应力的关系　b. 剪切速率与表观黏度的关系

$$D = \frac{S - S_0}{\eta}$$

（式 2-10）

式中，D 为剪切速率，S 为剪切应力，S_0 为屈服值，η 为表观黏度。

产生塑性流动的原因：静止时粒子聚集形成网状结构，当应力超过 S_0，体系的网状结构被破坏，开始流动（图 2-10）。加入表面活性剂或反絮凝剂，会减小粒子间的引力（范德瓦耳斯力）和斥力（短距离斥力），进而减少或消除 S_0。在制剂中呈现为塑性流动的剂型有高浓度乳剂、混悬剂、单糖浆等。

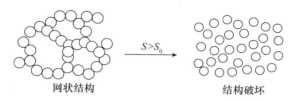

网状结构　　　　　　　　　结构破坏

图 2-10　塑性流体的概念模型（引自药剂学第 2 版，孟胜男）

2. 假塑性流体

黏度随着剪切应力的增加而下降，剪切速度越来越大的流体称为假塑性流体。即流变曲线的斜率越来越大，表观黏度随搅动的激烈程度而减小，也称切变稀化。该流动的特点是：流变曲线过原点；无 S_0，剪切速度增大，形成向下弯的上升曲线，黏度下降，液体变稀，见图 2-11。

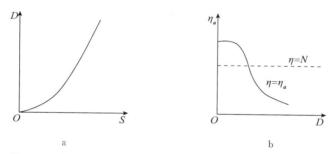

a　　　　　　　　　　　　　　b

图 2-11　假塑性流体流动特性曲线（引自药剂学第 2 版，孟胜男）

a. 剪切速率与剪切应力的关系　b. 剪切速率与表观黏度的关系

产生假塑性流体的原因：当大分子溶液静止时有各种不同方向取向，分子相互交联缠绕，表现出较大的黏度。在剪切应力的作用下，分子间交联缠绕会减弱，并沿流动方向呈线性排列，流动阻力减小，表现出较低的黏度（图 2-12）。表现为假塑性流动的剂型有某些亲水性高分子溶液，如甲基纤维素、西黄蓍胶、海藻酸钠等链状高分子以及微粒分散体系处于絮凝状态的液体。

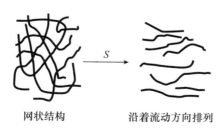

网状结构　　　　　　　沿着流动方向排列

图 2-12　假塑性流体的概念模型（引自药剂学第 2 版，孟胜男）

3. 胀性流体

胀性流体与假塑性流体相反,其流动曲线过原点,没有屈服值;流体的黏度随剪切应力的增大而增大;物体对流动的阻力随剪切应力的增加而增大,即搅拌时表观黏度增加,搅拌得越快越显稠,这种变化称为切变稠化,流动曲线向上弯曲(图2-13)。

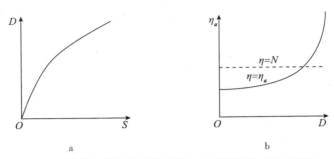

图 2-13 胀性流体流动特性曲线(引自药剂学第 2 版,孟胜男)
a. 剪切速率与剪切应力的关系 b. 剪切速率与表观黏度的关系

剪切增稠作用可用胀容现象来说明。胀性流体静止时,粒子处于紧密填充状态,水(分散介质)充满致密排列的粒子空隙。当施加应力较小时(缓慢地搅拌),流体缓慢流动,由于水的润滑和流动作用,粒子排列没有发生紊乱,流体表现出黏性阻力较小。若用力搅拌,粒子的紧密结构会被搅乱,成为多孔隙的疏松排列结构(图2-14)。此时水不能填满粒子之间的间隙,粒子与粒子之间没有了水层的滑动作用,黏性阻力会骤然增大,甚至失去流动性。因为粒子在强烈的剪切作用下成为疏松排列结构,引起外观体积增大,称为胀容现象。在制剂中表现为胀性流动的剂型为含有大量固体微粒的高浓度混悬剂,如50%淀粉混悬剂、糊剂等。

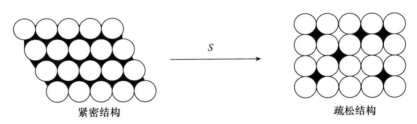

紧密结构   疏松结构

图 2-14 胀性流体的概念模型(引自药剂学第 2 版,孟胜男)

4. 触变性流体

某些非牛顿流体,在搅拌时称为流体,停止搅动后逐渐变稠甚至胶凝,需要一段时间恢复至搅拌前状态,且该过程可以反复可逆进行,这种性质称为触变性,具有触变性的流体称为触变性流体。触变性流体的流变曲线为一环状曲线(图2-15),上行线和下行线不重合,而包围成一定的面积,构成滞后环,滞后环面积的大小反应了触变性的大小。

触变性流体的特点是,相同温度下的溶胶和凝胶的可逆转换。凝胶在一定温度下受到震动,半固态的凝胶网状结构破坏,黏度下降,开始流动;停止震动后,粒子重新取向,形成网状结构,黏度逐渐变大,最后又形成凝胶。触变性受多种因素影响,如 pH、温度、聚合物浓度等。高浓度的混悬剂、乳剂、亲水性高分子溶液,在一定条件下有可能存在触变性。如单硬脂酸铝加入花生油中研磨混合后,120 ℃加热 0.5 h,冷却后即表现触变性。触变性流体的概念模型如图 2-16 所示。

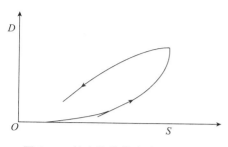

图 2-15　触变性流体流动特性曲线
（引自药剂学第 8 版,方亮）

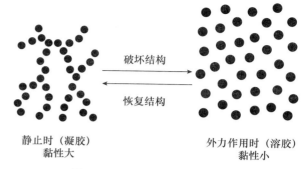

破坏结构

恢复结构

静止时（凝胶）
黏性大

外力作用时（溶胶）
黏性小

图 2-16　触变性流体的概念模型
（引自药剂学第 2 版,孟胜男）

三、流变性测定方法

流变性质的测定原理是求出物体流动的速度和引起流动所需的力之间的关系。最常测定的流变学性质就是黏度和稠度。《中国兽药典》和《中国药典》均收载了测定黏度的方法。

1. 影响黏度的因素

（1）温度　液体的黏度随温度的升高而降低。

（2）压力　液体的黏度随压力的增大呈指数形式增加。

（3）分散相　液体的黏度受分散相的浓度、形状、粒子大小等的影响。

（4）分散介质　液体的黏度受分散介质的化学组成、极性、pH 及电解质浓度等的影响。

2. 黏度计

（1）毛细管黏度计　毛细管黏度计是基于相对测定法的原理设计的,即依据液体在毛细管中的流出速度测量液体的黏度;多用来测定液体的相对黏度。此法不能调节线速度,不便测定非牛顿流体的黏度,但对高聚物的稀薄溶液或低黏度液体测定较为方便。

（2）落球黏度计　落球黏度计是根据斯托克斯定律设计的,即在黏度为 η 的液体中自由落下的球(直径为 d),记录落下速率,依据公式计算而得。该法不适用于触变流体。

（3）旋转式黏度计　旋转黏度计通常用于测定液体的动力黏度,即根据旋转过程中作用于液体介质中的剪切应力大小进行测定。常用的旋转式黏度计有同心双桶式、锥板式、平行板式等多种类型。同心双桶式适用于中、低黏度均匀液体黏度的测定,不适用于糊剂和含有大颗粒的混悬剂;平行板式适宜于高温测量和多相体系的测量。

四、流变学在药剂学中的应用和发展

流变学在药剂学中具有广泛的应用,特别是在混悬剂、乳剂、胶体溶液、软膏剂和栓剂的剂型设计、处方组成、制备以及质量控制中具有特别重要的意义。

（一）流变学在液体制剂中的应用

1. 流变学在溶液剂中的应用

利用凝胶具有较高的屈服值,研发了一种原位凝胶滴眼剂。含凝胶的液体制剂在滴入时会在眼部结膜穹隆内形成具有黏弹性的凝胶,在作用部位滞留,提高了疗效。

2. 流变学在混悬剂中的应用

混悬剂属于非均相分散体系,除微粒间的作用力、微粒的沉降速度、分散相的浓度与温度以外,流动性也是一个很重要的影响其物理稳定性的因素。混悬剂若为牛顿流体,静置时药物微粒沉降,黏结成块,难以重新分散;若为非牛顿流体,这时混悬剂具有触变性,在静止时黏度很大,有利于防止药物微粒的沉降,使用时振摇,流动性增大,有利于使用。

混悬剂中的助悬剂能增加分散介质的黏度以降低微粒的沉降速度或增加微粒的亲水性。含亲水性高分子材料的混悬剂,如海藻酸钠、羧甲基纤维素钠等,表现出假塑性流动。混悬剂在皮下注射的过程中,因剪切应力的作用其黏性降低,注射到皮下后,其黏性增加,使药物在体内形成储库。触变性的助悬剂对混悬剂的稳定性游离,使用混合助悬剂时应选择具有塑性和假塑性流动的高分子化合物联合使用。混悬剂在振摇、倒出及铺展时能自由流动是形成理想的混悬剂的最佳条件。

3. 流变学在乳剂中的应用

乳剂在制备和使用过程中往往受到各种剪切力的影响使其流动性发生改变,进而影响其物理稳定性。对乳剂的流动性影响较大的因素主要有乳剂中油水两相的体积比(简称相比)、分散微粒的粒度分布、内相固有的黏度等。乳剂在相比较低时,如 0.05 以下,其表现为牛顿流体;随着相比的增加,乳剂的流动性下降,表现为假塑性流体;而当相比较高时,如接近 0.74 时,则引起相转移,这时乳剂黏度增大,利于稳定。此外,如分散体系中粒度分布越窄,乳化剂的浓度越大,则其黏度越大,体系越稳定。

在制备乳剂的过程中,表面活性剂作为乳化剂能防止液滴合并,增加体系的稳定性。表面活性剂在低浓度时能使乳滴具有高表面弹性和高表面黏性,在高浓度时可减低乳滴的表面弹性。乳滴的聚集性也与表面活性剂的性质和浓度有关,其中高分子聚合物类的表面活性剂如聚多糖、黄原胶等,既有利于乳剂的形成,又起稳定剂的作用。

(二)流变学在半固体制剂中的应用

软膏剂、凝胶剂等半固体制剂属于非牛顿流体,流变学性质对其作用极为重要。半固体基质的选择、处方设计、含量均匀性、稠度、涂展性、附着性等均与流变性有关。半固体类制剂在开盖时不应自动流出,而当挤出时,遇到适宜的阻力后缓慢地从软管流出,停止挤压后就不流出。外用的半固体制剂应通过添加具有触变性的添加剂,调节药物的黏度,使其在给力时可使药品容易涂展,停止给力时黏附于皮肤。例如白蜡能使凡士林变稠、硬度增加,且随着白蜡的百分比增加,表观黏度呈指数增大。一般情况下,半固体的黏度在 $1.0 \times 10^6 \sim 10.0 \times 10^6$ 为宜。

(三)流变学在栓剂中的应用

栓剂在直肠温度下的流变学性质会影响栓剂中药物的释放和生物吸收。黏度对脂溶性基质栓剂中药物释放的影响较大,加入表面活性剂的种类和浓度均会对黏度产生影响。如液体栓剂基质泊洛沙姆 P407∶P188∶HPMC(18∶20∶0.8),该基质的黏度与剪切力的关系随温度变化而变化。在 25 ℃下,剪切速率的增加没有引起黏度的显著改变,表明这种液体栓剂在室温条件下具有一定的可灌注性;在 36 ℃下,剪切速率越高则黏度越低,有利于凝胶的形成。

(四)药物制剂的流变性对生产工艺的影响

1. 工艺过程放大

溶液剂、溶液型注射剂等牛顿流体制剂较容易实现由小试放大至规模化生产,而乳剂、混悬剂、软膏剂等非牛顿流体制剂的生产工艺放大较难。规模化生产时,非牛顿流体制剂的黏度和稳定性与实验室小试样品的性能会显著不同。因而在解决工艺过程放大问题和减小每批制剂产品的质量差异时,了解流变学原理和影响流变特性的因素可能对解决工艺过程放大过程中出现的问题有所帮助。这类制剂应加入中试研究,一般中试的量不应小于实际生产量的十分之一。

2. 混合作用

如果产品的特性与剪切应力和时间有关,且剪切后需要时间复原,工艺过程中使用的各种设备(如混合罐、均质机等)施加机械功(即剪切作用)的强度和工作时间的任何改变都会引起终产品黏度的明显改变。

产品黏度的变化和屈服值对工艺有重要影响。如产品同时具有切变稀性和较高的屈服值时,因剪切变稀,小叶桨可能只引起接近桨叶小部分的液体流动,大部分高屈服值物料仍留在原处;需更换为大螺旋桨叶、涡轮式桨叶以覆盖较大面积,避免"气阱"效应。

第四节　粉体学基础

一、概述

粉体(powder)是无数个固体粒子的集合体。粉体学是研究粉体的基本性质及其应用的科学,包括对粉体重要性质的表征,如粒径、粒径分布、形态、休止角、孔隙率等。粒子是粉体运动的最小单元,是组成粉体的基础。通常将小于 $100\ \mu m$ 的粒子称为"粉",大于 $100\ \mu m$ 的粒子称为"粒"。粒径小于 $100\ \mu m$ 的粒子间容易产生相互作用,使其流动性减小;而粒径大于 $100\ \mu m$ 的粒子由于自重大于粒子间的相互作用而流动性较好。粒子可能是晶体或无定形的单个粒子,也可能是多个粒子的聚结体;前者称为一级粒子,后者称为二级粒子(图 2-17)。在粉体的处理过程中自发形成的团聚物和制得的颗粒均为二级粒子。

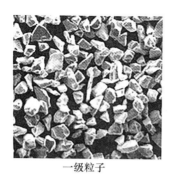

一级粒子　　　　　　　　　　　二级粒子

图 2-17　一级粒子和二级粒子的光学照片

粉体学是药剂学的基础理论,不仅能阐明粉体的物理性质,而且对制剂的处方设计、制备、质量控制、包装等都具有重要的指导意义。在药品中固体制剂占 $70\%\sim80\%$,含有固体药物的剂型有粉剂、散剂、颗粒剂、胶囊剂、片剂、粉针、混悬剂等,需要根据不同要求对粒子加工以改善其粉体性质,满足产品质量要求和粉体操作要求。

二、粉体的粒子性质

(一)粒径与粒径分布

粒径大小是粉体的最基本性质。粒子的大小和分布状态直接影响粉体的溶解性、吸附性、流动性和孔隙率等性质。因此,研究药物粉体材料的粒子大小对剂型改变、制剂工艺及质量的提高具有重要的意义。

粒径是表示粒子所占据空间大小的尺度,粒度分布表示其均匀性。粉体由形状和大小不同的粒子组成,常根据需要,用不同的方法测定其粒子径。以粒子直径的微米(μm)数为单位来表示粉体粒子大小,粒径大小的表示方法有:几何学粒径、有效径、筛分径等。

1. 粒径的表示方法

(1)几何学粒径 是根据投影的几何学尺寸定义的粒子径,反映了粒子的特征尺寸,如图2-18所示。一般用显微镜法测定。

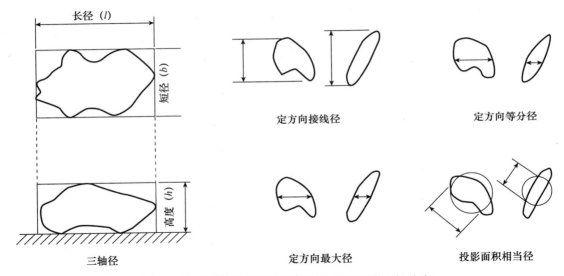

图 2-18　粒子径的表示方法示意图(引自药剂学第8版,方亮)

①三轴径 将一颗粒子放置于每边与其相切的长方体中,测得的长径(l)、短径(b)、高度(h),称为粒子的三轴径,其用于表示不规则形状粒子的大小。

②定方向径 也称为投影径(projected diameter),当粒子以最大稳定度(重心最低)置于同一平面,通过光学显微镜和电子显微镜观察粒子,根据其投影的几何形态而确定的粒径。

定方向接线径:在一定方向上与粒子投影相切的两条平行线之间的距离。

定方向等分径:在一定方向上将粒子投影面积分为两等份的直径。

定方向最大径:在一定方向上粒子投影的最大长度。

投影面积相当径:与粒子投影面积相等的直径。

③球相当径 用与粒子的体积或投影面积相同的球体的直径表示被测粒子的直径,该法测得的粒径称为球相当径。常见的球相当径有以下几种。

等体积球相当径:与被测粒子等体积的球体的直径。用库尔特计数器测得,记为D_V(式2-11)。

$$粒子的体积 V = \frac{\pi D_V{}^3}{6} \qquad\qquad （式 2-11）$$

等表面积球相当径：与被测粒子等表面积的球体的直径。采用透过法、吸附法测得比表面积后计算，记为 D_S。本法求得的粒子径为平均粒径，不能求粒度分布（式 2-12）。

$$粒子的表面积 S = \pi D_S{}^2 \qquad\qquad （式 2-12）$$

等比表面积球相当径：与被测粒子等比表面积的球体的直径，记为 D_{SV}（式 2-13）。

$$D_{SV} = \frac{D_V{}^3}{D_S{}^2} \qquad\qquad （式 2-13）$$

（2）筛分径　筛分径又称为细孔通过相当径。当粒子通过粗筛网且被截留在细筛网时，粗细筛孔直径的算术或几何平均值称为筛分径，记为 D_A（式 2-14 和式 2-15）。

$$算术平均径 D_A = \frac{a+b}{2} \qquad\qquad （式 2-14）$$

$$几何平均径 D_A = \sqrt{ab} \qquad\qquad （式 2-15）$$

式中，a 为粒子通过的粗筛网直径；b 为粒子被截留的细筛网直径。

（3）有效径　在适宜液相中与粒子沉降速度相等的球形粒子的直径，称为沉降速度相当径。用沉降法根据斯托克斯方程计算得到，又称为斯托克斯径或有效径，记为 D_{stk}（式 2-16）。常用以测定混悬剂的粒子径。

$$D_{stk} = \sqrt{\frac{18\eta}{(\rho_p - \rho_1)\cdot g} \cdot \frac{h}{t}} \qquad\qquad （式 2-16）$$

式中，ρ_p、ρ_1 分别为被测粒子与液相的密度；η 为液相的黏度；h 为等速沉降距离；t 为沉降时间；g 为重力加速度。

（4）空气动力学相当径　也称为空气动力学径，是与不规则粒子具有相同的空气动力学行为的单位密度球体的直径。具有相同的空气动力直径的颗粒可以有不同的形状、大小和密度。其计算公式见式 2-17。

$$d_a = d_g \left(\frac{\rho_p}{\rho_0 x} \right)^{0.5} \qquad\qquad （式 2-17）$$

式中，d_a 为颗粒的空气动力学粒径，d_g 为几何直径，ρ_p 为颗粒的密度（g/cm^3），ρ_0 为标准密度（g/cm^3），x 为动态形状因子（假设粒子是球形，则 $x=1$）。该直径通常用于表征吸入性颗粒。

2. 粒径分布

粒径分布也称为粒度分布，是指不同粒径的粒子群在粉体中的分布情况，是反映粒子大小均匀性的重要指标，可用频率分布或累积分布表示。

频率分布表示与各个粒径相对应的粒子群占全体粒子群的百分数（微分型）；累积分布表示小于或大于某粒径的粒子占全体粒子群中的百分数（积分型）。频率分布与累积分布可用表格的形式表示（表 2-7），也可用柱状图或曲线表示（图 2-19）。

粒径分布的基准有多种,如个数基准、质量基准、面积基准、体积基准、长度基准等。由于测定基准不同,粒径分布曲线也不同,因此表示粒径分布时必须注明测定基准。在制药的规模化的粉体处理过程中,质量基准分布应用较多,在研究中个数基准和体积基准应用较多。用筛分法测定累积分布时,筛下粒径累积的分布称为筛下分布;筛上粒径累积的分布称为筛上分布。

表 2-7　粒度分布测定实例

粒径/μm	算术平均径/μm	个数	频率分布/%	累积分布/%
<9.9	—	20	2	2
10~19.9	15	180	18	20
20~29.9	25	300	30	50
30~39.9	35	300	30	80
40~49.9	45	180	18	98
50~59.9	55	18	1.8	99.8
>60	—	2	0.2	100

(引自药剂学第 8 版,方亮)

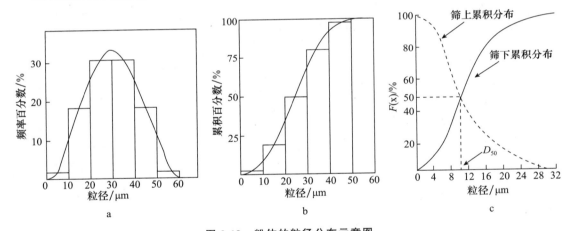

图 2-19　粉体的粒径分布示意图
a. 个数基准频率分布图;b. 个数基准累积分布图;c. 筛上、筛下累积分布图

除分布图外,粒径分布也可用某些参数表示,如几何标准偏差(σ_g)和分布跨度(span),其公式为式 2-18 和式 2-19。

$$\sigma_g = D_{84}/D_{50} = D_{50}/D_{16} \qquad (式 2\text{-}18)$$

$$span = (D_{90} - D_{50})/D_{10} \qquad (式 2\text{-}19)$$

式中,D_{10}、D_{16}、D_{50}、D_{84} 和 D_{90} 分别表示筛下累积粒度分布图上 10%、16%、50%、84% 和 90% 的颗粒所对应的粒径。

3. 平均粒径

因组成粉体的粒子大小不均匀,不能用某一粒子的直径代表粉体所有粒子的大小。通常需要测定若干粒子的粒径,然后用这些粒子的平均粒径表示粉体的大小。在制药行业中最常用的平均粒径是中位径,也称中值径,是累积分布图中累积值正好为 50% 所对应的粒径,用 D_{50} 表示,如图 2-19-c 所示。通过筛上累积分布图或(和)筛下累积分布图求得的 D_{50} 值相同,在累积分布图上两条线的交点就是 D_{50}。

除这些平均粒径外,常用众数径描述颗粒分布。众数径是指颗粒出现最多的粒度值,即频率分布曲线的最高峰值。

若粒径分布为正态分布,已知个数基准的中位径 D_{50},其他平均径可通过计算求得(表 2-8)。

表 2-8 常用平均粒径的换算公式

名称	符号	计算基准	计算公式
算术平均径	$D(1,0)$	$\sum nd / \sum n$	
众数径		频数最多的粒子直径	
中位径	D_{50}	累积中间值(D_{50})	D_{50}
面积-长度平均径		$\sum nd^2 / \sum nd$	$D_S = D_{50} \exp(\ln^2 \sigma_g)$
体面积平均径	$D(3,2)$	$\sum nd^3 / \sum nd^2$	$D_{SV} = D_{50} \exp(2.5\ln^2 \sigma_g)$
重量平均径	$D(4,3)$	$\sum nd^4 / \sum nd^3$	$D_{50}' = D_{50} \exp(3\ln^2 \sigma_g)$

(引自药剂学第 8 版,方亮)

注:d 为粒子径;n 为粒子数;D_{50}' 为重量基准中位径;σ_g 为几何标准偏差。

4. 粒径的测定方法

粒径的测定方法有很多,主要分为几何学测定法和有效粒子径测定法。在《中国兽药典》和《中国药典》中均规定了测定方法,可根据药物需要按照药典中的方法和要求进行选择与操作。表 2-9 列出了常用的粒径测定方法及其测定范围、特点(仅供参考)。

表 2-9 常用的粒径测定方法及测定范围、特点

测定方法	范围/μm	粒子的粒径	分布标准	样品状态
光学显微镜法	0.5～500	定向径或等圆径	数目	湿,干
电子显微镜法	0.002～15	定向径或等圆径	数目	干
筛分法	＞45	筛分径	重量	湿,干
库尔特计数法	0.6～800	体积等价径	数目	湿
重力沉降法	1～100	斯托克斯径	重量	湿,干
离心沉降法	0.05～50	等价径	重量	湿,干
气体渗透法	0.01～40	比表面积径		湿,干
气体吸附法	0.005～50	比表面积径		湿,干
激光衍射法	0.01～3 000	体积等价径		湿
光子相关光谱法	0.003～3	体积等价径		湿

(引自药剂学第 2 版,孟胜男)

（1）显微镜法　将一定量粉体置于显微镜下,根据投影像测得粒径。该法主要测定几何学粒径,同时能观察粒子的形态。目前常用的有光学显微镜、扫描电子显微镜、透射电子显微镜等。测定时必须避免粒子间的重叠,以免产生测定的误差。该方法测定的粒径分布主要以个数、面积为基准。该法在制剂研究上常用于散剂、乳剂、混悬剂、软膏剂及其他粉体粒径的测定。

（2）筛分法　该法是制药业中被广泛采用的、使用最早的、最简单和快速的测定方法;常用于测定粒径范围在 45 μm 以上的粉体粒子。测定时,将药筛按照从粗到细的筛号顺序,自上而下依次排列,将一定量的粉体样品置于最上层的筛子中,振摇一定时间后,称量留在每个筛号上的粉体重量,可计算出各筛号上的不同粒径粉体的质量分数,由此获得以重量为基准的筛分粒径分布及平均粒径,并利用公式求算其粒径分布标准偏差。但该法测定粒径误差较大,载药量、筛分时间和振摇强度等因素可改变样品和筛孔的大小而影响测定的准确性。

（3）库尔特计数法　也称电阻法,是根据小孔电阻原理测定粒径及粒子数的方法,其基本原理是将粒子体积转变为电压脉冲信号的过程,如图 2-20 所示。将电解质溶液用隔离壁隔开,隔离壁上有一小孔,小孔内、外各一个电极,电极间有有一定的电压,两电极间的电阻与细孔内电解质体积有关。当粒子从一侧通过小孔流入另一侧时,粒子容积排除孔内电解质而使电阻发生改变,产生于粒子体积成正比的电压脉冲。将此脉冲经电子器放大,并转变为粒子体积的大小,换算成粒径,以测定粒径与粒度分布。脉冲信号的个数表示粒子的个数,信号的大小反映粒子的大小。本法测得的粒径为等体积球相当径,可求得以个数为准的粒度分布或以体积为基准的粒度分布。因本法在水溶液中测定,故只适用于测量水不溶性粒子的大小。

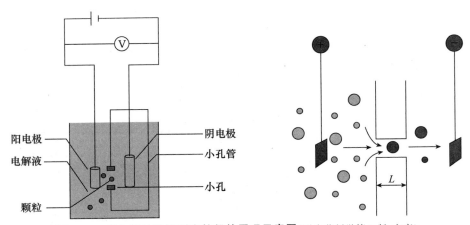

图 2-20　库尔特计数法测定粒径的原理示意图(引自药剂学第 8 版,方亮)

（4）沉降法　可测定有效径,是利用液相中混悬粒子的沉降速度,根据斯托克斯方程计算求出。该法适用于 100 μm 以下的粒径测定,必要时可在混悬剂中加入反絮凝剂以使待测粒子处于非絮凝状态。

常用的方法有 Andreasen 吸管法和沉降天平法,如图 2-21 所示。Andreasen 吸管法的装置包括沉降管和吸管(图 2-21a)。首先设定一个沉降高度,在此范围内的粒子以相同速度沉降,在一定时间间隔取样,测定粒子的沉降量或浓度,测算出以重量为基准的粒度分布。该法测得的粒度分布以重量为准。

沉降法有齐沉降法和分散沉降法,如图 2-21c 所示。齐沉降法将粒子群从溶剂的上端同时沉降,而分散沉降法是将粒子群均匀混悬分散于溶剂中再进行沉降。

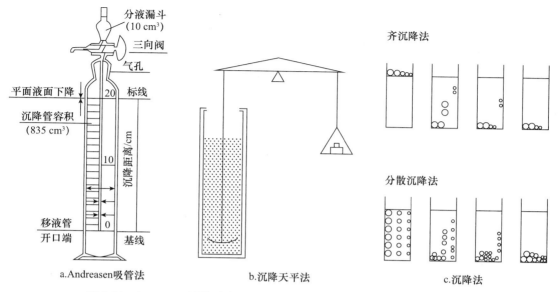

图 2-21　**Andreasen 吸管法和沉降天平法示意图**(引自药剂学第 2 版,孟胜男)

(5)比表面积法　比表面积是粒子的物理参数,是影响粉体性质的重要因素。在粒子为球形的条件下,比表面积随粒径的减小而增大,故可通过比表面积与粒径的关系求得平均粒径。该法可测定的粒度范围为 100 μm 以下,常用吸附法和渗透法测定,参见"粉体粒子的比表面积"部分内容。

(6)激光衍射法　该法是近年发展起来且被广泛应用的新方法,可测定 $0.01 \sim 3\,000\,\mu m$ 范围内的粒子。当粒子通过激光光束时,粒子在与其大小成反比的角度上衍射光线,通过分布在不同角度上的光敏检测器来测量衍射光的强度(图 2-22)。再通过数学模型计算得到平均粒径和粒径分布。

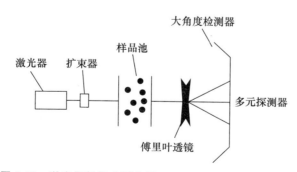

图 2-22　**激光衍射粒度测定原理**(引自药剂学第 2 版,孟胜男)

(7)光子相关光谱法　用于测量分散于液体中粒子的平均粒径。以激光为发射光源,用光子探测器测定粒子散射光强度的波动性。当粒子在溶液中做布朗运动时,不同大小的粒子具有不同的扩散系数,其光散射强度波动性的频率也不同,由此能确定粒子的扩散系数与光波动时间特性的相关函数,计算出与之同等大小的球体半径。光子相关光谱粒度测定仪通常可测定 $0.03 \sim 3\,\mu m$ 范围的粒子。

(二)粉体粒子的比表面积

1. 比表面积的表示方法

粒子的比表面积是指单位体积或单位重量的表面积,分别用体积比表面积 S_V 和重量比表面积 S_W 表示,单位分别为 cm^2/cm^3 和 cm^2/g,见式 2-20 和式 2-21。

$$体积比表面积 S_V = \frac{s}{v} = \frac{\pi d^2 n}{\frac{\pi d^3}{6} n} = \frac{6}{d} \qquad (式 2-20)$$

式中,S 为粉体粒子的总表面积,V 为粉体粒子的总体积,d 为比表面积径,n 为粒子总数。

$$重量比表面积 S_w = \frac{s}{w} = \frac{\pi d^2 n}{\frac{\pi d^3 \rho n}{6}} = \frac{6}{d\rho} \qquad (式 2-21)$$

式中,w 为粉体的重量,ρ 为粉体的真密度,其余同上式。

从上述 2 个计算公式可以看出,比表面积随粒径的减小而增大。若粒径为 $1\ \mu m$,体积比表面积为 $6\ \mu m^{-1}$;若粒径为 $100\ \mu m$,体积比表面积为 $0.06\ \mu m^{-1}$。比表面积不仅对粉体性质,而且对制剂性质和药理性质均有重要意义。例如,活性炭的吸附力强,是因为它具有很大的比表面积;有的中药"燥性"大,也是因为其表面粗糙,有较大的比表面积。

2. 比表面积的测定方法

无空隙、形态规则且表面平滑的粒子的比表面积可通过测定粒径和计算粒子数求得。但有些粉体的粒子形态不规则,表面粗糙且有裂缝和孔隙,其比表面积包括:粒子外表面的面积、裂缝及孔隙中的表面积。这类粉体常用气体吸附法和气体透过法测定其比表面积。

(1)气体吸附法　利用粉体吸附气体的性质,气体的吸附量既与气体的压力有关(吸附等温线),也与粉体的比表面积有关。通常在低压下形成单分子层,在高压下形成多分子层。若已知一个气体分子的截面积 A,测定形成单分子层的吸附量 V_m,即可计算出该分体的比表面积 S_w。

测定方法:在一定温度下,测定一系列压力 p 下气体的吸附体积 V,即气体吸附等温曲线,再用 BET(Brunauer-Emmett-Teller)方程(式 2-22),$p/V(p_0 - p)$ 对 p/p_0 绘图,可得直线。

$$\frac{p}{V(p_0 - p)} = \frac{1}{V_m C} + \frac{C-1}{V_m C} \cdot \frac{p}{p_0} \qquad (式 2-22)$$

式中,V 为在压力 p 下 1 g 粉体吸附气体的体积(cm^3/g);V_m 为形成单分子层气体吸附量(cm^3/g);C 为与吸附热有关的常数,值为 $\exp\left(\frac{E_1 - E_L}{RT}\right)$,其中 E_1 为第一层吸附热,E_L 为液化热;p_0 为测定温度下气体的饱和蒸气压。通过图中直线的斜率与截距求得 V_m(图 2-23),根据式 2-23 求得比表面积 S_w(m^2/g)。

$$S_w = A \cdot \frac{V_m}{22\ 400} \cdot 6.02 \times 10^{23} \qquad (式 2-23)$$

式中,A 为吸附气体 1 mol 的有效截面积,常用气体为氮气,$A = 1.62 \times 10^{-19}\ m^2/mol$;6.02×

10^{23} 为阿伏伽德罗常数;22 400 为 1 mol 气体的体积(cm^3)。

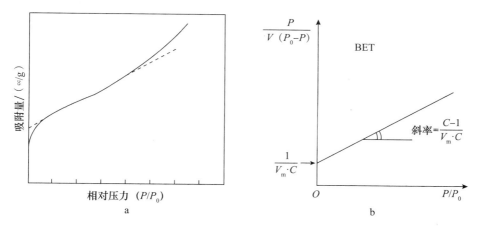

图 2-23　粉体吸附氮气的典型吸附曲线 a 及 BET 方程线性图 b
(引自药剂学第 8 版,方亮)

(2)气体透过法　当气体通过粉体层时,气体透过粉体层的空隙而流动,因而气体的流动速度与阻力受粉体层表面积大小(或粒径大小)的影响。粉体层的比表面积 S_w 与气体流量、阻力、黏度等关系可用 Kozeny-Carman 公式表示(式 2-24)。

$$S_w = \sqrt{\frac{A \cdot \Delta P \cdot t}{\eta \cdot K \cdot L \cdot V} \frac{\varepsilon^3}{(1-\varepsilon)^2}} \qquad (式 2-24)$$

式中,A 为粉体层的横截面积;ΔP 为粉体层的压力差(阻力);ε 为粉体层的孔隙率;η 为气体的黏度;K 为 Kozeny 常数,通过实验测定,数值为 5;L 为空隙长度;V 为 t 时间内通过粉体层的气体流量。

气体透过法只能测定粒子外部的比表面积,粒子内部空隙的比表面积不能测得,因此不适用于多孔性粒子的比表面积与粒径的测定。

三、粉体的密度与空隙率

(一)粉体密度

系指单位体积粉体的质量,为质量与体积的比值。粉体的质量比较容易测定,但因粉体粒子间有空隙,且有的粒子表面粗糙或粒子有裂缝或空隙,故粉体的体积具有不同的含义。根据体积的不同含义和测定方法,粉体密度可分为真密度、粒密度和堆密度。

1. 真密度(true density,ρ_t)

指粉体质量(W)除以真体积 V_t 求得的密度,即 $\rho_t = W/V_t$。真体积指不包括颗粒内外空隙的体积。常用的测定方法是气体或液体置换法。

2. 粒密度(granule density,ρ_g)

指粉体质量除以颗粒体积 V_g 所求得的密度,即 $\rho_g = W/V_g$。颗粒体积指除去颗粒间空隙,但不排除颗粒内空隙的体积。通常采用水银置换法测定颗粒体积,在常压下水银不能渗入颗粒内小于 $10\mu m$ 的细孔。

3. 堆密度(bulk density, ρ_b)

指粉体质量除以该粉体所占容器的体积(总体积 V_b)求得的密度,也称松密度,即 $\rho_b = W/V_b$。填充粉体时,经一定规律震动或轻敲后测得的堆密度称振实密度 ρ_{bt}(tap density)。

若颗粒致密、无细孔和空洞,则 $\rho_t = \rho_g$;理论上 $\rho_t \geqslant \rho_g > \rho_{bt} \geqslant \rho_b$。

(二)空隙率

空隙率是指粉体层中空隙所占有的比率。

由于粒子内、粒子间都有空隙,因此粉体的体积(V)由三部分构成:固体成分的真体积(V_t)、颗粒内部空隙体积(V_{intra})、颗粒间空隙体积(V_{inter}),即 $V = V_t + V_{intra} + V_{inter}$。

相应的空隙率分别为颗粒内空隙率,$\varepsilon_{intra} = V_{intra}/(V_t + V_{intra})$;颗粒间空隙率,$\varepsilon_{inter} = V_{inter}/V$;总空隙率,$\varepsilon_{total} = (V_{intra} + V_{inter})/V$ 等。可以通过相应的密度计算求得,如下列公式所示:

$$\varepsilon_{intra} = 1 - \frac{\rho_g}{\rho_t} \qquad (式\ 2\text{-}25)$$

$$\varepsilon_{inter} = 1 - \frac{\rho_b}{\rho_g} \qquad (式\ 2\text{-}26)$$

$$\varepsilon_{total} = 1 - \frac{\rho_b}{\rho_t} \qquad (式\ 2\text{-}27)$$

因此,空隙率常指总空隙率 $\varepsilon(\varepsilon_{total})$,即空隙体积与粉体总体积的比值,用百分率表示,计算公式见式 2-27。也可用压汞法、气体吸附法等方法测定空隙率。

粉体的空隙率对药物制剂的性质有一定影响。粉体在压缩过程中体积的减少,是因为粉体内部的空隙减少;片剂在崩解前吸水也受空隙率大小的影响,一般片剂的空隙率在 5%～35%。微粉的"轻质"与"重质"主要与该微粉的总孔隙率有关。

四、粉体的流动性与充填性

(一)粉体的流动性

粉体流动性即粉体在外力(如重力、摩擦力等)作用下具有改变原来稳定态趋势的一种性质,其与粒子的形状、大小、表面状态、密度、空隙率等有关。粉体的流动性对固体制剂的生产和产品质量有较大的影响,如粉剂和散剂的分剂量,胶囊剂的分装,片剂的压片等。粉体的流动性可用休止角、流出速度和压缩度来衡量。

1. 粉体流动性的评价及测定方法

(1)休止角 是粉体堆积层的自由斜面与水平面形成的最大角,是粒子在粉体堆积层的自由斜面上滑动时所受的重力和粒子间摩擦力达到平衡而处于静止状态下测得的。测定时,颗粉经漏斗流下并形成圆锥体堆,设锥体高为 H,锥体底部半径为 R,则 $\tan\theta = H/R$,θ 角即为休止角。休止角是检验粉体流动性好坏的最简便方法。休止角越小,说明摩擦力越小,流动性越好,一般认为 $\theta \leqslant 30°$ 时流动性好,$\theta \leqslant 40°$ 时可以满足生产中流动性的需求。如压片时要制颗粒是因为药物颗粒的 θ 一般为 40° 左右,而粉体的 θ 一般为 65° 左右,故颗粒的流动性优于粉体。

休止角的测定方法有注入法(固定漏斗法)、排出法(固定圆锥底法)、倾斜角法等(图 2-24),其中排出法测定的结果重现性较好。

（2）流出速度　将一定量的粉体装入漏斗中,测定粉体从漏斗中全部流出所需的时间。通常认为,流出时间短,粉体的流动性好,单位时间内流出的粉体量波动性小,反之则差。测定装置如图 2-25 所示。如测定 100 g 粉末流出小孔所需要的时间或测定 10 s 内可流出小孔的样品量,若粉体的流动性很差而不能流出时可加入 100 μm 的玻璃球助流;测定粉体开始流动所需玻璃球的最少量(W%),以表示流动性,加入量越多流动性越差。

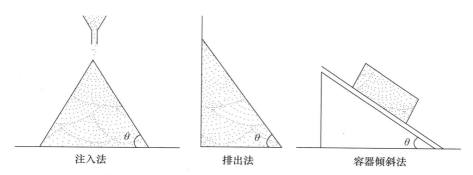

注入法　　　　　排出法　　　　容器倾斜法

图 2-24　休止角的测定方法(引自药剂学第 2 版,孟胜男)

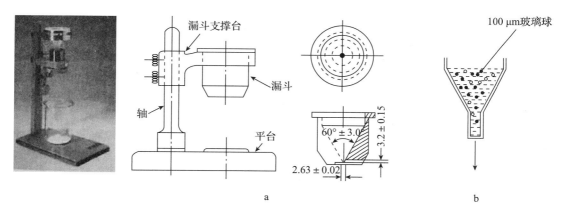

a

b

图 2-25　粉体的流动性试验装置 a 和玻璃球助流 b 示意图(引自药剂学第 8 版,方亮)

（3）压缩度　将一定量的粉体在无任何振动的条件下装入量筒后测量最初松体积;通过轻敲使粉体处于最紧状态,测量最终的体积;计算最松密度 ρ_0 与最紧密度 ρ_f,再依据式 2-28 计算压缩度 C。

$$C = \frac{\rho_f - \rho_0}{\rho_f} \times 100(\%)$$ （式 2-28）

压缩度可以反映粉体的凝聚性、松软状态,是粉体流动性的重要指标。压缩度越大,粉体的流动性越差。压缩度小于 20% 时,其流动性好;大于 40% 时,其流动性下降到不易从容器中自动流出。

2. 影响粉体流动性的因素与改善方法

粉体的流动性受粒子大小、粒度分布、粒子形态、表面结构、粒子间的摩擦力、静电力、黏附力、空隙率和堆积密度等影响,通过改变这些性质可改善粉体的流动性。

（1）增大粒子大小　粒径对粉体的流动性影响较大,通常认为细粉的流动性比粗粉差。对粉体进行制粒,可有效减少粒子间的黏着力,改善流动性。一般粉体粒径在 250～2 000 μm 时流动性较好,在 75~250 μm 时流动性取决于其形态和其他因素。粒径<200 μm 时,内聚力超过粒子重力,粒子易发生聚集。粒径<100 μm 时,产生胶黏性,流动性出现问题。当把小于 10 μm 的微粒除去或将小于 10 μm 的微粒吸附在较大微粒上时其流动性可以提高。

(2)改善粒子形态及表面粗糙度 球形粒子的表面光滑,可减少摩擦力,提高流动性。可采用喷雾干燥得到近球形的颗粒,如喷雾干燥乳糖。颗粒的表面粗糙度也会影响粉体的流动性。与表面光滑的颗粒相比,表面粗糙的颗粒黏附性更强,更容易嵌合在一起。可通过调整或控制生产条件与生产方法,改变颗粒的形态和质地。

(3)控制含湿量 药物粉体多为有机物质,常具有吸湿作用。在一定范围内,随着粉体吸湿量的增加,粒子间黏着力增大,流动性减小。对含湿量高的粉体,适当干燥有利于减弱粒子间作用力,增加其流动性;但过度干燥,粉体在流动过程中容易产生静电而发生团聚、黏附,从而降低其流动性。

(4)加入助流剂 助流剂可降低粉体间的黏附性和黏着性,改善流动性。在粉体中加入 0.5%~2%滑石粉、硬脂酸镁、微粉硅胶等助流剂,可降低粒子表面的吸附力,改善粉体的流动性。但需要注意量的使用;适量的助流剂可通过填平粉体粒子的粗糙面而使其表面光滑,减少阻力;加入量过多时反而增加阻力。

(5)其他 在重力的作用下,粒子密度大有利于流动;当密度大于 0.4 g/cm^3 时,可满足粉体流动性的要求。此外,使用振动的漏斗,强制饲粉装置等设备可改善粉体的流动性。

(二)粉体的充填性

粉体的充填性是粉体集合体的基本性质,在散剂、预混剂、片剂、胶囊剂的装填过程中具有重要意义。

1. 粉体充填性的表示方法

粉体的充填性常用的表征参数见表 2-10。

表 2-10　充填性的表征参数

充填性	定义	方程
堆比容	粉体单位质量(1 g)所占的体积	$v = V_b/W$
堆密度	粉体单位体积(1 cm^3)的质量	$\rho = W/V_b$
空隙率	粉体的堆体积中空隙所占的体积比	$\varepsilon = (V_b - V_t)/V_b$
空隙比	粉体空隙体积与粉体真体积之比	$\varepsilon = (1/k) - 1 = (V_b - V_t)/V_t$
充填率	粉体的堆密度与真密度之比	$\kappa = \rho_b/\rho_t = 1 - \varepsilon$
配位数	一个粒子周围相邻的其他粒子个数	

(引自药剂学第 8 版,方亮)

注:W 为粉体质量;V_b 为粉体所占的表观容积;V_t 为粉体的真容积。

2. 颗粒的排列模型

在粉体的充填中,粒子的排列方式影响粉体的体积与空隙率。排列方式中最简单的模型是大小相等的球形粒子的充填方式。图 2-26 是由 Graton 研究的著名 Graton-Fraser 模型,不同排列方式的参数见表 2-11。

表 2-11 等大球形粒子的规则充填形式的一些参数

充填名称	空隙率/%	接触点	排列图号
立方格子形充填	47.64	6	a
斜方格子形充填	39.54	8	b,d
四面楔格子形充填	30.19	10	e
棱面格子形充填	25.95	12	c,f

(引自药剂学第 8 版,方亮)

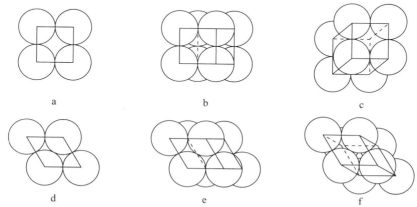

图 2-26 **Graton-Fraser** 模型(等大球形粒子的排列图)(引自药剂学第 8 版,方亮)

由表 2-11 可知,球形颗粒在规则排列时,接触点数最小为 6,其空隙率最大(47.6%),接触点数最大为 12,此时空隙率最小(26%)。接触点数反映空隙率大小,即充填状态。理论上球形粒子的大小不影响空隙率及接触点数。

3. 影响粉体充填性的因素

因实际生产过程中,粉体粒子的形状和大小不一,所以其充填具有随机性,充填效果受以下多种因素影响。

(1)粒子大小及其分布 粒度越小,由于粒子间的团聚作用,空隙率越大,充填率越小。而粒径分布宽的粉体,粗颗粒间的空隙可被细颗粒充填。

(2)粉体粒子形状和结构 在形状不规则的、结构差异大的粉体中容易形成弓形空隙或架桥,使得颗粒在疏松充填和紧密充填时的空隙率差异较大。通常认为,空隙率随粒子圆度的降低而增高。在松散堆积时,有棱角的颗粒或表面粗糙度越高的颗粒空隙率较大。

(3)颗体的表面性质与物料的含水量 静电作用能增加颗粒间的吸引力,使颗粒的充填更紧密,进一步增加了颗粒的黏着性。粒子表面吸附水,粒子间形成液桥力,粒子间附着力增大,形成二次、三次粒子,导致物料堆积率下降。

(4)粉体处理及过程条件 在粉体流动和充填前对粉体的处理方法会影响粉体的充填行为。此外,粉体在容器壁附近形成特殊的排列结构,即壁效应:一般圆筒形容器直径和粉体粒径之比为 1~50 时,空隙率随比例增大而增加,其充填率下降。

(5)助流剂的影响 助流剂对充填性的影响类似于对流动性的影响。助流剂的粒径一般

约 $40\mu m$,与粉体混合时在粒子表面附着,减弱粒子间的黏附,增大充填密度。

五、粉体的吸湿性与润湿性

(一)粉体的吸湿性

吸湿性是指粉体表面吸附水分的现象。将药物粉体置于湿度较大的空气中容易发生不同程度的吸湿现象,产生潮解、聚集、固结、润湿、液化等物理变化,致使粉体的流动性下降,甚至发生化学反应使药物的稳定性降低。

药物的吸湿性与空气中的水蒸气分压(P)和粉体表面产生的水蒸气压(P_W)有关。如图2-27所示,当 $P > P_W$ 时发生吸湿(吸潮);$P < P_W$ 时发生干燥(风干);$P = P_W$ 时吸湿与干燥达到动态平衡,此时的水分称平衡水分。当 P 发生变化时,P_W 也会随之变化,直至建立新的平衡。常用吸湿平衡曲线表示药物的吸湿特性,即先求出药物在不同湿度下的平衡吸湿量,再以吸湿量对相对湿度作图,绘出吸湿平衡曲线。

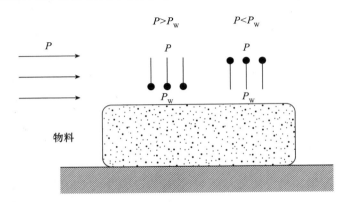

图 2-27 物料的吸湿与风干示意图(引自药剂学第 8 版,方亮)

1. 水溶性药物的吸湿性

水溶性药物在相对湿度较低的环境下,几乎不吸湿,而当相对湿度增大到一定值时,吸湿性急剧增加,一般把这个吸湿量开始急剧增加的相对湿度称为临界相对湿度(critical relative humidity,CRH)(图2-28)。CRH是水溶性药物的特征参数,可用CRH作为粉剂吸湿性大小的衡量指标。CRH越小则越易吸湿,反之,则越不易吸湿。水溶性药物均有其固有的CRH,可从相关书籍中查阅,如葡萄糖的CRH为82%,果糖的CRH为53.5%。

与单一的一种药物CRH值相比,水溶性药物混合物的CRH更低,更易于吸湿。水溶性药物混合物的CRH可根据Elder方程式(式2-29)计算,即混合物的CRH约等于各药物的CRH的乘积,而与各组分的比例无关。常见水溶性药物的临界相对湿度(37 ℃)见表2-12。

$$CRH_{AB} = CRH_A \cdot CRH_B \qquad \text{(式 2-29)}$$

式中,CRH_{AB} 为 A 与 B 物质混合后的临界相对湿度,CRH_A 为 A 物质的临界相对湿度,CRH_B 为 B 物质的临界相对湿度。如葡萄糖和抗坏血酸钠的CRH值分别为82%和71%,按式2-29计算两者混合物的CRH为58.3%。

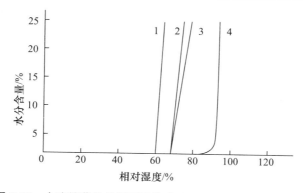

图 2-28　水溶性药物的吸湿平衡曲线(引自药剂学第 8 版,方亮)
1. 尿素；2. 柠檬酸；3. 酒石酸；4. 对氨基水杨酸钠

但式 2-29 不适用于能相互作用或受共同离子影响的药物,如盐酸硫胺(CRH＝88％)与盐酸苯海拉明(CRH＝77％)含相同离子,其混合物实测 CRH 值为 75％,而按式 2-29 计算则为 68％。

表 2-12　水溶性药物的临界相对湿度(37 ℃)

药物名称	CRH/%	药物名称	CRH/%
果糖	53.5	氯化钾	82.3
溴化物(二分子结晶水)	53.7	柠檬酸钠	84
盐酸毛果芸香碱	59	蔗糖	84.5
尿素	69	硫酸镁	86.6
柠檬酸	70	安乃近	87
苯甲酸钠咖啡因	71	苯甲酸钠	88
酒石酸	74	盐酸硫胺	88
氯化钠	75.1	烟酰胺	92.8
盐酸苯海拉明	77	葡萄糖醛酸内酯	95
水杨酸钠	78	半乳糖	95.5
乌洛托品	78	抗坏血酸	96
葡萄糖	82	烟酸	99.5

2. 水不溶性药物的吸湿性

水不溶性药物的吸湿性随着相对湿度的变化而缓慢发生变化,没有临界点(无 CRH),如图 2-29 由于平衡水分吸附在固体表面,相当于水分的等温吸附曲线。水不溶性药物混合物的吸湿性具有加和性。

3.CRH 的测定方法与测定意义

(1)CRH 的测定方法　通常采用粉体吸湿法。具体方法:称取一定量样品,在一定温度下,分别置于一系列不同湿度容器中,待样品达到吸湿平衡后,取出样品称重,求出样品在不同湿度中的吸湿量,以相对湿度对吸湿量作吸湿平衡曲线即得。

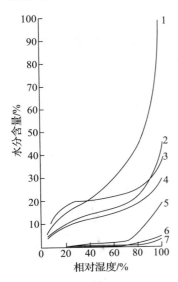

图 2-29 非水溶性药物 (或辅料)的吸湿平衡曲线
(引自药剂学第 8 版,方亮)

实际生产时,利用 CRH,应控制生产环境的相对湿度低于药物混合物的 CRH,以免药物吸湿而降低其流动性,影响分剂量和产品质量。对易吸湿性的药物分装,分装室应采用除湿设备,样品包装应采用不透水、气的材料,密封贮存并附硅胶等干燥剂。

(2)测定 CRH 的意义 ①CRH 可作为药物吸湿性指标,一般 CRH 越大,越不易吸湿;②为生产、贮藏环境提供参考,一般应将生产及贮藏的相对湿度控制在 CRH 以下,防止吸湿;③为选择防湿性辅料提供参考,一般应选择 CRH 大的物料作辅料。

(二)粉体的润湿性

润湿性:是固体界面由固-气界面变为固-液界面的现象。良好的润湿性能使粒子迅速与分散介质接触,有助于粒子在介质中的分散。粉体的润湿性对片剂、颗粒剂等固体制剂的崩解性、溶解性等具有重要意义。

固体的润湿性常用接触角表示。液滴在固、液接触边缘的切线与固体平面间的夹角,称为接触角,用 θ 表示。将不同物质的液滴滴在固体表面时(如水和水银),根据润湿性不同,其接触角有差异,通常可出现如图 2-30(图中 A 点表示气、液、固三相的会合点)所示的情况。接触角最小为 0°、最大为 180°,接触角越小润湿性越好。根据接触角的大小,润湿性分为完全润湿($\theta=0°$)、润湿($0°<\theta\leqslant90°$)、不润湿($90°<\theta<180°$)和完全不润湿($\theta=180°$)。测定接触角的常用方法有液滴法、毛细管上升法和液高—空隙率法。

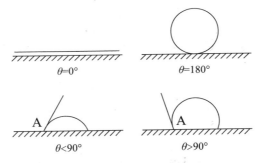

图 2-30 液体在固体表面的状态与接触角的关系(引自药剂学第 2 版,孟胜男)

六、粉体的黏附性与黏着性

一般情况下,粉体在加工处理过程中经常会出现黏附器壁或凝聚的现象。黏附性是指不同分子间产生的引力,如粉体粒子与器壁间的黏附;凝聚性(或黏着性)是指相同分子间产生的引力,也被称为“团聚”或“内聚”,如粉体粒子之间发生黏附而形成聚集体。产生黏附性和凝聚性的主要原因:①在干燥状态下主要由粉体粒子所带电荷产生的静电力与范德瓦耳斯力引起;②在润湿状态下主要由粒子表面存在的水分形成液体桥或由水分的蒸发而产生固桥引起;③粒子表面不平滑引起的机械咬合力;④其他作用力,如粉体粒子间表面氢键及其他化学键合作用等。通常粒子粒度越小的粉体越易发生黏附与团聚,并影响流动性、充填性、分散性和压缩性。

七、粉体的压缩成型性

粉体具有一定程度的压缩成型性。片剂的制备过程就是将具有良好压缩性和成型性的粉体或颗粒压缩成一定形状固体制剂的过程。压缩性表示粉体在压力下体积减少的能力,使颗粒填充状态变密的能力,表明压力对空隙率的影响。成型性表示粉体在给定压力下紧密结合成一定形状的能力,表明压力对抗张强度的影响。通常来讲,对于药物粉体而言,压缩性与成型性密不可分,因而常将二者简称为压缩成型性。压缩性和成型性在片剂的制备过程中对于处方的筛选与工艺的选择具有重要意义;若处方设计或操作不当就会产生松片、黏冲等影响片剂质量的现象。

固体物料的压缩成型性由于涉及因素较多,其机制尚不清楚。目前比较认可的说法如下:①压缩后粒子间的距离很近,使粒子间易产生范德瓦耳斯力、静电引力等;②粒子在受力时产生的塑性变形使粒子间的接触面积增大;③粒子受压后产生的新生表面具有较大表面自由能;④粒子在受压变形时相互嵌合而产生机械结合力;⑤物料在压缩过程中由于摩擦力而产生热,特别是颗粒间支撑点处局部温度较高,使熔点较低的物料部分熔融,解除压力后重新固化而在粒子间形成"固体桥";⑥水溶性成分在粒子的接触点处析出结晶而形成"固体桥"等。

粉体的压缩特性(压缩体积的变化)。

在施加压力的过程中,粉体在承受压力的过程中伴随着体积的减小,图 2-31 即为相对体积($V_r =$ 堆体积 V/真体积 V_s)随压缩压力(p)的变化。由此可将压缩过程分为以下四个阶段。

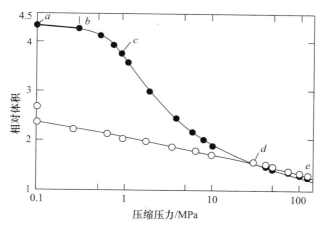

图 2-31 相对体积和压缩力的关系(引自药剂学第 8 版,方亮)

(● 颗粒状;○ 粉末状)

ab 段:粉体层内的粒子滑动或重新排列,形成新的充填结构,粒子形态不变;

bc 段:在粒子接触点发生弹性变形,产生临时架桥;

cd 段:粒子发生塑性变形或破碎,使空隙率显著减小,粒子间的接触面增大,增强架桥作用;粒子破碎并产生的新生界面增加结合力;

de 段:固体晶格的压密过程,空隙率有限,体积变化不明显,主要以塑性变形为主,产生较大的结合力。

在压缩过程中这几个阶段无明显界限,可能同时发生或交叉发生。

八、超微粉体

超微粉碎技术是 20 世纪 60—70 年代发展起来的一种高新技术,是将物料颗粒粉碎至粒径小于 30 μm 的粉碎技术。

(一)基本概念

关于超微粉的基本概念至今没有统一。一般情况下,将粒径小于 10 μm 的粉体都称为超微粉体或超细粉体。超微粉体通常分为微米级、亚微米级及纳米级。1~100 μm 的粉体称为微米粉体;0.1~1 μm 的粉体称为亚微米粉体;粒径在 1~100 nm 即 0.001~0.1 μm 的粉体称为纳米粉体。

(二)超微粉碎的目的及意义

药物超细粉碎后可增加其利用效率,提高生物利用度,同时也为新剂型特别是中兽药新剂型的开发创造了条件。中药经超微粉碎后可达到如下目的:

(1)提高中兽药复方制剂的均匀度 中兽药大部分是复方制剂,制剂中各药材经微粉化后,药材细胞破壁,细胞内的水分及油分迁出,使粒子和粒子之间形成半稳定的粒子团,每一个粒子团都包含相同比例的中药成分,这种结构可使成分均匀地被机体吸收,增强药物的作用效果。

(2)增加中兽药有效成分在体内的释放速率 中药材(植物及动物)的细胞尺度一般在 10~100 μm,其有效成分通常分布于细胞内与细胞间质,而以细胞内为主。常规中药粉碎后其粉体细度为 150~180 μm,由数个或数十个细胞所组成,细胞的破壁率极低。而经超微粉碎后其粉体细度为 3~5 μm,可将细胞打碎,使其破壁,破壁率可达到 95% 以上。药材细胞破壁后药物的表面积相应增大,有效成分不需要通过细胞壁和细胞膜就能释放出来,提高了药物的释放速度和释放量。

(3)提高中兽药有效成分的生物利用度 由于细胞壁在微粉化时大部分被破坏,进入机体后,可溶性成分迅速溶解,溶解度低的成分也因被超微粉碎而具有较大的附着力,紧紧黏附在肠黏膜上,有利于药物的吸收和生物利用度的提高。因此小剂量的超微药材细粉就可达到大剂量普通粉碎药材的药效。

(4)有利于保留生物活性成分 微粉化根据不同药材的需要,可在不同的温度下进行,最大限度地保留生物活性成分,从而提高药效。既可用干法粉碎,也可用湿法粉碎。

(5)可节省原料,降低成本 中药材经微粉化后,用小于原处方的药量即可达到或高于原处方疗效。中兽药经微粉后,不再进行煎煮、浸提等处理,因而可减少有效成分的损耗,提高药材利用率,提高生产效率,降低生产成本。

(6)有利于开发新剂型 药物微粉化后其微粒的性质发生改变,可制备出新的剂型,方便临床用药。

目前超微粉体的研究主要集中于微粉化对药物有效成分或部位的体外溶出及药效的影响;微粉化制备工程学研究、微粉的稳定性研究、微粉最适粒度的筛选和确定等。随着超微粉碎技术的应用,一些中兽药可以直接粉碎后制备成注射剂、饮水剂等。这将对中兽药的理论研究、资源开发和临床应用等产生巨大的影响,在兽药制剂中具有广阔的发展前景。

九、粉体学在药剂中的应用

散剂、颗粒剂、胶囊剂、片剂等固体制剂都以粉体为原料,这些制剂的质量都与粉体的特性有关。

(一)微粉理化特性对制剂工艺的影响

1. 对混合的影响

混合是固体制剂生产的关键工序。微粉的密度、粒子形态、大小等都会影响到混合的均匀度。

2. 对分剂量的影响

粉体的堆密度除决定于药物本身的密度外,还与粒子大小、形态有关,在分剂量(自动化)中一般是粉粒自动流满定量容器,所以其流动性(即粉粒的大小、形态、含湿量)与分剂量的准确性有关。

3. 对可压性的影响

结晶型药物的形态与片剂成型的难易有关。如结晶粒子小,比表面积大,接触面积大,结合力强,压出的片子硬度就大。

4. 对片剂崩解的影响

微粒的空隙率、空隙径及润湿性等对片剂的崩解以及药物的溶出都有重要的影响。

(二)微粉理化特性对制剂疗效的影响

对于难溶性药物,其制剂疗效与其溶出与比表面积有关。如果粒子小,比表面积大,溶解性能好,可改善疗效。目前减小粒径,增加比表面积、改善润湿性是提高难溶性药物溶出度,提高疗效的主要方法。

第五节　药物制剂的稳定性

一、药物制剂稳定性概念

药剂学的宗旨是制备安全、有效、稳定、使用方便的药物制剂。药物制剂的稳定性(stability)是保证药物制剂安全、有效的前提。药物制剂的稳定性是指药物制剂从制备到使用期间保持稳定的程度,是其在体外的稳定性,包括化学稳定性、物理稳定性和微生物学稳定性。化学稳定性是指药物由于水解、氧化等化学降解反应,使药物含量(或效价)、色泽产生变化。物理稳定性是指制剂的物理性能发生变化,如固体药物的溶出、晶型变化;溶液的澄清度、色泽的变化;混悬液的沉降、粒度的变化;乳剂的分层、破裂的变化等。微生物学稳定性是指由于受微生物的污染而使产品变质、腐败。对于化学药物和抗生素制剂常见的不稳定现象以化学稳定性问题居多,而中兽药制剂以物理稳定性和微生物学稳定性问题居多。

二、药物制剂稳定性研究的内容与意义

稳定性的研究目的是考察原料药及其制剂的性质在温度、湿度、光线等条件下随时间的变

化规律,为药品的生产、包装、贮存、运输条件和有效期的确定提供科学依据,以保障临床用药安全有效。如药物的含量下降,不仅有效性降低,而且有可能产生降解产物,则可能产生毒性或刺激性,导致安全性下降。药物稳定性的研究对药物的剂型设计、处方筛选、工艺路线以及包装、贮存、运输等均有指导意义。稳定性研究是药品质量控制的主要内容之一,贯穿药物与制剂开发的全过程。

稳定性的研究不仅在临床前,在药品的临床期间和上市后还要继续考察,以确保药品的安全性和有效性。各国都有规定,在申报新药时必须呈报有关稳定性的研究资料,以考核剂型和处方设计、质量控制等是否合理。因此,对药物制剂稳定性的研究应包括化学稳定性、物理稳定性和微生物稳定性等方面的内容。表 2-13 列出了对药物制剂的稳定性基本要求。

表 2-13　药物制剂的稳定性基本要求

稳定性类型	对药物制剂的要求
化学稳定性	制剂中全部主药,在所示规格范围内,其化学特性不变,效价不变
物理稳定性	外观、嗅味、均匀性、崩解、溶出、混悬、乳化等没有物理状态或性质的改变
微生物稳定性	保持无菌或微生物学检查不超标
治疗稳定性	疗效无变化
毒性稳定性	毒性不增大

我国兽药注册管理相关法规规定,新兽药申请注册必须呈报有关稳定性试验资料。因此,为了合理地进行兽药制剂的处方设计,提高制剂质量,保证动物药品药效与安全,提高经济效益,必须重视和研究兽药制剂的稳定性。

三、药物制剂稳定性的化学动力学基础

反应速度是指单位时间内药物浓度的变化。研究药物的降解速度 dC/dt 与浓度的关系用式 2-30 表示。

$$-\frac{dC}{dt} = kC^n \qquad\qquad (式 2\text{-}30)$$

式中,k 为反应速度常数;C 为反应物的浓度;n 为反应级数;$n=0$ 为零级反应;$n=1$ 为一级反应;$n=2$ 为二级反应,以此类推。反应级数用来阐明反应物浓度对反应速度影响的大小。在药物制剂的各类降解反应中,尽管有些药物的降解反应机制十分复杂,但多数药物及其制剂可按零级、一级、伪一级等反应处理。零级、一级、二级反应速度的方程及其特征见表 2-14。

表 2-14　零级、一级、二级反应速度的方程及其特征

反应级数	零级	一级	二级
$-\dfrac{dC}{dt} = kC^n$	$n=0$	$n=1$	$n=2$

续表 2-14

反应级数	零级	一级	二级
微分式	$-\dfrac{dC}{dt}=k$	$-\dfrac{dC}{dt}=kC$	$-\dfrac{dC}{dt}=kC^2$
积分式	$C=C_0-kt$	$\lg C=\lg C_0+\dfrac{kt}{2.303}$	$\dfrac{1}{C}=kt+\dfrac{1}{C_0}$
k 的单位	$mol/(L\cdot s)$	$s^{-1},min^{-1},h^{-1},d^{-1}$	$mol/(L\cdot s)$
半衰期 $t_{1/2}$	$\dfrac{C_0}{2k}$	$\dfrac{0.693}{k}$	$\dfrac{1}{C_0 k}$
有效期 $t_{0.9}$	$\dfrac{C_0}{10k}$	$\dfrac{0.1054}{k}$	$\dfrac{1}{9C_0 k}$
积分式图形			

（引自药剂学第 8 版,方亮）

通常将反应物降解一半所需的时间称为半衰期(half life),记作 $t_{1/2}$。药物降解 10% 所需的时间,称为十分之一衰期,记作 $t_{0.9}$,通常定义为有效期(shelf life)。

零级反应速率与反应药物的浓度无关。一级反应速率与反应药物的浓度成正比。在药剂学领域里属于一级反应的现象比较多。体内药物的代谢、消除,微生物的繁殖,灭菌,放射性元素的衰减,大多服从一级反应。恒温时,一级反应的 $t_{0.9}$ 与反应物浓度无关。反应速率与两种反应物浓度的乘积成正比的反应,称为二级反应。若其中一种反应物的浓度大大超过另一种反应物,或保持其中一种反应物浓度恒定不变的情况下,则此反应表现出一级反应的特征,故称为伪一级反应。

四、制剂中药物的化学降解途径

各种药物由于其化学结构不同,其降解途径也不同,水解和氧化是药物降解的主要途径。有些药物也可能发生异构化、聚合、脱羧等反应,也有可能一种药物同时发生两种或多种反应,这种药物的稳定性研究更为复杂。

(一)水解

水解(hydrolysis)是药物降解的主要途径之一。用酯类和酰胺类等药物制备各种制剂时,特别是液体制剂中药物与水直接接触,固体制剂中含水量较高时,必须首先考虑如何阻止水解反应,以确保药物的稳定性。

1. 酯类药物的水解

酯类药物在水溶液中很容易水解。在 H^+ 或 OH^- 或广义酸碱的催化下水解反应加速。反应如下：

$$RCOOR' + H_2O = RCOOH + R'OH$$

酯类药物水解后产生酸性物质，会使溶液的 pH 下降，有些药物灭菌后 pH 下降，提示有水解反应的可能。盐酸普鲁卡因水解后可生成对氨基苯甲酸与二乙氨基乙醇，会使 pH 下降，降解产物无明显的麻醉作用。这类的药物还有盐酸丁卡因、盐酸可卡因、溴丙胺太林、硫酸阿托品、氢溴酸后马托品等，应注意由于水解而造成的稳定性问题。

内酯在碱性条件下易水解开环。毛果芸香碱在偏酸条件下比较稳定，pH 升高后稳定性下降。

2. 酰胺类药物的水解

酰胺类药物水解以后生成羧酸与胺。反应如下：

$$RCONHR' + H_2O = RCOOH + R'NH_2$$

属于这类的药物有氯霉素、青霉素类、头孢菌素类、巴比妥类等。

3. 其他药物的水解

易发生水解反应的其他药物包括苯丁酸氮芥、克林霉素、硫柳汞等。具有糖基的药物如地高辛，因酸催化水解将消除糖基，阿扎胞苷和阿糖胞苷除了发生开环反应也会发生糖消除反应。

(二)氧化

氧化是药物降解的主要途径之一。药物的氧化经常是自动氧化，即在大气中氧的影响下自动且缓慢地进行氧化。氧化过程与药物的化学结构有关，如酚类、烯醇类、芳胺类、吡唑酮类、噻嗪类药物较易氧化。药物氧化后，不仅效价降低，而且可能发生变色或沉淀等，严重影响产品的质量。

1. 酚类药物

酚类药物分子中具有酚羟基，如肾上腺素、左旋多巴、吗啡、阿扑吗啡、水杨酸钠等。

2. 烯醇类药物

维生素 C 是烯醇类药物的代表，分子中含有烯醇基，极易氧化，氧化过程较为复杂。在有氧条件下，先氧化成去氢抗坏血酸，然后经水解为 2,3-二酮古罗糖酸，此化合物进一步氧化为草酸与 L-丁糖酸。在无氧条件下，发生脱水反应和水解反应，生成呋喃甲醛和二氧化碳。

3. 其他类药物

芳胺类（如磺胺嘧啶钠）、吡唑酮类（如氨基比林）、噻嗪类（如盐酸氯丙嗪、盐酸异丙嗪）等药物都易氧化。含有碳碳双键的药物（如维生素 A 或维生素 D）的氧化是典型的游离基链式反应。

药物的氧化过程比较复杂，常伴随有色物质的生成，如颜色变深等。金属离子（铜、铁、铝等）是氧化反应的极强催化剂，制备时应注意避免。另外，光线、pH 也是影响药物氧化的主要因素。因此，处理易氧化药物时需特别注意光、氧、金属离子、pH 的影响，以保证产品质量。

(三)光降解

光降解是指药物受光线（辐射）作用使分子活化而产生分解的反应。光能激发氧化反应，加速药物的分解,其速度与系统的温度无关。硝普钠$[Na_2Fe(CN)_5NO \cdot 2H_2O]$避光放置时,其溶液剂的稳定性良好,至少可贮存 1 年,但在灯光下仅能保存 4 h。光敏感的药物有氯丙嗪、异丙嗪、核黄素、氢化可的松、维生素 A、辅酶 Q10 等。有些药物光降解后产生光毒性,多数是由于生成了纯态氧。具有光毒性的药物有呋塞米、乙酰唑胺、氯噻酮等。

(四)其他反应

1. 异构化

药物的异构化会使生物活性降低或丧失。异构化分为光学异构化和几何异构化两种。光学异构化是指药物的光学特性发生了变化,分为外消旋化作用和差向异构化作用。左旋肾上腺素具有生物活性,在 pH 4 左右的水溶液中发生外消旋化作用,生物活性降低 50%。其他易于发生外消旋化作用的药物有苯二氮䓬类、青霉素类和头孢菌素类。差向异构化是指具有多个不对称碳原子基团发生异构化的现象。四环素在酸性条件下,在 4 位碳原子上出现差向异构化形成差向四环素,治疗活性比四环素低。

几何异构化是指化合物的顺反式之间发生的转变。有些药物的几何异构体间生理活性有差别。维生素 A 的活性形式是全反式。若发生几何异构化,在 2,6 位形成顺式异构化,活性比全反式低。

2. 聚合

聚合是两个或多个分子结合在一起形成复杂分子的过程。已经证明氨苄西林的浓水溶液在贮存过程中能发生聚合反应,一个分子的 β-内酰胺环裂开与另一个分子反应形成二聚物。此过程可继续下去形成高聚物,这类聚合物能诱发氨苄西林产生过敏反应。

3. 脱羧

脱羧是一些含羧基的化合物,在光、热、酸、碱等一定的条件下,失去羧基并放出 CO_2 的反应。如对氨基水杨酸钠在光、热、水分存在的条件下很易脱羧,生成间氨基酚,还可进一步氧化变色。普鲁卡因的水解产物对氨基苯甲酸,也可慢慢脱羧生成苯胺,苯胺在光线影响下氧化生成有色物质,这是盐酸普鲁卡因注射液变黄的原因。

4. 脱水

糖类,如葡萄糖和乳糖可发生脱水反应生成 5-羟甲基糠醛。红霉素很容易在酸催化下发生脱水反应。前列腺素 E1 和前列腺素 E2 发生脱水反应后继续进行异构化反应。

5. 与其他药物或辅料的作用

制剂中两种药物之间发生化学反应或药物与辅料之间发生作用也是影响药物稳定性的一个因素。20 世纪 50 年代曾报道过抗氧剂亚硫酸氢盐可取代肾上腺素的羟基。还原糖很容易与伯胺(包括一些氨基酸和蛋白质)发生美拉德反应,具有伯胺和仲胺基团的药物常发生该反应,反应生成褐色产物导致制剂变色。

五、影响药物降解的因素及稳定化方法

(一)处方因素的影响及稳定化方法

1. pH

许多酯类、酰胺类药物常受 H^+ 或 OH^- 催化水解,这些催化作用也称为专属酸碱催化,此类药物的水解速度主要由 pH 决定。pH 对速度常数 k 的影响可用下式表示:

$$k = k_0 + k_{H^+} [H^+] + k_{OH^-} [OH^-]$$ （式 2-31）

式中，k_0 表示参与反应的水分子的催化速度常数；k_{H^+} 和 k_{OH^-} 分别表示 H^+ 和 OH^- 的催化速度常数。在 pH 很低时主要是酸催化，则上式可表示为：

$$\lg k = \lg k_{H^+} - pH$$ （式 2-32）

以 $\lg k$ 对 pH 作图得一直线，斜率为 -1。设 k_w 为水的离子积，即 $k_w = [H^+][OH^-]$，在 pH 较高时主要是碱催化，则：

$$\lg k = \lg k_{OH^-} + \lg k_w + pH$$ （式 2-33）

以 $\lg k$ 对 pH 作图得一直线，斜率为 $+1$，在此范围内主要由 OH^- 催化。

根据上述动力学方程可以得到反应速度常数与 pH 关系的图形，称之为 pH-速度图，见图 2-32 和图 2-33。在 pH-速度曲线图最低点对应的横坐标，即为最稳定 pH，以 pH_m 表示。

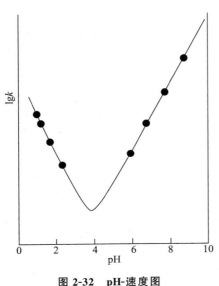

图 2-32　pH-速度图

（引自兽医药剂学第二版，胡功政）

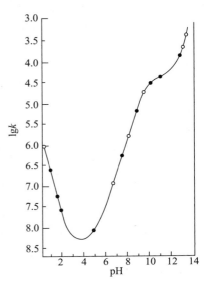

图 2-33　盐酸普鲁卡因水解 pH-速度图

（引自兽医药剂学第二版，胡功政）

pH-速度图有各种形状，一种是 V 形图（图 2-32）。药物水解的典型 V 形图是不多见的。硫酸阿托品、青霉素 G 在一定 pH 范围内的 pH-速度图与 V 形相似。硫酸阿托品水溶液最稳定 pH 为 3.7，因其 k_{OH^-} 比 k_{H^+} 大，故 pH_m 出现在酸性的一侧。0.05% 的本品在 pH 6.45 的水溶液和 pH 7.3 的磷酸缓冲液中，120 ℃ 30 min 分解分别为 3.4% 和 51.8%。《中国兽药典》规定硫酸阿托品注射液的 pH 为 3.5～5.5，实际生产控制在 4.0～4.5；青霉素 G pH_m 为 6.5，因 k_{OH^-} 与 k_{H^+} 相差不多。

某些药物的 pH-速度图呈 S 形，如盐酸普鲁卡因 pH-速度图有一部分呈 S 形（图 2-33）。这是因为 pH 不同，普鲁卡因以不同形式（即质子型和游离碱型）存在，在 pH 12 以上是游离碱的专属碱催化，如果 pH 为 4，可按一级反应处理。在其他 pH 范围内，若用缓冲控制其 pH，也符合一级反应（伪一级反应）。这样可以对整个曲线作出合理解释。

确定最稳定的 pH 是溶液型制剂的处方设计中首先要解决的问题。pH_m 可以通过式 2-34

计算：

$$pH_m = \frac{1}{2}pk_w - \frac{1}{2}lg\frac{k_{OH^-}}{k_{H^+}}$$

（式 2-34）

一般是通过实验求得，方法如下：保持处方中其他成分不变，配制一系列不同 pH 的溶液，在较高温度下（恒温，如 60 ℃）进行加速实验。求出各种 pH 溶液的速度常数（k），然后以 lg$k$ 对 pH 作图，就可求出最稳定的 pH，在较高恒温下所得到的 pH_m 一般可适用于室温，不致产生很大误差。三磷酸腺苷注射液最稳定的 pH 为 9，就是用这种方法确定的。

pH 调节要同时考虑稳定性、溶解度和药效三个方面。如大部分生物碱在偏酸性溶液中比较稳定，故注射剂常调节在偏酸范围。但将它们制成滴眼剂时，就应调节在偏中性范围，以减少刺激性，提高疗效。

2. 广义酸碱催化

按照 Bronsted-Lowry 酸碱理论，给出质子的物质称为广义的酸，接受质子的物质称为广义的碱。有些药物也可被广义的酸或碱催化水解，这种催化作用称为广义的酸碱催化或一般酸碱催化。液体制剂处方中，为了保持制剂的 pH 稳定，往往需要加入缓冲剂。常用的缓冲剂如乙酸盐、磷酸盐、柠檬酸盐、硼酸盐。HPO_4^{2-} 对青霉素 G 钾盐、苯氧乙基青霉素也有催化作用。

为了观察缓冲液对药物的催化作用，可用增加缓冲剂的浓度，但保持酸与碱的比例不变（pH 恒定）的方法，配制一系列的缓冲溶液，然后观察药物在这一系列缓冲溶液中的分解情况，如果分解速度随缓冲剂浓度的增加而增加，则可确定该缓冲剂对药物有广义的酸碱催化作用。为了减少这种催化作用的影响，在实际生产处方中，缓冲剂应用尽可能低的浓度或选用没有催化作用的缓冲系统。

3. 溶剂

易水解的药物，有时采用非水溶剂（如乙醇、丙二醇、甘油等）使其稳定，如伊维菌素注射液、氟苯尼考注射液等。根据下述方程可以说明非水溶剂对易水解药物的稳定化作用（式2-35）。

$$lgk = lgk_\infty - \frac{k'Z_AZ_B}{e}$$

（式 2-35）

式中，k 为速度常数；e 为介电常数；k_∞ 为溶剂 e 趋向 ∞ 时的速度常数；Z_AZ_B 为离子或药物所带的电荷。

此式表示溶剂介电常数对药物稳定性的影响，适用于离子与带电荷药物之间的反应。对于一个给定的系统在固定温度下 k 是常数。因此，以 lg$k$ 对 $1/\varepsilon$ 作图得一直线。如果药物离子与攻击的离子的电荷相同，如 OH^- 催化水解苯巴比妥阴离子，则 lg$k$ 对 $1/\varepsilon$ 作图所得直线的斜率为负值。在处方中采用介电常数低的溶剂将降低药物分解的速度，如乙醇、甘油、丙二醇等。如苯巴比妥钠注射液用丙二醇（60%）为溶剂，使溶液极性降低，延缓药物的水解，提高制剂的稳定性。相反，若药物离子与进攻离子电荷相反，如专属碱对带正电荷的药物催化，若采取介电常数低的溶剂就不能达到稳定兽药制剂的目的。

溶剂对兽药制剂的物理稳定性具有重要的影响，如复方磺胺甲基异噁唑注射液中加入丙二醇可明显提高甲氧苄啶的溶解度，增强制剂的物理稳定性；盐酸沙拉沙星注射液加入适量乙醇,利用溶剂与药物的极性相似原理可以制备出稳定性良好的注射液。

4. 离子强度

在制剂处方中,常加入电解质调节等渗,或加入盐(如抗氧剂)防止氧化,或加入缓冲剂调节 pH。故存在离子强度对降解速度的影响,这种影响可用式 2-36 说明:

$$\lg k = \lg k_0 + 1.02 Z_A Z_B \sqrt{\mu} \qquad \text{(式 2-36)}$$

式中,k 为降解速度常数;k_0 为溶液无限稀释($\mu=0$)时的速度常数;μ 为离子强度;$Z_A Z_B$ 为溶液中药物所带的电荷。以 $\lg k$ 对 $\sqrt{\mu}$ 作图可得一直线,其斜率为 $1.02 Z_A Z_B$,外推到 $\mu=0$ 可求得 k_0,见图 2-34。

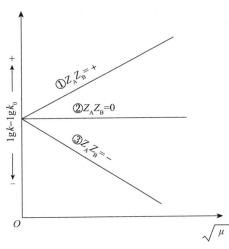

图 2-34 离子强度对反应速度的影响

5. 表面活性剂

部分易水解的药物,加入表面活性剂可使稳定性增加。如苯佐卡因易受碱催化水解,在 5% 的十二烷基硫酸钠溶液中,30℃ 时的 $t_{1/2}$ 增加到 1 150 min,不加十二烷基硫酸钠时则为 64 min。这是因为表面活性剂在溶液中形成胶束,苯佐卡因增溶在胶束周围形成一层所谓"屏障",阻碍 OH^- 进入胶束,而减少其对酯键的攻击,因而增加苯佐卡因的稳定性。但要注意,表面活性剂有时反而使某些药物分解速度加快,如吐温 80 使维生素 D 稳定性下降,这是因为吐温 80 增加了维生素 D 在水中的溶解度,增加了维生素 D 结构中双键与 OH^- 接触的机会,从而增加反应速度,降低了稳定性。

6. 处方中的其他辅料

一些半固体制剂中药物的稳定性与制剂处方的基质有关。已发现聚乙二醇能促进氢化可的分解,产生水杨酸和乙酰聚乙二醇;维生素 U 片采用糖粉和淀粉为赋形剂,则产品变色,若应用磷酸氢钙,再辅以其他措施,产品质量则有所提高;一些片剂的润滑剂对阿司匹林的稳定性有一定影响;硬脂酸钙、硬脂酸镁可能与阿司匹林反应形成相应的阿司匹林钙及阿司匹林镁,提高了系统的 pH,使阿司匹林溶解度增加,分解速度加快。因此生产阿司匹林片时不应使用硬脂酸镁这类润滑剂,而须用影响较小的滑石粉或硬脂酸。

(二)非处方因素的影响及稳定化方法

非处方因素包括温度、光线、空气(氧)、金属离子、湿度和水分、包装材料等外界因素。这些因素对于产品的生产工艺条件和包装设计是十分重要的。其中温度对各种降解途径(如水解、氧化等)均有较大影响,而光线、空气(氧)、金属离子对易氧化药物影响较大,湿度、水分主要影响固体药物的稳定性,包装材料是各种产品都必须考虑的问题。

1. 温度

根据范特霍夫规则,温度每升高 10 ℃,反应速度增加 2~4 倍。然而不同反应增加的倍数可能不同,故上述规则只是一个粗略的估计。温度对于反应速度常数的影响,阿伦尼乌斯提出如下方程,见式 2-37。

$$K = Ae^{-E/RT} \qquad \text{(式 2-37)}$$

式中,K 为速度常数;A 为频率因子;E 为活化能;R 为摩尔气体常数;T 为绝对温度,这就是著名的 Arrhenius 指数定律,它定量描述了温度与反应速度之间的关系,是预测药物稳定性的主要理论依据。

兽药制剂在制备过程中,往往需要加热溶解、灭菌等操作,此时应考虑温度对兽药制剂的影响,制订合理的工艺条件。有些产品在保证完全灭菌的前提下,可降低灭菌温度,缩短灭菌时间。那些对热特别敏感的药物,如某些抗生素、生物制品,要根据药物性质,设计合理的剂型(如固体制剂);生产中采取特殊的工艺,如冷冻干燥,无菌操作等;同时产品要低温贮存,以保证产品质量。维生素 C 注射液在灭菌过程中采用流通蒸汽灭菌就是考虑温度对其稳定性的影响,如果采用湿热高压灭菌其含量会下降很快,颜色也会变得更深。

2. 光线

光是一种辐射能,其能量与波长成反比,光线波长越短,能量越大,故紫外线更易激发化学反应。光能激发氧化反应,加速药物分解。有些药物受辐射(光线)作用使分子活化而产生分解,此种反应称为光化降解,其速度与系统的温度无关。这种易被光降解的物质称为光敏感物质。硝普钠是一种强效、速效降压药,本品对热稳定,但对光极不稳定,临床上用 5% 葡萄糖配制成 0.05% 硝普钠溶液静脉滴注,在阳光下照射 10 min 就分解 13.5%,颜色也开始变化,同时 pH 下降。室内光线条件下,本品半衰期为 4 h。

光敏感的药物还有氯丙嗪、异丙嗪、核黄素、氢化可的松、泼尼松、叶酸、维生素 A、B 族维生素、辅酶 Q10、硝苯地平等,药物结构与光敏感性可能有一定的关系,如酚类和分子中有双键的药物,一般对光敏感。

对光敏感的药物,在制备过程中要避光操作,选择包装也很重要。如土霉素注射液用透明玻璃容器包装,其见光容易发生比较复杂的光化分解和异构化反应,导致含量下降,颜色变深,而用棕色瓶包装则几乎没有变化;恩诺沙星注射液如果放置在强烈日光下或紫外光照射下一天即可变成棕褐色,表明光线对其化学稳定有较大的影响。因此,这类制剂宜采用棕色玻璃瓶包装或容器内衬垫黑纸,避光贮存。此外,在包衣材料中加入遮光剂也能提高制剂的稳定性。

3. 空气(氧)

大气中的氧是引起药物制剂氧化的主要因素。大气中的氧进入制剂的主要途径:①氧在水中有一定的溶解度,在平衡时,0 ℃ 为 10.19 mL/L,50 ℃ 为 3.85 mL/L,100 ℃ 水中几乎没有氧;②在药物容器空间的空气中也存在一定量的氧。各种制剂几乎都有与氧接触的机会,因此除去氧气是防止易氧化的品种氧化的根本途径。生产上一般在溶液中和容器空间通入惰性气体(如二氧化碳或氮气),置换其中的空气。在水中通入 CO_2 至饱和时,残存氧气仅为 0.05 mL/L,通氮气至饱和时,约为 0.36 mL/L。通气不够充分对成品质量影响很大,有时同一批号注射液,其色泽深浅不同,可能是通入气体有多有少的缘故。在制备土霉素注射液过程中,必须要在溶液中和容器上部通入氮气,否则就会影响该制剂的稳定性。对于固体药物,也可采取真空包装等。

为了防止易氧化药物的自动氧化,在制剂中必须加入抗氧剂。一些抗氧剂本身为强还原剂,它先被氧化而保护主药免遭氧化,在此过程中抗氧剂逐渐被消耗(如亚硫酸盐类);另一些抗氧剂是链反应的阻化剂,能与游离基结合,中断链反应进行,在此过程中其本身不被消耗。抗氧剂可分为水溶性抗氧剂和油溶性抗氧剂两大类,常用的品类见表 2-15。

其中油溶性抗氧剂具有阻化剂的作用。此外还有些药物能显著增强抗氧剂的效果,通常称之为协同剂,如柠檬酸、酒石酸、磷酸等。焦亚硫酸钠和亚硫酸氢钠常用于弱酸性药液,亚硫酸钠常用于偏碱性药液,硫代硫酸钠在偏酸性药液中可析出硫的细粒,故硫代硫酸钠只能用于碱性药液中,如磺胺类注射液。近几年,氨基酸抗氧剂已引起药剂工作者的重视,有人用半胱氨酸配合焦亚硫酸钠使 25%维生素 C 注射液贮存期得以延长。此类抗氧剂的优点是毒性小,本身不易变色,但价格稍贵。

油溶性抗氧剂(如 BHA、BHT 等)用于油溶性维生素类(如维生素 A、维生素 D)制剂有较好效果。另外维生素 E、卵磷脂为油脂的天然抗氧剂,精制油脂时若将其除去,油脂就不易保存。

使用抗氧剂时,还应注意主药是否与其发生相互作用。如肾上腺素与亚硫酸氢钠在水溶液中可形成无光学与生理活性的硫酸盐化合物。在生产喹诺酮类药物的注射液中,加入含亚硫酸盐的抗氧剂会影响此类药物的稳定性。因此应经过反复试验验证并选择合适的抗氧剂。

表 2-15 常用抗氧剂

抗氧剂	常用浓度/%
水溶性抗氧剂	
亚硫酸钠	0.1～0.2
亚硫酸氢钠	0.1～0.2
焦亚硫酸钠	0.1～0.2
甲醛合亚硫酸氢钠	0.1
硫代硫酸钠	0.1
硫脲	0.05～0.1
维生素 C	0.2
半胱氨酸	0.000 15～0.05
甲硫氨酸	0.05～0.1
硫代乙酸	0.005
硫代甘油	0.005
油溶性抗氧剂	
叔丁基对羟基茴香醚(BHA)	0.005～0.02
二丁甲苯酚(BHT)	0.005～0.02
没食子酸丙酯(PG)	0.05～0.1

4. 金属离子

制剂中微量金属离子主要来自原辅料、溶剂、容器以及操作过程中使用的工具等。微量金属离子对自动氧化反应有显著的催化作用,如 0.000 2 mol/L 铜能使维生素 C 氧化速度增大 1 万倍。铜、铁、钴、铅、锌等离子都有促进氧化的作用,它们主要是缩短氧化作用的诱导期,增加游离基生成的速度。

要避免金属离子的影响,应选用纯度较高的原辅料,操作工程中不要使用金属器皿,同时还可加入螯合剂(如乙二胺四乙酸盐或柠檬酸、酒石酸、磷酸、二巯基乙基甘氨酸等附加剂),有时螯合剂与亚硫酸盐类抗氧剂联合应用,效果较佳。乙二胺四乙酸二钠常用量为 0.005%～

0.05％。另外在兽用注射液的生产过程中，为了防止金属离子的影响，除了注射用水必须合格外，还要注意注射剂瓶洗涤过程一定要使用注射用水清洗，因为含有金属离子的水分残留物也会影响制剂的稳定性。

5. 湿度和水分

空气中湿度与物料水分含量对固体兽药制剂的稳定性影响特别重要。水是化学反应的媒介，固体药物吸附水分以后，在表面形成一层液膜，分解反应就在液膜中进行。无论是水解反应，还是氧化反应，微量的水分均能加速乙酰水杨酸、青霉素 G 钠盐、氨苄西林钠、阿莫西林等药物的分解。药物是否容易吸湿，取决于其临界相对湿度（CRH）的大小。氨苄西林极易吸湿，经实验测定其临界相对湿度仅为 47％，如果在相对湿度（RH）75％的条件下，放置 24 h，可吸收水分 20％，同时粉体溶解。这些原料药物的水分含量必须特别注意，一般水分含量在 1％左右比较稳定，水分含量越高药物分解越快。阿莫西林可溶性粉是兽药制剂中受水分影响较大的制剂之一，为了增强其稳定性，尽量不要使用葡萄糖这类辅料，因为其含有较高的水分，极易引起阿莫西林的水解并发生变色。

6. 包装材料

药物贮存在室温环境中，主要受热、光、水及空气（氧）的影响。包装设计就是排出这些因素的影响，同时也要考虑材料与兽药制剂的相互影响，包装容器材料通常使用的有玻璃、塑料、橡胶及一些金属等。

（1）玻璃　玻璃的理化性能稳定，不易与药物相互作用，气体不能透过，为目前应用最多的一类容器。但有些玻璃释放碱性物质，或脱落不溶性玻璃碎片等，一般不能用作注射剂的容器。棕色玻璃能阻挡波长小于 470 nm 的光线透过，故光敏感的药物可用棕色玻璃瓶包装。

（2）塑料　塑料是聚氯乙烯、聚苯乙烯、聚乙烯、聚丙烯、聚酯、聚碳酸酯等高分子聚合物的总称。为了便于成型或防止老化等目的，常常在塑料中加入增塑剂、防老剂等附加剂。有些附加剂具有毒性，药用包装塑料应选用无毒塑料制品。但塑料容器也存在 3 个问题：①有透气性。制剂中的气体可以与大气中的气体交换，致使盛于聚乙烯瓶中的四环素混悬剂变色变味。乳剂脱水氧化至破裂变质，还可使硝酸甘油挥发逸失；②有透湿性。如当聚氯乙烯膜的厚度为 0.03 mm时，在 40 ℃、90％相对湿度条件下透湿速度为 100 g/（m^2·d）；③有吸附性。塑料中的物质可以迁徙进入溶液，而溶液的物质（如防腐剂）也可被塑料吸附，如尼龙就能吸附多种抑菌剂。

鉴于包装材料与制剂稳定性关系较大，在产品试制过程中要进行"相容性试验"，考察包装容器是否会造成制剂的稳定性问题以及是否会迁移到制剂中，同时也要考察制剂特别是溶液型制剂对包装材料的影响。

六、药物制剂稳定化的其他方法

（一）改进药物制剂或生产工艺

1. 制成固体制剂

凡是在水溶液中证明是不稳定的药物，一般可制成固体制剂。供内服的做成片剂、胶囊剂、颗粒剂等，供注射的则做成注射用无菌粉末，可使稳定性大大提高。

2. 制成微囊或包合物

某些药物制成微囊可增加药物的稳定性。如维生素 A 制成微囊稳定性有很大提高，也有将维生素 C、硫酸亚铁制成微囊，防止氧化，有些药物可制成环糊精包合物。

3. 采用粉体直接压片或包衣工艺

一些对湿热不稳定的药物,可以采用粉体直接压片或干法制粒。包衣是解决片剂稳定性的常规方法之一。个别对光、热、水很敏感的药物,制成包衣片或包衣颗粒,可获得良好效果。

(二)制成难溶性盐

一般药物混悬液的降解只取决于其在溶液中的浓度,而不是在产品中的总浓度。所以将易水解的药物制成难溶性盐或难溶性酯类衍生物,可增加其稳定性。水溶性越低,稳定性越好。如青霉素 G 钾盐,可制成溶解度小的普鲁卡因青霉素 G(水中溶解度为 1:250),稳定性显著提高。青霉素 G 还可以与 N,N-双苄乙二胺生成苄星青霉素 G(长效西林),其溶解度进一步减小(1:6 000),故稳定性更佳。

七、药物制剂稳定性试验方法

《中国药典》和《中国兽药典》对稳定性试验的指导原则包括了原料药和药物制剂的内容。根据研究目的的不同,稳定性研究内容可分为加速试验、长期试验、影响因素试验等。通过稳定性试验考察原料药或药物制剂在温度、湿度、光线的影响下随时间的变化规律,为药品的生产、包装、贮存、运输条件提供科学依据,同时通过试验确定药品的有效期。

(一)加速试验

加速试验是在加速条件下进行,其目的是通过加速药物制剂的化学或物理变化,探讨药物制剂的稳定性,为处方设计、工艺改进、质量研究、包装改进、运输及贮藏提供必要的研究资料。将供试品 3 批,市售包装,在温度(40±2)℃、相对湿度 75%±5% 的条件下放置 6 个月。所用设备应能控制温度±2℃、相对湿度±5%,并能进行真实温度及湿度的监测。分别于 1 个月、2 个月、3 个月、6 个月取样一次,按稳定性重点考察项目进行检测。在上述试验条件下,如 6 个月内供试品经检查不符合制定的质量标准,则应在中间条件下,即温度(30±2)℃、相对湿度 60%±5% 的条件下再放置 6 个月。溶液剂、混悬剂、乳剂、注射液等含水介质的制剂可以不要求相对湿度。

对温度特别敏感的药物制剂,预计只能在冰箱(4～8 ℃)内保存的,此类药物制剂的加速试验,可在温度(25±2)℃、相对湿度 60%±10% 的条件下进行,时间为 6 个月。

乳剂、混悬剂、软膏剂、眼膏剂、栓剂、气雾剂、乳膏剂、糊剂、凝胶剂、泡腾片及泡腾颗粒宜直接采用温度(30±2)℃、相对湿度 66%±5% 的条件下进行试验,其他要求与上述相同。

对于包装在半透明性容器的药物制剂,如塑料袋装溶液、塑料瓶装滴眼剂或滴鼻剂等,则应在温度(40±2)℃、相对湿度 20%±2% 的条件(可用 $CH_3COOK \cdot 1.5H_2O$ 饱和溶液)下进行试验。

光加速试验:其目的是为药物制剂包装贮存条件提供依据。取供试品 3 批,装入无色透明容器内,放置在光橱或其他适宜的光照仪器内,于照度(4 500±500)lx 的条件下放置 10 d,于 5 d、10 d 定时取样,按稳定性重点考察项目进行检测,特别要注意供试品的外观变化。试验用光橱与原料药相同,照度应该恒定,并用照度计进行监测,对于光不稳定的药物制剂,应采用遮光包装。

(二)长期试验

长期试验又称留样观察法,是指药品在接近药物的实际贮存条件下进行,其目的是为制定药物的有效期提供依据。取供试品 3 批,市售包装,在温度(25±2)℃、相对湿度 60%±10% 的条件下放置 12 个月。每 3 个月取样一次,分别于 0 个月、3 个月、6 个月、9 个月、12 个月取样,按稳定性重点考察项目进行检测。12 个月以后,仍需继续考察,分别于 18 个月、24 个月、36 个月取样进行检测。将结果与 0 月比较以确定药物的有效期。由于实测数据的分散性,一般应按 95％ 可信限进行统计分析,得出合理的有效期。如 3 批统计分析结果差别较小,则取其平均值为有效期;若差别较大,则取其最短的为有效期。数据表明很稳定的药物,不做统计分析。

对温度特别敏感的药物,长期试验可在 (6±2)℃ 的条件下放置 12 个月,按上述时间要求进行检测,12 个月以后,仍需按规定继续考察,制定在低温贮存条件下的有效期。此外,有些药物制剂还应考察临时配制和使用过程中的稳定性。

此种方式确定的药品有效期,在药品标签及说明书中均应指明在什么温度下保存,不得使用"室温"之类的名词。

(三)影响因素试验

影响因素试验也称强化试验,是在高温、高湿、强光的剧烈条件下考察影响稳定性的因素及可能的降解途径与降解产物,为制剂工艺的筛选、包装材料的选择、贮存条件的确定等提供依据。同时为加速试验和长期试验应采用的温度和湿度等条件提供依据。影响因素试验采用一批样品进行,将原料药供试品置适宜的开口容器中(如称量瓶或培养皿),摊成 ≤5 mm 厚薄层,疏松原料药摊成 ≤10 mm 厚薄层,在规定时间内取样,检测其含量,并与 0 天比较。

1. 高温试验

将供试品置于适宜的开口洁净容器中,温度 60 ℃ 下放置 10 d,于第 5 天和第 10 天取样检测(参考《中国药典》和《中国兽药典》)。如供试品发生显著变化,则在 40 ℃ 条件下同法进行试验。如 60 ℃ 无明显变化,则不必在 40 ℃ 下再考察。

2. 高湿度试验

将供试品置于恒湿密闭容器中,在 25 ℃ 于相对湿度 90％±5％ 条件下放置 10 d,于第 5 天和第 10 天取样检测,同时准确称量供试品在试验前后的重量,以考察供试品的吸湿(潮解)性能。若吸湿增重 5％ 以上,则在相对湿度 75％±5％ 条件下,同法进行试验;若吸湿增重 5％ 以下,其他考察项目符合要求,则不再进行此项试验。液体制剂可不进行此项试验。

3. 强光照射试验

将供试品置于装有日光灯的光照箱或其他适宜的光照装置内,于照度为 (45 00±500) lx 的条件下放置 10 d,于第 5 天和第 10 天取样检测,特别要注意供试品的外观变化。

此外,根据药物的性质必要时可设计其他试验,如考察 pH、氧、低温、冻融等因素对药物稳定性的影响,并研究分解产物的分析方法。对于需要溶解或者稀释后使用的药品,如注射用无菌粉末、溶液片剂等,还应考察临床使用条件下的稳定性。创新药物应对分解产物的性质进行必要的分析。

药物制剂稳定性重点考察项目见表 2-16。

表 2-16　药物制剂稳定性重点考察项目表

剂型	稳定性重点考察项目
注射液	外观色泽、含量、pH、澄明度、有关物质、无菌检查、输液还应检查热原、不溶性颗粒、塑料瓶容器还应检查可抽提物
滴眼剂	如为澄清液,应考察性状、澄明度、含量、pH、有关物质、无菌检查、致病菌;如为混悬液,不检查澄明度、检查再悬浮性、粒度
口服溶液剂	性状、含量、色泽、澄明度、有关物质

续表 2-16

剂型	稳定性重点考察项目
乳剂	性状、含量、分层速度、有关物质
混悬剂	性状、含量、再悬性、粒度、有关物质
酊剂	性状、含量、有关物质、含醇量
糖浆剂	性状、含量、澄明度、相对密度、有关物质、卫生学检查、pH
搽剂	性状、含量、有关物质
计量吸入气雾剂	容器严密性、含量、有关物质、每揿动一次释放剂量、有效部位药物沉积量
栓剂	性状、含量、软化、融变时限、有关物质
软膏	性状、含量、均匀性、粒度、有关物质、如乳膏还应检查有无分层现象
眼膏	性状、含量、均匀性、粒度、有关物质
片剂	性状、如为包衣片应同时考察片芯、含量、有关物质、溶解时限或溶出度
丸剂	性状、含量、色泽、有关物质、溶散时限
散剂	性状、含量、粒度、外观均匀度、有关物质
膜剂	性状、含量、溶化时限、有关物质、眼用膜剂应作无菌检查
颗粒剂	性状、含量、粒度、溶化性
胶囊	性状、内容物色泽、含量、降解物质、溶出度、水分、软胶囊需要检查内容物有无沉淀
透皮贴片	性状、含量、有关物质、释放度

注:有关物质(含其他变化所生成的产物)应说明其生成产物的数目及量的变化;如有可能说明,应说明有关物质中哪个为原料中间体,哪个为降解产物,稳定性试验中重点考察降解产物。

八、新药开发过程中药物系统稳定性研究

药物与药物制剂稳定性的研究是新药研发的重要组成部分之一,新药申报资料中必须包含稳定性研究的试验资料。稳定性的试验包括以下内容:①原料药的稳定性试验;②药物制剂处方与工艺研究中的稳定性试验;③包装材料稳定性与选择;④药物制剂的加速试验与长期试验;⑤药物制剂产品上市后的稳定性考察;⑥药物制剂处方或生产工艺、包装材料改变后的稳定性研究。

国家食品药品监督管理总局于 2007 年 6 月 18 日审议通过了《药品注册管理办法》。其中,在化学药品的新药申报资料中第 14 号文件是关于"药物稳定性研究的试验资料及文献资料",该稳定性资料应包括影响因素试验、采用直接接触药物的包装材料和容器共同进行的稳定性试验。

农业部 442 号公告中《化学药品注册分类及注册资料要求》《中兽药、天然药物分类及注册资料要求》《兽用消毒剂分类及注册资料要求》均要求新兽药在申请注册过程中提供"药物稳定性研究的试验资料及文献资料"。

思考题

1. 简述药物溶解度、溶解速度的含义及其影响因素。

2. 简述增加药物溶解度的方法。

3. 简述表面活性剂的结构特点、分类及应用。

4. 简述 Krafft 点、昙点、HLB 的概念,表面活性剂增溶机制及影响增溶的因素。

5. 简述牛顿流体、塑性流体、假塑性流体和胀性流体的特点。

6. 什么是粉体学? 粉体学有哪些特性? 粉体的填充性与流动性对药物制剂有哪些影响?

7. 什么是超微粉? 超微粉对制剂工艺与疗效有哪些影响?

8. 动物药品制剂稳定性包括哪些内容? 药物的化学降解途径有哪些? 影响药物制剂降解的因素与稳定化方法有哪些?

9. 药物制剂稳定性试验方法包括哪些内容? 动物药品新制剂申报需要提供哪些稳定性研究资料?

第三章 药物制剂的基本技术

学习要求

1. 掌握各种药物制剂的基本技术的概念及基本内容。
2. 熟悉空气净化技术、灭菌与无菌技术、液体滤过技术和固体制剂基本操作技术的相关要求。
3. 了解各种药物制剂的基本技术应用及进展。
4. 具备一定实践操作能力和爱岗敬业、吃苦耐劳的素质。

案例导入

　　无菌制剂可直接注入机体血液系统和特定器官组织,作用迅速可靠,剂量准确,在临床上具有不可替代的重要地位。但无菌制剂对生产和质量控制要求高,尤其在不稳定药物制备成无菌制剂方面,因药物本身存在难溶、易降解、易氧化等特性,其生产技术要求高,生产控制难度大,成本高;不稳定药物无菌制剂还存在有效期内 pH 不稳定、含量下降、杂质增长、冻干制剂复溶时间长、澄明度不合格、临床配伍不稳定等影响无菌制剂稳定性、安全性的难题。随着国内外制剂技术的迅猛发展,国内不稳定药物无菌制剂开发取得了引人瞩目的进展,围绕不稳定药物无菌制剂研发及产业化,从原料药特性出发,通过原料质量标准、制剂处方筛选和优化、工艺研究及产业化精细、无菌制剂质量控制标准等方面进行深入研究,建立了从原料到制剂,从实验室到大生产的全流程系统性的不稳定药物无菌制剂技术应用创新体系。

第一节　空气净化技术

一、概述

　　不同使用途径的制剂在生产过程中,需要不同的生产环境洁净度标准,即不同制剂对生产环境中的尘埃粒子、微生物量有不同的要求。制剂生产车间需要采取空气净化技术,去除车间空气中的粉尘、烟、雾、蒸汽、不良气体、微生物等,保证制剂生产的洁净环境。无菌制剂生产必须满足其质量和预定用途的要求,物料准备、产品配制和灌装(灌封)或分装等,应当在洁净区内分区域(室)进行,且应当根据产品特征、工艺和设备等因素,确定无菌兽药生产用洁净区的级别。

洁净区的设计应当符合相应的洁净度要求,包括达到"静态"和"动态"的标准。我国《兽药生产质量管理规范(2020年修订)》及配套文件中,将无菌药品生产所需洁净区分为A、B、C、D四个级别。

A级为高风险操作区,如灌装区、放置胶塞桶和与无菌制剂直接接触的敞口包装容器(如敞口安瓿瓶,敞口西林瓶)的区域及无菌装配或连接操作的区域,应当用单向流操作台(罩)维持该区的环境状态。单向流系统在其工作区域应当均匀送风,风速为0.45 m/s,不均匀度不超过±20%(指导值)。

B级为无菌配制和灌装等高风险操作A级洁净区所处的背景区域。

C级和D级为无菌制剂生产过程中重要程度较低操作步骤的洁净区。

以上各级别空气悬浮粒子标准规定和洁净区微生物监控的动态标准如表3-1和表3-2所示。其中各级别空气悬浮粒子标准为:A级洁净区(静态和动态)、B级洁净区(静态)的空气悬浮粒子的级别为ISO 5,以$\geqslant 0.5\,\mu m$的悬浮粒子为限度标准;B级洁净区(动态)的空气悬浮粒子的级别为ISO 7;C级洁净区(静态和动态)的空气悬浮粒子的级别为ISO 7和ISO 8;D级洁净区(静态)的空气悬浮粒子的级别为ISO 8。测试方法可参照ISO 14644-1。

表3-1　洁净室(区)各级别洁净度空气悬浮粒子的标准规定

洁净度级别	悬浮粒子最大允许数/m³			
	静态[1]		动态[2]	
	$\geqslant 0.5\,\mu m$	$5\,\mu m$	$\geqslant 0.5\,\mu m$	$\geqslant 5\,\mu m$
A级	3 520	20	3 520	20
B级	3 520	29	352 000	2 900
C级	352 000	2 900	3 520 000	29 000
D级	3 520 000	29 000	不作规定	不作规定

注:[1]静态指生产操作全部结束、操作人员撤出生产现场,并经过15~20 min自净后,洁净区的状态;[2]动态指生产设备按预设的工艺模式运行,并有规定数量的操作人员在现场操作。

表3-2　洁净区微生物监控的动态标准[1]

级别	浮游菌 CFU/m³	沉降菌(ϕ90 mm) CFU/4 h[2]	表面微生物	
			接触碟(ϕ55 mm) CFU/碟	5指手套 CFU/手套
A级	<1	<1	<1	<1
B级	10	5	5	5
C级	100	50	25	—
D级	200	100	50	—

注:[1]表中各数据均为平均值;[2]单个沉降碟的暴露时间可以少于4 h,同一位置可使用沉降碟连续进行监测并累积计数。

　　洁净室必须保持正压,即按洁净度等级的高低依次相连,并有相应的压差,以防止低级洁净室的空气逆流至高级洁净室中。除有特殊要求外,我国洁净室要求,室温为 $18\sim26\ ℃$,相对湿度为 $40\%\sim60\%$。不同制剂配制对空气洁净度有不同的要求,见表 3-3 和表 3-4。

表 3-3　最终灭菌的无菌药品的生产操作环境

洁净度级别	最终灭菌产品
C 级背景下的局部 A 级	高污染风险[①]的产品灌装(或灌封)
C 级	产品灌装(或灌封);高污染风险产品[②]的配制和滤过;眼用制剂、无菌软膏剂、无菌混悬剂等的配制、灌装(或灌封);直接接触药品的包装材料和器具最终清洗后的外表面
D 级	轧盖;灌装前物料的准备;产品配制(指垫配或采用密用系统的配制)和滤过

　　注:①此处指产品容易长菌、灌装速度慢、灌装容器为广口瓶、容器需暴露数秒后方可密封等情况;②此处指产品容易长菌、配制后需等待较长时间方可灭菌或不在密闭系统中配制等状况。

表 3-4　非最终灭菌的无菌药品的生产操作环境

洁净度级别	非最终灭菌产品
B 级背景下的局部 A 级	处于未完全密封[①]状态下产品的操作和转运,如产品灌装(或灌封)、分装、压塞、轧盖等;灌装前无法除菌滤过的药液或产品的配制;直接接触药品的包装材料和器具灭菌后的装配以及处于未完全封闭状态下的转运和存放;无菌原料药的粉碎、过筛、混合、分装
B 级	处于未完全密封[②]状态下产品的操作和转运;直接接触药品的包装材料相器其灭菌后处于密闭容器内的转运和存放
C 级	灌装前可除菌滤过的药液或产品的配制;产品的滤过
D 级	直接接触药品的包装材料和器具的最终清洗、装配或包装、灭菌

　　注:①轧盖前产品视为处于未完全密封状态;②根据已压塞产品的密封性、轧盖设备的设计、铝盖的特性等因素,可选择在 C 级或 D 级背景下的 A 级送风环境中进行。A 级送风环境应当至少符合 A 级区的静态要求。

知识拓展

ISO 14644-1 洁净室及相关控制环境标准

　　国际标准 ISO 14644-1 由相关受控环境技术委员会提出。

　　洁净室及相关受控环境保证空气中悬浮粒子被控制在合适的级别,以确保完成对污染敏感的有关活动。以下行业的产品和工艺均得益于空气中悬浮污染物的控制:航天、微电子、医药、医疗器械、食品和保健品。

　　ISO 14644 的本部分指定 ISO 分级的各级别,以此作为洁净室及相关受控环境内空气洁净度的技术要求。本部分不仅确定了空气中悬浮粒子测试的程序,而且确定了测试的标准方法。

二、空气净化

(一)概念及分类

空气净化是指以创造洁净空气为目的的空气调节措施。根据不同行业的要求和洁净标准,可分为工业净化和生物净化。空气净化技术系指为达到某种净化要求所采用的净化方法,是一项综合性技术,该技术不仅着重采用合理的空气净化方法,而且必须对建筑、设备、工艺等采用相应的措施和严格的维护管理。

工业净化系指除去空气中的悬浮的尘埃粒子,以创造洁净的空气环境,如电子工业等。在某些特殊环境中,可能还有除臭、增加空气负离子等要求。生物净化系指不仅除去空气中悬浮的尘埃粒子,而且要求除去微生物等以创造洁净的空气环境。如制药工业用洁净室需采用生物净化。

> **知识拓展**
>
> #### 空气滤过器的特性
>
> (1)滤过效率(η) 是滤过器主要参数之一,具有评价滤过器除去尘埃能力大小的作用,滤过效率越高,除尘能力越大。
>
> $$\eta = (C_1 - C_2)/C_1 = 1 - C_2/C_1$$
>
> 式中,C_1、C_2 分别表示滤过前后空气的含尘量。当含尘量以计数浓度表示时,η 为计数效率;当含尘量以质量表示时,η 为计重效率。
>
> 在空气净化过程中,实际上,一般采用多极串联滤过,其滤过效率为:
>
> $$\eta = (C_1 - C_n)/C_1 = 1 - (1 - \eta_1)(1 - \eta_2) \cdots (1 - \eta_n)$$
>
> (2)穿透率(K)和净化系数(K_c) 穿透率 K 系指滤过器滤过后和滤过前的含尘浓度比,表明滤过器没有滤除的含尘量,K 越大,滤过效率越差,反之亦然。
>
> $$K = C_2/C_1 = 1 - \eta$$
>
> 净化系数 K_c 系指滤过后含尘浓度降低的程度。以穿透率的倒数表示,数值越大,净化效率越高。
>
> $$K_c = 1/K = C_1/C_2$$
>
> (3)容尘量 系指滤过器允许积尘的最大量。一般容尘量定为阻力增大到最初阻力的两倍或滤过效率降至初值的 85% 以下的积尘量。超过容尘量,阻力明显增加,捕尘能力明显下降,且易发生附尘的再飞散。

(二)空气滤过

目前主要采用空气滤过器对空气进行净化,当含尘空气通过具有多孔滤过介质时,粉尘被微孔截留或孔壁吸附,达到与空气分离的目的。该方法是空气净化中关键措施之一。

空气滤过机理:按尘粒与滤过介质的作用方式,可将空气滤过机理分为拦截作用和吸附作用。①拦截作用系指当空气中的尘粒粒径大于滤过介质纤维间的间隙时,由于介质微孔的机械屏障作用截留尘粒,属于表面滤过。②吸附作用系指当空气中的尘粒粒径小于滤过介质纤维间隙的细小粒子通过介质微孔时,由于尘埃粒子的重力、分子间范德瓦耳斯力、静电、粒子运动惯性及扩散等作用,与纤维表面接触被吸附。属于深层滤过。

影响空气滤过的主要因素包括:①粒径。空气中尘粒粒径越大,拦截、惯性、重力沉降作用越大,越易除去;反之,越难除去。②滤过风速。在一定范围内,风速越大,粒子惯性作用越大,吸附作用增强,扩散作用降低,但过强的风速易将附着于纤维的细小尘埃吹出,造成二次污染,因此风速应适宜;风速小,扩散作用强,小粒子越易与纤维接触而吸附,常用极小风速捕集微小尘粒。③介质纤维直径和密实性。滤过纤维越细、越密实,拦截和惯性作用增强,但阻力增加,扩散作用减弱。④附尘。随着滤过的进行,纤维表面沉积的尘粒增加,拦截作用提高,但阻力增加,当达到一定程度时,尘粒在风速的作用下,可能再次飞散进入空气中,因此滤过器应定期清洗,以保证空气质量。

(三)滤过器类型

空气滤过器按形状和滤材等分为板式、楔式、袋式和折叠式空气滤过器。目前常按滤过效率分为初效滤过器、中效滤过器、亚高效滤过器、高效滤过器四类。

1. 初效滤过器

初效滤过器主要滤除粒径大于 5 μm 的悬浮粉尘,滤过效率可达 20%～80%,通常用于上风侧的新风滤过,除了捕集大粒子外,还防止中、高效滤过器被大粒子堵塞,以延长中、高效滤过器的寿命。因此也称预滤过器(prefilter)。滤材一般选用易清洗、易更换的粗、中孔泡沫塑料或 WPC-200 涤纶无纺布。

2. 中效滤过器

中效滤过器主要用于滤除大于 1 μm 的尘粒,滤过效率达到 20%～70%,一般置于亚高效或高效滤过器之前,用以保护高效滤过器。中效滤过器的外形结构大体与初效滤过器相似,为袋式滤过器,滤材一般为玻璃纤维、WZ-CP-2 无纺布或中、细孔泡沫塑料。

3. 亚高效滤过器

亚高效滤过器主要滤除小于 1 μm 的尘埃,滤过效率在 95%～99.9%,置于高效滤过器之前以保护高效滤过器,常采用叠式滤过器,滤材为玻璃纤维,

4. 高效滤过器

高效滤过器主要滤除小于 0.3 μm 尘粒,滤过效率在 99.97% 以上。一般装在通风系统的末箱,必须在中效滤过器或在亚高效滤过器的保护下使用。高效滤过器的结构主要是折叠式空气滤过器,滤材用超细玻璃纤维滤纸。高效滤过器的特点是效率高、阻力大、不能再生、安装时正反方向不能倒装。

5. 滤过器的组合

在高效空气净化系统中通常采用三级滤过装置:初效滤过→中效滤过→高效滤过。使空气由初效到高效通过,逐步净化。

三、洁净区(室)空气净化

兽药生产企业应按照药品生产种类、剂型、生产工艺和要求等,将生产厂区合理划分区域。通常可将生产厂区分为一般生产区、控制区、洁净区和无菌区。

(一)洁净区的布局

洁净区一般由洁净室、风淋、缓冲室、更衣室、洗澡室和厕所等区域构成(图 3-1)。

各区域的连接必须在符合生产工艺的前提下,明确人流、物流和空气流的流向(洁净度从高到低),确保洁净室内的洁净度要求。基本原则是:①洁净室内设备布置尽量紧凑,以减少洁净室的面积。②洁净室内不安排窗户或窗户与洁净室之间隔以封闭式外走廊。③洁净室的门要求密闭,人、物进出口处装有气闸。④同级别洁净室尽可能安排在一起。⑤不同级别的洁净室由低级向高级安排,彼此相连的房间之间应设隔门,按洁净等级设计相应压差,一般 10 Pa 左右,门的开启方向朝着洁净度级别高的房间。⑥洁净室应保持正压,洁净室之间按洁净度等级的高低依次相连,并有相应的压差以防止低级洁净室的空气逆流到高级洁净室。空气洁净级别不同的相邻房间之间的净压差应大于 5 Pa,洁净室(区)与室外大气的净压差应大于 10 Pa,门的开启方向朝着洁净度级别高的房间。⑦光照强度按《兽药 GMP》规定应超过 300 lx 以上。⑧无菌区紫外光灯,一般安装在无菌工作区之上侧或入口处。⑨除工艺对温、湿度有特殊要求外,洁净室温度宜保持在 18～26 ℃,相对湿度 45%～65%。

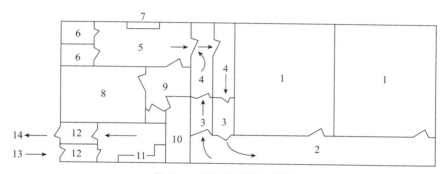

图 3-1 洁净室平面布置图

1. 洁净室 2. 走廊 3. 风淋(气闸) 4. 非污染区 5. 缓冲室 6. 厕所 7. 水洗 8. 休息室
9. 擦脚 10. 管理室 11. 更衣 12. 气阀 13. 进口 14. 出口

(二)洁净室的空气净化系统

空气净化系统是保证洁净室洁净度的关键,该系统的优劣直接影响产品质量。为有效地滤除各种不同粒径的尘埃,常采用组合滤过器,组合的滤过器级别不同,会得到不同的净化效果。高效空气净化系统采用三级滤过装置:初效滤过→中效滤过→高效滤过。中效空气净化系统采用二级滤过装置:初效滤过→中效滤过。系统中风机不仅具有送风作用,而且使系统处于正压状态。洁净室常采用侧面和顶部的送风方式,回风一般安装于墙下。组合式净化空调系统的基本流程如图 3-2 所示,中效滤过器安装在风机的出口处,以保证中效滤过器以后的净化处于正压。

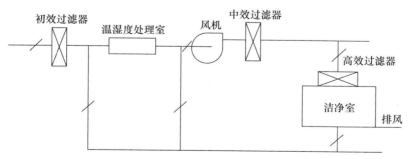

图 3-2 组合式净化空调系统基本流程

(三)层流空气洁净技术

由高效滤过器送出的洁净空气进入洁净室后,其流向的安排直接影响室内洁净度。按气流形式有层流洁净和非层流洁净。

层流也称平行流或单向流,是指空气流线呈同向平行状态,各流线间的尘埃不易相互扩散。层流的流动形式类似气缸内活塞运动,把室内产生的粉尘以整层推出室外,优点为:①空气呈层流形式运动,使得室内悬浮粒子均在层流层中做直线运动,则可避免悬浮粒子聚结成大粒子而沉降,室内空气也不会出现滞留状态;②室内新产生的污染物能很快被层流空气带走,排到室外,即有自行除尘作用;③空气流速相对提高,使粒子在空气中浮动,可避免不同粒径大小或不同药物粉末的交叉污染,降低废品率;④进入室内的层流空气已经过高效滤过器滤过,达到无菌要求;⑤洁净空气没有涡流,灰尘或附着在灰尘上的细菌都不易向别处扩散转移,只能就地被排除掉。

层流分为垂直层流与水平层流,垂直层流以高效滤过器为送风口布满顶棚,地板全部做成格栅地板回风口,或采用侧墙下回,使气流自上而下平行流动。多用于灌封点的局部保护和超净工作台。水平层流以高效滤过器为送风口布满一侧壁面,对应壁面布满回风格栅,气流以水平方向流动。多用于洁净室的全面控制。层流室的空气流速为 $0.36 \sim 0.54$ m/s,断面风速 $\geqslant 0.25$ m/s,造价以及运转费用很高,常用于 A 级的洁净区(图 3-3)。

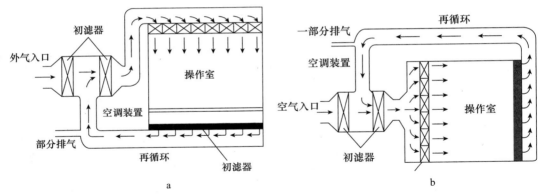

图 3-3 垂直层流和水平层流气流方式示意图

a. 垂直层流;b. 水平层流

非层流乱流也称紊流,是指空气流线呈不规则状态,各流线间的尘埃易相互扩散。这种流动,送风口只占洁净室断面很小的一部分,送入的洁净空气很快扩散到全室,含尘空气被洁净空气稀释后降低了粉尘的浓度,以达到空气净化的目的。因此室内洁净度与送回风的布置形式以及换气次数有关。一般送风量按室内换气次数 25 次/h,或 15 次/h 计。非层流净化室多种送、回风形式,根据洁净等级和生产需要而定。非层流净化技术因设备投入及运行成本比较低,在药品生产上广泛应用,但洁净效果差。非层流洁净室送、回风布置形式如图 3-4 所示。

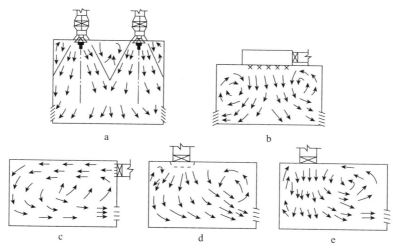

图 3-4　乱流洁净室送、回风布置形式

a. 密集流线型散发器顶送双侧下回；b. 孔板顶送双侧下回；c. 侧送风同侧下回

d. 带扩散板高效滤过器风口顶送单侧下回；e. 无扩散板高效滤过器风口顶送单侧下回

第二节　灭菌与无菌技术

一、概述

　　灭菌技术是用物理或化学等方法杀灭或除去所有致病和非致病微生物繁殖体和芽孢的方法和手段。灭菌是制剂生产中的重要操作，对注射剂等无菌制剂尤为重要。无菌是指在指定的物体、介质或环境中不存在任何活的微生物，因此无菌技术是把整个过程控制在无菌条件下的操作技术，它不是一个灭菌的过程，只能保持原有的无菌度。

　　灭菌与无菌技术对于提高药物制剂的安全性，保护制剂的稳定性以及保证制剂临床疗效至关重要。不同的剂型、制剂和生产环境对微生物限定的要求不同，因此可采用不同的灭菌与无菌技术。

二、灭菌技术

　　灭菌技术可分为物理灭菌技术和化学灭菌技术，制剂生产中可根据被灭菌物品的特征采用一种或多种方法组合灭菌。

(一)物理灭菌技术

　　物理灭菌技术是采用加热、紫外线、辐射、微波和滤过等物理方法杀灭或除去微生物的技术。

　　1. 干热灭菌法

　　是利用干热空气或火焰使细菌的原生质凝固，并使细菌的酶系统破坏而杀死细菌的方法，可分为干热空气灭菌法和火焰灭菌法。

(1)干热空气灭菌法　是指利用热辐射和灭菌器内空气的对流来传递热量从而杀灭微生物或消除热原的方法。由于干热空气的穿透力弱且不均匀、比热小、导热性差，故需长时间、高温度，才能达到灭菌目的。一般需 135～145 ℃，3～5 h、160～170 ℃，2～4 h、180～200 ℃，0.5～1 h；热原一般需 250 ℃，30 min 或 200 ℃，45 min 才能被破坏。该法适用于耐高温的玻璃、金属等用具，以及不允许湿气穿透的油脂类和耐高温的粉末化学药品如油、蜡及滑石粉等，但不适用橡胶、塑料及大部分药品。

(2)火焰灭菌法　是指用火焰直接灼烧从而利用高温使微生物及其芽孢在短时间内死亡的方法。该法灭菌迅速、可靠、简便，适于耐火焰材质(如金属、玻璃及瓷器等)的物品与用具的灭菌，不适于药品的灭菌。一般是将需灭菌的物品加热 10 s 以上，如金属制的刀子、镊子、玻棒等在火焰中灼烧即达灭菌目的；搪瓷桶、盆和乳钵等可放入少量乙醇，使之沾满容器壁后燃烧灭菌。

2. 湿热灭菌法

是利用饱和水蒸气、沸水或流通蒸汽等手段杀灭微生物的一种方法。由于蒸汽潜热大，穿透力强，容易使微生物的蛋白质较快变性或凝固，该法灭菌效率高，且具有作用可靠，操作简便，易于控制等优点，是制剂生产应用最广泛的灭菌方法，但对湿热敏感的药物不宜应用。湿热灭菌法可分为热压灭菌法、流通蒸汽灭菌法、煮沸灭菌法和低温间歇灭菌法等。

(1)热压灭菌法　是指在密闭的热压灭菌器内，利用压力大于常压的饱和水蒸气来杀灭微生物的方法。热压灭菌具有灭菌完全可靠、效果好、时间短、易于控制等优点，能杀灭所有繁殖体和芽孢。在制剂生产中应用最广泛，适用于耐高压蒸汽的药物制剂、玻璃容器、金属制品、瓷器、橡胶塞、膜滤过器等的灭菌。热压灭菌的效果与温度、压力和时间关系密切，一般常用的温度为 115 ℃、121 ℃、126 ℃，压力分别为 68 kPa、98 kPa、137 kPa，时间依次为 30 min、20 min、15 min。

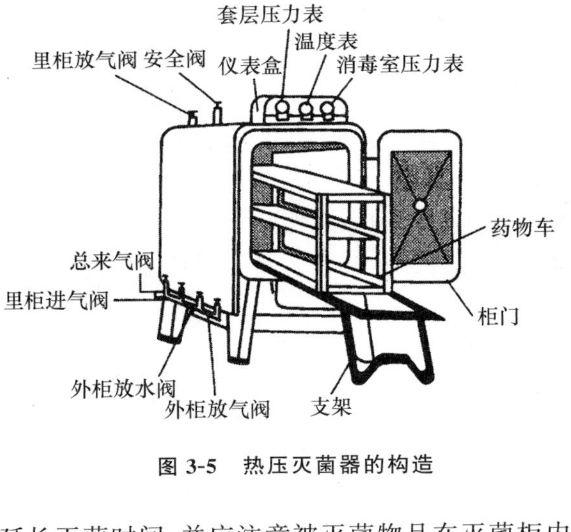

图 3-5　热压灭菌器的构造

常用的热压灭菌设备有手提灭菌器和热压灭菌柜(图 3-5)。热压灭菌柜使用注意事项：①必须使用饱和蒸汽。②必须排尽灭菌柜内空气。若有空气存在，压力表的指示压力并非纯蒸汽压，而是蒸汽和空气二者的总压，灭菌温度难以达到规定值。实验证明，加热蒸汽中含有 1%的空气时，传热系数降低 60%。因此，在灭菌柜上往往附有真空装置，以便在通入蒸汽前将柜内空气尽可能抽尽。③灭菌时间必须从全部药液真正达到所要求的温度时算起。在开始升温时，要求一定的预热时间，遇到不易传热的包装、体积较大的物品或灭菌装量较多时，可适当延长灭菌时间，并应注意被灭菌物品在灭菌柜内的存放位置。④灭菌完毕后的操作必须按照先停止加热，逐渐减压至压力表指针为“0”后，放出柜内蒸汽，使柜内压力与大气压相等。稍稍打开灭菌柜 10～15 min 后全部打开，以免柜内外压力差和温度差太大，造成被灭菌物冲出或玻璃瓶炸裂而伤害操作人员。

(2)流通蒸汽灭菌法　是指在常压下，采用 100 ℃流通蒸汽加热 30～60 min 杀灭微生物的方法。该法适用于消毒及不耐高温制剂的灭菌,但不能保证杀灭所有的芽孢,一般作为不耐热无菌产品的辅助灭菌手段。

(3)煮沸灭菌法　是指将待灭菌物品放入水中煮沸 30~60 min 进行灭菌。该法灭菌效果较差,不能保证杀灭所有芽孢,必要时可加入适量的抑菌剂提高灭菌效果。

(4)低温间歇灭菌法　是指将灭菌物置 60~80 ℃的水或流通蒸汽中加热 60 min,杀灭微生物繁殖体后,在室温条件下放置 24 h,待灭菌物中芽孢发育成繁殖体,再次加热灭菌、放置,反复多次,直至杀灭所有芽孢。低温间歇灭菌适合于不耐高温、热敏感物料和制剂的灭菌。其缺点是费时、灭菌效率低、灭菌效果差,必要时可加入适量抑菌剂可提高灭菌效率。

(5)影响湿热灭菌的因素　①微生物的性质和数量。各种微生物对热的抵抗力相差较大,处于不同生长阶段的微生物,所需灭菌的温度与时间也不相同,繁殖期的微生物对高温的抵抗力要比衰老时期抵抗力小得多,芽孢的耐热性比繁殖期的微生物更强。在同一温度下,微生物的数量越多,则所需的灭菌时间越长,因为微生物在数量比较多的时候,其耐热个体出现的机会也越多,它们对热具有更大的耐热力,故每个容器的微生物数越少越好。因此,在在整个生产过程中应尽一切可能减少微生物的污染,尽量缩短生产时间,如注射剂应在灌封后立即灭菌。②介质的性质。待灭菌物中介质中如含有营养性物质如糖类、蛋白质等,对微生物有一种保护作用,能增强其抗热性。另外,介质的 pH 对微生物的活性也有影响,一般微生物在中性溶液中耐热性最大,在碱性溶液中次之,酸性不利于细菌的发育。因此,介质的 pH 最好调节为偏酸性或酸性。③灭菌温度与时间。根据药物的性质确定灭菌温度与时间,一般说灭菌所需时间与温度成反比,即温度越高,时间越短。但温度增高,化学反应速度也增快,时间越长,起反应的物质越多。为此,在保证药物达到完全灭菌前提下,应尽可能地降低灭菌温度或缩短灭菌时间。④蒸汽的性质。蒸汽有饱和蒸汽、湿饱和蒸汽和过热蒸汽。饱和蒸汽热含量较高,热穿透力较大,灭菌效率高;湿饱和蒸汽因含有水分,热含量较低,热穿透力较差,灭菌效率较低;过热蒸汽温度高于饱和蒸汽,但穿透力差,灭菌效率低,且易引起药品的不稳定性。因此,热压灭菌应采用饱和蒸汽。

3. 射线灭菌法

(1)紫外线灭菌法　是指用紫外线照射杀灭微生物的方法。一般波长 200~300 nm 的紫外线可用于灭菌,灭菌力最强的是波长 254 nm。紫外线不仅能使核酸和蛋白质变性,而且能使空气中氧气产生微量臭氧,而达到共同杀菌作用。紫外线是直线传播,其强度与距离的平方成比例地减弱,并可被不同的表面反射,普通玻璃及空气中灰尘、烟雾均易吸收紫外线,因此紫外线穿透较弱,作用仅限于被照射物的表面,不能透入溶液或固体深部,只适宜于无菌室空气、表面灭菌,而装在玻璃瓶或其他容器内的药液不能用该法灭菌。紫外线对人体有害,因此一般在人员进入前开启 1~2 h,进入时关闭。不同规格紫外线灯均有一定使用期限规定,一般为 3 000 h,使用时应记录开启时间,并定期检查灭菌效果。

(2)微波灭菌法　是指采用微波(频率为 $3×10^2$~$3×10^5$ MHz)照射产生热能而杀灭微生物和芽孢的方法。微波灭菌是利用微波的热效应和非热效应(生物效应)相结合实现灭菌目的,热效应使微生物体内蛋白质变性而失活,生物效应可干扰微生物正常的新陈代谢,破坏了微生物生长条件,使得该技术在温度不高的情况下(70~80 ℃)即可杀灭微生物,而不影响药物的稳定性。对热压灭菌不稳定的药物制剂(如维生素 C、阿司匹林等),采用微波灭菌则较稳定,降解产物减少。

该法适合液体和固体物料的灭菌,且对固体物料具有干燥作用。微波能穿透到介质和物料的深部,可使介质和物料表里一致地加热,且具有低温、省时、常压、均匀、高效、保质期长、节约能源、不污染环境、操作简单、易维护等特点。

（3）辐射灭菌法　是利用 γ 射线或适宜的电离辐射杀灭微生物和芽孢的方法。本方法具有不升高产品的温度,穿透力强、灭菌效率高、适用范围广等特点,适用于热敏性物料和制剂、医疗器械、药用包装材料和药用高分子材料等的灭菌。但辐射灭菌设备费用高,对操作人员存在潜在的危险性,操作时须有安全防护措施。某些药品(特别是溶液型)经辐射后,有可能效力降低或产生毒性物质和发热物质等。

4. 滤过除菌法

是利用滤过材料的截留作用除去微生物的方法,可除去除病毒以外的微生物,适合于对热不稳定的药物溶液、气体、水等物品的灭菌。滤过除菌属于机械除菌方法,所用的机械称为除菌滤过器,除菌滤过器应具有较高的滤过效率,能有效地除尽物料中的微生物,滤材与滤液中的成分不发生相互交换,滤器易清洗,操作方便等。常用的滤器有 G6 号垂熔玻璃漏斗、$0.22~\mu m$ 的微孔滤膜等。为保证无菌,采用该法时,必须配合无菌操作法,并加抑菌剂;所用滤器及接受滤液的容器均必须经热压灭菌。

(二)化学灭菌技术

化学灭菌技术是指用某些化学药品直接杀灭微生物,同时不影响制剂质量的灭菌技术。用于杀灭微生物的化学药品称为杀菌剂。根据杀菌剂物质状态的不同,化学灭菌技术可分为气体灭菌法和化学药液灭菌法。

1. 气体灭菌法

是采用气态或蒸汽状态消毒剂进行灭菌的方法。常用的灭菌气体有环氧乙烷、臭氧、甲醛、气态过氧化氢等。气体灭菌适用于环境消毒以及不耐加热灭菌的医用器具、设备和设施、粉末注射剂等的消毒,但应注意使用后残留的消毒剂是否会影响药物及制剂的质量和稳定性。

2. 化学药液灭菌法

是指采用消毒剂溶液进行灭菌的方法。常作为其他灭菌法的辅助措施,适用于皮肤、无菌设备和其他设备的消毒。常用的消毒剂有 75% 乙醇、0.1%～0.2% 苯扎溴铵溶液,2% 左右的苯酚或煤酚皂溶液、1% 聚维酮碘溶液等。使用化学药液灭菌要注意其浓度不要过高,以防其化学腐蚀作用。

三、无菌技术

无菌技术是指整个生产过程控制在无菌条件下进行的一种操作技术。该技术适用于一些不耐热药物的注射剂、眼用制剂、生物制剂等的制备。无菌操作所用的一切器具、材料以及环境,均须用前述适宜的灭菌方法灭菌,操作须在无菌操作室或无操作柜内进行。

(一)无菌操作室的灭菌

无菌操作室的空气灭菌常采用滤过除菌、紫外灭菌、气体灭菌和化学药液灭菌等方法。一般对流动空气采用滤过除菌,对于静止环境的空气采用紫外灭菌、气体灭菌等方法。

1. 甲醛蒸气熏蒸法

是采用蒸汽夹层加热锅,将甲醛汽化成甲醛蒸气,经蒸汽出口送入总进风道,由鼓风机吹入无菌操作室,连续 3 h 后,一般即可将鼓风机关闭。室温应保持在 24～40 ℃,以免室温过低甲醛蒸气聚合而附着于表面,湿度保持在 60% 以上,密闭熏蒸不少于 8 h,再将 25% 氨水加热(每立方米用 8～10 mL),从总进风道送入氨气约 15 min,以吸收甲醛蒸气,然后开启总出风口排风并通入无菌空气约

2 h,直至室内无臭气为止。本方法灭菌较彻底,是无菌操作室灭菌常用的方法之一。

2. 臭氧气体灭菌法

采用臭氧进行灭菌,臭氧由专门的臭氧发生器产生,臭氧发生器一般安装于空气净化空调机组中的滤过后端或风道中,采用循环形式灭菌。本方法无须增加室内消毒设备,对空气净化滤过系统也有灭菌作用,且灭菌时间短、操作简便、效果好。

除上述方法定期进行较彻底的灭菌外,无菌室每天工作前应开启紫外灯 1 h,中途休息时也要开 0.5～1 h。还要对室内的空间、用具(桌椅等)、地面、墙壁等用化学消毒药液喷洒或擦拭,起到辅助灭菌作用。其他用具尽量用热压灭菌法或干热灭菌法灭菌。

(二)无菌操作

无菌操作室、层流洁净工作台和无菌操作柜是无菌操作的主要场所。无菌操作所用的一切物品、器具和环境等均需要灭菌,如注射剂生产中所用安瓿等玻璃制品应在 250 ℃,30 min 或 150～180 ℃,2～3 h 干热灭菌。操作人员应严格按照无菌操作规程进行净化处理,操作人员进入操作室之前应洗净手、脸、腕,换上已灭菌的工作服和专用鞋、帽、口罩等,勿使头发、内衣等露出,剪去过长的指甲,双手按规定方法洗净并消毒。操作过程中物料应在无菌状态下送入无菌操作室内,人流和物流要严格分开。

> **知识链接**
>
> #### 灭菌参数 F_0
>
> 加热法是杀灭微生物最常用的方法。由于灭菌温度多为测量灭菌器内的温度,而不是测量被灭菌物体内的温度,同时无菌检验方法也存在局限性,若检品中存在极微量的微生物时,往往难以用现行的无菌检验法检出。因此对灭菌方法的可靠性进行验证是非常必要的。F_0 值可作为验证灭菌可靠性的参数。F_0 值是在湿热灭菌时,参比温度定为 121 ℃,以嗜热脂肪芽孢杆菌作为微生物指示菌,把灭菌过程中所有温度下的灭菌效果都转化成 121 ℃下灭菌的等效值,即相当于 121 ℃热压灭菌时杀死容器中全部微生物所需要的时间。

第三节　液体滤过技术

液体滤过技术是将固液混合物强制通过多孔性介质,借多孔性介质把固体颗粒截留、使液体通过,从而将固体与液体分离的技术。用于截留固体物质的介质称为滤材,被滤材截留下来的固形物称为滤饼,通过滤材的液体称为滤液。

一、滤过的机制及影响因素

(一)滤过的机制

滤过的机制有两种:一种是表面滤过,即大于滤器孔隙的微粒全部被截留在滤过介质的表面,如用尼龙筛和微孔滤膜为滤材时的滤过;另一种是深层滤过,即在滤器的深层截留微粒,如用砂滤棒、垂熔玻璃漏斗等的滤过,这种在深层被截留的微粒常能小于介质孔径的平均大小,这些滤器具有不规则的多孔性能,孔径错综迂回,使微粒在这种弯曲袋形孔道中被截留。

(二)滤过的影响因素

(1)滤过面积增大,可加快滤过速度。

(2)液体黏稠度与滤过速度成反比。

(3)改变滤器上下压力差,如加压或减压滤过都能增加流速;但絮状的、软的和可压缩性的沉淀,在加压或减压时常可堵塞孔道,使滤速反而减慢。

(4)沉积滤渣的厚度和滤渣颗粒的大小都能影响流速。为此,在杂质较多的情况下可先进行粗滤,同时设法使沉淀颗粒变粗,减少滤饼对流速的阻碍。

二、滤材及滤器

滤过有粗滤和精滤两种。粗滤常用砂滤棒、滤纸、长絮棉花或绸布等;精滤多采用滤膜、垂熔玻璃漏斗等。

(一)砂滤棒

砂滤棒由硅藻土、陶瓷等烧制而成。目前常用的砂滤棒主要有两种,一种是硅藻土滤棒(苏州滤棒),另一种是多孔素瓷滤棒(唐山滤棒)。硅藻土滤棒质地疏松,一般使用于黏度高、浓度大的药液。根据自然滤速分为粗号(500 mL/min 以上)、中号(500～300 mL/min)和细号(300 mL/min 以下),注射剂生产常用中号。多孔素瓷滤棒质地致密,滤速比硅藻土滤棒慢,适用于低黏度的药液。

砂滤棒价廉易得,滤速快,适用于大生产中粗滤;但砂滤棒易于脱砂,对药液吸附性强,难清洗,且有改变药液 pH 现象,滤器吸留滤液多。砂滤棒用过后要用洗液浸泡,用水冲洗进行反复处理。

(二)垂熔玻璃滤器

垂熔玻璃滤器分为垂熔玻璃漏斗、滤器及滤棒三种。常见的垂熔玻璃滤器规格见表3-5。按滤过介质的孔径分为1～6号,生产厂家不同,代号也有差异。3号多用于常压滤过,4号多用于减压或加压滤过,6号常用于无菌滤过。

表 3-5 常见垂熔玻璃滤器规格比较

上海玻璃厂		长春玻璃厂		天津玻璃厂	
滤器号	滤板孔径/μm	滤器号	滤板孔径/μm	滤器号	滤板孔径/μm
1	80～120	G_1	20～30	IG_1	80～120
2	40～80	G_2	10～15	IG_2	40～80
3	15～40	G_3	4.5～9	IG_3	15～40
4	5～15	G_4	3～4	IG_4	5～15
5	2～5	G_5	1.5～2.5	IG_5	2～5
6	<2	G_6	<1.5	IG_6	<2

垂熔玻璃滤器化学性质稳定(强碱和氢氟酸除外);吸附性低,一般不影响药液的 pH;易清洗,不易出现漏裂,碎屑脱落等现象。但该类滤器价格较高,脆而易破。使用时可在垂熔漏斗内垫上一稠布或滤纸,可防污物堵塞滤孔,也有利于清洗,可提高滤液的质量。

(三)微孔滤膜滤过器

1. 微孔滤膜的性质

是一种高分子的薄膜滤过材料,包括乙酸纤维素、硝酸纤维素、聚酰胺、聚四氟乙烯膜等,可根据待滤液的性质选用相应的膜材。微孔滤膜能截留一般常用滤器(垂熔玻璃滤器等)所不能截留的微粒。使用时,最好先用其他滤材进行预滤过,同时在滤膜的上下两侧衬以网状的保护材料,以防止滤过液冲压而破坏滤膜。微孔滤膜由于其孔隙率达到 80%,滤速快,主要用于终端精滤。孔径 $0.025 \sim 14 \mu m$,$0.45 \sim 0.8 \mu m$ 用于除微粒,$0.22 \mu m$ 用于除菌。

2. 微孔滤膜滤过器

以微孔滤膜作滤过介质的滤过装置称为微孔滤膜滤过器。常用的有圆盘形和圆筒形两种,圆筒型内有微孔滤膜器若干个,滤过面积大,适用于注射剂的大量生产。圆盘形不锈钢微孔滤膜滤过器见图 3-6。

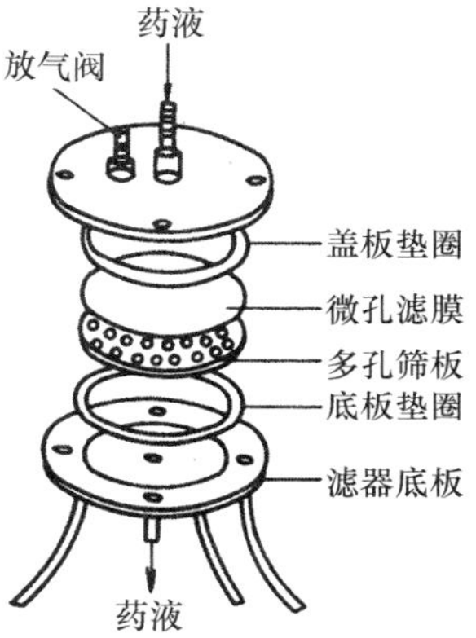

微孔滤膜滤过器的特点:①微孔孔径小且均匀,截留能力强且阻力小,滤速较快;②滤膜无介质的迁移,不会影响药液的 pH;③对药液的吸附性小,不滞留药液;④滤膜用后弃去,不会造成产品之间的交叉污染;⑤缺点是膜孔易堵塞,药液温差变化大时会引起滤膜破裂。

图 3-6　圆盘形不锈钢微孔滤膜滤过器结构图

(四)板框式压滤机

由多个中空滤框和实心滤板交替排列在支架上组成,是一种在加压下间歇操作的滤过设备。该类滤器的滤过面积大,截留的固体量多,且可在各种压力下滤过。适用于黏性大、滤饼可压缩的各种物料滤过,特别适用于含少量微粒的待滤液。在注射剂生产中,多用于预滤用。缺点是装配和清洗麻烦,容易滴漏。

(五)钛滤器

钛滤器是用粉末冶金工艺将钛粉末加工制成,有钛滤棒与钛滤片,是一种较好的预滤材料。钛滤器具有抗热性能好、强度大、重量轻、不易破碎,耐腐蚀、寿命长、耐磨、滤过阻力小、滤速大、无微粒脱落、不吸附主药成分等特点。

(六)助滤剂

若滤液中含有极细微粒时,在滤过介质上形成一致密的滤饼而堵塞孔道,使滤过无法进行;另外在待滤液中含有黏性或高度可压缩性微粒时,形成的滤饼对滤液的阻力很大。此时可将某种质地坚硬的、能形成疏松滤渣层的另一种固体颗粒加入滤浆中,或将其制成糊状物铺于滤过介质表面,用以形成较疏松的滤饼,使滤液得以畅流,此固体颗粒称为助滤剂,其作用就是减少滤过的阻力。常用的助滤剂有:

(1)硅藻土。主要成分为二氧化硅,有较高的惰性和不溶性,是最常用的助滤剂。

(2)活性炭。常用于注射液的滤过,有较强的吸附热原、微生物的能力,并具有脱色的作用。但它能吸附生物碱类药物,应用时应注意其对药物的吸附作用。

（3）滑石粉。吸附性小，能吸附溶液中过量不溶性挥发油和色素，适用于含黏液、树胶较多的液体。在制备挥发油芳香水剂时，常用滑石粉作助滤剂。但滑石粉很细，不易滤清。

（4）纸浆。有助滤和脱色作用，中药注射剂生产中应用较多，特别适合于处理某些难以滤清的药液。

三、滤过方式

常用的滤过方式有下列几种。

1. 高位静压滤过

也称重力滤过，主要依靠药液本身的液位差来进行滤过，适用于药液在楼上配制、通过管道滤过到楼下灌封。本装置设备简单，压力较稳定，但滤速较慢，因而生产效率低，适用于没有加压或减压设备的情况下使用。

2. 减压滤过

是利用真空泵抽真空形成负压而使药液滤过，可以连续进行滤过操作。由于药液处于密闭状态，不易被污染。但压力往往不够稳定，再加上操作不当，易使滤层松动，很容易影响到滤过质量。滤过系统中的空气必须经过洗涤等处理才能进入。

3. 加压滤过

是利用离心泵送药液通至滤器进行滤过，这种装置适合于配液、滤过及灌封等工段在同一平面的情况下使用。本装置具有压力稳定、滤速快、药液澄明度好、产量高等特点，且全部装置保持正压，不会受空气中的杂质、微生物等的影响，即使中途停止滤过，对滤层的影响也较小，常用于大生产。

第四节　固体制剂基本操作技术

一、粉碎

(一)粉碎的含义及目的

粉碎是指借助机械力将大块物料破碎成适宜大小的颗粒或细粉的操作。

粉碎是药物制剂生产的基本操作单元之一，其目的主要是①增加药物的表面积，促进药物的溶解与吸收，提高药物的生物利用度；②便于调剂和服用。

(二)粉碎原理与方法

粉碎主要是利用外加机械力，部分地破坏物质分子间的内聚力来达到粉碎的目的。固体药物的机械粉碎过程，就是用机械方法增加药物的表面积，即机械能转变成表面能的过程。

极性的晶体物质具有相当的脆性，较易粉碎；非极性的晶体物质缺乏脆性且易变形，阻碍了它们的粉碎，可加入少量挥发性液体以利粉碎；非晶型物质具有一定弹性，可通过降低温度的方法来增加其脆性，以利粉碎。

粉碎的方法主要有干法粉碎、湿法粉碎、低温粉碎和超微粉碎四种。

1. 干法粉碎

是通过干燥处理使药物的含水量降至一定限度(一般应少于5%)后再进行粉碎的方法。药物适宜的干燥方法选用要根据药物性质,一般温度不宜超过80℃。某些有挥发性及遇热易起变化的药物,可用石灰干燥器(或橱)进行干燥。

2. 湿法粉碎

是在药物中加入适量液体进行研磨粉碎的方法。常用于樟脑、冰片、薄荷脑、水杨酸等药物的粉碎,还用于某些刺激性较强的或有毒的药物,以避免干法粉碎时粉尘飞扬。通常液体的选用是以药物遇湿不膨胀、两者不起变化、不妨碍药效为原则。对某些难溶于水的药物如炉甘石、珍珠、滑石,要求特别细度时,还可采用水飞法进行粉碎。

3. 低温粉碎

是利用物料在低温状态的脆性,借机械拉引应力而破碎的粉碎方法。适用于常温下粉碎有困难的药物,如软化点和熔点较低的药物、热可塑性药物、某些热敏性药物及含水、含油较少的物料等。如树脂、树胶、干浸膏等,可获得更细的粉末,且可保存物料中的香气及挥发性有效成分。低温粉碎常采用4种方法:①物料先行冷却,迅速通过高速撞击式粉碎机粉碎,碎料在机内滞留的时间短暂。②粉碎机壳通入低温冷却水,在循环冷却下进行粉碎。③将干冰或液化氮气与物料混合后进行粉碎。④组合应用上述冷却方法进行粉碎。

4. 超微粉碎

超微粉碎是指利用机械或流体动力的途径将物料颗粒粉碎至粒径小于10 μm以下的过程。超微粉碎技术是以空气动力学为理论,将多喷管技术、流化床技术、分级技术融为一体,形成了一套超音速气流粉碎分级系统,超微粉碎后的中药具有良好的溶解性、分散性、吸附性、化学反应活性等,同时也有利于中药新剂型如中药注射剂、中药透皮制剂、中药喷雾剂等的制备。

物质经过粉碎,表面积增加,自由表面能也增加,导致已粉碎的粉末有重新结聚的倾向。粉碎与结聚同时进行,粉碎过程达到动态平衡,粉碎便停止在一定阶段。用混合粉碎的方法,使一种药物吸附于另一种药物表面,使其自由能不致明显增加,可阻止其结聚,粉碎便能继续进行。此外,难溶性晶体药物与微晶纤维素按一定比例混合研磨,制成的混合物,其溶解速率增大。

(三)粉碎设备

1. 辊式粉碎机

图3-7是常见的双辊式粉碎机的工作原理示意图。它有两个互相平行的辊子,一个安装在固定轴承上,另一个支撑于活动轴承上,活动轴承由弹簧与机架相连。工作时,两个辊子均由电动机驱动,转速相等,但方向相反。固体药物自上而下进入两辊之间,被挤压成较小的颗粒后,由下部排出。

辊子的表面可以是光面,也可以是带齿的。光面辊子表面不易磨损,可用于坚硬及腐蚀性物料的粉碎,软质药物的粉碎,粉碎度通常为6~8,且粒度较小。带齿辊子的粉碎效果较好,但抗磨损能力较差,不适用于腐蚀性药物的粉碎,可用于大颗粒黏性药物的粉碎,粉碎比通常为10~15。

辊式粉碎机运行平稳、振动较轻、过粉碎较少,常用于固体药物的粗碎、中碎、细碎和粗磨。

2. 锤式粉碎机

锤式粉碎机是一种撞击式粉碎机,一般由加料器、转盘(子)、锤头、衬板、筛板(网)等部件组成,如图3-8所示。锤头安装在转盘上,并可自由摆动。固体药物由加料斗加入,被螺旋加料器送入粉碎室,高速旋转的圆盘带动其上的T形锤对固体药物进行强烈锤击,使药物被锤碎或与衬板相撞而破碎。粉碎后的微细颗粒通过筛板由出口排出,不能通过的粗颗粒则继续在室内粉碎。选用不同规格的筛板(网),可获得粒径为4~325目的药物颗粒。

锤式粉碎机操作安全、粉碎能耗小、生产能力大、产品粒度比较均匀。缺点是锤头易磨损、筛孔易堵塞、物料易过细、粉尘较多。常用于脆性药物的中碎或细碎,不适用于黏性固体药物的粉碎。

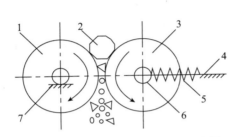

图3-7　双辊式粉碎机工作原理示意图

1、3. 辊子　2. 固体物料　4. 机架
5. 弹簧　6. 活动轴承　7. 固定轴承

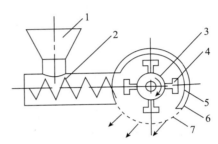

图3-8　锤式粉碎机结构示意图

1. 加料斗　2. 螺旋加料斗　3. 转盘
4. 锤头　5. 衬板　6. 外壳　7. 筛板

3. 球磨机

如图3-9所示,球磨机的结构主体是一个不锈钢或瓷制的圆筒体,筒体内装有直径为25~150 mm的钢球或瓷球,即研磨介质,装入量为筒体有效容积的25%~45%。当筒体转动时,研磨介质随筒体上升至一定高度后向下滚落或滑动。固体药物由进料口进入筒体,逐渐向出料口运动。在运动过程中,药物在研磨介质的连续撞击、研磨和滚压下而逐渐粉碎成细粉,并由出料口排出。

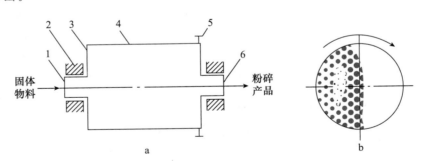

图3-9　球磨机结构与工作原理示意图

a. 纵切面　b. 横切面

1. 进料口　2. 轴承　3. 端盖　4. 圆筒体　5. 大齿圈　6. 出料口

球磨机筒体的转速对粉碎效果有显著影响。转速过低,研磨介质随筒壁上升至较低的高度后即沿筒壁向下滑动,或绕自身轴线旋转,此时研磨效果很差,应尽可能避免。转速适中,研磨介质将连续不断地被提升至一定高度后再向下滑动或滚落,且均发生在物料内部,如图3-10a所示,

此时研磨效果最好。转速更高时,研磨介质被进一步提升后将沿抛物线轨迹抛落,如图 3-10b 所示,此时研磨效果下降,且容易造成研磨介质的破碎,并加剧筒壁的磨损。当转速再进一步增大时,离心力将起主导作用,使物料和研磨介质紧贴于筒壁并随筒壁一起旋转,如图 3-10c 所示,此时研磨介质之间以及研磨介质与筒壁之间不再有相对运动,药物的粉碎作用将停止。

　　球磨机结构简单,运行可靠,可密闭操作,操作粉尘少。常用于结晶性或脆性药物的粉碎。密闭操作时,可用于毒性药、贵重药以及吸湿性、易氧化性和刺激性药物的粉碎。缺点是其体积庞大、笨重、运行时有强烈的振动和噪声、工作效率低、能耗大。

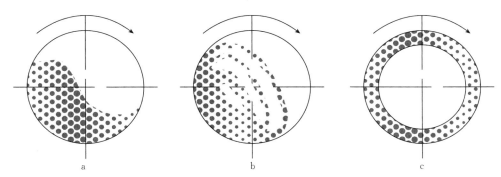

图 3-10　研磨介质在球磨机筒体内的运动方式

a. 滑落或滚落　b. 抛落　c. 离心运动

　　4. 振动磨

　　振动磨是利用研磨介质在有一定振幅的筒体内对固体药物产生冲击、摩擦、剪切等作用而达到粉碎药物的目的。如图 3-11 所示,筒体支承于弹簧上,主轴穿过筒体,轴承装在筒体上。当电动机带动主轴快速旋转时,偏心配重的离心力使筒体产生近似于椭圆轨迹的运动,使筒体中的研磨介质及物料呈悬浮状态,研磨介质的抛射、撞击、研磨等均能起到粉碎药物的作用。

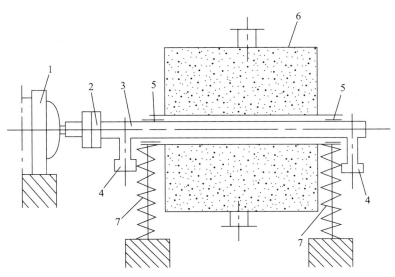

图 3-11　振动磨结构示意图

1. 电动机　2. 挠性轴套　3. 主轴　4. 偏心配重　5. 轴承　6. 筒体　7. 弹簧

与球磨机相比,振动磨研磨介质直径小,填充率可高达60%～70%,能产生强烈的高频振动,研磨表面积增大,对药物的冲击频率比球磨机高出数万倍,可在较短的时间内将药物研磨成细小颗粒。振动磨粉碎比较高,粉碎速度较快,能使药物混合均匀,并能进行超细粉碎。缺点是机械部件的强度加工要求较高,运行时振动和噪声较大。

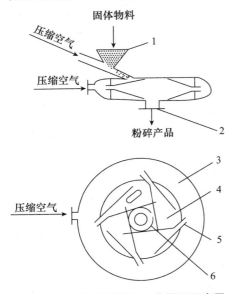

图 3-12　气流粉碎机工作原理示意图

1. 加料斗　2. 出料管　3. 空气室
4. 粉碎室　5. 喷嘴　6. 分级涡

5. 气流粉碎机

又称流能磨。如图 3-12 所示,在空气室的内壁上装有若干个喷嘴,高压气体由喷嘴以超音速喷入粉碎室,固体药物由加料口经高压气体引射进入粉碎室。在粉碎室内,调整气流带着固体药物颗粒,并使其加速到 50～300 m/s。在强烈的碰撞、冲击及调整气流的剪切作用下,固体颗粒被粉碎。粗、细颗粒均随气流高速旋转,但所受离心力的大小不同。细小颗粒因所受的离心力较小,被气流夹带至分级涡并随气流一起由出料管排出,而粗颗粒因所受离心力较大在分级涡外继续被粉碎。

气流粉碎机结构简单、紧凑;粉碎成品粒度细,可获得 1 μm 以下的超微粉;经无菌处理后,可达到无菌粉碎的要求;由于压缩气体膨胀时的冷却作用,粉碎过程中的温度几乎不升高,适用于热敏性药物,如抗生素、酶等的粉碎。缺点是能耗高、噪声大、运行时会产生振动。

(四)粉碎原则

①粉碎过程保持药物组成和药理作用不变;②根据应用目的和药物剂型控制适当粉碎程度;③粉碎过程中注意及时过筛,避免部分药物粉碎过细,且可提高效率;④饮片应按处方量全部粉碎应用,较难粉碎部分(叶脉、纤维等)要再粉碎,不应随意丢弃。

(五)粉碎设备使用保养

①开机前,先进行安全性检查;②开机后,待运转稳定后再加料;③检查是否夹杂有硬物,尤其是金属、石块等;④加料量要适当;⑤各传动部件保持良好润滑性;⑥电机或传动部件加装保护罩;⑦注意防尘、清洁等。

二、筛分

(一)概述

筛分是指借助筛网孔径大小将不同粒度的物料进行分离的方法。

一般情况下,机械粉碎所得的粉体是不均匀的。粉体的粒径分布可用粉体粗细的分布曲线图表示。如图 3-13 所示,如果固体药物粒径在粉碎前是正态分布曲线,经过粉碎过程后,细粉逐渐增多,粗粉减少,得到一定粗细粉体的非正态分布,再经过一定时间粉碎后又可得到近似正态分布的曲线。

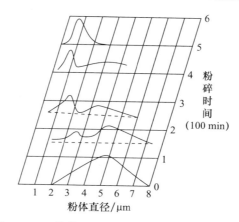

图 3-13　固体药物粉碎过程中的粉体粗细分布曲线

(二)药筛及粉体分等

1. 药筛

是指按药典规定用于药物筛分的筛,又称标准筛。按制作方法的不同,药筛可分为编织筛和冲制筛。编织筛的筛网常用金属丝、化学纤维、绢丝等织成,编织筛在使用时易于移位而变形。冲制筛系在金属板上冲压一定形状的筛孔而制成的筛,其筛孔不易变形。《中国兽药典》所规定的药筛,系选用国家标准的 R40/3 系列,见表 3-6。

表 3-6　我国兽药典规定的药筛标准

筛号	筛孔内径(平均值)	目号
一号筛	$(2\,000\pm70)\mu m$	10 目
二号筛	$(850\pm29)\mu m$	24 目
三号筛	$(355\pm13)\mu m$	50 目
四号筛	$(250\pm9.9)\mu m$	65 目
五号筛	$(180\pm7.6)\mu m$	80 目
六号筛	$(150\pm6.6)\mu m$	100 目
七号筛	$(125\pm5.8)\mu m$	120 目
八号筛	$(90\pm4.6)\mu m$	150 目
九号筛	$(75\pm4.1)\mu m$	200 目

注:目为每英寸(25.4 mm)筛网长度上的孔数,如每英寸有 100 个孔的标准筛称为 100 目筛。

2. 粉体分等

粉碎后的粉体必须经过筛选才能得到比较均匀的粉体。筛过的粉体包括所有能通过该药筛筛孔的全部粉粒,如通过 1 号筛的粉体,不都是 2 mm 直径的粉粒,包括所有能通过 2～9 号药筛甚至更细的粉粒在内。药物的使用要求不同,对粉体的粒度要求也不同。《中国兽药典》将粉末划分为 6 级,其标准见表 3-7。

表 3-7 粉体等级标准

序号	等级	标准
1	最粗粉	能全部通过 1 号筛,但混有能通过 3 号筛不超过 20% 的粉体
2	粗粉	能全部通过 2 号筛,但混有能通过 4 号筛不超过 40% 的粉体
3	中粉	能全部通过 4 号筛,但混有能通过 5 号筛不超过 60% 的粉体
4	细粉	能全部通过 5 号筛,但混有能通过 6 号筛不少于 95% 的粉体
5	最细粉	能全部通过 6 号筛,但混有能通过 7 号筛不少于 95% 的粉体
6	极细粉	能全部通过 8 号筛,但混有能通过 9 号筛不少于 95% 的粉末

(三)筛分设备

筛分设备有双曲柄摇动筛、旋转式振动筛、电磁振动筛、悬挂式偏重筛,以下简要介绍前三种。

1. 双曲柄摇动筛

双曲柄摇动筛主要由筛网、偏心轮、连杆等组成,如图 3-14 所示。筛网通常为长方形,放置时保持水平或略有倾斜,筛框支承于摇杆或悬挂于支架上。工作时,旋转的偏心轮通过连杆使筛网作往复运动,物料由一端加入,其中的细颗粒通过筛网落于网下,粗颗粒则在筛网上运动至另一端排出。双曲柄摇动筛生产能力较低,常用于小规模生产。

2. 旋转式振动筛

旋转式振动筛主要由筛网、电动机、重锤、弹簧等组成,如图 3-15 所示。工作时,上部重锤使筛网产生水平圆周运动,下部重锤则使筛网产生垂直运动。当固体药粉加到筛网中心部位后,将以一定的曲线轨迹向器壁运动,其中的细颗粒通过筛网落到斜板上,由下部出料口排出,而粗颗粒则由上部出料口排出。旋转式振动筛占地面积小,重量轻,分离效率高,可连续操作,故生产能力较大。

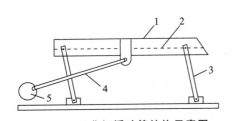

图 3-14 双曲柄摇动筛结构示意图
1. 筛框 2. 筛网 3. 摇杆 4. 连杆 5. 偏心轮

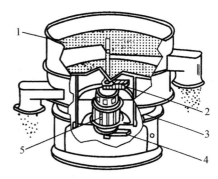

图 3-15 旋转式振动筛结构示意图
1. 筛网 2. 上部重锤 3. 弹簧 4. 下部重锤 5. 电动机

3. 电磁振动筛

电磁振动筛是一种利用较高频率(>200 次/s)与较小振幅(<3 mm)往复振荡的筛分装置,主要由接触器、筛网、电磁铁等部件或元件组成,如图 3-16 所示。电磁振动筛的筛分效率

较高,可用于黏性较强的药物如含油或树脂药粉的筛分。

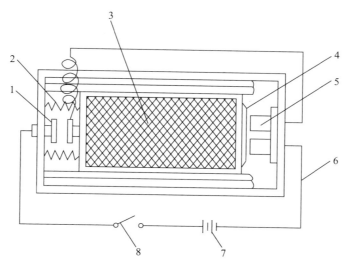

图 3-16　电磁振动筛工作原理示意图

1.接触器　2.弹簧　3.筛网　4.衔铁　5.电磁铁　6.电路　7.电源　8.开关

(四)影响筛分效率的因素

①药粉的运动方式与运动速度;②粉尘厚度;③粉体干燥程度;④药物性质、形状和带电性等。

三、混合

(一)概述

混合是使两种或两种以上的物质或处方中的各组分充分混匀的操作。混合是粉剂、预混剂、颗粒剂、片剂、胶囊剂、丸剂等固体制剂的重要工艺过程。混合目的是使药物各组分在制剂中分散均匀、色泽一致,以保证含量准确,用药安全有效。

混合机制包括三个方面:对流混合,扩散混合和剪切混合。这三种混合方式在实际操作过程中并不独立进行,而是相互联系。一般情况下,混合开始阶段进行得非常快,此时以对流混合与剪切混合为主,随后扩散混合作用逐渐增加,达到一定混合度后,混合与分离过程呈动态平衡。

(二)混合设备

1.回转型混合机

回转型混合机的特征是有一个可以转动的混合筒。混合筒安装于水平轴上,形状可以是圆筒形、双锥形或 V 形等,如图 3-17 所示。工作时,混合筒能绕轴旋转,使筒内物料反复分离与汇合,从而达到混合物料的目的。

回转型混合机具有结构简单、操作方便、运行和维修费用低等优点,是一种较为经济的混合机械。缺点是多采用间歇操作,生产能力较小,且加料和出料时会产生粉尘。此外,由于仅依靠混合筒的运动来实现物料之间的混合,故仅适用于密度相近且粒径分布较窄的物料混合。

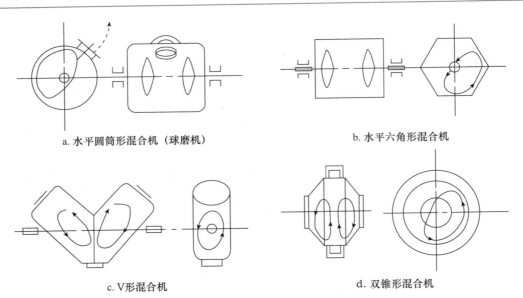

a.水平圆筒形混合机（球磨机）　　　　b.水平六角形混合机

c.V形混合机　　　　　　　　d.双锥形混合机

图 3-17　回转型混合机及筒体内物料的运动情况

2. 固定型混合机

固定型混合机的特征是容器内安装有螺旋浆、叶片等机械搅拌装置,利用搅拌装置对物料所产生的剪切力使物料混合均匀。

(1)槽式混合机　槽式混合机主要由混合槽、搅拌器、机架和驱动装置组成,如图 3-18 所示。槽式混合机结构简单,操作维修方便,在药品生产中有着广泛的应用。缺点是混合强度小、混合时间长。此外,当物料颗粒密度相差较大时,密度大的颗粒易沉积于底部,故仅适用于密度相近的物料混合。

(2)锥形混合机　锥形混合机主要由锥形壳体和传动装置组成,壳体内一般装有一至两个与锥体壁平行的螺旋式推进器,如图 3-19 所示。锥形混合机具有混合效率高、清理方便、无粉尘、可密闭操作等优点,能满足大多数粉粒状物料混合要求,因而在制药工业中有着广泛的应用。

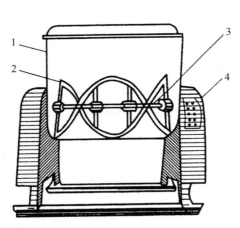

图 3-18　槽式混合机结构示意图
1. 混合槽　2. 螺带　3. 固定轴　4. 机架

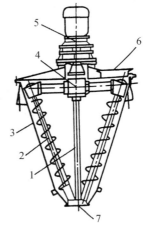

图 3-19　双螺旋锥形混合机结构示意图
1. 拉杆　2. 螺旋杆　3. 锥形筒体　4. 传动装置
5. 减速机　6. 进料口　7. 出料口

(三)混合程度及其影响因素

1. 混合程度

混合程度常用混合度和混合均匀度表示。

混合度定义为:

$$M = N_L / N_H \times 100(\%) \tag{式 3-1}$$

式中,M 为混合度;N_L 为各样品中控制组分的最低含量;N_H 为各样品中控制组分的最高含量。显然,混合度越接近于 1,混合程度越高。但单纯混合度并不能全面反映混合效果,因其不包括样品量。

混合均匀度:投料量和取样量的大小将直接影响控制组分的混合和测定结果。如果从不同混合机械中分析得到相同的混合度,在取样份数和取样量相同的情况下,投料量大的混合机械代表更好的混合程度,混合均匀度(U)即是与样品量有关的参数,其定义为:

$$U = A / W \tag{式 3-2}$$

式中,A 为取样量(g);W 为混合机械投料量(g)。

对于大生产混合机械而言,其混合均匀度一般分为 4 级:一级,$U \leqslant 1 \times 10^{-6}$;二级,$1 \times 10^{-6} < U \leqslant 10 \times 10^{-6}$;三级,$10 \times 10^{-6} < U \leqslant 100 \times 10^{-6}$;四级,$100 \times 10^{-6} < U \leqslant 1\,000 \times 10^{-6}$。级数越高表示混合均匀性越好。

混合均匀度表示方法:对于混合程度的完整表示为,在一定时间内混合机按某级均匀度所达到的混合度。例如,某混合机内投料为 50 kg,混合 5 min 后在不同部位各取 5 g,并测得其中控制组分的含量分别为 0.156 g,0.158 g,0.165 g,据式 3-2 则其混合均匀度级数为 5/50 000 = 100 × 10^{-6}(三级),据式 3-1 其混合度为 0.156/0.165 = 0.95,该混合机的混合效率为 5 min 内按三级均匀度,药物及辅料的混合度为 95%。

2. 影响混合程度的因素

影响混合程度的因素除混合机械、混合速度、混合时间外,物料因素也不可忽视。影响粉剂混合程度的物料因素有以下几方面。

(1)混合组分的比例　组分比例量相差悬殊时,应采用等量递加混合法(也称等体积递增配研法,倍增法),即将量大的药物或组分研细后,取出部分与量小药物约等量先混合研匀,如此反复倍量增加量大的药物直至全部混匀。这类操作常用在调配一些毒性较大,药效很强或贵重小剂量药物散剂中。先取与药物等体积的辅料(如乳糖、淀粉、蔗糖、白陶土、沉降碳酸钙等)与药物混合均匀,取该混合物再与等体积辅料混匀,如此倍量增加。

(2)组分色泽　组分中药物色泽相差悬殊时,常用"打底套色"进行混合。打底系指将量小、色深、质重、剧毒药粉先放入乳钵(之前用其他色浅药物先饱和乳钵内表面能)作为基础,即为"打底",然后将量大、质轻、色浅的组分逐渐分次加入乳钵中,轻研,使之混匀,即为"套色",再按配研法操作,直至全部混匀。

(3)组分中药物的密度　组分中药物的密度相差悬殊时,不易混合均匀。应密度小的药物组分在下,密度大的组分在上,再进一步混合。

(4)混合中的液化或润湿　因组分性质,混合过程中,药物间或药物与辅料之间可能出现低共熔、吸湿或失水而导致混合物出现液化或润湿现象。①低共熔:当两种及以上粉体经混合后,导致混合物熔点降至室温,出现润湿或液化的现象。如樟脑与水杨酸苄酯的混合。此现象在研磨混合时通常出现较快,其他方式的混合有时需若干时间后才出现。低共熔混合物的产生,若发生在药物必需组分之间,应根据形成后的药理作用采用不同措施。若无影响时,可直接采用,同时加入一定量的惰性吸附辅料分散,以保证粉剂的质量;药理作用增强时,应减少剂量(通过试验确定);药理作用减弱时,应设法避免出现。若发生在药物与辅料之间,则有利于提高药物作用速度或稳定性的应保留;无明显有利,毒副作用增加,疗效降低者,应更换辅料。②处方液体组分:处方中若含有少量液体组分,如挥发油、酊剂、流浸膏等,可利用处方中其他固体组分吸附;若含量较多时,需加入一定量的适宜吸收剂(如磷酸钙、白陶土等)吸收至不显潮湿为度。

四、干燥

(一)概述

干燥是利用热能除去固体物质或膏状物中所含的水分或其他溶剂,获得干燥品的操作过程。

在中药制剂的生产过程中,大多工序均涉及干燥,如药材的干燥、浸膏的干燥、辅料的干燥、固体制剂湿法制粒干燥、液体制剂和注射剂容器的干燥、以及净化空气的干燥等。干燥的好坏将直接影响到产品的内在质量。

物料中所含的水分有结合水、非结合水、平衡水分、自由水分四种,结合水指物料细胞中的水分和物料细小毛细管中的水分。此种水分难以从物料中去除。非结合水指物料粗大毛细管、物料孔隙中和物料表面的水分。此种水分与物料结合力弱,易于去除。物料在一定温度和湿度条件下放置一定时间后,将会发生散失水分或吸收水分的过程,直到两者处于动态平衡。此时物料中所含的水分即为该条件下物料的平衡水分。物料中所含有的超过平衡水分的那部分水分即为自由水分。物料中所含的总水分为自由水分与平衡水分之和,在干燥过程中可以除去的水分只能是自由水分(包括全部非结合水和部分结合水),不能除去平衡水分。

(二)常用的干燥方法

由于被干燥物料理化性质复杂、种类繁多、对于成品要求也各不相同,因此,采用的干燥方法与设备也是多种多样的。下面重点介绍制药工业中最常用的几种干燥方法与设备类型。

1. 常压干燥

指在常压下,利用干热空气进行干燥的方法。本法为静态干燥,干燥温度应逐渐升高,以防"假干"现象。

(1)烘干干燥　在常压下,将物料置于烘箱或烘房等干燥设备中利用经加热干燥的空气进行干燥的方法。

特点:简便,应用广泛;干燥的时间长;干燥品呈板块状,颜色较深;粉碎较难。适用于对热稳定的药物。干燥过程中物料不能太厚,升温速度不宜太快。

(2)滚筒式干燥　将液体药物成薄膜状黏附在加热的不锈钢金属的转鼓表面上,使药料得以去除水分的方法,该方法又称鼓式薄膜干燥。设备有单滚筒式和双滚筒式薄膜干燥器。

特点:一定浓度的药液呈薄膜状,蒸发面大,干燥时间短,可减少热敏成分的破坏;干燥品呈薄片状,容易粉碎。适用于具有一定黏度和稠度的浸膏干燥和采用涂膜法制备膜剂。

(3)带式干燥　利用热气流、红外线、微波等方式使平铺在传送带上物料得以干燥的方法。有单带式干燥、复带式干燥和翻带式干燥。

特点:物料受热均匀;省工省力。适用于中药饮片、茶剂、颗粒剂等物料的干燥。

(4)吸湿干燥　将物料放置于有干燥剂的干燥室内,通过吸水性强的干燥剂的吸收作用而使物料干燥的方法。物料可以在常压和减压干燥器中干燥。常用的干燥剂有无水氯化钙、变色硅胶、五氧化二磷等。

特点:简便,易于操作;各种消耗少;每次干燥的样品量少。适用于样品量小、含水量不大、对热敏感物料的干燥。

2. 减压干燥

指在密闭的容器中通过抽真空而进行干燥的方法,常用的减压干燥器如图 3-20 所示。

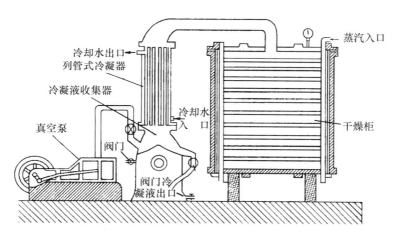

图 3-20　减压干燥器示意图

(引自中药制剂技术,张杰)

特点:干燥温度低,干燥速度快;减少了物料与空气的接触机会,避免污染或氧化变质;产品呈松脆的海绵状、易于粉碎;适用于热敏性物料,或高温下易氧化的物料,当排出的气体有价值、有毒害、有燃烧性时,可将这些气体回收;但生产能力小,间歇操作,劳动强度大。干燥过程中应通过控制真空度、物料的装量、加热的温度等来避免物料过度起泡溢盘而造成损失。

3. 流化干燥

又称动态干燥法,可以使被干燥的物料的受热和传热及水分蒸发的速率大大增加,提高干燥效率。沸腾干燥、喷雾干燥就是采用了流化技术,将干燥并经预热的气流通入干燥室内,使物料沸腾、悬浮的同时降低干燥空间的相对湿度。

(1)喷雾干燥　此法是流化技术应用于液态物料干燥的一种较好方法。它是将浓缩至一定相对密度的药液,通过喷雾器喷射成细雾状后与一定速度的干热空气接触并进行热交换,使物料中水分迅速蒸发而得以干燥的方法。喷雾干燥示意图如图 3-21 所示。

特点:药液呈细雾状,表面积很大,为瞬间干燥,干燥操作可以在几秒或几十秒中完成;干燥物品多为疏松的细小颗粒或粉末,能保持药物原有的气味和色泽,溶解性好,属于液体药物粉末化技术,减少了粉碎、筛析等工序;根据需要改变工艺参数可以得到不同粗细度和含水量的产品;操作流程管道化,符合《兽药 GMP》要求,适用于液体药物的干燥,尤适用于热敏性药液的干燥;但喷雾干燥时进风温度较低时,热效率低,且喷雾干燥设备庞大,清洁困难。

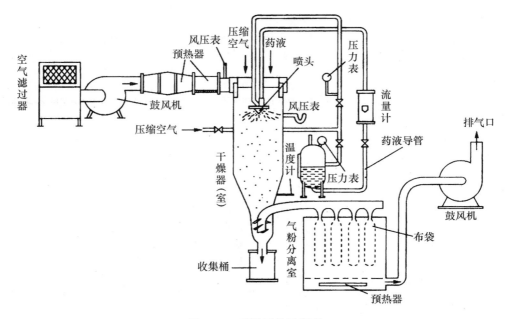

图 3-21　喷雾干燥示意图

（引自中药药剂学,杨明）

(2)沸腾干燥　又称流化床干燥,它是将干燥的热空气以一定的速度通入干燥室内将颗粒吹起呈悬浮状态,似开水"沸腾状"的干燥方法。热空气在湿颗粒间通过,在动态下进行热交换,带走水分而达到干燥的目的。

特点:不需翻料,能自动出料;热利用率高,速度快;但耗能大,清洁困难。适用于颗粒状物料的干燥,如颗粒剂、胶囊剂、片剂湿法制出的颗粒和水丸的干燥。

沸腾干燥设备有多种形式,目前使用较多的是负压卧式沸腾干燥床(图 3-22)。其主要结构由空气预热器、沸腾干燥室、旋风分离器、细粉捕集室和排风机等组成。

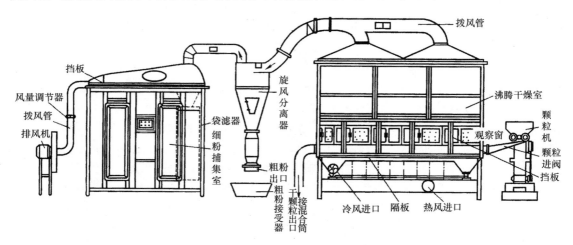

图 3-22　负压卧式沸腾干燥床示意图

（引自中药制剂技术,张杰）

4. 冷冻干燥

指利用低温减压条件下冰的升华作用使物料在较低温度下脱水而被干燥的方法,又称升华干燥。冷冻干燥示意图如图 3-23 所示。

特点:物料在高度真空及低温条件下干燥,可避免热敏药物、易氧化药物的破坏;干燥物品多孔疏松,溶解性好;含水量低,有利于药品长期贮存;冷冻干燥需要特殊设备,成本较高。适用于对热敏感药物的干燥,如各种血液制品、生物制品等。

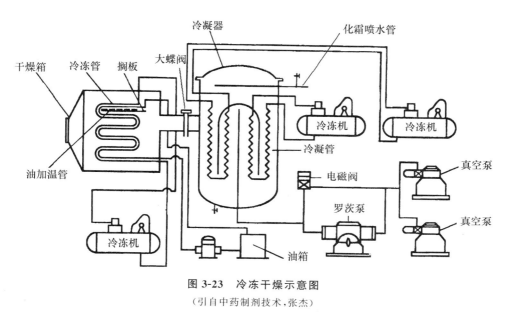

图 3-23　冷冻干燥示意图
(引自中药制剂技术,张杰)

5. 红外线干燥

指利用红外线辐射器所产生的电磁波,使物料分子产生强烈振动,直接转变为热能,物料中水分汽化而除去的一种干燥方法。红外线干燥属于辐射加热干燥。红外线是介于可见光与微波之间的电磁波,其波长范围为 $0.76 \sim 1\,000\ \mu m$。

特点:热效率较高,干燥速率快;物料的表面和内部能够同时吸收红外线,使物料受热均匀,成品质量好。适用于热敏性物料干燥,尤适用于低熔点或具有较强吸湿性的物料以及粉体、颗粒、小丸等物料表层的干燥。

6. 微波干燥法

是物料中的水分在高频电磁场中吸收能量后,不断的快速转动、碰撞和摩擦,从而使物料被加热而干燥的方法。微波是一种高频波,其波长为 $1\ mm \sim 1\ m$。常用的微波加热干燥的频率为 $915\ MHz$ 和 $2\,450\ MHz$,后者在一定条件下兼有灭菌作用。

特点:穿透力强,可以使物料的表面和内部能够同时吸收微波,使物料受热均匀,因而加热效率高,干燥时间短,干燥速度快,产品质量好;有杀虫和灭菌的作用;设备投资和运行的成本高。适用于含有一定水分而且对热稳定药物的干燥或灭菌,生产中较多应用于药材、饮片、药物粉体、丸剂等干燥。

思考题

1. 我国《兽药生产质量管理规范(2020 年修订)》规定的空气洁净度级别有哪几种?
2. 影响空气滤过的主要因素有哪些?
3. 制剂生产过程中常用的灭菌技术有哪些?
4. 液体滤过的机制及影响因素有哪些?
5. 液体制剂制备过程中常用的滤过方式有哪些?
6. 固体制剂基本操作技术有哪些?

第四章　内服液体制剂

案例导入

　　随着对中药挥发油的研究越来越深入，很多厂家已经开始将其应用于实际养殖生产过程中，且还有部分企业申报了新兽药。特别是随着2020年禁抗力度的加大，国内抗生素的生产、使用监管越来越严格，食品端鸡蛋、鲜肉、肉制品、奶等兽药残留抽查频率越来越高，迫使养殖场不断寻找新的抗菌物来替代抗生素的使用。中药挥发油成分中很多含有醛类、酚类等物质，通过体外药敏试验评价是具有一定抗菌作用的，可用于多种感染性疾病的防治。和抗生素相比，挥发油来源于天然植物，使用更为安全，且不会产生药物残留，对食品安全不造成威胁，同时来源广泛，提取工艺简单，不会导致成本过高。目前兽医临床常用到的挥发油有薄荷油、桉叶油、丁香酚、百里香酚、牛至油、香芹酚、肉桂醛等，这些成分或以兽药的文号形式进行推广，或以饲料添加剂的文号形式进入市场。那么如何将这些挥发油制备成一定的剂型，从而使其在养殖业广泛使用呢？

第一节　概　述

　　液体制剂是指药物分散在适宜的液体分散介质中制成的制剂，可供内服或外用。液体药剂中被分散的药物称为分散相或分散质，分散介质也称为分散媒或溶剂。二者形成的混合体系称为分散系。

　　液体制剂的分散相，可以是固体、液体或气体药物，分散介质可以是水、乙醇、聚乙二醇等极性溶剂，也可以是植物油、液体石蜡、油酸乙酯等非极性溶剂。药物以离子、分子状态分散在介质中,可形成均匀分散的液体制剂,处于稳定状态,如溶液剂、高分子溶液剂;药物以固体微粒或液体微滴、胶体微粒状态分散在介质中,则形成非均匀分散的液体制剂,这种状态的液体制剂处于物理不稳定状态,如混悬剂、乳剂、溶胶剂。

注射剂属无菌制剂,浸出制剂是用浸出方法制备的,由于制备工艺特殊,分别属于注射剂和浸出制剂。

一、液体制剂的特点与质量要求

(一)液体制剂的特点

液体制剂在临床上应用广泛,且具有以下优点:

①生物利用度高。药物以分子或微粒状态分散在介质中,比相应固体制剂分散度大,吸收快,作用迅速,有利于提高生物利用度。

②给药途径广泛。既可用于经口服用,如溶液剂、饮水剂;也可外用于皮肤、黏膜或深入腔道,如浇泼剂、乳房注入剂、灌肠剂、滴剂等。

③使用方便,便于分取剂量。

④可减少某些药物的刺激性。某些固体药物如溴化物、碘化物、水合氯醛等经口服用后,由于局部浓度过高,对胃肠道产生刺激性,制成液体制剂后易于控制浓度而减少刺激性。

⑤油或油性药物制成乳剂后易于服用,吸收效果好。

液体制剂也存在一些缺点,具体如下:

①水性液体制剂易霉变,需加入防腐剂,非水溶剂具有一定药理作用,成本高。

②药物稳定性问题。药物分散度大,同时受分散介质影响,易引起药物分解失效,故化学性质不稳定的药物不宜制成液体制剂;非均相液体制剂中药物的分散度大,具有较大的表面积和表面能,存在不稳定倾向。

③携带、运输、贮存不方便、成本高。

(二)液体制剂的质量要求

均相液体制剂应是澄明溶液;非均相液体制剂分散相粒子细小而均匀,混悬剂振摇时易于均匀分散;药物稳定、无刺激性,剂量准确;具有一定的防腐能力,贮藏和使用过程中不得发生霉变;分散介质以水为首选,其次为乙醇、甘油、植物油等;经口给药液体制剂应外观良好,适口性要适宜,包装容器应符合有关规定,方便临床使用等。

二、液体制剂的分类

(一)按分散系统分类

1. 均相液体制剂

为均相分散系统,制剂中的固体或液体药物均以分子或离子形式分散于液体分散介质中,又称(真)溶液。根据分散相分子或离子大小不同又可分为低分子溶液剂和高分子溶液剂。

2. 非均相液体制剂

为多相分散系统,制剂中的固体或液体药物以分子聚集体形式分散于分散介质中。根据分散相粒子的不同又可分为溶胶剂、乳剂和混悬剂(表4-1)。

表 4-1 不同分散体系中微粒大小及其特点

液体制剂类型		粒子大小/nm	特点
均相	低分子溶液剂	<1	又称真溶液剂(溶液型液体制剂),是由低分子或离子药物分散在分散介质中形成的
	高分子溶液剂	1~100	由高分子化合物分散在分散介质中形成的溶液
非均相	溶胶剂	1~100	又称疏液胶体,药物以胶粒形态(分子聚集体)分散在分散介质中所形成的溶液
	乳剂	>100	由不溶性液体药物以液滴的形式分散在分散介质中形成的溶液
	混悬剂	>500	难溶性固体药物以微粒形式分散在液体分散介质中形成的溶液

(二)按给药途径和应用方法分类

液体制剂具有多种给药途径与应用方法,可分为:

1. 经口服用液体制剂

如溶液剂、饮水剂、乳剂、混悬剂、合剂(口服液)、酊剂等。

2. 外用液体制剂

(1)皮肤用液体制剂 如洗剂、擦剂、涂剂、酊剂、浇泼剂、乳头浸剂、透皮剂等。

(2)五官科用液体制剂 如滴鼻剂、滴眼剂、洗眼剂、滴耳剂等。

(3)直肠、阴道、尿道等腔道用液体制剂 如灌肠剂、灌洗剂、乳房注入剂等。

三、液体制剂临床疗效特点

在液体制剂中,药物的吸收速度与疗效与分散度关系密切。以溶液型吸收最快,其他依次是胶体型、乳剂型、混悬型。药物的分散度以在真溶液中为最大,其总表面积最大,与机体的接触面也最大,故其作用和疗效也比同一药物的混悬液或乳浊液快而高。

对于某些药物溶解度较小,即使以分子或离子状态分散成饱和溶液,也达不到有效浓度,起不到应有的疗效,所以需添加增溶剂或助溶剂,以增大其浓度。有些药物难以吸收,增大其分散度后也可使吸收增加。

第二节 液体制剂的溶剂和附加剂

一、液体制剂的常用溶剂

液体制剂的溶剂对药物起溶解和分散作用,对液体制剂的性质和质量具有很大影响,故制备液体制剂时应选择优良的溶剂。优良溶剂的条件是:对药物具有良好的溶解性和分散性;无毒、无刺激性,无不适的臭味;化学性质稳定,不与药物或附加剂发生反应;不影响药物的疗效和含量测定;具防腐性且成本低。但完全符合这些条件的溶剂很少,应视药物的性质及用途等因素选择适宜的溶剂,尤其应注意混合溶剂的应用。

(一)极性溶剂

1. 水

水是最常用的溶剂,因常水中含有较多杂质,配制水性液体制剂时应使用纯化水。水的酸碱度可调,又能与乙醇、甘油、丙二醇等溶剂以任意比例混合,极性可调。水能溶解大多数无机盐和极性大的有机物(糖、蛋白质、黏液质、苷类、酸类、鞣质及水溶性色素等)。但许多药物在水中不稳定,尤其是易水解、易氧化的药物;水性制剂易霉变,不宜长期贮存。如诺氟沙星溶液,由诺氟沙星与乙酸和水配制而成,为浅黄色澄清液体,用于革兰氏阴性菌感染。

2. 甘油

甘油也是常用溶剂,无色澄明、高沸点黏稠性液体,有吸湿性,无臭,味甜(相当于蔗糖甜度的 0.6 倍),毒性小,相对密度 1.256。能与水、乙醇、丙二醇等任意比例混合,对苯酚、鞣酸、硼酸的溶解比水大,常作为这些药物的溶剂。甘油既可内服,又可外用,尤其是外用制剂应用较多。在外用液体制剂中,甘油常作为黏膜、皮肤用药物的溶剂,如碘甘油、硼酸甘油等。甘油对皮肤有保湿、滋润、增稠、润滑及延长药物局部药效等作用,但无水甘油对皮肤有脱水和刺激作用,含水 10% 甘油对皮肤和黏膜无刺激性。甘油对某些药物的刺激性具有缓和作用。在内服液体制剂中含甘油 12%(g/mL)以上时,制剂带有甜味并能防止鞣质的析出,含甘油 30% 以上有防腐作用。如碘甘油溶液,由碘 10.0 g、碘化钾 10.0 g、水 10.0 mL、甘油适量配制而成。

3. 二甲基亚砜

本品为澄明液体,具有强吸湿性,密度 1.1 g/mL,具有大蒜臭味,能与水、乙醇、丙二醇等药物相混溶。本品溶解范围广,有"万能溶剂"之称,是一种常用的透皮促进剂。目前主要用于皮肤药剂中,略有止痒、消炎和抗风湿作用,还具有良好的防冻作用,但有轻度刺激性。

如驱蛔搽剂,由左旋咪唑 0.7 g,适量二甲基亚砜和乙醇溶解,加水至 100 mL 配制而成。

4. 二甲基甲酰胺

无色澄明的液体,有弱氨臭。相对密度 0.945。能与水、乙醇、氯仿、丙酮、乙醚相混合,属低毒性,其蒸气对皮肤黏膜有中度刺激性,长期吸入可出现肝、肾损害,水溶液有溶血作用。主要用途作为溶剂,是非缔合性极性溶剂,能溶解一些高聚物。透皮吸收促进剂,作用不如二甲基亚砜强。与此相似的有二甲基乙酰胺。如地克珠利溶液,由地克珠利与二甲基甲酰胺等溶剂配制而成,采用混饮方式,用于预防鸡球虫病。

(二)半极性溶剂

1. 乙醇

药典收载的乙醇是指 95% 的乙醇。乙醇的溶解范围很广,可与水、甘油、丙二醇等溶剂任意比例混合,极性可调,能溶解多种有机药物和天然药物中有效成分(如生物碱、苷类、鞣质、挥发油、树脂及色素等)。20% 以上的稀乙醇即有防腐作用,40% 以上乙醇可延缓某些药物的水解。

有些药物在水中溶解度低,可添加适当的乙醇作溶剂增加药物的溶解度(这里乙醇为潜溶剂)。乙醇有一定生物活性,且有易挥发、易燃烧、成本高等缺点。为防止乙醇挥发,其制剂应密闭贮存。乙醇与水混合时,产生热效应而使体积缩小,故在配制稀醇液时应晾至室温(20 ℃)后再调整至规定浓度。

如碘酊溶液,由碘 20.0 g、碘化钾 15.0 g、乙醇 500.0 mL、水适量配制而成。

2. 丙二醇

药用丙二醇一般为 1,2-丙二醇,为无色透明的黏稠液体,性质基本上与甘油相似,但黏度、毒性和刺激性均较甘油小,可作为内服及肌内注射用药的溶剂。其溶解性能好,能溶解很多药物如磺胺类药、局部麻醉药、维生素 A、维生素 D、性激素等。一定比例的丙二醇和水的混合液能延缓某些药物的水解,增加其稳定性。丙二醇的水溶液具有促进药物经皮肤或黏膜吸收的作用。但本品价格较贵,而且有辛辣味,经口服用受到限制。如癸甲溴铵溶液,由癸甲溴铵的丙二醇溶液配制而成。

3. 聚乙二醇(PEG)

聚乙二醇相对分子质量在 1 000 以下者为液体,液体制剂中常用的为聚乙二醇 300～600。本品为无色澄明黏性液体,有轻微的特殊臭味,理化性质稳定,不易水解破坏,有强亲水性,能与水、乙醇、甘油、丙二醇等溶剂混溶,增加药物的溶解度,并能溶解许多水溶性的无机盐和水不溶性的有机物,对一些易水解药物有一定的稳定作用。在外用制剂中能增加皮肤的柔润性,具有一定的保湿作用。如妥曲珠利溶液,由甲苯三嗪酮的三乙醇胺和聚乙二醇溶液配制而成,为无色或浅黄色黏稠澄明溶液。抗球虫药,用于防治鸡球虫病。

(三)非极性溶剂

1. 脂肪油

脂肪油是指一些药典收载的植物油,如麻油、花生油、豆油、橄榄油及棉籽油等。植物油不能与极性溶剂混合,而能与非极性溶剂混合,能溶解油溶性药物如激素、挥发油、游离生物碱和许多芳香族药物。多用于外用制剂,如洗剂、擦剂、滴鼻剂等,也用作内服制剂维生素 A 和维生素 D 的溶液剂。脂肪油容易氧化酸败,也易与碱性物质发生皂化反应而影响制剂的质量。

2. 液体石蜡

液体石蜡是从石油产品中分离得到的液态饱和烃的混合物,为无色无臭无味的黏性液体,有轻质和重质两种。前者密度 0.818～0.880 g/mL,多用于外用液体药剂;后者密度 0.845～0.905 g/mL,多用于软膏剂。本品化学性质稳定,能与非极性溶剂混合,能溶解生物碱、挥发油等药物。液体石蜡在肠道中不分解也不吸收,有润肠通便作用,可做口服制剂和擦剂的溶剂。

3. 乙酸乙酯

乙酸乙酯是无色或淡黄色微臭油状液体,是甾族化合物及其他油溶性药物的常用溶剂,相对密度(20 ℃)为 0.897～0.906 g/mL。具有挥发性和可燃性,在空气中易被氧化,故使用时常加入抗氧化剂。常作为搽剂的溶剂。

4. 肉豆蔻酸异丙酯

肉豆蔻酸异丙酯由异丙醇和肉豆蔻酸经酯化制得,为无色澄明易流动的油状液体,相对密度为 0.846～0.855 g/mL。本品化学性质稳定,不易氧化和水解,不易酸败,不溶于水、甘油和丙二醇,但可溶于乙酸乙酯、丙酮、矿物油和乙醇,可溶解甾体药物和挥发油。本品无刺激性、过敏性,易于被皮肤吸收,常作为外用药物的溶剂和渗透促进剂。

5. 氮酮

氮酮是无色或淡黄色,无臭的澄明油状液体。不溶于水,能于醇、酮、烃类等多数有机溶剂相混溶。用于亲水性或疏水性药物透皮吸收促进剂,其作用比二甲基亚砜及 N,N-二甲基甲酰胺(DMF)强得多。本品1%的透皮增强作用比50%DMF强13倍。常用浓度0.5%～2%。本品能增强乙醇的抑菌作用；少量凡士林会消除本品的作用。

如阿维菌素透皮溶液，是由阿维菌素与氮酮等配制而成的溶液，含氮酮不得少于3.0%，通过浇注或涂擦，用于治疗畜禽的线虫病、螨病和寄生性昆虫病。

二、液体制剂的常用附加剂

(一)防腐剂

能抑制微生物生长发育的物质称防腐剂，防腐剂对微生物繁殖体有杀灭作用。

优良防腐剂条件：在抑菌浓度范围内对机体无害，无刺激性；用于内服者无恶劣嗅味；在水中有较大溶解度，可达到所需的有效浓度；不影响药剂中药物的理化性质和药效的发挥；防腐剂也不受药剂中药物及附加剂的影响，对广泛的微生物有抑制作用；防腐剂本身性质稳定，不易受热和药剂pH的变化而影响其防腐效果，长期贮存不分解失效。

1. 防腐意义

液体制剂尤其是以水为溶剂的液体制剂，容易被微生物污染而变质，特别是含有营养成分如糖类、蛋白质等的液体制剂，更易引起微生物的滋生与繁殖。即使是含有抗生素类或磺胺类药物的液体制剂，由于这些药物对它们的抗菌谱以外的微生物不起抑菌作用，微生物也能生长和繁殖。被微生物污染的液体制剂会导致理化性质发生变化而严重影响制剂的质量。《中国兽药典》规定了微生物的限度标准：口服溶液剂、糖浆剂、混悬剂、乳剂每1 mL含细菌数不得超过100个，霉菌、酵母菌数不得超过100个，不得检出大肠杆菌。按微生物限度标准，对液体制剂进行微生物限度检查，对提高液体制剂的质量，保证用药安全有效具有重要意义。

2. 防腐措施

(1)防止污染　防止微生物污染是防腐的首要措施。防腐的措施包括加强生产环境的管理，清除周围环境的污染源，保持优良生产环境，以利于防止污染；加强操作室的环境管理，保持操作室空气净化的效果，注意经常检查净化设备，使洁净度符合要求；用具和设备必须按规定要求进行卫生管理和清洁处理；加强生产过程的规范化管理，尽量缩短生产周期；加强操作人员的卫生管理和教育，因操作人员是直接接触药剂的操作者，是微生物污染的重要来源；定期检查操作人员的健康和个人卫生状况，工作服应标准化，严格执行操作室的规章制度等。

(2)添加防腐剂　防腐剂对微生物繁殖体有杀灭作用，但对芽孢则使其不能发育为繁殖体而逐渐死亡。不同防腐剂其作用机理不完全相同，如醇类能使病原微生物蛋白质变性；苯甲酸、尼泊金类等防腐剂能与病原微生物酶系统结合，竞争其辅酶；阳离子型表面活性剂类防腐剂有降低表面张力作用，增加菌体细胞膜的通透性，使细胞膜破裂、溶解。

防腐剂的分类：①酸碱及其盐类。苯酚、甲酚、氯甲酚、麝香草酚、羟苯酯类、苯甲酸及其盐类、山梨酸及其盐、硼酸及其盐类、丙酸、脱氢乙酸、甲醛、戊二醛等。②中性化合物类。苯甲醇、苯乙醇、三氯叔丁醇、氯仿、氯己定、氯己定碘、聚维酮碘、挥发油等。③汞化合物类。硫柳汞等；④季铵化合物类。氯化苯甲烃铵等。

3. 常用防腐剂

(1)对羟基苯甲酸酯类　又称尼泊金类。对羟基苯甲酸酯类有甲酯、乙酯、丙酯和丁酯，是一类优良的防腐剂，无毒、无味、无臭、不挥发、化学性质稳定。在酸性、中性溶液中均有效，但在酸性溶液中作用最强，而在弱碱性溶液中由于酚羟基解离而作用减弱。本品的抑菌作用随着甲、乙、丙、丁酯的碳原子数增加而增强,但在水中的溶解度却依次减小。本品对霉菌和酵母菌作用强,而对细菌作用较弱,广泛用于内服液体制剂中。几种酯联合应用可产生协同作用,防腐效果更好。以乙、丙酯(1∶1)或乙、丁酯(4∶1)合用为最多,其浓度均为 0.01%～0.25%。另外,本类防腐剂遇铁变色,在弱碱、强酸溶液中易水解,丁酯较甲酯易被塑料吸附。

(2)苯甲酸和苯甲酸钠　为有效防腐剂,对霉菌和细菌均有抑制作用,可内服也可外用。苯甲酸在水中的溶解度为 0.29%(20 ℃),乙醇中为 43%(20 ℃),多配成 20%醇溶液备用,用量一般为 0.03%～0.1%。苯甲酸防腐作用是靠未解离的分子,而其离子无作用。因此,溶液的 pH 影响其防腐力。苯甲酸溶液的 pH 在 4 以下抑菌效果好(pH＝4 时最佳)。苯甲酸钠在水中溶解度为 55%,在乙醇中微溶(1∶80),常用量为 0.1%～0.25%。其抑菌机制及 pH 对抑菌作用的影响同苯甲酸。苯甲酸防霉作用较尼泊金为弱,而抗发酵能力则较尼泊金强。苯甲酸 0.25%和尼泊金 0.05%～0.1%联合应用对防止发霉和发酵最为理想,特别适用于中药液体制剂。

(3)山梨酸　为白色或乳白色针晶或结晶性粉末,有微弱特异臭。熔点 134.5 ℃,对光热稳定,但长期露置空气中,易被氧化变色。微溶于水(约 0.2%,20 ℃),溶于乙醇(12.9%,20 ℃)、甘油(0.31%,20 ℃)、丙二醇(5.5%,20 ℃)。本品对霉菌和酵母菌作用强,毒性较苯甲酸为低,常用浓度为 0.05%～0.3%。山梨酸的防腐作用基于其未解离的分子,在酸性溶液中效果好,pH 4.5 为最佳。本品在水溶液中易被氧化,可加苯酚保护,在塑料容器内活性也会降低。山梨酸与其他抗菌剂或乙二醇联合使用产生协同作用。山梨酸钾、山梨酸钙作用与山梨酸相同,水中溶解度更大,需在酸性溶液中使用。

(4)苯扎溴胺　又称新洁尔灭,属于阳离子表面活性剂。为无色或淡黄色液体,有芳香气,似杏仁,味极苦。极易溶于水,水溶液呈碱性,溶于乙醇。性质稳定,耐热压,对金属、橡胶、塑料制品无腐蚀作用,不污染衣服,是一种优良眼用制剂防腐剂,常用浓度为 0.01～0.1%。

(5)其他防腐剂　醋酸氯己定,又称醋酸洗必泰,为广谱杀菌剂,微溶于水,溶于乙醇、甘油、丙二醇等溶剂,用量为 0.02%～0.05%;20%的乙醇或 30%以上的甘油均有防腐作用;0.05%薄荷油或 0.01%的桂皮醛,0.01%～0.05%的桉叶油等也有一定防腐作用。

(二)矫味剂

为掩盖和矫正制剂的不良嗅味而加入制剂中的物质称为矫味剂。

1. 甜味剂

(1)天然甜味剂

①蔗糖。以蔗糖、单糖浆及芳香糖浆应用较广泛。单糖浆是指蔗糖的饱和水溶液,浓度为 85%(g/mL)或 64.72%(g/g),不含药物。它是药用糖浆的原料,又可作其他口服液体制剂的矫味剂、助悬剂使用,还可作为丸剂、片剂的黏合剂使用。当蔗糖浓度高达 65%～76%(g/g)时,还是包糖衣的主要材料。应用糖浆时常添加山梨醇、甘油等多元醇,防止蔗糖结晶析出。

②甜菊苷。是从菊科植物甜叶菊的叶和茎中提取得到的一个双萜配糖体。为微黄白色结晶性粉末,易潮解,无臭,具有清凉甜味,其甜度比蔗糖大约 300 倍,在水中溶解度(25 ℃)为 1∶10,pH 4～10 时加热稳定,本品甜味持久且不被吸收,但稍带苦味,常与蔗糖或糖精钠合用,常用量为 0.025%～0.05%。

(2)合成甜味剂

①糖精钠。甜度为蔗糖的 200～700 倍,易溶于水,常用量为 0.03%,常与单糖浆或甜菊

苷合用。

②阿斯巴甜。又称蛋白糖,化学名为天冬酰苯丙氨酸甲酯,为二肽类甜味剂,甜度为蔗糖的 150～200 倍。

2. 芳香剂

在制剂中有时需要添加少量香料和香精以改善制剂的气味,这些香料与香精称为芳香剂,分天然香料和人工香料两大类。天然香料包括植物性香料和动物性香料,植物性香料有柠檬、樱桃、茴香、薄荷油等芳香性挥发性物质,以及它们的制剂如薄荷水、桂皮水、柠檬酊、复方橙皮醑等。香精又称调和香料,其组成包括天然香料、人工合成香料及一定量的溶剂,如苹果香精、橘子香精、香蕉香精等。

3. 胶浆剂

胶浆剂通过干扰味蕾的味觉而具有矫味的作用,多用于矫正涩酸味。常用的有羧甲基纤维素钠、甲基纤维素、淀粉、海藻酸钠、阿拉伯胶等,常于胶浆剂中加入甜味剂,增加矫味效果。

(三)着色剂

着色剂又称色素和染料,分天然色素和人工合成色素两类,后者又分为食用色素和外用色素。只有食用色素才可作为内服液体制剂的着色剂。

1. 天然色素

传统上采用无毒植物性和矿物性色素作为内服液体制剂的着色剂。植物性色素包括:红色的苏木、紫草根、茜草根、甜菜红等;黄色的姜黄、山栀子、胡萝卜素等;蓝色的松叶兰、乌饭树叶;绿色的叶绿酸铜钠盐;棕色的焦糖等。矿物性色素如氧化铁(棕红色)。

2. 人工合成色素

人工合成色素的特点是色泽鲜艳、价格低廉;但大多数毒性较大,用量不宜过多。主要有以下几种:胭脂红、苋菜红、柠檬黄、靛蓝、日落黄,常配成 1% 贮备液使用。这些色素均溶于水,一般用量为 0.000 5%～0.001%(不宜超过万分之一),合成色素的颜色受氧化剂、还原剂、光、pH 及非离子表面活性剂的影响,应予以注意。

(四)其他常用附加剂

有时为了增加液体制剂的稳定性,尚需加入抗氧化剂、pH 调节剂、金属离子络合剂、助悬剂、增溶剂、助溶剂、潜溶剂、乳化剂、润湿剂、稳定剂等。

第三节　溶液型液体制剂

溶液型液体制剂是指药物以小分子或离子状态分散在溶剂中形成的均匀分散的液体制剂。可经口服用,也可外用。

一、溶液剂

(一)概述

溶液剂是指药物溶解于适宜溶剂中制成的供内服或外用的澄明液体制剂。溶剂多为水,也可用乙醇或植物油,如维生素 E 溶液剂以植物油为溶剂;药物多具良好可溶性,能以小分子或离子状态分散在溶剂。《中国兽药典》规定:内服溶液剂应澄明,不得有沉淀、浑浊、异物等。根据需要溶液剂中可加入助溶剂、抗氧剂、矫味剂、着色剂等附加剂。

溶液剂其浓度与计量均有严格规定,应使用方便、剂量准确、疗效显著、用药安全,特别是对小剂量药物或毒性较大的药物。性质稳定的药物,可制成高浓度的贮备液(又称倍液),用时稀释即可。但对化学性质不稳定的药物不宜配成溶液剂,且不能长期贮存。

(二)溶液剂的制备方法

溶液剂有四种制备方法,即溶解法、稀释法、化学反应法和浸出法。

1. 溶解法

制备过程:药物及附加剂称量→溶解→滤过→质量检查→包装。

溶解法适用于较稳定的化学药物,多数溶液剂都采用此法制备。

具体方法及注意事项:

①取处方总量约 3/4 的溶剂,加入处方规定量的固体药物,搅拌促使其溶解。

②必要时可将固体药物先行粉碎或加热促使其溶解;溶解度小的药物及附加剂应先溶;难溶性药物可加入适宜助溶剂使其溶解;对易挥发性药物应在最后加入,以免在制备过程中损失;易氧化和不耐热的药物溶解时宜将溶剂加热放冷后再溶解,并添加适量抗氧剂。

③当处方中含有黏稠溶液如糖浆、甘油,应用少量水稀释后再加入溶剂中;溶液剂通常应滤过,于滤器上添加溶剂至全量,并抽样进行质量检查。

④以非水溶剂制备制剂时,容器应干燥。

⑤制得的溶液剂应及时分装、密封、灭菌、贴标签及进行外包装。

2. 稀释法

是指先将药物制成高浓度溶液,使用时再用溶剂稀释至需要浓度。适用于浓溶液或易溶性药物的浓贮备液等原料。如以 50% 聚维酮碘浓贮备液为原料,采用稀释法可生产 10% 的聚维酮碘溶液,稀释过程中要注意浓度换算,挥发性药物应防止挥发损失。

3. 化学反应法

是指将两种或两种以上的药物,通过化学反应制成新的药物溶液的方法。此法适用于原料药物缺乏或质量不符合要求的情况,如复方硼砂溶液等。

4. 浸出法

中药液体制剂制备方法相对复杂。首先根据化学成分溶解性特点利用各种浸提技术加以提取,再根据不同剂型特点和要求经过一定纯化分离工艺制备相应的液体制剂。

(三)制备举例

1. 碘伏溶液

【处方】聚维酮碘 50 g　磷酸二氢钠 6.4 g　磷酸氢二钠 1.9 g

　　　　碘酸钾 0.5 g　与水共制 1 000 mL

【制法】称取磷酸二氢钠、磷酸氢二钠及碘酸钾溶于适量煮沸的蒸馏水中,冷却后将聚维酮碘细粉撒入溶液表面,待自行溶解后再加蒸馏水至 1 000 mL,混合均匀,即得。

【解析】碘伏溶液,别名为聚维酮碘溶液,为消毒防腐药。聚维酮碘为黄棕色至红棕色的无定形粉末,是碘与聚乙烯吡咯烷酮络合形成的一种不定型络合碘,具有成膜、黏合、解毒、缓慢释放、水溶性强以及广谱杀菌作用等特点,广泛地应用于皮肤黏膜、手术以及器械等的杀菌、消毒工作。聚乙烯吡咯酮为非离子型表面活性剂,本身无抗菌作用,但可提高碘的溶解度,有助于提高碘溶液对物体的润湿和穿透能力,增强有效碘对细胞膜的亲和力,能将有效碘直接引入细菌的细胞膜、细胞质上,从而增强了碘的杀菌能力。处方中使用适量磷酸二氢钠和磷酸氢二钠作 pH 缓冲剂,可使本品 pH 保持在 4.0~6.5,增加制剂的稳定性。处方中加入稳定剂碘酸钾,因为聚维酮碘在贮存过程中会不断地解离出有效碘,有效碘逐渐分解生成碘化物,同时产生氢离子。当溶液中存在适量碘酸盐时,由于反应 $IO_3^- + 5I^- + 6H^+ \rightleftharpoons 3H_2O + 3I_2$,使有效碘得到补充,维持了有效碘的浓度,从而增加了聚维酮碘的稳定性。本品为红棕色液体。聚维酮碘溶液对光、热稳定性差,因此贮藏时应注意遮光,密封保存。

2. 风油精

【处方】薄荷脑 320 g   桉叶油 30 g   丁香酚 30 g

        樟脑 30 g   香油精 100 mL   氯仿 30 g

        冬绿油 360 g   叶绿素适量   液体石蜡加至 1 000 mL

【制法】取薄荷脑和樟脑,加适量液体石蜡溶解,再加入桉叶油、丁香酚、香油精、冬绿油和叶绿素的氯仿溶液,添加液体石蜡至 1 000 mL,混匀,静置 24 h,取澄明液,分装,即得。

【解析】本品具有消炎、镇痛、清凉、止痒和驱虫的作用。口服,一次 4~6 滴;外用,涂于患处。

3. 氟苯尼考 5% 溶液

【处方】氟苯尼考 50.0 g   二甲基乙酰胺适量   与水共制 1 000.0 mL

【制法】取氟苯尼考,加二甲基乙酰胺适量,搅拌均匀使其溶解,再加至全量,即得。

【解析】氟苯尼考粉在兽医临床较为常见,但因氟苯尼考极微溶于水,其粉剂的生物利用度相对较低,在一定程度上限制了使用,目前氟苯尼考 5% 溶液剂的制备采用二甲基乙酰胺作增溶剂,有效地提高了溶解度。

知识链接

氟苯尼考的应用

氟苯尼考(florfenicol)是人工合成的甲砜霉素的单氟衍生物,呈白色或灰白色结晶性粉末,无臭,极微溶于水和氯仿,略溶于冰醋酸,能溶于甲醇、乙醇。是在 20 世纪 80 年代后期成功研制的一种新的兽医专用氯霉素类的广谱抗菌药。1990 年首次在日本上市,1993 年挪威批准该药治疗鲑的疖病,1995 年法国、英国、奥地利、墨西哥及西班牙批准用于治疗牛呼吸系统细菌性疾病。在日本和墨西哥还批准用作猪的饲料添加剂,预防和治疗猪的细菌性疾病,我国现已通过了该药的审批。

二、芳香水剂和露剂

(一)概述

芳香水剂是指芳香挥发性药物(多为挥发油)的饱和或近饱和澄明水溶液。个别芳香水剂用水与乙醇的混合液作溶剂。制备的含大量挥发油的溶液称为浓芳香水剂,含挥发性成分的药材用水蒸气蒸馏法制成的芳香水剂称露剂或药露。

芳香水剂应澄明,具有与原药物相同的气味,不得有异臭、沉淀或杂质。由于挥发油中含有萜烯等物质,易受日光、高热、氧等因素影响而氧化变质、变色或生成有臭味的化合物,所以在生产和贮存过程中,为了避免细菌污染,应密封,于凉暗处保存。芳香水剂宜新鲜配制,不宜久贮。

芳香水剂主要用作制剂的溶剂和矫味剂,也可单独用于治疗。研究发现,具有止咳、平喘、清热、镇痛、抗菌等作用的挥发油较多,随着芳香水剂的品种增多,其应用范围也在扩大。

(二)芳香水剂的制备方法

芳香水剂的制备方法根据原料不同而异,纯挥发油和化学药物常用溶解法和稀释法制备,含挥发性成分的药材常用水蒸气蒸馏法制备。

1. 溶解法

(1)振摇溶解法 取挥发油药物 2 mL(或 2 g)置容器中,加纯化水 1 000 mL,用力振摇(约15 min),使成饱和溶液后放置,用纯化水润湿的滤纸滤过,自滤器上添加纯化水至足量,即得。

(2)加分散剂溶解法 取挥发油药物 2 mL(或 2 g)置乳钵中,加入精制滑石粉 15 g(或适量滤纸浆),研匀,移至容器中加入纯化水 1 000 mL,用力振摇,反复滤过至药液澄明,再自滤器上添加纯化水至全量,即得。加入滑石粉(或滤纸浆)作为分散剂,目的是使挥发性药物被分散剂吸附,增加挥发性药物的表面积,促进其分散与溶解;此外,滤过时分散剂在滤过介质上形成滤床吸附剩余的溶质和杂质,起助滤作用,利于溶液的澄明。所用的滑石粉不应过细,以免使制剂浑浊。

(3)增溶潜溶法 可用适量的非离子型表面活性剂(如吐温 80 增溶剂)或水溶性有机溶剂(如乙醇作潜溶剂)与挥发油混溶后,加蒸馏水至全量。

2. 稀释法

取浓芳香水剂 1 份,加纯化水若干份稀释而成。

3. 水蒸气蒸馏法

露剂常用水蒸气蒸馏法制备。即称取一定质量含挥发性成分的生药,适当粉碎后,置蒸馏器中,加纯化水适量,加热蒸馏,或采用水蒸气蒸馏,使蒸馏液达规定量后,停止蒸馏。蒸馏液质量一般为药材质量的 6～10 倍,除去馏液中过量未溶解的挥发油,滤过得澄明溶液。

制备时,须根据药材特性选择恰当的操作方法,否则将影响成品的质量和药效。

(1)凡气轻味淡的药材,如花叶草等,宜置其于蒸格上用水蒸气蒸馏,使其具气轻味淡的特点。

(2)凡气轻味厚的药材如鲜草鲜果等,应将其放入容器内与水共煮,收集蒸馏液,才符合气轻味厚的要求。

(3)凡果实、种子类药材,均宜捣碎或切片。为防止其中的油脂混入水蒸气中被馏出使药露浑浊而成乳白色液体,制备时宜将其放在铺有纱布的蒸格上蒸馏,这样既可提高挥发油的浓度,又可保证成品的澄明度。

(三)制备举例

薄荷水制备

【处方】薄荷油 0.5 mL 吐温 80 2.0 mL 与水共制 1 000.0 mL

【制法】取薄荷油与吐温 80 混匀后,加蒸馏水适量,制成 1 000 mL,搅匀,即得。

【解析】芳香矫味药与驱风药,用于胃肠充气,或作溶剂。薄荷油为无色或淡黄色澄明的液体,味辛凉,有薄荷香气,极微溶于水,本处方中加入吐温以增加薄荷油在水中的溶解度,比重为 0.890~0.908,久贮易氧化变质,色泽加深,产生异臭则不能供药用。本品也可采用稀释法,用浓薄荷水 1 份,加蒸馏水 39 份稀释制得。

三、甘油剂

(一)含义与特点

甘油剂是指药物溶于甘油中制成的专供外用的溶液剂。甘油具有黏稠性、防腐性和吸湿性,对皮肤、黏膜有滋润保护作用,能使药物滞留于患处而延长药物局部药效,缓和药物的刺激性。

甘油对一些药物如碘、酚、硼酸、鞣酸等有较好的溶解能力,制成的溶液也较稳定。如硫酸镁(45%)常制成甘油剂外用于脓毒性疮疖。甘油吸湿性较大,应密闭保存。

(二)制备

可用溶解法,如碘甘油;也可用化学反应法,如硼酸甘油。甘油剂的浓度一般都用质量百分比表示。

四、酊剂和醑剂

(一)酊剂

酊剂简称酊,是指药物用规定浓度的乙醇浸出或溶解而制成的澄明液体制剂,也可用中药流浸膏稀释制成,供内服或外用。酊剂可分为中药酊剂、化药酊剂及其复方酊剂三类。中药酊剂又分为毒剧药材酊剂和一般药材酊剂,中药酊剂的浓度随药材性质而异,除另有规定外,含毒性药的酊剂每 100 mL 相当于原药材 10 g;其他酊剂每 100 mL 相当于原药材 20 g。

酊剂一般制定乙醇量项目检查。酊剂制备简单,易于保存。

酊剂可用溶解法、稀释法、浸渍法或渗漉法制备。

1. 溶解法或稀释法

取药物粉末或流浸膏,加规定浓度的乙醇适量,溶解或稀释,静置,必要时滤过,即得。

2. 浸渍法

取适当粉碎的药材,置有盖容器中,加入溶剂适量,密盖,搅拌或振摇,浸渍 3~5 d 或规定的时间,倾取上清液,再加入溶剂适量,依法浸渍至有效成分充分浸出,合并浸出液,加溶剂至规定量后,静置 24 h,滤过,即得。

3. 渗漉法

按照《中国兽药典》流浸膏剂项下的方法,用溶剂适量渗漉,至流出液达到规定量后,静置,滤过,即得。

(二)醑剂

醑剂是指挥发性药物制成的浓乙醇溶液,可供内服或外用。凡用于制备芳香水剂的药物一般都可制成醑剂。挥发性药物在乙醇中的溶解度往往比在水中大,所以醑剂中挥发性药物的浓度比芳香水剂大。醑剂药物浓度一般为 5%~10%,醑剂中乙醇浓度一般为 60%~90%。醑剂按其用途分为两类:一类为芳香剂,如复方橙皮醑、薄荷醑;另一类用于治疗,如亚硝酸乙酯醑、樟脑醑、芳香氨醑等。醑剂常因挥发油的氧化、酯化、聚合而变成黄色或黄棕色,甚至出现黏性树脂物,故不宜长期贮存。

醑剂制备:常用溶解法制备,即将挥发性药物直接与乙醇混合,溶解,滤过制得;也可用水蒸气蒸馏法制备,这取决于原料的性质。

酊剂和醑剂相同点:乙醇浓度都高,临床应用有一定的局限性,都应贮于密闭容器中置冷暗处。不同点:酊剂的乙醇浓度在30%以上,醑剂在60%~90%;醑剂中的药物是有挥发性的药物,浓度一般为5%~10%;在酊剂中没有明显的规定和要求。

第四节 高分子溶液剂

高分子溶液剂是指高分子化合物溶解于溶剂中制成的均匀分散的液体制剂,属于热力学稳定体系。以水为溶剂时,称为亲水性高分子溶液,又称亲水胶体溶液或胶浆剂。以非水溶液为溶剂时,称为非水性高分子溶液。

亲水性高分子溶液在药剂中应用较多,如混悬剂中的助溶剂、乳胶剂中乳化剂、片剂的包衣材料、血浆代用品、微囊、缓释制剂等都涉及高分子溶液。本节主要介绍亲水性高分子溶液的性质与制备。

一、高分子溶液的性质

(一)带电性

高分子溶液中的高分子化合物可因某些基团的电离而带正电或负电。带正电的高分子水溶液有:琼脂、血红蛋白、碱性染料(亚甲蓝、甲基紫)、明胶、血浆蛋白等。带负电的高分子水溶液有:淀粉、阿拉伯胶、西黄蓍胶、鞣酸、树脂、磷脂、酸性染料(伊红、靛蓝)、海藻酸钠等。一些高分子化合物如蛋白质分子含有羧基和氨基,在水溶液中随 pH 不同而带正电或负电:

$$NH_2-R-COOH \xrightarrow{OH^-} NH_2-R-COO^- + H_2O$$

$$NH_2-R-COOH \xrightarrow{H^+} NH_3^+-R-COOH$$

当溶剂的 pH 小于等电点,蛋白质带正电;pH 大于等电点,蛋白质带负电;pH 在等电点时高分子化合物不带电,此时溶液的黏度、渗透压、电导性、溶解度均变为最小值。高分子溶液此性质在药剂学中具有重要用途。由于高分子溶液的荷电而具有电泳现象,通过电泳可测定高分子溶液所带电荷的种类。

(二)稳定性

高分子溶液的稳定性主要取决于高分子化合物的水化作用和荷电。高分子化合物结构中有大量的亲水基团,能与水形成牢固的水化膜,水化膜能阻止高分子化合物分子之间相互凝聚,这是高分子溶液稳定的主要原因。水化膜越厚,稳定性越大,凡能破坏高分子化合物水化作用的因素,均能使高分子溶液不稳定。

当向溶液中加入少量电解质,不会因为反离子的作用而破坏水化膜,影响溶液的稳定性。当加入大量电解质,由于电解质具有比高分子化合物更强的水化作用,其结合了大量的水分子而使高分子化合物的水化膜被破坏,使高分子化合物凝结而沉淀,此过程称为盐析。起盐析作用的主要是电解质的阴离子,不同阴离子盐析能力的大小顺序为:柠檬酸根>酒石酸根>SO_4^{2-}>CH_3COO^->Cl^->NO_3^->Br^->I^->SCN^-。盐析法可用于制备生化制剂和中药制剂。

破坏水化膜的另一种方法是加入大量脱水剂(如乙醇、丙酮),也使高分子化合物分离沉淀。利用这一性质,通过控制所加入脱水剂的浓度,分离出不同分子质量的高分子化合物,如羧甲基淀粉钠、右旋糖酐代血浆等的制备。

带相反电荷的两种高分子溶液混合时,由于相反电荷中和作用而产生凝结沉淀。复凝聚法制备微囊就是利用在等电点以下,阿拉伯胶荷负电而明胶荷正电,作用生成溶解度小的复合物而沉降形成囊膜。胃蛋白酶在等电点以下带正电荷,用润湿的带负电荷的滤纸滤过时,由于电性中和而使胃蛋白酶沉淀于滤纸上。

高分子溶液久置也会自发地凝结而沉淀,称为陈化现象。在其他如光、热、pH、射线、絮凝剂等因素的影响下,高分子化合物可凝结沉淀,称为絮凝现象。

(三)渗透压

亲水性高分子溶液具有较高的渗透压,其大小与高分子溶液的浓度有关。

(四)黏度

高分子溶液是黏稠性流动液体,黏稠性大小可用黏度表示。通过测定黏度来确定高分子化合物分子质量的大小。当温度降低至一定时,呈线状分散的高分子就可形成网状结构,水被全部包裹在网状结构中,形成不流动的半固体的凝胶,形成凝胶的过程称为胶凝。软胶囊剂中的囊壳即为这种凝胶,如凝胶失去网状结构中的水分子,形成固体的干胶,如片剂薄膜衣、微囊等均是干胶的存在形式。

案例讨论

实验过程中,有同学将蛋白酶粉先加入烧杯中,后加入蒸馏水,导致蛋白酶粉在水中结块,长时间不溶。后采用加热办法,溶解效果未改善,试指出操作错误之处,对实验现象做出分析,并提出解决办法。

二、高分子溶液的制备

制备高分子溶液要经过有限溶胀和无限溶胀阶段。第一阶段是指水分子渗入高分子化合物分子间的空隙中,与高分子中的亲水基团发生水化作用而使体积膨胀,结果使高分子空隙间充满了水分子,这一过程称为有限溶胀。第二阶段是指高分子空隙间存在水分子,降低了高分子的分子间作用力(范德瓦耳斯力),溶胀过程继续进行,被水化高分子开始解脱分子间的缠绕,最后高分子化合物完全分散在水中而形成均匀的高分子溶液,这一过程称为无限溶胀。无限溶胀过程常需加以搅拌或加热等步骤才能完成,如明胶、琼脂、树胶类、纤维素等,这些水溶性高分子化合物的溶液,特别是纤维素衍生物,一般要在溶解后室温贮藏48 h,以使其充分水化,使其具有最大的黏度和澄明度。

形成高分子溶液这一过程称为胶溶。胶溶过程有的进行得非常快,有的则非常缓慢。

大多数水溶性的药用高分子材料(如聚乙烯醇、羧甲基纤维素钠)更容易溶于热水,则应先用冷水润湿及分散,然后加热使溶解。对于有些在冷水中比在热水中更易溶解高分子聚合物,如羟丙基甲基纤维素,则应先用 80~90 ℃ 的热水急速搅拌,使其充分分散,然后用冷水使其溶胀、分散及溶解。

亲水性高分子溶液的制备因原料状态不同而有所差异。

1. 粉末状原料

取所需水量的 1/2~3/4,置于广口容器中,将粉末状原料撒在水面上,令其充分吸水膨胀,最后振摇或搅拌即可溶解。也可将粉末原料置于干燥的容器内,先加少量乙醇或甘油使其均匀润湿,再加入大量水搅拌使溶。

2. 片状、块状原料

先使成细粉,加少量水放置,使其充分吸水膨胀,然后加足量的热水,并可加热使其溶解。如明胶、琼脂溶液的制备。

制剂中常用的高分子溶液如胃蛋白酶合剂、羧甲基纤维素钠胶浆等。

三、制备举例

胃蛋白酶合剂

【处方】

胃蛋白酶(1∶3 000)2.0 g	稀盐酸 1.3 mL	橙皮酊 2.0 mL
甘油 17.0 mL	蒸馏水适量	全量 100.0 mL

【制法】

取稀盐酸加水约 30 mL,混匀,将胃蛋白酶撒在液面上,自然膨胀,轻加搅拌使溶解,再加水使成 100 mL,搅拌均匀,即得。

【解析】

胃蛋白酶极易吸潮,称取时应迅速。胃蛋白酶在 pH 1.5~2.0 时活性最强,故盐酸的量若超过 0.5% 时会破坏其活性,也不可直接加入未经稀释的稀盐酸。操作中的强力搅拌以及用棉花、滤纸滤过等,都会影响本品的活性和稳定性。

第五节 混悬剂

一、概述

混悬剂是指难溶性固体药物以微粒状态分散于液体分散介质中形成的非均匀分散的液体制剂。混悬剂属于热力学不稳定的粗分散体系,分散相的微粒大小一般在 0.5~10 μm,小的微粒可为 0.1 μm,大的可达 50 μm 或更大。分散介质多为水,也有用植物油等。

(一)药物制成混悬剂的目的

①不溶性药物需制成液体制剂应用。

②药物的有效剂量超过了溶解度而不能制成溶液剂。

③两种溶液混合由于药物的溶解度降低而析出固体药物或产生难溶性化合物。

④为使药物缓释而产生长效作用等。

(二)混悬剂的质量要求

①药物本身化学性质稳定,有效期内药物含量符合要求。

②混悬微粒细微均匀,微粒大小应符合不同用途的要求。

③微粒下降缓慢,沉降后不结块,轻摇后应能迅速分散,以保证剂量准确。

④混悬剂应有适当黏度,便于倾倒且不沾瓶壁。

⑤外用混悬剂应易于涂布,不易流散。

⑥要采取防腐措施,不得霉败。

⑦标签上应注明"用前摇匀",以保证准确使用。

混悬剂是临床常用剂型之一,如合剂、搽剂、洗剂、注射剂、滴眼剂和气雾剂等都可以混悬剂的形式存在。由于混悬剂中药物以微粒分散,分散度较大,胃肠道吸收快,有利于提高药物的生物利用度。但为保证安全用药,毒性药物或剂量小的药物,不宜制成混悬剂应用。

知识链接

纳米混悬剂

　　纳米混悬剂是一种以表面活性剂作为助悬剂,将药物颗粒分散在水中,通过粉碎或控制析晶技术形成的稳定的纳米胶态分散体系。纳米混悬剂作为一种新剂型,具有高载药量、制备工艺简单、可实现工业化大生产等优点,被广泛应用于难溶性药物制剂的制备,改善药物溶出度和生物利用度。如穿心莲内酯是来源于天然植物穿心莲的二萜类内酯化合物,具有抗炎、抗病毒、抗肿瘤、解热及保护心脑血管等多种药理活性。然而由于穿心莲内酯在水中溶解度低、溶出速率慢、口服时体内生物利用度差、在体内不稳定等问题,成为限制其应用的主要瓶颈。因此,解决穿心莲内酯在水中难溶的问题,增加药物吸收,改善其口服生物利用度成为众多学者的研究热点,如目前采用二甲基亚砜为溶剂、水为反溶剂,采用反溶剂法制备穿心莲内酯纳米混悬剂取得了较好的效果。

二、混悬剂的化学稳定性

混悬剂是难溶性的固体药物以微粒状态分散于液体介质中,扩大了接触面积,有了溶解的可能性或增加了溶解,同样存在化学稳定性问题,这主要取决于主药的性质。溶解在液体中的那一部分主药可因化学反应而降解,可采用物理和化学的手段防止溶液中的主药起化学反应,如增大黏度、减小主药溶解度、加入化学稳定剂、利用同离子效应等提高其化学稳定性。

三、混悬剂的物理稳定性

(一)混悬粒子的沉降速度

$$v = \frac{2r^2(\rho_1 - \rho_2)}{9\eta}g = \frac{D^2(\rho_1 - \rho_2)}{18\eta}g \qquad \text{(式 4-1)}$$

混悬剂中药物微粒与液体介质间存在密度差,如药物的密度大于分散介质密度,在重力作用下,静置时会发生沉降,相反则上浮。式 4-1 中其沉降速度可用斯托克斯定律描述,v 为沉降速度(cm/s);r 为微粒半径(cm);ρ_1 和 ρ_2 分别为微粒和分散介质的密度(g/mL);g 为重力加速度(980 cm/s^2);η 为分散介质的黏度(Pa·s)。

由斯托克斯沉降速度定律可知,微粒沉降速度 V 与 r^2、$(\rho_1-\rho_2)$ 成正比,与 η 成反比。混悬剂中 v 越大,动力稳定性越小。

为了增加混悬剂的动力稳定性,在药剂学中可以采取的措施有:

①减少粒径,采用适当方法将药物粉碎的越细越好,在一定条件下,r 值减小至 1/2,v 值可降至 1/4,但 r 值不能太小,否则会增加其热力学不稳定性;

②加入高分子助悬剂,增加介质黏度 η;

③调节介质密度以降低 $(\rho_1-\rho_2)$。

按斯托克斯定律使用要求,混悬剂中的微粒浓度应在 2 g/100 mL 以下,实际上大多数混悬剂含药微粒浓度都在 2 g/100 mL 以上,加之微粒荷电,在沉降过程中微粒间产生相互作用,阻碍了微粒的沉降,因此,使用斯托克斯定律计算的沉降速度,要比实际沉降速度大得多。

(二)混悬微粒的荷电与水化

与溶胶微粒相似,混悬微粒可因某些基团的解离或吸附分散介质中的离子而荷电,具有双电层结构,产生 ζ 电位。又因微粒表面带相同电荷的排斥和水分子在微粒周围定向排列成水化膜的作用,均能阻碍微粒产生聚集,增加混悬剂的稳定性。

当向混悬剂中加入适当的电解质,则可改变双电层结构和厚度,使 ζ 电位降低,使混悬剂中的微粒形成疏松的絮状聚集体时,此时的电位称为临界 ζ 电位,制备时可通过调节 ζ 电位的方法,制备符合质量要求的混悬剂。

(三)混悬微粒的湿润

固体药物的亲水性强弱,能否被水所润湿,与混悬剂制备的难易、质量高低及质量大小关系很大。若为亲水性药物,制备时则易被水润湿、易于分散,并且制成的混悬剂较稳定。若为疏水性药物,不能被水润湿、较难分散,可加入润湿剂改善疏水性药物的润湿性,从而使混悬剂易于分散,进而使混悬剂易于制备并增加其稳定性。

(四)絮凝与反絮凝

固体药物分散为细小的混悬微粒,由于分散度增大而具有很大的表面积,因而具有很高的表面自由能,这种状态的微粒具有降低表面自由能的趋势,微粒会趋向于聚集。但由于微粒荷电,电荷的排斥力阻碍了微粒产生聚集。因此只有加入适当的电解质,使 ζ 电位降低,以减小微粒间的电荷的排斥力。混悬微粒形成絮状聚集体的过程称为絮凝,加入的电解质称为絮凝剂。为了得到稳定的混悬剂,一般应控制 ζ 电位在 20~25 mV,使其恰好能产生絮凝作用。阴离子絮凝剂比阳离子絮凝剂作用强。絮凝作用的强弱还与离子价数关系很大,离子价数增大 1,絮凝作用增加 10 倍。絮凝状态下的混悬剂沉降虽快,但沉降体积大,沉降物不结块,一经振摇又能迅速恢复均匀的混悬状态(表 4-2)。

向絮凝状态的混悬剂中加入电解质,使絮凝状态变为非絮凝状态这一过程称为反絮凝。加入的电解质称为反絮凝剂。反絮凝剂可增加混悬剂的流动性,使之易于倾倒,方便应用。同一电解质因用量不同可作为絮凝剂或反絮凝剂。

表 4-2　混悬液中絮凝和反絮凝微粒性质对比

絮凝	反絮凝
微粒形成松散聚集体	混悬剂中的微粒作为独立实体
微粒沉降为微粒集合的絮凝物	各微粒分别沉降,粒系统工程径小
沉降形成快	沉降形成缓慢

(五)结晶增长与转型

混悬剂存在溶质不断溶解与结晶的动态过程,小微粒溶解度和溶解速度比大微粒大,致使混悬剂在贮存过程中,小微粒逐渐溶解变得越来越小,而大微粒则不断结晶而增大。结果小微粒数目不断减少,大微粒不断增多,使混悬微粒沉降速度加快,微粒沉降到容器底部后紧密排列,底层的微粒受上层微粒的压力而逐渐被压紧,使沉降的微粒结饼成块,振摇时难以再分散,影响混悬剂的稳定性。此时必须加入抑制剂以阻止结晶的溶解与增大,保持混悬剂的稳定性。

具有同质多晶性质的药物,若制备时使用了亚稳定型药物,在制备和贮存过程中亚稳定型可转化为稳定型,可改变药物混悬剂的微粒的沉降速度或结块现象,同时也改变混悬剂的生物利用度。多晶型药物制备混悬剂时,由于外界因素影响,特别是温度的变化,可加速晶型之间的转化,如由溶解度大的亚稳定型转化成溶解度较小的稳定型,导致混悬剂中析出大颗粒沉淀,并可能降低疗效。因此,在制备混悬剂时,不仅要考虑微粒的粒径,还要考虑其大小一致性。

(六)分散相的浓度和温度

在相同的分散介质中分散相浓度过高或过低,都可降低混悬剂的稳定性。温度变化不仅能改变药物的溶解度和化学稳定性,还可改变微粒的沉降速度、絮凝速度、沉降溶剂,从而改变混悬剂的稳定性。冷冻能改变混悬剂的网状结构,降低其稳定性。

四、混悬剂的稳定剂

为了增加混悬剂的稳定性,可加入适当的稳定剂。常用的稳定剂有润湿剂、助悬剂、絮凝剂与反絮凝剂等。

(一)润湿剂

润湿剂是指能增加疏水性药物微粒与分散介质间的润湿性,以产生较好的分散效果的附加剂。

1. 表面活性剂类

常作为润湿剂的是 HLB 在 7～11 的表面活性剂,常用的润湿剂是聚山梨酯(吐温)类、聚氧乙烯脂肪醇醚类、聚氧乙烯蓖麻油类、磷脂类、泊洛沙姆等,用量为 0.05%～0.5%。此类润湿剂的缺点是振摇后产生较多的泡沫。

2. 溶剂类

常用的有乙醇、甘油等能与水混溶的溶剂,能渗入疏松粉末聚集体中,置换微粒表面和空隙中的空气,使微粒润湿。但润湿作用不如表面活性剂类。

(二)助悬剂

助悬剂是指能增加分散介质的黏度以降低微粒的沉降速度,能被吸附在微粒表面,增加微粒亲水性,还能在药物微粒表面形成机械性或电性的保护膜,防止微粒聚集和结晶转型,使混悬剂稳定。助悬剂的种类如下。

1. 低分子助悬剂

常用的有甘油、糖浆及山梨醇等。甘油多用于外用制剂,亲水性药物混悬剂可少加,对疏水性药物应酌情多加。糖浆、山梨醇主要用于内服制剂,兼有矫味作用。

2. 高分子助悬剂

(1)天然高分子助悬剂

①西黄蓍胶:用量为 0.5%~1%,稳定的 pH 为 4~7.5。本品水溶液为假塑性流体,黏度大,是一种既可内服,也可外用的助悬剂。

②阿拉伯胶:常用量为 5%~15%,稳定的 pH 为 3~9。因其黏度低,常与西黄蓍胶合用,本品只能作内服混悬剂的助悬剂。

③海藻酸钠:用量为 0.5%,黏度最大时的 pH 为 5~9。本品加热不能超过 60 ℃,否则黏度下降,也不能与重金属配伍。

④其他助悬剂:如白芨胶、果胶、桃胶、琼脂、角叉菜胶、脱乙酰甲壳素等,主要用于内服混悬剂。

(2)半合成或合成高分子助悬剂 常用的有纤维素类,如甲基纤维素(MC)用量为 0.1%~1%,稳定的 pH 为 3~11,可与多种离子型化合物配伍,但与鞣质和盐酸有配伍变化。另外,本品水溶液加热温度高于 50 ℃时析出沉淀,冷后又恢复成澄明溶液。此外还有羧甲基纤维素钠(CMC-Na)。

其他助悬剂如卡波普、聚维酮(PVP)、聚乙烯醇(PVA)、葡聚糖、丙烯酸钠等。

(3)触变胶 某些胶体溶液在一定温度下静置时,逐渐变为凝胶,当搅拌振摇时,又复变为溶胶,胶体溶液的这种可逆的变化性质称为触变性,具有触变性的胶体称为触变胶。利用触变胶做助悬剂,使静置时形成凝胶,防止微粒沉降。塑性流动和假塑性流动的高分子水溶液具有触变性,如硅皂土等可供选用。

药物水溶液中加入高分子化合物如明胶、纤维素类衍生物、右旋糖酐,聚乙烯吡咯烷酮(PVP)等作为混悬剂制成水混悬液。这类制剂,优点是注射时不像油溶液或油混悬液有疼痛感觉,同时注入局部后,水迅速被吸收,药物沉积于组织中逐渐被吸收(这类制剂实际上是增加黏稠度,减少扩散系数)。

(三)絮凝剂与反絮凝剂

常用的絮凝剂或反絮凝剂有柠檬酸盐、柠檬酸氢盐、酒石酸盐、酒石酸氢盐、磷酸盐及氯化物($AlCl_3$)等。

五、混悬剂的制备与举例

(一)混悬剂的制备

混悬剂的制备应使固体药物有适当的分散度,微粒分散均匀,并加入适当的稳定剂,使混悬剂处于稳定状态。混悬剂的制备方法有分散法和凝聚法。

1. 分散法

是将固体药物粉碎成符合混悬剂要求的微粒,分散于分散介质中制成混悬剂的一种方法。分散法制备混悬剂时,可根据药物的亲水性、硬度等选用不同方法。

（1）对于亲水性药物，如氧化锌、炉甘石、碱式硝酸铋、碱式碳酸铋、碳酸钙、碳酸镁、磺胺类等，一般先将药物粉碎至一定细度，再加适量处方中的液体研磨至适宜的分散度，最后加入处方中的剩余液体至全量。药物粉碎时加入适量的液体进行研磨的方法称为加液研磨。加液研磨时，液体渗入微粒的裂缝中降低其硬度，使药物粉碎得更细，微粒可达到 $0.1\sim0.5~\mu m$，而干磨所得的微粒只能达到 $5\sim50~\mu m$，加液量通常 1 份药物加 $0.4\sim0.6$ 份液体，能产生最大的分散效果。

加液研磨可使用处方中的液体，如蒸馏水、糖浆、甘油、液体石蜡等。

（2）对于一些质硬或贵重药物可采用"水飞法"，即将药物加适量的水研磨至细，再加入大量水搅拌，静置，倾出上层液体，残留的粗粒再加水研磨，如此反复，直至符合混悬剂的分散度为止。将上清液静置，收集其沉淀物，混悬于分散介质中即得。"水飞法"可使药物粉碎到极细的程度。

（3）疏水性药物如硫磺等制备混悬剂时，药物与水的接触角>90°，加之药物表面吸附有空气，当药物细粉遇水后，不能被水润湿，很难制成混悬剂。可加入润湿剂与药物共研，改善疏水性药物的润湿性，同时加入适宜助悬剂，可制得稳定的混悬剂。

（4）分散法小量制备可用乳钵，大量生产时用乳匀机、胶体磨等机械。

2. 凝聚法

是借助物理或化学方法将分子或离子状态的药物在分散介质中凝集制成混悬剂的一种方法。

（1）物理凝聚法　主要指微粒结晶法。选择适当的溶剂，将药物制成热饱和溶液，在急速搅拌下加至另一种不同性质的冷溶剂中，使药物快速结晶，可得到 $10~\mu m$ 以下的微粒占 $80\%\sim90\%$ 的沉淀物，再将微粒分散于适宜介质中制成混悬剂。

本法制得的微粒大小是否符合要求，关键在于药物结晶时如何选择一个适宜的过饱和度。该过饱和度受药物量、溶剂量、温度、搅拌速度、加入速度等多种因素的影响，应通过实验才能得到适当粒度、重现性好的结晶条件。

（2）化学凝聚法　是利用两种或两种以上的化合物进行化学反应生成难溶性药物微粒，混悬于分散介质中制成混悬剂。为了得到较细的微粒，其化学反应应在稀溶液中进行，同时应急速搅拌。如氢氧化铝凝胶、磺胺嘧啶混悬剂等用此法制备。

（二）制备举例

磺胺嘧啶混悬剂

【处方】磺胺嘧啶 100 g　　　氢氧化钠 16 g　　　柠檬酸钠 50 g
　　　　柠檬酸 29 g　　　　　单糖浆 400 mL　　　4%尼泊金乙酯乙醇液 10 mL
　　　　蒸馏水适量　　　　　共制成 1 000 mL

【制法】将处方量磺胺嘧啶混悬于 200 mL 蒸馏水中。将氢氧化钠加适量蒸馏水溶解，溶液缓缓加入磺胺嘧啶混悬液中，边加边搅拌，使磺胺嘧啶成钠盐溶解。另将柠檬酸钠与柠檬酸加适量蒸馏水溶解，滤过，滤液慢慢加入上述钠盐溶液中，不断搅拌，析出细微磺胺嘧啶。最后加入单糖浆和尼泊金乙酯乙醇液，并加蒸馏水至 1 000 mL，摇匀即得。

【解析】①难溶性固体药物粒子大小，对于溶解、吸收有一定的影响，一般粒子越细则越有利于溶解和吸收。②磺胺类药物不溶于水，可溶于碱液形成盐，但钠盐水溶液不稳定，极易吸收空气中的 CO_2 而析出沉淀，用时也易受光线重金属离子的催化而氧化变色，所以实际工作中一般不用钠盐制成溶液剂供内服。然而，在其磺胺钠盐（碱性溶液）中用酸调解时即转变成磺胺类微粒结晶析出，利用此微晶直接配制成分布均匀的混悬液，此法制成的混悬微粒的直径比原粉减小 $4\sim5$ 倍（通常可得到 $10~\mu m$ 以下的晶体）。故混悬微粒沉降缓慢，克服了用助悬剂法制备磺胺类混悬液所常出现的易分层黏瓶,不宜摇匀吸收性差等缺点。本品系用物理凝聚法制成的混悬剂,粒子大小均在 30 μm 以下,若直接将磺胺嘧啶分散制成混悬剂,其粒子在 30～100 μm 的占 95%,大于 100 μm 的占 10%。在生产工艺过程中采用絮凝—反絮凝动态平衡体系,提高了药物的稳定性,对药品使用效果发挥决定性的作用,有效克服了传统的混悬剂一般是静态平衡的工艺,解决了因储存环境和配合药物变化时的效价下降等问题。

六、混悬剂的质量评定

(一)微粒大小测定

混悬剂中微粒大小与混悬剂的质量、稳定性、药效和生物利用度有关。因此测定混悬剂中微粒大小及其分布,是评定混悬剂质量的重要指标。隔一定时间测定粒子大小以分析粒径及粒度分布的变化,可大概预测混悬剂的稳定性。常用于测定混悬剂粒子大小的方法有显微镜法、库尔特计数法等。

用光学显微镜观测混悬剂中微粒大小及其分布,另外用显微摄像法得到的微粒照片,可更确切的对比出混悬剂贮藏过程中微粒变化情况。库尔特计数法可测定混悬剂的大小及分布,测定粒径范围大,方便快速。

(二)沉降体积比测定

沉降体积比是指沉降物的体积与沉降前混悬剂的体积之比。可用于评价混悬剂的稳定性。《中国兽药典》规定内服混悬剂沉降体积比应不低于 0.90,按下述方法测定:除另有规定外,用具塞量筒量盛供试品 50 mL,密塞,用力振摇 1 min,记下混悬物的开始高度 H_0,静置 3 h,记下混悬物的最终高度 H,沉降体积比 F 表示为:

$$F = \frac{H}{H_0} \times 100\%$$
(式 4-2)

式 4-2 中,F 值在 0～1,F 值越大,表示沉降物的高度越接近混悬剂高度,混悬剂越稳定。

将一组混悬剂置相同直径的量器中,定时测定沉降物的高度 H,以 H/H_0 对测定时间作图,得沉降曲线,曲线的斜率越大,其沉降速度越快;曲线的斜率接近于零,其沉降速度最小,混悬剂稳定。该方法可用于筛选混悬剂的处方或评价混悬剂中稳定剂的效果。

(三)絮凝度测定

絮凝度 β 是评价混悬剂絮凝程度的重要参数。用以评定絮凝剂的效果、预测混悬剂的稳定性。其定义为絮凝混悬剂的沉降容积比(F)与去絮凝混悬剂沉降容积比(F_∞)的比值。

$$\beta = \frac{F}{F_\infty} = \frac{H/H_0}{H_\infty/H_0} = \frac{H}{H_\infty}$$
(式 4-3)

式 4-3 中,F 为絮凝混悬剂的沉降体积比;F_∞ 为去絮凝混悬剂沉降体积比。β 表示由絮凝引起的沉降物体积增加的倍数,β 值越大,说明混悬剂絮凝效果好,混悬剂越稳定。

(四)重新分散实验

优良的混悬剂经贮存后再振摇,沉降物应能很快重新分散,这样才能保证服用时的均匀性和分剂量的准确性。试验方法:将混悬剂置于带塞的试管或量筒内,静置沉降,然后用人工或机械的方法振摇,使沉降物重新分散。再分散性好的混悬剂,所需振摇的次数少或振摇时间短。

（五）ζ 电位测定和流变学测定

ζ 电位的高低可表明混悬剂的存在状态。一般 ζ 电位在 25 mV 以下，混悬剂呈絮凝状态；ζ 电位为 50～60 mV 时，混悬剂呈反絮凝状态。常用电泳法测定混悬剂的 ζ 电位，ζ 电位与粒电泳速度的关系如下：

$$\zeta = 4\pi \frac{\eta V}{eE} \qquad\text{（式 4-4）}$$

式 4-4 中，e 为介电常数；E 为外加电场强度（V/cm）；η 为混悬剂的黏度（P）；V 为微粒电泳速度（cm/s）。只要测出微粒的电泳速度，就能方便地计算出 ζ 电位。常用的测定仪器有显微电泳仪或 ζ 电位测定仪。

流变学测定采用旋转黏度剂测定混悬液的流动曲线，根据流动曲线的形态确定混悬液的流动类型，用以评价混悬液的流变学性质。如测定结果为触变流动、塑性触变流动和假塑性触变流动，就能有效地减慢混悬剂微粒的沉降速度。

（六）干燥失重

除另有规定外，干混悬剂照干燥失重测定法检查，减失重量不得过 2.0%。

第六节　乳　剂

一、概述

乳剂又称乳浊液制剂，是指两种互不相溶的液体在乳化剂乳化作用下所形成的非均相分散系的液体制剂。其中一种液体为水或水溶液称为"水相"（用 W 表示），另一种是与水不混溶的相则称为"油相"（用 O 表示）。

乳剂本质是一种液体以小液滴状态分散在另一种液体中，其液滴分散度大，具有很大的总表面积，界面自由能高，属于热力学不稳定体系，可加入乳化剂使之稳定。因此乳剂由水相、油相和乳化剂三者组成。而乳化剂的种类、性质及相体积比决定了乳剂的形成和类型。形成液滴的液体称为分散相、内相或非连续相，另一液体则称为分散介质、外相或连续相。一般分散相液滴的直径在 0.1～100 μm。

案例讨论

中药经皮给药乳剂的应用

中药经皮给药制剂具有可以防止活性成分被胃肠道破坏，避免首过效应，出现副作用时能及时停止治疗，给药剂量容易控制，可以控制药物进入体内的速率，维持平衡的血药浓度，避免其他给药方法引起的血药峰谷现象，降低毒副作用等优点。然而，皮肤作为机体的天然屏障，使外界物质很难透过皮肤进入机体。微乳用作经皮给药载体有着易于制备、控制药物释放、增加载药量、热力学稳定和强化经皮渗透的效应。微乳透皮给药系统优于一般的硬膏、油膏、洗剂等剂型，可同时增加亲水性和亲脂性药物的增溶作用尤其明显，其透皮扩散速率增加，吸收增加，故生物利用度也明显增加。

(一)乳剂的特点

乳剂分散度大,吸收快、显效迅速,有利于提高生物利用度;油性药物制成乳剂能保证剂量准确,而且服用方便,如鱼肝油;水包油型乳剂可掩盖药物的不良臭味,并可加入矫味剂;外用乳剂可改善药物对皮肤、黏膜的渗透性,减少刺激性;静脉注射乳剂注射后分布较快,药效高,具有靶向性;静脉营养乳剂,是高能营养大容量注射液的重要组成部分。

(二)乳剂的类型及鉴别方法

(1)根据粒子大小及制备方法不同,乳剂可分为普通乳、亚微乳、微乳和复乳(表 4-3)。

表 4-3 乳剂的类型

类别	特点
普通乳	一般为乳白色不透明的液体,其液滴大小在 1～100 μm
亚微乳	粒径在 0.1～1.0 μm,可提高药物稳定性、降低毒副作用、增加经皮吸收,使药物缓释、控释或具有靶向性
微乳	粒径在 10～100 nm 的乳剂又称纳米乳,为透明液体,用作药物的胶体性载体
复乳	为复合型乳剂,粒径在 50 μm 以下,是由初级乳进一步乳化而成,可更有效地控制药物的扩散速率

普通乳分为两类:①水包油型。常简写为油/水(O/W),其中油为分散相,水为分散介质。②油包水型。常简写为水/油(W/O),其中水为分散相,油为分散介质。

复乳也分为两类:分别为 O/W/O 型和 W/O/W 型。

乳剂类型如图 4-1 所示。

(2)O/W 型乳剂和 W/O 型乳剂的鉴别(表 4-4)。

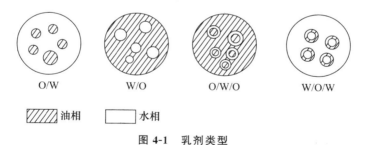

图 4-1 乳剂类型

表 4-4 乳剂类型的鉴别方法

鉴别方法	O/W 型乳剂	W/O 型乳剂
外观	通常为乳白色	接近油的颜色
CoCl 试纸	粉红色	不变色
稀释法	可用水稀释	可用油稀释
导电法	导电	几乎不导电
加入水溶性染料	外相染色	内相染色
加入油溶性染料	内相染色	外相染色

乳剂在药剂学中应用广泛,可被制成注射液、滴眼液、软膏剂、栓剂、气雾剂等多种剂型,故乳剂在理论和制备方法上对其他制剂均具有重要的指导意义。

二、乳化剂

乳化剂是乳剂的重要组成部分,在乳剂形成、稳定性及药效发挥等方面起着重要作用。

(一)乳化剂的基本要求

(1)乳化能力强　乳化能力是指乳化剂能显著降低油水两相之间的表面张力,并能在液滴周围形成牢固的乳化膜。

(2)乳化剂本身应稳定　对不同的 pH、电解质、温度的变化等具有一定的耐受性,乳化剂应不受这些因素的影响。

(3)乳化剂应无毒,无刺激性,可以口服,外用或注射给药。

(4)来源广、价廉。

(二)乳化剂的种类

根据乳化剂性质不同可分为:表面活性剂类、高分子化合物类和固体微粒类等。

1. 表面活性剂类

此类乳化剂能显著地降低油水两相间的界面张力,定向排列在液滴周围形成单分子膜,故制成的乳剂稳定性不如高分子化合物。通常使用混合乳化剂形成复合凝聚膜,增加乳剂的稳定性。表面活性剂类乳化剂的种类及应用见表 4-5。

(1)阴离子型乳化剂　常作为外用乳剂的乳化剂,如硬脂酸钠、硬脂酸钾、硬脂酸钙、油酸钠、油酸钾、肥皂、十二(或十六)烷基硫酸钠等,除硬脂酸钙(W/O)外,其余为 O/W 型乳化剂。

(2)阳离子型乳化剂　指含有高分子烃链或稠合环的胺和季铵化合物,有不少具有抗菌活性和防腐作用,与鲸蜡醇合用形成阳离子型混合乳化剂。有一定毒性。

(3)非离子型乳化剂　在药剂学中较为常用,如脂肪酸山梨坦类(即司盘类,如司盘 20、司盘 40、司盘 60、司盘 80 等,W/O 型)、聚山梨酯类(即吐温类,如吐温 20、吐温 40、吐温 60、吐温 80 等,O/W 型)、聚氧乙烯脂肪酸酯类(商品名称为卖泽,如卖泽 45、卖泽 49、卖泽 52 等,O/W 型)、聚氧乙烯脂肪醇醚类(商品名称为苄泽,如苄泽 30、苄泽 35,O/W 型)、聚氧乙烯聚氧丙烯共聚物类(商品名泊洛沙姆)等。这类物质在水溶液中不解离,不易受电解质和溶液 pH 的影响,能与大多数药物配伍。

表 4-5　表面活性剂类乳化剂的种类及应用

种类	乳剂类型	应用
一价肥皂	O/W 型	外用制剂
二价肥皂	O/W 型	外用制剂
三乙醇胺皂	W/O 型	外用制剂
十二烷基硫酸钠	O/W 型	外用制剂(常与鲸蜡醇合用)
十六烷基硫酸钠	O/W 型	外用制剂(常与鲸蜡醇合用)
溴化十六烷基三甲胺	O/W 型	外用、内服、肌内注射
聚山梨酯类(吐温)	O/W 型	外用、内服
脂肪酸山梨坦类(司盘)	W/O 型	外用制剂
聚氧乙烯聚氧丙烯共聚物类(泊洛沙姆)	O/W 型	泊洛沙姆 188 可用于静脉注射

2. 表面活性剂 HLB

HLB 称亲水亲油平衡值,也称水油度,表示为:HLB＝亲水基亲水性/亲油基亲油性。表示表面活性剂分子中的亲水基团与亲油基团的平衡关系。HLB 越大代表亲水性越强,HLB 越小代表亲油性越强,一般而言 HLB 为 1～16。HLB 在实际应用中有重要参考价值。HLB 可决定乳剂的类型:HLB 为 8～16 者,形成 O/W 型乳剂,HLB 为 3～8 者,形成 W/O 型乳剂。一些常用表面活性剂的 HLB 见表 4-6。

表 4-6　常用表面活性剂的 HLB

乳化剂	HLB	乳化剂	HLB
单硬脂酸甘油酯	3.8	吐温 60	14.9
司盘 20	3.8	吐温 80	15.0
司盘 20	3.8	吐温 85	11.0
司盘 40	8.6	吐温 85	11.0
司盘 60	6.7	卖泽 49(聚氧乙烯硬脂酸酯)	15.0
司盘 65	2.1	卖泽 52(聚氧乙烯 40 硬脂酸酯)	16.9
司盘 80	4.7	聚氧乙烯 400 单月桂酸酯	13.1
司盘 85	1.8	聚氧乙烯 400 单硬脂酸酯	11.6
泊洛沙姆 188	16.0	苄泽 35(聚氧乙烯月桂醇醚)	16.9
卵磷脂	3.0	苄泽 30	9.5
蔗糖酯	5～13	西土马哥(聚氧乙烯十六醇醚)	16.4
		聚氧乙烯氢化蓖麻油	12～18

3. 高分子化合物类

高分子化合物作为乳化剂,多为来自植物、动物及纤维素衍生物等的天然成分,具有较强亲水性,能形成 O/W 乳剂,由于黏性较大,能增加乳剂的稳定性。天然乳化剂容易被微生物污染,故宜新鲜配制或加入适宜防腐剂。

(1)阿拉伯胶　是阿拉伯酸的钾、钙、镁盐的混合物,是一种乳化能力较强的 O/W 型乳化剂,常用浓度为 5％～15％,在 pH 4～10 范围内乳剂稳定。因本品内含有氧化酶,易使其酸败,故用前应在 80 ℃加热 30 min 使之破坏。本品黏度低,单独用作乳化剂制成的乳剂容易分层,常与西黄蓍胶、果胶、琼脂、海藻酸钠等合用。本品适用于乳化植物油或挥发油,广泛应用于内服乳剂。因可在皮肤上存留一层有不适感的薄膜,不作外用乳剂的乳化剂。

(2)西黄蓍胶　可形成 O/W 型乳剂,其水溶液具有较高的黏度。pH 为 5 时溶液黏度最大,西黄蓍胶乳化能力较差,很少单独使用,常与阿拉伯胶混合使用,增加乳剂的黏度以免分层。

(3)明胶　可形成 O/W 型乳剂,用量为油量的 1％～2％,明胶为两性化合物,易受溶液 pH 及电解质的影响产生凝聚作用,在等电点时所得的乳剂最不稳定,常与阿拉伯胶合用。

(4)磷脂　由大豆或卵黄中提取,分别称为豆磷脂或卵磷脂,其主要成分均为卵磷脂。本品能显著降低油水间界面张力,乳化作用强,为 O/W 型乳化剂,常用量 1％～3％,可供内服或外用,精制品可供静脉注射。磷脂易氧化水解,氧化物有害,需加抗氧剂。

(5)树胶 为桃树或杏树分泌的胶汁凝结而成的棕色块状物,用量为 2%～4%,乳化能力和黏度均超过阿拉伯胶,可作为阿拉伯胶的代用品。

(6)羊毛脂 羊毛脂可形成 W/O 型乳剂,多用于软膏外用剂。

(7)其他天然乳化剂 白芨胶、果胶、琼脂、海藻酸钠等均为弱的 O/W 型乳化剂,多与阿拉伯胶合用起稳定剂作用。

4. 固体微粒类

这类乳化剂为不溶性固体微粒,可聚集在液-液界面形成固体微粒膜而起乳化作用。

固体粉末乳化剂能形成的乳剂类型,决定于固体粉末与水相的接触角 θ。接触角是指在气、液、固三相交点处所作的气-液界面的切线穿过液体与固-液交界线之间的夹角 θ,是润湿程度的量度。

(1)当 $0 < \theta < 90°$ 时,表示半浸润或部分浸润,则形成 O/W 型乳剂;

(2)当 $90° < \theta < 180°$ 时,表示不浸润,则形成 W/O 型乳剂。

常用的 O/W 型乳化剂有氢氧化镁、氢氧化铝、二氧化硅、硅皂土等;W/O 型乳化剂有氢氧化钙、氢氧化锌、硬脂酸镁等。固体微粒乳化剂不受电解质影响,若与非离子表面性剂合用效果更好。

5. 辅助乳化剂

辅助乳化剂一般乳化能力很弱或无乳化能力,但能提高乳剂黏度,并能使乳化膜强度增大,防止乳剂合并,提高稳定性。对于微乳而言,辅助乳化剂是处方中不可缺少的成分,对微乳形成起决定作用(表4-7)。

(1)增加水相黏度的辅助乳化剂 甲基纤维素、羧甲基纤维素钠、羟丙基纤维素、海藻酸钠、琼脂、西黄蓍胶、阿拉伯胶、黄原胶、果胶、皂土等。

(2)增加油相黏度的辅助乳化剂 鲸蜡醇、蜂蜡、单硬脂酸甘油酯、硬脂酸、硬脂醇等。

表 4-7 辅助乳化剂

品名	主要应用
鲸蜡醇	O/W 洗液、软膏的亲水增稠剂和稳定剂
甘油单硬脂酸	O/W 洗液、软膏的亲水增稠剂和稳定剂
甲基纤维素	O/W 乳剂的亲水增稠剂和稳定剂;弱 O/W 乳化剂
羧甲基纤维素钠	O/W 乳剂的亲水增稠剂和稳定剂
硬脂酸	O/W 洗液、软膏的亲水增稠剂和稳定剂。与碱反应形成乳化剂

(三)乳化剂选择

适宜的乳化剂是制备稳定乳剂的关键。乳化剂的种类繁多,其选择应根据乳剂的使用目的、药物性质、处方组成、欲制备乳剂类型、乳化方法等综合考虑,此外,还应考虑其毒性、刺激性。

1. 根据乳剂的类型选择

乳剂处方设计已确定了乳剂的类型,如为 O/W 型乳剂应选择 O/W 型乳化剂,W/O 型乳剂应选择 W/O 型乳化剂。HLB 为选择乳化剂提供了依据。

2. 根据乳剂的给药途径选择

主要考虑乳化剂的毒性、刺激性。

（1）经口服用的乳剂　选用的乳化剂必须无毒，无刺激性，能形成 O/W 型乳剂，常用高分子化合物或吐温类为乳化剂。

（2）外用的乳剂　选用无刺激性的表面活性剂类及固体微粒类乳化剂，O/W 型或 W/O 型均可。要求长期应用无毒性。

常用脂肪酸山梨坦和吐温类等非离子表面活性剂；软皂、有机胺皂等阴离子表面活性剂也有应用，软皂碱性强，不能用于破损皮肤。外用乳剂不宜用高分子化合物作乳化剂。

3. 根据乳化剂性能选择

各种乳化剂的性能不同，应选择乳化能力强、性质稳定、受外界各种因素影响小、无毒、无刺激性的乳化剂。

4. 混合乳化剂的选择

将乳化剂混合使用可改变 HLB，使乳化剂的适应性增大，形成更为牢固的乳化膜，并增加乳剂的黏度，从而增加乳剂的稳定性。

（1）调节 HLB　各种油的介电常数不同，形成稳定乳剂所需的乳化剂的 HLB 不同。各种油乳化所需的 HLB 见表 4-8。为了满足油相所需的最佳 HLB，常将两种或两种以上乳化剂混合使用。混合使用两种或两种以上的乳化剂，其 HLB 具有加合性，可按各个乳化剂重量计算得混合乳化剂的 HLB，其公式见式 4-5。

$$\text{HLB}_{混合乳化剂} = \frac{W_A \cdot \text{HLB}_A + W_B \cdot \text{HLB}_B}{W_A + W_B} \qquad \text{（式 4-5）}$$

非离子型乳化剂可以混合使用，如吐温类和脂肪酸山梨坦类，非离子型乳化剂可与离子型乳化剂混合使用，但阴离子型乳化剂和阳离子型乳化剂不能混合使用。

表 4-8　各种油乳化所需的 HLB

油相	O/W 型	W/O 型	油相	O/W 型	W/O 型
月桂酸	16	—	凡士林	9	4
蜂蜡	12	4	羊毛脂	10	8
鲸蜡醇	15	—	硬脂酸	15～18	—
硬脂醇	14	—	棉籽油	10	5
液体石蜡（轻）	10.5	4	蓖麻油	14	—
液体石蜡（重）	10.5～12	4	亚油酸	16	—
油酸	17	—			

（2）形成稳定的复合凝聚膜　一种水溶性乳化剂与一种油溶性乳化剂混合使用，可在分散相液滴周围形成稳定的复合膜，提高乳剂的稳定性。如利用十六烷基硫酸钠和胆固醇的混合乳化剂制备的 O/W 型乳剂，较单独十六烷基硫酸钠制备的 O/W 型乳剂稳定。

（3）增加乳剂的黏度　采用混合乳化剂能增加乳剂的黏度，降低乳剂的分层速度。如阿拉伯胶与西黄蓍胶合用，增加水相黏度；鲸蜡醇、硬脂醇与蜂蜡合用可增加油相黏度，提高了乳剂的稳定性。

三、乳剂形成的主要条件

乳剂是由水相、油相、乳化剂组成的液体药剂,要制成质量符合要求的稳定乳剂,必须提供乳剂形成和稳定的主要条件。

(一)提供乳化所需的能量

乳化包括两个过程,即分散过程和稳定过程。分散过程即液体分散相形成液滴均匀分散于分散介质中。此过程是借助乳化机械所做的功,使液体被切分成小液滴而增大表面积和界面自由能,其实质是将机械能部分转化成液滴的界面自由能,故必须提供足够的能量,使分散相能够分散成为微细的乳滴。乳滴越细需要的能量越多。

(二)加入适宜的乳化剂

乳化剂是乳剂的重要组成部分,是乳剂形成与稳定的必要条件,其作用如下。

1. 降低两相的界面张力

油水两相形成乳剂的过程,也是不相溶的两液相界面增大的过程,乳滴越细,新增加的表面积就越大,界面自由能也越大。乳剂具有很强的降低界面自由能的趋势,促使乳剂液滴凝聚变大,最终分层。为使乳剂保持其分散和稳定状态,必须降低界面自由能,液滴自然形成球体,因为相同的体积时球体表面积最小。更主要的是加入适宜的乳化剂,使其吸附在乳滴的周围形成界面吸附膜(图 4-2),可使乳滴在形成过程中有效地降低界面张力,使界面自由能降低,有利于形成和扩大新的界面,使乳剂易于形成,并保持一定的分散度和稳定性。

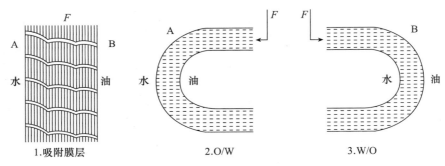

1. 吸附膜层   2. O/W   3. W/O

图 4-2 界面吸附膜示意图

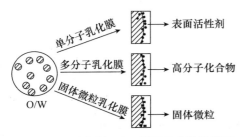

图 4-3 乳化剂 O/W 界面形成膜的类型

2. 形成牢固乳化膜

乳化剂被吸附在油、水界面上降低界面张力的同时,能在液滴周围有规律地定向排列,即乳化剂的亲水基团转向水、亲油基团转向油,形成乳化膜。乳化剂在液滴表面上排列越整齐,乳化膜就越牢固,乳剂也越稳定。乳化膜有三种类型(图 4-3)。

(1)单分子乳化膜 表面活性剂类乳化剂被吸附于乳滴表面,有规律地定向排列成单分子乳化剂层,降低了表面张力,并可防止液滴相遇时合并,增加了乳剂的稳定性。如乳化剂是离子型表面活性剂,则形成的单分子乳化膜是离子化的,电荷相互排斥而使乳剂更加稳定。

(2)多分子乳化膜　高分子化合物作乳化剂可以在分散的油滴周围形成多分子乳化膜。当高分子被吸附在油滴表面时,并不能有效地降低表面张力,但能形成坚固的多分子乳化膜,像在油滴周围包了一层衣,能有效地阻碍油滴的合并,还可增加分散相的黏度,有利于提高乳剂的稳定性,如明胶、阿拉伯胶等。

(3)固体微粒乳化膜　固体微粒乳化剂被吸附在液滴表面排列成固体微粒乳化膜,阻止乳滴合并,增加乳剂的稳定性。如二氧化硅、硅藻土等。

(三)确定形成乳剂的类型

乳化剂亲油、亲水性是决定乳剂类型的主要因素:

(1)乳化剂分子中若亲水基大于亲油基,可形成 O/W 型乳剂;

(2)乳化剂分子中若亲油基大于亲水基,可形成 W/O 型乳剂;

(3)天然的或合成的亲水性高分子乳化剂亲水基特别大,所以形成 O/W 型乳剂;

(4)固体微粒乳化剂,若亲水性大形成 O/W 型乳剂,若亲油性大则形成 W/O 型乳剂。

决定乳剂类型的因素,首先是乳化剂的性质和乳化剂的 HLB,其次是形成乳化膜的牢固性、相容积比、温度、制备方法等。

(四)有适当的相比

油、水两相的相容积比简称为相比。具有相同粒径的球体,最紧密填充时球体所占最大体积为 74%,但实际上制备乳剂时分散相浓度一般在 10%~50%。分散相的浓度超过 50% 时,乳滴易发生碰撞而合并或转相,使乳剂不稳定。所以在制备乳剂时应考虑油、水两相的相比,以利于乳剂的形成和稳定。

四、乳剂的稳定性

乳剂属热力学不稳定的非均相分散体系,乳剂的稳定性包括化学稳定性和物理稳定性。化学稳定性主要指药物的氧化,水解。物理稳定性包括乳剂的分层、絮凝、转相、合并、破裂,并引起色泽等外观及其他物理性质的变化。

乳剂的不稳定现象主要表现在以下几方面。

(一)分层

乳剂的分层又称乳析,是指乳剂在放置过程中出现分散相液滴上浮或下沉的现象。

1. 分层的主要原因

如 O/W 型乳剂一般出现分散液滴上浮现象,是由于分散相与分散介质之间存在着密度差。液滴上浮或下沉的速度符合斯托克斯定律,可尽量减小液滴半径,将液滴分散得越细越好。如乳滴小而均匀,可以得到很稳定的乳剂,但并不是粒径越小的乳滴越稳定,如果乳滴粒径不匀,则小乳滴嵌入大乳滴之间,反而促进聚集合并。

2. 减慢分层的方法

为了保证乳剂的稳定性,制备乳剂时应保证乳滴大小的均一性,增加分散介质的黏度,降低分散相与分散介质间的密度差。以上操作均可减少乳剂分层的速率。通常分层速度与相容积成反比,相容积低于 25% 时乳剂很快分层,相容积达 50% 时能显著降低分层速度。分层现象是一个可逆过程,此时乳剂的界面膜没有破坏,轻轻振摇即能恢复成乳剂原来状态。但分层厚的乳剂外观较粗糙,也容易引起絮凝甚至破坏。优良的乳剂分层过程应十分缓慢。

(二)絮凝

乳剂中分散相液滴发生可逆的聚集体,经振摇即能恢复成均匀乳剂的现象,称为乳剂的絮凝。与混悬剂相似,乳剂也存在着絮凝现象,它是乳剂合并的前奏。但由于乳滴荷电以及乳化膜的存在,阻止了絮凝时乳滴的合并,保持了液滴的完整性。但絮凝的乳剂以絮凝物为单位移动,增加了分层速度。因此,絮凝的出现表明乳剂稳定性降低。

乳剂中的电解质和离子型乳化剂的存在是产生絮凝的主要原因,同时絮凝与乳剂的黏度、相容积比以及流变性等因素有关。

(三)转相

转相是指乳剂类型的改变,如由 O/W 型转成 W/O 型或者相反的变化。转相通常是由于向乳剂中加入另一种物质,使乳化剂性质改变而引起的。如向以油酸钠为乳化剂制备的 O/W 型乳剂中加入大量氯化钙后,乳剂可转成 W/O 型,转型原因是生成的油酸钙为 W/O 型乳化剂。但这一转型与氯化钙用量有关,氯化钙量少时则生成的油酸钙少,乳剂中起主要作用的还是油酸钠,不影响乳剂的类型;若氯化钙用量较多,生成油酸钙的量与剩余的油酸钠量接近,则两种乳化剂同时起作用,导致乳剂破裂;只有氯化钙量足够多时才发生转相。故转相过程中存在转相临界点,在转相临界点上乳剂不属于任何类型,处于不稳定状态,临界点以上才发生转相。乳剂的转相还受相容积比的影响,一般认为分散相超过 70% 甚至超过 60% 时就可能发生转相。

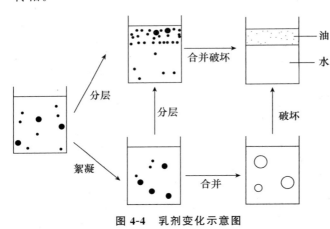

图 4-4　乳剂变化示意图

(四)合并与破裂

乳剂的合并是指乳滴周围的乳化膜破坏,分散相液滴合并成大液滴。合并进一步发展使乳剂分为油水两相称为乳剂的破裂。乳剂的合并、破裂不同于乳剂的分层和絮凝,是不可逆过程,此时乳滴周围的乳化膜已被破坏,乳滴已合并变大,虽经振摇也不能恢复成原来的乳剂状态,见图 4-4。

影响乳剂破裂的因素:

①向乳剂中加入能与乳化剂起反应的物质,使乳化剂的界面膜破坏或稳定性降低,导致乳剂破裂或加快破裂速度。如向以一价肥皂为乳化剂制备的 O/W 型乳剂中加入阳离子型乳化剂,乳滴上的电荷被中和而引起乳剂破裂。

②温度不适也能引起乳剂破裂。高温可使蛋白质类乳化剂变性,使非离子型表面活性剂类乳化剂溶解度改变。因此,温度高于 70 ℃ 时,许多乳剂可能破裂;当温度降至冷冻温度时,水形成冰晶,在分散相的液滴和界面膜上产生异常大的压力,导致界面破裂。

③向乳剂中加入两相中均能溶解的溶剂,也能使乳剂破裂。

(五)酸败

乳剂受外界因素(光、热、空气等)及微生物等的作用,使乳剂中的油、乳化剂等发生变质的现象称为酸败。通常需加抗氧剂和防腐剂以防止或延缓酸败。

五、乳剂的制备与举例

(一)乳剂的制备方法

1. 干胶法

又称油中乳化剂法,即水相加至含乳化剂的油相中。

本法需先制备初乳,即将乳化剂与油混匀,按一定比例加水乳化成初乳,研磨时沿同一方向旋转,再逐渐加水稀释至全量,研匀,即得。初乳中油、水、乳化剂有一定比例,若用植物油的比例为 4:2:1;若用挥发油的比例为 2:2:1,液体石蜡的比例为 3:2:1。

本法适用于阿拉伯胶或阿拉伯胶与西黄蓍胶的混合胶作为乳化剂制备乳剂。

2. 湿胶法

又称水中乳化剂法,即油相加至含乳化剂的水相中。

本法制备时先将胶(乳化剂)溶解于水中,制成胶浆作为水相,再将油相分次加于水相中,研磨成初乳再加水至全量研匀,即得。湿胶法制备初乳时油、水、胶的比例同干胶法。油相应边滴加边研磨,直到初乳生成。

3. 新生皂法

本法是利用植物油所含的硬脂酸、油酸等有机酸,加入氢氧化钠、氢氧化钙、三乙醇胺等,在高温下(75~80 ℃)生成新生皂为乳化剂,经搅拌或振摇即制成乳剂。若生成钠皂、有机胺皂为 O/W 型乳化剂,生成钙皂则为 W/O 型乳化剂。本法多用于乳膏剂的制备。

4. 两相交替加入法

向乳化剂中每次少量交替地加入水或油,边加边搅或研磨,即可形成乳剂。天然胶类、固体微粒乳化剂等可用本法制备乳剂。当乳化剂用量较多时本法是一个很好的方法。本法应注意每次须加入油相和水相。

5. 机械法

机械法制备乳剂可不考虑混合顺序,将油相、水相、乳化剂直接混合后利用乳化机械制备乳剂。乳化机械主要有高速搅拌机、乳匀机、胶体磨、超声波乳化装置。直立式胶体磨见图 4-5。

6. 微乳的制备

微乳除含油、水两相和乳化剂外,还含有辅助成分。乳化剂和辅助成分应占乳剂的 12%~25%。乳化剂主要是界面活性剂,其 HLB 应在 15~18,如吐温 60 和吐温 80 等。制备时取 1 份油加 5 份乳化剂混合均匀。然后加入水中制成澄明乳剂。如不能形

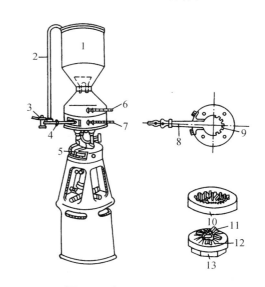

图 4-5　直立式胶体磨

1. 贮液筒　2. 管　3. 阀　4,8. 卸液管　5. 调节盘　6. 冷却水入口　7. 冷却水出口　9. 研磨器　10. 上研磨器(定子)　11. 钢龄　12. 斜沟槽　13. 下研磨器(转子)

成澄明乳剂,可适当增加乳化剂的用量;如很容易形成澄明乳剂,可适当减少乳化剂用量。

7. 复合乳剂的制备

用二步乳化法制备。即先将油、水、乳化剂制成一级乳,再以一级乳为分散相与含有乳化剂的分散介质(水或油)再乳化制成二级乳剂,见图4-6。

使用不同的乳化设备或方法可以得到粒径不同的乳剂,粒径的大约值见表4-9。

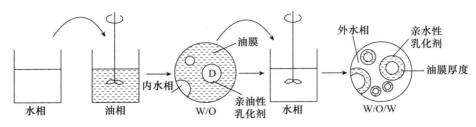

图 4-6 复合乳剂的制备过程示意图

表 4-9 不同乳化设备或方法制成的乳剂粒径

乳化设备或方法	特点	乳剂粒径/μm
搅拌	小剂量制备,乳滴比较大且不均匀	10
胶体磨	制备比较黏的乳剂	5
超声波	黏度不大的乳剂	1.1
高速搅拌	制成初产品(粗乳)	0.65
两步高压乳匀机	使乳剂的小液滴分散更细	0.3

(二)乳剂中药物的加入方法

乳剂是药物的良好载体,加入各种药物使其具有治疗作用。药物的加入方法为:①水溶性药物先制成水溶液,可在初乳制成后加入;②油溶性药物先溶于油,乳化时尚需适当补充乳化剂用量;③在油、水两相中均不溶的药物制成细粉后加入乳剂中;④大量生产时,药物可溶于油的先溶于油,可溶于水的先溶于水,然后将乳化剂以及油水两相混合进行乳化。

(三)影响乳化的因素

1. 温度

升高温度不仅可以降低黏度,而且能降低界面张力,有利于乳剂的形成。但温度升高同时也增加了乳滴的动能,可使液滴聚集合并,降低乳剂的稳定性,故乳化温度不宜超过70 ℃;用非离子型乳化剂时,不宜超过其昙点。

2. 乳化时间

乳化时间对乳化过程的影响较为复杂,降低温度特别是经过凝固-熔化循环,使乳剂的稳定性降低,往往比升高温度的影响还大,有时可使乳剂破裂。在乳化开始阶段,搅拌可使液滴分散,但乳剂形成后继续搅拌则增加乳滴间的碰撞机会,促使乳滴聚集合并,因此应避免乳化时间过长。另外,乳化时间与乳化剂的乳化力强弱、乳化器械及所制备乳剂量的多少有关。

3. 乳化剂的性质

乳化剂的 HLB 要与所用油相的要求相符,并且不能在油水两相中都易溶解,否则所形成的乳剂不稳定。

4. 乳化剂的用量

乳化剂用量与分散相的量及乳滴粒径有关。若用量太少,乳滴界面上的膜密度过小甚至不足以包裹乳滴;用量太多,乳化剂不能完全溶解,一般普通乳剂中乳化剂的用量为 $5 \sim 100 \ g/L$。

5. 相容积分数(ϕ)

ϕ 一般不超过 74%,在 $40\% \sim 60\%$ 较适宜。在不超过 74% 的条件下,相容积分数越大,乳滴间的平均自由途径越小,对乳滴的聚集产生的阻力越大,越有利于乳剂的稳定。

常用乳剂如头孢氨苄乳剂,由头孢氨苄、硬脂酸、苯甲酸、大豆油等配制而成的灭菌乳剂。用于治疗革兰氏阳性和阴性菌所引起的牛乳腺炎,以乳管注入。

(四)制备举例

液体石蜡乳

【处方】液体石蜡 12.0 mL　阿拉伯胶 4.0 g　5%尼泊金乙酯醇溶液 0.05 mL
蒸馏水加至 30.0 mL

【制法】①将阿拉伯胶粉置于干燥乳钵中分次加入液体石蜡,研匀,一次加水 8 mL,迅速向同一方向研磨至发出噼啪声,即成初乳,再加水 5 mL 研磨后,加尼泊金乙酯醇液,蒸馏水边加边研至全量。②高速捣碎机的应用示范。

【解析】制备初乳时,干法应选用干燥乳钵,量油的量器不得沾水,量水的量器也不得沾油,油相与乳化剂充分研匀后,迅速沿同一方向研磨,直至稠厚的乳白色初乳形成为止。制备 O/W 型乳剂必须在初乳制成后,方可加水稀释。本品因以阿拉伯胶为乳化剂,故为 O/W 型乳剂。所制得的乳剂应为乳白色,镜检油滴应细小均匀。本品为轻泻剂,用于治疗便秘。

六、乳剂的质量评定

(一)乳滴大小的测定

乳滴粒径大小及其分布是乳剂的最重要特性之一,不同用途的乳剂对粒径大小要求不同,如静脉注射乳剂要求乳滴直径 80% 小于 $1 \ \mu m$,乳滴大小均匀,不得有大于 $5 \ \mu m$ 的乳滴。在对乳剂作长期留样观察或加速试验时,在不同时间取样测定乳滴大小,绘出乳滴粒径分布图,与前次测定结果比较,就可以对这个贮存期内乳剂的稳定性作出评价,若乳滴的平均经粒径随时间的延长而增大或粒径分布发生改变,表示乳剂不稳定。

(二)分层现象观察

乳剂经长时间放置,粒径变大,进而产生分层现象。这一过程的快慢是衡量乳剂稳定性的重要指标。为了在短时间内观察乳剂的分层,可用离心法加速其分层,以 4 000 r/min 离心 15 min,如不分层可认为乳剂质量稳定。此法可用于筛选处方或比较不同乳剂的稳定性。

另外,将乳剂放在半径为 10 cm 的离心管中以 3 750 r/min 速度离心 5 h,可相当于放置 1 年因密度不同产生的分层,絮凝或合并的结果。

(三)乳滴合并速度测定

乳滴合并速度符合一级动力学过程,其直线方程为:

$$\lg N = \lg N_0 - kt/2.303 \qquad \text{(式 4-6)}$$

式中,N 为 t 时间的乳滴数;N_0 为 t_0 时的乳滴数;k 为合并速度常数;t 为时间。测定不同时间的乳滴数,可求出乳滴的合并速度常数,用以评价乳剂的稳定性。

(四)稳定常数的测定

乳剂离心前后光密度变化百分率称为稳定常数,用 K_e 表示,其表达式如下:

$$K_e = (A_0 - A)/A \times 100\% \qquad \text{(式 4-7)}$$

式中,A_0 为未离心乳剂稀释液的吸光度;A 为离心后乳剂稀释液的吸光度。

测定方法:取乳剂适量于离心管中,以一定速度离心一定时间,从离心管底部取出少量乳剂,稀释一定倍数,以蒸馏水为对照,用比色法在可见光某波长下测定吸光度 A,同法测定原乳剂稀释液吸收度 A_0,代入公式计算 K_e。离心速度和波长的选择可通过实验加以确定。K_e 值越小乳剂越稳定。本法是研究乳剂稳定性的定量方法。

思考题

1. 液体制剂的特点与质量要求以及分类有哪些?
2. 液体制剂常用的溶剂与附加剂有哪些?
3. 溶液剂的制备工艺有哪些?
4. 什么是高分子溶液剂? 高分子溶液的性质是什么? 高分子溶液剂的制备方法有哪些?
5. 什么是混悬剂? 混悬剂的稳定性包括哪些方面? 常用混悬剂的稳定剂有哪些?
6. 混悬剂的制备方法及质量评定的方法是什么?
7. 什么是乳剂? 乳剂的类型有哪些?
8. 乳化剂的种类有哪些? 如何选择乳化剂?
9. 乳剂的制备方法及常用的设备有哪些?

第五章　注射剂

学习要求

1. 掌握注射用水的制备方法与过程监测;热原的性质和去除热原的方法;注射剂的配制及滤过、灌封、灭菌与检漏等工艺环节的技术操作。

2. 熟悉注射用水的质量要求与检验方法;热原的检查方法;溶剂与附加剂的选用;渗透压的计算;输液与无菌分装制剂的生产工艺与注意事项;机械设备的运行操作。

3. 了解注射剂的车间与布局设计、洁净级别的要求以及机械设备的构造与原理。

4. 通过对制备注射液过程中各环节的严格要求的学习,培养学生科学严谨的职业素养。

案例导入

二疏丁二钠是我国研制的解毒剂,用于治疗锑、铅、汞、砷的中毒及预防镉、钴、镍中毒,临床上常以静脉注射方式解救急性锑剂中毒;青霉素钠是常用抗生素,在水溶液中,尤其在酸性或碱性溶液中不稳定,容易水解,药效降低,甚至产生致敏物质。

问题:1. 解救急性中毒为什么常用注射方式而不用其他给药方式(如口服)?

2. 青霉素钠应制成哪种剂型使用? 为什么?

第一节　概　述

一、注射剂定义、特点和分类

(一)注射剂定义

注射剂俗称针剂,是指将药物制成供注入机体内的灭菌溶液、混悬液、乳浊液,以及临用前配成溶液或混悬液的灭菌粉末或浓缩液的无菌制剂。注射剂由药物、溶剂、附加剂及容器所组成,其在兽医临床应用广泛,尤其对没有食欲以及危重病症的患畜用药极为重要。

(二)注射剂特点

①药效迅速、剂量准确、作用可靠。特别是静脉注射,药液可直接进入血液循环,更适用于抢救危重病症。

②适用于不宜内服的药物。如异味明显、对胃肠道刺激大的药物。

③适用于缺乏饮食欲或不能口服给药的动物。发病动物往往饮食欲减退或废绝,或不能口服给药,采用注射剂是有效的给药途径。

④可以产生局部定时、定向、定位作用。如局部麻醉剂。

⑤使用不便。注射剂直接注入机体,质量要求高,用药需专门器具和专业人员,

⑥安全性差。使用不当易发生危险,尤其静脉注射时药物不良反应是不可逆的。

⑦疼痛刺激感强,机体适应性差。注射过程有不同程度疼痛感和惊吓感,对动物易产生应激反应。

⑧工艺复杂,生产费用大,价格成本高。

(三)注射剂分类

1. 按注射剂形态(物态)分类

液体注射剂、注射用无菌粉末和注射用浓溶液三类。

(1)液体注射剂 按分散体系可分为3类。

①溶液型注射剂。易溶于水且在水溶液中比较稳定的药物可制成水溶液型注射剂,如葡萄糖注射剂、氯化钠注射剂等。由于水无显著生理作用,又适用于各种注射途径,所以注射剂绝大部分是水溶液型,多称水针。不溶于水而溶于油的药物可制成油溶液型注射剂。如安乃近注射液、氟苯尼考注射液等。

②混悬型注射剂。水难溶性药物或注射后要求延长药效作用的药物,可制成水或油的混悬液型。《中国兽药典》规定,药物的细度应控制在 $15~\mu m$ 以下,$15\sim20~\mu m$(个别 $20\sim50~\mu m$)者不应超过10%。如普鲁卡因青霉素注射液(油混悬剂)。

③乳浊型注射剂。水不溶性液体药物,根据临床需要可以制成乳剂型注射剂。如维丁胶性钙注射液。

(2)注射用无菌粉末 也称粉剂,是指采用无菌操作法或冻干技术制成的注射用无菌粉末或块状制剂。临用前需用适当的溶剂溶解或分散。如青霉素、链霉素类粉针剂。

(3)注射用浓溶液 指供临用前稀释供静脉滴注用的无菌浓溶液。如唑来膦酸注射用浓溶液、替硝唑注射用浓溶液等。

2. 按注射剂装量大小分类

小容量注射剂和大容量注射剂

(1)小容量注射剂 也称小体积注射剂,装量小于 50 mL,如 10 mL 替米考星注射液。

(2)大容量注射剂 也称大体积注射剂,装量大于 50 mL,如 100 mL 恩诺沙星注射液、500 mL 葡萄糖注射液(输液剂)等。

二、注射剂给药途径

根据临床需要,注射剂的给药途径可分为静脉注射、肌内注射、腹腔注射、皮下注射、皮内注射、脊椎腔注射、穴位注射等。

(1)静脉注射 有静脉滴注和静脉推注,药液直接注入血管,起效最快。静脉注射剂主要是水溶液,油溶液、混悬液一般不能静脉给药。除另有规定外,凡添加抑菌剂、易导致红细胞溶解或使蛋白质沉淀的药液,均不得静脉注射。

(2)肌内注射 药液直接注入肌肉组织。除水溶液外,油溶液、混悬液等均可肌内注射。

(3)腹腔注射 药液直接注入腹腔,适用于用量大、刺激性小的药物,利用腹腔面积大、

容易吸收的特点,多用于静脉注射不宜操作的患畜等。如促反刍注射液及猪用腹腔注射液等。

(4)皮下注射 药液注射于真皮和肌肉组织之间松软组织内,主要是水溶液型和长效型。

(5)皮内注射 药液注射于表皮和真皮之间的注射剂,一般用于过敏性试验或疾病诊断。

(6)脊椎腔注射 药液注入硬膜外腔内的注射剂,比如局麻药盐酸普鲁卡因注射剂。

(7)穴位注射 少量药液注入特定穴位内产生特殊疗效的注射剂。

三、注射剂质量要求

注射剂直接注入体内发挥药效,为了保证用药安全,配制注射剂时使用的原料、辅料、溶媒、容器等均应符合兽药典或其他质量标准规定。注射剂应符合下列要求:

(1)无菌 注射剂中不应含有任何活的微生物,必须符合药典的无菌检查要求。

(2)无热原 无热原是注射剂质量要求中的重要指标,特别是用量大的、供静脉注射及脊椎腔注射用的注射剂,必须进行热原检查,符合药典对热原的检查要求。

(3)澄明度 注射剂在规定条件下检查,不得含有肉眼可见的浑浊或异物。

(4)渗透压 注射剂的渗透压要求与血浆的渗透压相等或接近。

(5)pH 注射剂 pH 要求与血液相等或相近,血液的 pH 为 7.4 左右,注射剂的 pH 一般控制在 4~9。

(6)安全性 注射剂不能对动物机体产生毒性反应,必须进行必要的动物实验,确保动物安全。

(7)稳定性 注射剂要求必要的物理稳定性、化学稳定性和生物学稳定性,确保在规定的贮存期内安全有效。

(8)其他 注射剂的药物含量、不溶性微粒、色泽、装量等均应符合兽药典及有关质量标准的规定。

第二节 注射剂的溶剂与附加剂

注射剂的溶剂包括注射用水、注射用油和其他注射用非水溶剂。注射剂的溶剂对肌体应无不良影响,性质稳定,无菌、无热原,并且不与主药发生反应。其用量应不影响药物疗效,且能被组织吸收。

一、注射用水

纯化水经蒸馏所得的蒸馏水为注射用水。注射用水依照注射剂生产工艺制备所得为灭菌注射用水。纯化水不得用于注射剂的配制,只有注射用水才可配制注射剂。灭菌注射用水主要用作注射用无菌粉末的溶剂或注射液的稀释剂。

(一)注射用水质量要求

《中国兽药典》对注射用水质量有严格规定。注射用水为纯水经重蒸馏所得的水,要求在制备后在 80 ℃ 以上贮存且 24 h 内使用完;要求无色、澄明、无臭、无味;做热原检查;除氯化物、硫酸盐、硝酸盐、亚硝酸盐、钙盐、二氧化碳、易氧化物、不挥发物和重金属按蒸馏水检查应符合规定外,pH 要求 5.0~7.0,氨含量不超过 0.000 02%,细菌内毒素应小于 0.25 EU/mL。

(二)注射用水的制备

制备工艺流程

蒸馏法是制备注射用水最可靠最经典的方法。《中国兽药典》规定供蒸馏法制备注射用水的水源应为纯化水,故原水需经预处理、滤过、去离子后再蒸馏方可使用。其工艺流程如下:原水(砂滤器-活性炭滤器等预处理)→常水(细滤-电渗析或反渗透纯化)→初级纯化水(阳树脂-脱气塔-阴树脂-混合树脂或二级反渗透)→二级纯化水→蒸馏→注射用水。

(1)原水预处理 注射用水质量要求高,水源选择十分重要,且应根据不同水源的情况采取有效的方法和措施,有针对性地进行预处理。原水只有经过预处理与纯化处理成纯化水后方可用来制备注射用水。一般原水中含有悬浮物、无机盐、有机物、细菌及热原等杂质,这些原水经预处理,可成为具有一定澄明度的常水,然后再进行一定的纯化处理。原水预处理方法如下。

①滤过吸附法。原水中含有较多悬浮物时可采用本法。一般直接将原水通过砂滤桶、砂滤缸或砂滤池,滤层通常由碎石、粗砂、细砂、活性炭等组成,经滤过吸附,可有效除去原水中悬浮的粒子,得到澄明的水。

②凝聚澄清法。原水中加入凝聚剂,使水中的悬浮物等杂质加速凝聚成絮状沉淀而被除去。常用的凝聚剂有明矾,用量一般为 0.01~0.2 g/L;硫酸铝,用量一般为 0.007 5~0.15 g/L;碱式氯化铝,用量一般为 0.05~0.1 g/L。

③石灰高锰酸钾法。当原水质量差、污染严重,采用滤过吸附法、凝聚澄清法处理不能满足要求时,可采用本法处理。具体操作是首先在原水中加入少量石灰水至 pH 到 8(对酚酞指示剂显粉红色),然后加入 1% 高锰酸钾溶液(一般用量 0.1~0.5 mL/L),使水呈淡紫色,以 15 min 内不褪色为度,再加入 1%~2% 硫酸锰溶液适量,使高锰酸钾紫色褪去,滤过澄清即可。本法可除去原水中存在的 Ca^{2+}、Mg^{2+}、HCO_3^- 等离子,有效降低水的硬度,在处理过程中产生的新生态氧,对微生物和热原也有破坏作用。

(2)纯化水的制备 原水经预处理后其悬浮物、有机物、细菌及热原等杂质大大减少,为制备纯化水减少负担,也有利于设备的长久使用。纯化水的制备方法有电渗析法、离子交换法和反渗透法。

①电渗析法。电渗析法是依据离子在电场作用下定向迁移和交换膜的选择透过性而除去离子的方法,电渗析原理如图 5-1 所示。电渗析法能节省离子交换树脂再生所消耗酸碱,经济节约。但此法制得的水纯度较低(初级纯化水),水比电阻低(一般在 5 万~10 万 $\Omega \cdot cm$),故常与离子交换法联用,以制备高纯度纯水。

②离子交换法。离子交换法是原水处理的基本方法之一,通过离子交换树脂法处理原水可制得去离子水。所谓去离子水,是指用适宜的方法将水中的电解质分离去除而制得的水。

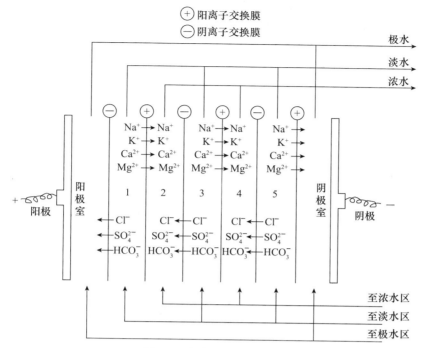

图 5-1　电渗析原理示意图

离子交换树脂交换原理同离子交换。交换树脂是一种球形网状的高分子固体共聚物（如苯乙烯型树脂），不溶于水、酸、碱和有机溶剂，吸水后能膨胀。树脂分子由极性基团和非极性基团两部分组成，吸水膨胀后非极性基团作为树脂的骨架，极性基团作为功能基团发生交换作用。在交换时，极性基团上的离子与水中同性离子交换，进行阳离子交换的树脂叫阳树脂，如732 型苯乙烯强酸性阳离子交换树脂，其极性基团是磺酸基，可简化为 $RSO_3\text{-}H^+$ 和 $RSO_3\text{-}Na^+$，前者为氢型，后者为钠型；进行阴离子交换的树脂为阴树脂，如 717 型苯乙烯强碱性阴离子交换树脂，其极性基团为季胺基团，可简化为 $R\text{-}N^+(CH_3)_3OH^-$ 或 $R\text{-}N^+(CH_3)_3Cl^-$，前者为氢氧型，后者为氯型。通常氢型和氢氧型联用，钠型和氯型联用。

阳阴树脂在水中是解离的。原水中含有 K^+、Na^+、Ca^{2+}、Mg^{2+} 等阳离子和 SO_4^{2-}、Cl^-、HCO_3^-、$HSiO_3^-$ 等阴离子，在原水通过阳树脂层时，水中阳离子被树脂所吸附，树脂上的阳离子 H^+ 被置换到水中，并和水中的阴离子组成相应的无机酸，其反应式如下：

$$R^-SO_3^-H^+ + \begin{cases} K^+ \\ Na^+ \\ \frac{1}{2}Ca^{2+} \\ \frac{1}{2}Mg^{2+} \end{cases} + \begin{cases} \frac{1}{2}SO_4^{2-} \\ Cl^- \\ HCO_3^- \\ HSiO_3^- \end{cases} \rightarrow R^-SO_3^- \begin{cases} K^+ \\ Na^+ \\ \frac{1}{2}Ca^{2+} \\ \frac{1}{2}Mg^{2+} \end{cases} + H^+ + \begin{cases} \frac{1}{2}SO_4^{2-} \\ Cl^- \\ HCO_3^- \\ HSiO_3^- \end{cases}$$

含无机酸（阴离子和 H^+）的水再通过阴树脂层时，水中阴离子被树脂所吸附，树脂上的阴离子 OH^- 被置换到水中，并和水中的 H^+ 结合成水，其反应式如下：

$$R\text{-}N^+(CH_3)_3OH^- + H^+ + \begin{cases} \frac{1}{2}SO_4^{2-} \\ Cl^- \\ HCO_3^- \\ HSiO_3 \end{cases} \rightarrow R\text{-}N^+(CH_3)_3 \begin{cases} \frac{1}{2}SO_4^{2-} \\ Cl^- \\ HCO_3^- \\ HSiO_3^- \end{cases} + H_2O$$

离子交换树脂再生处理。离子交换树脂交换一定量的水后,树脂分子上可交换的 H^+、OH^- 逐渐减少,交换能力下降,交换水质量不合格,此种现象称为树脂失效或老化。为了恢复原有功能,就要进行交换的逆反应,即再生。再生的目的是使失效的树脂重新成为氢型阳树脂和氢氧型阴树脂,能够反复循环使用。树脂的再生,主要利用酸、碱溶液中的 H^+ 和 OH^- 离子分别与失去活性的树脂相互作用,将树脂所吸附的阴离子、阳离子置换下来。树脂再生的方法有电解再生法和化学药品再生法。

树脂交换柱(床)指盛装树脂的容器,要求材料化学性质稳定,耐酸、碱的腐蚀,且能耐受一定的压力,直径与高度之比以 1∶4 到 1∶5 较为适宜(图 5-2)。

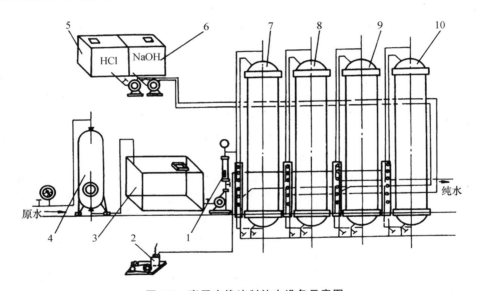

图 5-2　离子交换法制纯水设备示意图

1. 转子流量计　2. 真空泵　3. 贮水箱　4. 滤过器　5. 酸液罐　6. 碱液罐
7. 阳离子交换柱　8. 阴离子交换柱　9. 混合交换柱　10. 再生柱

树脂柱的组合一般有四种形式。

单床:一根树脂柱内装阳树脂或阴树脂。

复床:由一阳树脂柱与一阴树脂柱串联组成。

联合床:由复床与混合床串联组成。出水质量高,目前多采用此组合形式来制水。

混合床:阳阴树脂以一定的比例量混合均匀装于同一根柱内。混合床出水纯度高,但再生操作较麻烦。

在各种组合中(除混合床外),阳树脂床需排在首位,不可颠倒。其原因是水中含有碱土金属阳离子(Ca^{2+}、Mg^{2+}),若不首先经过阳树脂床而进入阴树脂床后,阴树脂与水中阴离子进行交换,交换下来的 OH^- 就与碱土金属离子生成沉淀,包在阴树脂外面,从而影响到树脂的交换能力。在各种组合中,阳阴树脂的用量比例一般为1∶1.5。

实际应用多采用"阳树脂床-阴树脂床-混合床"串联的组合方式,并在阳离子树脂床后加一脱气塔,除去水中二氧化碳,以减轻阴离子树脂的负担。此法所得水化学纯度高,比电阻可达100万Ω·cm以上,设备简单,节约燃料和冷却水,成本低。但离子交换一段时间后树脂老化,出水质量降低,虽然可用酸碱液将树脂再生后继续使用,但麻烦耗时。

③反渗透法。反渗透原理:在U形管内用一个半透膜将纯水和盐溶液隔开,则纯水就透过半透膜扩散到盐溶液一侧,这就是渗透过程。两侧液柱产生的高度差,就是此盐溶液所具有的渗透压。如果在盐溶液上施加一个大于此盐溶液渗透压的压力,则盐溶液中的水将向纯水一侧渗透,结果水就从盐溶液中分离出来,这一过程就是反渗透,其原理见图5-3。反渗透技术应用广泛,如海水淡化、污水处理及中药提取液浓缩等。反渗透法制备注射用水常用的膜有醋酸纤维素膜(如三醋酸纤维素膜)和聚酰胺膜。

用反渗透法制备注射用水,一级反渗透装置能除去一价离子90%～95%,二价离子98%～99%,同时能除去微生物、病毒,但除去氯离子的能力达不到药典要求。二级反渗透装置能较彻底地除去氯离子。有机物的排除率与其相对分子质量有关,相对分子质量大于300的化合物几乎全部除尽,故可除去热原。反渗透法制备注射用水的工艺流程:

饮用水 → 一级高压泵 $\xrightarrow[\text{反渗透装置}]{\text{第一级}}$ 离子交换树脂 → 二级高压泵 $\xrightarrow[\text{反渗透装置}]{\text{第二级}}$ 注射用水

反渗透法制备注射用水,具有耗能低、水质好、设备使用与保养方便等优点,它为制备注射用水开辟了新途径。目前国内多用反渗透法制备纯化水,而《美国药典》已将其收载为法定的制备注射用水方法。

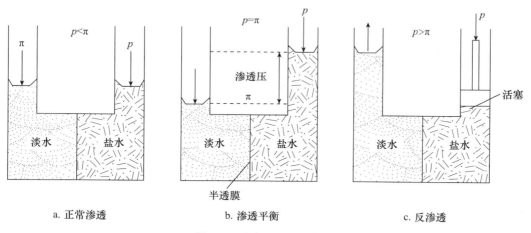

图5-3　反渗透原理示意图

(3)注射用水制备　注射用水为纯化水经蒸馏所得的水。《中国药典》规定注射用水用蒸馏法制备,其主要目的是保证注射用水无菌、无热原,质量可靠,但耗能较多。也可采用反渗透法和综合法制备,如反渗透法与离子交换法相结合、离子交换法与蒸馏法相结合或电渗析、离子交换法与超滤器结合均可制备注射用水。随着膜分离技术的发展,采用微滤及超滤等设备制备注射用水已成为可能。

①制备原理及设备应用。采用蒸馏法制备注射用水,即将纯化水先加热至沸腾,使之汽化

为蒸汽,然后将蒸汽冷凝成液体。汽化过程中,水中含有的易挥发性物质挥发逸出,而含有的不挥发杂质及热原仍然留在残液中,因此以饮用水为水源经蒸馏冷凝得到的水为蒸馏水,以纯化水为水源经蒸馏冷凝得到的水为注射用水。

蒸馏法的设备式样很多,构造各异,但基本结构都是共同的,均由汽化、冷凝和收集三个基本部分组成。目前主要利用多效蒸馏水器制备注射用水,其最大特点是节能效果显著,热效率高,能耗仅为单蒸馏水器的1/3,并且出水快、水纯度高、质量稳定、辅机配套合理,配有自动控制系统,是目前药品生产企业制备注射用水的重要设备。

多效蒸馏水器结构如图5-4所示。该机主要由5只圆柱型蒸馏塔和冷凝器以及一些控制元件组成。前4级塔的上半部装有盘管,并且互相串联。蒸馏时,进料水(去离子水)先进入冷凝器(也是预热器),被由塔5进来的蒸汽预热,然后依次通过4级塔、3级塔和2级塔,最后进入1级塔,此时进料水温度达130 ℃或更高。在1级塔内,进料水在加热室受到高压蒸汽加热,一方面蒸汽本身被冷凝为回笼水,同时进料热水迅速被蒸发,蒸发的蒸汽即进入2级塔加热室,供2级塔热源,并在其底部冷凝为蒸馏水,而2级塔的进料水是由1级塔底部在压力作用下进入。依同样的方法,供给3级、4级和5级塔。由2级、3级、4级和5级塔生成的蒸馏水加上5级塔蒸汽被第一、第二冷凝器冷凝后生成的蒸馏水,都汇集于蒸馏水收集器而成为注射用水,废气则由废气排出管排出。

②注射用水的收集和保存。收集蒸馏水时,初蒸馏水应弃去一部分,经初步检查合格以后开始收集,接受器应先用新鲜重蒸馏水洗涤几次,收集系统应带有空气滤过和密封装置。收集蒸馏水应每2 h检查一次氯化物,每天检查一次氨,每周刷洗一次蒸馏水管道和储罐。收集器与蒸馏水流出口应装有避尘罩,防止空气中尘埃和污物落入。

注射用水不论如何制取,配制注射液时,都以用新鲜的为好。注射用水宜用优质不锈钢容器密闭贮存。若注射用水从制备到使用需超过12 h,必须采用80 ℃以上保温,或65 ℃以上循环,或2~10 ℃冷藏及其他适宜方法无菌贮存。贮存时间以不超过24 h为宜。注射用水贮槽、管件、管道都不得采用聚氯乙烯材料制作。

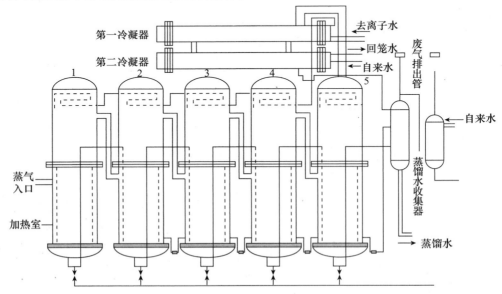

图5-4　多效蒸馏水器结构

③注射用水的检查。注射用水的质量必须符合药典规定。除一般蒸馏水的检查项目,如酸碱度、氨、氯化物、硫酸盐、钙盐、硝酸盐、亚硝酸盐、二氧化碳、易氧化物、不挥发性物质、重金属等均应符合规定,还应通过热原检查。

二、注射用油

根据药物的性质或需要在机体内延长药效时,可用注射用油作溶媒。常用的油有精制的麻油、花生油或茶油等。

注射用油的质量要求:①无异臭、无酸败味、色泽不得深于黄色 6 号标准比色液;10 ℃时应保持澄明。②酸值不大于 0.56;皂化值应为 185～200;碘值应为 79～128。

1. 酸值

酸值指中和 1 g 油脂中含有的游离酸所需氢氧化钾的毫克数。酸值表明了油脂中游离脂肪酸的多少。游离脂肪酸越多,油脂水解酸败越严重,对机体易引起刺激性和影响某些药物的稳定性。

2. 皂化价值

皂化价值指皂化 1 g 油脂所需氢氧化钾的毫克数。皂化值的大小表示油脂中脂肪酸分子质量的大小,即脂肪酸碳原子的多少。通常,皂化值太低说明油脂中脂肪酸分子质量较大或油脂中含有较多的不皂化物,反之,皂化值较高则脂肪酸分子质量较小。脂肪酸分子质量过大或含较多不皂化物则油脂接近固体而难以注射且吸收困难;分子质量过小,亲水性较强,则失去油脂的性质。规定油脂皂化值可使使油脂中脂肪酸分子的碳原子数控制在 C_{16}～C_{18},以利于在机体组织中完全吸收。

3. 碘值

碘值指 100 g 油脂与碘加成反应时所需碘的克数。碘值表明油脂中不饱脂肪酸的多少。通常,碘值过低的油含有不与碘作用的杂质如固醇、蜡或矿物油等。碘值过高的油脂,不饱和键多,容易氧化而不稳定,也易与氧化性药物起作用,因此都不适合作注射剂溶剂。

其他植物油如果符合上述要求,在使用量范围内对机体安全无害,不影响主药疗效,并能被机体吸收,均可选用为注射用油如杏仁油、橄榄油等。

许多药物在植物油中溶解度不大,因此注射用油应用有一定的局限性,油溶液不易与液体混合,故药物释放缓慢。一般油溶液不能供静脉注射。药物油溶液肌注可引起局部组织反应如囊肿、异物性肉芽肿或神经损害,故油溶液型注射剂应在标签上注明所用油的名称。

三、其他注射用非水溶剂

乙醇、甘油、丙二醇、聚乙二醇(PEG)等,为常用的亲水性溶媒。一般均用其低浓度的水溶液为复合溶媒,用于增加主药的溶解度,防止水解,增加溶液中稳定性。亲脂性溶媒有油酸乙酯、三乙酸甘油酯和二甲基亚砜(DMSO)等,常与注射用油合用降低油的黏滞性。使用 40% 二甲基亚砜水溶液配制注射液,有明显的抗冻作用。

1. 乙醇

本品与水、甘油、氯仿或乙醚能任意混溶组成复合溶媒。适用于在水中溶解度小或不稳定,而在稀乙醇中易溶稳定的药物。在注射剂中乙醇的最高用量可达 50%,一般为 20%,过高影响安瓿的熔封。用乙醇作溶媒的注射剂可供肌肉注射和静脉注射,但要注意,含醇量超过 10% 的注射剂,肌内注射时会有疼痛感。乙醇对小白鼠的 LD_{50} 皮下注射为 8.285 g/kg,静注为 1.973 g/kg。

2. 甘油

无色、澄清的黏稠液体，味甜，具有引湿性，能与乙醇、水任意混溶，与氯仿、乙醚不溶。因甘油黏度、刺激性较大，故不宜单独作溶媒，但甘油对许多药物的溶解性能好，常将其与水、乙醇、丙二醇等混合作复合溶媒。甘油对小白鼠的 LD_{50} 皮下注射为 10 mL/kg，静注为 6 mL/kg。

3. 丙二醇

丙二醇无毒但有刺激性，溶解范围广。常与水混溶作复合溶媒，用于在水中溶解度小且不稳定的药物，常用浓度为 1%～50%，如盐酸土霉素注射液。丙二醇对小白鼠的 LD_{50} 皮下注射为 5 g/kg，静注为 5～8 g/kg，腹腔注射为 9.7 g/kg。

4. 聚乙二醇（PEG）

聚乙二醇为环氧乙烷的聚合物，平均相对分子质量在 300～400 的聚乙二醇为中等黏性、无色化学性质稳定的液体，适用于作注射剂的溶媒。常用浓度为 1%～50%，如扑热息痛注射液等。聚乙二醇 300 在大鼠腹腔注射的 LD_{50} 为 19.125 g/kg。

此外还有油酸乙酯、乙酸乙酯、三乙酸甘油酯、二甲基亚砜（DMSO）、二甲基乙酰胺、α-吡咯烷酮、甘油甲缩醛等。

案例讨论

氯霉素注射液

处方：氯霉素 12.5 g　　　　　乙醇 25.0 mL

　　　　注射用水加至 100.0 mL

注解：氯霉素在水中溶解度为 0.25%，但加入 25% 乙醇可制成 12.5% 的注射液。

问题：1. 注射剂中可加入哪些有机溶剂？

　　　2. 有机溶剂在注射剂中的作用是什么？

四、注射剂的附加剂

注射剂中除主药、溶媒外，还需加入一些辅助物质，用以达到增溶、助溶、抗氧化、抑菌、调节渗透压及 pH 等目的，这些附加的辅助物质统称为注射剂的附加剂。附加剂必须在其有效浓度内，对机体安全无害，对主药疗效和检测无影响。

（一）附加剂主要作用

1. 增溶和助溶作用

有些药物溶解度较小，其饱和溶液的浓度远小于制剂所需浓度，不能满足临床需求。为此须采用适宜的方法来增加药物溶解度，这类附加剂为增溶剂和助溶剂。

2. 抗氧化作用

药物的氧化反应是引起注射剂不稳定的主要因素之一。如维生素 C、肾上腺素等制成注射剂后极易氧化变质，能够使注射剂变色、分解、沉淀、降低疗效，甚至能产生有毒物质。为了防止或延缓注射剂中药物的氧化变质，可采用在溶液中添加抗氧剂、金属络合物和惰性气体的方法来克服。

3. 调节 pH 作用

调整 pH 的附加剂，又称 pH 调整剂，其作用主要是增加注射剂的稳定性以及减少注射液对机体组织的不良作用等。注射剂的 pH 通常要求在 4～9。常用的 pH 调整剂有：盐酸、柠檬酸、硫酸及其盐、氢氧化钠、碳酸氢钠、磷酸二氢钠和磷酸氢二钠等。选择适宜的 pH 调整剂，主要根据药物的性质来确定。

4. 抑菌作用

抑制微生物生长繁殖的化学物质称为抑菌剂（或防腐剂）。凡采用低温灭菌、滤过除菌或无菌操作法制备的注射剂，以及多剂量装的注射剂，均应加入适宜的抑菌剂。抑菌剂的加入量应能抑制注射剂内微生物的生长，同时应对动物机体无毒害作用，抑菌剂本身不因受热或 pH 改变而降低抑菌效能，也不影响主药疗效和稳定性。

5. 止痛作用

减轻疼痛或对组织的刺激性。

6. 调节渗透压的作用

凡和血浆或泪液等体液具有相同渗透压的溶液称为等渗溶液，如 0.9% 氯化钠注射剂、5% 葡萄糖注射剂等。高于体液渗透压的溶液为高渗溶液，低于体液渗透压的溶液为低渗溶液。高渗溶液会使机体组织细胞发生萎缩（细胞内脱水），甚至引起死亡；低渗溶液会使机体组织细胞发生体积膨胀，甚至破裂而死亡。为此，注射液均应调成等渗溶液。常用的调整渗透压的附加剂有氯化钠、葡萄糖、磷酸盐或柠檬酸盐等。

（二）常用附加剂

1. 增溶剂

增溶剂主要为无毒性的非离子型表面活性剂，如吐温类、卖泽类、月桂醇硫酸钠等，广泛应用于各种油溶性、水难溶性药物的增溶，如挥发油、脂溶性维生素、甾体类激素、生物碱类、苷类等的增溶。

2. 助溶剂

有些难溶性药物因加入第三种物质，能在溶液（通常指水溶液）中形成络合物、复盐等而增加其溶解度，这个过程称为助溶，第三种物质称为助溶剂。例如，苯甲酸钠可作为咖啡因在水中的助溶剂（形成苯甲酸钠咖啡因，即安钠咖）；乙二胺可作为茶碱在水中的助溶剂（形成氨茶碱）；水杨酸钠可作为痢菌净在水中的助溶剂等。

3. 抗氧剂

注射剂中的抗氧剂本身就是极易氧化的还原性物质，当其与易氧化药物同时存在于药液中时，空气中的氧先与还原性物质发生反应，从而保护了药物不被氧化。选择抗氧剂应以还原性强、使用量小、对机体安全无害、不影响主药稳定性和疗效为准。常用的抗氧剂和使用浓度见表 5-1。

表 5-1 常用的抗氧剂和使用浓度

名称	使用浓度	应用范围
焦亚硫酸钠	0.1%～0.2%	水溶液呈弱酸性，适用于偏酸性药液
亚硫酸氢钠	0.1%～0.2%	水溶液呈弱酸性，适用于偏酸性药液
亚硫酸钠	0.1%～0.2%	水溶液呈中性或弱碱性，适用于偏碱性药液
硫代硫酸钠	0.1%～0.2%	水溶液呈中性或弱碱性，适用于偏碱性药物

续表 5-1

名称	使用浓度	应用范围
抗坏血酸	0.05%～0.2%	水溶液呈酸性,适用于 pH 4.5～7.0 的药物水溶液
没食子酸酯	0.05%～0.1%	主要用于油溶性药物

4. 金属络合物

微量金属离子对氧化反应具有催化作用,尤以 Cu^{2+}、Fe^{2+}、Pb^{2+}、Mn^{2+} 等作用最强。注射剂中的微量金属离子常由原辅料、溶媒带入。如果在这些药液中加入金属络合物,使其与药液中存在的微量金属离子生成稳定的、几乎不解离的络合物,就可消除金属离子对药物氧化的催化作用。常用的金属络合物有乙二胺四乙酸钙钠和乙二胺四乙酸二钠,使用浓度为 0.005%～0.05%,与抗氧剂合用。

5. 惰性气体

注射液中的药物氧化反应过程极为复杂,但主要根源在于溶媒中和容器空间的氧气。在配制易氧化药物的注射液时,除加入抗氧化剂、金属络合物外,还可通入惰性气体以驱除尽注射用水中溶解的氧和容器空间的氧,效果较好。常用的惰性气体有氮气和二氧化碳两种。

根据主药的理化性质来选择惰性气体。一般凡与二氧化碳不发生作用的药物通入二氧化碳驱氧效果比通氮气的好,因为二氧化碳在水中溶解度大于氮气的溶解度,比重比氮气的大。

生产上常用二氧化碳和氮气,若气体含有少量气体杂质以及水分、细菌、热原等,必须经过洗气瓶处理后再通入。例如,氮气可经过浓硫酸洗气瓶除去水分,再经过碱性没食子酸洗气瓶和 1%高锰酸钾洗气瓶以除去氧气及还原性有机物,最后经过注射用水洗气瓶就可得到较纯净的氮气;二氧化碳气体可通过浓硫酸、硫酸铜、高锰酸钾、注射用水等洗气瓶就可除去各种杂质。

配液前先将惰性气体通入注射用水中使其饱和,配液时再直接通入药液中。在实际生产中,对 1～2 mL 安瓿注射液常采用先灌药液后通惰性气体;对 5～10 mL 安瓿注射液则常采用先通惰性气体,后灌药液,最后再通惰性气体。

6. 抑菌剂

抑制微生物生长繁殖的化学物质称为抑菌剂(或防腐剂)。凡采用低温灭菌、滤过除菌或无菌操作法制备的注射剂,以及多剂量装的注射剂,均应加入适宜的抑菌剂。抑菌剂的加入量应能抑制注射液内微生物的生长,同时应对动物机体无毒害作用,抑菌剂本身不因受热或 pH 改变而降低抑菌效能,也不影响主药疗效和稳定性。

加有抑菌剂的注射剂,仍应采用适宜的方法进行灭菌。注射量较大的注射剂,抑菌剂必须经过谨慎选择;供静脉注射或椎管注射用的注射剂,均不得添加抑菌剂。凡添加抑菌剂的注射剂,均应在标签或说明书上注明抑菌剂的名称、用量。常用的抑菌剂和使用浓度见表 5-2。

表 5-2 常用的抑菌剂和使用浓度

名称	使用浓度	应用范围
苯酚	0.5%	适用于偏酸性注射液。在碱性溶液中抑菌效果会降低
甲酚	0.25%～0.3%	适用于药物油液,不宜与铁盐或生物碱类配伍
三氯叔丁醇	0.5%	适用于偏酸性药液。在高温及碱性溶液中易分解,从而降低抑菌能力
苯甲醇	1%～3%	适用于偏碱性药液。但有一定的溶血性能,并具有局部止痛作用

续表 5-2

名称	使用浓度	应用范围
尼泊金酯类	0.1%左右	其水溶液呈中性,使用范围较广,但不宜与聚山梨酯(吐温)类配合使用
硫柳汞	0.001~0.02%	适用于中药、生物药物溶液

7. 其他附加剂

如 pH 调节剂、渗透压调节剂、止痛剂、延效剂(如 PVP)等,见表 5-3。

表 5-3　注射剂常用的附加剂

附加剂	浓度范围/%	附加剂	浓度范围/%
缓冲剂		增溶剂、湿润剂、乳化剂	
乙酸,乙酸钠	0.22,0.8	聚氧乙烯蓖麻油	1~65
柠檬酸,柠檬酸钠	0.5,4.0	聚山梨酯(吐温)20	0.01
乳酸	0.1	聚山梨酯(吐温)40	0.05
酒石酸,酒石酸钠	0.65,1.2	聚山梨酯(吐温)80	0.04~4.0
磷酸氢二钠,磷酸二氢钠	1.7,0.71	聚维酮	0.2~1.0
碳酸氢钠,碳酸钠	0.005,0.06	聚乙二醇40蓖麻油	7.0~11.5
抑菌剂		卵磷脂	0.5~2.3
苯甲醇	1~2	普郎尼克 F-68	0.21
羟丙丁酯,甲酯	0.01~0.015	助悬剂	
苯酚	0.5~1.0	明胶	2.0
三氯叔丁醇	0.25~0.5	甲基纤维素	0.03~1.05
硫柳汞	0.001~0.02	羧甲基纤维素	0.05~0.75
麻醉剂		果胶	0.2
盐酸利多卡因	0.5~1.0	填充剂	
盐酸普鲁卡因	1.0	乳糖	1~8
苯甲醇	1.0~2.0	甘氨酸	1~10
三氯叔丁醇	0.3~0.5	甘露醇	1~10
等渗调节剂		稳定剂	
氯化钠	0.5~0.9	肌酐	0.5~0.8
葡萄糖	4~5	甘氨酸	1.5~2.25
甘油	2.25	烟酰胺	1.25~2.5
抗氧化剂		辛酸钠	0.4
亚硫酸钠	0.1~0.2	保护剂	
亚硫酸氢钠	0.1~0.2	乳糖	2~5
焦亚硫酸钠	0.1~0.2	蔗糖	2~5
硫代硫酸钠	0.1	麦芽糖	2~5
络合剂		人血白蛋白	0.2~2
乙二胺四乙酸二钠	0.01~0.05		

(引自药剂学第 7 版,崔德福)

五、注射剂渗透压调节剂

(一)相关概念

凡和血浆或泪液等体液具有相同渗透压的溶液称为等渗溶液,如 0.9%氯化钠注射剂、

5％葡萄糖注射剂等。高于体液渗透压的溶液为高渗溶液,低于体液渗透压的溶液为低渗溶液。高渗溶液会使机体组织细胞发生萎缩(细胞内脱水),甚至引起死亡;低渗溶液会使机体组织细胞发生体积膨胀,甚至破裂而死亡。为此,注射液一般均应调成等渗溶液。常用的调整渗透压的附加剂有氯化钠、葡萄糖、磷酸盐或柠檬酸盐等。

因为渗透压是溶液的依数性之一,可用物理化学实验法求得。但按物理化学概念计算出的某些药物的等渗溶液,仍有不同程度的溶血现象,说明不同物质的等渗溶液不一定都能使红细胞的体积和形态保持正常,因而提出等张的概念。所谓等张溶液系指与红细胞膜张力相等的溶液,也就是能使在其中的红细胞保持正常体积和形态的溶液。"张力"实际上是指溶液中不能透过红细胞细胞膜的颗粒(溶质)所造成的渗透压。如氯化钠不能自由透过细胞膜,所以0.9％氯化钠注射剂既是等渗溶液也是等张溶液。而尿素、甘油、普鲁卡因等能自由通过细胞膜,同时促使细胞外水分进入细胞,使红细胞胀大破裂而溶血,所以1.9％的尿素溶液是与血浆等渗但不等张,2.6％的甘油溶液是等渗但仍100％溶血。故注射剂渗透压的调整应注意等张问题,必要时用溶血测定法来确定药物的渗透压。

等渗溶液是一个物理化学概念,等张溶液是一个生物学概念。静脉注射的注射剂必须调节成等渗或偏高渗也等张的溶液,脊椎腔注射的则必须调节成等渗也等张的溶液,肌内注射一般可耐受0.45％～2.7％的氯化钠溶液,即相当于0.5～3个等渗浓度的溶液。

(二)渗透压调整的计算方法

1. 渗透压摩尔浓度法

渗透压具有依数性,即渗透压的大小由溶液中溶质的质点数目所决定,药物溶液中溶质的质点数目与血液中的溶质的质点数目相同,则药物溶液与血液等渗。渗透压的大小是以每升溶液中溶质的毫渗透压摩尔(mOsmol)来表示。1 mOsmol 为 1 毫摩尔分子(非电解质)或 1 毫摩尔离子(电解质)所产生的渗透压。即 1 毫摩尔质点产生 1 个 mOsmol 的渗透压,如葡萄糖分子和钠离子、氯离子等。显然 1 毫摩尔 NaCl＝2 mOsmol,而 1 毫摩尔 $CaCl_2$＝3 mOsmol。大多生物体的体液(包括血浆)渗透压平均为 298 mOsmol,一般在 280～310 mOsmol。

举例计算　要制备等渗 NaCl 注射液 1 000 mL,需要多少克氯化钠,计算如下:

1 mmol NaCl 产生 2 mOsmol,要产生 298 mOsmol,需要 X mmol NaCl,

则有"1 mmol : 2 mOsmol＝X : 298 mOsmol",得 X＝149 mmol

需要 NaCl 的质量＝毫摩尔数×毫摩尔量＝149×58.5＝9 g

故 0.9％的氯化钠注射液,就是等渗溶液。

或用下式来计算:

$$毫渗透压摩尔浓度(mOsmol/L)＝溶质的质量(g/L)×n×1\ 000\ 摩尔量(g)$$

式中,n 为溶质分子溶解时生成的离子数或化学物种数(分子数)。在理想溶液中如葡萄糖 $n＝1$,氯化钠或硫酸镁 $n＝2$,氯化钙 $n＝3$,柠檬酸 $n＝4$。

2. 冰点降低数据法

冰点相同的溶液都具有相等的渗透压。人血液的冰点为 $-0.52\ ℃$,任何溶液只要调节其冰点为 $-0.52\ ℃$,即与人血液等渗。动物血液的冰点:牛为 $-0.56\ ℃$、马为 $-0.56\ ℃$、猪为 $-0.32\ ℃$、狗为 $-0.57\ ℃$、兔为 $-0.59\ ℃$。任何溶液只要将其冰点调整为各种动物相应的冰点下降度(如牛、马为 $-0.56\ ℃$)时,即成为该种动物的等渗溶液。

低渗溶液可通过加入附加剂来调整为等渗,需加入附加剂的量可按下列公式求得:

$$W = \frac{0.52 - a}{b}$$ (式 5-1)

式中,W 为每 100 mL 低渗溶液中需添加附加剂的克数;a 为未调整的低渗溶液的冰点下降度数值;b 为 1%(g/mL)等渗调整剂水溶液的冰点下降度数值;0.52 ℃ 为人血液的冰点下降值,0.56 ℃ 为牛、马血液的冰点下降值。

例 1 配制 1% 盐酸普鲁卡因注射液 100 mL,应加入氯化钠多少克才可调整为等渗溶液(按牛、马冰点下降度计算)?

解:查表 5-4 可知,1% 盐酸普鲁卡因冰点下降度为 0.122 ℃,1% 氯化钠的冰点下降度数值为 0.578 ℃,代入公式,得

$$W = \frac{0.56 - 0.122}{0.578} \approx 0.758(\text{g})$$

答:应加入氯化钠 0.758 g,就可调整为等渗溶液。

例 2 配制 100 mL 2% 盐酸普鲁卡因溶液,问需加入多少氯化钠使成为等渗溶液(按人冰点下降度计算)?

解:查表 5-4 得,1% 盐酸普鲁卡因溶液的冰点降低度为 0.122 ℃,则 2% 盐酸普鲁卡因溶液冰点降低度为 0.122×2=0.244 ℃ 代入公式,得

$$W = \frac{0.52 - 0.244}{0.578} \approx 0.48(\text{g})$$

答:需要加入 0.48 g 的氯化钠,可使 2% 盐酸普鲁卡因溶液成为与人血浆等渗的溶液。

例 3 欲配制 10 000 mL 葡萄糖等渗溶液(牛、马使用),问需用多少葡萄糖(含水)?

解:查表得,1% 葡萄糖冰点下降度为 0.091 ℃,设需用 x g 葡萄糖,则有:

$$\frac{1\%}{\dfrac{x}{1\,000} \times 100\%} = \frac{0.091}{0.56} \quad \text{所以} \ x \approx 615.4(\text{g})$$

答:需要 615.4 g 葡萄糖,能使之配成 10 000 mL 等渗溶液。

表 5-4 一些药物水溶液的冰点降低与氯化钠等渗当量

名称	1%/(g/mL) 水溶液冰点降低/℃	每 1 g 药物氯化钠等渗当量/g	等渗浓度溶液的溶血情况		
			浓度/%	溶血/%	pH
硼酸	0.28	0.47	1.9	100	4.6
硼沙	0.25	0.35			
氯化钠	0.58	1.00	0.9	0	6.7
氯化钾	0.44	0.76			
葡萄糖(H_2O)	0.091	0.16	5051	0	5.9
无水葡萄糖	0.10	0.18	5.05	0	6.0
乙二胺四乙酸二钠	0.132	0.23			
柠檬酸钠	0.18	0.31			

续表 5-4

名称	1%/(g/mL) 水溶液冰点降低/℃	每1g药物氯化钠 等渗当量/g	等渗浓度溶液的溶血情况		
			浓度/%	溶血/%	pH
亚硫酸氢钠	0.35	0.61			
无水亚硫酸钠	0.375	0.65			
焦亚硫酸钠	0.389	0.67			
磷酸氢二钠($2H_2O$)	0.24	0.42			
磷酸氢二钠($2H_2O$)	0.202	0.36			
乳酸钠	0.318	0.52			
碳酸氢钠	0.375	0.65	1.39	0	8.3
聚山梨酯(吐温)80	0.01	0.02			
甘油	0.20	0.35			
硫酸锌	0.085	0.12			
硝酸银	0.190	0.33			
盐酸麻黄碱	0.16	0.28	3.2	96	5.9
盐酸吗啡	0.086	0.15			
盐酸乙基吗啡	0.19	0.15	6.18	38	4.7
硝酸毛果芸香碱	0.131	0.23			
盐酸普鲁卡因	0.122	0.21	5.05	91	5.6
盐酸犹卡因	0.109	0.18			
盐酸丁卡因	0.10	0.18			
盐酸可卡因	0.091	0.16	6.33	47	4.4
氢溴酸东莨菪碱	0.07	0.12			
氢溴酸后马托品	0.097	0.17	5.67	92	5.0
硫酸毒扁豆碱	0.080	0.13			
硫酸阿托品	0.073	0.13	8.85	0	5.0
青霉素 G 钾	0.101	0.16	5.48	0	6.2
氯霉素	0.06	/			
盐酸土霉素	0.061	0.14			
盐酸四环素	0.078	0.14			

3. 氯化钠等渗当量法

氯化钠等渗当量是指能与 1 g 药物在溶液中产生的渗透压相等的氯化钠的量(g),通常用 E 来表示。例如,维生素 C 的氯化钠等渗当量为 0.18,即 1 g 维生素 C 在溶液中产生的渗透压与 0.18 g 氯化钠在溶液中产生的渗透压相等。因此,表 5-4 查出药物的氯化钠等渗当量后,即可计算出等渗调整剂的用量。计算公式如下:

$$X = 0.009V - E \cdot W \qquad (式 5-2)$$

式中,X 为配制 V 毫升等渗溶液需加入氯化钠的克数;E 为药物的氯化钠等渗当量;V 为欲配制溶液的毫升数;W 为药物的克数;0.009 为每毫升等渗氯化钠溶液所含氯化钠的克数。

例 1　配制 1% 盐酸普鲁卡因注射液 200 mL,问需加多少氯化钠使成等渗溶液?

解:查表 5-4 得,盐酸普鲁卡因的氯化钠等渗当量为 0.21(E),W＝1%×200＝2(g),代入公式,得

$$x＝0.009×200-0.21×2 \quad 所以 \; x＝1.38(g)$$

答:需加 1.38 g 氯化钠能调整为等渗溶液。

例 2　配制 2% 盐酸普鲁卡因注射液 100 mL,问需加多少氯化钠才能调整为等渗溶液?

解:查表 5-4 得,盐酸普鲁卡因的氯化钠等渗当量为 0.21(E),代入公式,得

$$x＝0.009×100-0.21×(2\%×100) \quad 所以 \; x＝0.48(g)$$

答:需加 0.48 g 氯化钠就能调整为等渗溶液。

4. 任何非电解质溶液

当其浓度为 0.291 g/L 时,即和人的血浆等渗。

当查不到某药物的冰点下降数据或氯化钠等渗当量时,可以从药物的相对分子质量来计算其等渗溶液的浓度。例如,无水葡萄糖溶液的等渗浓度为相对分子质量与 0.291 的乘积,即:

$$180×0.291＝52.38(g/L)＝5.238\%(g/100 \; mL)$$

(三)等张浓度的调节和测定

药物的等张浓度,可用溶血法进行测定。将某种动物的红细胞放在各种不同的氯化钠溶液中,则出现不同程度的溶血。如将某种动物的红细胞放在药物的不同浓度的溶液中,也可能出现不同程度的溶血。将两种溶液的溶血情况比较,对溶血情况相同的认为它们的渗透压也相同。根据渗透压的大小与物质的量浓度成正比的原理,可以列出下式:

$$P_{NaCl}＝\bar{i}_{NaCl} \cdot C_{NaCl} ; P_D＝\bar{i}_D \cdot C_D \tag{式 5-3}$$

式中,P 为渗透压;C 为物质的量浓度;D 代表药物;$\bar{i}$ 为渗透系数。如果 $P_{NaCl}＝P_D$ 则下式成立:

$$\frac{1.86×100 \; mL \; 溶液中 \; NaCl \; 的克数}{58.48}＝\frac{\bar{i}_D×100 \; mL \; 溶液中 \; NaCl \; 的克数}{药物的分子质量} \tag{式 5-4}$$

式中,1.86 是氯化钠的渗透系数,58.48 是氯化钠的相对分子质量,根据上式可以计算出 $\bar{i}_D$ 值,即算出药物的等张浓度。

例如,用上述溶血法测得无水氯化钙的 $\bar{i}_D$ 值为 2.76,则可求出相当于 0.9% 氯化钠的氯化钙质量:

$$\frac{1.86×0.9}{58.48}＝\frac{2.76×X}{110.99}$$

解得 X＝1.15 g,即 1.15 g 为无水氯化钙的等张浓度。

在新产品试制中,即使所配溶液为等渗溶液,也应该进行溶血试验,必要时加入等张调节剂。

第三节　热　原

给一只狗进行输液治疗,注射约 0.5 h 后即产生寒战、体温升高、呕吐等不良反应,体温升至 40 ℃,接着出现昏迷、虚脱、危及生命,因及时抢救,脱险。

问题:热原是什么?什么是热原的至热活性中心?

一、热原概述

热原(pyrogens)是指能引起恒温动物体温异常升高的物质总称,药剂学中所说的热原是指微生物的尸体及其代谢产物。大多数细菌都能产生热原,致热能力最强的是革兰阴性杆菌的产物,霉菌甚至病毒也能产生热原。热原普遍存在于天然水、自来水,甚至被微生物污染的注射用水中。

一些适宜于微生物生长的药物(如葡萄糖)、制备注射剂用的容器、管道等在操作不慎时,也会污染热原。若给动物注入含热原的药液,大约 0.5 h 后,就会出现发冷、寒颤、体温升高、出汗等症状,有时体温可升至 40 ℃,严重者出现昏迷、虚脱、甚至有生命危险,临床上称为"热原反应"。所以,《中国兽药典》规定注射用水及静脉注射剂均须做热原检查。

热原是微生物的一种内毒素。内毒素由磷脂、脂多糖和蛋白质组成,其中脂多糖是内毒素的主要成分,具有特别强的致热活性。脂多糖的化学组成因菌种不同而异,从大肠杆菌分离出来的脂多糖中有 68%～69% 的糖(葡萄糖、半乳糖、庚糖、氨基葡萄糖、鼠李糖等),12%～13% 的类脂化合物,7% 的有机磷和其他一些成分。热原的相对分子质量一般为 1×10^6 左右,相对分子质量越大,致热活性越强。

二、热原性质

(1)耐热性　热原的耐热性能强。一般说来,热原在 60 ℃ 加热 1 h 不受影响,100 ℃ 也不发生热解,120 ℃ 加热 4 h 破坏 98%,180～200 ℃ 加热 2 h 以上或 250 ℃ 加热 30～45 min 或 650 ℃ 加热 1 min 可被彻底破坏。但在通常注射剂灭菌的条件下,往往不足以使热原破坏。

(2)水溶性　热原能溶于水,呈分子状态,似真溶液,其浓缩水溶液往往带有乳光。

(3)不挥发性　热原本身不挥发,但在蒸馏时,往往可随水蒸气雾滴带入蒸馏水中,故蒸馏设备均应有隔沫装置,避免对蒸馏水造成污染。

(4)滤过性和吸附性　热原体积小,粒径为 1～5 μm,故一般滤器均可通过,即使是微孔滤膜也不能截留。但热原可被活性炭、树脂或石棉滤器等所吸附。

(5)易被氧化性　热原能被强酸、强碱或强氧化剂等破坏,如盐酸、硫酸、氢氧化钠、高锰酸钾、过氧化氢等。

(6)超声波能破坏热原。

三、热原的污染途径

（1）经溶剂带入　这是注射剂出现热原的主要原因。蒸馏设备结构不合理,操作及贮存不当,注射用水放置时间过长等都会造成热原污染,故应使用新鲜注射用水。

（2）经原料带入　容易滋长微生物的药物,如葡萄糖,因贮存日久或质量及包装不良常会造成热原污染。用生物方法制造的药品如右旋糖酐、水解蛋白或抗生素等常因致热物质未除尽而引起热原反应。

（3）经容器、用具和管道等带入　工作前配制注射剂的器具等没有洗净或灭菌,均易产生热原,因此在生产中应按规定严格处理,合格后方能使用。

（4）生产过程中的污染　在整个生产过程中,由于室内卫生条件差,操作时间长,装置不密闭等均可增加细菌污染的机会,因而会产生热原。

（5）灭菌不完全或包装不严　注射剂在灌封或分装之后,因灭菌温度和灭菌时间不够,或操作不当等原因,使注射剂灭菌不彻底,而造成微生物在药液中继续繁殖产生热原。另外,如包装封口不严,大容量注射液瓶口不圆整、薄膜及胶塞质量不好等,均会带入细菌而产生热原。

四、除去热原的方法

（1）高温法　对于注射用的针筒或其他玻璃器皿应洗涤清洁后烘干,于 250 ℃加热 30 min以上,可使热原破坏。

（2）酸碱法或氧化还原法　因热原能被强酸、强碱或氧化剂破坏,所以玻璃容器、用具及大容量注射液瓶等可先用重铬酸钾硫酸清洁液浸洗或用 2% 氢氧化钠溶液处理。如砂滤棒等洗净后,经灭菌或用双氧水洗涤,即可破坏热原。

（3）吸附法　常用的吸附剂为活性炭,其对热原有较强的吸附作用,同时有助滤过脱色作用,常在配液时加入 0.1%～0.5% 的针用活性炭煮沸并搅拌 15 min 即可除去大部分热原,但活性炭也会吸附部分药物,使用时需注意。

（4）离子交换法　国内有用 301 弱碱性阴离子交换树脂 10% 与 122 弱酸性阳离子交换树脂 8% 除去丙种胎盘球蛋白注射液中的热原的成功案例。

（5）凝胶滤过法　国内已用二乙氨基乙基葡聚糖凝胶（分子筛）制备无热原去离子水。

（6）反渗透法　用反渗透法通过三醋酸纤维素膜除去热原,这是近几年发展起来的有实用价值的新方法。

以上所述方法都有一定的局限性,积极防止热原的措施应是严格控制注射剂生产全过程,尽量减少微生物污染及产生热原的机会。如严格控制注射用的原辅料和溶剂、注射用水蒸馏后的放置时间、盛装注射用水的容器（要定期用 10% 双氧水处理,有的要用 75% 乙醇擦洗）和注意环境卫生。

五、热原的检查

1. 家兔发热试验法

选用家兔作为试验动物,是因为家兔对热原的反应与其他动物是相同的。本法系将一定剂量的供试品,静脉注入家兔体内,在规定时间内,观察家兔体温升高情况,以判定供试品中所含热原的限度是否符合规定。

2. 鲎试验法

鉴于家兔发热试验法费时、操作烦琐,近年来发展起来了体外热原试验法,即鲎试验法。本法具有灵敏度高、经济、快速、操作简便、重现性好等许多优点,因而特别适用于生产过程中的热原控制及某些不能用家兔进行热原检测的品种,如放射性药剂等。但本法对革兰阴性以外的内毒素不够敏感,故尚不能代替家兔发热试验法。其原理是利用鲎的变形细胞溶解物与细菌内毒素之间的凝集反应。因为鲎细胞中含有一种凝固酶原和一种凝固蛋白原,前者经内毒素激活而转化成具有活性的凝固酶,使凝固蛋白原转变为凝固蛋白而凝集。试验前先应制备或购买鲎热原试剂即鲎变形细胞溶解物。

第四节　注射剂的制备

一、注射剂生产工艺

注射剂生产工艺比较复杂,其制备流程如图 5-5 所示,主要包括原辅料的准备、配液、灌封、灭菌、质量检查、包装以及与这些过程密切相关的优良环境和性能完善的生产设备。

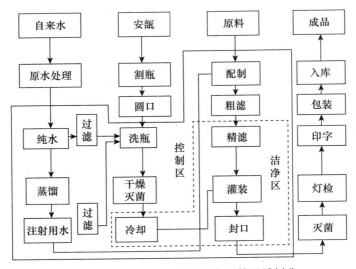

图 5-5　注射剂生产工艺流程与环境区域划分

二、注射剂的容器与处理方法

(一)安瓿的种类和式样

根据分装剂量的不同,可为单剂量、多剂量和大剂量装容器三种。单剂量装的容器是供灌装液体或粉末用的(水针剂与粉针剂),一般由中性玻璃、含钡玻璃或含锆玻璃制成,俗称安瓿(图5-6),其式样有直颈与曲颈两种,其容积一般有 1 mL、2 mL、5 mL、10 mL 或 20 mL 多种规格容量安瓿。通常采用无色安瓿。

目前生产中用的均为曲颈安瓿,用时无须切割,较为方便,而且易折断,不易造成玻璃碎屑和微粒的污染。这种曲颈易折安瓿有两种,色环易折安瓿是在安瓿颈部有一个色环,这个色环玻璃的膨胀系数与其他部位不同,容易折断。点刻痕易折安瓿是在曲颈部分刻有一微细的刻痕,在刻痕上方中心标有直径为 2 mm 的色点,折断时施力于刻痕中间的背面,折断后,断面平整。

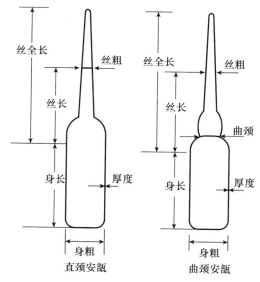

图 5-6　直颈安瓿和曲颈安瓿

(二)安瓿的质量要求与注射剂稳定性的关系

安瓿的质量要求　玻璃安瓿与药液长期接触,有可能使注射剂药液性质发生改变;安瓿注射剂因高温灭菌也易发生热爆或冷爆或脱片等现象。也就是说,安瓿玻璃容器质量优劣对注射剂的质量有很大影响。安瓿玻璃容器有下列质量要求:

①无色透明,便于澄明度和药液变质等情况的检查;

②具有优良的耐热性能和低膨胀系数;

③具有一定的物理强度,减少或避免操作过程中破损;

④化学稳定性好,不易被药液所浸蚀,不易改变药液的 pH;

⑤熔点低,便于熔封,且不得产生失透现象;

⑥不应有气泡、麻点、砂粒、粗细不匀以及条纹等现象。

中性玻璃是低硼酸盐玻璃,化学稳定性好,可作为 pH 近中性或弱酸性药液的容器。钡玻璃耐碱性能好,可作为碱性较强的注射液的容器。锆玻璃为含有少量锆的中性玻璃,化学稳定性高、耐酸、耐碱,不受药液的浸蚀。含氧化铁的玻璃为琥珀色,可滤除紫外线,适用于对光敏感的药物,但不常用。

(三)安瓿的检查

1. 物理检查

主要是外观、洁净度、耐热性及应力等检查。

(1)外观　包括身长、身粗、丝粗等几部分,均应抽样用卡尺检查,同时检查外观缺陷是否有歪丝、歪底、色泽、麻点、砂粒、疙瘩、螺纹、细隙、油污及铁锈红粉等。

(2)洁净度　将清洗洁净烘干的安瓿,灌入滤过澄明注射用水,封口。经灯光检查待合格者置热压灭菌器中,用 121 ℃加热 30 min 后进行澄明度检查。检查项目包括玻屑、小白点、黑点、脱片、纤维等。

（3）耐热性　耐热性不好的安瓿，在受热后易破损。检查时可将洗净的安瓿灌注射用水熔封，经热压灭菌处理，1～2 mL 安瓿破损率不超过 1％，5～20 mL 安瓿破损率不超过 2％。

（4）应力检查　将空安瓿放在偏光仪（应力应变测定仪）上检查，其应变色泽不得有明显的和两种以上的色泽存在，不明显的淡蓝色允许存在，但 1～20 mL 安瓿不得超过 15％。

2. 化学检查

主要是玻璃容器的耐酸碱性、中性检查，可按兽药典中相应的规定进行。

（1）耐酸性检查　取安瓿容器 110 支（容量大的酌减），用水洗净、烘干，分别注入 0.01 mol/L 盐酸溶液至正常装量，熔封或严封，剔除含有玻璃屑、纤维以及质点等异物的安瓿，热压灭菌 30 min，放冷，取出检查，全部容器都不得有易见到的脱片。

（2）耐碱性检查　根据注射液性质的要求，可选择下列一项进行检查：取容器 220 支（容器大的酌减）洗净、烘干。分别注入 0.004％氢氧化钠溶液至正常装量，熔封或严封，剔除含有玻璃屑、纤维以及质点等异物的容器，热压灭菌 30 min，放冷，取出检查，全部容器不得有易见到的脱片。

（3）中性检查　取容器 10 支，用新煮沸过的冷蒸馏水洗净，干燥。注入甲基红酸性溶液至正常装量，熔封或严密，热压灭菌 30 min，放冷，取出，容器内甲基红酸性溶液的 pH 均应在 4.2～6.2。

（四）安瓿的切割与圆口

适用于直颈安瓿的处理，现不常用。

（五）安瓿的洗涤

一般品质较好的清洁安瓿，可直接冲洗；品质较差或有特殊需要时，在洗涤前要经过灌水蒸煮的热压处理或灌 0.1％～0.5％盐酸或 0.5％乙酸水溶液，100 ℃蒸煮 30 min，可使污物溶于水中，便于洗涤。洗涤方法一般有三种：

1. 加压喷射气水法

有脚踏式喷射洗涤机和半自动喷射洗涤机（图 5-7），主要利用已滤过的蒸馏水或纯化水与滤过的压缩空气，经电动开关，往复摆动使气和水交替喷入安瓿内的一种洗涤方法。洗涤质量好，适用于容量较大的安瓿。冲洗顺序为气→水→气→水→气，尤其要注意的是洗涤水要符合水质标准，压缩空气要先冷却，再平衡压力，后经焦炭（或木炭）、泡沫塑料、瓷圈、砂棒等滤过，使空气净化。简单的方法是，将洗涤水和压缩空气用微孔滤膜滤过即可。

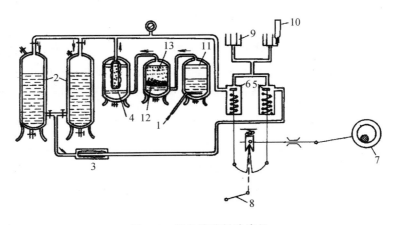

图 5-7　半自动喷射洗涤机
1. 压缩空气进口　2. 贮水罐　3、4. 双层洗纶装滤器　5. 喷水阀　6. 喷气阀　7. 偏心轮　8. 脚踏板
9. 针头　10. 安瓿　11. 洗气罐　12. 木炭层　13. 瓷圈层

2. 甩水洗涤法

利用安瓿灌水机(图 5-8)向铝盘中的安瓿灌水,然后再置于甩水机(离心机)中将水甩出,如此反复 3 次,本法效率高,但洗涤质量不如加压喷射气水法好,一般适合 5 mL 以下无颈小安瓿的洗涤。

3. 超声波安瓿洗涤机组

是采用超声波洗涤与气水喷射洗涤相结合的方法。先超声粗洗,再经气→水→气→水→气精洗,是目前最佳的洗瓶方法。

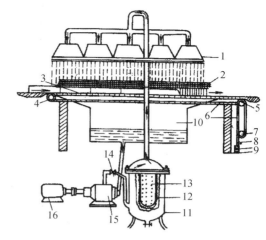

图 5-8　安瓿灌水机

1. 多孔喷头　2. 尼龙网　3. 盛安瓿铝盘　4. 链轮
5. 止逆链轮　6. 连带　7. 偏心凸轮　8. 垂锤　9. 弹簧
10. 水箱　11. 滤过缸　12. 滤带　13. 多孔钢胆
14. 调节阀　15. 离心泵　16. 电动机

(六)安瓿干燥或灭菌

安瓿的干燥一般采用烘箱干燥,其目的是为了防止残留的水稀释注射液。将洗净的安瓿口向下或平放于铝盒内,加盖,置烘箱 100 ℃ 以上干燥,或 200 ℃ 以上干热灭菌 45 min,除去水分或破坏安瓿中可能污染的细菌或热原。大量生产时,多采用隧道式红外线烘箱。红外线是一种辐射热,热能大,烘箱内配备较强排风机,把含有水蒸气的热空气迅速排除,温度在 200 ℃ 左右,一般小安瓿 10 min 便可干燥,即烘干效率高,且烘干的安瓿比较洁净。烘干后的安瓿应密闭保存并及时使用,以免落入异物。

三、注射剂的配制

(一)注射剂原料的准备

1. 原辅料质量标准要求

配制注射液的原料药物与辅料,均应符合《中国兽药典》或《兽药规范》以及农业农村部批准使用的兽药质量标准,有条件的应采用"注射用"规格。一般非注射用制剂或化学试剂均不宜作注射剂的原料或辅料。如果必须使用非注射用规格时,应按质量标准,进行药理试验和杂质检查,或进行精制,使其符合要求后方可使用。

2. 配料计算

配制注射液时应有规定的处方,配制前先按处方计算出应称取的原料及附加剂的量,精密称取后方可投料。对灭菌后易于降低含量的原料,可酌情增加投料量。如使用的原料和处方中规定的药物规格不同时(如含结晶水等)应注意换算。溶液的浓度,除另有规定外,一律采用百分浓度(g/100 mL)表示。投料可按式 5-5 计算。

$$原料实际用量=\frac{原料理论用量×成本标示量\%}{原料实际含量}　　　　(式 5-5)$$

原料理论用量＝实际配液量×成品含量％;实际配液数＝实际灌装数＋实际灌装时耗损量。

考虑临床用药准确安全等因素,或注射剂灭菌后含量有下降时,需要根据药物性质酌情增加配料投量。投量增量参考注射液装量的增加量,见表 5-5。

表 5-5　注射液装量的增加量　　　　　　　　　　mL

标示量	增加量	
	易流动液	黏稠液
0.5	0.10	0.12
1.0	0.10	0.15
2.0	0.15	0.25
5.0	0.30	0.50
10.0	0.50	0.70
20.0	0.60	0.90
50.0	1.0	1.5

　　例　欲配制 2 mL 装的 2％盐酸普鲁卡因注射液 2 万支,原料实际含量为 99％,灌装时耗损量为 5％,问需该原料多少?

　　解:实际灌装时应增加的量为 0.15 mL

　　实际灌装数＝(2＋0.15)×2×10⁴＝4.3×10⁴(mL)

　　实际配液数＝(1＋5％)×4.3×10⁴＝4.515×10⁴(mL)

　　原料理论用量＝4.515×10⁴×2％＝903.0(g)

　　制剂的含量范围是根据主药含量的多少、测定方法、生产过程和贮存期间可能产生的偏差或变化而制定的,任何剂型在生产中应按标示量 100％投料。

$$原料实际用量＝\frac{903×100\%}{99\%}≈912.1(g)$$

　　即需要该原料 912.1 g。

(二)配制用具的选择与处理

　　配液室是无菌操作区,要求达到洁净区规定的洁净度标准。使用前对室内地面、墙壁、工作台等均应消毒和擦拭,并利用紫外线照射 30 min 以上。工作人员按规定处理个人卫生,并且更换灭菌衣、帽、鞋等。配制注射液要有详细记录,包括日期、品名、规格、数量、配制法、灭菌法、检查与包装入姓名、原辅料情况等。配制注射液的用具和容器均不应影响药液的稳定性。大量生产时,可选用夹层配液锅,也可用玻璃、搪瓷、不锈钢配液罐(图 5-9)或无毒聚氯乙烯桶等,但不得使用铝质容器。用具、容器以及自动化或半自动化机械均应按规定事先清洁处理干净。每次配液后容器和用具等都要及时洗净、干燥或灭菌,以备下次使用。

(三)药液配制

　　根据原料药的质量情况采用不同的配制方法,一般采用溶解法,具体有两种方法。

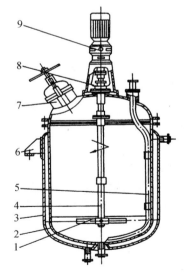

图 5-9　不锈钢配液罐
1. 搅拌器　2. 罐体　3. 夹套
4. 搅拌轴　5. 压出管　6. 支座
7. 入孔　8. 轴封　9. 传动装置

1. 稀配法

将原料直接加入到所需的溶媒中，一次配成所需的浓度。原料质量好、药液浓度不高或配液量不大时，可采用此法。

2. 浓配法

将全部原辅料加入部分溶媒中，配成浓溶液，经加热或冷藏、滤过等处理后，根据含量测定结果，稀释至所需浓度。

如果处方中有两种或两种以上药物时，难溶性药物应先溶；如果易氧化药物需加抗氧剂时，则应先加抗氧剂，后加药物；如果需要加入增溶剂或助溶剂时，则最好将增溶剂或助溶剂与待助溶的药物预先混合后再加水稀释。溶解度小的杂质在浓配时可以滤过除去，原料药质量较差或药液不易滤清时，可加入配液量的 0.1%～1% 针剂用活性炭。药液配制好后，要取样进行半成品质量检查，合格后再进行滤过。

3. 配液注意事项

①注射液配制时要尽可能地避免污染，一般要求无菌。

②配制剧毒药品注射剂时，要严格称量和校核，且防止交叉污染。

③活性炭在碱性溶液中有时出现"胶溶"或脱吸附，反而使注射液杂质增加，所以活性炭最好用酸碱处理并活化后使用。

④配制含量小的注射剂，应将药物先在少量溶媒中完全溶解后再加入大量溶媒中，以防损失或浓度不均匀。

⑤应用溶剂注射用油时，要先经 150 ℃ 干热灭菌 1～2 h，冷却至适宜温度（一般在主药熔点以下 20～30 ℃），趁热配制、滤过（一般在 60 ℃ 以下），温度过低不易滤过。

影响配液的因素：①原辅料的质量。供注射用的原料药，必须符合《中国兽药典》所规定的各项杂质检查与含量限度。不同批号的原辅料，生产前必须作小样试制，检验合格后方能使用。不易获得注射用级别的，而医疗又确实需要的辅料必须将其精制，使之符合注射用辅料标准，并经有关部门批准后方可使用。活性炭要使用针剂用的炭。②原辅料的投料。按处方规定计算其用量，如果注射剂灭菌后含量有下降时，应酌情增加投料量。在称量计算时，如原料含有结晶水应注意换算。

四、注射液的滤过

注射液的滤过，是除去药物溶液中杂质、保证药液澄明的主要手段和关键步骤。滤过有粗滤和精滤两种，粗滤常用砂滤棒、滤纸、长絮棉花或绸布，精滤多采用滤膜、垂熔玻璃漏斗等（具体内容见第三章第三节）。

五、注射液的灌封

注射剂的灌封是将滤净的药液定量地装到安瓿中并加以封闭的过程，包括灌装和封口两个步骤，也是灭菌制剂制备的关键。

1. 药液灌装与封口

注射液灌装，要求做到剂量准确，药液不沾瓶颈，以防熔封时发生焦头或爆裂，注入容器中的量要比标示量稍多，以抵偿在给药时由于瓶壁黏附和注射器及针头的吸留而造成的损失。其增加量见表 5-5。

注射剂灌装好之后,应立即进行熔封。要求严密不漏气、不漏液,顶端圆整光滑,无歪头、尖头、泡头、瘪头和焦头。封口方法有拉丝封口和顶封两种。由于拉丝封口严密,不会像顶封那样易出现毛细孔,所以生产中多用拉丝封口。

灌封中可能出现的问题有:剂量不准确、封口不严、出现泡头、平头、焦头等。焦头是最常见的现象,引起焦头的原因有:灌注时给药太急,溅起的药液粘在安瓿壁上,封口时形成碳化点;针头注药后不能立即缩水回药,使针头尖端的药液黏附于安瓿颈壁上,封口时形成焦头;针头安装不正或安瓿粗细不一,造成黏瓶;机器压药与针头打药的行程配合不好,针头尖端在进出瓶口时粘有药液附着于瓶壁造成;针头起降不灵活等。

2. 通入惰性气体

对于某些不稳定的药物,要通入惰性气体,排除安瓿与药液中的空气(氧气),常用的惰性气体是 CO_2 和 N_2,应先将空安瓿充入气体,再灌入药液,最后再通入气体。有必要时在药液配制过程中即向配液罐内充入惰性气体。

3. 注射剂生产联动化

积极推动注射剂生产联动化,将几个工艺环节在一台机械上自动完成,减少人和环境带来的不利影响,把质量和安全贯穿与生产中。拉丝灌封机是专用机械,灌封操作分手工灌封和机械灌封两种。生产上多使用全自动洗灌封联动机,如图 5-10 所示,配合局部层流装置,可提高产品的质量和生产效率。

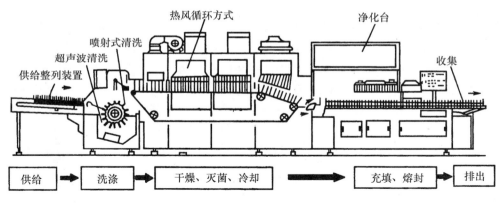

图 5-10　全自动洗灌封联动机

六、注射剂的灭菌与检漏

1. 注射剂灭菌

安瓿熔封后要立即灭菌。它是注射剂生产的一个重要工序,也是最重要的质量指标。灭菌方法有多种,主要根据注射剂中原辅料的性质来选择,既要保证成品完全无菌,又要不影响注射剂的质量。1～5 mL 安瓿剂一般可采用 100 ℃ 流通蒸汽灭菌 30 min;10～20 mL 安瓿剂则用 100 ℃ 流通蒸汽灭菌 45 min。对热稳定的品种,应采用热压灭菌。如有条件,还可采用微波灭菌法、高速热风灭菌法、辐射灭菌法等。

2. 注射剂检漏

安瓿熔封时,如果不严密,则有毛细孔或微小的裂缝存在,因而微生物或污物就可进入安瓿,或安瓿内药液泄漏出来。为此,必须要认真检查,把漏气者剔除。检漏一般采用灭菌检漏两用的灭菌器。操作时将安瓿置于密闭容器中,抽气后再放入有色溶液及空气,由于漏气安瓿中的空气被抽出,当空气放入时,有色液即借大气压力压入漏气安瓿内而被检出。

七、注射剂的质量检查

(一)澄明度检查

澄明度检查不但可以保证用药安全,而且可以发现生产中出现的问题。例如,注射液中的白点多来源于原料或安瓿;纤维多半为环境污染所致;玻屑往往是割颈、灌封不当等造成的。除特殊规定外,注射剂必须完全澄明,不得有肉眼可见的不溶性微粒异物,检查发现时应及时剔除。生产中多采用人工灯检,常用的检查装置是伞棚式澄明度检查仪。

1. 检查装置

光源　检查灯采用长 57 cm、直径 3.8 cm、20W 的青光日光灯做光源。

光照强度　检查无色溶液用 1 000～2 000 lx,检查有色溶液或用透明塑料容器的用 2 000～3 000 lx。

式样　灯座为伞棚式装置,可两面使用。

背景　不反光黑色背景在背部右则 1/3 处,底部为不反光白色,以便检查有色异物。

2. 检查方法

取供试品置检查灯下距光源约 20 cm 处,在伞棚边缘处,先与黑色背景,再与白色背景对照,用手持安瓿颈部,轻轻翻动药液,在与供试品同高的位置,相距 15～20 cm 处,用眼睛来检查。伞棚式澄明度检查仪见图 5-11。

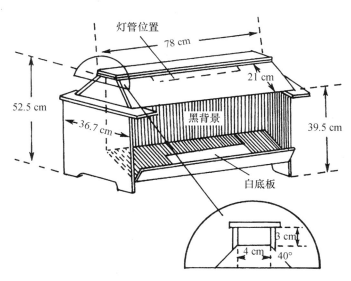

图 5-11　伞棚式澄明度检查仪示意图

(二)装量检查

注射剂的标示装量为 2 mL 或 2 mL 以下者取样 5 支;2 mL 至 10 mL 者取样 3 支;10 mL 以上者取样 2 支。开启时注意避免损失,将内容物分别置于相应的干燥量筒中放冷至室温时检视。每支注射剂的装量均不得少于其标示量。如有一支的装量少于标示量时,应再按上述规定取样检查,检查结果均应全部符合规定。

(三)热原检查

按《中国兽药典》方法检查,注射剂量一般按家兔体重1~2 mL/kg计算。

(四)无菌检查

按《中国兽药典》"无菌检查法"项下的规定进行检查。

(五)其他检查

主要进行主药含量测定、pH测定、毒性试验、刺激性试验、渗透压等项目的检查。以保证注射剂安全有效。

八、注射剂印字与包装

注射剂经检查合格后,即可进行印字和包装。印字内容包括品名、规格、批号、厂名、批准文号等。印字可采用手工和机器操作。印字后的安瓿,可装入纸盒内,同时放入说明书。盒外应贴标签,标明注射剂名称、内装数目(支)、每支装量、主药含量、附加剂名称、批号、生产日期与失效期、商标、批准文号、应用范围、用量、配伍禁忌、贮藏方法等。

九、注射剂制备举例

1. 维生素C注射剂

【处方】维生素C 52.0 g　　　碳酸氢钠25.0 g　　　乙二胺四乙酸二钠0.025 g

　　　　亚硫酸氢钠1.0 g　　　注射用水加至1 000.0 mL

【制法】在容器中加配制量80%的注射用水,通二氧化碳气体饱和,加维生素C溶解后,分次缓缓加入碳酸氢钠,搅拌使完全溶解,加入预先配制好的乙二胺四乙酸二钠溶液和亚硫酸氢钠溶液,搅拌均匀,调节pH为6.0~6.2,再通入二氧化碳气体饱和,同时加注射用水至全量,用垂熔玻璃漏斗与膜滤器滤过,在二氧化碳或氮气流下灌封,最后流通蒸汽100 ℃ 15 min灭菌。

【解析】①维生素C分子中含有烯二醇式结构,故显酸性。注射时刺激性大,产生疼痛,可加入碳酸氢钠(或碳酸钠)中和部分维生素C使之成盐,以减轻疼痛。同时可调节pH,增强维生素C的稳定性。

②维生素C的水溶液与空气接触,自动氧化成脱氢抗坏血酸。脱氢抗坏血酸再经水解则生成2,3-二酮L-古罗糖,即失去治疗作用,此化合物再被氧化成草酸及L-丁糖酸。本品分解后呈黄色,原因可能由于维生素C自身氧化水解生成糠醛或原料中带入的杂质糠醛,糠醛在空气中继续氧化聚合而呈黄色。

维生素C注射液质量好坏的关键在于维生素C原料药物和碳酸氢钠的质量,影响维生素C注射液稳定性的因素还有空气中的氧、溶液的pH和金属离子(特别是铜离子)。因此生产上采取充惰性气体、调节药液pH、加抗氧剂和金属离子螯合剂等措施。实验表明抗氧剂只能改善本品色泽,对制剂的含量变化几乎无作用,用亚硫酸盐和半胱氨酸对改善本品色泽作用显著。

③本品稳定性与温度有关。实验证明用100 ℃,30 min灭菌,含量减少3%,而100 ℃,15 min只减少2%,所以用100 ℃,15 min灭菌为好。但操作过程尽量在避菌条件下进行,以防污染。在灭菌时间达到后,可立即小心开启灭菌器,用温水、冷水冲淋安瓿,以促进迅速降温。

2. 复方磺胺甲基异噁唑注射液

【处方】磺胺甲基异噁唑20.0 g　　　甲氧苄啶4.0 g　　　乙醇胺(pH 8.5~10)适量

丙二醇 50.0 g　　　　　苯甲醇 1.0 g　　　　无水亚硫酸钠 0.3 g

注射用水加至 100.0 mL

【制法】用少量注射用水分散磺胺甲基异噁唑,加入乙醇胺调节 pH 在 8.5～10,搅拌溶解。另将丙二醇加热后溶解甲氧苄啶,加入用水溶解的苯甲醇、无水亚硫酸钠溶液,与前液合并。加注射用水至全量,滤过,充入氮气灌封,最后流通蒸汽 100 ℃,15 min 灭菌。

【作用与用途】抗感染。可用于肠道感染、心内膜炎、急慢性支气管炎等。

【解析】①磺胺甲基异噁唑(新诺明,SMZ)分子中的磺酰亚胺－SO_2－NH－上的氢显酸性,可与碱成盐而溶解,但碱性很强;甲氧苄啶(TMP)分子中有－NH_2,可与酸成盐显酸性;二者都可在丙二醇中溶解,但磺胺甲基异噁唑浓度要求较高,故可采取综合措施,将 SMZ 与乙醇胺成盐,用丙二醇溶解 TMP,解决溶解的问题。

②金属离子、原料质量对本品色泽影响较大,需加入抗氧剂。实验证明 0.3% 无水亚硫酸钠可使本品在 100 ℃,80 h 不变色。

③空气中的氧气、光线、pH 均影响本品的稳定性,二氧化碳可使本品出现结晶,故通入二氧化碳气体起到稳定作用。

第五节　输液剂

一、概述

输液剂也称大容量注射剂,系指通过静脉滴注方式输入机体血液中的大剂量注射液。由于它的一次用量和给药方式与一般注射剂不同,所以在生产工艺、质量要求、设备、包装和临床应用等各方面也与一般注射剂有所区别。出于临床用量和生产成本的原因,兽医临床使用输液多直接利用人用输液,本节简要介绍主要的工艺和应用。

(一)输液剂的临床应用

①用于腹泻等各种原因形成的严重脱水和电解质紊乱。

②用于各种原因引起的有效血循环量减少,如严重疾病引起的大量失血及重症感染性休克时需要扩充血容量,改善血循环等。

③用于各种原因引起如饲料、药物或农药中毒时,常需要输液来扩充血容量、稀释毒素、改善血循环、促进代谢、加速利尿以促使毒物排泄。

④酸中毒或碱中毒时(代谢性或呼吸性),均可通过输液剂来调节体液的酸碱平衡。

⑤多种注射剂如抗生素类、中药精提物等常需要加入输液剂中静脉滴注,可以迅速起效,并保持稳定的有效血药浓度,以达到速效和高效作用。且可避免高浓度药液静脉推注时对血管的刺激。

(二)输液剂的种类

1. 电解质输液剂

用以补充体内水分、电解质及纠正体液的酸碱平衡。常用的有等渗的氯化钠注射液;含有钾、钠、钙离子的复方氯化钠注射液;乳酸钠注射液;碳酸氢钠注射液等。

2. 糖类输液剂

常用的有等渗葡萄糖注射液和高渗葡萄糖注射液。

3. 糖和电解质混合输液剂

用于纠正脱水性酸中毒。

4. 代血浆输液剂

代血浆输液必须是胶体溶液,具有与血浆近似的渗透压和黏度。当外伤引起大量失血时,常由于全瓶来源及输血前的配血试验等均需要一定时间,因此在抢救时可先输代血浆,由于这些高分子化合物的分子较大,不易透过血管壁,输入后可以在血管内停留较长时间,故有维持血容量和提高血压作用。但应注意代血浆并不能代替全血。最常用的有右旋糖酐注射液,其他尚有羧甲基淀粉钠、羟乙基淀粉、明胶、聚乙烯吡咯烷酮、果胶类等配制的代血浆输液剂。

(三)输液剂的质量要求

①无菌、无热原;澄明度、含量、色泽等均应符合《中国兽药典》规定。

②在保证疗效和稳定性的基础上,溶液的 pH 应力求接近动物机体血液的正常值。

③应具有适宜的渗透压,即等渗或偏高渗,不得配成低渗溶液。

④输液剂输入后不应引起血象异常变化,不得有溶血、过敏和损害肝、肾现象。

⑤输液剂中不得添加任何抑菌剂和化学试剂。

⑥任何种类的输液剂选用原辅料,应都能参与机体的新陈代谢过程并能被机体吸收。

二、输液剂的生产工艺

(一)输液剂的生产工艺流程

生产工艺流程具体见图 5-12。

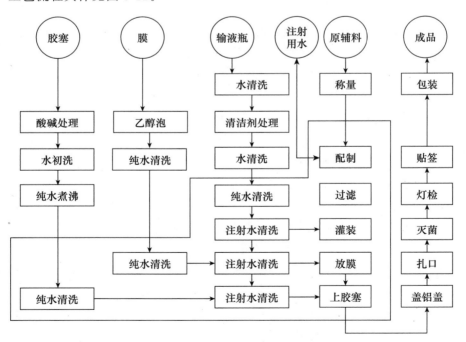

图 5-12　输液剂的生产工艺流程

(二)输液剂容器的准备

输液剂的包装材料包括输液瓶、橡胶塞、隔离膜、铝盖等。

1. 输液瓶的质量要求和清洁处理

输液瓶应为中性硬质玻璃制成,应无色透明且具有耐酸性、耐碱性、耐药液腐蚀性。外观应光滑、端正,无条纹、无气泡、无毛口等。瓶口内径应适度并光圆以利密封。

生产中采用机器洗瓶操作,即将瓶内、外壁先用常水冲洗后,倒插在碱水喷头上,2%氢氧化钠溶液于 60～70 ℃下,间歇喷冲 4～5 次,再送至热水刷瓶槽中,边刷边喷热水,继续传送用滤清的注射用水冲洗 4～5 次,至达洁净要求,即可供用。

2. 橡胶塞和隔离膜的质量要求和清洁处理

橡胶塞主要成分为天然橡胶、合成橡胶或二者混合物及各种附加剂,组成比较复杂。

(1)橡胶塞的质量要求　①具有弹性和柔曲性,使针头易于刺入,拔出后应能立即闭合,且能耐受多次穿刺而无碎屑落下。②能耐受热压灭菌的温度和压力而不变形。③具有较高化学稳定性并对输液中的药物有较小的吸附作用。④具有一定耐溶性能以免增加药液中杂质的含量。⑤不易老化,表面光滑无斑点,厚薄均匀。⑥输液剂用的橡胶塞应一律使用新的。

橡胶塞的处理方法:新橡胶塞用前先在 0.2%氢氧化钠溶液中浸泡 2 h,以除去表面沾有的硬脂酸、矿油及硫化物等,再用常水反复搓洗干净。然后用 1%盐酸溶液煮沸 30 min 至 1 h,再用常水洗除其表面沾附的氧化锌、碳酸钙、硫化钡等,最后用蒸馏水反复洗净。临用时再用滤清的注射用水冲洗或漂洗。

(2)隔离膜的质量要求　由于橡胶塞虽经洗涤处理,若直接接触药液,在灭菌时和贮存期仍可能有杂质脱落,影响药液的澄明度,故需要在橡胶塞下衬垫一层隔离膜。隔离膜应具备以下要求:①应具有一定耐热性,经热压灭菌后不应破裂。②应无渗透性。③大小规格应适宜,厚度在 10 μm 以下较好。过大或过厚均易产生皱折而形成与外界相通的毛细管以引起漏气;过小则在灭菌后膜易落入药液中。④理化性质应稳定,抗水、抗张力强,弹性好、不皱折、不脆裂、无异臭。

隔离膜的处理方法:输液剂中使用的隔离膜大致有两种,一种是涤纶薄膜,适用于微酸性药液;另一种是聚丙烯薄膜,适用于微酸性或微碱性溶液。

3. 塑料容器

主要有聚乙烯、聚氯乙烯及聚丙烯等瓶和袋。优点是易于成型、质轻、不易破碎且具有弹性;缺点是不透明并有透水和透气性,且能泄出有害物质。输液剂的软包装是发展的方向,成品具有体积小、重量轻、耐震、耐压、运输和使用方便等优点。

(三)输液剂的配制

输液剂的配制用新鲜注射用水,一般多采用浓配法。例如,葡萄糖注射液可先配成 50%～70%浓溶液,氯化钠注射液可先配成 20%～30%浓溶液,且可进行一些必要的处理如煮沸、加活性炭吸附、冷藏、滤过、含量测定等,然后再用滤清的注射用水稀释至需要浓度。浓配法不仅缩短配液时间以减少污染,可更好发挥活性炭的吸附作用,而且可使原料中溶解度较小的少量杂质在高浓度时不易溶解而被滤除。

输液剂配液时使用的活性炭目,应选用符合注射剂用标准的"针用"级,最大限度地吸附药液中的热原、色素及其他杂质。活性炭的吸附性能取决于被吸附物质的性质、环境温度、介质的 pH 等因素。一般使用量为溶液总量的 0.1%～1.0%。药液的 pH 在 3～5 时活性炭的吸附力最强,吸附时间以 20～30 min 为宜,并应充分搅拌以促使发挥最大吸附效果。通常采用加热煮沸后冷至 45～50 ℃(临界吸附温度)时再行滤过除炭。一般认为分次吸附比一次吸附效果好,因为活性炭吸附杂质至一定程度后,吸附与脱吸附处于平衡状态时,吸附效力降低。由于活性炭吸附药液中的细微粒子和一些杂质而同时被滤除,因此也是常用的助滤剂。

(四)输液剂的滤过

输液剂的滤过装置与所用滤器和安瓿剂基本相同,大量生产可采用加压滤过。无论采用何种滤过装置均应在密闭连续管道中进行,以避免药液与外界空气接触而增加污染机会。同时在保证滤液质量的原则下应尽量提高滤过速度以缩短整个制备过程。实践证明,洁净的操作环境和使用微孔滤膜滤过是减少输液剂中微粒数的关键性措施。

(五)输液剂的灌封

精滤合格后的滤液,应立即经管道输送至灌封室。灌封室是无菌操作中要求最高的洁净区,洁净度在 100 级。

灌封工序实际包括灌装药液、衬垫隔离膜、塞橡胶塞、轧压铝盖等四步操作。滤过和灌装都应采取在持续保温条件下进行,有利于控制热原。如灌装含盐输液剂可在 45～50 ℃,而不含盐的输液剂可保持在 80 ℃左右灌装。灌装前先将已处理过的输液瓶用滤清的注射用水倒冲,动作要敏捷,避免污染瓶口,装至刻度后,立即将已洗净的隔离膜再用滤清的注射用水冲洗后轻轻平放在瓶口中央。再取已处理过的橡胶塞同样用滤清的注射用水临时冲洗后,甩去余水并对准瓶口塞下,不可扭转,翻下帽口,轧上铝盖严封。铝盖注意封紧,以免灭菌后冒塞或漏气。大量生产时可采用旋转式自动灌装机、自动翻塞机和自动轧口机。产量可达每分钟 60 瓶。

(六)输液剂的灭菌

灌封后应立即灭菌,从配液到灭菌的时间应尽量缩短,一般应不超过 4 h。一般均采用 115.5 ℃热压灭菌。对大容器输液剂按照 115.5 ℃热压灭菌 30 min,并再适当延长灭菌时间,如表 5-6 所示。

表 5-6　药液容积对应的延长灭菌时间

药液容积/mL	延长灭菌时间/min
100～250	5～10
250～500	10～15
500～1 000	15～20

塑料袋装输液剂灭菌条件为 109 ℃热压灭菌 45 min。

(七)输液剂的质量检查

相同于安瓿注射剂的检查,侧重检查的项目有:①澄明度与微粒检查;②无菌与热原检查;③含量测定与 pH 检查等。

(八)标签与包装

经检查合格的成品,可贴上标签。标签上注明品名、规格、批号(表示生产日期)、使用时注意事项,以备用时参考。包装一般用纸板箱,注意塞紧,冬季注意防冻。

三、输液剂生产中易出现的问题与解决办法

输液剂大生产中主要存在以下三个问题:澄明度问题、染菌与热原反应。

1. 澄明度问题

注射液中常出现的微粒由炭黑、碳酸钙、氧化锌、纤维素、纸屑、黏土、玻璃屑、细菌和结晶等,微粒的存在影响输液剂的澄明度。

微粒的产生是由于工艺操作不当如空气净化不合规定;原辅料不洁净;包装容器与辅材质量不好等原因,严格按照工艺要求操作和《兽药 GMP》管理要求执行,从生产过程中保证产品的质量。

2. 染菌与热原反应

输液剂染菌后出现雾团、云雾状、浑浊、产气等现象,也有一些外观并无变化。如果使用这些输液,将会造成脓毒症、败血症、内毒素中毒甚至死亡。染菌主要原因是生产过程污染严重、灭菌不彻底、瓶塞松动不严等,应特别注意防止。有些芽孢需 120 ℃加热 30~40 min,有些放射菌 140 ℃加热 15~20 min 才能杀死。若输液剂为营养物质时,细菌易生长繁殖,即使经过灭菌,大量菌尸体的存在,也会引起致热反应。最根本的办法就是尽量减少制备生产过程中的污染,严格灭菌条件,严密包装。

案例讨论

　　1979 年,我国首次使用终端滤过器。当时北京协和医院为一位胆囊切除术的患者输入抗生素,12 h 后注射部位出现急性静脉炎,换至右臂 18 h 后也出现急性静脉炎。于是安装终端滤过器,静滴 6 h 后无变化,并在 12 h 内红肿消退。除去终端滤过器,4 h 内又发生急性静脉炎。经检查,当时使用抗生素内含大量微晶、聚合物和降解物。

　　问题:1. 患者注射部位出现静脉炎的原因是什么?

　　　　　2. 除了使用终端滤过器外,还有哪些方法可以避免上述现象发生?

四、输液剂制备举例

葡萄糖注射液的制备:本品为葡萄糖的灭菌水溶液。含葡萄糖($C_6H_{12}O_6 \cdot H_2O$)应为标示量的 95.0%~105.0%。本品中不得加入任何抑菌剂。

【处方】葡萄糖　　　　　　　100.0 g

　　　　1%盐酸　　　　　　　适量

　　　　注射用水　　　　　　　加至 1 000.0 mL

【制法】取注射用水适量,加热煮沸,分次加入葡萄糖,不断搅拌,配成 50%~70%浓溶液,用 1%盐酸溶液调整 pH 至 3.8~4.0,加入配液量 0.1%~1.0%的注射剂用活性炭,在搅拌下煮沸 30 min,放冷至 45~50 ℃时滤除活性炭,滤液中加注射用水至全量,测定 pH 及含量,精滤至澄明,灌封,于 110 ℃热压灭菌 30 min。

【解析】(1)认真选择原料是提高葡萄糖注射液质量的一个关键环节。使用时仔细检查原料有无包装破损及受潮、发霉。如系大量包装,一次投料用不完时,必须妥善严封贮藏。否则

原料本身污染热原,即不应再供注射剂原料用。

(2)葡萄糖由淀粉经糖化作用制成,在制造过程中可能含有少量未完全糖化的糊精,也可能带入淀粉中存在的少量杂质如蛋白质、脂肪等。这些杂质,特别是糊精和蛋白质,在加热灭菌后常会析出胶状沉淀或小白点。有时因生产厂家的制造方法不同,或因使用滤材、水质不同,生产的葡萄糖虽然全部检查项目都合格,但用以制备输液剂时,对澄明度的影响就不相同。这些小白点常在热时溶解而冷时析出,不仅影响溶液的澄明度,而且能使药液变色。因此在配液时用1%盐酸溶液调整pH,用以中和胶粒上的电荷(常带负电),使胶粒凝聚而易于滤除,也可促使微量未完全水解的糊精继续水解。

(3)本品pH应为3.2～5.5。在配液时一般认为调至3.8～4.0较稳定,且在热压灭菌时pH的变化不大,颜色也不致变深。因葡萄糖易脱水形成5-羟甲基呋喃甲醛,此形成物可聚合继而再分解为甲酸、乙酰丙酸。5-羟甲基呋喃甲醛聚合物呈淡黄色。溶液颜色的深浅与5-羟甲基呋喃甲醛产生量成正比。生产实践证明,在pH为4时,反应进行得最慢,而当pH在3以下或6以上时,均易分解变色。

(4)葡萄糖注射液的溶液变色,除与溶液的pH有关外,灭菌的温度越高、时间越长,颜色也会变深。因此在灭菌完毕后应立即缓缓放气,待压力降至常压时,立即打开灭菌器,避免受热时间过长,但也应防止骤冷而引起爆裂。

第六节　注射用无菌粉末

一、概述

注射用无菌粉又称粉针,临用前用灭菌注射用水溶解后注射,或加入输液注射,主要是针对容易吸湿且在水中不稳定的药物,如对湿热敏感的抗生素以及生物技术药物等设计的一种特殊形式的注射剂。

1. 注射用无菌粉末的分类

依据产生工艺不同,可分为注射用冷冻干燥制品和注射用无菌分装产品。前者是将灌装了药液的安瓿或小瓶进行冷冻干燥后封口而得,常见于生物制品如疫苗等;后者是将已经用灭菌溶剂法或喷雾干燥法精制而得的无菌药物粉末在无菌条件下分装而得,常见于抗生素药品,如青霉素等。

2. 辅料要求

对于小剂量药物粉末,分装操作困难,装量不易准确控制,可加入适宜赋形剂或填充剂,将其稀释至适当质量或容量。有时为了增加药物的稳定性、调节pH或抑菌防腐等,需要加入某些附加剂。所加入的辅料,应当是经过精制、灭菌的注射用品。

常用的赋形剂有蔗糖、乳糖、甘露醇等;附加剂有维生素C、磷酸盐、柠檬酸盐、尼泊金、无水氯化镁、去氧胆酸钠、无水碳酸钠、水解明胶、氯化钠等。

3. 注射用无菌粉末的质量要求

除应符合《中国兽药典》对注射用原料药物的各项规定外,还应符合下列要求:①粉末无异物,配成溶液或混悬液后澄明度检查合格;②粉末细度或结晶度应适宜,便于分装;③无菌、无热源。

通常情况下,是将稳定性较差的药物制成粉针,不能灭菌,或用小瓶包装后不利于灭菌,所以只能对无菌操作有较严格的要求,特别在分装、封口等关键工序,应采用层流洁净措施,局部达到100级,以保证操作环境的洁净程度。

二、注射用无菌分装产品

将符合注射要求的药物粉末在无菌操作条件下直接分装于洁净灭菌的小瓶或安瓿中密封而成。在制定合理的生产工艺之前,首先应对药物的理化性质进行测定,主要测定内容为:①测定物料热稳定性以确定产品最后能否进行灭菌处理;②测定物料临界相对湿度及分装室的相对湿度以控制在药品临界相对湿度以下避免吸潮变质;③测定物料粉末晶型与松密度等使之适于分装。工艺流程见图5-13。

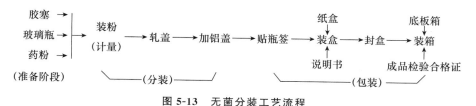

图5-13　无菌分装工艺流程

(一)无菌粉末的分装及其主要设备

1. 原料准备

自制无菌原料可以用灭菌结晶法或喷雾干燥法制备,必要时需进行粉碎,过筛操作,在无菌条件下制得符合注射用的无菌粉末。大多数兽药生产企业没有原料药生产,分装所用原料是直接购进,用前要按质量要求进行检查,且要注意无菌操作。安瓿或小瓶以及胶塞的处理按注射剂的要求进行,但均须进行灭菌处理。

2. 分装

分装必须在高度洁净的无菌室中按无菌操作法进行,分装后小瓶应立即加塞并用铝盖密封。药物的分装及安瓿的封口宜在局部层流下进行。目前分装的机械设备有插管分装机、螺旋自动分装机(图5-14)、真空吸粉分装机等。此外,青霉素分装车间不得与其他抗生素分装车间轮换生产,以防止交叉感染。

3. 灭菌及异物检查

对于耐热的品种,如青霉素(不含水),一般可用干热灭菌法进行补充灭菌,以确保安全。对于不耐热的品种,必须严格无菌操作。异物检查一般在传送带上目检。

(二)无菌分装工艺中存在的问题及解决办法

1. 装量差异

物料流动性差是其主要原因。物料含水量和吸潮以及药物

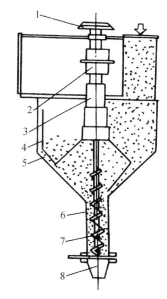

图5-14　螺旋自动分装机

1. 传动齿轮　2. 单向离合器
3. 支承座　4. 搅拌叶　5. 料斗
6. 导料管　7. 计量螺杆　8. 送药嘴

的晶态、粒度、比体积以及机械设备性能等均会影响流动性,以至影响装量,应根据具体情况分别采取措施。

2. 无菌度问题

由于产品系无菌操作制备,稍有不慎就有可能受到污染,且微生物在固体粉末中的繁殖慢,不易被肉眼所见,危险性大。因此,一般都采用层流净化装置。

3. 吸潮变质

一般认为是胶塞透气性和铝盖松动所致。因此,一方面要进行橡胶塞密封性能的测定,选择性能好的胶塞;另一方面,铝盖压紧后瓶口应烫蜡,以防水汽透入。

三、注射用冷冻干燥制品

(一)冻干无菌粉末的制备工艺

1. 流程图

制备冻干无菌粉末,前药液的配制基本与水性注射剂相同,冻干粉末的制备工艺流程如图 5-15 所示。

分装好药液的安瓿或小瓶 → 预冻 → 升华干燥 → 再干燥

图 5-15　冻干粉末的制备工艺流程图

2. 制备工艺

冷冻粉末的制备工艺可以分为预冻、减压、升华、干燥等几个过程。此外,药液在冻干前需经滤过、罐装等处理过程。

(1)预冻　预冻是恒压降温过程。药液随温度的下降冻结成固体,温度一般应降至产品共熔点以下 10~20 ℃以保证冷冻完全。若预冻不完全,在减压过程中可能产生沸腾冲瓶的现象,使制品表面不平整。

(2)升华干燥　升华干燥首先是恒温减压过程,然后是在抽气条件下,恒压升温,是固态水升华逸去。升华干燥法分两种,一种是一次升华法,适用于共熔点为 −20~−10 ℃的制品,且熔点黏度不大。先将预冻后的制品减压,待真空度达一定数值后,启动加热系统缓缓加热,使制品中的冰升华,升华温度约为 −20 ℃,药液中的水分可基本除尽。

另一种是反复冷冻升华法,该法的减压和加热升华过程与一次升华法相同,只是预冻需在共熔点以下 20 ℃之间反复升降预冻,而不是一次降温完成。通过反复升温降温处理,制品晶体的结构被改变。由致密变为疏松,有利于水分的升华。因此,本法常用于结构较复杂、稠度大及熔点较低的制品如生物制品等。

(3)再干燥　升华完成后,温度持续升高至 0 ℃或室温,并保持一段时间,可使以升华的水蒸气或残留的水分被抽尽。再干燥可保证冻干制品含水量<1%,并有防止回潮作用。

(二)冷冻干燥中存在的问题及处理方法

1. 含水量偏高

装入容器的药液过厚,升华干燥过程中供热不足,冷凝器温度偏高或真空度不够,均可能导致含水量偏高。可采用旋转冷冻机及其他相应的方法解决。

2. 喷瓶

如果供热太快,受热不均或预冻不完全,则易在升华过程中使制品部分液化,在真空减压条件下产生喷瓶。为防止喷瓶,必须控制预冻温度在共熔点以下 10～20 ℃,同时加热升华,温度不宜超过共熔点。

3. 产品外形不饱满或萎缩

一些黏稠的药液由于结构过于致密,在冻干过程中内部水蒸气逸出不完全,冻干结束后,制品会因潮解而萎缩。遇到这种情况通常可在处方中加入适量甘露醇、氯化钠等填充剂,并采取反复预冻法,以改善制品的通透性,产品外观即可得到改善。

四、制备举例

注射用辅酶 A 的无菌冻干制剂的制备:

【处方】辅酶 A 56.1 单位　　水解明胶 5 mg　　葡萄糖酸钙 1 mg
　　　　甘露醇 10 mg　　半胱氨酸 0.5 mg

【制法】将上述各成分用适量注射水溶解后,无菌滤过,分装于安瓿中,每支 0.5 mL,冷冻干燥后封口,检查漏气,即得。

【解析】本品为体内乙酰化反应的辅酶,有利于糖、脂肪以及蛋白质代谢。用于白细胞减少症,原发性血小板减少性紫癜及功能性低热。辅酶 A 为白色或微黄色粉末,有吸湿性,易溶于水,不溶于丙酮、乙醚、乙醇,易被空气、过氧化氢、碘、高锰酸盐等氧化成无活性二硫化物,故在制剂中加入半胱氨酸作稳定剂,用甘露醇、水解明胶、葡萄糖酸钙等作填充剂。辅酶 A 在冻干工艺中易丢失效价,故投料量应酌情增加。

思考题

1. 制药用水的种类有哪些? 如何区别?

2. 说明热原的组成、性质、产生热原的途径以及除去热原的方法。如何检查热原?

3. 按洁净度将注射剂生产划分为几个区域,为什么?

4. 注射剂的附加剂有哪些? 应用的原则是什么?

5. 说明滤过的机理、影响滤过的因素,常用滤器的特点和滤过方法。

6. 注射液在灌封时易出现的问题有哪些?

7. 输液与注射用无菌粉末生产中容易出现的问题有哪些? 如何解决?

8. 欲配制 30% 的安乃近注射液 10 000 mL,说明设计处方和工艺,以及操作要点。

9. 已知 1%(g/mL)柠檬酸钠水溶液的冰点降低值为 0.185 ℃,计算其等渗溶液浓度(答案:2.81%)。

第六章 固体制剂

学习要求

1. 掌握粉散剂、颗粒剂、片剂等固体制剂的生产工艺流程；制粒的方法；片剂处方的一般组成、辅料分类和作用；压片过程中可能出现的问题、原因及解决办法。

2. 熟悉粉散剂、颗粒剂、片剂等固体制剂的生产设备构造及其操作过程。

3. 了解饼剂等其他固体制剂；片剂包衣的工艺流程。

4. 具备通过共性和个性的辩证关系来辨析问题和解决问题的能力。

案例导入

题目

案例1：生活中或药店中能接触到或看到的固体制剂有哪些？

讨论：与固体制剂分类有关。

案例2：酵母片和泡腾片的相同与不同有哪些？

讨论：与片剂的分类、制备方法等有关。

第一节 概 述

一、固体制剂的种类与特点

固体制剂系指药物以固体的形态与适宜的辅料经粉碎、均匀混合后，可通过制剂技术或直接制成剂型。常用的固体制剂类型有散剂、粉剂、颗粒剂、片剂、胶囊剂、饼剂、膜剂等。固体剂型绝大多数以口服为主要给药方式。少数兼可以外用，如粉剂和散剂。

固体制剂的特点：①与液体制剂相比，理化稳定性好，生产制造成本较低，使用过程中剂量准确，服用简单，便于携带。②所有固体制剂的制备过程中，都要经过相同的前处理阶段——粉碎、过筛和混合等单元操作。③口服固体药物在体内首先溶解后才能透过生物膜，被吸收进入血液循环。④临床应用特点上，散剂、粉剂、颗粒剂适合群体化给药，而片剂、胶囊剂、饼剂等多用于个体化给药。

二、固体制剂的制备工艺流程

固体制剂的制备工艺流程见图6-1。在固体制剂的制备过程中，其前期的制备过程操作基本相同。首先将药物(或药物与辅料的混合物)进行粉碎、过筛、混合等操作,得到药物与辅料的均匀混合物,继续加工制成符合质量标准的各种固体制剂。例如,将混合均匀的混合物直接分装制成粉剂或散剂;将均匀的混合物进行制粒、干燥后分装,制得颗粒剂或预混剂;将均匀的混合物或制粒颗粒装入空胶囊,制得胶囊剂等。对于固体制剂而言,药物与辅料的混合均匀度、流动性、充填性、可压性等多种因素对制剂质量影响较大,直接关系到固体制剂产品的质量和临床疗效。

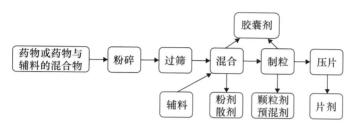

图 6-1　固体制剂的制备工艺流程(引自兽医药剂学第 2 版,胡功政)

三、固体制剂的胃肠道吸收

固体制剂的主要给药方式是口服。研究表明,只有处于溶解状态的药物(分子或离子)才能被胃肠道吸收,吸收的速度和程度(生物利用度)与药物的分子大小、脂/水溶性、解离程度等有关。固体制剂口服后,需经过崩解、分散、溶出,药物才能通过胃肠道黏膜吸收进入血液循环中发挥其治疗作用。图 6-2 为固体制剂在胃肠道内的吸收过程。

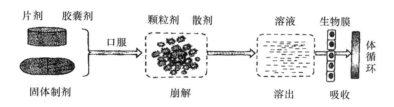

图 6-2　固体制剂在胃肠道内的吸收过程

固体剂型不同,其吸收过程略有差异。可溶性粉剂、可溶性颗粒剂以固体剂型存在,使用时先溶解在饮水中成药物溶液形式,内服(摄饮)后能直接被机体吸收。胶囊剂内服后须先经硬胶囊壳或软胶囊壳裂解过程,然后药物分子从颗粒中溶出被机体吸收。片剂内服后须先崩解成细颗粒,然后药物分子从颗粒中溶出被机体吸收。丸剂崩解速度慢,药物溶出及吸收最慢。固体制剂内服吸收的快慢顺序,一般是:可溶性粉剂＞不溶性粉剂和预混剂＞颗粒剂＞胶囊＞片剂＞丸剂。

对于一般中药散剂来说,虽然拌料给药后没有崩解过程,但植物细胞内各药物成分吸收前要经过"细胞渗透-成分溶解-组织扩散"等复杂的"体内浸出过程",所以散剂吸收较慢且成分吸收不完全,即其生物利用度相对较低。中药的浸出制剂生物利用度大大提高,是因为利用中药提取纯化技术把中药化学成分吸收的"体内浸出过程"在体外有选择性地充分完成了,如中药提取物制备的可溶性散、颗粒剂、胶囊剂、片剂等。另外中药超微粉制剂也大大提高了中药散剂生物利用度,但生产成本增加,尤其对于一般性中药来说经济成本远超于临床应用价值。

四、固体制剂的溶出与生物利用度

由于各种固体剂型的处方和制备工艺不同,使得药物从剂型中溶出的速度不同,从而导致药物的吸收速度不同,进而导致药物的吸收速度也不同。

药物在体内的溶解吸收不仅受溶解度的影响,还受溶出速度的影响,特别是溶解度低的药物。因为溶出过程在吸收过程之前,所以溶出速度对药物药效起始的快慢、作用的强弱和维持时间的长短都有很大的影响。如果药物的溶出速度小,则吸收就慢,血药浓度就很可能难以达到有效治疗浓度。对一些难溶性药物,药物溶出过程有可能成为药物吸收的限速过程。

如果主药的溶解度较低,溶出速度慢而影响吸收,则导致药物的生物利用度较低或个体吸收的差异较大,影响药品的疗效。制剂实际生产中,可采用粉碎或超微粉技术操作,减小或控制主药的粒径,增大药物的溶出面积;再者固体分散体技术、包合物技术等新制剂技术也能较好地解决药物溶出及吸收问题,提高制剂的生物利用度等内在质量。

第二节　粉　散　剂

粉剂系指药物或与适宜的辅料经粉碎、均匀混合制成的干燥粉末状制剂,一般特指化学药品。分为内服和局部用粉剂。内服如可溶性粉、预混剂,局部用粉剂可用于皮肤、黏膜和创伤等疾患,制剂学上也称撒粉,另外还有消毒剂等。

散剂系指药材或药材提取物经粉碎、均匀混合制成的粉末状制剂,一般特指天然药物,分为内服散剂和外用散剂。

粉剂和散剂二者习惯合称粉散剂。粉散剂是在兽医临床使用得较为广泛的一种剂型,多用于治疗、预防、促生长等。一般内服粉散剂应通过二号筛(相当于 24 目),外用粉散剂应通过五号筛(相当于 80 目)。

粉剂制备需要一定的固体辅料。粉剂常用固体辅料种类和作用见片剂部分内容。

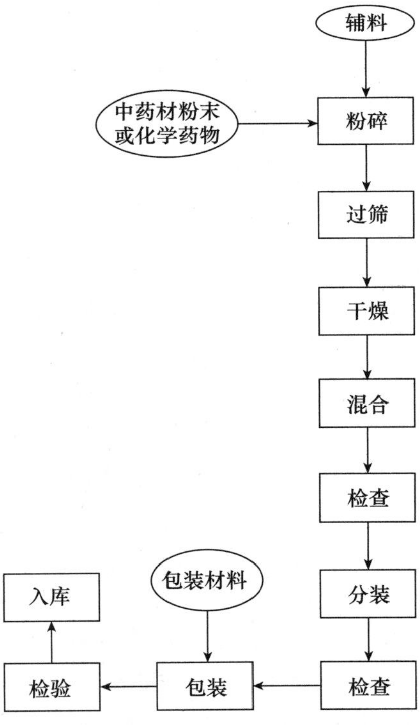

图 6-3　粉散剂制备工艺流程

一、粉散剂的制备

(一)粉散剂的制备工艺

粉散剂制备工艺流程如图 6-3 所示。

粉剂和散剂制备工艺基本相同,一般包括粉碎、过筛、干燥、混合、检查以及分装等。个别因成分或数量不同,可将其中几步操作结合进行。一般情况下在生产前需要对固体物料进行最基本的前处理,是指将原料、辅料粉碎成符合要求的粒度,且达到规定的干燥程度等。

制备粉散剂的粉碎、过筛、混合等最基本操作单元也适用于其他固体制剂如颗粒剂、胶囊剂、片剂等制备过程。

(二)粉碎

粉碎主要是借助机械力将大块固体物料破碎成适宜大小的颗粒或细粉的操作过程。通常要对粉碎后的物料进行过筛,以获得均匀粒子。粉碎的主要目的在于减小粒径,增加比表面积。粉碎既要考虑药物本身性质的差异,也要注意使用要求的不同,过度的粉碎不一定切合实际。例如,易溶的药物不必研成细粉,在胃中不稳定的药物、有不良嗅味的药物及刺激性较强的药物也不宜粉碎得太细;难溶的药物需要研成细粉以便加速其溶解和吸收;制备外用散剂需要极细粉末,但在浸出药物(中草药)中有效成分时,极细粉末易于形成糊状物而不易达到浸出目的,同时浪费工时、提高成本,所以固体药物的粉碎应随需要而选用适当的粉碎度。

(三)筛分

筛分可以将粉碎好的颗粒或粉末按粒度大小进行分级,而且也可以起到均匀混合的作用。在药品生产过程中,原料、辅料和中间产品都需要通过筛分进行分级筛选以获得粒径均匀的物料,这对药品质量以及制剂生产的顺利进行都有重要的意义。例如,散剂除另有规定外,一般均应通过 6 号筛,其他粉末剂也有相应的粒度要求。在片剂生产过程中,进行混合、制粒、压片等单元操作时筛分对混合度、粒子流动性、充填性、片重差异、片剂的硬度、裂片等都具有显著影响。

《中国兽药典》和《中国药典》规定了 6 种粉末规格,即"最粗粉、粗粉、中粉、细粉、最细粉和极细粉"。要求一般粉散剂应通过 2 号筛,外用粉散剂应通过 5 号筛,眼用粉散剂应通过 9 号筛。

(四)混合

混合的目的在于使药物各组分在制剂中均匀一致。混合操作对制剂的外观质量和内在质量都有重大影响,如在片剂生产中,混合不好会出现斑点,崩解时限和脆碎度不合格、主药含量不均匀等,从而影响制剂质量、生物利用度、治疗效果及用药安全,尤其对于含量小毒性大的药物,混合不均匀会给动物健康和生命带来危险。混合过程中的影响因素见本书第三章相关内容。

(五)分剂量

将混合均匀的散剂(或粉剂),按剂量要求分成等重份数的过程。常用的方法有:

1. 重量法

系用衡器主要是电子秤或天平逐份称量的方法。此法分剂量准确,但操作烦琐,效率低。特别适用于含剧毒药物、贵重药物散剂的分剂量。

2. 容量法

系指用固定容量的容器进行分剂量的方法。本法效率较高,但准确性不如重量法。目前药厂使用的自动分包机、分量机等都采用容量法与重量法相结合的原理进行分剂量的。

(六)包装与贮存

粉散剂的质量除了与制备工艺有关以外,还与包装、贮存条件密切相关。粉散剂的分散度大,因此其吸湿性或风化性较显著,吸湿后会发生许多变化,如湿润、失去流动性、结块等物理变化;变色、分解或效价降低等化学变化及微生物污染等生物学变化。因此防潮是粉散剂在包装和贮存中应解决的主要问题。包装时应注意选择适宜的包装材料和包装方法,贮存中应注意选择适宜的贮藏条件。

粉散剂的吸湿特性与物料的临界相对湿度(CRH)密切相关,当空气中的相对湿度高于物料的临界相对湿度时极易吸湿。几种水溶性药物混合后,其混合物的 CRH 约等于各组分的 CRH

的乘积,与各组分的比例无关;几种非水溶性药物混合后,无特定的 CRH,其混合物的吸湿量具有加和性。如葡萄糖和抗坏血酸的混合,两者的 CRH 分别为 82% 和 71%,混合后混合物的 CRH 为 58.3%,其生产时环境的 CRH 必须低于 58.3% 才能有效地防止吸潮。

二、粉散剂的质量检查

粉散剂的质量检查是保证质量的重要措施。按《中国兽药典》附录规定,质量检查项目包括:外观均匀度、干燥失重、装量差异限度和含量均匀度等。可溶性粉剂还应检查其溶解性,局部用粉剂应检查是否无菌。

(一)外观均匀度检查

取供试品适量,置光滑纸上,平铺约 5 cm²,将其表面压平,在明亮处观察,应色泽均匀,无花纹、色斑。

(二)水分/干燥失重

1. 散剂水分测定

取适量供试品,按照水分测定法测定,除另有规定外,不得超过 10.0%。

2. 粉剂干燥失重测定

取适量供试品,按照干燥失重测定法测定,在 105 ℃ 干燥至恒重,减失重量不得超过 2%;可溶性粉剂不得超过 10%。

(三)装量差异限度检查

单剂量包装的颗粒剂的装量按最低装量检查法检查,应符合规定。具体做法,除另有规定外,取供试品 5 个,除去外盖和标签,容器用适宜的方法清洁并干燥,分别精密称定重量;除去内容物,容器分别用适宜的溶剂洗净并干燥,再分别精密称定空容器的重量,求出每个容器内容物的装量与平均装量,应符合表 6-1 装量差异限度规定。

表 6-1 粉散剂装量差异限度规定

标示装量	固体制剂	
	平均装量	每个容器装量
20 g 以下	不少于标示装量	不少于标示装量的 93%
20 g 至 50 g	不少于标示装量	不少于标示装量的 95%
50 g 至 500 g	不少于标示装量	不少于标示装量的 97%
500 g 以上	不少于标示装量	不少于标示装量的 98%

(四)含量均匀度检查

粉剂主药含量小于 2% 者,照含量均匀度检查法检查,应符合规定。检查此项的药物,不再测定含量,可用此平均含量结果作为含量测定结果。复方制剂仅检查符合上述条件的组分。具体操作如下:除另有规定外,取供试品 10 个,照各品种项下规定的方法,分别测定每个以标示量为 100 的相对含量 X,求其均值 $\overline{X}$ 和标准差 S,以及标示量与均值之差的绝对值 A,如 $A+1.80 \leqslant 14.0$,则供试品的含量均匀度符合要求;若 $A+S > 14.0$,则不符合规定;若 $A+1.80S > 14.0$,且 $A+S \leqslant 14.0$,则另取 20 个复试。凡检查含量均匀度的制剂,不再检查重(装)量差异。

(五)无菌检查

用于深部组织创伤或皮肤损伤的粉散剂,照无菌检查法(《中国兽药典》附录无菌检查法)检查,应符合规定。

(六)溶解性检查

可溶性粉剂应进行溶解性检查,应符合规定。具体操作如下:除另有规定外,取供试品适量,置纳氏比色管中,加水制成 50 mL 的溶液(浓度为临床使用时高剂量浓度的 2 倍),在 (25±2)℃上下翻转 10 次,供试品应全部溶解,静置 30 min,不得有浑浊或沉淀生成。

三、粉剂处方设计及工艺流程应注意的问题

粉剂是群体化给药优先选择的剂型之一。选择合适的辅料,稀释适当倍数以适合临床用药需要,满足或解决药物在水溶液中的溶解度和溶出速度,保持药物在规定时间内的稳定性成为处方设计及工艺选择重点考虑的问题。

1. 粉剂辅料的选择

粉剂辅料的选择应无显著药理作用,本身应为较稳定的惰性物质,辅料的粒度、密度最好与主药相接近。常用的有葡萄糖、淀粉、蔗糖、乳糖、糊精、碳酸氢钠、硫酸钠以及其他无机物如沉降碳酸钙、沉降磷酸钙、碳酸镁或白陶土等。制备可溶性粉剂,选择辅料必须要满足制剂水溶性的要求。必要时可选用有助溶性质的辅料,以增加主药的溶解性。

2. 药物稀释倍数

一般情况,粉剂药物的含量规格或稀释比例宜与药物临床给药的剂量或浓度相适应。

3. 超微粉碎有助于加速药物溶出速度

药物粒子的大小直接影响某些难溶性药物在水溶液中的溶解过程,进而影响药物剂型的选择,甚至药物的临床疗效。对可溶性药物,粒子大小对其溶解度影响不大。对难溶性药物,其溶解度与溶出速度与粒子大小有关。当粒子半径大于 $2×10^{-6}$ m 时则无影响,而当粒子半径 $r=10^{-9}\sim10^{-7}$ m 时有影响,粒子越小,溶解度越大。例如,25 ℃时硫酸钙在水中的溶解度:当 $r>2.0×10^{-6}$ m 时,溶解度为 $14.33×10^{-3}$ mol/L;而当 $r=3.0×10^{-7}$ m 时,溶解度为 $18.2×10^{-3}$ mol/L。利用超微粉碎技术,制备药物的超微粉,甚至纳米粉,可增加药物的溶解度,大大提高药物的溶出速度。

4. 固体分散体可提高药物的溶出速度及溶解度

固体分散体可用作固体粉剂、颗粒剂等固体剂型的中间体。将药物以分子、胶态、微晶或无定形状态分散高度分散在另一种水溶性固体载体中,制成固体分散物,能大大提高药物的溶出速度,增加胃肠道药物的吸收速率,提高药物的生物利用度。固体分散体作为中间体,根据需要可用来制备粉剂和颗粒剂等。

5. 环糊精包合物可提高药物的溶出速度及溶解度

可用作固体粉剂、预混剂及颗粒剂等固体剂型的中间体。药物环糊精包合物,具有增加不溶性药物的溶解度;提高药物的稳定性;使潮解性、挥发性或液体药物粉末化;提高药物的生物利用度等作用。将部分在水中溶解度较低的或溶解速度较慢的药物,制成其环糊精包合物后,可制成其可溶性粉,提高其水溶液的溶解度和溶出速度,提高其生物利用度。见粉剂制备举例。

6. 注意药物辅料混合物粉体的流动性、充填性,满足机械生产需要

球形光滑的粒子能减少相互间的接触点数而有较好的流动性,片状或枝状的粒子具有较

多的接触点故流动性较差。可适当加入润滑剂,降低固体粉体表面的吸附力,改善粉体的流动性。松密度与空隙率反映粉体的充填状态,紧密充填时密度大,空隙率小。

7. 水中不溶或分散性差、水溶液不稳定、挥发性大等的药物不宜制成可溶性粉剂

一些腐蚀性较强,遇光、湿或热易变质的药物,因药物粉碎后比表面积增大,刺激性及化学活性等相应增加,某些挥发性成分易散失等原因,一般不宜制成粉剂。用于深部组织创伤或皮肤损伤的粉剂应无菌。

四、制备举例

(1)粉剂制备举例 盐酸大观霉素、盐酸林可霉素可溶性粉

【处方】盐酸大观霉素 400.0 g 盐酸林可霉素 200.0 g 葡萄糖粉 共制 1 000.0 g

【制法】称取盐酸大观霉素、盐酸林可霉素、葡萄糖粉一定量,分别过筛。再按"等量递加混合法"混匀,即得。

(2)散剂制备举例 四君子散

【处方】党参 60.0 g 白术(炒)60.0 g 茯苓 30.0 g 甘草(炙)20.0 g

【制法】以上四味,粉碎,过筛,混匀,即得。

功能:益气健脾。

【主治】脾胃气虚,食少,体瘦。

【贮藏】密闭、防潮。

(3)含小剂量药物的散剂制备举例 1%硫酸阿托品散

【处方】硫酸阿托品 1.0 g 胭脂红乳糖(1%)0.5 g 乳糖加至 100.0 g

【制法】先研磨乳糖使研钵内壁饱和后倾出,将硫酸阿托品与胭脂红乳糖置研钵中研和均匀,再按等量递加混合原则逐渐加入所需量的乳糖,充分研和,待全部物料色泽均匀即得。

注解:①硫酸阿托品为胆碱受体阻断药,可解除平滑肌痉挛,抑制腺体分泌,散大瞳孔。本品主要用于胃肠、肾、胆绞痛。②1%胭脂红乳糖的配制方法:取胭脂红置于研钵中,加 90%乙醇 10~20 mL,研匀,再加小量的乳糖研匀,至全部加入混合均匀,并在 50~60 ℃温度下干燥后,过筛即得。

(4)含浸膏散剂制备举例 10%颠茄浸膏散

【处方】颠茄浸膏 10.0 g 淀粉 90.0 g

【制法】取适量大小的滤纸,称取颠茄浸膏后黏附于杵棒末端,在滤纸背面加适量乙醇浸透滤纸,使浸膏自滤纸上脱落而留在杵棒末端,然后将浸膏移至研钵中加适量乙醇研和,再逐渐加入淀粉混合均匀,在水浴上加热干燥,研细,过筛,即得。

注解:①浸膏有干浸膏(粉状)和稠浸膏(膏状)两种形态。如为干浸膏,可按固体药物加入的方法混合;可先加入少量乙醇共研,使其稍稀薄后,再加其他固体成分研匀,干燥,即得。②颠茄浸膏所含成分为胆碱受体阻断药,可解除平滑肌痉挛,抑制腺体分泌。本品用于胃及十二指肠溃疡,胃肠道、肾、胆绞痛等。

(5)含共熔成分的散剂制备举例 痱子粉

【处方】薄荷脑 0.6 g 麝香草酚 0.6 g 薄荷油 0.6 mL 水杨酸 1.2 mL 硼酸 5.0 g
        升华硫 4.0 g 氧化锌 6.0 g 淀粉 10 g 滑石粉加至 100.0 g

【制法】取薄荷脑、麝香草酚研磨至全部液化,并与薄荷油混合。另将水杨酸、硼酸、升华硫、氧化锌、淀粉、滑石粉研磨混合均匀,过 7 号筛。然后将共熔混合物与混合的细粉研磨混匀

或将共熔混合物喷入细粉中,过筛,即得。

注解:①本品中可发生共熔现象的药物有麝香草酚、薄荷脑,因本处方中固体组分较多,可先将共熔组分共熔,再用其他固体组分吸收混合,使分散均匀。②本品有吸湿、止痒及收敛作用,用于痱子、汗疹等,洗净患处,撒布用。

第三节　颗粒剂

颗粒剂是将药物(或中药提取物)与适宜的辅料混合制成具有一定粒度的干燥颗粒状制剂。颗粒剂可分为可溶性颗粒(通称为颗粒)、混悬颗粒、泡腾颗粒、肠溶颗粒、缓释颗粒和控释颗粒等,兽医临床常用可溶性颗粒,既能饮水也能拌料。

颗粒剂与粉散剂相比有如下特点:

①飞扬性、附着性、聚集性、吸湿性等均较小;

②可以直接投喂,也可以冲入水中供饮,应用方便和携带都很方便;

③必要时可对颗粒进行包衣,根据包衣材料的性质可使颗粒具有肠溶性、缓释性、控释性等,在包衣前需要注意颗粒大小的均匀性及表面的光洁度,以保证包衣的均匀性;

④如果颗粒大小不一,在用容量法分剂量时不够准确,且混合性能较差,容易产生离析现象,从而导致剂量不准确。

颗粒剂在生产与贮存期间应符合有关规定:

①药物与辅料应均匀混合,凡属挥发性药物或遇热不稳定的药物在制备过程应注意控制适宜的温度条件,凡遇光不稳定的药物应遮光操作。

②颗粒剂应干燥,颗粒均匀,色泽一致,无吸潮、结块、潮解等现象。

③根据需要可加入适宜的矫味剂、芳香剂、着色剂、分散剂和防腐剂等附加剂。

④颗粒剂的溶出度、释放度、含量均匀度等应符合要求。必要时,包衣颗粒剂应检查残留溶剂。

⑤除另有规定外,颗粒剂应密封,置干燥处贮存,防止受潮。

⑥单剂量包装的颗粒剂在标签上要标明每个袋(瓶)中活性成分的名称及含量,多剂量包装的颗粒剂除应有确切的分剂量方法外,在标签上要标明颗粒中活性成分的名称和重量。

一、颗粒剂的制备

颗粒剂的传统制备工艺如图 6-4 所示。从流程图中我们可以看出,药物的粉碎、过筛、混合操作与散剂的制备过程完全相同。

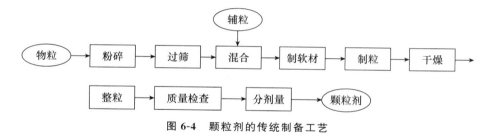

图 6-4　颗粒剂的传统制备工艺

(一)制软材

将药物与适当的稀释剂（如淀粉、蔗糖或乳糖等），必要时还加入崩解剂（如淀粉、纤维素衍生物等）充分混合均匀，加入适量的水或黏合剂制软材。制软材是传统湿法制粒的关键技术，黏合剂的加入量可根据经验"手捏成团，轻压即散"为准。

(二)制湿颗粒

颗粒的制备常采用挤出制粒法。将软材用机械挤压通过筛网，即可制得湿颗粒。除了这种传统的过筛制粒法以外，近年来有许多新的制粒设备和方法应用于生产实践，其中应用最广的就是流化（沸腾）制粒，流化制粒可在一台机器内依次完成混合、制粒、干燥，因此称为"一步制粒法"。

(三)颗粒干燥

除了流化（沸腾）制粒及喷雾制粒所得的颗粒已被干燥外，湿法制得的湿颗粒必须用适宜的方法及时干燥，以除去水分，防止结块或受压变形。常用的干燥方法有箱式干燥、流化干燥，温度一般以 60~80 ℃为宜。静态干燥时温度应逐渐上升，否则颗粒的表面干燥过快，易结成一层硬壳而影响内部水分的蒸发；且颗粒中的糖粉骤遇高温时会熔化，使颗粒变得坚硬；尤其是糖粉与柠檬酸共存时，温度稍高更易黏结成块。颗粒的干燥程度应适宜，一般含水量控制在5%以内。

(四)整粒、分级

湿颗粒在干燥过程中，由于颗粒间相互黏着凝集，往往会导致部分颗粒可能粘连，甚至结块，所以必须通过整粒对干燥后的颗粒给予适当的整理，使结块、粘连的颗粒散开，从而获得具有一定粒度的均匀度颗粒。一般采用过筛的办法进行整粒和分级。先用摇摆式颗粒机过1号筛将结块、粘连的颗粒碎解，此操作称整粒；再将整粒后的颗粒过振荡筛除去不能通过1号筛的粗颗粒和能通过5号筛的细粉，使颗粒均匀，此操作称分级。

处方中的芳香挥发性成分，一般宜溶于适量乙醇中，雾化喷洒于干燥的颗粒上，密闭放置一定时间，待闷吸均匀后，才能包装。也可将挥发性成分制成环糊精包合物后混入。

整粒后的颗粒可以作为颗粒剂临床使用，也可以作为片剂或胶囊剂的中间品进入下一工艺流程。

(五)包衣

为了达到矫味、矫臭、稳定、缓释、控释或肠溶等目的，可对颗粒剂进行包衣，一般采用包薄膜衣。对于有不良嗅味的颗粒剂，可将芳香剂溶于有机溶剂后，均匀喷入干颗粒中并密封一段时间，以免挥发损失。

(六)分剂量与包装

制得的颗粒剂经质量检查后，一般采用自动分类机进行分剂量和包装。颗粒剂的包装、贮存要求基本与散剂相同。但应注意保持其均匀性。要求密封包装，并存于干燥处，防止受潮变质。

二、颗粒剂质量检查

颗粒剂的质量检查，除主药含量外，《中国兽药典》还规定了外观、粒度、干燥失重、溶化性以及装量等检查项目。

(一)外观

颗粒应干燥、均匀、色泽一致，无吸潮、软化、结块、潮解等现象。

(二)粒度

除另有规定外,一般取单剂量包装的颗粒剂 5 包或多剂量包装颗粒剂 1 包,称重,置该品种规定的药筛中,保持水平状态过筛,左往返,边筛动边拍打 3 min,不能通过 1 号筛(200 μm)与能过 5 号筛(180 μm)的颗粒和粉末总和不得超过供试量的 14%。

(三)干燥失重

除另有规定外,在 105 ℃干燥至恒重(含糖颗粒应在 80 ℃减压干燥),减失重量不得超过 2.0%。

(四)溶化性(溶解性)

除另有规定外,可溶性颗粒和泡腾颗粒照下述方法检查:

1. 可溶性颗粒检查法

取供试品 10 g,加热水 200 mL,搅拌 5 min,可溶性颗粒应全部溶化或轻微浑浊,但不得有异物。

2. 泡腾颗粒检查法

取供试品 10 g,置盛有 200 mL 水的烧杯中,水温为 14~25 ℃,应迅速产生气体而成泡腾状,5 min 内应完全分散或溶解在水中。

混悬颗粒或已规定检查溶出度或释放度的颗粒剂,可不进行溶化性检查。

(五)装量差异

见粉散剂项下。

(六)微生物限度

应符合《中国兽药典》微生物限度检查法项下的规定。

三、颗粒剂制备举例

例 硬脂酸红霉素颗粒剂

【处方】硬脂酸红霉素 50 g   淀粉 700 g   打浆淀粉(10%)50 g

蔗糖 200 g   食用香精 50 mL

【制法】蔗糖、红霉素、淀粉粉碎,过 100 目筛,备用;淀粉冲成 10%淀粉浆,放凉至 50 ℃以下,备用;分别称取红霉素、蔗糖粉、淀粉,放入混合搅拌机中,混合 10~14 min,加入淀粉浆制成软材,经制粒机过 14 目筛制粒,湿颗粒于 50~60 ℃干燥,干颗粒再过 14 目筛整粒,在缓慢搅拌下,喷入食用香精,并闷 30 min;含量测定后,计算每袋的颗粒量;然后分装,密封,包装,即得。

【作用与用途】抗菌药物,用于细菌感染性疾病。

第四节 片 剂

一、概述

(一)定义

片剂系指药物与适宜的辅料混匀压制而成的圆片状或异形片状的固体制剂。其形状除圆形外,也有异形的,如三角形、椭圆形、菱形等。

片剂主要是经口服直接给动物投服使用,在兽医临床上除了伴侣动物或宠物等个体应用外不适用集约化养殖群体给药。但在近年来随着新理论、新技术和新辅料的应用,新型片剂逐渐在兽医临床得到认可,片剂不仅能内服给药,而且可饮水给药、外用给药等,使传统的片剂更适合于目前的集约化养殖,如泡腾片、溶液片、分散片等。

(二)特点

(1)片剂的优点:①片剂含量均匀,以片数为剂量单位给药,剂量准确。②体积小,使用、运输方便。③利用包衣技术可提高药物稳定性,并对药物矫味和减轻对胃肠道的刺激。④机械化生产产量大,成本低。⑤可制成不同临床需要的片剂,如泡腾饮水片、控释片等。⑥易于识别,药片上既可以压制标记上主药名和含量,又可以将片剂制成不同的颜色。

(2)片剂的缺点:①病畜不易吞服。②压片时加入的辅料会影响药物的溶出。③含挥发性成分的片剂贮存较久时含量下降。④片剂中药物的溶出速率较散剂及胶囊剂为慢,其生物利用度相对较低。

(三)分类

1. 按给药途径结合制备方法与作用分类

(1)口服片 系指通过口腔吞咽在胃肠道崩解吸收而发挥疗效的片剂,是应用最广泛的一类片剂,有很多种类。

药典习惯上所称的片剂都指压制片。压制片按用途又可分为以下几类:

①普通片(素片)。药物与辅料直接混合,压制而成的片剂,一般指未包衣的片剂。

②包衣片。指在片芯(普通片)外包上衣膜的片剂。根据包衣膜不同,包衣片又可分为糖衣片、薄膜衣片、肠溶衣片。

③多层片。由二层或多层组成的片剂。多层片的各层可含不同的药物,也可含相同的药物但辅料不同。多层片分为上、下两层或内外两层。

④泡腾片。系指含有泡腾崩解剂的片剂。此类片剂遇水产生 CO_2 气体而快速崩解,泡腾片中的药物应是易溶性的,加水产生气泡后应能迅速溶解,达到速效、高效的目的。可口服,如大山楂泡腾片;也可植入,如避孕片。

⑤咀嚼片。系指于口腔中咀嚼使片剂溶化后吞服的片剂,如干酵母片等。

(2)口腔用片 系指不经胃肠道吸收的片剂。

①含片。又称口含片,系指含于口腔颊膜内,药物缓慢溶出产生持久局部作用的片剂。含片中的药物应是易溶性的,主要起局部消炎、杀菌、收敛、止痛或局部麻醉作用。

②舌下片。系指置于舌下能迅速溶化,药物经舌下黏膜吸收发挥全身作用的片剂。此类片剂不经胃肠道吸收,呈速效作用,并可避免肝脏的首过作用,如硝酸甘油片。

③口腔贴片。系指粘贴于口腔黏膜或口腔患处,经黏膜吸收后起局部或全身作用的速释或缓释制剂,如冰硼贴片、口腔溃疡灵贴片等。

(3)外用片及其他片剂

①腔道片。直接使用于阴道、子宫等腔道部位,使其产生局部或全身作用的片剂,如消炎、杀菌、杀虫等,如治疗慢性子宫内膜炎的鱼腥草素外用片等。

②可溶片。系指临用前能溶解于水的非包衣片或薄膜包衣片剂。一般供饮水、消毒或洗

涤伤口使用,故又称调剂用片,如供滴眼用的白内停片、供漱口用的复方硼砂漱口片。

③分散片。系指在水中能迅速崩解并均匀分散的片剂。分散片可加水分散后口服,也可将分散片含于口中吮服或吞服,如阿斯匹林分散片等。

④肠溶片。系指用肠溶性包衣材料进行包衣的片剂,如吉痢速宁片等。

⑤缓控释片。缓释片系指在水中或规定的释放介质中缓慢地非恒速释放药物的片剂。控释片系指在水中或规定的介质中缓慢地恒速或接近恒速释放药物的片剂。

⑥烟熏剂(片)。系指将固态的有效组分与粉状燃料、助燃剂、灭火焰剂等混配在一起,通过压片制成的片状制剂,如二氯异氰脲酸钠烟熏剂、三氯异氰脲酸烟熏剂。使用时点火燃烧的方式使有效组分变成烟气挥发,发挥其功效。

⑦微囊片。指固体或液体药物利用微囊化工艺制成干燥的粉粒,经压制而成的片剂,如牡荆油微囊片。

另外还有植入片、皮下注射用片等皮下给药片剂。

2. 中药片剂

按原料特性分类:提纯片、全粉末片、全浸膏片及半浸膏片。具体详见相关制剂内容。

二、片剂常用的辅料

片剂由药物和辅料组成。辅料系指片剂内除药物以外的所有附加物料的总称,也称为赋形剂。药物能直接压制成片剂的不多,只有应用辅料才可能赋予药物压制成型的特性。不同种类的辅料可以提供不同的功能,即填充作用、黏合作用、吸附作用、崩解作用和润滑作用等。根据需要还可以加入着色剂、矫味剂等。

片剂的辅料必须具有较高的化学稳定性;不与主药发生任何物理、化学反应;对动物机体无毒、无害、无不良反应;不影响主要的疗效和含量测定。根据各种辅料所起的不同作用,将辅料分为五大类,现介绍如下。

(一)稀释剂

小剂量的药物需加入适量的辅料才能制备合适的颗粒或压片,这些加入的物料称为稀释剂,也称填充剂。稀释剂的主要作用是增加片剂的重量或体积,还可以减少主药成分的剂量偏差,改善药物的压缩成型性。常用的稀释剂有以下几种:

1. 淀粉

淀粉有玉米淀粉、马铃薯淀粉、小麦淀粉,比较常用的是玉米淀粉,其性质非常稳定,可与大多数药物配伍,吸湿性小,外观色泽好,价格便宜。但淀粉的可压型较差,因此常与可压性较好的糖粉、糊精、乳糖等混合使用。

2. 糊精

是淀粉水解的中间产物,在冷水中溶解较慢,较易溶于热水,不溶于乙醇。具有较强的黏结性,使用不当会使片面出现麻点、水印及影响片剂崩解或溶出迟缓;另外在含量测定时会影响测定结果的准确性和重现性,所以常与糖粉、淀粉配合使用。

3. 糖粉

系指结晶性蔗糖经低温干燥、粉碎而成的白色粉末。优点是黏合力强,可用来增加片剂的硬度,并使片剂的表面光滑美观;缺点是吸湿性较强,长期贮存可使片剂的硬度过大,崩解或溶出困难。一般不单独使用,常与糊精、淀粉混合使用。

4. 乳糖

是一种优良的片剂稀释剂。常用的乳糖含有一分子结晶水,无吸湿性,可压性好,性质稳定,与大多数药物不起化学反应,压制的片剂光洁美观。由喷雾干燥法制得的乳糖为非结晶性乳糖,流动性、可压性均好,可供粉末直接压片。

5. 可压性淀粉

亦称为预胶化淀粉,也称为 α-淀粉,是普通淀粉经糊化处理,使其吸水膨胀,破坏分子间的氢键而成,是新型药用辅料。具有多功能性,作为稀释剂,具有良好的流动性、可压性、自身润滑性和干燥黏合性;并有较好的崩解作用,可用于粉末直接压片。

6. 微晶纤维素

是由纤维素部分水解而制得的结晶性粉末,具有较强的结合力与良好的可压性,因此有"干黏合剂"之称,可用作粉末直接压片。另外,片剂中含有 20% 以上微晶纤维素时崩解效果较好。

7. 无机盐类

主要是无机钙盐、如硫酸钙、磷酸氢钙及药用碳酸钙(由沉降法制得,又称为沉降碳酸钙)等,常用作吸收剂使用。其中硫酸钙较为常用,因其理化性质稳定,无臭无味,微溶于水,可与多种药物配伍,尤适用于含油类成分较多的药物制粒,制成的片剂外观光洁,硬度、崩解度均较好,对药物也无吸附作用,因此适用于大多数片剂的稀释剂和挥发油类药物的吸收剂,但可干扰四环素的吸收。磷酸氢钙具有良好的流动性和一定的稳定性,常用作中药浸出物、油类药物的良好吸收剂,但压制成的片剂质地较硬。

8. 糖醇类

主要指甘露醇、山梨醇等,呈颗粒状或粉末状,具有一定的甜度,在口腔溶解时吸热,有凉爽感。较适于制备咀嚼片的填充剂,但价格稍贵,常与蔗糖混合使用。

(二)润湿剂

润湿剂指本身没有黏性,但能诱发待制粒物料的黏性,以利于制成软材、颗粒。在制粒过程中常用的润湿剂有纯化水和乙醇。

1. 纯化水

是在制粒中最常用的润湿剂,因其无毒、无味、便宜,但由于物料对水的吸收较快,因而较易发生润湿不均匀的现象,同时干燥温度高、干燥时间较长,因此最好采用低浓度乙醇-水溶液代替,弥补这种不足。

2. 乙醇

可用于遇水易分解的药物或遇水黏性太大的药物。中药浸膏的制粒常用乙醇-水作润湿剂,随着乙醇浓度增大,润湿后所产生的黏性降低,常用浓度为 30%～70%。

(三)黏合剂

黏合剂是指能使无黏性或黏性较小的物料黏结成颗粒或压缩成型的具有黏性的固体粉末或黏性液体。部分用于湿法制粒的黏合剂种类与参考用量表见表 6-2。常用的黏合剂如下。

1. 淀粉浆

淀粉浆是片剂生产中最常用的黏合剂,是淀粉在水中受热后糊化而得,淀粉浆中含有糊精和葡萄糖等,从而具有良好的黏合作用。常用 8%～14% 的浓度,其中 10% 淀粉浆最为常用。

若物料的可压性较差,其浓度可提高到 20%。淀粉浆能均匀地润湿压片原料,并不易出现局部过湿的现象,制出的片剂崩解性能较好,对药物溶出的影响较小,因而特别适用于对湿热较稳定同时药粉本身不太松散的品种。淀粉浆的制法主要有冲浆法和煮浆法两种,冲浆法是将淀粉混悬于少量(1~1.5 倍)冷水中,然后根据浓度要求冲入一定量的沸水,不断搅拌成糊状。冷水加入的量要适当,过少会产生结块现象,过多则冲浆不熟,黏性较差;煮浆法是将淀粉混悬于全部量的水中,在夹层容器中通入高温蒸汽并不断搅拌(不宜直火加热,以免焦化)成糊状。煮浆法加热时间相对较长,温度较高,淀粉全部糊化,因而煮浆法制得的淀粉浆黏性较强。

表 6-2　用于湿法制粒的黏合剂种类与参考用量表

黏合剂	溶剂中质量浓度(w/v)/%	制粒用溶剂
淀粉	5~10	水
预胶化淀粉	2~10	水
明胶	2~10	水
蔗糖、葡萄糖	30~50	水
甲基纤维素	2~10	水
羧甲基纤维素钠(低黏度)	2~10	水
羟丙基甲基纤维素	2~10	水或乙醇溶液
乙基纤维素	2~10	乙醇
聚乙二醇(4 000、6 000)	10~50	水或乙醇
聚维酮	2~20	水或乙醇
聚乙烯醇	5~20	水

2. 纤维素衍生物

将天然纤维素处理后制成的各种纤维素衍生物。主要有:

(1)羧甲基纤维素钠(CMC-Na)　是纤维素的羧甲基醚化物的钠盐,溶于水,不溶于乙醇。在水中,首先在粒子表面膨化,然后慢慢地浸透到内部,逐渐溶解而成为透明的溶液。如果在初步膨化和溶胀后加热至 60~70 ℃,可大大加快其溶解速度。常用的浓度一般为 1%~2%,其黏性较强。主要应用于可压性较差的水溶性或水不溶性物料的制粒中,但制得的片剂容易出现硬度过大或崩解时间超限的现象。

(2)甲基纤维素(MC)　是纤维素的甲基醚化物,具有良好的水溶性,可形成黏稠的胶体溶液。MC 是应用广泛的药剂辅料,口服安全,可作为片剂的黏合剂及改善崩解和溶出,应用于水溶性及水不溶性物料的制粒中,颗粒的压缩成型性好且不随时间变硬。

(3)乙基纤维素(EC)　EC 是纤维素的乙基醚化物,具有热塑性和成膜性,不溶于水,溶于乙醇等有机溶剂中,可作为对水敏感性药物的黏合剂。本品的黏性较强,且在胃肠液中不溶解,会对片剂的崩解及药物的释放产生阻滞作用。目前常用作缓、控释制剂的包衣材料。

(4)羟丙基甲基纤维素(HPMC)　HPMC 是纤维素的羟丙基醚化物,易溶于冷水,不溶于热水,不同分子质量(黏度不同)的 HPMC 应用不同,高黏度的可作为片剂的黏合剂,主要作缓释制剂的辅料,口服不吸收,安全无毒;中等分子质量的主要作助悬剂于增稠剂;低分子质量主要作为成膜材料,也可作为片剂崩解剂,对改善片剂的溶出效果显著。

（5）羟丙基纤维素（HPC）　HPC是纤维素的羟丙基醚化物,易溶于冷水,热水中不溶解,但能溶胀,可溶于甲醇、乙醇、丙二醇、异丙醇中。本品主要作为片剂的崩解剂及黏合剂,其溶胀度大,崩解力强,而且崩解的颗粒较细,有利于药物的溶出。

3. 聚乙烯吡咯烷酮（聚维酮,PVP）

由 N-乙烯基2-吡咯烷酮单体聚合而成的水溶性高分子。根据分子质量不同有多种规格,其中最常用的型号是 K_{30}（相对分子质量为6万）。聚维酮最大的优点是既溶于水,又溶于乙醇,因此可用于水溶性或水不溶性物料以及对水敏感性物料的制粒,还可用作直接压片的干黏合剂。常用于泡腾片的制粒中,最大缺点是吸湿性强。

4. 聚乙二醇（PEG）

PEG 可溶于水和乙醇,根据分子质量不同有多种规格,其中 PEG4 000、PEG6 000 常用于黏合剂,为新型黏合剂,制得的颗粒压缩成形性好,片剂不变硬,适用于水溶性或水不溶性物料的制粒,也可在干燥状态下直接与药物混合。

5. 胶类

有明胶浆和阿拉伯胶浆。阿拉伯胶浆为黏性极强的黏合剂,常用浓度为 10%～25%,适用于极易松散的药物,压出的片剂不易崩解;明胶浆为明胶的水溶液,黏性较强,常用的浓度为5%～20%,用于松散性药物且不易制粒的药物,如植物性中药粉末。

6. 糖浆及糖粉

为一类黏性较强的黏合剂,适用于质地疏松、纤维性及弹性较强的植物性药材,或易失去结晶水的松散的化学药品。糖浆加入量为 10%～70%。有时与淀粉浆合用,其用量各为10%～14%,此种混合糖浆使用于仅用淀粉浆而不能达到黏合作用的中草药片剂。糖粉一般作为干燥黏合剂,对于纤维性药物或片剂较松软的,如果加入适量的糖粉,就可以提高片剂的硬度,并且使其表面光洁美观。

（四）崩解剂

崩解剂是促使片剂在胃肠液中迅速碎裂成细小颗粒的辅料。片剂的崩解是药物溶出的第一步,崩解时限是检查片剂质量的主要内容之一。为使片剂在投服后及时发挥药效,除需要药物缓慢释放的缓、控释片等,制备时必须加入一定量的崩解剂。崩解剂应具有良好的吸水性和吸水后的膨胀性能。

1. 崩解机制

片剂是在高压下压制而成,因此空隙率小,结合力强,很难迅速溶解。片剂中加入崩解剂可以消除因黏合剂或高度压缩而产生的结合力,从而使片剂在水中瓦解,片剂的崩解过程经历润湿、虹吸、破碎阶段。崩解剂的作用机理有如下几种:

（1）毛细管作用　崩解剂在片剂中形成易于润湿的毛细管通道,当片剂置于水中时,水分能迅速地随毛细管进入片剂内部,使整个片剂润湿而瓦解。淀粉、纤维素衍生物属于此类崩解剂。

（2）膨胀作用　崩解剂本身具有很强的吸水膨胀性,可以瓦解片剂的结合力。膨胀作用的大小可用膨胀率来表示。膨胀率越大,崩解效果越显著。

$$膨胀率 = \frac{膨胀后体积 - 膨胀前体积}{膨胀前体积} \times 100\%$$

(3)润湿热 某些药物在水中溶解时产生热,使片剂内部残存的空气膨胀,促使片剂崩解。

(4)产气作用 如在泡腾片中加入的柠檬酸或酒石酸与碳酸钠或碳酸氢钠遇水产生二氧化碳,借助气体的膨胀而使片剂崩解。

2. 常用的崩解剂

(1)干淀粉 为最常用的崩解剂,干淀粉有良好的崩解作用,其吸水膨胀率为186%,并且价格便宜。多用玉米淀粉,用量一般为干颗粒重量的5%～20%。在使用前应先进行干燥,干燥温度为100～105 ℃,使含水量控制在8%以下。适用于水不溶性或微溶性药物的片剂。

(2)羧甲基淀粉钠(CMS-Na) 本品吸水后,容积大幅度增大,其吸水膨胀率为原体积的300倍,是一种优良的快速崩解剂,还具有良好的可压性和流动性。

(3)低取代羟丙基纤维素(L-HPC) 是国内近年来应用较多的一种崩解剂。由于具有很大的表面积和空隙度,所以它有很好的吸水速度和吸水量,其吸水膨胀率在500%～700%(取代基在10%～14%时),崩解后的颗粒也较小,因此有利于药物的溶出。

(4)交联羧甲基纤维素钠(CCNa) 是交联化的纤维素羧甲基醚(大约有70%的羧基为钠盐型),由于交联键的存在,不溶于水,但能吸收数倍于本身重量的水而膨胀。具有良好的崩解作用,当与羧甲基淀粉钠(CMS-Na)合用时,崩解效果更好,但与干淀粉合用时,崩解效果会下降。

(5)交联聚维酮(PVPP) 流动性良好,在水、有机溶剂及强酸强碱溶液中均不溶解,但在水中迅速溶胀,无黏性,因而崩解性能很好。

(6)泡腾崩解剂 是专用于泡腾片的特殊崩解剂。最常用的是由碳酸氢钠与柠檬酸组成的混合物。遇水时以上两种物质反应会产生大量的二氧化碳气泡,从而使片剂在几分钟之内迅速崩解。含有这种崩解剂的片剂,应妥善包装,避免受潮造成崩解剂失效。表6-3表示常用崩解剂的用量。

表 6-3 常用崩解剂的用量

传统崩解剂	质量分数(w/v)/%	新型崩解剂	质量分数(w/v)/%
干淀粉(玉米、马铃薯)	5～20	羧甲基淀粉钠(CMS-Na)	1～8
微晶纤维素	5～20	交联羧甲基纤维素钠(CCNa)	5～10
海藻酸	5～10	交联聚维酮(PVPP)	0.5～5
海藻酸钠	2～5	羧甲基纤维素钙	1～8
泡腾酸-碱系统	3～20	低取代羟丙基纤维素(L-HPC)	2～5

3. 崩解剂的加入方法

崩解剂的加入方法有以下3种:

(1)内加法 即崩解剂与主药混匀后共同制粒,片剂的崩解将发生在颗粒内部。

(2)外加法 即崩解剂与干颗粒混匀后压片,片剂的崩解将发生在颗粒之间。此法因细粉量增加,压片时容易出现裂片、片重差异较大等现象。

(3)内外加法 部分崩解剂与主药混匀后制粒,另外部分崩解剂在压片前加到干颗粒中,可使片剂的崩解既发生在颗粒内部又发生在颗粒之间从而达到良好崩解效果。

以上三种加入方法,内外加法较为理想。通常内加崩解剂量占崩解剂总量的50%～

75%,外加崩解剂量占崩解剂总量的 25%～50%。

(五)润滑剂

能够增加粉末或颗粒的流动性,减少冲模的摩擦和粘连,使片剂分剂量准确、表面光洁美观,且利于出片的辅料,称为片剂的润滑剂。润滑剂除了矿物油等,大多数兼具抗黏和助流作用。因此广义的润滑剂包括润滑剂(狭义)、助流剂和抗黏剂三种辅料。

1. 润滑剂(狭义)

润滑剂的作用是降低压片和推出片时药片与冲模壁之间的摩擦力,以保证压片时应力分布均匀,防止裂片。

润滑剂在使用前一般要过 80～120 目筛,然后再与颗粒均匀混合压片。润滑剂的用量一般不超过 1%,与颗粒混合时间 2～3 min 即可,使之均匀黏附于颗粒表面。由于大多数润滑剂为疏水性物质,若过多地黏附于颗粒表面,往往会影响片剂的崩解和药物的溶出;也会阻碍颗粒之间的结合,降低片剂的硬度。

润滑剂可分为两类:

(1)水不溶性润滑剂 如硬脂酸镁等金属盐等,片剂生产中大部分应用这类润滑剂,用量少,效果好。

(2)水溶性润滑剂 主要用于需要完全溶解于水中的片剂(如泡腾片等),如聚乙二醇等。

2. 助流剂

助流剂可降低颗粒之间的摩擦力(图 6-5),从而改善粉体流动性,使之顺利通过加料斗,进入冲模,减少重量差异。常用的助流剂有滑石粉和微粉硅胶。

助流剂的作用机制有如下解释:由于助流剂黏附于颗粒表面,①改善了颗粒表面的粗糙度,使之光滑,从而减少了粒与粒之间的摩擦力;②改善颗粒表面的静电分布;③减弱颗粒间的相互作用力;④能优先吸附颗粒中的气体。

3. 抗黏剂

防止压片时物料黏着于冲头与冲模表面,以保证压片操作的顺利进行及片剂表面光洁。主要用于有黏性药物的处方,如维生素 E 含量较高的多种维生素片,压片时常有黏冲现象,可用微粉硅胶做抗黏剂加以改善。

此外,玉米淀粉、滑石粉等均有较好的抗黏作用。

图 6-5 助流剂的作用

4. 常用的润滑剂及其使用方法

常用的润滑剂有以下几种:

(1)硬脂酸镁 为最常用的润滑剂,白色细腻粉末,具有润滑性强、抗黏附性能好、质轻,与颗粒混合均匀,减少颗粒与冲模之间的摩擦力,压片后片剂光洁美观,但助流性能较差。用量一般为 0.1%～1%,用量过大,因其本身为疏水性,会造成片剂的崩解迟缓或裂片。另外,本品不宜用于乙酰水杨酸、某些抗生素类药物及多数有机碱类药物的片剂制备。

(2)滑石粉 为优良的助流剂,白色粉末,具有与多种药物不起反应、不影响片剂崩解、抗黏附性能和助流性能好等特点。常用量一般为 0.1%～3%,最多不超过 5%。

(3)微粉硅胶 是一种优良的助流剂,可作粉末直接压片的助流剂。其性状为轻质白色粉末,无臭无味,化学性质稳定,比表面积大,特别适用于油类和浸膏类药物,常用量为

$0.1\%\sim3\%$。

（4）氢化植物油　为性能优良的润滑剂。以喷雾干燥法制得,应用时将其溶解于热轻质液体石蜡或己烷中,然后喷于颗粒,使之均匀分布,凡不宜采用碱性润滑剂的药物均可选用本品。

（5）水溶性润滑剂　聚乙二醇与十二烷基硫酸镁,二者均为典型的水溶性润滑剂,均具有良好的润滑效果,前者主要使用聚乙二醇4 000和聚乙二醇6 000,可用作润滑剂也可用作干燥黏合剂,制得的片剂崩解与溶出不受影响;后者为表面活性剂,能增加片剂的强度,而且可以促进片剂的崩解和药物的溶出。表6-4为常用润滑剂的特性评价表。

表6-4　常用润滑剂的特性评价表

润滑剂名称	常用量/%	助流性能	润滑特性	抗黏着特性
硬脂酸（镁、钙、锌）	$0.25\sim2$	无	优	良
硬脂酸	$0.25\sim2$	无	良	不良
滑石粉	$1\sim5$	良	不良	优
聚乙二醇4 000	$1\sim5$	无	良	良
聚乙二醇6 000	$1\sim5$	无	良	良

（六）色、香、味及其调节

有些片剂还要加入一些符合药用标准的着色剂、矫味剂等辅料以改善口味和外观。口服片剂所用色素必须使用药用级或食用级,色素的最大用量一般不超过0.05%。使用中要注意色素与药物不能发生化学反应,避免干燥过程中颜色的迁移等。如果把色素先吸附于硫酸钙、磷酸钙、淀粉等主要辅料中,可有效避免颜色的迁移。香精的常用加入方法是将香精溶解于乙醇中,均匀喷洒在已经干燥整粒的颗粒上吸附。

三、湿法制粒压片法

制粒是片剂制备的重要工艺之一,颗粒的性质（流动性、可压性和润滑性）是影响着片剂质量的重要因素（如流动性好,可减少片重差异;可压性好,不易出现裂片、松片等不良现象;润滑性好,可得到完整、光洁的片剂）。所以,片剂的制备方法按颗粒制备方法或是否制粒分为:湿法制粒压片法、干法制粒压片法、直接粉末压片法和空白颗粒压片法四种。其中湿法制粒压片在实际生产中应用较为广泛。

湿法制粒压片是将药物和辅料的粉末混合均匀后加入液体黏合剂制备颗粒的方法。湿法制粒压片是最常用的片剂制备方法,其特点如下:①颗粒可压性好。该方法依靠黏合剂的作用使粉末粒子产生结合力,增进了粉末的黏合性和可压性,压片时所用的设备压力较小,损耗低,从而延长了设备使用寿命。②颗粒流动性好。通过湿法制粒,可将流动性差,容易结块聚集的细粉获得适宜的流动性。③颗粒均匀性好。通过湿法制粒可将剂量小的药物达到含量准确、分散良好和色泽均匀的压片效果,同时可防止物料在压片过程中分层。④制粒使崩解性可控。可以通过选择适宜的润湿剂、黏合剂和崩解剂（内外加法）制粒压片,可改变片剂的崩解度及药物的溶出速度。但对于热敏性、湿敏性、极易溶性等物料可采用其他方法制粒。湿法制粒压片的工艺流程图如图6-6所示。

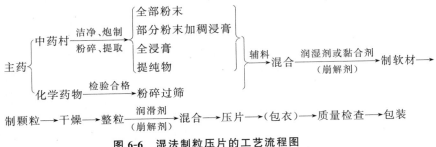

图 6-6　湿法制粒压片的工艺流程图

(一)原辅料的准备与预处理

投料前,原料药、辅料必须经过鉴定、含量测定、干燥、粉碎、过筛、按处方称取等预处理,细度以通过 80～100 目筛为宜。中兽药片剂另章节详论。

(二)制颗粒

制粒目的主要是增强或改善原辅料的流动性和可压性,具体如下:

①增加物料流动性。细粉流动性差,且易结块聚集,不易均匀地顺利流入模圈中,流入模圈中的量时多时少,影响片重差异。

②避免细粉分层。制剂处方中有多种原辅料粉末,尽管混合均匀,但因密度不一,易受压片机震动而导致轻、重质成分分层。轻者上浮,重者下沉,使片剂药物含量不准。

③避免粉末飞扬。在压片过程中,形成的气流易使粉末飞扬,使具有黏性的粉末粘于冲头表面,造成黏冲现象。

④减少细粉吸附和容存的空气。粉末之间具有一定的空隙,因而含有一定量的空气。在冲头施加压力时,空气不能及时逸出而进入片剂内部;在压力解除时,片剂内部空气很快膨胀,易使片剂出现松、裂等质量问题。

⑤减少松片、裂片。颗粒表面不平整,当施加压力时,其表面有互相嵌合的作用,使颗粒间接触紧密,从而能克服松片、裂片等质量问题。

制颗粒主要包括制软材、制湿颗粒、湿颗粒干燥和整粒等步骤。

1. 制软材

在混匀的原料药和辅料中,加入适量的润湿剂或黏合剂和崩解剂(内加法),搅拌均匀制成适宜的软材。小量生产可以用手工拌和,大量生产则利用混合机混合。软材的干湿程度应适宜,生产中多凭经验掌握,以用手紧握能成团而不粘手,用手指轻压能裂开为标准,即"握之成团,按之即散"。

2. 制湿颗粒

将制得的适宜软材压过适当孔径的筛网,就能得到所需的湿颗粒。少量生产时可用手将软材握成团块,用手掌轻轻压过筛网即得。在工业化生产中均使用颗粒机制粒。最常用的制粒机是摇摆式颗粒机和高效混合制粒机。

(1)挤压制粒方法与设备　挤压制粒方法是先将药物粉末与处方中的辅料混合均匀后加入黏合剂制成软材,然后将软材用强制挤压的方式通过具有适宜孔径的筛网而制粒的方法。这类制粒设备有摇摆挤压式、螺旋挤压式、旋转挤压式颗粒机等,如图 6-7 所示。

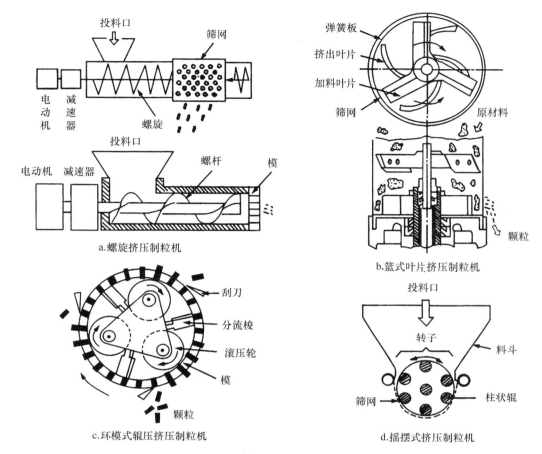

图 6-7　挤压式制粒机示意图

（2）流化床制粒方法与设备　流化床制粒是使物料粉末在容器中，在自上而下的气流作用下保持悬浮的流化状态，同时将液体黏合剂向流化层喷入，使粉末聚结成颗粒的方法。由于流化床制粒可以在一台设备内完成混合、制粒、干燥过程，所以也称为"一步制粒"。目前此法广泛用于制药工业中。

流化床制粒机的主要构造有容器、气体分布装置（如筛板等）、喷嘴（雾化器）、气固分离装置（如袋滤器）、空气进口和出口、物料排出口等组成。图 6-8 为流化造粒机结构示意图。操作时，把药物粉末与各种辅料装入容器中，空气由送风机吸入，经过空气滤过器和加热器从流化床下部通过筛板吹入流化床内，热空气

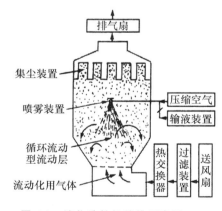

图 6-8　流化造粒机结构示意图

使床层内的物料呈流化状态，并使物料在流化状态下混合均匀，然后送液装置将黏合剂溶液送至喷嘴管，由压缩空气将液体黏合剂均匀喷成雾状，散布在流态粉粒体表面，使粒体相互接触聚集成粒。经过反复的喷雾与干燥，当颗粒大小符合要求时停止喷雾，形成的颗粒继续在床层

内送热风干燥,出料送至下一道工序。尾气由流化床顶部自排风机排放。

流化床制粒的特点是:①在同一台设备中可实现混合、造粒、干燥和包衣等多种操作,简化工艺、节约时间,降低劳动强度;②制得的颗粒粒度分布较窄,颗粒均匀,流动性和可压性好,颗粒密度和强度小。

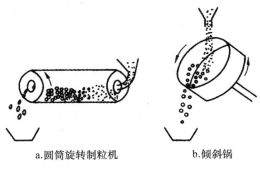

a.圆筒旋转制粒机   b.倾斜锅

图6-9 转动制粒机示意图

(3)转动制粒法 转动制粒法是在药物粉末中加入一定量的黏合剂,在转动、摇动、搅拌等作用下使粉末结聚成具有一定强度的球形粒子的方法。常用的设备是容器转动制粒机、圆筒旋转制粒机、倾斜转动锅等,如图6-9所示。多用于丸剂的生产。其液体喷入量、洒粉量等生产工序大多凭经验控制,转动制粒过程可分为母核形成、母核长大及压实等三个阶段。

(4)高速搅拌制粒法 是将药物粉末、辅料和黏合剂加入高速搅拌制粒机的容器内,依靠高速旋转的搅拌器迅速混合后加入黏合剂高速搅拌制成颗粒的方法。

(5)复合型制粒法 复合型制粒机是将搅拌制粒、转动制粒、流化床制粒等技术结合在一起,使混合、捏合、制粒、干燥、包衣等多个单元操作在一个机器内进行的新型设备。

(6)喷雾制粒法 喷雾制粒是将药物溶液或混悬液用雾化器喷雾于干燥室的热气流中,在热气流的作用下使雾滴中的水分迅速蒸发以直接获得球状干燥细颗粒的方法。该法在数秒钟内即可完成药液的浓缩与干燥,原料液含水量可高达70%~80%或以上。以干燥为目的的过程称为喷雾干燥,以制粒为目的的过程称为喷雾制粒。

3.湿颗粒干燥

制得湿颗粒必须及时干燥,以免结块或受压变形。干燥的温度由原料性质而定,一般为50~60 ℃,对湿热较稳定的物料,干燥温度可以适当提高到80~100 ℃。

(1)干颗粒质量要求 干颗粒必须具备流动性和可压性,此外,还要求达到:

①主药含量符合要求;

②含水量应控制在1%~3%;

③细粉量应控制在20%~40%;

④颗粒硬度适中,若颗粒过硬,可使压成的片剂表面产生斑点,若颗粒过松可产生顶裂现象,一般用手指捻搓时应立即粉碎,并无粗细感为宜;

⑤疏散度应适宜。疏散度大则表示颗粒较松,振摇后部分变成细粉,压片时易出现松片、裂片和片重差异过大等现象。

(2)颗粒干燥方法与设备 由于被干燥物料的性质、干燥程度、生产能力的大小等不同,所采用的干燥方法及设备也是不同的。按操作方式分类为间歇式、连续式;按操作压力分为常压式、真空式;按加热方式分类为传导干燥、气流干燥、辐射干燥、介电加热干燥。

影响干燥效果的因素较多,主要有:①湿颗粒层厚度。厚度一般不宜超过2.5 cm,对于受热易变质的颗粒应更薄一些。②调温速度。在一定范围内,温度越高,干燥效果就越好。但调温时,应逐渐升高,以免湿颗粒中的淀粉或糖类等物质因受骤热而产生糊化或熔化,最后形成"外干内湿"现象。③翻动时间。为了使湿颗粒受热均匀,缩短烘干时间,所以需要定时翻动湿颗粒。

（3）颗粒含湿量的测定　颗粒干燥后含湿量（也称水分含量）常用远红外水分测定仪进行测定。

（三）整粒与混合

在颗粒干燥的过程中，颗粒之间可能发生粘连甚至结块。整粒的目的是使结块、粘连的颗粒分散开，以得到大小均匀的颗粒。一般采用过筛的方法进行整粒。

1. 过筛整粒

过筛整粒使用的药筛，材质应为质硬的金属筛网，由于颗粒干燥后体积缩小，因此整粒的药筛孔径比制粒时的筛孔稍小一些，整粒常用药筛一般为 12～20 目。

2. 润滑剂与崩解剂的加入

润滑剂通常在整粒后用细筛筛入干颗粒中混匀。崩解剂应先干燥过筛，再加入干颗粒中（外加法）充分混匀，也可以将崩解剂及润滑剂与干颗粒一起加入混合器中进行总混合。

3. 挥发油与挥发性物质的加入

对于含有挥发油或挥发性物质的处方，挥发油可加在润滑剂与颗粒混合后筛出的部分细粒中或加入直接从干颗粒中筛出的部分细粉中，再与全部颗粒混匀。如果挥发性药物为固体（如薄荷脑）或量较少时，可用适量的乙醇溶解，或与其他成分混合研磨共溶后喷入干颗粒中，混匀后，密闭数小时，使挥发性物质完全渗入颗粒中，同时在室温下干燥。

（四）压片

1. 片重计算

（1）按主药含量计算片重　由于药物在压前经历了制粒、干燥、整粒等一系列操作，其含量有所变化，所以应对颗粒中主药的实际含量进行测定，然后按照式 6-1 计算片重。

$$片重 = \frac{每片含主药量（标示量）}{颗粒中主药的百分含量（实测值）} \qquad （式 6-1）$$

例证：某片剂中含主药量为 0.2 g，测得颗粒中主药的百分含量为 50%，则每片所需颗粒重量为：0.2/0.5＝0.4 g，即片重应为 0.4 g，如果片重差异限度为 5%，本品的片重上下限为 0.38～0.42 g。

（2）按干颗粒总重计算片重　大量生产中，由于原辅料损失较少或在中药的片剂生产中，因为成分复杂，没有准确的含量测定方法时，根据实际投料量与预定片剂个数按式（6-2）计算片重。

$$片重 = \frac{干颗粒重＋压片前加入的辅料量}{预定的应压片数} \qquad （式 6-2）$$

例证：制备每片含四环素 0.25 g 的片剂，现投料 50 万片，共制得干颗粒重 178.9 kg，在压片前又加入硬脂酸镁 2.5 kg，试求片重。

$$片重 = \frac{(178.9＋2.5)×1\,000}{500\,000} = 0.36（g/片）$$

2. 压片机及压片过程

常用压片机按其结构分为单冲压片机和旋转式多冲压片机两种类型。

（1）单冲压片机　单冲压片机主要构造如图 6-10 所示。主要由上下冲头、冲模、片重调节器、出片调节器、压力调节器、饲料器、加料斗、转动轮等组成。单冲压片机的压片流程如图 6-11所示。

①饲料。上冲抬起，饲料器移动到模孔之上，下冲下降到适宜深度（调剂下冲使容纳的颗粒恰好等于片重，即调片重），饲料器在模上面摆动，颗粒填满模孔。

②刮平。饲料器由模孔上离开，使模孔中的颗粒与模孔的上缘持平。

③压片。下冲固定上冲下降将颗粒压成片（调节上冲下降的程度使上下冲合力把颗粒挤压成硬度适当的片子，即调硬度）。

④推片。上冲抬起，下冲随之上升到恰与模孔缘相平，此时饲料器又移到模孔之上，将药片推开落于接收器中，同时下冲又下降，模孔内又添满颗粒进行第二次饲粉，如此反复进行。

单冲压片机的产量在 80～100 片/min，适用于小批量、多品种生产，多用于新产品的试制。此种压片机的压片过程是采用上冲头冲压制而成，压力受力不均匀，上面的压力大于下面的压力，压片中心的压力较小，是药片内部的密度和硬度不一致，药片表面容易出现裂纹，并且噪声较大。

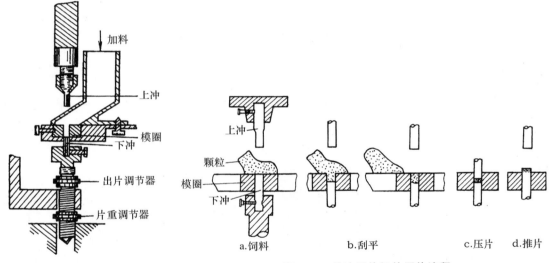

图 6-10　单冲压片机主要构造　　　　图 6-11　单冲压片机的压片流程

（2）旋转式多冲压片机　旋转式多冲压片机是目前制药工业中片剂生产最主要的压片设备。主要由动力部分、传动部分和工作部分组成。工作部分中有绕轴而旋转的机台，机台分三层，机台上层装着上冲、中层装着模圈，下层装着下冲；另外有固定不动的上下压轮、片重调节器、压力调节器、饲粉器、刮粉器、推片调解器以及吸粉器和防护装置等。

旋转式多冲压片机饲料方式合理，片重差异较小，上下冲相对加压，压力分布均匀，能量利用合理，生产效率高。目前，旋转式多冲压片机的最大产量可达 80 万片/h，全自动旋转压片机除了能将片重差异控制在一定范围内，还可以对缺角、松裂片等不良片剂进行自动鉴别并剔除。旋转式多冲压片机的结构和压片流程如图 6-12 所示。

旋转式压片机的压片过程如下：

①填充。下冲在加料斗下面时，颗粒填入模孔中。

②刮平。当下冲行至片重调节器上面时略有上升,经刮粉器将多余的颗粒刮去。

③压片。当下冲行至下压轮的上面,上冲行至上压轮的下面时,二冲间的距离最小,将颗粒压制成片。

④推片。压片后,上、下冲分别沿导轨上升和下降,下冲将片剂抬到恰与模孔上缘相平,药片被刮粉器推开,如此反复进行。

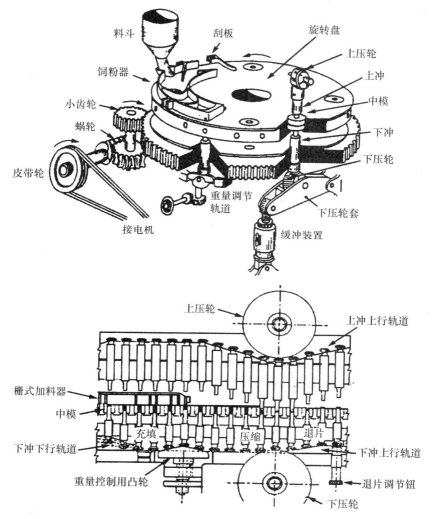

图 6-12　旋转式多冲压片机的结构和压片流程

（3）压片机的冲头和冲模　冲头和冲模是压片机的基本部件,应耐磨且有较大的强度,需用轴承钢制成,并热处理以提高其硬度;冲模加工尺寸全为统一标准尺寸,具有互换性。冲模的规格以冲头直径或冲模孔径来表示,一般为 5.5～12 mm,每 0.5 mm 为一种规格,共有 14 种规格。

冲头的类型很多,冲头的形状决定于药片所需的形状。冲头和药片形状如图 6-13 所示。

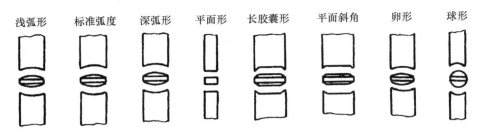

浅弧形　标准弧度　深弧形　平面形　长胶囊形　平面斜角　卵形　球形

图 6-13　冲头和药片形状

(五)影响片剂成型的因素

1. 压缩成型性

压缩成型性是物料被压缩后形成一定形状的能力。片剂的制备过程就是将药物和辅料的混合物压缩成具有一定形状和大小的坚固聚集体的过程。多数药物在受到外力时产生塑性变形和弹性变形,塑性变形产生易于成型的结合力,弹性变形的产生可以减弱或瓦解片剂的结合力,趋向于恢复到原来的形状,甚至发生裂片和松片等现象。

2. 药物的熔点及结晶形态

药物的熔点低有利于片剂的成形,但熔点过低,压片时容易黏冲;立方晶系的结晶对称性好,表面积大,压缩时易于成型;鳞片状或针状结晶容易形成层状排列,因此压缩后容易裂片;树枝状结晶容易发生变形而且相互嵌接,可压性较好,易于成型,但流动性很差。

3. 黏合剂和润滑剂

黏合剂可以增强颗粒间的结合力,易于压缩成型,但用量过多时容易黏冲,造成片剂的崩解、溶出迟缓;常用的润滑剂为疏水性物质(如硬脂酸镁),可减弱颗粒间的结合力,但在常用的浓度范围内使用,对片剂的成型影响不大。

4. 水分

适量的水分有利于片剂的压缩成型。但过多的水分容易造成黏冲。

5. 压力

一般情况下,压力越大,颗粒间的距离越小,结合力越强,压制的片剂硬度也就越大;但压力超过一定范围后,压力对片剂硬度的影响反而减小了,甚至出现裂片。

(六)片剂制备中可能发生的问题及原因分析

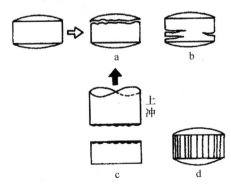

图 6-14　片剂的不良现象

a. 顶裂;b. 腰裂;c. 黏冲;d. 黏壁

1. 裂片

片剂在受到振动或贮存时发生裂开的现象称为裂片。如果裂片发生在中部称为腰裂;如果从药片顶部裂开则称为顶裂。图 6-14 为片剂的不良现象,产生裂片的主要原因和解决办法如下:

①压力过大引起。因此通过调整压力来解决。

②黏合剂选择不当或用量不足。可以通过更换黏合剂或调整、补足用量来解决。

③物料中细分过多。可以通过选用黏性较好的干颗粒掺合压片;或在不影响含量的情况下筛去部分细

粉;或加入干燥黏合剂如羧甲基纤维素钠等混匀后压片来解决。

④易脆性物料和易弹性形变的物料易于裂片,可通过选择弹性小,塑性大的辅料来解决。

⑤快速压片比慢速压片容易裂片。

⑥凸面的片剂比平面的片剂容易裂片。

2. 松片

所谓松片,一种是片剂成型后,硬度不够,受到振动易松散破碎的现象,另一种是基本上不成型。造成松片的主要原因及解决办法是:

①压片的压力过小。可通过调整压力,使之适当。

②黏合剂黏性力差。选用黏性较强的黏合剂。

③冲头长短不齐,冲模(模圈)粗细不等。克服的办法是更换新冲模。

3. 黏冲

冲头或冲模粘上细粉,导致片面不平整或有凹痕的现象,称为黏冲。造成黏冲的主要原因和解决办法是:

①颗粒中含水量过多。克服的办法是干燥要好,使颗粒中的水分控制在规定范围内。

②润滑剂使用不足或混合不均匀。可通过酌情增加润滑剂的用量,总混时要均匀来解决。

③冲头表面粗糙或刻字。可通过仔细磨光冲头或更换新冲模加以解决。

4. 崩解迟缓

片剂的崩解时限超过兽药典规定的时间,这种现象称为崩解迟缓。崩解迟缓的主要原因及其解决办法如下:

①崩解剂选择不当。可通过增加用量或改用其他崩解剂来解决。

②润滑剂(疏水性强)用量过多。可适当减少或改用亲水性强的润滑剂来解决。

③黏合剂选择不当。可通过减少用量或选用黏性较弱的黏合剂来解决。

④压片时压力过大。可在不引起松片的前提下适当降低压力来解决。

⑤片剂硬度过大。可通过调整压力、改变黏合剂、改进制粒工艺等办法来解决。

5. 片重差异超限

片重差异超过兽药典规定范围,即为片重差异超限。产生的原因和解决办法如下:

①颗粒内细粉过多或颗粒粗细相差悬殊。克服办法是筛去部分细粉,留待下一批中加入。

②颗粒流动性差。为此,通过适当添加助流剂(润滑剂)来解决。

③冲模使用日久,造成长短不齐,粗细不等。克服办法是定期检查冲模,如不符合要求一定要及时更换。

6. 变色或色斑

指片剂表面颜色发生改变或出现色泽不一的斑点,导致外观不符合要求。产生变色或色斑的主要原因和解决办法如下:

①颗粒过硬。可通过改进制粒工艺使颗粒较松加以克服。

②混料不均匀。解决办法是延长混料时间并多翻动死角部位的药料使之均匀。

7. 片剂中的药物含量不均匀

所有造成片重差异过大的因素,都可以造成片剂中的药物含量不均匀。对于小剂量的药物来讲,除了混合不均匀外,可溶性成分在颗粒之间的迁移也是造成药物含量不均匀的一个重要因素。

8. 麻点

指片剂表面出现许多小凹点。出现麻面的原因和解决办法如下：

①颗粒粗细不一。解决办法是大颗粒需粉碎过筛，使颗粒大小均匀一致。

②黏冲。解决办法将颗粒干燥好，如因药物造成黏冲，应从改进工艺方面多加调整。

9. 迭片

两个药片叠压在一起的现象称为迭片。迭片的主要原因及其解决办法如下：

①出片调节器调节不当。解决办法重新调试出片调节器。

②上冲头黏冲。通过更换冲头来解决。

10. 卷边

冲头和模圈碰撞，使冲头卷边，导致片剂表面出现半圆形刻痕的现象，称为卷边。为此，可通过更换冲头并且重新调高压片机来解决。

四、干法制粒压片法

某些药物和辅料的可压性、流动性均不好，而且对湿、热较敏感，这类药物可采用干法制粒压片法来生产片剂。即将药物原粉与适量粉状填充剂、润滑剂或黏合剂等混合后，常以滚压法、重压片法压缩成大片状或板状后，再将其粉碎成大小适宜的颗粒进行压片。干法制粒压片法工艺流程如图 6-15 所示。

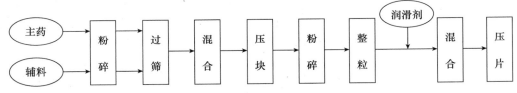

图 6-15　干法制粒压片法工艺流程

压片法是利用重型压片机将物料粉末压制成直径为 20～25 mm 的胚片，然后破碎成一定大小颗粒的方法。

滚压法是将药物和辅料混合后，装入滚压机内，利用转速相同的两个滚动圆筒之间的缝隙，加压滚轧 1～3 次，将药物粉末滚压成板状物（薄片）。薄片在通过摇摆式颗粒机粉碎成适宜大小的颗粒，最后加入润滑剂混匀后压片而成的方法。滚压制粒示意图如图 6-16 所示。干法制粒机组示意图如图 6-17 所示。

本法简单，省工省时。但需要注意由于高压引起的晶型转变及环形降低等问题。

五、直接粉末压片法

直接粉末压片是不经过制粒过程，直接把药物和辅料的混合物进行压片的方法。粉末直接压片省去了制粒过程，因而具有省时节能、工艺简单、工序少、适用于热不稳定性的药物等突出优点；同时也存在对辅料的要求较高，粉末的流动性差，片重差异大，制得的药片容易松软、裂片等缺点，致使本工艺的应用受到了一定的限制。直接粉末压片法工艺流程如图 6-18 所示。

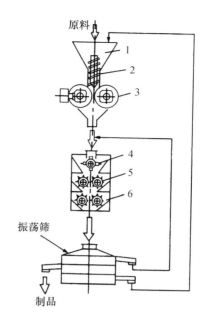

原料

振荡筛

制品

图 6-16　滚压制粒示意图

图 6-17　干法制粒机组示意图

1. 自动注记料斗　2. 加料器　3. 压轮
4. 转法调度粗碎轮　5. 中碎轮　6. 细碎

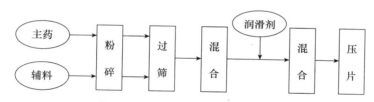

图 6-18　直接粉末压片法工艺流程

六、空白颗粒压片法

空白颗粒压片法是将药物粉末与预先制好的辅料颗粒(称为空白颗粒)混合进行压片的方法,也称为半干式颗粒压片法。本法适合与对湿热敏感、不适宜制粒、压缩成型性较差的药物,也可以用于含药量较少的物料,借助辅料的优良压缩特性顺利制备片剂。空白颗粒压片法工艺流程如图 6-19 所示。

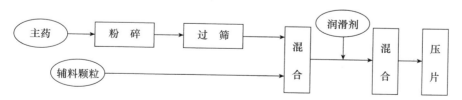

图 6-19　空白颗粒压片法工艺流程

七、制备举例

1. 性质稳定易成型药物的片剂　复方磺胺甲基异噁唑片（复方新诺明片）

【处方】磺胺甲基异噁唑（SMZ）400.0 g　　　三甲氧苄氨嘧啶（TMP）80.0 g

淀粉 40.0 g　　　　　　　　　　　　10%淀粉浆 24.0 g

硬脂酸镁 3.0 g　　　　　　　　　　共制成 1 000 片（每片含 SMZ 0.4 g）

【制法】将 SMZ 和 TMP 过 80 目筛，与淀粉混匀，加淀粉浆制成软材，用 14 目筛制粒后，置于 70～80 ℃干燥后过 12 目筛整粒，加入干淀粉及硬脂酸镁混匀后，压片，即得。

注解：该例的湿法制粒压片实例。处方中的主药磺胺甲基异噁唑（SMZ）为磺胺类抗菌消炎药物；三甲氧苄氨嘧啶（TMP）为抗菌增效剂，常与磺胺类药物联合应用，能双重阻断细菌的叶酸合成，对革兰氏阴性杆菌（如痢疾杆菌、大肠杆菌等）有更强的抑菌作用；淀粉主要作为填充剂，同时兼有内加崩解剂的作用；干淀粉作为外加崩解剂，10%淀粉浆为黏合剂；硬脂酸镁为润滑剂。

2. 不稳定药物的片剂　复方阿司匹林片

【处方】乙酰水杨酸（阿司匹林）268.0 g　　对乙酰氨基酚（扑热息痛）136.0 g

咖啡因 33.4 g　　　　　　　　　　　淀粉 66.0 g

淀粉浆（14%）85.0 g　　　　　　　　滑石粉 25.0 g

轻质液体石蜡 2.5 g　　　　　　　　酒石酸 2.7 g

共制成 1 000 片

【制法】将对乙酰氨基酚、咖啡因分别研成细粉，与约 1/3 量的淀粉混匀，加浓度为 14%淀粉浆混匀制软材，14 目或 16 目尼龙筛制粒，70 ℃干燥，干颗粒过 12 目尼龙筛整粒，将此颗粒与阿司匹林及酒石酸混合均匀，最后加剩余淀粉（预先在 100～105 ℃干燥）及吸附有液体石蜡的滑石粉（将轻质液体石蜡喷于滑石粉中混匀），共同混匀后，再通过 12 目尼龙筛，颗粒经含量测定合格后，用 12 mm 冲压片，即得。

注解：

①本品为解热镇痛药。

②本品中三种主药混合制粒及干燥时易产生低共熔现象，应采用分别制粒的方法，并且避免阿司匹林与水直接接触，保证了制剂的稳定性。

③阿司匹林遇水易水解成水杨酸和乙酸，水杨酸对胃黏膜有较强的刺激性，长期应用会导致胃溃疡。本品中加入 1%阿司匹林量的酒石酸，可在湿法制粒过程中有效地减少阿司匹林水解。

④阿司匹林水解可受金属离子的催化，必须采用尼龙筛网制粒，同时不得使用硬脂酸镁，所以采用 5%滑石粉作为润滑剂。

⑤阿司匹林可压性极差，因此采用了较高浓度的淀粉浆（14%～17%）作为黏合剂。

⑥处方中的液体石蜡为滑石粉的 10%，可使滑石粉更易黏附于颗粒的表面上，在压片震动时不易脱落。

⑦为了防止阿司匹林与咖啡因等的颗粒混合不均匀，可采用滚压法或重压法将阿司匹林制成干颗粒，然后再与咖啡因等颗粒混合。

3. 小剂量药物的片剂　维生素 B_2 片

【处方】维生素 B_2 5.0 g　　　糊精 50.0 g　　　　　淀粉 14.0 g

　　　　酒石酸 0.05 g　　　　45％乙醇 20.0～25.0 g　　硬脂酸镁 0.7 g

　　　　共制成 1 000 片（每片含维生素 B_2 5 mg）

【制法】首先用淀粉、糊精与维生素 B_2 用等量递增法充分混合均匀，生产中应该在万能粉碎机中粉碎混合三次，过 80 目筛，加入含有酒石酸的 45％乙醇溶液作为稀释剂制成软材，过 16 目筛制粒后，于 60～70 ℃干燥，加硬脂酸镁混匀，压片，即得。

注解：

①维生素 B_2 有显著的黄色，用等量递增法与辅料充分混合均匀，以避免药片有花斑。

②45％乙醇作稀释剂和酒石酸共同作用可使颗粒 pH 呈酸性，增加维生素 B_2 的稳定性。

③维生素 B_2 对光敏感，操作时应尽量避免光线直射。

八、片剂的包衣

为了进一步保证压制片质量和便于服用，有些压制片还需要在其上面包一层物质，使片剂中的药物与外界隔离。这一层物质称为"衣""衣料"，被包的压制片称为片芯（或素片），包成的片剂称为包衣片。

片剂包衣主要有以下目的：①增加药物的稳定性，因药片包衣后可防潮、避光、隔绝空气等；②掩盖药物的不良气味，如苦味、腥味等；③控制药物的释放部位，根据药物的性质和临床用药需求可作成胃溶片或肠溶片，如对胃有刺激作用的药物、能被胃酸或酶破坏的药物或必需在肠道中溶解吸收的药物均可包上肠溶衣制成肠溶片；④控制药物的释放速度。用不同的包衣材料可使片剂达到缓、控释、长效的目的；⑤防止药物有配伍禁忌，把一些成分制成片心，个别成分作为包衣层包于片外，制成多层片，从而最大限度避免两者的直接接触；⑥利用不同颜色包衣，可提高识别能力，也可提高外表美观。

包衣片芯的特性和要求是：①待包衣的片芯在外形上必须具有适宜的弧度，否则边缘部位难以覆盖衣层；②片芯的硬度不仅要能够承受包衣时的滚动、碰撞与摩擦，还要使片芯对包衣过程中所用溶剂的吸收降低至最低程度；③片芯的脆性要求最小，这比硬度更重要，以免因碰撞而破裂。

片剂包衣后应达到的要求是：①衣层应均匀、牢固，并与药片不起任何作用；②崩解时限应符合规定；③不影响药物的溶解和吸收；④经过长时间贮存仍能够保持光洁、美观、色泽一致并且无裂片现象。

根据包衣材料的不同，片剂的包衣通常分为包糖衣、包薄膜衣和包肠溶衣三类。

（一）包糖衣工艺与材料

包衣前应将片芯所黏附的细粉、碎片筛去，包糖衣工艺流程如图 6-20 所示。包糖衣主要有以下几个步骤：

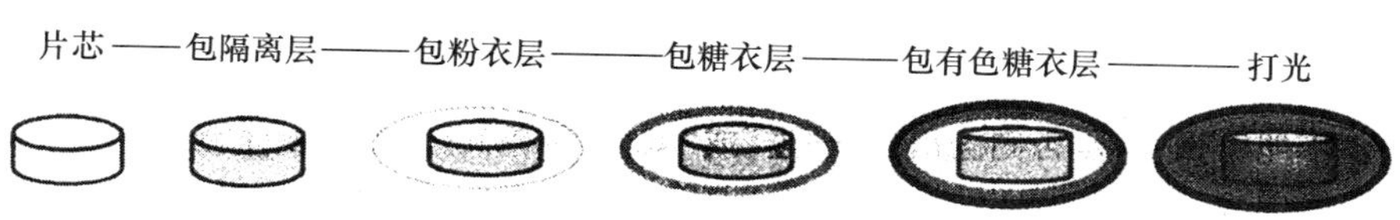

片芯 —— 包隔离层 —— 包粉衣层 —— 包糖衣层 —— 包有色糖衣层 —— 打光

图 6-20　包糖衣工艺流程

1. 包隔离层

是在片芯外包一层对水起隔离作用的衣层,以防止在后面的包衣过程中水分浸入片芯。可用于隔离层的材料有 10% 的玉米朊乙醇溶液、10%～14% 的明胶浆等。具体做法是将片剂置于包衣锅中滚动,加入适量隔离层材料使之均匀黏附于片面上,低温干燥(40～50 ℃),再重复包衣 3～5 层。主要用于吸潮和易溶性药物。

2. 包粉衣层

在隔离层基础上,用粉衣料包衣以达到将片芯棱角和迅速增加衣层厚度和大小的目的。操作:片剂继续在包衣锅中滚动,润湿黏合剂(如糖浆、明胶浆、阿拉伯胶浆或胶糖浆等),使片剂表面均匀润湿后,撒粉(滑石粉、蔗糖粉、白陶土、糊精等)适量,使其黏着在片剂表面,继续滚动吹风干燥(30～40 ℃热风),直到片剂的棱角消失,一般需要重复上述操作 14～18 次,并注意层层干燥,每层干燥时间为 20～30 min。

3. 包糖衣层

粉衣层的表面比较粗糙,疏松,因此再包糖衣层使其表面光滑平整,细腻坚实。用浓糖浆为包糖衣层材料。具体操作要点是加入稍稀的糖浆,逐渐减少用量(能够润湿片面即可),在低温 40 ℃下缓缓吹干,一般包衣 10～14 层。

4. 包有色糖衣层

包有色糖衣层与上述糖衣层的工艺完全相同。用着色糖浆包衣 8～14 层,注意色浆由浅到深,并注意层层干燥。其目的是使片衣着色,增加美观,便于识别或起遮光作用。

5. 打光

在包衣片剂表面打上蜡,使片剂表面光洁美观,且有防潮作用。常用材料为四川产的川蜡,用前需精制,即加热至 80～100 ℃熔化后过 100 目筛,去除杂质,并掺入 2% 的硅油(称为保光剂)中混匀,冷却,粉碎,取过 80 目的细粉待用。

(二)包薄膜衣工艺与材料

包薄膜衣是在片芯之外包上一层比较稳定的高分子衣料。对药片可起到防止水分、空气侵入,掩盖片芯药物特有气味外溢的作用。包薄膜衣工艺优于包糖衣工艺,具有操作简单、能节省包衣材料、片重增加少(一般增加 2%～5%)、对崩解影响小、生产周期短、效率高、包衣过程可实现自动化等优点。可根据高分子衣料的性质,将药物制成胃溶、肠溶及缓释、控释制剂,目前已经广泛应用于片剂、丸剂、颗粒剂、胶囊剂等剂型中,以提高制剂品质,拓宽医疗用途。但一般片芯直接包薄膜衣后,往往其外观不及糖衣层美观。

1. 包薄膜衣材料

一般薄膜包衣液由成膜材料、分散媒、增塑剂和着色剂和掩盖剂组成。

(1)成膜材料 常用的成膜材料有:①纤维素衍生物类。羟丙基甲基纤维素(HPMC),是目前应用较广泛、效果较好的包衣材料,其特点是成膜性能好,膜透明坚韧,包衣时没有黏结现象,常用浓度为 2%～4%(w/w);羟丙基纤维素(HPC),其最大缺点是干燥过程中产生较强的黏性,因此常与其他成膜材料混合使用;羟乙基纤维素(HEC)、羧甲基纤维素钠(CMC-Na)、甲基纤维素(MC)等都可作为薄膜衣料,但其成膜性不如 HPMC。②丙烯酸树脂Ⅳ号。具有良好的成膜性,是较理想的薄膜衣料。③其他。如聚乙烯醇缩乙醛二乙胺。

(2)分散媒(溶剂) 是用来溶解、分散成膜材料及增塑剂的溶剂,常用乙醇、丙酮等有机溶剂,近年来国内外正在研究用水作为溶剂薄膜包衣工艺,已经取得了一定进展。

（3）增塑剂　指能增加包衣材料塑性的物料。加入增塑剂可提高薄膜衣在室温时的柔韧性，增加其抗撞击强度。增塑剂与薄膜衣材料应有相溶性、不易挥发且不向片芯渗透。常有的水溶性增塑剂有丙二醇、甘油、聚乙二醇（PEG）等；非水溶性的有甘油三乙酸酯、邻苯二甲酸酯、蓖麻油、硅油、司盘等。

（4）着色剂和掩盖剂　加入着色剂和掩盖剂可以使片剂美观，易于识别各种不同类型的片剂，遮盖某些有色斑的片芯或不同批号片芯间的色调差异，提高片芯对光的稳定性。常用的着色剂为色素，包括水溶性、水不溶性和色淀三类。常用的掩盖剂有二氧化钛（钛白粉），一般混悬于包衣液中使用。

2. 薄膜包衣的具体操作过程

薄膜包衣工艺流程如图 6-21 所示。

片芯 ——→ 喷包衣液 ——→ 缓慢干燥 ——→ 固化 ——→ 缓慢干燥 ——→ 薄膜包衣片

图 6-21　薄膜包衣工艺流程

①在包衣锅内装入适当形状的挡板，以利于片芯的转动与翻动。

②将片芯放在包衣锅内，喷入一定量的薄膜包衣溶液，使片芯表面均匀湿润。

③吹入缓和的低温热风（不超过 40 ℃，以免干燥过快，出现皱皮或起泡现象；也不能干燥过慢，否则会出现粘连或剥落现象）使溶剂蒸发，包衣材料便在片芯表面形成薄膜层，如此反复数次，直至形成不透湿、不透气的薄膜衣。

④大多数的薄膜包衣需要一个固化期，一般是在室温或略高于室温下自然放置 6～8 h 使之固化完全。

⑤固化完全后，还要在 50 ℃下干燥 12～24 h，将残余的有机溶剂完全除尽。

（三）包衣方法与设备

包衣的方法有滚转包衣法（锅包衣法）、流化包衣法、压制包衣法。最为常用的方法是滚转包衣法。

1. 普通包衣锅

普通包衣锅为最基本、最常用的滚转式包衣设备。国内厂家目前基本使用这种包衣锅进行包衣操作。普通包衣锅的结构如图 6-22 所示。整个设备由四部分组成：包衣锅、动力系统、加热系统和排风系统。

包衣锅一般用不锈钢或紫铜衬锡等性质稳定并有良好导热性的材料制成，常见形状有荸荠形和莲蓬形。一般直径为 100 cm，深度为 55 cm。片剂在锅内不断翻

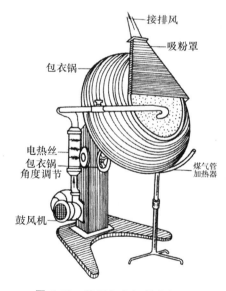

图 6-22　普通包衣锅的结构

滚的情况下，多次添加包衣液，并使之干燥，就是衣料在片剂表面不断沉积而成膜层的过程。

包衣锅安装在轴上，由动力系统带动轴一起转动。包衣锅的轴与水平呈 30°～40°的倾角，这样设计可使物料在适宜的转速下既能随锅的转动方向滚动，又能沿轴方向转动，作均匀而有效的翻动，从而使混合更均匀。

加热系统主要对包衣锅表面进行加热，加速包衣溶液中溶剂的挥发。常用的方法为电热

丝加热和干空气加热。

采用普通包衣锅进行包衣,锅内空气交换效率低,干燥慢,气路不能密闭,有机溶剂污染环境,劳动强度大,劳动效率低,生产周期长等不利因素影响其广泛应用。鉴于普通包衣锅包衣的上述缺点,国内外一些生产厂家对普通包衣锅进行了一系列的改造:

①锅内加挡板,以改善片剂在锅内的滚动状态 挡板可对滚动片剂进行阻挡,克服了包衣锅的"包衣死角",片剂衣层分布均匀度提高,包衣周期也适当缩短。挡板的形状、数量可根据包衣锅的形状、包衣片剂的形状和脆碎性进行设计和调整。

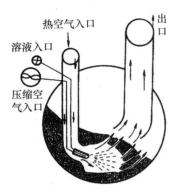

图 6-23　埋管包衣锅

②包衣液用喷雾方式加入锅内,增加包衣的均匀性 普通包衣锅包糖衣时,包衣液用勺子分次一勺勺加入。这种方法加液不够均匀,特别不适用于包薄膜衣。在普通包衣锅内插进喷头和空气入口,称为埋管包衣锅,如图 6-23 所示。这种包衣方法可使包衣液中的喷雾在物料层内进行,热气通过物料层,不仅能够防止喷液的飞扬,而且加快物料的运动速度和干燥速度。

2. 流化包衣法

流化包衣法工作与流化喷雾造粒相近,将包衣液喷在悬浮于一定流速空气中的片剂表面。同时,加热的空气使片剂表面溶剂挥发而成膜。流化包衣法目前只限于包薄膜衣。除片剂外,微丸剂、颗粒剂等也可用它来包衣。

3. 压制包衣法

压制包衣法是用颗粒状包衣材料将片芯包过后在压片机上直接压制成型。该法适用于对湿热敏感药物的包衣。

(四)片剂包衣过程中可能发生的问题及原因分析

包衣质量可以直接影响包衣片的外观及内在质量。为此应当分析原因,采取适当的措施加以解决。

(1)包糖衣易出现的问题及解决办法　具体见表 6-5。

表 6-5　包糖衣易出现的问题及解决方法

现象	可能的原因	解决的方法
龟裂与爆裂	糖浆与滑石粉用量不当、片芯太松、温度过高、干燥过快、析出粗糖晶体,使片面有裂痕	应控制糖浆和滑石粉而得用量,注意干燥温度和速度,更换合适的片芯
粘锅	由于加糖浆过多,黏性大,搅拌不匀	将糖浆含量恒定,一次用量不宜过多,锅温不宜过低
糖浆不粘锅	锅壁上蜡未除尽	将锅壁彻底洗净或再涂上一层热糖浆,撒上一层滑石粉
色泽不均匀	片面粗糙、有色糖浆用量过少或未搅匀、温度过高、干燥过快、糖浆在片面上析出过快、衣层未干就打蜡	用浅色糖浆,增加所包层数,"勤加少上",控制温度,情况严重时洗去衣层,重新包装

续表 6-5

现象	可能的原因	解决的方法
片面不平	撒粉太多、温度过高、衣层前一层未干又包第二层	将糖浆含量恒定,一次用量不宜过多,锅温不宜过低
露边与麻面	衣料用量不当,温度过高或吹风过早	注意糖浆和粉料的用量,糖浆以均匀润湿片芯为度,粉料以能在片面均匀黏附一层为宜,片面不见水分和产生光亮时再吹风
膨胀磨片或剥落	片芯层与糖衣层未充分干燥,崩解剂用量过多	包衣时注意干燥,控制胶浆或糖浆的用量

（2）包薄膜衣易出现的问题及解决办法　具体见表 6-6。

表 6-6　包薄膜衣易出现的问题及解决方法

现象	可能的原因	解决的方法
皱皮	包衣料不适当,干燥条件选择不适宜	更换包衣料、改变成膜温度
起泡	固化条件不适合,干燥条件选择不适宜	控制成膜条件,降低干燥温度和速度
花斑	增塑剂、色素等选择不当,干燥时溶剂将可溶性成分带到衣膜表面	调整包衣处方,调节空气温度和流量,减慢干燥速度等
剥落	选择衣料不当,两次包衣间隔时间太短	更换包衣料,延长包衣间隔时间,调整干燥温度和适当降低包衣溶液的浓度

九、片剂质量检查

要求依照《中国兽药典》规定的标准进行片剂的质量检查,检查项目有外观、重量差异、硬度和脆度、崩解时限、含量均匀度、含量测定溶出度与释放度、微生物限度检查等。

（一）外观

片剂外观应完整光洁、色泽均匀,有适宜的硬度和耐磨性。

（二）重量差异

重量差异又称为片重差异。在片剂生产过程中,许多因素能影响片剂的重量,重量差异大,意味着每片的主药含量不均匀。因此必须将各种片剂的重量差异控制在规定的限度内。《中国兽药典》中规定片剂的重量差异限度见表 6-7。

表 6-7　片剂的重量差异限度

平均片重	重量差异限度/%
0.30 g 以下	±7.5
0.30 g 至 1.0 g 以下	±5.0
1.0 g 及以上	±2.0

检查方法　随机抽取 20 片,精密称定总重量,求得平均片重后,再分别精密称定每片的重量,每片重量与平均重量相比较(凡无含量测定的片剂,每片重量应与标示片重比较),按表 6-6 中的规定,超出重量差异限度的不得多于 2 片,并不得有 1 片超出限度 1 倍。

糖衣片的片芯应检查重量差异并符合规定,包糖衣后不再检查重量差异。

(三)崩解时限

崩解系指固体制剂在检查时限内全部崩解溶散或成碎粒,除不溶性包衣外,应通过筛网。崩解时限检查法系用于检查固体制剂,主要是片剂在规定条件下的崩解情况。

1. 仪器装置

《中国兽药典》规定采用升降式崩解仪。同时规定了崩解仪的结构、试验方法、条件和标准。

2. 检查方法

测定时,取药 6 片,分别置于吊篮的玻璃管中,启动崩解仪进行检查,各片均应在 14 min 内全部崩解。如有 1 片崩解不完全,应另取 6 片,依上法进行复试,均应符合规定。

(四)含量均匀度

含量均匀度指小剂量药物在每个片剂中的含量是否偏离标示量以及偏离的程度。凡主药含量较少的片剂一般均应进行含量均匀度检查。

检查方法　随机取样 10 片,分别测定含量,并求其平均含量。每片的含量与平均含量相比较,含量差异大于 ±14% 的不得多于 1 片,并且不得超过 ±20%。

十、片剂的包装与贮存

片剂的包装与贮存应当做到密封、防潮以及使用方便等。适宜的包装和贮存,是保证片剂质量稳定的重要措施。

(一)片剂的包装

片剂一般采用多剂量和单剂量包装。

1. 多剂量包装

几十片甚至几百片装入一个容器的称为多剂量包装,容器多为玻璃瓶和塑料瓶,未装满的空间用灭菌和清洁的棉花或纸条填满,再严密封闭;也有用软性薄膜、纸塑复合膜、金属箔复合膜等制成的药袋。

2. 单剂量包装

单剂量包装是将片剂一个一个单独包装,将每个片剂单独包装,使每个片剂处于密封状态,可提高对药品的保护作用,也可杜绝交叉污染。主要有泡罩式(也称为水泡眼)包装和窄条式包装两种形式。

(二)片剂的贮存

片剂应密封贮存,防止受潮、发霉、虫蛀、受压和变质等。除另有规定外,一般将包装好的片剂置于阴凉(20 ℃以下)、通风干燥处贮存。对光敏感的片剂,应避光保存(采用棕色瓶包装);受潮后易分解变质的片剂,应在包装容器内放置干燥剂。

第五节　胶囊剂

一、概述

(一)定义

胶囊剂系指药材用适宜的方法加工后,加入适宜的辅料填充于空心胶囊或密封于软质囊材中的制剂。胶囊剂主要供口服使用,也可根据临床需要制成供直肠或阴道给药的胶囊剂,用法类似于栓剂。此外,近年还制成植入胶囊和气雾胶囊等。

(二)特点

1. 服药顺应性好

胶囊壳能掩盖药物不良臭味,外形整洁光滑、便于服用,可在囊壳上印字或利用不同着色加以区别,携带方便,易于接受。

2. 生物利用度高

胶囊剂中药物多以粉末或颗粒状态填装于囊壳中,在胃肠道中迅速分散、溶出和吸收,其生物利用度高于丸剂片剂等剂型。

3. 稳定性好

因药物装在胶囊壳中与外界隔离,避开了水分、空气、光线的影响,对不稳定的药物有一定程度上的遮蔽、保护与稳定作用。

4. 有缓释、控释或迟释作用

可将药物按需要制成缓释颗粒装入空心胶囊中,达到缓释延效作用。也可将药物制成颗粒后通过包衣而达到控释或肠溶迟释等目的。

5. 弥补其他固体制剂的不足

含油量高的药物或液态药物难以制成丸剂、片剂等,但可制成软胶囊剂;剂量小、难溶解、难吸收的药物制成溶于脂溶性溶剂中后再制成软胶囊。

6. 定位释放或定位给药

将囊材处理后可制成小肠、结肠定位释药系统;还可制备成直肠或阴道给药的胶囊剂。

有些药物不宜制成胶囊剂,如①刺激性药物(如氯化物、溴化物、碘化物等)因胶囊在胃中溶解后局部药物浓度高而刺激胃黏膜;②易风化的药物,其风化时释出的水分可使胶囊壳变软;③易吸湿性的药物,可使囊壳缺失水分而变脆。

(三)分类

根据囊壳的差别,通常将胶囊剂分为硬胶囊剂和软胶囊剂(也称为胶丸)两大类。根据用途的特殊性,进一步将肠溶胶囊剂归为第三类。近年来,为适应临床需要,出现的缓控释胶囊剂、粉雾胶囊剂等归为第四类。

1. 硬胶囊剂

系指将药材提取物、药材提取物加药材细粉或药材细粉与适宜辅料制成的均匀粉末、细小颗粒、小丸、半固体或液体,填充于空心胶囊中的胶囊剂,如感冒康胶囊等。空心胶囊呈圆筒状,系由帽和体两节套合的质硬且具有弹性的空囊。

2. 软胶囊剂

系指药材提取物、液体药物或与适宜辅料混匀后用滴制法或压制法密封于软质囊材中的胶囊剂,如牡荆油胶丸等。

3. 肠溶胶囊剂

系指不溶于胃液,但能在肠液中崩解或释放的胶囊剂,如龙血竭胶囊(肠溶)、消栓肠溶胶囊等。

4. 其他胶囊剂

①缓释胶囊剂:指在水中或规定的介质中缓慢非恒速释放药物的胶囊剂。②控释胶囊剂:指在水中或规定的介质中缓慢地恒速或接近恒速释放药物的胶囊剂。③粉雾胶囊剂:将药物粉末装入胶囊后,放入专用推进器内,使用前使胶壳穿孔,推动推进器供患者吸入囊内粉末。④泡腾胶囊剂:将药物与辅料制成泡腾颗粒装入囊壳,用药后胶囊壳溶解,内容药物经泡腾作用而溶出。⑤直肠和阴道胶囊:多为软胶囊,因为软胶囊有弹性,适于放入腔道使用。

二、硬胶囊剂的制备

(一)硬胶囊剂的制备工艺

$$
\left. \begin{array}{l} 空心胶囊的选择 \\ 药物的处理 \end{array} \right\} \longrightarrow 填充 \longrightarrow 封口 \longrightarrow 抛光 \longrightarrow 质量检查 \longrightarrow 包装
$$

1. 空心胶囊选择

空心胶囊的成囊材料主要是明胶。也可使用甲基纤维素、海藻酸钠、海藻酸钙、聚乙烯醇、变性明胶及其他高分子材料,以改变其溶解性或达到肠溶的目的。另外还需添加附加剂如增塑剂甘油、山梨醇等、增稠剂琼脂等、遮光剂二氧化钛等、着色剂食用色素等、防腐剂尼泊金等。其质量应符合《中国兽药典》空心胶囊项下要求。

根据药物填充量选择适宜规格空心胶囊。空心胶囊的规格从小到大分为 5 号、4 号、3 号、2 号、1 号、0 号、00 号、000 号共 8 种,其容积为 0.13～1.42 mL,通常可填充 50 mg 至 1 g 的粉末,填充量受药物颗粒或粉末密度、晶型特点、颗粒大小等影响,所以一般按药物剂量所占容积来选用最小容积的空心胶囊。比较常用的空心胶囊规格是 0～5 号。

2. 药物填充

(1)药物的处理　硬胶囊中填充的药物一般是固体,如粉末、颗粒、小丸、小片、细粒、结晶或粉末加小片、粉末加小丸等,随着胶囊制备技术和设备的改进,近年也出现了填充药物为油状液体、糊状半固体的硬胶囊剂。

固体药物的处理：对于剂量极小，尤其含有毒麻药物时，需粉碎成细粉加入稀释剂后填充；剂量较大或细料药等可直接粉碎成细粉；如处方组成中含有结晶性药物时，也先研成细粉再与群药细粉混匀后填充。

液体、半固体药物的处理：硬胶囊填充液体、半固体药物这种技术不仅使硬胶囊成为软胶囊的替代品，而且能改善均匀度、克服粉尘飞扬导致的交叉污染、通过固体溶液或缓释技术控制药物释放。为克服药物泄漏，常用具有触变或熔融性质的配方填料，使药物填料仅在填充过程中因切变力增加或热作用而液化，随后切变力减小或冷却而立即固化。熔融性质配方选用适宜熔点的蜂蜡、液体石蜡等，可使药物固态分散提高溶出度。触变性配方常由 Miglyol 油（辛酸、癸酸和琥珀酸三甘油酯）或 Imwitor 油（辛酸、癸酸和琥珀酸单双甘油酯）加 1％～6％微粉硅胶组成。

（2）药物填充方法　硬胶囊填充场所环境条件一般应控制温度为 18～24 ℃，相对湿度为 35％～45％，以保证胶囊壳的含水量不致有大的变化。

一般小量制备时，可手工操作：先将药物粉末置于洁净平面铺成一定厚度压紧，手持空心胶囊囊体口向下插入药粉中使粉末嵌入胶囊，反复数次至胶囊填满，称重合格后即可将胶囊帽套上。当制备量稍多时，可借助于胶囊填充器填充。因手工填充效率低，且装量差异不易控制，容易造成微生物污染等，大量生产胶囊剂则使用自动胶囊填充机。

自动胶囊填充机一般要求供填充的粉状药物应具有适宜的流动性并在输送与填充时不易分层。胶囊填充机样式很多，目前主要设备是全封闭式全自动胶囊填充机。

机器多采用间歇式运转、变频调速，能自动按顺序完成拨囊→胶囊调头定向排列→胶囊体、帽分离→剔除未分离胶囊→填充药粉或颗粒→剔除废囊→体帽套合及封闭→成品输出→模块清理等动作，并具有便于清洗充填部位的提升机构，如图 6-24 所示。

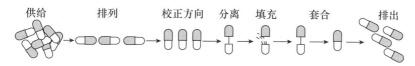

图 6-24　全自动胶囊填充和填充操作流程示意图

目前，各类胶囊填充机填充药物的方式主要有以下几种，如图 6-25 所示：a 适合于自由流动性很好的药粉，可加入适量润滑剂如硬脂酸镁、滑石粉等以改善流动性；b、c 两种方式对药粉要求不高，不易分层即可；d 适用于聚集性较强的结晶（如针状结晶）或易吸湿的药物（如中药浸膏）；e 适用于填充各种类型药粉；此外尚有液体、半固体填充机常利用定量泵填充药物。可根据药粉的流动性、聚集性、吸湿性、粉粒的粗细状态及生产量等选择机器填充方式和型号，以确保填充的质量和生产效率。

3. 封口

空心胶囊的套合方式有平口和锁口两种，生产中若使用平口型胶囊壳，在完成填充、套合后，为防止药物的泄漏则要用胶液进行封口。封口常用与制备空心胶囊时相同浓度的明胶液（约含明胶 20％、水 40％、乙醇 40％），保温 50 ℃左右，在胶囊帽与体套合处封上一条胶液，烘干后即得。也可用其他胶浆或用超声波封口。若采用锁口型胶囊壳，胶囊帽与体套合后咬合锁口，药粉不易泄漏，可不封口。

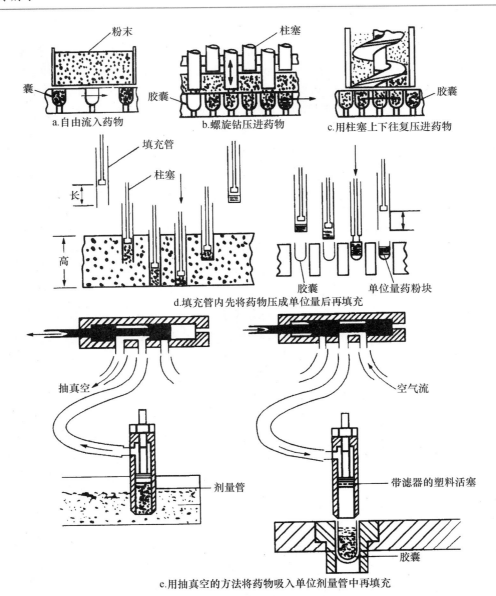

图 6-25　硬胶囊填充机类型

4. 抛光与包装

填充后的硬胶囊剂表面及套合处往往粘有药粉,可使用胶囊抛光机予以清洁与抛光。硬胶囊剂的包装可根据需要装瓶或用铝塑泡罩包装机包装。

三、软胶囊剂的制备

软胶囊又称胶丸,胶囊壳较软且具有较强的弹性,在装入药物时一次成型,封闭严密。软胶囊中可填充各种油类或对明胶无溶解作用的液体药物或药物溶液。近年来也出现了在软胶囊中填充固体粉末或颗粒的技术和设备。其工艺流程如下:

$$\left.\begin{array}{r}\text{囊材的配制}\\\text{药物的处理}\end{array}\right\}\longrightarrow 成型\longrightarrow 整丸干燥\longrightarrow 质量检查\longrightarrow 包装$$

(一)囊材的配制

软胶囊剂的囊壳材料也主要为明胶,增塑剂如甘油、山梨醇或两者混合物等,其他辅料可加入防腐剂、遮光剂、色素等。软胶囊囊壳弹性大小与明胶、增塑剂和水所占的比例有关,通常干明胶:干增塑剂:水为 1:(0.4~0.6):1,增塑剂所占比例要比硬胶囊为高。

配制时,称取明胶加纯化水使之充分吸水膨胀、溶解,加入甘油等辅料,搅拌使其完全溶解均匀,并加热除去多余水分使黏度达到规定要求。注意甘油量和水量都与软胶囊成品的硬度、弹性和强度有关,必须严格控制。

(二)药物的处理

软胶囊中的药物可以是各种油类或对明胶无溶解作用的液体药物或混悬液,也可以是固体药物。药物含水量超过 5%,或含低分子质量水溶性或挥发性有机物如乙醇、羧酸、胺类或酯类等,均能使软胶囊软化或溶解,因而此类物质不宜填充。醛类可使明胶变性,也不能填充。液体药物可用磷酸盐、乳酸盐等缓冲液调整,使 pH 控制在 4.5~7.5,因强酸性可引起明胶的水解而泄漏,强碱性可引起明胶变性而影响溶解释放。

1. 液体药物和药物溶液

油一般作为分散介质,油或脂溶性药物溶解分散为药物溶液,比混悬液更易包裹,具有较好的物理稳定性和较高的生物利用度。如药物是亲水的,可在药物中保留 3%~5% 的水分。

2. 混悬液和 W/O 乳状液

混悬液是固体粉末(五号筛以下)混悬分散在油状基质(植物油或挥发油)或非油状基质(聚乙二醇、吐温 80、丙二醇和异丙醇等)中,还应加有助悬剂。对于油状基质,通常使用的助悬剂是 10%~30% 的油蜡混合物(比例为氢化大豆油:黄蜡:短链植物油 1:1:4);对于非油状基质,则常用 1%~14% 聚乙二醇 4 000 或聚乙二醇 6 000。有时还可加入抗氧剂、表面活性剂来提高软胶囊剂的稳定性与生物利用度。O/W 型乳剂可使囊壁失水破坏,故不能制成软胶囊剂,只能填充 W/O 乳状液。含油类药物的胶囊尽可能使其含水量降低,防止制备贮藏时影响软胶囊质量,这类药物加入食用纤维素往往能克服水分的影响。

3. 固体药物

多数固体粉末或颗粒也可包成胶丸,药物粉末应通过 5 号筛并混合均匀,但需要专用胶丸,一般应用不多。

(三)成型制备

软胶囊剂的制法可分为压制法和滴制法两种,用压制法制备的为有缝胶丸,用滴制法制备的为无缝胶丸。

1. 压制法

系将胶液制成厚薄均匀的胶片(胶带),再将药物置于两块胶片之间,用钢板模或旋转模压制软胶囊的方法。压制法又分为平板模式和滚模式两种。平板模式软胶囊轧囊机是利用往复冲压平模,连续自动对胶皮完成灌装药液或颗粒,并冲切成软胶囊,如图 6-26 所示。生产中使用更普遍的是滚模式轧囊机,其工作原理如图 6-27 所示。本法成品率较高、装量差异小、产量大、可连续化自动生产。

图 6-26　平板模式轧囊机工作原理

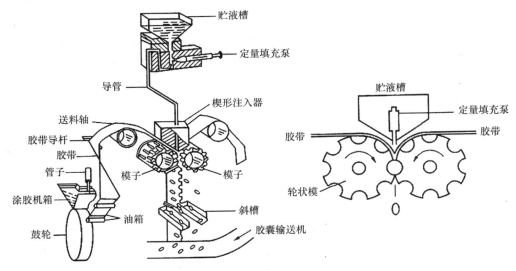

图 6-27　滚模式轧囊机工作原理

2. 滴制法

系指采用滴丸机制备软胶囊的方法。滴制法工作原理如图 6-28 所示。即将配好的胶液与油状药液两相经滴丸机的双层喷头,使两相以不同速度喷出,使一定量的明胶液将定量的药液包裹后,滴入另一种不相混溶的冷却液中,胶液接触冷却液后由于表面张力作用形成球状体,并逐渐凝固成胶丸,取出,整丸干燥,即得。该法具有成品率高、装量差异小、产量大、成本较低的优点。滴制时,明胶液的处方组成比例、胶液的黏度、药液和胶液及冷却液三者的密度、胶液和药液及冷却液的温度、滴头的大小、滴制速度、软胶囊剂的干燥温度等因素均会影响软胶囊的质量,应在实际生产过程中,根据不同的品种特点,经过试验确定最佳的工艺条件。

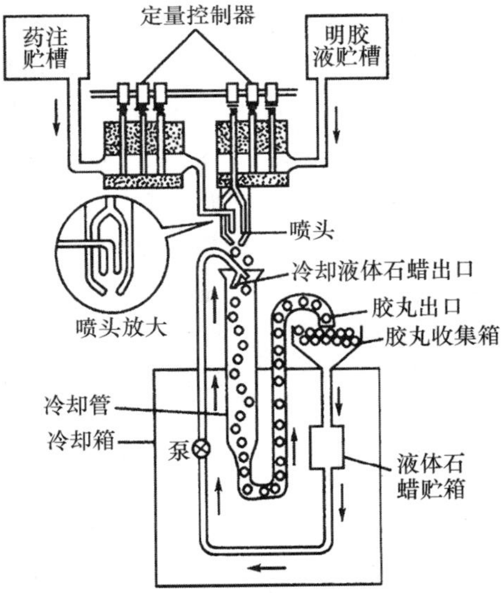

图 6-28　滴制法工作原理

四、肠溶胶囊剂的制备

可用适宜的肠溶材料制备而得,也可用经肠溶材料包衣的颗粒或小丸填充胶囊而制成。其囊壳不溶于胃液或囊壳溶于胃液而内容物的包衣层不溶于胃液,但能在肠液中崩解而释放活性成分。适用于一些具有辛臭味、刺激性,或遇酸不稳定,或需在肠内溶解、释放的药物。

目前制备肠溶胶囊的方法主要有以下几种:

（1）在胶囊上包衣　即在明胶囊壳上涂上肠溶材料，如 CAP、虫胶、肠溶型聚丙烯酸树脂等。可用流化床包衣，先将 PVP、CAP 溶液喷于胶囊上作为底衣层，以增加其黏附性，然后用 CAP、蜂蜡等进行外层包衣，可以改善单用 CAP 包衣后"脱壳"的缺点。国内已有生产可在不同肠道部位溶解的肠溶空心胶囊如普通肠溶空心胶囊和结肠肠溶空心胶囊，可将药物填充到空心肠溶胶囊内。

（2）胶囊内容物包衣　将药物（颗粒或小丸等）包上肠溶衣后再装于空心胶囊中。此种胶囊虽在胃中溶解，但内容物在胃中不溶，只能在肠道中溶解释出。

（3）软胶囊包衣　药物先制成软胶囊，再用肠溶材料包衣。包衣后其肠溶性较稳定，抗湿性也好。

五、胶囊剂质量检查、包装与贮存

（一）质量检查

胶囊剂应进行外观、性状、水分、装量差异、崩解时限、鉴别、含量测定、微生物限度等检查，均应符合规定。

（二）装量差异检查

取胶囊 20 粒，分别精密称定重量后，倾出内容物（不得损失囊壳）。硬胶囊用小刷或其他适宜用具拭净，软胶囊用乙醚等易挥发性溶剂洗净，置通风处使溶剂自然挥发尽。分别精密称定囊壳重量，求出每粒内容物的装量与平均装量；每粒的装量与平均装量（或标示装量）相比较，超出装量差异限度的胶囊不得多于 2 粒，并不得有 1 粒超出限度的 1 倍。《中国兽药典》对胶囊的装量差异限度规定如下：平均装量为 0.30 g 以下的，其装量差异限度为 ±10%；平均装量为 0.30 g 及 0.30 g 以上的，其装量差异限度为 ±7.5%；中药胶囊剂的装量差异限度均为 ±10% 以内。

凡规定检查含量均匀度的胶囊剂，一般不再进行装量差异的检查。

（三）崩解时限检查

按《中国兽药典》附录中崩解时限检查法检查。硬胶囊剂或软胶囊剂，除另有规定外，取供试品 6 粒，按片剂的装置与方法（如胶囊漂浮于液面，可加挡板）检查。

硬胶囊剂应在 30 min 内全部崩解；软胶囊剂应在 1 h 内全部崩解。软胶囊剂可改在人工胃液中进行检查。如有 1 粒不能完全崩解，应另取 6 粒，均应符合规定。

肠溶胶囊剂，除另有规定外，取供试品 6 粒，按上述装置与方法，先在盐酸溶液（9→1 000）中不加挡板检查 2 h，每粒的囊壳均不得有裂缝或崩解现象；继而将吊篮取出，用少量水洗涤后，每管加入挡板，再按上述方法，改在人工肠液中进行检查，应在 1 h 内全部崩解。如有 1 粒不能完全崩解，应另取 6 粒，均应符合规定。凡检查溶出度或释放度的胶囊剂可不再检查崩解时限。

【附】

人工胃液：取稀盐酸 16.4 mL，加水约 800 mL 与胃蛋白酶 10 g，摇匀后，加水稀释至 1 000 mL 即得。

人工肠液：取磷酸二氢钾 6.8 g，加水 500 mL 溶解，用 0.1 mol/L 氢氧化钠溶液调节 pH 至 6.8；另取胰酶 10 g，加水适量溶解，将两液混合后，加水稀释至 1 000 mL 即得。

（四）包装与贮存

胶囊剂易受温度、湿度的影响。在温度较高，相对湿度大于 60% 的环境中，胶囊易变软、发黏而膨胀,容易滋长微生物,甚至发生溶化;而过分干燥的贮存环境可使胶囊壳失去水分而脆裂。因此选择合适的包装材料和贮存条件非常重要。

胶囊剂可采用密封性好的玻璃瓶、塑料瓶、铝塑泡罩、双铝等包装。

胶囊剂应密封,置阴凉干燥处贮存。即贮存环境温度不超过 20 ℃,相对湿度不超过45%,防止发霉、变质。

第六节　饼　剂

饼剂是将粉状或液状的药物以及微量物质与适宜基质(辅料)制成的饼状固体剂型,专供牛、羊、猪、犬等动物舔食用来预防疾病或提供营养,也可投喂猪、犬等动物用来治疗疾病。目前多用于奶牛补充营养和架子牛催肥。所含药物多为氨基酸、维生素、微量元素、抗寄生虫药等。

饼剂制备相对容易,还没有成熟的生产工艺,一般情况下是将处方中的药物和辅料混合均匀,放入特定的模具中压制,干燥后出模即可。牛羊用的可制成 500 g 或 1 000 g 的规格;小动物用的可制成饼干状。加入的辅料如淀粉(面粉、玉米粉)、黏合剂等填充体积和使其易于成型,还常加入甜味、咸味、腥味、香味调味剂或色素等以增加适口性,必要时再加入抗氧化剂和防霉剂,以延长保存期(一般为 3~6 个月)。

例:左旋咪唑饼剂

【处方】盐酸左旋味唑粉 50 g,面粉、发酵粉、糖、糖精、油各适量,为 1 000 块饼剂用量。

【制法】将糖、糖精溶于水中,加入发酵粉混匀。用此混合液调面粉制成稠状,倒入饼模,置烤箱中烤制成饼,即得。每饼含主药 50 mg。

【作用】驱猪、犬肠道线虫。

【用法与用量】内服,猪按主药每千克体重 8 mg,犬按主药 10 mg 计算用饼剂量。

贮藏:以塑料袋或铝箔分装密封,置阴凉干燥处贮存。

思考题

1. 固体制剂有哪些特点?

2. 简述粉散剂的制备工艺过程和常用的操作设备。

3. 简述颗粒剂的制备工艺过程和常用的操作设备。

4. 片剂有哪些种类及各自的特点?

5. 片剂的辅料有哪些种类? 试分别举例说明。

6. 片剂的制备方法有哪些?

7. 片剂制备中可能发生的问题有哪些? 如何解决?

8. 叙述包糖衣和包薄膜衣的主要步骤。

9. 包糖衣易出现的问题有哪些? 如何解决?

10. 片剂的质量评定项目有哪几项?

第七章 半固体制剂及皮肤、黏膜给药制剂

学习要求

1. 掌握软膏剂、乳膏剂、凝胶剂、糊剂和皮肤、黏膜给药制剂等基本概念;软膏剂、乳膏剂、凝胶剂基质的类型及特点;各类制剂的制备工艺。

2. 熟悉软膏剂、乳膏剂、凝胶剂、糊剂和皮肤、黏膜给药制剂的质量检查。

3. 了解软膏剂、乳膏剂、凝胶剂、糊剂和皮肤、黏膜给药制剂的附加剂及包装贮存。

4. 具备本章制剂处方设计、生产和质量检验的基本能力,能够利用相关知识解决实际问题。

案例导入

近年来国内的宠物临床诊疗水平、宠物医药研发技术、法律法规、标准体系和执法监督体系逐步规范和建立,宠物行业的系统产生了比较良好的循环。合规高效的优质药品的竞争力因此凸显,宠物医药成为中国动物药品中最具潜力的细分市场之一。因此宠物外用驱虫、抗菌抗炎软膏制剂和内服营养膏剂在宠物临床适用越来越广泛,国内多家宠物医药企业已经研发并申报多种相关宠物用新兽药产品。

半固体制剂是指药物与适宜的基质混合制成均匀的半固体形态制剂,主要包括软膏剂、乳膏剂、凝胶剂和糊剂。本类制剂可供动物内服或外用,目前半固体制剂多外用于动物体表皮肤、黏膜或创面,因此本章也包括了部分其皮肤、黏膜给药制剂。

第一节 软膏剂

一、概述

软膏剂系指药物与油脂性或水溶性基质混合制成的具有一定稠度的均匀半固体制剂。根据药物在基质中的分散状态不同可将其分为溶液型软膏剂和混悬型软膏剂。溶液型软膏剂中药物是溶解或共熔于基质或基质组分中,混悬型软膏剂中药物是以细粉均匀分散于基质中。软膏剂一般具有润滑、保护皮肤,保护创面及局部治疗等作用,在兽医临床可以用于治疗体表细菌及寄生虫感染、止痒、消毒、止痛和局麻等,一些软膏剂还能通过皮肤吸收用于全身治疗。

软膏剂一般应符合以下要求：①外观均匀、细腻，涂于皮肤或黏膜一般应无粗糙感；②具有适宜的黏稠度，易于涂布在皮肤或黏膜上且不融化；③性质稳定，保质期内应无酸败、异臭、变色、变硬、油水分离或分层等现象；④用于严重创伤或烧伤的软膏剂应无菌；⑤安全性好，无刺激性，不引起过敏及其他不良反应。

二、软膏剂的基质与附加剂

(一)软膏剂的基质

软膏剂由药物、基质和附加剂组成，其中基质作为软膏剂的主要组成部分，既有赋形剂和药物载体的作用，也影响到软膏剂中药物的释放、吸收。

理想的软膏剂基质应具备下列条件：①具有适宜的稠度，润滑、易于涂布；②性质稳定，与药物或附加剂无配伍禁忌；③无生理活性，不影响皮肤的正常功能和伤口的愈合，具有良好的释药性能；④具有一定的吸水性，能吸收伤口分泌物；⑤易于洗除，不污染皮肤及衣物等。在实际应用中没有一种基质能完全具备上述条件，所以应根据药物的性质、用药目的及软膏剂的特点选择基质。软膏剂常用的基质主要包括油脂性基质和水溶性基质两类。

1. 油脂性基质

油脂性基质主要包括油脂类、烃类、类脂类及合成(半合成)油脂性基质等。油脂性基质一般有较好润滑作用，无刺激性，涂于皮肤后有润滑、保护及软化作用，能与多数药物配伍，不易被微生物污染；但此类基质由于油腻性及疏水性大，不易洗除，不易与水性液体混合，且对药物的释放穿透作用较差，不宜用于急性且有多量渗出液的皮肤疾病。遇水不稳定药物制备软膏剂时多用油脂性基质。

(1)油脂类　油脂类多是从动、植物中得到的高级脂肪酸甘油酯及其混合物，由于其含有不饱和双键结构，易被氧化酸败，因此可酌加抗氧剂和防腐剂改善。常用的植物油有麻油、花生油、菜籽油等，可与熔点较高的蜡类熔合得到适宜稠度的基质，如花生油与蜂蜡(2：1)加热熔合而成"单软膏"。氢化植物油较植物油稳定且稠度大，也可作为软膏基质，这类基质是植物油在催化作用下加氢而成的饱和或部分饱和的脂肪酸甘油酯，完全氢化的植物油呈蜡状固体。动物来源的脂肪油有猪脂、羊脂等，现在已较少应用。

(2)烃类　烃类是从石油分馏得到的多种高级烃混合物，其中大部分属饱和烃，化学性质稳定，脂溶性强。

①凡士林。又称软石蜡，是液体烃类与固体烃类的半固体混合物，熔程为38～60 ℃。凡士林有黄色和白色两种，白色是由黄色凡士林漂白而得。本品性质稳定，无刺激性，能与大多数药物配伍，适用于遇水不稳定的药物。凡士林可单独用作软膏基质，但由于其油腻性大而吸水性差，虽然可使皮肤柔润并对皮肤有保护作用，但不能与较大量的水性溶液混合均匀，可在其中加入适量的羊毛脂、胆固醇或一些高级醇类等改善其吸水性能。

②液体石蜡。为各种液体烃的混合物，能与多数脂肪油或挥发油混合，主要用于调节软膏的稠度；也可作为加液研磨的液体，用以研磨药物粉末以利于与基质混匀。

③固体石蜡。为各种固体烃的混合物，熔程为50～65 ℃，主要用于调节软膏的稠度。

(3)类脂类　本品为高级脂肪酸与高级醇化合形成的酯类，具有一定的表面活性作用和吸水性能，可与油脂类基质合用，并能增加乳膏型基质的稳定性。

①羊毛脂。通常指无水羊毛脂，为淡棕黄色黏稠半固体，稍有异臭，熔程为36～42 ℃。本

品主要成分是胆固醇类的棕榈酸酯及游离的胆固醇类,具有优良的吸水性,可吸收约2倍其重量的水并形成W/O型乳剂。羊毛脂性质接近皮脂,有利于药物透入皮肤;但由于黏性过大,不宜单独用作基质,常与凡士林合用,并可改善凡士林的吸水性。为了降低黏性,常用含30%水分的羊毛脂,称为含水羊毛脂。

②蜂蜡。蜂蜡主要成分为棕榈酸蜂蜡醇脂,并含少量的游离醇及游离酸,熔程为62～67℃,常用于O/W型乳膏剂基质中增加稳定性。本品有黄、白之分,后者由前者精制而得。

③鲸蜡。鲸蜡主要成分为棕榈酸鲸蜡醇脂及少量游离醇类,熔程为42～50℃。一般用于增加基质的稠度,用于O/W型乳膏剂基质中也可增加稳定性。

(4)合成(半合成)油脂性基质　本类基质主要由各种油脂或原料加工合成,其稳定性、皮肤刺激性和皮肤吸收性等方面较原料油脂有明显改善。常用的有硅酮、角鲨烷、羊毛脂衍生物等。

①硅酮。又称硅油,为一系列不同相对分子质量的聚二甲基硅氧烷的总称。外观似油性半固体,无臭无味,疏水性强,化学性质稳定。常与油脂性基质合用制成防护性软膏,用于防止水性物质及酸、碱液等的刺激或腐蚀,也可制成乳膏剂的基质应用。

②角鲨烷。从鲨鱼肝中取得的角鲨烯加氢反应制得,外观为无色的油状液体,无异味,具有良好的皮肤渗透性、润滑性。

③羊毛脂衍生物。为羊毛脂改性制得,主要有羊毛醇、氢化羊毛脂、乙酰化羊毛脂等。

2. 水溶性基质

水溶性基质是由天然或合成的高分子水溶性物质所组成,如纤维素衍生物及聚乙二醇等。一般释放药物较快,无刺激性,易洗除,可吸收组织分泌液,适用于湿润、溃烂的创面,也可用作腔道黏膜或防油保护性软膏的基质。但本类基质一般滑润、软化作用较差,有些基质中的水分容易蒸发而使稠度改变,需加保湿剂及防腐剂。

①聚乙二醇类(PEG)　为高分子聚合物,常用的平均相对分子质量在300～6 000,不同相对分子质量聚乙二醇以适当比例配合制成稠度适宜的基质。此类基质易溶于水,化学性质较稳定,不易霉败,但长期应用可引起皮肤干燥。

例:聚乙二醇类的水溶性基质

【处方】(1)PEG4 000　400 g　　PEG400　600 g　　共1 000 g

(2)PEG4 000　500 g　　PEG400　500 g　　共1 000 g

【制法】称取两种成分,在水浴上加热至65℃,搅拌均匀至凝成软膏状。

【注解】PEG4 000为蜡状固体,熔程为54～58℃;PEG400为黏稠液体,两种成分用量比例不同可调节软膏的稠度,以适应不同气候和季节的需要。由于该基质水溶性大,与水溶液配合易引起稠度的改变,如需与6%～25%的水溶液配合的,可取50g硬脂醇代替等量的PEG4 000。

②纤维素衍生物　常用甲基纤维素及羧甲基纤维素钠等纤维素衍生物。

例:含纤维素类的水溶性基质

【处方】羧甲基纤维素钠60 g　甘油150 g　三氯叔丁醇1 g

纯化水适量　　　　共制1 000 g

【制法】先取甘油与羧甲基纤维素钠研匀,加适量的热纯化水,放置使之溶解,再加入三氯叔丁醇水溶液及纯化水至所需量。

(二)软膏剂的附加剂

除了药物和基质,软膏剂中还常根据需要加入抗氧剂、防腐剂、保湿剂、吸收促进剂等附加剂。

1. 抗氧剂

为了增加软膏剂的化学稳定性,常用的抗氧剂主要有:

①水溶性抗氧剂,如维生素 C、半胱氨酸、甲硫氨酸和亚硫酸盐等。

②油溶性抗氧剂,如维生素 E、没食子酸烷酯、丁羟基茴香醚和丁羟基甲苯等。

③金属离子络合剂,如柠檬酸、酒石酸和乙二胺四乙酸(EDTA)等。

2. 防腐剂

软膏剂的基质中通常有水性、油性物质,甚至蛋白质,容易被微生物污染,常用的防腐剂主要有:

①醇类,如乙醇、异丙醇、氯丁醇、三氯甲基叔丁醇等。

②酸类,如苯甲酸、脱氢乙酸、丙酸、山梨酸、肉桂酸等。

③芳香酸类,如茴香醚、丁香酚、香兰酸酯等。

④酚类,如苯酚、苯甲酚等。

⑤酯类,如对羟基苯甲酸(乙酸、丙酸、丁酸)酯等。

⑥季铵盐类,如苯扎氯铵、溴化烷基三甲基铵等。

3. 保湿剂

主要有多元醇如甘油、丙二醇和山梨醇等。

4. 吸收促进剂

吸收促进剂能增加局部用药的渗透性,增加药物的经皮吸收。常用的有月桂氮卓酮、二甲基亚砜、丙二醇、甘油、聚乙二醇等。

三、软膏剂的制备

软膏剂的制备方法有研和法、熔融法及乳化法。根据药物与基质的性质、用量及设备条件,可选择不同的制备方法,其制备工艺流程如图 7-1 所示。

1. 基质的处理

油脂性基质一般使用前需加热熔融,用细布或 120 目钢丝筛网趁热滤过,加热至 150 ℃ 1 h 以上灭菌,并除去水分。

2. 药物的处理

①可溶于基质中的药物,应先用适宜的溶剂溶解,再与基质混匀。

②不溶性固体药物,一般需研成细粉,通过 6 号筛后使用。取药粉先与少量基质或液

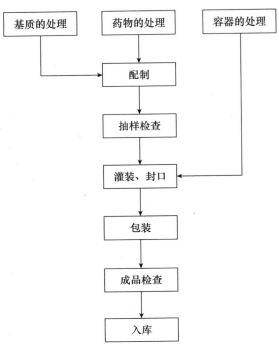

图 7-1 软膏剂制备工艺流程

体成分研匀成糊状,再与其余基质研匀。

③半固体黏稠性药物,可直接与基质混合。如果药物(如鱼石脂)中某些极性成分不易与凡士林混匀,可先加等量麻油或羊毛脂混匀,再加入基质中混匀。中草药提取的药煎剂、流浸膏等可先浓缩至糖浆状,再与基质混匀。

④共熔组分,如樟脑、薄荷脑、麝香草酚等挥发性共熔成分共存时,可先研磨至共熔,再与冷却至 40 ℃以下的基质混匀。为了避免药物挥发损失,基质温度不能过高。

⑤挥发性或对热敏感药物,基质温度也不能过高,一般基质温度降至 40 ℃以下时添加。

3. 制备方法

(1)研和法　此方法一般适用于对热不稳定且不溶于基质的药物,基质多由半固体和液体组分组成。先取药物与部分基质或适宜液体研磨成细腻糊状,再按等量递加法加入其余基质研匀。较小量生产可用软膏板调制或研钵研磨,大量生产时可用电动研磨机。

(2)熔融法　此方法多用于由熔点较高,常温下不能混匀的组分组成的基质。一般先加入熔点高的物质熔化,再加熔点较低的药物,最后加入液体成分,并不断搅拌,均匀冷却至膏状即可。大量生产时可用蒸汽加热夹层锅制备。

(3)乳化法　该方法适用于乳膏剂的制备,详见本章第二节。

四、软膏剂的质量检查及包装贮存

按照《中国兽药典》规定,软膏剂的质量检查项目主要包括外观、粒度、装量、无菌、微生物限度、含量等。

1. 外观

要求色泽均匀一致,质地细腻,无酸败、异臭、变色及变硬等现象。

2. 粒度

除另有规定外,混悬型软膏剂取适量的供试品,涂成薄层,薄层面积相当于盖玻片面积,共涂 3 片,按照粒度和粒度分布测定法检查,均不得检出大于 180 μm 的粒子。

3. 装量

按照最低装量检查法检查,应符合规定。

4. 无菌

用于烧伤或严重创伤的软膏剂,按照无菌检查法检查,应符合规定。

5. 微生物限度

除另有规定外,按照微生物限度检查法检查,应符合规定。

软膏剂一般采用软膏管包装,常用的有锡管、铝管或塑料管等,大量生产多采用自动灌封机,能实现进管、探管、灌装、封尾、出管、装盒等连续自动包装。

除另有规定外,软膏剂一般在常温下避光、密闭条件贮存,温度不宜过高或过低。

五、制备举例

1. 氧化锌软膏制备

【处方】氧化锌 150 g　凡士林 850 g　共制 1 000 g

【制法】取氧化锌最细粉,分次加入到预先用灭菌后并放冷至 50 ℃的凡士林中,在灭菌研钵中边加边研磨至凝固,混合均匀后,即得。

【作用与用途】本品具有收敛和抗菌作用,常用于皮炎、湿疹和溃疡等的治疗。

2. 复方酮康唑软膏制备

【处方】酮康唑 20 g　　　恩诺沙星 3 g　　无水亚硫酸钠 2 g　　PEG4 000　300 g,
　　　　PEG400　605 g　　丙二醇 50 g　　蒸馏水 20 g

【制法】用丙二醇将酮康唑、恩诺沙星调成糊状备用,将无水亚硫酸钠溶于蒸馏水中备用。将 PEG4 000 和 PEG400 在水浴上加热至 85 ℃ 使熔化,冷却至 40 ℃ 以下时加入上述糊状药物和亚硫酸钠溶液,搅拌均匀即得。

【作用与用途】本品用于治疗动物浅表及深部真菌、细菌引起的各种皮肤感染和炎症。

第二节　乳膏剂

一、概述

乳膏剂(creams)系指药物溶解或分散于乳状液型基质中制成的均匀的半固体外用制剂。按照基质不同,可分为水包油型(O/W)乳膏剂和油包水型(W/O)乳膏剂。药物在基质中的分散可以为溶液或混悬状态,乳膏剂也可看作是乳剂型基质的软膏剂。

二、乳膏剂常用基质

乳膏剂基质是由水相和油相借乳化剂的作用在一定温度下混合乳化,最终在室温条件下形成的半固体乳剂型基质。乳剂型基质对油和水均有一定亲和力,可与创面渗出物或分泌物混合,对皮肤的正常功能影响小。

乳剂型基质可分为 O/W 型和 W/O 型两类。O/W 型基质也被称为"雪花膏",无油腻性,易用水洗除;但由于该类基质的外相含多量的水,在贮存过程中可能霉变,常需加入防腐剂;水分也易蒸发失散而使乳膏变硬,常需加入甘油、丙二醇等保湿剂。W/O 型基质俗称"冷霜",主要是由于其中水分从皮肤表面蒸发时有缓和的冷却作用,该类基质比不含水的油脂性基质易涂布,能吸收部分水分,油腻性较小。

乳剂型基质的类型取决于乳化剂的类型及其作用,常用的乳化剂有以下几类:

1. 皂类

为高级脂肪酸等与碱反应生成的新生皂作乳化剂形成乳剂型基质。

(1)一价皂　为一价金属钠、钾、铵的氢氧化物及硼酸盐、碳酸盐或三乙醇胺等有机碱与脂肪酸作用生成的新生皂,为 O/W 型乳化剂,与水相、油相混合后形成 O/W 型基质。一价皂 HLB 一般为 15～18,其乳化能力与脂肪酸的碳原子数有关,最常用的是碳原子数为 18 的硬脂酸,其用量为基质总量的 10%～25%,但硬脂酸的用量中仅 15%～25% 与碱反应成肥皂,未皂化的硬脂酸被乳化分散成小粒形成乳粒,可增加基质的稠度。单用硬脂酸为油相制成的乳膏剂基质滑润作用通常较小,可加入适量的油脂性基质如凡士林、液体石蜡等调节其润滑性。不同类型的一价皂乳化形成的基质性质差别较大,钠皂形成的基质较硬;钾皂形成的基质较软,也被称为软肥皂;而有机胺皂形成的基质手感细腻且光泽度好,可单用或与钠皂或钾皂合用。

需注意一价皂乳化形成的基质易被酸、碱、钙、镁离子或电解质等破坏,因此制备用水宜用纯化水。新生皂作为乳化剂形成的基质也不宜与酸性或碱性药物伍用。

例:一价皂类乳化剂基质

【处方】硬脂酸 170.0 g　　　　羊毛脂 20.0 g　　　　液体石蜡 100.0 mL

　　　　三乙醇胺 20.0 g　　　　甘油 50.0 mL　　　　羟苯乙酯 1.0 g

　　　　纯化水适量　　　　　　共制 1 000.0 g

【制法】将硬脂酸、羊毛脂和液体石蜡水浴加热至 75～80 ℃使其熔化作为油相;将羟苯乙酯溶于适量水后,加入甘油与三乙醇胺混匀,水浴加热与油相温度相同后,将其缓缓加入油相中,边加边搅拌均匀,放置室温冷凝后即得。

【解析】三乙醇胺可与部分硬脂酸形成有机胺皂作为 O/W 型乳化剂;羊毛脂有辅助乳化作用,可增加油相吸水性和乳剂稳定性;液体石蜡有润滑作用,并可调节基质稠度;甘油有保湿作用。

（2）多价皂　为二、三价金属（如钙、镁、铝等）的氧化物与高级脂肪酸反应形成的多价皂,其 HLB 小于 6,为 W/O 型乳化剂。多价皂在水中溶解度小,稳定性高。

2. 脂肪醇硫酸酯类

常用十二烷基硫酸钠,又称月桂醇硫酸钠,为 O/W 型乳化剂,其水溶液呈中性,对皮肤刺激性小,耐酸碱性较好,且不受硬水影响,能与肥皂、碱类、钙镁离子配伍,但不与阳离子表面活性剂伍用,因其可形成沉淀而失效。

3. 高级脂肪醇类

常用十六醇（鲸蜡醇）及十八醇（硬脂醇）,十六醇熔程为 45～50 ℃,十八醇熔程为 56～60 ℃。两者均不溶于水,但具有一定的吸水能力,加适量于油脂性基质中可增加其吸水性,属于 W/O 型乳化剂。本类乳化剂可用于 O/W 型基质的油相中增加乳剂的稳定性,也可增加基质的稠度。

4. 单硬脂酸甘油酯

为单与双硬脂酸甘油酯的混合物,为白色蜡状固体,不溶于水,可溶于热乙醇,液体石蜡及脂肪油中。本品为 W/O 型辅助乳化剂,乳化能力弱,可用作乳膏剂基质的稳定剂或增稠剂,制得的乳剂型基质细腻光亮,用量一般为 3%～15%。

5. 脂肪酸山梨坦与吐温类

两者属于非离子型表面活性剂,刺激性小,性质稳定,可与酸性药物或电解质伍用。脂肪酸山梨坦（司盘）类为 W/O 型乳化剂,HLB 在 4.3～8.6;聚山梨酯（吐温）类为 O/W 型乳化剂,HLB 在 10.5～16.7。两者可单独使用,也可按不同比例混合使用,调节乳化剂适宜的 HLB,增加基质的稳定性。由于吐温类易与某些防腐剂（如尼泊金酯类、新洁尔灭、苯甲酸、山梨酸等）络合而使之部分失活,因此可适量增加防腐剂用量。

6. 聚氧乙烯醚类

常用的有平平加 O 和乳化剂 OP,两者均属于非离子型表面活性剂。平平加 O 为脂肪醇聚氧乙烯醚类,乳化剂 OP 为烷基酚聚氧乙烯醚类,两者 HLB 分别为 15.9 和 14.5,均为 O/W 型乳化剂。两者均较少单独使用,可与其他乳化剂或辅助乳化剂伍用。两者不与含羟基或羧基化合物配伍用,因其可形成络合物,影响基质稳定性。

三、乳膏剂的制备

乳膏剂可采用乳化法制备,通常包括熔化过程和乳化过程。熔化过程主要是将处方中的油溶性组分加热至 80 ℃ 左右使其熔化,滤过后得到油相;另将水溶性组分溶于水,加热至 80 ℃ 左右略高于油相温度得到水相。将水相溶液逐渐加入油相中,边加边搅,待乳化完全,搅拌至冷凝。大量生产可用有旋转型热交换器的连续式乳膏剂制造装置,进行减压乳化并进一步冷却、混合、分散、挤压成均匀细腻的产品。

乳化法中水、油两相的混合方法主要有以下三种:

(1)两相同时掺合,适用于连续或大量生产的机械操作;

(2)分散相加到连续相中,适用于含小体积分散相的乳剂系统;

(3)连续相加到分散相中,适用于多数乳剂系统,在混合过程中可使乳剂转型,从而得到粒子更细的分散相。

四、乳膏剂的质量检查

除另有规定外,乳膏剂的质量检查项目可参考第一节软膏剂。

五、制备举例

例:醋酸氟轻松乳膏

【处方】醋酸氟轻松 0.25 g　　月桂醇硫酸酯钠 10 g　　二甲基亚砜 15 g　　甘油 50 g

十八醇 90 g　　　　　　尼泊金乙酯 1 g　　　　白凡士林 100 g　　液体石蜡 60 g

纯化水适量　　　　　　共制 1 000 g

【制法】取月桂醇硫酸酯钠、尼泊金乙酯、甘油及水混合后加热至 80 ℃ 左右作为水相,缓缓加入加热至 80 ℃ 左右的十八醇、白凡士林及液体石蜡混合的油相中,边加边搅拌,搅拌均匀后放至室温冷凝制成乳剂基质。取醋酸氟轻松溶于二甲基亚砜后,加入乳剂基质中混匀,即得。

【作用与用途】糖皮质激素类药物,用于过敏性皮肤炎等症。

第三节　凝胶剂

一、概述

凝胶剂是指药物与能形成凝胶的辅料制成的具有凝胶特性的稠厚液体或半固体制剂。凝胶基质按分散系统分为单相凝胶和双相凝胶。单相凝胶可分为水性凝胶和油性凝胶;双相凝胶也称混悬型凝胶剂,是由分散的药物小粒子以网状结构存在于液体中,混悬型凝胶剂具有可触变性,静止时形成半固体,搅拌或振摇时成为液体而便于使用。

凝胶剂主要作为皮肤与黏膜外用制剂,临床多用水性凝胶剂,该类凝胶黏度小,有利于药物尤其是水溶性药物的释放,且无油腻感,易涂展,易清除,不妨碍皮肤正常功能;但水性凝胶润滑作用差,易失水和霉变,往往需加入保湿剂、防腐剂等。

二、水凝胶剂基质

水性凝胶基质的辅料包括天然高分子、半合成高分子和合成高分子材料三类。①天然高分子材料主要有海藻酸盐、西黄芪胶、淀粉、明胶、阿拉伯胶和琼脂等;②半合成高分子材料包括纤维素衍生物类;③合成高分子材料包括卡波姆、聚丙烯酸钠等。这些高分子材料加水、甘油或丙二醇等可制成水性凝胶基质,还可根据需要加入保湿剂、防腐剂、抗氧剂、乳化剂、增稠剂及透皮促进剂等。

1. 卡波姆

商品名为卡波普,它是丙烯酸与丙烯基蔗糖交联的高分子聚合物,按相对分子质量不同有Cb934、Cb940、Cb941等规格。本品为白色松散粉末,引湿性强,易吸湿结块。由于其含有60%的羧酸基团,具有亲水性,可在水中迅速溶胀但不溶解。其水分散液呈酸性,黏度较低,当用碱中和时,可在水中逐渐溶解,黏度迅速增大形成具有一定强度和弹性的半透明状凝胶,在 pH 6～11 有最大的黏度和稠度。以卡波姆为基质的凝胶剂释药快、不油腻,润滑舒适,对皮肤和黏膜无刺激性,适用于治疗脂溢性皮肤病。盐类电解质、强酸可使卡波姆凝胶黏性下降,碱土金属离子及阳离子聚合物等可与之结合成不溶性盐,应避免伍用。

例:卡波姆基质

【处方】卡波姆 940　10 g　　甘油　50 g　　吐温 80　2 g

乙醇　50 g　　氢氧化钠　4 g　　羟苯乙酯　0.5 g

纯化水适量　　共制 1 000 g

②⑴【制法】将卡波姆 940、甘油、吐温 80 与纯化水 300 mL 混合,将氢氧化钠用适量纯化水溶解后加入上述液体中搅拌均匀,再将羟苯乙酯溶于乙醇后逐渐加入搅匀,即得透明凝胶。

【注解】处方中氢氧化钠为 pH 调节剂,使黏度增大形成凝胶;甘油为保湿剂。

2. 纤维素衍生物

常用的纤维素衍生物是羧甲基纤维素钠(CMC-Na)和甲基纤维素(MC),常用浓度为2%～6%。羧甲基纤维素钠在冷、热水中均能溶解,而甲基纤维素溶于冷水,不溶于热水及有机溶剂。羧甲基纤维素钠在 pH 低于 5 或高于 10 时黏度显著下降,甲基纤维素在 pH 2～12 中均稳定。

羧甲基纤维素钠属阴离子型化合物,与阳离子药物、强酸及重金属盐伍用会形成不溶性沉淀。本类基质涂布于皮肤有较强黏附性,易失水干燥而有不适感,需加 10%～15% 甘油作为保湿剂。

例:纤维素衍生物基质

【处方】羧甲基纤维素钠 50 g　甘油 150 g　三氯叔丁醇 5 g　纯化水加至 1 000 g

【制法】取羧甲基纤维素钠和甘油研匀,加入热纯化水中,放置使溶胀形成凝胶,加三氯叔丁醇水溶液,再加水至 1 000 mL,搅拌均匀即得。

三、凝胶剂的制备

水凝胶剂制备时,如果处方中的药物能溶于水,可将药物先溶解于部分水中,必要时可加热溶解,处方中其余成分按水性凝胶基质配制方法制备后,与药物溶液混匀,然后加水至足量搅匀;水不溶性药物可先用少量水或甘油研匀后再与基质搅匀。

四、凝胶剂的质量检查

除另有规定外,凝胶剂的质量检查项目可参考第一节软膏剂。

五、制备举例

例:吲哚美辛凝胶剂

【处方】吲哚美辛 10 g　　交联型聚丙烯酸钠 10 g　　PEG4 000　80 g
　　　　甘油 100 g　　　　苯扎溴铵 10 g　　　　　纯化水加至 1 000 g

【制法】称取 PEG4 000 和甘油加入烧杯中,水浴加热至完全溶解,加入吲哚美辛混匀;取交联型聚丙烯酸钠苯扎溴铵加入 60 ℃纯化水 800 mL 于研钵中研匀。将两种溶液混匀,加水至 1 000 g,即得。

【作用与用途】消炎止痛,用于风湿性及类风湿性关节炎。

【解析】交联型聚丙烯酸钠是一种高吸水性树脂材料,具有保湿、增稠、皮肤浸润等作用,PEG4 000 在本处方中为透皮吸收促进剂。

第四节　糊　剂

一、概述

　　糊剂系指一种或多种大量的原料药物固体粉末(一般占 25%～75%)均匀地分散在适宜的基质中所制成的半固体外用制剂,按给药途径可分为外用糊剂和内服糊剂。例如兽医临床应用奥美拉唑内服糊剂,可用于治疗成年马和 4 周龄及以上马驹胃溃疡和预防胃溃疡复发。

　　根据基质的不同,糊剂可分为两种类型:①脂肪性糊剂(油性糊剂)。其中所含的粉末有淀粉、氧化锌、白陶土、滑石粉、碳酸钙、碳酸镁等。此类糊剂的基质多用凡士林、羊毛脂或其混合物等。②水溶性凝胶糊剂(水性糊剂)。此类糊剂无油腻感,易清洗,多以甘油明胶、淀粉、甘油或其他水溶性凝胶为基质制成,其中固体粉末的含量一般较脂肪性糊剂为少。

二、糊剂的制备

　　制备糊剂时,首先选择合适的基质,选用的基质应考虑剂型的特点、原料药的性质,以及产品的疗效、稳定性和安全性。基质一般应均匀、细腻,也可由不同类型的基质混合而成。根据需要可加入适宜的附加剂,如抑菌剂、分散剂、增稠剂、助溶剂、润湿剂等,然后将药物、附加剂和基质搅拌均匀,调成糊状即得。

三、糊剂的质量检查

　　除另有规定外,糊剂的质量检查项目可参考第一节软膏剂。

四、制备举例

例：氧化锌糊剂

【处方】氧化锌 25 g　　淀粉 25 g　　凡士林 50 g

【制法】取凡士林加热熔化，加入氧化锌极细粉，搅拌均匀，待温度降至 50 ℃以下后加入淀粉，搅拌均匀，冷凝，即得。

【功能与主治】本品有弱的收敛及抗菌作用，用于各种皮肤病如湿疹、溃疡周围的皮肤保护。

【解析】本品因含 50％的固体粉末，故用熔和法较适宜；温度降至 50 ℃以下后加入淀粉可避免淀粉糊化。

第五节　皮肤、黏膜给药制剂

一、皮肤给药制剂

皮肤给药制剂可以根据药物作用范围可以分为两类：一类是发挥局部作用的皮肤外用制剂；另一类称为经皮给药制剂，是指药物以一定的速率透过皮肤，经毛细血管吸收进入全身血液循环并达到有效血药浓度，从而发挥全身用药的制剂。

（一）皮肤外用制剂

皮肤外用制剂是指通过动物体表皮肤给药以产生局部的用药制剂，一般根据其物理性质可分为皮肤外用液体制剂、皮肤外用半固体制剂和皮肤外用固体制剂。

1. 皮肤外用液体制剂

皮肤外用液体制剂系指药物与适宜的溶剂或分散介质制成的，通过涂抹、敷于动物体表皮肤以产生局部作用的溶液、混悬液或乳状液及供临用前稀释的高浓度液体制剂，一般有搽剂、洗剂、乳头浸剂等。

①搽剂：是指揉搽皮肤表面用的液体制剂，一般起镇痛、收敛、消炎、杀菌、保护等作用。不同用途的搽剂可选择不同的分散介质，起镇痛作用的搽剂多用乙醇为分散介质，保护和滋润皮肤的搽剂多用油为分散介质，杀菌、消炎作用的搽剂还可用二甲基亚砜稀释液为分散介质，增加药物的穿透作用。搽剂按分散体系又可分为溶液型、混悬型、乳剂型等搽剂。

②洗剂：是指涂抹、敷于皮肤的外用液体制剂，有消毒、消炎、止痒、收敛、保护等局部作用。洗剂可分为溶液型、混悬型、乳剂型等，其中多为混悬剂。洗剂的分散介质多为水和乙醇。混悬型洗剂中的水分或乙醇在皮肤上蒸发，有冷却和收缩血管的作用，能减轻急性炎症。混悬型洗剂中常加入甘油和助悬剂，当分散介质蒸发后可形成保护膜，保护皮肤免受刺激。如复方硫磺洗剂等。

③乳头浸剂：是指母畜每次挤乳后用于浸洗乳头的专用液体制剂，一般起抑菌或杀菌作用，可抑制挤奶期间或两次挤奶之间乳头上微生物的生长。

皮肤外用液体制剂应符合液体制剂的相关质量要求，用于损伤皮肤使用的外用液体制剂还要求制剂对伤口无刺激性,无菌检查符合规定。

皮肤外用液体制剂制备举例:

例 1:石灰搽剂

【处方】植物油 10 mL　氢氧化钙溶液 10 mL

【制法】量取植物油及氢氧化钙溶液各 10 mL,置具塞的试剂瓶中,用力振摇至乳剂生成。

【作用与用途】该制剂为乳剂型搽剂,可用于轻度烫伤的治疗。

例 2:复方硫磺洗剂

【处方】沉降硫磺 30 g　硫酸锌 30 g　樟脑醑 250 mL　羧甲基纤维素钠 5 g

　　　　甘油 100 mL　蒸馏水加至 1 000 mL

【制法】取羧甲基纤维素钠,加适量蒸馏水,使成胶浆状;另取沉降硫磺分次加入甘油研磨细腻后,与前者混合。再取硫酸锌溶于 200 mL 蒸馏水中,滤过,将滤液缓缓加入上述混合液中,然后再缓缓加入樟脑醑,随加随研,最后加蒸馏水至 1 000 mL,搅匀,即得。

【作用与用途】治疗痤疮、疥疮、皮脂溢出等皮肤病。

2. 皮肤外用半固体制剂

皮肤外用半固体制剂是指用于动物皮肤或某些黏膜上的半固体制剂,起抗感染、收敛、消毒、止痒、止痛等的局部作用,包括软膏剂、乳膏剂、糊剂和凝胶剂等。

3. 皮肤外用固体制剂

皮肤外用固体制剂是指应用于完整皮肤或受损皮肤创伤面上的粉剂或散剂,一般起抗感染、收敛、消毒、止痒、止痛等局部作用。粉剂或散剂在第六章固体制剂已有介绍,外用粉剂或散剂除另有规定外,应能通过 6 号筛,用于受损皮肤的粉剂或散剂应无菌。

(二)经皮给药制剂

经皮给药制剂又称为经皮给药系统(TDDS)或经皮治疗系统(TTS),是指药物经皮肤由毛细血管吸收进入全身血液循环而起全身治疗作用的制剂。经皮给药制剂使用方便、快捷,适合于集约化饲养动物的给药。

经皮给药制剂具有以下优点:①可以避免内服给药可能发生的肝脏首关效应及胃肠因素的干扰,提高治疗效果;②药物可以长时间持续扩散进入血液循环,可以产生持久、恒定、可控制的血药浓度;③延长药物作用时间,减少给药次数和总剂量;④给药方便。但是,该类制剂也存在以下缺点:①由于皮肤的限制性屏障作用,大多数药物透过皮肤,达到有效血药浓度的比例是非常低的,尤其对水溶性药物的皮肤透过率低。因此仅适用于一些药理作用强、剂量小的药物,要求药物对皮肤无刺激、无过敏性,相对分子质量一般要小于 1 000;②药物吸收的个体差异和给药部位的差异较大等。

1. 药物经皮吸收

(1)皮肤的构造　皮肤作为动物的最外层组织,主要分为以下四层:角质层、生长表皮、真皮和皮下组织,同时还包括汗腺、毛囊、皮脂腺等附属器。角质层与体外环境直接接触,由无生命活性的多层扁平角质细胞和细胞间脂质组成,对于相对分子质量较大的药物、极性或水溶性较大的药物来说,在角质层中的扩散是它们的主要限速过程。生长表皮处于角质层和真皮之间,由活细胞组成,药物较容易通过,但在某些情况下,可能成为脂溶性药物的渗透屏障。真皮是由纤维蛋白形成的疏松结缔组织,在其中分布有丰富的毛细血管、毛细淋巴管、毛囊和汗腺,从表皮转运至真皮的药物可以迅速向全身转移而不形成屏障,但一些脂溶性较强的药物可能在真皮层的脂质中积累。皮下脂肪组织具有皮肤血液循环系统、汗腺和毛孔，一般也不成为药物吸收的屏障，而且可作为脂溶性药物的贮库。

(2)药物经皮吸收途径　药物渗透通过皮肤吸收进入全身血液循环的途径主要有表皮途径和皮肤附属器途径。①表皮途径：是指药物透过表皮角质层进入活性表皮，扩散至真皮被毛细血管吸收进入体循环的途径，这是药物经皮吸收的主要途径。表皮途径又可分为细胞间质途径和细胞途径，其中药物主要通过细胞间质途径，通过细胞途径的仅占极小的一部分。②皮肤附属器途径：是指药物通过毛囊、皮脂腺和汗腺吸收。由于皮肤的附属器总面积与皮肤总面积相比不到 1%，多数情况下不成为药物的主要吸收途径，但对于一些离子型药物或极性较强的大分子药物，由于其难以通过富含类脂的角质层，因此经皮肤附属器途径就成为其透皮吸收的主要途径。

2. 影响药物经皮吸收的因素

(1)生理因素

①种属。动物种属不同，皮肤的角质层或全皮厚度、毛孔数、汗腺数以及构成角质层脂质的种类都不同，因此药物透过性差异较大。例如无毛动物较有毛动物皮肤薄，有毛动物中家兔、大鼠、豚鼠皮肤对药物的透过性比猪皮大。

②给药部位。动物不同部位皮肤的角质层厚度、皮肤附属器数量、角质层脂质构成和皮肤血流情况都有差异，因此药物的透过性也不同。

③皮肤状态。皮肤由于受到机械、物理、化学等损伤，其机构被破坏时，会不同程度地降低角质层的屏障作用，从而增加药物的透过性。皮肤角质层可吸收一定量的水分，这种水化作用引起组织软化、膨胀、结构致密程度降低，从而也能增加药物的透过性。

④皮肤温度。随着皮肤温度的升高，药物的透过速度也会升高，一般皮肤温度升高 10 ℃，其通透性可提高 1.4～3.0 倍。

⑤代谢作用。皮肤的活性表皮内存在一些药物代谢酶，这些酶也可以使代谢一部分药物。但由于皮肤内酶含量很低，皮肤血流量也仅是肝脏的 7% 左右，并且经皮吸收制剂的面积一般都很小，因此皮肤对药物的吸收不会产生明显的首关效应。

(2)药物的理化性质和剂型因素

①药物分子大小和性状。药物分子的大小常用分子体积或相对分子质量来定量描述，两者呈线性关系。药物分子的体积小时对药物的扩散系数影响不大，但相对分子质量较大时，其对扩散系数的负效应较为明显，因此相对分子质量大于 500 的物质一般较难透过角质层。药物分子的性状与立体结构对药物经皮吸收也有较大影响，一般线性分子通过角质层细胞间类脂双层分子层结构的能力要明显强于非线性分子。

②分配系数与溶解度。药物的油水分配系数及溶解度直接影响其经皮吸收。皮肤角质层的细胞间隙充满了类脂成分，脂溶性大的药物易于通过，进入活性表皮，而活性表皮是水性组织，脂溶性太大的药物难于分配进入活性表皮，因此用于经皮吸收的药物最好在水相和油相中均有较大的溶解度。

③解离常数。皮肤内不同结构其 pH 也不同，一般表皮内的 pH 为 4.2～5.6，而真皮内的 pH 为 7.4 左右。当药物是有机弱酸或有机弱碱时，它们的分子型在皮肤内有较大的透过性，而离子型药物难以透过皮肤。经皮给药时，药物溶解在皮肤表面的液体中可能发生解离，当同时存在分子型和离子型两种形式时，这两种形式的药物会以不同的速度透过皮肤，因此药

物总的透皮速率与药物的解离常数(pK_a)有关。

④熔点。低熔点的药物易于透过皮肤，这是由于低熔点的药物晶格能较小，在介质(或基质)中的热力学活动度较大。

⑤剂型。剂型能够影响药物的释放性能，药物从制剂中释放越快，越有利于经皮吸收。一般半固体制剂中药物的释放较快，骨架型贴剂中药物的释放则较慢。透皮吸收制剂中当药物和基质的亲和力太大时，药物难以从基质中释放并转移到皮肤，因此药物与基质的亲和力能达到设计要求的载药量即可。一般透皮吸收制剂中会添加透皮吸收促进剂，以提高药物的吸收速率，促进剂的添加量也会影响药物的透皮吸收。

(3)促进药物经皮吸收的方法

①透皮吸收促进剂。透皮吸收促进剂是指能够可逆地降低皮肤的屏障功能，又不损伤任何活性细胞的化学物质。使用透皮吸收促进剂是改善药物经皮吸收的首选方法，常用的透皮吸收促进剂主要有以下几种：

a. 氮酮类化合物。该类化合物中最常用的是氮酮，又称为月桂氮䓬酮，为无色至微黄色的澄清的油状液体，不溶于水，但可与多数有机溶剂混溶。氮酮的亲脂性较强，其油水分配系数为 6.21，常用浓度为 1%～5%，透皮促进作用起效缓慢，因此常与极性溶剂如丙二醇合用，可以产生协同作用。在软膏剂、搽剂、浇泼剂中加入氮酮均能发挥透皮吸收作用。

b. 醇类。主要包括短链醇、长链醇及多元醇等，短链醇常用的有乙醇、异丙醇和异丁醇等，长链醇常用的有正十二醇、正辛醇等。短链醇类可以增加药物的溶解度，改善其在组织中的溶解性，从而促进药物的经皮透过，为降低用量并减小皮肤刺激性，常与其他促渗剂合用。疏水性长链脂肪醇的促渗效果比短链醇强，其用量也较小。多元醇类化合物促渗作用较弱，主要是作为溶剂，如丙二醇常用作溶剂，可以增加很多促渗剂的溶解度。

c. 脂肪酸及其酯类。该类用作透皮吸收促进剂的有油酸、亚油酸、月桂酸、肉豆蔻酸异丙酯、丙二醇二壬酸酯等，其中油酸最为常用。油酸为无色油状液体，微溶于水，易溶于乙醇、乙醚和油类等。油酸可以渗入角质层细胞间脂质，打乱双分子层脂质的有序排列，增加脂质的流动性。油酸的常用量不超过 10%，浓度超过 20%会引起皮肤红斑和水肿，常与乙醇、丙二醇何用产生协同作用。肉豆蔻酸异丙酯也是较常使用的透皮吸收促进剂，其刺激性小，具有较好的皮肤相容性，也可与其他促进剂合用产生协同作用。

d. 吡咯酮类化合物。该类化合物具有较广泛的透皮吸收促进作用，对极性、半极性和非极性药物均有一定的促透作用。该类促进剂主要包括 N-甲级吡咯烷酮、α-吡咯酮、5-甲基吡咯酮、N-乙基吡咯酮等，其中 N-甲级吡咯烷酮较为常用。

e. 表面活性剂。表面活性剂可渗透进入皮肤并与皮肤成分相互作用，改变皮肤的渗透性。离子型表面活性剂的透皮促进作用优于非离子型表面活性剂，但离子型表面活性剂对皮肤有刺激作用，并与角蛋白作用会损伤皮肤，因此一般选择非离子型表面活性剂。常用的表面活性剂有蔗糖脂肪酸酯类、聚氧乙烯脂肪醇醚类和脱水山梨醇脂肪酸酯等。

f. 二甲基亚砜及其类似物。二甲基亚砜(DMSO)是较早应用的一种促进剂，但其促透作用需要高浓度，会对皮肤产生严重的刺激性，长时间及大量使用甚至能引起肝损伤及神经毒性，因此其使用受到限制。癸基甲基亚砜(DCMS)是二甲基亚砜的同系物，其使用浓度低，可显著降低刺激性和毒性。

②离子对。离子型药物难以透过角质层，可以通过加入与药物带有相反电荷的物质，形成

离子对,使其更容易分配进入角质层脂质。离子对复合物在扩散至水性的活性表皮内后,可以解离成带电的药物分子继续扩散到真皮。离子对方法多用于脂溶性较强药物的经皮给药,改善其皮肤通透性。

③药剂学方法。药剂学方法促进药物经皮吸主要借助于微米或纳米药物载体,包括微乳、脂质体、纳米粒等。

3. 经皮给药制剂的评价

经皮给药制剂的评价主要包括体外评价和体内评价。体外评价主要采用各种离体皮肤来评价药物经皮渗透性,从而了解药物在皮肤内的扩散过程,考察影响经皮渗透的因素和筛选经皮给药制剂的处方组成。体内评价主要是测定经皮给药制剂的生物利用度和相关药动学参数。

4. 制备举例

例:阿苯哒唑透皮剂

【处方】阿苯哒唑 200.0 g   氮酮 200.0 mL

        二甲基亚砜 400.0 mL   乙醇(75%)加至 1 000 mL

【制法】取阿苯哒唑溶于二甲基亚砜中,另将氮酮溶解于适量乙醇中,与上述溶液混合后加乙醇至 1 000 mL,搅匀,即得。

【作用与用途】阿苯哒唑为高效广谱驱虫药。该制剂主要用于驱除动物体内的线虫、绦虫和吸虫。

二、黏膜给药制剂

(一)概述

黏膜给药制剂也称黏膜给药系统,系指将药物与适宜的载体材料制成供动物的腔道黏膜部位给药,起局部作用或吸收进入体循环起全身治疗作用的制剂。黏膜给药制剂主要包括气雾剂、喷雾剂、滴眼剂、眼膏剂、栓剂、灌肠剂、子宫灌注剂等。

动物体可用于黏膜给药的部位较多,如肺黏膜、眼黏膜、口腔黏膜、鼻黏膜、阴道黏膜和直肠黏膜等,这些部位的黏膜一般都具有丰富的毛细血管,黏膜给药后药物可直接吸收进入血液循环,起效快且可避免肝脏的首过效应;黏膜给药比传统的内服和注射药物给药更方便,与皮肤给药更容易被机体吸收。但需要注意,水难溶性药物和黏膜不易吸收的药物、刺激性较大的药物或对黏膜有毒性作用的药物一般都不适合黏膜给药。

(二)气雾剂和喷雾剂

1. 概述

气雾剂是指药物溶液、乳状液或混悬液与适宜的抛射剂共同装封于具有特制阀门系统的耐压容器中,使用时借助抛射剂的压力将内容物呈雾状喷出,用于肺部吸入或直接喷至腔道黏膜、皮肤及空间消毒的制剂。喷雾剂是指含药溶液、乳状液或混悬液填充于特制的装置中,使用时借助手动泵的压力、高压气体、超声振动或其他方法将内容物呈雾状物释出,用于肺部吸入或直接喷至腔道黏膜、皮肤及空间消毒的制剂。喷雾剂中不含有抛射剂,无须特制阀门系统的耐压容器,安全可靠,制备方便且成本低,随着喷雾装置的不断改进,喷雾剂在兽医临床上的应用范围越来越广,因此本节重点介绍喷雾剂。

2. 喷雾剂的分类

（1）按分散系统分类

①溶液型：药物溶解在水溶液中，形成均匀溶液，喷出后药物以固体或液体微粒状态达到作用部位。

②混悬型：药物以微粒状态分散在溶剂中，形成混悬液，喷出后药物以固体微粒状态达到作用部位。

③乳剂型：药物与水按一定比例混合可形成 O/W 型或 W/O 型乳剂。O/W 型乳剂以泡沫状态喷出，W/O 型乳剂喷出时形成液流。

（2）按用途分类

①呼吸道吸入用：系将药物分散成微粒或雾滴经呼吸道吸入肺部发挥局部或全身治疗作用的制剂。

②皮肤和黏膜用：皮肤用气雾剂主要起保护创面、清洁消毒、局部麻醉及止血等作用；阴道黏膜用气雾剂，常用 O/W 型泡沫气雾剂。主要用于治疗微生物、寄生虫等引起的口腔炎、阴道炎、乳腺炎等局部作用。

③空间消毒与杀虫用：主要用于杀虫、驱蚊及室内空气消毒。喷出的粒子极细（直径不超过 50 μm），一般在 10 μm 以下，能在空气中悬浮较长时间。

3. 喷雾剂的装置

喷雾剂的给药装置通常由两部分构成，一部分是起喷射药物作用的喷雾装置；另一部分为承装药物溶液的容器。常用的喷雾剂是利用机械或电子装置制成的手动（喷雾）泵进行喷雾给药，常用的容器有塑料瓶和玻璃瓶两种，前者一般由不透明的白色塑料制成，质轻、强度较高，便于携带；后者一般由不透明的棕色玻璃制成，强度差些。对于不稳定的药物溶液，还可以封装在一种特制的安瓿中，在使用前打开安瓿，装上一种安瓿泵，即可进行喷雾给药。

4. 制备举例

例：5%聚维酮碘喷雾剂（外用溶液型喷雾剂）

【处方】聚维酮碘 50 g　蒸馏水适量　共制 1 000 mL

【制备】将聚维酮碘溶解在蒸馏水中而制备活性组分溶液，灌装密封即得。

【作用与用途】可用于皮肤消毒、外伤皮肤黏膜消毒。

（三）眼用制剂

1. 概述

眼用制剂是指直接作用于动物眼部发挥作用的无菌制剂。动物眼用制剂主要包括滴眼剂和眼膏剂，眼用液体制剂也可以固体形式包装，另备溶剂，在临用前配成液体制剂。多剂量眼用制剂一般应加适当的抑菌剂，所用眼用制剂在启用后最多可以使用 4 周。

2. 药物的眼部吸收途径及影响药物眼部吸收的因素

（1）药物的眼部吸收途径　眼用制剂以直接作用于眼部发挥局部治疗作用为主，也可经眼部吸收进入体循环，发挥全身治疗作用。一般眼用液体制剂的药物首先进入角膜内，药物透过角膜至前房，再进入虹膜；药物也可经过结膜吸收，通过巩膜到达眼球后部。因此药物的眼部吸收途径主要包括角膜途径和非角膜途径。由于角膜面积较大，经角膜是眼部吸收的主要途径；药物的非角膜途径吸收主要有结膜吸收和巩膜吸收，这种方式对于亲水性分子及大分子等角膜透过性差的药物吸收具有重要意义。理想的眼用制剂应具有角膜和结膜透过性好，在角膜前的停留时间延长,无刺激性、使用方便且具有适宜的流变学性质。

（2）影响药物眼部吸收的因素

①生理因素。滴眼剂一般滴入结膜囊内给药,药液会随泪液从眼睑缝隙溢出而造成损失。通常滴眼液用药后,约有70%的药液随泪液从眼部溢出,如果眨眼则可能有90%的药液损失,因此应增加滴药次数,有利于提高药物的疗效。

②药物的理化性质。药物的理化性质如溶解度、分子大小及形状、荷电量及离子化程度等都会影响药物眼部吸收。角膜上皮层和内皮层均有丰富的类脂物,因此脂溶性药物易渗入,水溶性药物则较易渗入角膜的水性基质层;通常非离子型药物比离子型更易渗透脂质膜;由于角膜上皮一般荷负电,因此亲水的带正电的化合物比带负电的更易渗透过角膜。

③剂型因素。对于溶液型滴眼剂,溶液的pH、刺激性、表面张力和黏度等因素都会影响药物透过角膜的量和作用时间。不同pH影响弱酸、弱碱性药物的解离程度从而影响吸收;药液刺激性较大时会使结膜血管和淋巴管扩张,增加药物从外周血管的消除,而且能使泪腺分泌泪液增多,泪液过多将稀释药物浓度并溢出眼睛或进入鼻腔和口腔,导致药物流失;滴眼剂的表面张力会影响药液与泪液的混合及对角膜的渗透性,表面张力越小,越有利于泪液与眼用液体制剂的充分混合,也有利于药物与角膜上皮接触,使药物容易渗入;适当增加滴眼剂的黏度可使药物与角膜接触时间延长,有利于药物的吸收。

3. 滴眼剂

滴眼剂是指由原料药物与适宜辅料制成的供滴入动物眼内的无菌液体制剂,可分为溶液、混悬液或乳状液。滴眼剂在临床常用做杀菌、消炎、收敛、散瞳、麻醉或诊断用,还可起到润滑作用或代替泪液。

滴眼剂虽然是外用剂型,但由于直接作用于眼部,其质量要求类似注射剂,具体如下:

（1）pH　正常眼睛可耐受的pH范围在5.0～9.0,pH 6.0～8.0时无不适感;pH小于5.0或大于11.4时有明显的刺激性,这可能会增加泪液的分泌,导致药物迅速流失,甚至损伤角膜。滴眼剂一般要求pH范围在5.0～9.0。

（2）渗透压　眼球能适应的渗透压范围相当于浓度为0.6%～1.5%的氯化钠溶液,超过2%就会产生明显不适感。滴眼剂的渗透压除另有规定外,应与泪液等渗,低渗透压溶液可以用氯化钠、硼酸、葡萄糖等调整为等渗溶液。

（3）无菌　用于眼外伤或术后的眼用制剂应该严格无菌,多采用单剂量包装并不得加入抑菌剂;无眼外伤的滴眼剂要求无致病菌(不得检出铜绿假单胞菌和金黄色葡萄球菌)。

（4）黏度　适宜的黏度可使药物在眼内停留时间延长,从而增强药物疗效,黏度增大还可以减少滴眼剂的刺激作用。一般滴眼剂合适的黏度范围在4.0～5.0 mPa·s。

（5）装量　除另有规定外,每一容器的装量不应超过10 mL。

滴眼剂大多采用蒸馏水或注射用水做眼用溶液剂的溶剂,可加入调节渗透压、pH、黏度以及增加药物的溶解度和制剂稳定性的辅料,所有辅料不应降低药效或产生局部刺激性。对于药物性质稳定的眼用液体制剂,其工艺流程如下:

如果滴眼剂的主药不耐热,需采用无菌法操作;如果制备用于眼部手术或眼外伤的制剂,应制成单剂量包装,保证完全无菌。制备洗眼液一般用输液瓶包装,按输液剂工艺处理。

例:硫酸新霉素滴眼液

【处方】硫酸新霉素 5.0 g　　　氯化钠 8.5 g　　　苯扎溴铵(5%)2.0 mL

注射用水加至 1 000 mL

【制法】取处方量的硫酸新霉素加注射水约 200 mL 溶解,另取氯化钠、苯扎溴铵溶解在适量注射水中,将上述两种液体混合均匀,用氢氧化钠(1 mol/mL)调节 pH 至 6.0～7.0,加注射水至 1 000 mL,摇匀后通过 0.6 μm 微孔滤膜滤过。滤液置于密闭无菌容器内 100 ℃流通蒸汽灭菌 30 min,无菌分装即得。

【作用与用途】眼用抗生素类药,用于细菌、支原体感染引起的畜禽结膜炎、角膜炎等。

4. 眼膏剂

狭义的眼膏剂是指由原料药物与适宜基质均匀混合,制成溶液型或混悬型膏状的无菌眼用半固体制剂。广义的眼膏剂不仅包括上述狭义眼膏剂,还包括眼用乳膏剂、眼用凝胶剂等。眼用乳膏剂是由原料药物与适宜基质均匀混合,制成的乳膏状无菌眼用半固体制剂;眼用凝胶剂是由原料药物与适宜辅料制成的凝胶状无菌眼用半固体制剂。眼膏剂应均匀、细腻、无刺激性,易于涂布于眼部,便于药物的分散和吸收。除另有规定外,每个容器的装量应不超过 5 g。

眼膏剂的制备与一般软膏剂制法基本相同,一般先制备眼膏基质,然后采用适宜方法加入药物制成眼膏剂,不溶性原料药物应预先制成极细粉。制备眼膏剂必须在净化条件下进行,一般可在净化操作室或净化操作台中配制,所用基质、药物、器械与包装容器等均应严格灭菌。

例:醋酸泼尼松眼膏

【处方】醋酸泼尼松 5.0 g　　　灭菌液体石蜡适量　　　眼膏基质加至 1 000 g

【制法】按无菌操作法,取处方量的醋酸泼尼松,加乙醚数滴使之湿润,研磨,放置待乙醚挥干,再加灭菌液体石蜡适量,研磨成细糊状,分次递加眼膏基质至 1 000 g,边加边研匀后分装即得。

【作用与用途】本品为肾上腺皮质激素类药,具有抗炎、抗过敏作用。用于结膜炎、虹膜炎、角膜炎和巩膜炎等。

(四)栓剂

栓剂是指药物与适宜基质制成的具有一定形状的供腔道内给药的固体制剂。栓剂在常温下为固体,塞入腔道后,在体温下能迅速软化熔融或溶解于分泌液,逐渐释放药物而产生局部或全身作用。由于栓剂可通过直肠等部位黏膜吸收药物发挥全身作用,可减少口服药物时消化系统对药物吸收的干扰,并避免了肝脏的首过效应;但栓剂在使用时不如口服方便,且生产成本相对较高。

栓剂因用于腔道部位不同可以分为直肠栓、阴道栓、子宫栓和尿道栓等。各种栓剂的形状、大小由于用药动物、用药部位不同而不同,常见栓剂有圆柱形、圆锥形、鸭嘴型、鱼雷形、卵形和棒状等,如图 7-2 所示。

肛门栓外形　　　　　　阴道栓外形

图 7-2　常用栓剂的形状

1. 栓剂的基质

栓剂主要由药物与基质组成,药物加入后可溶于基质中,也可混悬于基质中。除另有规定外,用于制备栓剂的固体药物应预先用适宜方法制成能全部通过 6 号筛的细粉。理想的栓剂基质应符合以下条件:①在室温下具有适当的硬度,塞入腔道时不易变形或碎裂,在腔道内动物体温条件下易软化、熔化或溶解;②性质稳定,不与药物产生相互作用且不影响主要的作用和含量测定;③对腔道黏膜无刺激性、毒性和过敏性;④药物从基质中释放的速率能够符合治疗要求;⑤适用于热熔法或冷压法制备栓剂,遇冷收缩可自动脱模等。常用的栓剂基质有油脂性基质和水溶性基质两大类。

(1)油脂性基质

①可可豆脂:从梧桐科植物可可树的果仁中得到的一种固体脂肪,是最早应用的栓剂基质,主要是含硬脂酸、棕榈酸、油酸、亚油酸和月桂酸的三酸甘油酯,所含脂肪酸的比例不同,熔点及释放药物速度也不同。可可豆脂在常温下为黄白色固体,可塑性好,10~12 ℃时容易粉碎成粉末,加热至 25 ℃时开始软化,熔程为 30~35 ℃,在体温时能迅速融化。可可豆脂有 α、β、β′、γ 四种晶型,其中 β 晶型最稳定,熔点为 34 ℃左右。一些药物(如薄荷脑、冰片、酚、樟脑等)能降低可可豆脂的熔点,可以使用 3%~6% 的蜂蜡等提高其熔点。

②半合成脂肪酸甘油酯:由天然植物油经水解、分馏所得 C_{12}~C_{18} 游离脂肪酸,这些游离脂肪酸再经部分氢化与甘油酯化而得的单酯、双酯及三酯的混合物。半合成脂肪酸甘油酯具有不同熔点,熔距较短,抗热性能好,贮存较稳定,是目前取代天然油脂较理想栓剂基质,主要有半合成椰油酯、半合成山苍子油酯、半合成棕榈酸酯、硬脂酸丙二醇酯等。

(2)水溶性基质

①甘油明胶:由明胶、甘油和水制成,有弹性不易折,体温下不熔化,入腔道后能软化并缓慢溶于分泌液中,使药效缓和持久。药物溶出速度可随水、明胶、甘油三者比例的改变而变化,甘油和水的含量越高越易溶解,通常水:明胶:甘油的比例为 10:20:70。以本品为基质的栓剂贮存时应注意在干燥环境中的失水性,还应注意避免霉菌等微生物污染,可加入适量防腐剂改善。

②聚乙二醇:本类基质具有不同聚合度、相对分子质量及物理性状,相对分子质量 200~600 为透明无色液体,相对分子质量 1 000~2 000 为软蜡状固体,相对分子质量 4 000~6 000 为固体。通常将两种或两种以上的不同相对分子质量的聚乙二醇熔融混合,可制得具有理想稠度及特性的基质。本类基质不需冷藏,贮存较方便,但吸湿性强对黏膜有刺激性,需加水润湿使用或涂层鲸蜡醇或硬脂醇膜。

③泊洛沙姆:是聚氧乙烯和聚氧丙烯形成的嵌段共聚物,为非离子型表面活性剂。本品有多种型号,随聚合度增大,物态从液态、半固体至蜡状固体。本品均易溶于水,较常用的型号为 188 型,熔点为 52 ℃。用作栓剂基质能促进药物的吸收并起到缓释与延效作用。

④聚氧乙烯(40)硬脂酸酯:是聚乙二醇的单硬酸酯和二硬酸酯的混合物,为非离子型表面活性剂,商品名为"S-40"。本品为白色或淡黄色蜡状固体,熔点为 39～45 ℃,可溶于水、乙醇、丙酮,不溶于液体石蜡。

⑤吐温 61:是聚氧乙烯脱水山梨醇单硬脂酸酯,为非离子型表面活性剂。本品为淡琥珀色至褐色固体,熔程为 35～39 ℃,有润滑性,可分散到水中形成稳定的水包油乳剂基质。吐温 61 可与多数药物配伍,且对腔道黏膜无毒性和刺激性。

2. 栓剂的附加剂

(1)吸收促进剂 起全身治疗作用的栓剂,为了增加全身吸收作用,可加入吸收促进剂来促进药物被腔道黏膜吸收。吸收促进剂主要有以下几类:①表面活性剂。在栓剂基质中加入适量的表面活性剂,能提高药物的亲水性,尤其对覆盖在腔道黏膜壁上的连续的水性黏液层有胶溶、洗涤作用,产生孔隙而增加药物的穿透性。②氮酮。作为透皮吸收促进剂,能与腔道黏膜发生作用,有助于药物的释放和吸收。③其他。脂肪酸、脂肪醇和脂肪酸酯类及尿素、水杨酸钠、苯甲酸钠、环糊精类衍生物等。

(2)抗氧剂 当主药容易被氧化时,应采用抗氧剂,如叔丁基对甲酚、没食子酸酯、维生素 C 等,以延缓主药的氧化速度。

(3)防腐剂 当栓剂中含有植物浸膏或水溶液时,可加入防腐剂以防止微生物的滋生与污染。使用防腐剂时应注意其配伍禁忌以及对腔道黏膜是否有刺激性和毒性作用。

(4)硬化剂 当栓剂在贮藏或使用时过软,可加入适量的硬化剂,如白蜡、鲸蜡醇、硬脂酸、巴西棕榈蜡等调节其硬度。

(5)增稠剂 当药物与基质混合时,因机械搅拌情况不良,或因生理需要时,可在栓剂中加适量增稠剂,常用氢化蓖麻油、单硬脂酸甘油酯或硬脂酸铝等。

3. 栓剂的制备

(1)栓剂的置换价 药物在栓剂基质中占有一定的体积,药物的重量与相同体积栓剂基质的重量之比称为置换价(displacement value,DV)。不同栓剂的处方,用同一栓模所制得的栓剂体积是相同的,但因基质或药物密度不同而具有不同的重量,因此需要引入置换价作为计算栓剂基质用量的参数。一般栓模容纳重量是指以可可豆脂为标准的基质的重量。置换价的计算公式如下:

$$DV = W / [G - (M - W)] \qquad (式 7-1)$$

式中,G 为纯基质栓的平均重量,M 为含药栓的平均重量,W 为含药栓中每枚平均含药量,那么 $M - W$ 为含药栓中基质的重量,而 $G - (M - W)$ 为纯基质栓与含药栓中基质的重量差值,即与药物同体积基质的重量。

用测定的置换价可计算出制备含药栓所需的基质重量 x:

$$x = (G - y/DV) \cdot n \qquad (式 7-2)$$

式中,y 为处方中的药物剂量,n 为拟制备栓剂的枚数。

(2)栓剂的制备 栓剂的常用制备方法有冷压法和热熔法。油脂性基质两法都可采用,而水溶性或亲水性基质多采用热熔法。

①冷压法:也称挤压成型法,用器械压制成栓剂,适用于大量生产油脂性基质栓剂。先将药物与基质粉末置于冷容器内,混合均匀,然后装入制栓模型机内压成一定形状的栓剂。机压

模型成型者较美观,而且避免了加热对药物与基质稳定性的影响,不溶性药物也不会在基质中沉降,但易夹带空气。为保证压出栓剂的数量,投料量需按计划多加 10%～20%,增加了产品成本。

②热熔法:也称模制成型法,是将基质在水浴上加热熔化,注意防止温度过高,然后根据药物的性质,以不同方法加入药物并与基质混合均匀,将混合物倾入涂有润滑剂的栓模中至稍溢出模口为度,冷却,待完全凝固后,削去溢出部分,开模取栓,包装即得。热熔法应用较广泛,工厂生产一般均已采用全自动制栓设备,可完成注模、冷却、排出、清洁模具等操作。

目前生产上常用无毒塑料制成一定形状的囊壳,既作为栓剂的成型模具,又可作为栓剂的包装材料,即使在贮存过程中遇高温融化,也会在冷藏后再恢复原有的形状。

③栓剂模孔所用润滑剂:模孔内涂的润滑剂通常分为两类。

A. 油脂性基质的栓剂,应选择水溶性润滑剂,如常用软肥皂：甘油：95%乙醇按 1：1：5 混合制成的溶液。

B. 水溶性基质的栓剂,可使用油溶性润滑剂,如液体石蜡、植物油等。有的基质因本身具有一定润滑性而不粘模,如可可豆脂或聚乙二醇类,也可不使用润滑剂。

4. 制备举例

例:酮康唑栓

【处方】酮康唑 10.0 g　　甘油 100.0 mL　　S-40 200.0 g　　制成 1 000 枚

【制法】将酮康唑研磨成细粉过 100 目筛,另取 S-40 置于水浴上加热融化,加入酮康唑细粉,迅速搅拌至将要凝固。注入事先准备好的栓模中,凝固,刮平,取出包装,即得。

【用途与用法】本品具有抗真菌作用。用于治疗动物真菌感染性阴道炎。

5. 质量检查、包装与贮存

(1)质量检查　栓剂应进行性状、鉴别、外观、重量差异、融变时限、微生物限度、含量等检查,均应符合规定。

(2)包装与贮存　栓剂包装可用蜡纸、锡纸或塑料等进行内包装。原则上要求每个栓剂都要包裹,不外露,每个栓剂之间要有隔离,以免在贮存和运输过程中互相接触粘连,碰撞碎裂等。除另有规定外,栓剂应在 30 ℃以下密闭保存。防止因受热、受潮而变形、发霉、变质。

思考题

1. 软膏剂的基质都有哪几类? 每类基质分别有哪些特点?

2. 软膏剂的附加剂都有哪些,分别有什么作用?

3. 软膏剂制备时药物的加入方法有哪些?

4. 乳膏剂的基质常用哪些类型乳化剂?

5. 水性凝胶剂的特点有哪些?

6. 皮肤外用制剂和经皮给药制剂的区别有哪些?

7. 通过黏膜给药的制剂类型都有哪些?

8. 栓剂的基质及附加剂分别有哪些?

第八章　中兽药制剂

学习要求

1. 掌握中兽药浸出方法和浸出机制;常用中兽药浸出制剂的类型和概念;中兽药制剂的制备方法。

2. 熟悉浸出工艺和设备,浸出的影响因素。

3. 了解中兽药制剂的相应设备。

4. 通过中兽药制剂在临床上的应用以及和西药相比具有的优势,增强学生对传统民族医药文化的自信心和自豪感。

案例导入

青蒿素与诺贝尔奖

疟疾是通过携带寄生虫的蚊子传播的,这些寄生虫可侵入人体红细胞,引起发热,严重时可导致脑损伤和死亡。世界卫生组织《2015 年世界疟疾报告》中指出:2015 年疟疾新增病例 2 亿 1 400 万,44 万死亡病例,提醒我们所面临疟疾感染的风险。

青蒿素是我国首先研制成功的一种抗疟新药,它是从我国民间治疗疟疾草药黄花蒿中分离出来的有效单体,由我国科学家自主研发并在国际上注册的为数不多的一类新药之一,被世界卫生组织评价为治疗恶性疟疾唯一真正有效的药物,是中医药对人类的重大贡献。目前,在一线抗疟药物中,青蒿素是世界卫生组织推荐的首选药品。中国女药学家屠呦呦为此获得了 2015 年诺贝尔生理学或医学奖。屠呦呦获奖是因为"发现青蒿素———一种治疗疟疾的药物,挽救了全球数百万人生命"。

在青蒿素研究上,屠呦呦有两点重要贡献:一是她通过中医著作文献梳理和拜访老中医锁定了青蒿作为药物筛选对象;二是率先提出用乙醚低温提取青蒿的有效成分———青蒿素。传统中药是用水煮,但青蒿素不耐热,水煮会分解,换用乙醚低温提取,解决了这一问题。屠呦呦最先采用这一技术提取和纯化青蒿素,这是她的原创贡献。2015 年的诺贝尔生理学或医学奖再次体现了对原创性科学研究的尊重。

现在,青蒿素来源主要是从青蒿中直接提取得到或提取青蒿中含量较高的青蒿酸,然后合成得到。1986 年 10 月 3 日卫生部原药政局批准我国第一个一类新药———抗疟药青蒿素(原料药);第四代青蒿素复方哌喹片于 2006 年 4 月取得国家药监局一类新药证书。目前,青蒿素衍生物复方本芴醇已在 60 多个国家中请专利。青蒿素成为我国科学家自主研究、在世界上最有影响的中药新药成果,是我国真正具有完全自主知识产权的药品,已在世界 57 个国家中请了专利保护。

讨论:1. 青蒿素的发现及在世界范围的应用给了我们什么启示?

2. 青蒿中有效成分青蒿素是哪类物质?

第一节　概　述

一、中兽药制剂的概念

凡以中药材为原料制备的各类动物用制剂统称为中兽药制剂。

中兽药剂型很多,除汤剂、酒剂、酊剂、散剂、浸膏剂、煎膏剂、糊剂等传统剂型外,还有合剂、颗粒剂、片剂、胶囊剂、注射剂、灌注剂等现代新剂型。兽医临床上以散剂、颗粒剂、合剂、注射剂、片剂、灌注剂较常用。

二、中兽药制剂的特点

1. 疗效多为复方成分综合作用的结果

中兽药制剂往往含有多种活性成分,具有各种成分的综合作用。

2. 药效缓和、持久,毒性较低

如以洋地黄叶为原料制成的制剂,有效成分强心苷以与鞣酸结合成盐的形式存在,作用缓和;而经提取纯化得到的单体化合物洋地黄毒苷,因不再与鞣酸结合成盐,其作用较强烈、毒性大,且维持药效时间较短。

3. 在治疗某些疾病方面具有独特优势

如治疗疑难杂症、骨科疾病等。

4. 中兽药的多成分也给中兽药制剂带来许多问题

①药效物质基础不完全明确,给制剂生产过程和成品的质量控制带来很大困难;

②质量标准相对较低,仅测定几种有效成分的含量不能整体控制制剂质量;

③中兽药制剂通常剂量较大,导致辅料的选择以及现代制剂工艺的应用受限,制剂技术相对落后;

④药材的品种、规格、产地、采收季节、加工方法等存在差异,较难确保质量的统一和稳定,从而影响中兽药制剂的质量和疗效。

第二节　基本理论

作为制备中兽药制剂的原料,中药材及其饮片的入药形式主要有中药有效成分、中药有效部位、中药粗提物和中药全粉。除中药全粉外,其他形式入药前通常需提取其中的有效成分或有效部位。

一、浸提

浸提,又称提取,系指(依据药材理化性质)采用适当的溶剂和方法将药材中的有效成分浸出的操作。

浸提的目的是尽可能多的提取出药材中的有效成分,除去无效成分,提高疗效、促进吸收、减少服药量、便于服用、方便制成适宜的制剂等。

大多数中药材需要进行浸提,而药材浸提过程中所浸出的成分种类(或性质)与中药制剂的疗效具有密切的关系。药材成分概括说来可以分为四类:有效成分(包括有效部位和有效部位群)、辅助成分、无效成分和组织成分。

(一)浸提的过程

对大多数药材来说,细胞内的成分浸出,需经过一个浸提过程。浸提过程一般分为:浸润、渗透、解吸、溶解、扩散等几个相互联系的阶段。

1. 浸润与渗透

要将药材中的有效成分提取出来,溶剂必须湿润药材的表面,并能进一步渗透到药材的内部,即必须经过一个浸润与渗透阶段。

2. 解吸与溶解

由于药材成分相互之间及与细胞壁之间存在一定的相互吸附作用,所以,当溶剂渗入药材时,溶剂必须首先解除这种吸附作用(这一过程即为解吸阶段),才可使有效成分以分子、离子或胶体粒子等形式溶解或分散于溶剂中(这一过程即为溶解阶段)。

3. 扩散

当浸出溶剂溶解大量药物成分后,细胞内液体浓度显著增高,使细胞内外出现浓度差和渗透压等。所以,细胞外侧纯溶剂或稀溶液向细胞内渗透,细胞内高浓度的液体可不断地向周围低浓度方向扩散,至内外浓度相等,渗透压平衡时,扩散终止。因此,细胞内外浓度差是渗透或扩散的推动力。

总之,浸提是一个复杂的过程,其中包括润湿、渗透、解吸、溶解、扩散等几个相互联系的阶段。事实上,它们之间没有严格的阶段之分。

(二)影响浸提的因素

影响浸提的因素较多,它们分别作用于上述浸提过程的一个阶段或几个阶段,而且彼此之间常有相互的关联或影响。

1. 药材的粒度

主要影响渗透与扩散两个阶段。药材粒度小,在渗透阶段,溶剂易于渗入药材颗粒内部;在扩散阶段,由于扩散面大、扩散距离较短,有利于药物成分扩散。但粉碎得过细的植物药材粉末不利于浸出,因此,药材应粉碎成适宜的粒度。

2. 药材的性质

小分子成分比大分子成分易于浸出。因此,小分子成分主要存在于最初部分的浸出液内,大分子的成分主要存在于继续收集的浸出液内。通常,药材的有效成分多属于小分子物质,大分子成分多属于无效成分。但应指出,药材成分的浸出速度还与其溶解性有关,易溶性物质的分子即使大,也能先浸出来。

3. 浸提温度

浸提温度升高,可使分子的运动加剧,从而加速溶剂对药材的渗透及对药物成分的解吸、溶解,同时促进药物成分的扩散,提高浸出效果。而且温度适当升高,可使细胞内蛋白质凝固破坏,杀死微生物,有利于浸出和制剂的稳定性。但浸提温度升高能使药材中某些不耐热成分或挥发性成分分解、变质或挥发散失。此外,温度升高,往往无效成分也较多,放冷后会因溶解度降低和胶体变化而出现沉淀或浑浊,影响制剂质量和稳定性。因此浸提过程中,要适当控制温度。

4. 浸提时间

浸提过程的每一阶段都需要一定的时间,因此若浸提时间过短,将会造成药材成分浸出不完全。但当扩散达到平衡后,时间即不起作用。此外,长时间的浸提往往导致大量杂质溶出和有效成分破坏。

5. 溶剂量和浸提次数

浸提溶剂用量应视药材性质、溶剂种类和浸提方法而定,一般至少大于药材的吸液量与有效成分可溶解量之和。溶剂量确定情况下,多次浸提可提高浸提效率。

6. 浓度梯度

浓度梯度又称浓度差,系指药材组织内溶液的浓度与其外部溶液的浓度差,它是扩散作用的主要动力。浸提过程中,若能始终保持较大的浓度梯度,将大大加速药材内成分的浸出。浸提过程中的不断搅拌、经常更换新溶剂、强制浸出液循环流动、采用流动溶剂渗漉等,这些均是为了增大浓度梯度,提高浸出效果。

7. 溶剂 pH

调节适当的 pH,有助于药材中某些弱酸、弱碱性有效成分在溶剂中的解吸和溶解,如用酸性溶剂提取生物碱,用碱性溶剂提取皂苷等,均可提高浸提效果。

8. 浸提压力

提高浸提压力可加速溶剂对药材的浸润与渗透过程,使药材组织内更快地充满溶剂,并形成浓浸液,使产生扩散过程所需的时间缩短。同时,在加压下的渗透,尚可能使部分细胞壁破裂,也有利于浸出成分的扩散。但当药材组织内已充满溶剂之后,加大压力对扩散速度则没有影响。对组织松软的药材和容易浸润的药材,加压对浸出影响不显著。

9. 新技术应用

如利用超声波提取法,可大大加速溶剂分子和药材成分分子的运动或振动,缩短溶剂的渗透过程和增加溶质的扩散系数,从而提高浸提效果。其他如流化浸提、电磁场下浸提、脉冲浸提等强化浸提方法也可获得较好的浸提效果。

(三)常用的浸提溶剂与辅助剂

常用的浸提溶剂除水和乙醇外,还常采用混合溶剂,或在浸提溶剂中加入适宜的浸提辅助剂,常用的浸提辅助剂有酸、碱及表面活性剂等。

1. 浸提溶剂

(1)水 水作溶剂经济易得,极性大,酸碱度可调,溶解范围广。药材中的生物碱盐类、苷类、苦味质、有机酸盐、鞣质、蛋白质、糖、树胶、色素、多糖类(果胶、黏液质、菊糖、淀粉等),以及酶和少量的挥发油都能被水浸出。其缺点是浸出范围广,选择性差,容易浸出大量无效成分,给制剂滤过带来困难,制剂色泽欠佳、易霉变、不易贮存,而且也能引起某些有效成分的水解,或促进某些化学变化。

(2)乙醇 乙醇为半极性溶剂,溶解性能介于极性与非极性溶剂之间,可以溶解某些水溶性成分,又能溶解一些非极性成分,甚至少量脂肪也可被乙醇溶解。用 90% 以上乙醇,可以浸提挥发油、脂溶性成分、树脂、色素等；70%～90%乙醇，可以浸提内酯、木脂素、苷元等；50%～70%乙醇，可以浸提某些生物碱、苷类等；50%或以下的乙醇，可以浸提蒽醌类、极性较大的黄酮类、极性较大的生物碱及其盐类等成分；乙醇含量大于40%时，能延缓许多药物，如酯类、苷类等成分的水解，增加制剂的稳定性；乙醇含量达20%以上时具有防腐作用。

利用不同浓度乙醇可选择性地浸提药材有效成分；乙醇的比热容小，渗透力比水强，沸点低，提取、浓缩耗能较水少；但乙醇易挥发、易燃；有一定的生理活性；价格较水贵。

(3)其他溶剂 丙酮常用于新鲜动物药材的脱脂或脱水，并具有防腐作用，但容易挥发和燃烧，具有一定的毒性，应控制其在制剂中的残留量；正丁醇常用于皂苷类成分的提取；乙酸乙酯常用于萜类及亲脂性物质提取；乙醚、石油醚常用于脂肪油类较多的中药材脱脂。三氯甲烷等在中药生产中很少用于提取，一般仅用于某些成分的纯化。

2. 浸提辅助剂

加入浸提辅助剂的目的主要是为了有助于有效成分的溶出、提高其溶解度、减少无效成分或杂质的浸出等。常用的浸提辅助剂有酸、碱、表面活性剂等。

(1)酸 加酸的目的是通过降低浸提溶剂的pH，使生物碱类成分成盐有利于浸出，或提高部分生物碱的稳定性；或使有机酸类成分游离，便于用有机溶剂浸提；或除去酸不溶性杂质等。常用的酸为硫酸、盐酸、乙酸、酒石酸、柠檬酸等。生产中多用酸水或酸醇，并注意防范酸对管道、设备及操作人员可能造成的腐蚀；过量的酸可能引起药物成分的水解等。

(2)碱 加碱的目的是通过升高浸提溶剂的pH，增加偏酸性有效成分的溶出、碱性成分的游离、中和药材中有机酸，同时可以去除在碱性条件下不溶解的杂质等。常用的碱为氨水、饱和石灰水、碳酸钠等。碱的应用不如酸普遍。制剂生产中多用碱水或碱醇，并注意碱对管道、设备及操作人员可能造成的腐蚀。

(3)表面活性剂 在浸提溶剂中加入适宜的表面活性剂，能降低药材与溶剂间的界面张力，促进药材表面的润湿性，有利于有效成分的浸提。常用的表面活性剂为吐温80、吐温20等非离子型表面活性剂。

另外，甘油、酶制剂也可作为浸提辅助剂应用。甘油为鞣质的良好溶剂，将其直接加入最初少量溶剂(水或乙醇)中使用，可增加鞣质的浸出；将甘油加到以鞣质为主要成分的制剂中，可增强鞣质的稳定性。药材中通常含有较多纤维、淀粉、胶质等物质影响浸提效果，通过酶对药材的预处理，可以使某些物质降解，利于有效成分溶出。

(四)常用的浸提方法

根据药材的性质、提取溶剂的性质及用药的要求选择合适的浸提方法。常用的浸提方法包括：煎煮法、浸渍法、渗漉法、回流法、水蒸气蒸馏法、超临界流体提取法、半仿生提取法、超声波提取法等。

1. 煎煮法

煎煮法系指以水为溶剂，通过加热煮沸(常压、100 ℃)来提取药材中有效成分的方法。

特点：该法应用广泛，操作简单安全，溶剂价廉易得，符合中医传统用药习惯，至今仍为最广泛应用的基本浸提方法。但此法浸提液中有较多的无效成分及杂质，给纯化带来不利，且煎出液易霉败变质。适用于极性较大的水溶性成分及对湿热较稳定的药材成分的提取。

目前生产中普遍采用的设备是多功能提取罐(图8-1)。

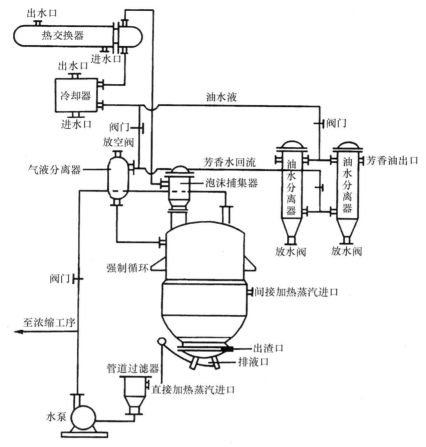

图 8-1　多功能提取罐示意图
(引自中药药剂学,杨明)

多功能提取罐主要特点是:①适应不同压力条件,可进行常压常温提取,也可以加压高温提取或减压低温提取;②应用范围广,无论水提、醇提、提油、蒸制或回收药渣中溶剂等均能使用;③采用气压自动排渣,操作方便,安全可靠;④提取时间短,生产效率高;⑤自动化程度高,设有集中控制台,利于流水线生产。

2. 浸渍法

浸渍法系指在规定温度下,用适宜的溶剂将药材浸泡一定时间,用以浸提药材有效成分的一种方法,是一种静态浸出方法。包括:

(1)冷浸法　该法是在常温下进行的操作,故又称常温浸渍法。多用于制备酒剂和酊剂。

(2)热浸法　该法是在一定温度下的浸渍,温度一般为 40~70 ℃,与冷浸法相比可缩短浸提时间,但浸出液中无效成分或杂质较多。

(3)重浸法　即多次浸渍法,此法可减少药渣吸附的有效成分。重浸渍法能较完全地浸出有效成分,减少损失。

特点:浸渍法适用于遇热易破坏或挥发性成分的药材、黏性药材、无组织结构的药材、新鲜及易膨胀的药材、一般的芳香性药材;不适用于贵重药材、毒性药材及需要制成高浓度的制剂;浸渍法所需时间较长,浸出成分不完全;不宜用水作溶剂,通常用不同浓度的乙醇或白酒,用量大。

浸渍过程中,药材粉碎成适宜的粒度,加强搅拌,或促进溶剂循环,或采用重浸渍法,提高浸出效果。

3. 渗漉法

渗漉法是将粒度适宜的药材粗粉置渗漉器内,溶剂连续地从渗漉器的上部加入,渗漉液不断地从其下部流出,浸出药材有效成分的一种方法。

特点:渗漉法属于动态浸出。适用于含有遇热易破坏或挥发性成分的药材、贵重药材、毒性药材、需要制成高浓度的制剂和有效成分含量较低药材的提取;不适用于新鲜药材、易膨胀药材、无组织结构的药材的提取;渗漉时间较长,不宜用水作溶剂,通常用不同浓度的乙醇,用量一般较大。

渗漉法包括单渗漉法、重渗漉法、加压渗漉法、逆流渗漉法等。

(1)单渗漉法　工艺流程:药材→粉碎→润湿→装筒→排气→浸渍→渗漉

①药材粉碎。供渗漉的药材粒度过细或过粗,都会降低渗漉效率。过细易堵塞,吸附性增强,浸出效果差;过粗不易压紧,粉柱增高,减少粉粒与溶剂的接触面,不仅浸出效果差,而且溶剂耗量大。通常药材要切成薄片、小段或粉碎成5～20目的粗粉。

②润湿。为了防止药材粉末在渗漉容器中膨胀而造成过度致密或松紧不均匀,通常采用适量的渗漉溶剂将药材粉末进行充分润湿和膨胀。所用润湿溶剂的量视药材种类、粉碎粒度和溶剂浓度而定,溶剂量一般为药材量的1～2倍,以药粉充分均匀润湿和膨胀为度。

③装筒。渗漉的药材粉末装筒时要控制适宜的松紧度。过松,渗漉溶剂流经药材粉末速度快,造成药材中的有效成分浸出不彻底,而且溶剂用量大;过紧,易使渗漉速度减慢,甚至无法渗漉。正确的装筒操作为:分层装筒,层层压平,松紧适度,渗漉筒中药粉量装得不宜过多,一般装其容积的2/3,留一定的空间以存放溶剂。

④排气。在加渗漉溶剂前,应先打开渗漉液出口排除气泡,防止溶剂冲动粉柱,使原有的松紧度改变,影响渗漉效果。加入的溶剂必须始终保持浸没药粉表面,否则渗漉筒内药粉易于干涸开裂,这时若再加溶剂,则从裂隙间流过而影响浸出。

⑤浸渍。排气结束后关闭渗漉液出口,流出的漉液再倒入筒内,添加溶剂至浸没药粉表面数厘米,加盖浸泡1～2 d,以保障溶剂的充分渗透、解吸、溶解和扩散。

⑥渗漉。渗漉速度决定于药材的质地和制备的要求。渗漉的速度要适宜,太快,药材中的成分来不及浸出,渗漉液中药物浓度低;太慢则会降低渗漉速度与生产效率。一般采用慢速或快速渗漉。通常慢速渗漉的速度为每千克药粉1～3 mL/min;快速渗漉的速度为每千克药粉3～5 mL/min。渗漉液的量一般为药材量的4～5倍。若用渗漉法制备流浸膏时,先收集85%药材量的初漉液另器保存,续漉液经低温浓缩后与初漉液合并,调整至规定量;若用渗漉法制备酊剂等浓度较低的浸出制剂时,不需要另器保存初漉液,可直接收集相当于欲制备量的3/4的漉液,即停止渗漉,压榨药渣,压榨液与渗漉液合并,添加乙醇至规定浓度与容量后,静置,滤过,即得。

(2)重渗漉法　重渗漉法是多个单渗漉的组合,是将渗漉液重复用作新药粉的溶剂,进行多次渗漉以提高浸出液药物浓度的方法(图8-2)。由于多次渗漉,则溶剂通过的粉柱长度为各次渗漉粉柱高度的总和,故可以减少溶剂用量,提高渗漉液中药物浓度,提高渗漉效率。

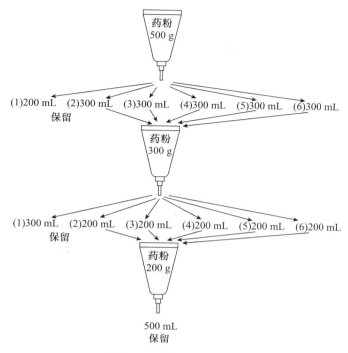

图 8-2　重渗漉法示意图

（3）加压渗漉法　加压渗漉法是通过施加一定压力的形式进行多级渗漉（图 8-3）。目的是充分利用浓度差，加快渗漉速度，提高渗漉效率。

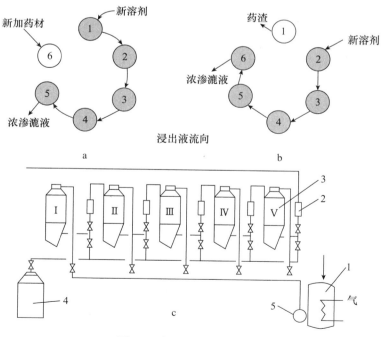

图 8-3　加压渗漉法示意图

1. 溶剂罐　2. 加热器　3. 渗漉罐　4. 贮液罐　5. 水泵

（4）逆流渗漉法　逆流渗漉法是药材与溶剂在浸出容器中,沿相反方向运动,连续而充分地进行接触提取的一种方法(图8-4)。通过控制物料推进速度和溶剂流速可获得要求浓度的渗漉液。

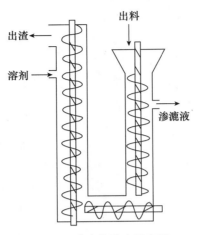

图8-4　逆流渗漉法示意图

4. 回流法

回流法是采用乙醇等有机溶剂提取药材,溶剂由于受热而挥发,经过冷凝器时被冷凝而流回浸出容器中,如此循环直至达到提取要求的提取方法。包括回流热浸法(溶剂用量较多,提取时循环使用,但不能更新)和回流冷浸法(溶剂用量较少,提取时可循环和更新)。

特点:回流提取法节省溶剂用量,但由于浸出液有效成分受热时间较长,故只适用于对热稳定的药材成分浸出。

5. 水蒸气蒸馏法

水蒸气蒸馏法系指将含有挥发性成分的药材与水或水蒸气共同蒸馏,挥发性成分随着水蒸气被蒸出,经冷凝器冷却后,分离出挥发性成分的浸提方法。

水蒸气蒸馏法遵循道尔顿定律,即相互不溶解也不产生化学作用的混合液体的蒸气总压等于该温度下各组分饱和蒸气压(即分压)之和。因为混合液的总压大于任一组分的蒸气分压,故混合液的沸点要比任一组分液体单独存在时为低。因此,尽管各组分本身的沸点高于混合液的沸点,但当分压总和等于大气压时,液体混合物即开始沸腾并被蒸馏出来。

特点:在较低的沸点下沸腾。适用于具有挥发性,能随水蒸气蒸馏而不被破坏,与水不发生反应,又难溶或不溶于水的化学成分的提取、分离。如中药挥发油的提取。

（1）水中蒸馏(共水蒸馏)　系指药材与水在提取器中一同加热的蒸馏方法。特点是在提取挥发性成分的同时得到药材煎煮液,故又有"双提法"之称。

（2）水上蒸馏　系指加热的水蒸气通过放在隔板上的药材而将其中的挥发性成分蒸出。适用于提取轻质挥发性成分而不需要水煎液的药材。

（3）通水蒸气蒸馏　系指在药材中直接通入热的高压蒸汽的蒸馏方法。其特点和应用介于水中蒸馏和水上蒸馏之间。

6. 超临界流体提取法

超临界流体提取法是利用处于临界温度与临界压力以上的流体,在一定的设备与条件下提取药物有效成分的方法。由于二氧化碳（CO_2）具有较低的临界温度和适宜的临界压力,常用 CO_2 作为超临界流体,故又称为 CO_2 超临界萃取（SCFE-CO_2）。

特点:①提取温度低,适于热敏性药物;②整个萃取过程密闭,排除了药物氧化和见光分解的可能性;③CO_2 在超临界状态下具有类似液体的高密度性质、良好的溶解能力和类似气体的低黏度性质、高扩散性能。即在超临界状态下,流体兼有气液两相双重特点,将气体和液体的优点融于一体,因而提取速度快、效率高,萃取分离可一次完成;④提取的产品中没有溶剂残留;⑤用作超临界流体的 CO_2 无毒,无腐蚀性、价廉,可循环使用;⑥适于脂溶性、分子质量较小的药物萃取,对极性较大、分子质量较大的物质提取可以通过加入夹带剂,或升高压力等措施加以改善;⑦一次性投资大,属高压技术,对温度和压力比较敏感,即在临界点附近,若改变提取系统温度和压力,即使发生微小的变化,也会导致溶质的溶解度发生数量级的改变。

7. 酶法

酶是以蛋白质形式存在的生物催化剂,能够促进活体细胞内的各种化学反应。酶法是在溶剂提取的基础上,利用能与细胞壁反应的相应酶,将细胞分解或降解,破坏细胞壁结构,使有效成分溶解、混悬或胶溶于提取溶剂中或选择相应的酶将药材中淀粉、果胶、蛋白质等无效成分分解除去而最大限度提取有效成分的一种方法。常用的植物细胞壁酶包括:果胶酶、半纤维素酶、纤维素酶、多酶复合体等。

特点:①具有专一性、可降解性、高效性、提取率高;②反应条件温和,降低提取难度;③操作简便易行,对设备要求不高;④达到低温仿生提取等。

8. 微波提取法

微波是波长 1 mm～1 m、频率 3×10^6～3×10^9 Hz 的电磁波。微波提取系指药材细胞内部水分吸收微波升温压力增大,当内部压力超过细胞壁可承受的能力时,细胞壁破裂而导致细胞内的有效成分溶解在提取溶剂中的提取方法。

采用浸渍法、渗漉法、回流法提取药材有效成分时均可以加入微波进行辅助提取,使之成为高效提取方法。

特点:①提取时间短,效率高,可避免长时间高温引起成分分解;②药材不需要进行干燥等预处理;③热效率高,节省能源;④溶剂用量少,可节约成本,降低排污量;⑤对极性分子选择性加热的模式,可选择性提取目标成分;⑥可在同一装置中采用两种以上萃取剂分别萃取或分离所需成分;⑦提取温度低,不易糊化,分离容易,后续处理方便;⑧微波提取物纯度高,可水提、醇提,适用范围广。

9. 超声波提取法

超声波提取法是利用超声波产生的强烈机械振动、空化、热效应等增大物质分子运动频率和速度,增加溶剂穿透力,促使药材中有效成分快速、高效率地提取出来的提取方法。

特点:①缩短提取时间,提高提取效率;②无须加热,避免了长时间高温对药材中有效成分的破坏;③节能,减少提取溶剂的用量;④设备简单、操作方便。

10. 半仿生提取法

半仿生提取法是近几年提出的新方法。它是从生物药剂学的角度,将整体药物研究法与分子药物研究法相结合,模拟口服给药后药物经胃肠道转运的环境,为经消化道给药的中药制剂设计的一种新的提取工艺。目的是将药材的有效成分最大限度地提取出来,以保持原方特有的疗效。具体操作是:先将药材用酸水提取,再以碱水提取,提取液分别滤过、浓缩制成制剂。

特点：①体现单体成分与综合成分的统一；②体现口服给药特点与中医治病特点的统一；③提取过程符合中医配伍、临床用药特点和口服给药胃肠道转运吸收的特点；④体现中医治病多成分综合作用的特点，又可以用单体成分控制制剂质量；⑤有效成分损失少，成本低，生产周期短。

二、分离

药材提取液的分离指将固-液分离，即将不溶性的固体物质用适当的方法从药材提取液中分离除去的过程。常用的分离方法有沉降分离法、离心分离法、滤过分离法等。

(一)沉降分离法

沉降分离法系指在静态下，利用固体微粒自身重量自然下沉而与液体分离的方法。药材提取液或浓缩液，经一定时间的室温或冷藏静置后，就会产生大量的沉淀，从而使固-液分离。

特点：操作简单，但沉淀时间长，效率低，沉淀对有效成分有吸附，且沉淀不完全，往往需要运用其他方法(滤过和离心等)进一步分离。适用于提取液中固体微粒多而质重的粗分离，不适用于固体微粒细小、黏度大的药液。

(二)离心分离法

离心分离法利用离心机高速旋转所产生的离心力，使药液中固体与液体或两种不相混溶的液体达到分离的方法。离心分离的外力是离心力，沉降分离的外力是重力，一般离心力是重力的 1 000 倍或更高。所以，用沉降分离法和一般滤过分离法难以进行或不易分开时，可考虑选用适宜的离心机进行离心分离。

(三)滤过分离法

滤过分离法是指将固-液混合物强制通过多孔性介质，使固体微粒沉积或截留在多孔介质上，液体通过多孔介质，从而实现固-液分离的方法。多孔性介质称为滤过介质或滤材，被滤材截留的固体物料称滤渣或滤饼，通滤过材的溶液称滤液。

滤过的质量取决于滤过介质孔径的大小，同时滤过介质孔径的大小也影响滤过的速度。

1. 滤过方式

(1)表层滤过　提取液中比滤材孔径大的固体微粒被截留而逐渐形成多孔状的致密滤层。这一滤层的存在会影响滤过的速度但可以使滤液更澄清。如滤纸、薄膜滤过。

(2)深层滤过　指小于滤材空隙的微粒被截留在滤器的深层。如采用砂滤棒、垂熔玻璃漏斗等为滤过器械时，提取液中的固体微粒被阻挡在滤器内部通道中。

2. 影响滤过的因素

影响滤过的因素有滤器两侧的压力差、滤器面积、滤过介质或滤渣层的毛细管半径、滤过介质或滤渣层的毛细管长度、料液的黏度等。可以采用加压或减压滤过、及时更换滤材、在料液中助滤剂、料液经预滤处理、采用趁热滤过或保温滤过等来提高滤过效率。

3. 滤过方法

(1)常压滤过　常用玻璃、搪瓷、金属制漏斗等，金属漏斗包括金属夹层保温漏斗，可用于黏稠液体的滤过。此类滤器常用滤纸、纸浆或脱脂棉作滤过介质，一般用于小量液体滤过。

(2)减压滤过　又称真空滤过，利用滤过介质下方抽真空的方法来增加滤器两侧压力的滤过方法。常用布氏漏斗、垂熔玻璃滤器(包括漏斗、滤球、滤棒)。布氏漏斗多用于滤过非黏稠性料液和含不可压缩性滤渣的料液，在注射剂生产中，常用于滤除活性炭。垂熔玻璃滤器常用于注射剂、合剂、滴眼剂的精滤。

（3）加压滤过 利用压缩空气或往返泵、离心泵等输送料液形成推动力作用而进行滤过操作的方法。常用板框压滤机，如图8-5所示。滤材根据需要可采用滤纸、滤布或微孔滤膜。本机为加压密闭滤过，其效率高，滤过质量好，滤液损耗小。适用于黏度较低，含少量不溶物的液体密闭滤过。

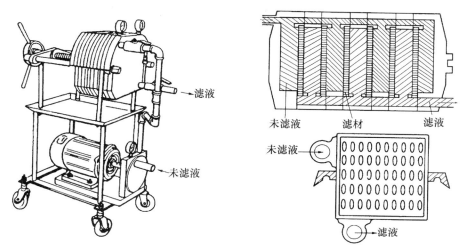

图 8-5 板框压滤机工作原理示意图

（引自中药药剂学，杨明）

（4）薄膜滤过 是利用对组分有选择透过性的薄膜，实现混合物组分分离的一种方法。

膜分离过程的推动力包括浓度差、压差和电位差。特点：操作简便、快速、经济、不破坏有效成分、机械化程度高。

①微孔滤膜滤过。简称微滤。微滤所用微孔滤膜，孔径为 0.03~10 nm，主要滤除≥50 nm 的细菌和悬浮颗粒。用于以水为溶剂的注射剂、静脉输液的精滤；热敏性药液的除菌滤过；也可用于液体中微粒含量的分析和洁净室空气的净化等。

微滤的特点：孔径比较均匀；孔隙率高，滤速快；薄膜很薄，滤过时对药液产生的阻力小，对药物成分吸附少；性质稳定坚固，滤过时无介质脱落，不污染药液；但易堵塞，故料液必须先经预滤处理。

②超滤。超滤膜是孔径比微孔滤膜更细微、结构特异的滤膜。超滤是一种能够将溶液进行净化、分离或者浓缩的膜透过法分离技术。超滤非对称结构的多孔膜孔径为 1~20 nm，主要滤除 5~100 nm 的颗粒。所以超滤又是在纳米数量级进行选择性滤过的技术。适用于各种药液如合剂、注射剂、滴眼剂、静脉输液的精滤；多糖类、蛋白质、酶类的浓缩、分离、纯化、除菌；部分代替传统的水醇法或醇水法的分离纯化工艺；制备纯化水。

超滤膜的孔径规格是以相对分子质量截留值为指标而不以尺寸大小为指标。例如相对分子质量截留值为 2 万的超滤膜，能将绝大部分相对分子质量 2 万以上的溶质截留。超滤膜的截留性能还受分子形态、溶液条件及膜孔径分布的影响。

特点：成本低；操作方便；不吸附药物；不污染药液；易堵塞。

薄膜滤过常用的滤膜材料有混合纤维素酯滤膜、尼龙 66、聚砜、陶瓷微孔膜、聚丙烯膜等，形态有平膜、管状膜、中空纤维膜等。超滤常用的设备有板框式超滤设备、中空纤维超滤设备、管状超滤设备等。

三、精制

精制是采用适当的方法和设备除去药材提取液中杂质的操作技术。常用的精制方法有：水提醇沉淀法、醇提水沉淀法、超滤法、盐析法、酸碱法、大孔树脂吸附法、吸附澄清法、透析法等，其中以水提醇沉淀法应用尤为广泛。超滤法、吸附澄清法、大孔树脂吸附法越来越受到重视，已在中药提取液的精制方面得到较多的研究和应用。

(一)水提醇沉淀法(水醇法)

水提醇沉淀法是先以水为溶剂提取药材有效成分，再用不同浓度的乙醇沉淀去除提取液中杂质的方法。广泛用于中药水提液的纯化，以减少制剂的服用量，或增加制剂的稳定性和澄明度。

1. 操作要点

(1)药液浓缩程度　药液浓缩得太稠，加乙醇时容易产生较多沉淀物而吸附或包裹有效成分，造成浪费；药液浓缩得太稀，要达到一定的醇浓度所需要的乙醇量大，给醇沉、滤过、回收乙醇等操作带来不便。通常浓缩的程度为 50～60 ℃时的相对密度为 1.0 左右，或每毫升相当于原药材 1～2 g。

(2)药液温度　在加入乙醇时，药液的温度一般为室温或更低，以防止乙醇挥发损失。

(3)醇沉浓度　加入乙醇量的多少，取决于所要纯化的程度和要求、药液中所含药物成分的性质。一般 50%～70% 乙醇可除去淀粉、黏液质等杂质，可以满足合剂及颗粒剂、片剂等固体制剂的制备要求；注射剂、静脉输液的生产中有时会用到 70%～90% 的醇沉浓度。

(4)乙醇加入的方式　多次醇沉、慢加快搅有助于杂质的除去和减少有效成分的损失。

(5)密闭冷藏　通过降低温度使药液中各物质的溶解度降低，有利于完全去除杂质，提高沉降速度，减少乙醇挥发。

(6)沉淀洗涤　为了避免在沉淀物中包裹或吸附有效成分，通常对沉淀物用与醇沉相同浓度的乙醇洗涤。

2. 特点

适用于在醇水中均有较好溶解性的有效成分，较醇水法可节约大量乙醇。但大量淀粉、蛋白质、黏液质等高分子杂质易被浸出。

(二)醇提水沉淀法(醇水法)

醇提水沉淀法是先以适宜浓度的乙醇提取药材成分，再加水沉淀除去提取液中杂质的方法。本法应用也较为普遍，其基本原理及操作与水提醇沉淀法基本相同。适用于在醇水中均有较好溶解性的有效成分，可避免药材中大量淀粉、蛋白质、黏液质等高分子杂质的浸出；水处理又可较方便地将醇提液中的树脂、油脂、色素等杂质沉淀除去。又称为醇提水转溶法。

(三)盐析法

盐析法是在药材提取液中加入大量的无机盐，使某些水溶性成分溶解度降低沉淀析出，而与其他成分分离的一种方法。主要适用于蛋白质的分离纯化，也常用于药材蒸馏液中挥发油的分离。

1. 基本原理

高浓度的盐才能降低蛋白质的溶解度,并使之沉淀。高浓度的盐之所以能使蛋白质沉淀,其原因有两个:一是使蛋白质分子表面的电荷被中和;二是使蛋白质胶体的水化层脱水,使之易于凝聚沉淀。

2. 常用盐

盐析常用的盐有硫酸铵、硫酸钠、氯化钠等。硫酸铵为盐析时最常用的盐,其盐析能力强,饱和溶液的浓度大,溶解度受温度影响小,不会引起蛋白质明显变性。

3. 特点

安全简便,应用范围广;对设备和条件要求不高;蛋白质不变性;可以在室温下操作。适用于以蛋白质为有效成分的药液分离纯化。

4. 影响盐析的因素

(1)盐的浓度 通常要达到盐析的目的,必须在药物溶液中加入大量的盐,只有高浓度的盐才能降低蛋白质的溶解度。

(2)离子强度 不同结构和性质的蛋白质决定了盐析时需要的离子强度。一般离子强度越大,蛋白质的溶解度越小。

(3)pH 调节溶液的 pH 达蛋白质等电点左右,可以降低蛋白质沉淀所需的盐浓度,促使盐析进行。

(4)温度 对于温度敏感的蛋白质或酶类,盐析时应注意控制在较低温度下进行(4 ℃左右),并尽可能缩短操作时间,以防止蛋白质变性。

另外,蛋白质浓度、性质对盐析也有影响。

盐析后,滤液或沉淀物中均混入无机离子,可用透析法或离子交换法进行脱盐处理。

盐析法用于挥发油提取时,常用氯化钠,用量一般为 20%～25%。通常于药材的浸泡水中或蒸馏液中加入一定量的氯化钠,然后蒸馏,可加速挥发油的馏出,提高馏出液(或重蒸馏液)中挥发油的浓度;也可于重蒸馏液中直接加入一定量的氯化钠,使油水更好地分层,以便分离。

(四)酸碱法

酸碱法是在药材提取液中加入适量酸或碱,调节 pH 至一定范围,使药物成分溶解或析出,以达到分离目的的方法。如大多数生物碱、有机胺类一般不溶于水,加酸后生成盐而溶于水提液,再碱化后又重新游离而从水提液中析出,从而与杂质分离。而香豆精、芳香酸、黄酮苷、有机酸等酸性或中性成分,可利用其在碱性水溶液中溶解,而在酸性水溶液中可以析出的特点,采用碱水提取,加酸又重新游离析出,从而与杂质分离。

酸碱法适用于大多数生物碱、有机酸类成分的纯化。

(五)大孔树脂吸附法

大孔树脂吸附法是利用大孔树脂的良好网状结构和极高的比表面积,从药材提取液中选择性地吸附药物成分而达到分离与纯化的方法。大孔树脂按照树脂的孔度、孔径、比表面积、功能基团等分成许多型号,应用时应根据需要加以选择。

1. 基本原理

大孔树脂本身不含交换基团,能够从药材提取液中吸附药物成分,是由于所具有的吸附性和筛选性。吸附主要通过表面吸附、表面电性、范德瓦耳斯力或氢键等形式实现;筛选性是由大孔树脂的多孔性结构所决定的。

2．特点

大孔树脂的品种众多,可以满足不同需求;溶媒用量少,操作方便,避免了液液萃取法应用溶媒量大,易产生乳化等问题;物理和化学性质稳定,不与药物中化学成分发生化学反应;再生容易,一般用稀醇、水、稀酸即可;吸附分离过程中受 pH 和无机盐的影响小,克服了离子交换树脂的不足;具有一定的脱色和去臭作用。

(六)吸附澄清法

吸附澄清法系指在药材提取液或浓缩液中加入吸附澄清剂,促使不溶性的微粒聚合、絮凝,经滤过分离而去除杂质的方法。

1．基本原理

(1)凝聚作用　在药材提取液中加入无机电解质,通过电性中和作用使微粒靠近而聚集。常用凝聚剂有皂土(含水硅酸铝,使用浓度 1％～2％)、碳酸钙(常与海藻酸钠、琼脂以(1：1)～(1：2)合用,使用浓度 0.05％～0.1％)、硫酸铝(使用浓度 0.001％～0.02％)、硫酸钠(使用浓度 0.1％)。

(2)絮凝作用　采用相对分子质量大的高分子聚合物,通过长碳链上的活性基团吸附在分散体系中的微粒上,在微粒之间构成了联系,又称架桥作用。常用的絮凝剂有鞣酸、明胶、蛋清、101 果汁澄清剂、海藻酸钠、壳聚糖、ZTC1＋1 天然澄清剂等。

2．特点

不减少溶液中可溶性固体物,提高有效成分的含量,保证制剂疗效;不同的吸附澄清剂具有不同的去除杂质的能力,可以根据不同的需要选择不同的吸附澄清剂;可以克服水提醇沉操作的部分不足,如经醇沉处理的液体药物容易发生沉淀析出和黏壁现象、药物干膏粉末吸湿严重等;无毒、方便、经济、生产成本低;成品稳定性好。

(七)透析法

透析法是利用小分子物质在溶液中可通过半透膜,而大分子物质不能通过的性质,借以达到分离的一种方法。可用于除去中药提取液中的鞣质、蛋白质、树脂等高分子杂质,也常用于某些具有生物活性的植物多糖的纯化。

透析时,预先对药材提取液进行预处理(如醇沉、离心等),可避免透析时药液中混悬的微粒阻塞半透膜的微孔;加温透析,可提高透析膜(袋)内药物分子的扩散(或运动)速度,从而加速透析过程;保持透析膜外一定的液面,可维持一定的透析时间,使透析达到一定的程度,避免由于液面过小使透析很快即达到动态平衡而增加透析(或换水)的次数,给操作带来麻烦;为保持膜内外有较大的浓度差,不仅要经常更换透析袋外的纯化水而且要经常搅拌,使透析袋周围的浓透析液能较快地扩散到袋外的水中而降低膜内的药物浓度。

四、浓缩

浓缩系指采用加热的方法将含有不挥发性药物溶液中的部分溶剂蒸发并除去或回收,以提高药液浓度的操作方法。

中药提取液需要浓缩制成一定相对密度的半成品,或进一步制成成品等。浓缩是中药提取液进一步处理的重要单元操作。蒸发和蒸馏均能达到浓缩的目的,蒸发不以回收溶剂为目的,而蒸馏则以回收溶剂为目的。

根据药材提取与纯化过程中所用的溶剂、提取液中药物性质、产品对药液浓缩程度的要求及溶剂是否回收等,实际操作中应结合蒸发浓缩设备与方法的特点,选择适宜的蒸发浓缩方法与设备。常用的浓缩方法如下。

1. 常压蒸发

又称常压浓缩,是药液在常压下进行蒸发浓缩的方法。在生产过程中通常应用于药物水溶液的浓缩,采用的设备多为敞口式可以倾倒的蒸发锅。对于含有乙醇或其他有机溶剂的提取液,应采用蒸馏等方法回收蒸发的溶剂。特点:浓缩速度慢、时间长,药物成分容易破坏。适用于非热敏性药物溶液的浓缩。

常压浓缩时应注意搅拌以避免药液表面结膜,影响蒸发,并应随时排除所产生的大量水蒸气。

2. 减压蒸发

减压蒸发是在密闭的容器内通过抽真空降低蒸发器内部的压力,从而降低药液沸点的沸腾蒸发。特点:由于压力降低,溶液的沸点降低,可减少热敏性物质的分解;增大传热温度差,强化蒸发操作;能不断地排除溶剂二次蒸汽,有利于蒸发顺利进行;可回收有机溶剂;二次蒸汽可再利用;减压蒸发比常压蒸发耗能大。

3. 薄膜蒸发

薄膜蒸发又称薄膜浓缩,是将要浓缩的药液形成薄膜状,同时药液剧烈沸腾又产生的大量泡沫,达到增加药液的气化面积,提高蒸发浓缩效率的方法。

薄膜蒸发浓缩通过两种方式实现:第一种是通过将药液在加热面上形成薄膜,不仅可以使药液具有较大的表面积,提高热传递的速度、药液受热均匀,同时没有静压强的作用,可以克服过热情况;第二种是药液在加热面上受热后剧烈沸腾,可以产生很多的泡沫以泡沫的内外表面为蒸发面,增加了蒸发的面积。实际应用过程中要注意药液随着浓缩的进行会逐渐变稠,容易在加热面上黏附,增大热阻,影响蒸发。特点:蒸发速度快,受热时间短;不受料液静压和过热影响,成分不易被破坏;可在常压或减压下连续操作;能回收乙醇等有机溶剂。

4. 多效蒸发

多效浓缩是将两个或多个减压蒸发器并联形成的浓缩设备。操作时,药液进入减压蒸发器后,给第一个减压蒸发器提供加热蒸汽,药液被加热后沸腾,所产生的二次蒸汽通过管路通入第二个减压蒸发器中作为加热蒸汽,这样就可以形成两个减压蒸发器并联,称为双效蒸发器。同样可以有三个或多个蒸发器并联形成三效或多效蒸发器。目前生产中应用最多的是二效或三效浓缩。特点:由于二次蒸汽的反复利用,多效蒸发器是属于节能型蒸发器,能够节省能源,提高蒸发效率。为了提高传热温度差,多效蒸发器一般在真空下操作,使药液在较低的温度下沸腾。

五、干燥

干燥是利用热能除去固体物质或膏状物中所含的水分或其他溶剂,获得干燥品的操作过程。

在中兽药制剂的生产过程中,大多工序均涉及干燥,如药材的干燥、浸膏的干燥、辅料的干燥、固体制剂湿法制粒干燥、液体制剂和注射剂容器的干燥、以及净化空气的干燥等。干燥的好坏,将直接影响到产品的内在质量。

第三节　常用中药浸出制剂

一、概述

(一)浸出制剂的概念

浸出制剂系指以浸出工艺为主要过程,采用适宜的溶剂和方法,提取药材中有效成分而制成的一类供内服或外用的制剂。浸出制剂也可作为原料供制备其他制剂用。

由于浸出制剂既保留了传统中药特色,又应用了现代提取、纯化技术,因此,浸出制剂是中药各种制剂(包括新剂型)的物质基础,也是中药现代化的重要途径。

(二)浸出制剂的种类

浸出制剂按所用溶剂和浸提工艺可分为三大类:

1. 含水浸出制剂

系指以水作为溶剂制成的浸出制剂,如用煎煮法、水蒸气蒸馏法制备的汤剂、合剂、糖浆剂等。

2. 含醇浸出制剂

系指以乙醇或酒为溶剂制成的浸出制剂,如用浸渍法、渗漉法、回流法等制备的酒剂、酊剂、大部分流浸膏剂和浸膏剂。

3. 其他浸出制剂

系指以植物油、液体石蜡、醋等为溶剂制成的浸出制剂,多为外用制剂,如红花油、风油精等。

(三)浸出制剂的特点

1. 保持处方中药物各成分的综合疗效,符合中医药理论

浸出制剂多为复方,含有多种成分,由于药物的配伍使用及各种成分之间的相互作用,浸出制剂能呈现各种药味成分的综合疗效,适应中医辨证施治的需要。

2. 药效缓和

由于浸出制剂中多种成分的相互作用,其药效通常较为缓和,毒副作用也有所降低。

3. 减少服用量

由于浸出制剂除去了部分无效成分和组织成分,其有效成分浓度相应提高,减少了服用量,且方便服用。

4. 部分浸出制剂可作为其他剂型的半成品

浸出制剂除用于临床治疗外,部分流浸膏和浸膏还可作为颗粒剂、胶囊剂、片剂、软膏剂、栓剂、膜剂等制剂的原料。

5. 疗效、质量不稳定

浸出制剂含杂质较多，导致制剂的稳定性及疗效的可控性比较差，这也是浸出制剂要克服的缺点与改进的方向。

二、汤剂

(一)概述

汤剂系指将药材饮片或粗颗粒加水煎煮或用沸水浸泡后，去渣取汁而得到的液体制剂。

汤剂是我国应用最早、最广的一种剂型，至今有数千年历史，在现代中医临床上仍然广泛使用。

汤剂的特点有：

(1)组方灵活　汤剂能适应辨证施治的需要，随病情变化加减药味及分量，因人因病而异，用药针对性强，故疗效确切。

(2)可充分发挥方中多成分的综合疗效　汤剂保留了方中多种有效成分，可发挥综合治疗作用。

(3)药效迅速　"汤者荡也，去大病用之"。汤剂为液体制剂，易被机体吸收、药效迅速。

(4)适用范围广　汤剂几乎适应各类疾病的治疗，而且汤剂的给药途径也很多，既可口服，又可外用熏蒸、洗浴、含漱等。

(5)制法简单　以水为溶剂，用煎煮法制备。

(6)使用不便、易霉变、服用量大、口感差　需临时制备，使用不方便，长期贮藏易霉变，必须随煎随用；药液体积大、味苦，口服有一定的困难，尤其是儿童。

(二)制备方法

中药材 → 加水浸泡 → 煎煮 → 滤过 → 成品

1. 药材的选择

汤剂药材质量必须是符合药典、炮制规范规定或符合医师特殊要求的饮片或粗颗粒。

2. 煎器的选择

煎器对汤剂质量有一定的影响，宜选用砂锅、不锈钢等化学性质稳定且对药物吸附较少的器皿，不宜选用铝、铁、铜、锡等易与药物发生化学反应的器具。

3. 煎煮方法

汤剂煎煮的几个重要因素是加水量、火候、煎煮时间与煎煮次数。

(1)水的选择与加水量　一般选用饮用水；加水量一般为药材量的8～10倍，或加水至超过药材表面3～5 cm。

(2)火候　沸腾之前宜用"武火"，沸腾后宜用"文火"。

(3)次数　一般为2～3次，质地坚硬药材或贵重药材可适当增加煎煮次数。

(4)时间　煎药时间根据药物气味质地的不同：①一般性药材，一煎20～30 min，二煎15～25 min；②解表、行气及质地轻松、气味芳香的药物，一煎15～20 min，二煎10～15 min；③滋补及质地坚硬的药物，一煎40～60 min，二煎30～40 min，三煎可同二煎。

4. 特殊药材煎药方法

由于药物性质不同，煎药时药物的加入顺序与煎药的方法也有所不同。如先煎、后下、包煎、另煎、烊化、冲服、榨汁等。质地比较坚硬如矿石类、贝壳类、角甲类等药材,有毒的药材如乌头、附子等应先煎;含挥发性成分多的药材如薄荷、藿香,不属芳香药但久煎能破坏其有效成分的药材如钩藤、杏仁应后下;需要包煎的药材有花粉类如松花粉、细小种子类如葶苈子、药材细粉类如六一散、含淀粉多的如贝母以及附绒毛的如旋覆花;一些贵重药物如人参、西洋参等应单独煎煮;黏性大的胶类药物如阿胶、龟板胶等,糖类如蜂蜜、饴糖等应烊化后服用;难溶于水的贵重药材如三七、麝香、羚羊角等应制成细粉与汤剂同饮服下;新鲜药材,如鲜生地、生藕等应榨汁使用。

(三)制备举例

例:四逆汤

【处方】附子(制)300 g,干姜 200 g,甘草(炙)300 g

【制法】以上 3 味,附子、甘草加水煎煮二次,第一次 2 h,第二次 1.5 h,合并煎液,滤过。干姜通水蒸气蒸馏,提取芳香水,另器保存,姜渣再加水煎煮 1 h,滤过,再与附子、甘草的煎液合并,浓缩至约 400 mL,放冷,加乙醇 1 200 mL,搅匀,静置 24 h,滤过,减压浓缩成稠膏状,加水适量稀释,冷藏 24 h。滤过,加单糖浆 300 mL、防腐剂适量与上述芳香水,再加水至1 000 mL 搅匀,灌封,熔封,即得。

【作用与用途】本品温中祛寒,回阳救逆。用于四肢厥冷,脉微欲绝,亡阳虚脱。

三、中药合剂(口服液)

(一)概述

合剂是指饮片用水或其他溶剂,采用适宜方法提取制成的口服液体制剂,又称"口服液"。

合剂是汤剂的改进剂型,具有以下特点:①保留了处方中药材的多种有效成分,保证制剂的综合疗效;②较汤剂服用量小,口感好,服用、携带和贮藏方便等;③吸收快,奏效迅速;④质量较汤剂稳定;⑤合剂的组方没有汤剂灵活。

除另有规定外,合剂应澄清,应密封,置阴凉处贮存。在贮存期间不得有发霉、酸败、异臭、变色、产生气体或其他变质现象,允许有少量轻摇易散的沉淀。

(二)制备方法

提取 → 纯化 → 浓缩 → 配制 → 灌装 → 灭菌 → 质量检查 → 包装

中药合剂的制备工艺与汤剂基本相似,但又不完全与汤剂相同。制备过程根据需要可加入适宜的附加剂,其品种与用量应符合国家标准的有关规定,不影响成品的稳定性,并应避免对检验产生干扰。

1. 提取

根据药材的性质可选择煎煮法、水蒸气蒸馏法、渗漉法、回流提取法等方法制得药材提取液。

2. 纯化

药材提取液一般采用乙醇、吸附澄清剂等沉淀剂进行纯化。

3. 浓缩

经纯化的药液,为便于贮存,浓缩相对密度一般为 1.20～1.35。用乙醇沉淀后的药液,先回收乙醇再进行浓缩。

4．配制

药液浓缩至规定要求后,按规定进行配成所需浓度。配液时可酌情加入适当的附加剂如防腐剂、抗氧剂、矫味剂等。

5．灌装

配制后的药液应及时灌装于无菌的洁净干燥容器中或单剂量的指形管中,并立即封口。

6．灭菌

灭菌应在封口后立即进行。为保证灭菌效果一般采用热压灭菌。如果是按无菌操作法制备,则灌装后可不灭菌。

7．质量检查

合剂一般应检查相对密度、pH 等;除另有规定外,合剂应进行装量和微生物限度检查。

(三)制备举例

例:清解合剂

【处方】石膏 670 g,金银花 140 g,玄参 100 g,黄芩 80 g,生地黄 80 g,连翘 70 g,栀子 70 g,龙胆 60 g,甜地丁 60 g,板蓝根 60 g,知母 60 g,麦冬 60 g。

【制备】以上 12 味,除金银花、黄芩外,其余 10 味,加水温浸 1 h,再煎煮 2 次,第一次 1 h(煎煮 0.5 h 后加入金银花、黄芩),第二次煎煮 40 min,滤过,合并滤液,滤液浓缩至相对密度约为 1.17(90 ℃),加入乙醇,使含醇量达 65%～70%,冷藏静置 48 h,滤过,滤液回收乙醇,加水调至 1 000 mL,灌装,灭菌,即得。

【功能与主治】清热解毒。用于鸡大肠杆菌引起的热毒症。

四、酊剂

(一)概述

酊剂系指饮片用规定浓度的乙醇提取或溶解制成的澄清液体制剂,也可用流浸膏稀释制成,或用浸膏溶解制成,供内服和外用。除另有规定外,含有毒性药的酊剂,每 100 mL 应相当于原饮片 10 g;其有效成分明确者,应根据其半成品的含量加以调整,使符合各酊剂项下的规定。其他酊剂,每 100 mL 相当于原饮片 20 g。

酊剂以不同浓度乙醇为溶剂,浸提成分范围广,药液中杂质少,成分较为纯净,有效成分含量高,剂量减少,使用方便,且不易生霉。但醇本身具有一定的药理作用,临床应用受到一定限制,且用水稀释时,由于溶媒的改变,常有沉淀产生。

酊剂应检查乙醇量。当久置产生沉淀时,在乙醇和有效成分含量符合各品种项下规定的情况下,可滤过除去沉淀。除另有规定外,酊剂通常应置遮光容器内密封,在阴凉处贮存。

(二)制备方法

酊剂可用稀释法、溶解法、浸渍法和渗漉法制备。

1．稀释法

本法系指以流浸膏为原料,加入规定浓度的乙醇稀释至需要量,混合后静置至澄明,收集上清液,残液滤过,合并,即得。

2. 溶解法

本法系指将药物粉末或流浸膏,直接溶解于乙醇中制备而得的方法,主要适用于化学药物及中药有效部位或有效成分酊剂的制备。

3. 浸渍法

取适当粉碎的饮片,置有盖容器中,加入溶剂适量,按浸渍法提取有效成分。无组织的药材或不含剧毒成分的药材制备酊剂时多采用本法。

4. 渗漉法

本法在制备酊剂时常用,即用适量溶剂渗漉,至漉液达到规定量后,静置,滤过,即得。若原料为剧毒药品,则应测定渗漉液中有效成分的浓度,再加溶媒调节使符合规定的标准。

制备时要严格控制所用药材的质量,浸出用乙醇的浓度应遵守《中国兽药典》相应项下的规定,以保证有效成分的浸出和稳定;在浸渍和渗漉过程中需防止乙醇的挥发,并注意季节温度变化,以免影响浸出效果。近年来,对酊剂制备工艺和质量控制有了较深入的研究,如将乙醇渗漉法改为回流法、恒温强制循环浸渍法等均能提高浸取效率和节约溶剂。

(三)质量检查

除另有规定外,酊剂应进行甲醇量、装量和微生物限度检查。

1. 甲醇量

口服酊剂按照《中国兽药典》甲醇量检查法检查,应符合规定。

2. 装量

按照《中国兽药典》最低装量检查法检查,应符合规定。

3. 微生物限度

除另有规定外,按照《中国兽药典》微生物限度检查法测定,应符合规定。

(四)制备举例

例:复方大黄酊

【处方】大黄 100 g,陈皮 20 g,草豆蔻 20 g,60% 乙醇适量。

【制法】取龙胆大黄、陈皮、草豆蔻粉碎成最粗粉,混匀,用 60% 乙醇作溶剂,浸渍 24 h 后,以每分钟 3~5 mL 的速度缓缓渗漉,收集漉液 1 000 mL,静置,俟澄清,滤过,即得。

【作用与用途】健脾消食,理气开胃。用于慢草不食,食滞不化。

五、流浸膏剂和浸膏剂

(一)概述

流浸膏剂、浸膏剂系指饮片用适宜的溶剂提取,蒸去部分或全部溶剂,调整至规定浓度而制成的制剂。二者均需经过浓缩过程,但浓缩的程度不同。除另有规定外,流浸膏剂每 1 mL 相当于原饮片 1 g;浸膏剂每 1 g 相当于原饮片 2~5 g。

流浸膏大多以不同浓度的乙醇为溶剂,也有以水为溶剂的,但其成品应酌加 20%~25% 的乙醇作防腐剂。流浸膏直接作制剂使用的品种较少,一般多用作配制酊剂、合剂、糖浆剂或其他制剂的中间体。

浸膏剂根据干燥程度的不同,分为稠浸膏与干浸膏两种。稠浸膏为半固体状,含水量为 15%~20%。干浸膏为粉末状,含水量约为 5%。浸膏剂只有少数品种可直接用于临床(如颠茄浸膏、大黄浸膏），一般多用作制备其他剂型的中间体，如流浸膏、颗粒剂、片剂、胶囊剂、软膏剂、栓剂等。

流浸膏剂一般应检查乙醇量。久置若产生沉淀时，在乙醇和有效成分含量符合各品种项下规定的情况下，可滤过除去沉淀，测定有效成分含量，调整至规定标准，仍可使用。除另有规定外，应置遮光容器内密封，流浸膏剂应置阴凉处贮存。

（二）制备方法

除另有规定外，流浸膏剂用渗漉法制备，也可用浸膏剂稀释制成；浸膏剂用煎煮法或渗漉法制备，全部煎煮液或渗漉液应低温浓缩至稠膏状，加稀释剂或继续浓缩至规定的量。

（三）质量检查

除另有规定外，流浸膏剂和浸膏剂应进行装量和微生物限度检查，应符合规定。

（四）制备举例

例 1：大黄流浸膏

【处方】本品为大黄经加工制成的流浸膏。

【制法】取大黄（最粗粉）1 000 g，用 60% 乙醇作溶剂，浸渍 24 h 后，以每分钟 1～3 mL 的速度缓慢渗漉，收集初漉液 850 mL，另器保存，继续渗漉，至渗漉液色淡为止，收集续漉液，浓缩至稠膏状，加入初漉液，混合后，用 60% 乙醇稀释至 1 000 mL，静置，俟澄清，滤过，即得。

【作用与用途】健胃通肠。用于食欲不振，便秘。

例 2：甘草浸膏

【处方】本品为甘草经加工制成的浸膏。

【制法】取甘草，润透，切片，加水煎煮 3 次，每次 2 h，合并煎液，放置过夜使沉淀，取上清液浓缩至稠膏状，调节使符合规定，即得。

【作用与用途】祛痰止咳。用于咳嗽。

六、煎膏剂

（一）概述

煎膏剂系指饮片用水煎煮，去渣取液浓缩后，加糖或炼蜜制成的稠厚状半流体制剂，也称膏滋。

煎膏剂经提取浓缩，并含有大量糖或蜜，具有药物浓度高，体积小，味甜，稳定性好，易于使用等优点。但受热易破坏，并且以挥发性成分为主的中药不宜制成煎膏剂。煎膏剂是中医药在治疗慢性病时常用的传统剂型之一，其药效以滋补为主，兼有缓和的治疗作用。

（二）制备方法

制备时根据方中药材性质，将饮片或粗粉，加水煎煮 2～3 次，每次 2～3 h，滤过，静置，将上述滤液加热浓缩至规定相对密度，即得"清膏"，加入规定量的炼糖或炼蜜，收膏即得。煎膏

剂收膏时应防止焦化,糖可选用冰糖、白糖、红糖等。胶类药材应在收膏时加入。煎膏剂应密闭阴凉干燥处保存,应防止发霉变质。煎膏剂应无焦屑、异味,无糖的结晶析出。

(三)制备举例

例:养阴清肺膏

【处方】地黄 100 g,麦冬 60 g,玄参 80 g,川贝母 40 g,白芍 40 g,牡丹皮 40 g,薄荷 25 g,甘草 20 g。

【制法】以上 8 味,川贝母用 70%乙醇作溶剂,浸渍 18 h 后,以每分钟 1～3 mL 速度缓缓渗漉,俟可溶性成分完全漉出,收集漉液,回收乙醇;牡丹皮与薄荷分别用水蒸气蒸馏,收集蒸馏液,分取挥发性成分另器保存;药渣与地黄等 5 味药加水煎煮 2 次,每次 2 h,合并煎液,静置,滤过,滤液与川贝母提取液合并,浓缩至适量,加炼蜜 500 g,混匀,滤过,滤液浓缩至规定的相对密度,放冷,加入牡丹皮与薄荷的挥发性成分,混匀,即得。

【作用与用途】养阴润燥,清肺利咽。用于阴虚肺燥,咽喉干痛。

【讨论】1. 牡丹皮和薄荷为何用水蒸气蒸馏法单独提取?

　　　　2. 该制剂都用了哪些提取方法?

七、浸出制剂的质量控制

通常采取以下三方面措施控制并提高浸出制剂的质量。

(一)控制药材的质量

凡制备《中国兽药典》收载的浸出制剂时,均应按照其记载的品种及规格要求选用所需的药材。《中国兽药典》未能收载的较常用的制剂,须参照有关标准进行鉴定后方可使用。

(二)严格控制提取过程

提取过程中要根据浸出制剂的种类,选择最适宜的提取方法,确保药材有效成分充分浸出。《中国兽药典》收载了主要剂型的制剂通则,凡属兽药典收载的浸出药剂,均应依照兽药典的规定制备,以求药剂质量和疗效稳定。研制新药,要根据制剂通则的有关规定,筛选出合理的浸出工艺。对有效成分未知的药材,必须严格控制提取工艺条件的一致性,如溶剂的种类和用量、提取的时间、蒸发浓缩的温度等,以保证每一批提取物具有相同的质量和药效。

(三)控制浸出制剂的理化指标

1. 含量控制

含量控制是保证药效的最重要手段,多用以下方法。

(1)药材比量法　本法是指浸出药剂若干容量或重量相当于原药材多少重量的测定方法。该法只有在药材标准严格控制,制备方法固定,并且严格执行浸出操作规程时,才能体现制品的质量。

(2)化学测定法　本法用于成分已经明确而且能通过化学方法加以定量测定的药材,如含生物碱的马钱子流浸膏等浸出制剂。

(3)生物测定法　本法是利用药材浸出成分对动物机体或离体组织所发生的反应,来确定浸出药剂含量标准的方法。适用于尚无适当化学测定方法的药材或复方制剂。要求有标准品作为测定的对照依据,动物种类、品种和个体情况、试验的方法和条件等均可影响测定结果。因此,该法较化学测定方法复杂,结果差异性大。

2. 含醇量测定

浸出制剂大多是用不同浓度的乙醇制备的,乙醇含量的变化将影响有效成分的溶解度,故与浸出药剂的质量关系密切。含醇量的稳定可以将制剂的标准稳定在一定水平。《中国兽药典》对含醇液体浸出药剂(如酊剂等)规定有含醇量的检查项目。

3. 鉴别及检查

为有效地控制浸出药剂质量,《中国兽药典》对浸出制剂进行了性状、鉴别、相对密度、pH、装量和微生物限度等检查规定。

第四节　灭菌中药制剂与无菌中药制剂

一、中药注射剂

(一)概述

中药注射剂是指将中药饮片经提取、纯化后制成的供注入动物体内的灭菌溶液、乳状液及供临用前配制成溶液的粉末或浓缩液的无菌制剂。

中药注射剂除具有西药注射剂的一般特点外,尚具有自身独特的优势:①经过对中药有效部位或有效成分的提取、浓缩、精制,除去了药材中无效或有毒成分,并增加了制剂的稳定性。②有利于突出中兽药特色,也便于进行药理、药效及临床的研究。其缺点是制备工艺复杂,在临床实际应用中也发现不少问题,如制剂澄明度与稳定性差、药液刺激性强、剂量与疗效关系以及中药注射剂的质量标准问题等。并不是任何药物都适于制成注射剂应用,如某些含皂苷的药物有溶血作用,不适宜制成注射剂。中药注射剂的总体质量也有待于进一步提高。

中药注射剂包括中药注射液、注射用无菌粉末和注射用浓溶液。

1. 中药注射液

包括溶液型注射液或乳状液型注射液,可用于肌内注射、静脉注射或静脉滴注等,其中,供静脉滴注的大体积(除另有规定外,一般不小于 100 mL)注射液也称静脉输液。

2. 注射用无菌粉末

系指将某些对热不稳定或易水解失效的药物按无菌操作制成供注射用的灭菌干燥粉末,临用前用灭菌注射用水或适宜的灭菌溶剂溶解或混悬均匀后注射。中药粉针剂是在中药注射液的基础上发展起来的,是将冷冻干燥技术、喷雾干燥技术、无菌操作技术应用于中药注射剂的生产中,改善了对热不稳定或在水中易分解失效的注射剂的稳定性,提高了产品的质量。

3. 注射用浓溶液

系指临用前稀释供静脉滴注用的无菌浓溶液。

注射剂所用辅料,在标签或说明书上应标明其名称,抑菌剂还应标明浓度;注射用无菌粉末应标明注射用溶剂。用于配制注射剂的半成品,应检查重金属、砷盐。除有规定外,含重金属不得过百万分之一;含砷盐不得过百万分之二。本检查需进行有机破坏。溶剂型注射剂应澄明。乳状液型注射剂应稳定,不得有相分离现象;静脉用乳状液型注射液分散相球粒的粒度 90% 应在 $1\ \mu m$ 以下,不得有大于 $5\ \mu m$ 的球粒;静脉输液应尽可能与血液等渗。除另有规定外,注射剂应遮光贮存。

(二)中药注射剂的溶剂和附加剂

1. 溶剂

注射剂所用溶剂必须安全无害,并不得影响疗效和兽药质量,一般分为水性溶剂和非水性溶剂。

(1)水性溶剂 最常用的为注射用水,也可用 0.9% 氯化钠溶液或其他适宜的水溶液。

(2)非水性溶剂 常用的为植物油,主要为供注射用的大豆油,其他还有乙醇、丙二醇和聚乙二醇等溶剂。供注射用的非水性溶剂,应严格限制其用量,并应在品种项下进行相应的检查。

2. 附加剂

配制注射剂时,可根据药物的性质加入适宜的附加剂,如渗透压调节剂、pH 调节剂、增溶剂、抗氧化剂、抑菌剂、乳化剂等。所用附加剂均不应影响药物疗效,避免对检验产生干扰,使用浓度不得引起毒性或过度的刺激。

常用的增溶剂和助溶剂有吐温 80(0.5%~1.0%)、胆汁(0.5%~1.0%)、甘油(15%~20%)等;常用的助悬剂有羧甲基纤维素钠、甲基纤维素、低聚海藻酸钠等,常用量为 0.1%~0.2%;常用的乳化剂有聚山梨醇 80、油酸山梨坦(司盘 80)、卵磷脂和豆磷脂等,后两者还可用于静脉注射用乳浊液的制备;常用的抗氧化剂有亚硫酸钠、亚硫酸氢钠和焦亚硫酸钠,一般浓度为 0.1%~0.2%;常用的抑菌剂有 0.5% 苯酚、0.3% 甲酚和 0.5% 三氯叔丁醇等。多剂量包装的注射剂可加适宜的抑菌剂,其用量应能抑制注射剂中微生物的生长,加有抑菌剂的注射液仍应采用适宜的方法灭菌。静脉输液不得加抑菌剂。

(三)制备方法

中药注射剂的制备工艺过程,除对中药材进行预处理和有效成分的浸提、精制等工序外,其他步骤与一般注射液生产工艺基本相同。其一般制备过程可分为药材的预处理、浸提与精制、配液、灌封、灭菌、质量检查等几个步骤。

1. 药材的选择与预处理

我国中药材种类众多,成分复杂,其有效成分及含量与原料的品种、产地、采集季节和贮藏环境因素等密切相关。在制备过程中,必须对原料进行品种鉴定,确定来源及用药部位,并经含量检查合格后再进行预处理。剔除药材中混有的异物及非用药部位,根据需要进行冲洗、干燥、切片等操作。

2. 浸提与精制

以药材为原料制备注射剂,浸提和精制是关键工艺。常用蒸馏法、水提醇沉法、酸碱沉淀法、超滤法、透析法、大孔树脂吸附法、超临界流体萃取法等(详见本章第二节)。

3. 去除鞣质的方法

鞣质在水和乙醇中均可溶解,用水醇法不易除尽,当加热灭菌或久贮后易发生氧化、聚合而逐渐沉出。常用的去除鞣质方法有:

(1)明胶沉淀法 该法是指利用蛋白质与鞣质在水溶液中形成不溶性鞣酸蛋白而沉淀的方法。也有在加明胶滤过后直接加乙醇处理,这种方法称为改良明胶法。改良明胶法可减少明胶对有效成分的吸附,尤其对含黄酮、蒽酮的中药注射液较为适合。

（2）醇溶液调 pH 法　本法是利用鞣质可与碱成盐,在高浓度乙醇中难溶而去除沉淀的方法,可除去大部分鞣质。醇浓度和 pH 越高,鞣质除去得越多。

（3）聚酰胺除鞣质法　本法是利用聚酰胺分子内存在的酰胺键,可与酚类、酸类、醌类、硝基化合物等形成氢键而吸附,达到除去鞣质的目的。本法除鞣质较彻底,且保留有效成分多。

4. 注射剂的配制与灌装

生产过程中应尽可能缩短注射剂的配制时间,防止微生物与热原的污染及药物变质。

(四)质量检查

除另有规定外,中药注射剂应进行装量(注射液和注射用浓溶液)或装量差异(注射用无菌粉末)、可见异物、不溶性微粒(溶液型静脉注射液、溶液型静脉注射用无菌粉末及注射用浓溶液)、有关物质、无菌、热原或细菌内毒素(静脉注射剂)等检查。

(五)制备举例

例 1：柴胡注射液

本品为柴胡制成的注射液。每 1 mL 相当于原生药 1 g。

【处方】柴胡 1 000 g,氯化钠 9 g,吐温 80 3 g,注射用水适量,制成 1 000 mL。

【制法】取柴胡 1 000 g,切断,加水温浸,经水蒸气蒸馏,收集初馏液,再重蒸馏,收集重馏液约 1 000 mL,加 3 g 吐温 80,搅拌使油完全溶解,再加入 9 g 氯化钠,溶解后,滤过,加注射用水调至 1 000 mL,调节 pH,测定吸光度,精滤,灌封,灭菌,即得。

【作用与用途】清热。用于感冒发热。

例 2：银黄提取物注射液

【处方】金银花提取物(以绿原酸计)2.4 g,黄芩提取物(以黄芩苷计)24 g,注射用水适量,制成 1 000 mL。

【制法】以上 2 味,分别加注射用水与 8% 氢氧化钠溶液适量溶解后,混合,加注射用水至约 980 mL,用 8% 氢氧化钠溶液调节 pH 至 7.2,加活性炭适量,微沸 1h,放冷,加入苯甲醇 10 mL,加注射用水至 1 000 mL,滤过,灌封,灭菌,即得。

【作用与用途】清热疏风,利咽解毒。用于风热犯肺,发热咳嗽。

例 3：双黄连粉针剂

【处方】黄芩 250 g,金银花 250 g,连翘 500 g,共制成 1 000 mL。

【制法】将金银花、连翘用水煮提,用乙醇纯化,调节 pH,回收乙醇,浓缩,加水,调 pH,热处理,冷藏,得提取液。将黄芩提取物溶于上述提取液中,用活性炭处理,滤除活性炭,调 pH,喷雾干燥,测定含量后分装。

【作用与用途】清热解毒,清宣风热。用于外感风热引起的发热、咳嗽、咽喉肿痛。

二、中药灌注剂

(一)概述

中药灌注剂系指饮片提取物、药物以适宜的溶剂制成的供子宫、乳房等灌注的灭菌液体制剂,分为溶液型、混悬型和乳浊型 3 种。

除另有规定外,中药灌注剂应适当调节 pH 与渗透压,一般 pH 为 5.5～7.5。溶液型灌注剂应澄明,不得有沉淀和异物。混悬型灌注剂中的颗粒应细腻,均匀分散,放置后其沉淀物不得结块,振摇后一般应在数分钟内不分层。乳浊型灌注剂应分布均匀。

(二)制备方法

可选临床应用有效的药物、方剂或根据辨证施治的原则拟定处方,同时应考虑给药途径改变对药效的影响。处方药物应针对性强,药味不宜过多,并对其化学成分和各成分间的相互作用要有所了解,有效成分在注入剂中不应稳定,也不应有药物相互作用而产生毒性。

制备灌注剂时,中草药原料应经过鉴定无误,并进行挑选,除去杂质(杂草、非药用部分、泥沙等),必要时可用水冲洗干净,切成段、片。要根据处方药物成分情况,设计提取和精制工艺。通常使用的是水提取乙醇沉淀法。药液浓缩后进行醇沉时,通常第 1 次使醇浓度达到 50%~60%,以沉淀除去淀粉及其他一些多糖类杂质,第 2 次醇沉可使醇浓度达 75%~85%,以除去蛋白质等杂质。

灌注剂要求在洁净环境下配制,各种用具及容器均需用适宜的方法清洗干净并进行灭菌,注意避免污染,必要时可加抑菌剂等附加剂。灌封后,应根据药物性质选用适宜方法和条件及时灭菌,以保证成品无菌。

(三)质量检查

除另有规定外,灌注剂应按照《中国兽药典》进行装量和无菌检查。

(四)制备举例

例:促孕灌注液

【处方】淫羊藿 400 g,益母草 400 g,红花 200 g。

【制法】以上 3 味,加水煎煮提取后,滤过,滤液浓缩,放冷,分别加入乙醇和明胶溶液除去杂质,药液加注射用水至 1 000 mL,煮沸,冷藏,滤过,加葡萄糖 50 g 使溶解,精滤,灌封,灭菌,即得。

【作用与用途】补肾壮阳,活血化瘀,催情促孕。用于卵巢静止和持久黄体性不孕症。

第五节　常用中药固体制剂

一、中药散剂

(一)概述

散剂系指药材或药材提取物经粉碎,均匀混合制成的粉末状制剂。散剂是传统剂型之一,历代应用较多,迄今仍为常用剂型之一,其制法也有了进一步发展。古代散剂为保持原汁原味,药材基本是全部粉碎,现代散剂为减少服用量,部分药材经提取后使用,如浸膏散。另外,还出现了泡腾散等。

中药散剂具有以下特点:

(1)分散快、奏效快　古之"散者散也,去急病"。因其粉末粒度细小,比表面积大,药物易分散溶出,故吸收奏效迅速。散剂奏效比其他传统固体剂型更为迅速。

(2)剂量容易控制　散剂拆分性强,可视病症随意增减,尤其便于婴幼儿服用。

（3）使用、运输、携带、服用均方便　当不便服用丸、片等剂型时,均可改用散剂。

（4）制法简单、成本低廉　散剂制法简便,无须特殊设备,易生产,成本低。

（5）散剂能产生一定的机械性保护作用　外用覆盖面积大,可以同时发挥保护和收敛等作用。

由于药物粉碎后,比表面积加大,故其臭味、刺激性、腐蚀性、飞散性、附着性、团聚性、吸湿性、挥发性及其化学活性等也都相应增加,使部分药物易起变化,挥发性成分易散失。所以一些腐蚀性强、异味浓烈、刺激性强、易吸潮变质及稳定性差的药物,均不宜制成散剂。

供制散剂的饮片、提取物均应粉碎。除另有规定外,一般散剂应通过 2 号筛,外用散剂应通过 5 号筛,眼用散剂应通过 9 号筛。散剂应干燥、疏松、混合均匀、色泽一致。用于烧伤或眼中创伤的外用散剂,应在清洁避菌环境下配制。除另有规定外,散剂应密闭贮存,含挥发性药物或易吸潮药物的散剂应密封贮存。

(二)制备方法

中药散剂制备一般的工艺流程为:粉碎→过筛→混合→分剂量→质量检查→包装。

粉碎、过筛、混合等方法见本书第三章、第六章。

(三)质量检查

除另有规定外,散剂应进行以下相应检查:

（1）外观均匀度　取供试品适量,置光滑纸上,平铺约 5 cm²,将其表面压平,在明亮处观察,应色泽均匀,无花纹、色斑。

（2）水分　按照《中国兽药典》水分测定法测定,除另有规定外,不得过 10.0%。

（3）装量差异　按照《中国兽药典》装量差异检查方法测定,应符合规定。

（4）粒度　用于烧伤或眼中创伤的外用散剂,按照《中国兽药典》粒度测定法测定,除另有规定外,通过 5 号筛的粉末重量不得少于 95%。

(四)制备举例

例 1:麻黄鱼腥草散

【处方】麻黄 50 g,黄芩 50 g,鱼腥草 100 g,穿心莲 50 g,板蓝根 50 g。

【制法】以上 5 味,粉碎,过筛,混匀,即得。

【作用与用途】宣肺泄热,平喘止咳。用于肺热咳喘,鸡支原体病。

例 2:激蛋散

【处方】虎杖 100 g,丹参 80 g,菟丝子 60 g,当归 60 g,川芎 60 g,牡蛎 60 g,地榆 50 g,肉苁蓉 60 g,丁香 20 g,白芍 50 g。

【制法】以上 10 味,粉碎,过筛,混匀,即得。

【作用与用途】清热解毒,活血祛瘀,补肾强体。用于输卵管炎,产蛋功能低下。

二、中药颗粒剂(冲剂)

(一)概述

中药颗粒剂系指药材提取物与适宜的辅料或药材细粉制成具有一定粒度的颗粒状制剂,分为可溶颗粒、混悬颗粒和泡腾颗粒。

颗粒剂是在汤剂等的基础上发展起来的一种新剂型,既保持了汤剂吸收快、显效快等优点,又克服了汤剂服用时临时煎煮、费时耗能,久置易霉变变质等缺点。通过薄膜包衣,可以提高药物稳定性,同时掩盖某些中药的不适气味并达到缓慢释药的目的。

颗粒剂应干燥、颗粒均匀、色泽一致,无吸潮、结块、潮解等现象。除另有规定外,颗粒剂应密封,在干燥处贮存,防止受潮。颗粒剂应进行微生物限度的控制。

(二)制备方法

提取 → 纯化 $\xrightarrow{辅料}$ 制粒 → 干燥 → 整粒、分级 → 混合 → (包衣) → 质量检查 → 包装

即将饮片按规定方法进行提取、纯化、浓缩成规定相对密度的清膏,采用适宜的方法干燥,并制成细粉,加适量辅料或饮片细粉,混匀并制成颗粒;也可将清膏加适量辅料或饮片细粉,混匀并制成颗粒。应控制辅料用量。一般前者不超过干膏量的2倍,后者不超过清膏量的5倍。

湿颗粒制成后,应及时干燥。久置,湿粒易结块变形。干燥温度一般以60～80 ℃为宜。干燥时温度应逐渐上升,否则颗粒的表面干燥过快,易结成一层硬壳而影响内部水分的蒸发。颗粒的干燥程度应适宜,一般含水量控制在20%以内。生产中常用的干燥设备有沸腾干燥、烘箱、烘房等。

(三)质量检查

除另有规定外,颗粒剂还应进行以下相应检查。

1. 粒度

采用双筛分法,不能通过1号筛和能通过5号筛的总和不得超过15%。

2. 水分

按照《中国兽药典》水分测定法测定,除另有规定外,不得超过6.0%。

3. 溶化性

取供试品10 g,加热水200 mL,搅拌5 min,立即观察,可溶颗粒应全部溶化,允许有轻微浑浊;混悬颗粒应能混悬均匀;泡腾颗粒遇水时应能迅速产生气体并呈泡腾状。颗粒剂均不得有胶屑等异物。

4. 装量

按照《中国兽药典》最低装量检查法测定,应符合规定。

(四)制备举例

例:板青颗粒

【处方】板蓝根600 g,大青叶900 g。

【制法】以上2味,加水煎煮2次,每次1 h,合并煎液,滤过,滤液浓缩至稠膏状,加蔗糖、糖精适量,混匀,制成颗粒,干燥,制成1 500 g(使每1 g颗粒相当于1 g生药),即得。

【作用与用途】清热解毒,凉血。用于风热感冒,咽喉肿痛,热病发斑等温热性疾病。

三、中药片剂

(一)概述

中药片剂系指药材提取物、提取物加饮片细粉或饮片细粉与适宜的辅料混匀压制或用适宜方法制成的圆片状或异形片状的制剂。主要供内服使用,也有作外用或其他特殊用途。按其原料及制法特征,中药片剂分为全浸膏片(如甘草片)、半浸膏片(如杨树花片、板蓝根片)、全

粉末片(如麻杏石甘片)和提纯片。

中药片剂是汤剂、丸剂等传统剂型的改革和发展。近年来,除压制片、糖衣片外,还发展了含片、泡腾片、溶液片、微囊化片剂等。片剂的主要优点是:①剂量准确,片剂内药物含量差异较小;②质量稳定,片剂为干燥固体,光线、空气、水分等对其影响较小;③通常片剂溶出速度及生物利用度较丸剂好;④片剂生产的机械化、自动化程度较高,产量大,成本低,药剂卫生易达标。其缺点是容易吸潮、霉变,所含挥发性药物久贮后含量容易下降或使药效降低。

片剂外观应完整光洁、色泽均匀,有适宜的硬度,以免在包装、贮运过程中发生磨损或破碎。除另有规定外,片剂应密封贮存。片剂应进行微生物限度的控制。

(二)制备方法

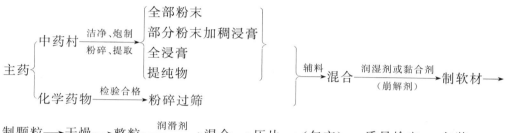

中药片剂多属复方片剂,即常含有多种性质的药材,多数药材中常含有较多的植物纤维素,一般不宜采用普通湿法制粒压片的方法,生产中药片剂时一般与化学药物的片剂有所不同。中药片剂制备流程一般包括以下几个方面:

1. 中药原料的处理

中药材在制备片剂以前应按处方要求选用合格的药材,并进行洁净、炮制和干燥等处理。

(1)利用原药材生产时,应先粉碎、过 100 目筛,并经灭菌处理。

(2)一般植物药含有较多的无效成分,如纤维素等,体积较大,通常可用水或其他溶媒煎出全部可溶性成分,浓缩成稠膏,经过浸提、分离、精制处理等除去无效成分,以缩小体积,提高其生物利用度。含醇溶性成分如生物碱、皂苷等的药材,可利用适宜浓度的醇为溶媒提取并制成稠膏即流浸膏剂后使用;含挥发性成分的药材,应先将其挥发性成分提取,制成流浸膏剂使用。

(3)贵重药材及某些矿物药可粉碎成细粉,过 5 号至 6 号筛后使用。

(4)含淀粉较多的药材,如其用量不大,可将其粉碎成粉末后加入到其他成分中混合、制粒、压片;如果其用量较多,可将其成分提取后再加入。

2. 湿颗粒制备

(1)药材细粉制粒　该法是将药材粉碎成 100 目以上的细粉末,再加入适宜的润湿剂、黏合剂制备软材后制备湿颗粒。润湿剂、黏合剂应根据药材的性质而定。如果药材中含有较多的黏性成分,可用水、醇等作为润湿剂和黏合力弱的黏合剂(如 5%～10%淀粉浆等);如果药材中含有较多的矿物质、纤维素及疏水性成分,则应选用黏合力强的黏合剂(如糖浆,或糖浆、糊精、淀粉的混合物等)。本法具有简便、快速而经济的特点,兽药生产中应用广泛,但注意药粉与辅料应混合均匀。

(2)药材稠浸膏与药材细粉末混合制粒　本法是将处方中部分药材制成流浸膏,另一部分药材粉碎成 100～120 目粉末,两者混合制备软材后制备湿颗粒。其中细粉的加入量一般为

10％～30％,使其与流浸膏混合后正好能制备成软材为宜。若两者混合后黏性不足,则需另加入黏合剂或润湿剂;若混合后黏性太大,则可将混合物干燥后加入润湿剂再制粒。本法具有不加或少加黏合剂和崩解剂的特点,其中药物的流浸膏起黏作用,药物细粉起崩解作用。如板蓝根片系将处方中茵陈、甘草提取浓缩成稠膏后,加入板蓝根细粉均匀混合制成颗粒后进行压片制备而成。

(3)干浸膏制粒 将制剂处方中的药材(含挥发性药材除外)提取并制成干浸膏,再将干浸膏粉碎成40目左右的颗粒,或将干浸膏磨成细粉后加入适宜的润湿剂制备软材后制粒。有时为了改善片剂的崩解度,可在稠浸膏或干浸膏中加入淀粉或其他崩解剂。

(4)含液体与挥发成分制粒 中药处方中某些液体或挥发药物可采用处方中的其他固体粉末或吸收剂将其吸收干燥后粉碎成颗粒。凡属挥发性或遇热不稳定的药物,在制片过程中应避免受热损失。

3. 干燥

中药湿颗粒的干燥温度一般控制在60～80 ℃,以免颗粒中的淀粉受到湿热而糊化,从而失去崩解作用或使含浸膏的颗粒软化结块;含芳香性挥发油及苷类成分的颗粒应在60 ℃以下干燥。干颗粒中的含水量控制在3％～5％,便于压片。

4. 整粒

多用2号筛整粒,全浸膏片中的颗粒较硬,可用3号筛整粒。干颗粒中细粉含量不宜过多,以免引起裂片等现象。

5. 压片

中药片剂的压制方法与一般片剂相同,但压力要求增大,以免出现松片现象。对于全浸膏片,因含有大量吸湿性物质,在贮存、使用过程中,易引湿受潮、变软、黏结和霉变等,可采用乙醇沉淀法除去引湿性杂质,或在制粒时加入防潮性辅料,如适量的磷酸氢钙、氢氧化铝凝胶、硫酸钙等吸收剂等。中药片剂可根据需要,加入矫味剂、芳香剂和着色剂等附加剂。为增加稳定性,掩盖药物不良臭味或改善片剂的外观等,可对制成的药片包糖衣或薄膜衣。对一些遇热易破坏、刺激胃黏膜或需要在肠道内释放的口服药片,可包肠溶衣。必要时薄膜包衣片应检查残留溶剂。

有些药物也可根据需要制成泡腾片等。

(三)质量检查

除另有规定外,片剂应进行以下相应检查。

1. 重量差异

片剂按照《中国兽药典》方法检查,应符合规定。

2. 崩解时限

除另有规定外,按照《中国兽药典》崩解时限检查法检查,应符合规定。

(四)制备举例

例1:鸡痢灵片

【处方】雄黄10 g,藿香10 g,白头翁15 g,滑石10 g,马尾连15 g,诃子15 g,马齿苋15 g,黄柏10 g。

【制法】以上8味,除雄黄、滑石另研外,其余6味粉碎成细粉,过筛,余渣煎煮滤过,滤液浓缩,加入以上细粉,混匀,制粒,干燥,压制成 400 片,即得。

【作用与用途】清热解毒,涩肠止痢。用于雏鸡白痢。

例 2:杨树花片

【处方】杨树花等。

【制法】将杨树花处方总量的 1/2 加水煎煮两次,合并煎液,滤过,减压浓缩至稠膏。将杨树花另 1/2 粉碎成细粉,与稠膏混匀,制粒,干燥,压片即得。

【作用与用途】化湿止痢。用于雏鸡白痢。

【解析】本方为中药制剂,药材细粉可作为填充剂与崩解剂,药材浸膏为黏合剂。

思考题

1. 中兽药常用的提取、精制方法有哪些?

2. 简述浸出制剂的含义与特点。

3. 简述中兽药制剂汤剂、合剂、煎膏剂、酒剂、酊剂、流浸膏剂、浸膏剂的含义、特点与制备方法。

4. 比较酒剂与酊剂的异同点。

5. 比较流浸膏剂与浸膏剂的异同点。

第九章 缓释、控释制剂

案例导入

寄生虫感染是影响牧区牲畜产量的主要因素之一，幼牛和羔羊在第一个放牧季节对寄生虫的感染最为敏感，药物防治仍是控制寄生虫感染的有效途径。目前，国内外应用于寄生虫病的缓释长效制剂研究主要在 4 个方面，即口服长效制剂、透皮长效制剂、植入长效制剂和注射用长效制剂。口服长效制剂的不足之处在于剂型巨大，不能咀嚼，给药不便。透皮长效制剂较口服、注射剂更容易接受，可避免捉拿动物引起的应激反应，但受到外界影响因素较多，如水和皮肤代谢等，一般仅能维持数天。植入长效制剂多埋植于动物皮下，植入过程需手术，顺应性差，且易在植入部位产生不适感，如植入的材料为金属等非降解材料，还需手术取出。而注射用长效制剂给药方便，受外部影响因素小。原位固化注射剂是近年来缓控释注射剂领域的研究热点。

第一节 概 述

一、缓释、控释制剂的概念

缓释制剂是指在规定释放介质中，按要求缓慢地非恒速释放药物，使药物在较长时间内维持有效血药浓度的制剂，其药物释放主要是一级动力学过程。缓释制剂与相应的普通制剂比较，给药频率有所减少，还能显著增加患病动物的顺应性。

控释制剂是指在规定释放介质中，按要求缓慢地恒速或接近恒速释放药物的制剂，一般符合零级动力学过程。控释制剂给药频率比相应的普通制剂有所减少，血药浓度比缓释制剂更加平稳。控释制剂给药后，药物能在预定的时间内自动以预定速度释放，使药物浓度长时间恒定维持在有效浓度范围。广义的控释制剂包括控释药的速度、方向和时间。靶向制剂、透皮吸收制剂等都属于广义控释制剂的范畴。狭义的控释制剂则一般是指在预定时间内以零级或接近零级速度释放药物的制剂。

二、缓释、控释制剂的特点

　　缓释、控释制剂与普通制剂相比,其优点有以下几方面:①减少给药频率。采用缓释或控释制剂可以较少给药次数,从而减轻兽医工作人员的劳动强度,减少动物应激,提高动物的顺应性。②毒副作用小。缓释、控释制剂中药物以零级或一级速率释放,血药浓度平稳,避免或减小了峰谷现象,有利于降低药物的毒副作用。如牛、羊驱虫用普通制剂一次往往需要给予较大剂量,给药后药物的峰浓度过高,容易造成牛羊中毒;若制成缓释或控释制剂,给药一次即能较长时间在血液中保持有效的药物浓度,避免峰谷现象,可保证药物的安全性和有效性。缓释、控释制剂可以减少药物的总剂量,发挥药物的最佳治疗效果,减少耐药性的发生。③可定时、定位释放药物。一些缓释、控释制剂可以按要求定时、定位释放药物,更加适合临床需要。

　　缓释、控释制剂也有以下缺点:①在临床应用中对剂量调节的灵活性较差,如出现副作用,往往不能立刻停止治疗。②制备成本较高。缓释、控释制剂所涉及的设备和工艺费用较常规制剂复杂,成本较高。③食品动物使用缓释制剂要注意其一般有较长的休药期。

三、缓释、控释制剂的分类

　　缓释、控释制剂按不同的分类方法可以分为很多种类型。按释药方式可分为一级释药制剂、零级释药制剂、自调式控释给药系统、脉冲式释放系统等。按给药途径分为内服缓释、控释给药系统,透皮缓释、控释给药系统,植入缓释、控释给药系统,注射缓释、控释给药系统等。按缓释、控释制剂的剂型可分为片剂、胶囊剂、注射剂、乳剂、丸剂、项圈等。还可以按释药原理分为膜控型缓释、控释制剂,骨架型缓释、控释制剂,渗透泵型缓释、控释制剂等。

第二节　缓释、控释制剂释药原理

缓释、控释制剂所涉及的释药原理主要有溶出、扩散、溶蚀、渗透压等。

一、控制溶出释药原理

　　由于药物的缓释受溶出速度的限制,溶出速度慢的药物显示出缓释的性质。根据 Noyes-Whitney 溶出速度公式,要使药物达到缓释,有以下几种方法:

　　①制成溶解度小的盐或酯。例如,普鲁卡因青霉素钠盐的溶解度比青霉素钠盐小,其药效比青霉素钠盐显著延长。醇类药物经酯化后水溶性减小,药效延长,如睾丸素丙酸酯以注射用油制成注射液,药效可以显著延长。

　　②与高分子化合物生成难溶性盐。例如,生物碱类药物可与鞣酸形成难溶性盐,如 N-甲基阿托品鞣酸盐的药效比 N-甲基阿托品显著延长。

③控制粒子大小。药物的比表面积减小,溶出速度减慢,因此增大难溶性药物的粒径可使其溶出减慢。

二、控制扩散释药原理

以扩散为主的缓释、控释制剂,药物首先溶解成溶液后再从制剂中扩散出来进入体液,其释药速率受扩散速率的控制。药物的扩散分为贮库型和骨架型。

(一)贮库型

贮库型缓释、控释制剂主要是包衣的片剂或微丸等,本类型又可分为水不溶性包衣膜和含水孔道包衣膜两种贮库。

1. 水不溶性包衣膜

药物在水不溶性包衣膜的贮库中,如乙基纤维素包制的微囊或小丸就属这类制剂。该类制剂中药物释放速度符合 Fick 第一定律:

$$\frac{\mathrm{d}M}{\mathrm{d}t} = \frac{ADKDC}{L} \qquad \text{(式 9-1)}$$

式中,$\mathrm{d}M/\mathrm{d}t$ 为释放速度;A 为面积;D 为扩散系数;K 为药物在膜与囊心之间的分配系数;L 为包衣层厚度;DC 为膜内外药物的浓度差。若 A、L、D、K 与 DC 保持恒定,则释放速度就是常数,药物释放符合零级释放过程。若其中一个或多个参数改变,就是非零级过程。

2. 含水性孔道的包衣膜

在包衣液中加入致孔剂,当包衣制剂进入消化液中,由于致孔剂迅速溶解后会在包衣膜表面形成大量的细小亲水性孔道,例如乙基纤维素与甲基纤维素混合组成的膜材具有这种性质,其中甲基纤维素起致孔作用。该类包衣制剂药物释放速率可用下式表示:

$$\frac{\mathrm{d}M}{\mathrm{d}t} = \frac{ADDC}{L} \qquad \text{(式 9-2)}$$

式中,各项参数的意义同前。与上式比较,本式中少了 K,这类药物制剂的释放接近零级过程。

(二)骨架型

骨架型缓释、控释制剂是由药物均匀分散在骨架材料中所制得的制剂。外层的药物首先接触介质、溶解,然后从骨架中扩散出来,骨架内的药物首先溶解后通过骨架材料扩散到骨架外表面,然后再扩散到介质中,因此骨架中药物的溶出速度必须大于药物的扩散速度。

骨架型缓释、控释制剂中药物的释放符合 Higuchi 方程:

$$Q = \left[DS(p/l)(2A - SP)t \right]^{\frac{1}{2}} \qquad \text{(式 9-3)}$$

式中,Q 为单位面积在 t 时间的释放量;D 为扩散系数;P 为骨架中的孔隙率;S 为药物在释放介质中的溶解度;l 为骨架中的弯曲因素;A 为单位体积骨架中的药物含量。

以上公式基于以下假设:①药物释放时保持伪稳态;②理想的漏槽状态;③药物颗粒的粒径比药物从骨架扩散除去的平均距离小得多;④D 保持恒定,药物与骨架材料没有相互作用。

假设方程右边除 t 外都保持恒定,则上式可简化为:

$$Q = k_H t^{1/2}$$

（式 9-4）

式中，k_H 为常数，即药物的释放量与 $t^{1/2}$ 成正比。

三、控制溶蚀与扩散相结合原理

缓释、控释制剂的释药在大多数情况下都以溶出或扩散机制为主，而对于生物溶蚀型骨架系统、亲水凝胶骨架系统，药物不仅可从骨架中扩散出来，而且骨架本身也处于溶蚀的过程，因此药物的释放受骨架的溶蚀速度与药物扩散速度的控制。

扩散和溶蚀相结合的还包括采用膨胀型控释骨架，即药物溶于溶胀的聚合物中。给药后，水先进入骨架，药物溶解，从膨胀的骨架中扩散出来，其释药速度在很大程度上取决于聚合物膨胀速率、药物溶解度和骨架中可溶部分的大小。由于释药前，聚合物必须先膨胀，这种系统通常可减少药物的突释效应。

四、渗透泵控制释药原理

以渗透压作为驱动力来控制药物的释放，可以均匀恒速地释放药物，实现零级速率过程释药。例如渗透泵型控释片，其结构为一中等水溶性药物及具高渗透压的渗透促进剂或其他辅料压制成一固体片芯，外包一层水可透过，但药物不能通过的半透膜，然后用激光在片芯包衣膜上打一小孔，内服后胃肠道的水分通过半透膜进入片芯，使药物溶解成饱和溶液或混悬液，加之具有渗透压辅料的溶胀，故片剂膜内的溶液为高渗溶液。由于膜内外存在一定的渗透压差，药物溶液则通过释药小孔持续泵出。渗透泵型片剂片芯的吸水速度决定于膜的渗透性能和片芯的渗透压。从小孔中流出的溶液与通过半透膜的水量相等，片芯中药物未被完全溶解，则释药速率按恒速进行；当片芯中药物逐渐低于饱和浓度，释药速率会逐渐以抛物线式下降。利用渗透压原理制成的内服渗透泵片，能长期、匀速地向体内释放药物，药效持续发挥，而且其释药速率不受胃肠道生理因素影响；但此类制剂一般工艺较复杂，造价高而且质控指标严格。

第三节 缓释、控释制剂的设计

一、内服缓释、控释制剂的设计

（一）药物的理化性质与内服缓释、控释制剂的设计

1. 药物理化参数

药物的溶解度、pK_a 和油水分配系数等是剂型设计时需要充分考虑的因素。由于缓释、控释制剂多为固体制剂，需要考虑到药物内服后在胃肠道中的溶解和吸收，通常水溶性较大的药物更为适合制成缓释、控释制剂；溶解度很小的药物（<0.01 mg/mL），本身也具有一定的缓释效果；而难溶性药物的溶出为吸收的限速步骤，因此不宜将其设计成控制扩散型的缓释、控释制剂。由于大多数药物是弱酸或弱碱，具有解离型和非解离型两种形式，通常非解离型更容

易通过脂质生物膜,而动物的消化道一般胃中呈酸性,小肠趋向于中性,结肠呈弱碱性,药物在不同位置解离状态也会发生变化,因此了解药物的 pK_a 与吸收环境之间的关系极为重要。药物的油水分配系数是评价其跨膜能力的重要参数,只有油水分配系数适中的药物才能较好地通过生物膜被吸收。

2. 给药剂量

一般单次给药剂量过大的药物不宜设计成缓释、控释制剂。对单胃动物内服给药系统的剂量大小有一个上限,一般认为 0.5~1.0 g 的单剂量是常规制剂的最大剂量。

3. 胃肠道稳定性

内服后一些药物会被胃肠道的酸和碱水解或被胃肠道的酶降解。如果药物在胃中不稳定,可以制成肠溶性制剂,以提高药物的稳定性。而在小肠中不稳定的药物制成缓释制剂后,其生物利用度可能降低,因此需要对药物的剂量、剂型或给药方式进行重新设计。

(二)生物因素与内服缓释、控释制剂的设计

1. 动物种属

不同种属的动物机体结构和生理机能差异较大。例如,反刍动物由于瘤胃的生理特点,其口服制剂适宜制成缓释、控释制剂;禽类和鱼类的消化道较短,其口服制剂一般不适宜制成缓释制剂。

2. 吸收

缓释、控释制剂主要是通过调节药物的释放速度来控制药物的吸收,因此释药速度必须比吸收速度慢。对单胃动物来说,假定大多数药物和制剂在胃肠道运行的时间是 8~12 h,药物的最大吸收半衰期应近似于 3~4 h,这样可吸收 80%~90% 的药物,如果吸收半衰期大于 3~4 h,则药物还没有释放,制剂已离开吸收部位。因此本身吸收速度常数低的药物,不太适宜制成缓释制剂。而对于复胃动物使用的瘤胃控释制剂,则主要是控制制剂在瘤胃、网胃中停留的时间,使药物的释放时间延长,从而达到长效的目的。

如果药物是通过主动转运吸收,或者吸收局限于小肠的某一特定部位,制成缓释制剂则不利于药物的吸收。例如,维生素 B_2 只在十二指肠上部吸收,而硫酸亚铁的吸收在十二指肠和空肠上端进行,因此药物应在通过这一区域前释放,否则不利于吸收。对这类药物制剂的设计方法是设法延长其在胃中的停留时间,这样药物可以在胃中缓慢释放,然后到达吸收部位。这类制剂有:①低密度的小丸、胶囊或片剂等胃内漂浮制剂,它们可漂浮在胃液上面,延迟其从胃中排出;②生物黏附制剂,其原理是利用黏附性聚合物材料对胃表面的黏蛋白有亲和性,从而增加其在胃中的滞留时间。

3. 代谢

在吸收前有代谢作用的药物制成缓释剂型,其生物利用度都会降低,这是由于大多数肠壁中的酶类可降解药物。采用药物和酶抑制剂联合给药的方式,可使药物吸收量增加,从而延长其治疗作用。

4. 生物半衰期

内服缓释、控释制剂的目的是要在较长时间内使血药浓度维持在有效范围内,因此理想的缓释、控释制剂应该是药物进入血液循环的速度与其在体内的消除速率相同,而半衰期反映药物的消除速度,对维持有效浓度有重要意义。半衰期短的药物制成缓释制剂后可以减少用药频率,但要维持缓释作用,单位给药剂量必须很大,这会使剂型本身增大,不便

于给药。一般半衰期小于 1 h 的药物不适宜制成缓释制剂,如呋塞米等药物。半衰期大于 24 h 的药物一般也不适宜制成缓释制剂,因为其本身在体内的药效就可以维持较长时间,如地高辛等药物。

(三)内服缓释、控释制剂的设计要求

1. 药物的选择

缓释、控释制剂一般适用于半衰期在 2~8 h 的药物,半衰期小于 1 h 或大于 24 h 的药物一般不宜制成缓释、控释制剂。其他如剂量很大、药效很剧烈以及溶解吸收很差的药物,剂量需要精密调节的药物,以及抗菌效果依赖于峰浓度的抗菌药物等,一般也不宜制成普通缓释、控释制剂。

2. 生物利用度

缓释、控释制剂应与普通制剂具有生物等效性,一般其生物利用度应为普通制剂的 80%~120%。为了保证缓释、控释制剂的生物利用度,内服药物要根据药物在胃肠道中的吸收速度控制药物在制剂中的释放速度,还应保证药物在吸收部位释放,或有足够的吸收时间来达到足够的吸收量。

3. 峰浓度与谷浓度之比

缓释、控释制剂稳态时峰浓度与谷浓度之比应小于普通制剂,也可用波动度表示。一般半衰期短、治疗指数窄的药物,可设计为每 12 h 给药 1 次,而半衰期长的或治疗指数宽的药物则可设计为每 24 h 给药 1 次。释药符合零级过程的剂型,如渗透泵制剂,其峰谷浓度比显著小于普通制剂,其血药浓度也会更平稳。

4. 辅料的选择

缓释、控释制剂的释药速度需要通过选择适宜的辅料来调节和控制,这主要是通过一些高分子化合物作为阻滞剂控制药物的释放速度。根据不同的阻滞方式,阻滞材料可分为骨架型、缓释型和增黏型。

骨架型阻滞材料根据其性质不同又可分为亲水性凝胶骨架材料、生物溶蚀性骨架材料和不溶性骨架材料。①亲水性凝胶骨架材料是指在遇水或消化液后能够膨胀,形成凝胶屏障而控制药物释放的材料,主要包括天然胶类(如海藻酸盐、琼脂等)、纤维素类(如甲基纤维素、羟丙甲纤维素等)、非纤维素多糖(如壳聚糖、半乳糖甘露聚糖等)、丙烯酸树脂(如卡波姆、聚乙烯醇等)和乙烯聚合物。②生物溶蚀性骨架材料是指本身不溶解,但在胃肠道的消化液环境下可以逐渐溶蚀的材料,常用的有惰性蜡质、脂肪酸及其酯类等物质。③不溶性骨架材料是指不溶于水或水溶性极小的高分子聚合物或无毒塑料等,常用的有纤维素类、聚烯烃类和聚甲基丙烯酸酯等。

缓释型阻滞材料主要包括不溶性材料和肠溶性材料。①不溶性材料是一类不溶于水或难溶于水的高分子聚合物,但水分可以穿透,而且不受胃肠也干扰,安全无毒,具有良好的成膜性和机械性能,如乙基纤维素等。②肠溶性材料是指在胃中不溶,在小肠偏碱性环境下溶解的高分子材料,如纤维素酯类和丙烯酸树脂类。

增黏型阻滞材料是一类水溶性高分子材料,溶于水后,其溶液黏度随浓度增大而增加,黏度增加可以减慢扩散速度,延缓其吸收,从而达到维持药效的目的。该类材料主要用于液体缓释、控释制剂,常用的有明胶、聚维酮、羧甲基纤维素、右旋糖酐等。

通过选择不同的缓释、控释辅料,设计不同的处方比例或制备工艺等方式,可以实现不同

的释药特性,具体可以根据释药要求选择适宜的辅料和处方工艺。

二、注射用缓释、控释制剂的设计

注射制剂通过注射给药可以提高药物的生物利用度,为了减少给药次数,提高患畜对注射给药的顺应性,注射用缓释、控释制剂受到了制剂研发的重视,发展了以微囊、微球、脂质体、纳米粒、乳剂以及原位凝胶等药物载体为代表的一系列注射用制剂。注射用缓释、控释制剂可以在保证药物生物利用度的同时,实现药物的长效作用,且与内服缓释、控释制剂相比,其优点为:①可避免药物的胃肠道及肝脏的首过效应;②一些制剂可以局部定位释药,通过其靶向性减少药物的全身毒性;③注射制剂给药后释药不受胃肠道排空时间的限制,可设计给药间隔24 h以上,甚至长达数月的注射用缓释、控释制剂,大大降低了给药频率。相较于内服制剂,注射用缓释、控释制剂的缺点在于:①易造成药物在用药部位的残留,影响食品安全;②药物有可能延迟扩散,从而影响疗效;③注射后若药物突释,其后果通常要比内服给药更为严重;④由于可用于注射制剂的载体材料前期研究不足,符合注射剂质量要求载体材料的种类和规格较少。注射用缓释、控释制剂相比于普通注射剂,在设计时也要注意以下问题:①药物滞留体内时间较长,是否会带来新的毒性;②制备工艺往往更为复杂,如何实现工业化大生产;③产品中易残留有机溶剂从而影响其安全性。

设计注射用缓释、控释制剂的目的就是使药物能够贮存在注射部位,在一段时间内药物的释放能够达到缓释或控释作用。注射用缓释、控释制剂一般由药物、载体和溶媒等组成,不同组成部分均可发挥缓释、控释作用。因此,根据发挥缓释、控释作用部分的不同可分为三类,分别为基于药物修饰作用、基于载体作用和基于溶媒作用的注射用缓释、控释制剂。

(1)基于药物修饰作用的注射用缓释、控释制剂　药物化学修饰技术是通过对药物或载体进行化学结构修饰,以实现药物缓释、控释的方法,主要包括难溶盐技术、前体药物技术和聚乙二醇化技术等。①难溶盐技术是将水溶性药物通过化学修饰转变为难溶性的盐,以实现药物缓释、控释的一类技术。药物溶解度及溶出速度降低,作用时间可以明显延长,但药物成盐后释药速度不易调节,该方法对于降解产物毒性较大的药物不适合。②前体药物技术是将药物制成一类本身无生物活性或低生物活性的前体药物,前体药物在体内生物转化后才具有药理活性的技术。例如,将活性化合物制成酯类前药,通过控制前药的水解速度,可实现控制活性药物缓释、控释的目的。③聚乙二醇化也称为聚乙二醇修饰,是将聚乙二醇通过共价键与药物结合的技术,可以对药物在体内起保护作用。例如,对于蛋白类药物聚乙二醇化提高蛋白多肽类药物的半衰期,还可以减少该类药物的排泄以及增加靶向性等作用。

(2)基于载体作用的注射用缓释、控释制剂　该类制剂主要包括了微囊与微球、乳剂、脂质体、纳米粒、原位凝胶等给药系统,这些给药系统普遍具有靶向给药、定位释放、增加难溶性药物溶解度或分散度、提高制剂生物利用度以及降低药物的毒副作用等优点,这些给药系统也成为目前生物医药制剂设计研究中的热点。

(3)基于溶媒作用的注射用缓释、控释制剂　基于溶媒作用的注射用缓释、控释制剂主要包括把药物制成注射用油性溶液或混悬液。该类制剂通过肌内或皮下注射后可在注射部位形成药物贮库,药物可以在一定时间段内以合适的速率释放。对于油水分配系数高的药物,使用油溶液作为注射溶媒是制备缓释注射液常用的方法,注射用油包括一些合成的有机溶剂和植物油。把药物制成水性或油性混悬型注射剂可显著延长药效,其处方设计时一般需要加入帮助主要混悬的助悬剂,如羧甲基纤维素、海藻酸钠等。

第四节 缓释、控释制剂的制备

一、内服缓释、控释制剂的制备

(一)大丸剂

大丸剂是一种外形类似球形、圆柱形或椭圆形的内服剂型,是由主药、赋形剂和黏合剂等组成。在动物药物品中,反刍动物用的抗蠕虫药物、微量元素、单胃动物用的微量元素、维生素等都适宜制备成大丸剂。这类大丸剂可分普通缓释剂和控释剂。

例:左旋咪唑大丸剂

【处方】左旋咪唑 22.1 g　　　　　铁粉 95 g

乙酸乙烯共聚物 26 g　　　　羧甲基纤维素钠 5 g

【制备】取适量的纯化水将羧甲基纤维素钠润湿,依次加入左旋咪唑、乙酸乙烯共聚物和铁粉混合均匀后压制成一定大小的药丸。

【作用与用途】用于大动物的胃肠道线虫、肺线虫以及犬心丝虫和猪肾虫感染的治疗。

(二)缓控释微丸

微丸是指直径小于 2.5 mm 的小球状内服剂型,也称为小丸,是将药物与阻滞剂等混合制丸或先制成丸芯后包控释膜衣而制备的缓释与控释微丸。根据其处方组成、结构不同,缓释、控释微丸分为膜控型微丸、骨架型微丸以及采用骨架和膜控方法相结合制成丸三种类型。

例:吲哚美辛控释微丸

【处方】吲哚美辛(微粉化)750 g　　　PVP 150 g

空白丸(20～25 目)3 000 g　　　水 1 500 mL

乙醇 1 500 mL

【制备】将 PVP 溶解在水-乙醇混合液中,加入吲哚美辛分散于其中,将该混悬液喷至丸芯上,于 60 ℃以下干燥,即得。

【作用与用途】用于缓解术后外伤、关节炎、腱鞘炎、肌肉损伤等炎性疼痛。

二、注射用缓释、控释制剂的制备

目前动物用注射用缓释、控释制剂制备常用基于溶媒作用的制剂,可制成真溶液或混悬液等形式的注射剂。

(一)长效土霉素注射液

【处方】土霉素 200 g　　　　　　氯化镁 6 g

PEG200　300 mL　　　　N-甲基吡咯烷酮 25 mL

甘油甲缩醛 50 mL　　　　甲醛合次硫酸氢钠 2 g

二乙醇胺 45 mL　　　　　注射用水加至 1 000 mL

【制备】①取处方量的二乙醇胺,加入适量的注射用水,分次加入土霉素,充分搅拌使其溶解,作为甲液。

②另取处方量的甘油甲缩醛、N-甲基吡咯烷酮和 PEG200 加入甲液中。

③另取甲醛合次硫酸氢钠配制成溶液,加入甲液中。

④另取过氧化镁,配制成溶液,加入甲液中。

⑤调节 pH 为 8.0～9.0,测含量定容,滤过灌封,100 ℃流通蒸汽灭菌 30 min,即得。

(二)盐酸头孢噻呋混悬注射液

【处方】盐酸头孢噻呋 5 g   磷脂 0.05 g

    司盘 80 0.15 g   注射用棉籽油加至 100 mL

【制备】取注射用棉籽油,滤过,在 150 ℃干热灭菌 1 h 后放冷。在灭菌研钵中加入少量灭菌注射用油,然后加入盐酸头孢噻呋、磷脂,经研磨、搅拌、振摇,使混悬均匀。将混悬液转移至适宜容器中,加适量的灭菌注射用油和司盘 80,边加边搅拌,加灭菌注射用油至规定容量,搅拌器中搅拌 30 min 左右,充分混合均匀后灌封,100 ℃流通蒸汽灭菌 30 min,即得。

第五节　缓释、控释制剂的质量评价

《中国兽药典》对缓释、控释制剂的质量评价主要包括体外药物释放度试验、体内试验和体内-体外相关性试验。缓释、控释和迟释制剂指导原则中以内服为重点,也可供其他给药途径参考。

一、体外药物释放度试验

该试验是在模拟体内消化道条件下(如温度、介质的 pH、搅拌速率等),对制剂进行药物释放速率试验,最后制定出合理的体外药物释放度,以监测产品的生产过程与对产品进行质量控制。

(一)仪器装置

除另有规定外,缓释、控释、迟释制剂的体外药物释放度试验可采用溶出度测定仪进行。

(二)温度控制

缓释、控释、迟释制剂模拟体温应控制在 37 ℃±0.5 ℃。

(三)释放介质

以脱气的新鲜纯化水为常用的释放介质,或根据药物的溶解特性、处方要求、吸收部位,使用稀盐酸(0.001～0.1 mol/L)或 pH 3～8 的磷酸盐缓冲液,对难溶性药物不宜采用有机溶剂,可以加入少量表面活性剂(如十二烷基硫酸钠等)。

释放介质的体积应符合漏槽条件。

(四)释放度取样时间点

除迟释制剂外,体外释放速率试验应能反映出受试制剂释药速率的变化特征,且能满足统计学处理的需要,释药全过程的时间不应低于给药的间隔时间,且累积释放百分率要求达到90%以上。除另有规定外,通常将释药全过程的数据作累积释放百分率-时间的释药速率曲线图,制定出合理的释放检测方法和限度。

缓释制剂从释药曲线图中至少选出 3 个取样时间点,第一点为开始 0.5～2 h 的取样时间点,用于考察药物是否有突释,第二点为中间的取样时间点,用于确定释药特性,最后的取样时间点,用于考察释药是否基本完全。此 3 点可用于表征体外缓释制剂药物释放度。

控释制剂除以上 3 点外,还要增加 2 个取样时间点。此 5 点可用于表征体外控释制剂药物释放度。释放百分率的范围应小于缓释制剂。如果需要,可以再增加取样时间点。

迟释制剂根据临床要求,设计释放度取样时间点。

多于一个活性成分的产品,要求对每一个活性成分均按以上要求进行释放度测定。

(五)工艺的重现性与均一性试验

应考察 3 批以上,每批 6 片(粒)产品批与批之间体外药物释放度的重现性,并考察同批产品 6 片(粒)体外药物释放均一性。

(六)释药模型的拟合

缓释制剂的释药数据可用一级方程和 Higuchi 方程等拟合,即

$$\ln(1-M_t/M_\infty)=-kt\text{(一级方程)}$$
$$M_t/M_\infty=kt^{1/2}\text{(Higuchi 方程)}$$

控释制剂的释药数据可用零级方程拟合,即

$$M_t/M_\infty=kt\text{(零级方程)}\tag{式 9-5}$$

式中,M_t 为 t 时间的累积释放量;M_∞ 为 ∞ 时累积释放量;M_t/M_∞ 为 t 时累积释放百分率。拟合时以相关系数(r)为最大而均方误差(MSE)最小的为拟合结果最好。

二、体内试验

对缓释、控释、迟释制剂的安全性和有效性进行评价,应通过体内的药效学和药动学试验。首先,对缓释、控释、迟释制剂中药物特性的物理化性质应有充分了解,包括有关同质多晶、粒子大小及其分布、溶解性、溶出速率、稳定性以及制剂可能遇到的其他生理环境极端条件下控制药物释放的变量。制剂中药物因受到处方等的影响,溶解度等物理化学特性会发生变化,应测定相关条件下的溶解特性。难溶性药物的制剂处方中含有表面活性剂(如十二烷基硫酸钠等)时,需要了解其溶解特性。

关于药动学性质,推荐采用该药物的普通制剂(静脉用或内服溶液,或经批准的其他普通制剂)作为参考,对比其中药物释放、吸收情况,来评价缓释、控释、迟释制剂的释放、吸收情况。当设计内服缓释、控释、迟释制剂时,测定药物在胃肠道各段(尤其是当在结肠定位释药时的结肠段)的吸收,是很有意义的。饲料的影响也应进行研究。

药物的药效学性质应反映出在足够广泛的剂量范围内药物浓度与临床响应值(治疗效果或副作用)之间的关系。此外,应对血药浓度和临床响应值之间的平衡时间特性进行研究。如果在药物或药物的代谢物与临床响应值之间已经有了很确定的关系,缓释、控释、迟释制剂的临床表现可以由血药浓度-时间关系的数据来表示。如果无法得到这些数据,则应进行临床试

验和药动学-药效学试验。

对于非内服的缓释、控释、迟释制剂还需对其作用部位的刺激性和(或)过敏性进行试验。

三、体内-体外相关性

体内-体外相关性,指的是由制剂产生的生物学性质或由生物学性质衍生的参数(如 t_{max}、C_{max} 或 AUC),与同一制剂的物理化学性质(如体外释放行为)之间,建立了合理的定量关系。缓释、控释制剂要求进行体内-体外相关性的试验,它应反映整个体外释放曲线与血药浓度-时间曲线之间的关系。只有当体内外具有相关性,才能通过体外释放曲线预测体内情况。

缓释、控释制剂体内外相关性系指体内吸收相的吸收曲线与体外释放曲线之间对应的各个时间点回归,得到直线回归方程的相关系数符合要求,即可认为具有相关性。缓释、控释制剂体内外相关性的建立及检验方法,根据《中国兽药典》中相关规定进行。

 思考题

1. 缓释、控释制剂的优缺点分别有哪些?
2. 缓释、控释制剂释药原理有哪些?
3. 内服缓释、控释制剂在设计时需要考虑的主要影响因素有哪些?
4. 内服缓释、控释制剂的设计要求有哪些?
5. 注射用缓释、控释制剂与内服缓释、控释制剂相比有哪些优点和缺点?
6. 缓释、控释制剂的剂型都有哪些?

第十章 药物制剂新技术

学习要求

1. 掌握固体分散体、包合物、微囊、脂质体及靶向制剂的基本概念和特点;各类制剂新技术常用的载体材料。

2. 熟悉各类药物制剂新技术的制备方法及其在药物制剂中的应用。

3. 了解药物制剂新技术的发展动态。

4. 具备创新性思维,能够应用药物制剂新技术解决传统药物制剂中存在的问题。

案例导入

氟苯尼考作为一类广谱高效动物专用抗生素,目前被多个国家广泛用于畜牧业生产中。但由于氟苯尼考在水中几乎不溶,从而使得药效发挥和制剂的研发受到了极大的限制。如何提高氟苯尼考在水中的溶解性,已成为氟苯尼考制剂研发的热点。一方面是通过固体分散技术、包合技术、微球技术等的使用,来提高氟苯尼考的溶解度,但也有一些研究表明该类技术在实际应用中其效果并不是很理想,且制备过程均较为烦琐。另一方面是将氟苯尼考制成氟苯尼考前体药物或在氟苯尼考中引入亲水性基团,它们进入体内后通过释放出氟苯尼考原药来发挥作用,从而在根本上解决了氟苯尼考水溶性差的问题,且能明显提高氟苯尼考的生物利用度。但是该类技术工艺复杂,生产成本较高,增加了工业化生产的难度,且成品在动物体内的代谢过程仍需要进一步的研究。

第一节 固体分散技术

固体分散技术是指药物以分子、胶态、微晶或无定形状态均匀分散在固体载体中制成固体分散体的技术。应用固体分散技术,可显著改善难溶性药物的溶解度、溶出速率及生物利用度,降低药物的毒性。近年来,采用水溶性聚合物、脂溶性材料、脂质材料等为载体制备的固体分散体,用以制备缓释和控释制剂,大大扩展了固体分散技术的应用范围。固体分散体作为中间体,可以根据需要制成胶囊剂、软膏剂、栓剂、粉散剂以及注射剂等。

固体分散体是将药物高度分散在适宜载体材料中形成的一种固体物质,其优点如下:①可使难溶性药物高度分散,也可延缓或控制药物的释放。②增加药物的化学稳定性,如通过固体分散技术可减缓药物在生产、贮存过程中被水解、氧化等。③可使液体药物固体化,如将油性药物与适宜载体制成固体分散体,有利于液体药物的广泛应用。在采用固体分散技术制备固体分散体应注意如下问题:①固体分散技术适合用于剂量小的药物,即固体分散体中药物含量不应太高。药物重量占 5%～20%。液态药物在固体分散体中所占比例一般不宜超过 10%,否则不易固化成坚脆物,难以进一步粉碎。②固体分散体在贮存过程中可能会逐渐老化。贮存时固体分散体的硬度变大、析出晶体或结晶粗化,从而降低药物的生物利用度的现象称为老化。如制备方法不当或保存的条件不适合,老化过程会加快。老化与药物浓度、贮存条件及载体材料的性质有关,因此必须选择合适的药物浓度,应用混合载体材料以弥补单一载体材料的不足,积极开发新型载体材料,保持良好的贮存条件,如避免较高的温度与湿度等,以防止或延缓老化,保持固体分散体的稳定性。③固体分散体工业化生产技术不成熟,由于需要高温或大量使用有机溶剂等因素,固体分散技术操作过程一般较复杂、影响质量的关键环节较多,有待于进一步改进以提高生产效率和产品质量。

一、固体分散体的分类

(一)按分散状态分类

1. 简单低共熔混合物

药物与载体材料两者共熔后,骤冷固化时,如两者的比例符合低共熔物的比例,可以完全融合而全部形成固体分散体,即药物仅以微晶形式析出形成低共熔混合物,这是物理混合物。当水溶性载体在水性介质中溶解后可释放药物微晶,由于其具有较大的表面积,因此能提高药物的溶解度。

2. 固态溶液

药物在载体材料中以分子状态分散形成的均相体系称为固态溶液。由于固态溶液的药物分散度比低共熔混合物高,因此其药物的溶出速率快。按药物与载体材料的互溶情况,分为完全互溶或部分互溶;按晶体结构,分为置换型与填充型。如氟苯尼考固体分散体,以 PEG6 000 为载体材料,采用熔融法,所得分散体系即为固态溶液。

3. 共沉淀物

共沉淀物(也称共蒸发物)是由药物与载体材料二者以恰当比例形成的非结晶性无定形物,有时称玻璃态固熔体,因其具有如玻璃的质脆,透明,无固定熔点,加热只能逐渐软化,熔融后黏性较大的特点。常用载体材料为多羟基化合物,如柠檬酸、蔗糖、PVP 等。

(二)按释药特性分类

1. 速释型

药物与强亲水性载体材料制备的速释型固体分散体,可以保持药物的高度分散状态,载体材料可提高药物的可润湿性,且对药物具有抑晶性,从而可提高药物的溶解度,使其溶出快、吸收好、生物利用度高。

2. 缓释、控释型

药物与疏水或脂质类载体材料,制成的固体分散体均具有缓释、控释作用。其原理是载体材料形成网状骨架结构,药物以分子或微晶状态分散于骨架内,药物的溶出必须首先通过载体材料的网状骨架扩散,故释放缓慢。

3. 肠溶型

药物与肠溶性载体材料制备的固体分散体,药物可以定位于小肠溶解、释放,属于缓释制剂。肠溶型只有在肠道内 pH 环境中载体溶解,药物才能溶出并被吸收。

二、固体分散体的常用载体

(一)水溶性载体材料

常用的水溶性载体材料包括高分子聚合物、表面活性剂、尿素、有机酸以及糖类等。

1. 聚乙二醇类

聚乙二醇类(PEG)载体为结晶性聚合物,具有良好的水溶性,也能溶于多种有机溶剂,使药物以分子状态存在,且在溶剂蒸发过程中黏度骤增,可阻止药物聚集。一般选用相对分子质量 1 000～20 000 的作固体分散体的载体材料,最常用的是 PEG4 000 或 PEG6 000,它们的熔点低(50～63 ℃)、毒性较小、化学性质稳定(但 180 ℃以上分解)、能与多种药物配伍。对于油类药物,多用 PEG1 2000 或 PEG6 000 与 PEG20 000 的混合物作载体。采用滴制法制成固体分散体丸时,常用 PEG6 000,也可加入硬脂酸调整其熔点。

2. 聚维酮类

聚维酮(PVP)是无定形高分子聚合物,无毒、熔点较高,对热稳定,但加热到 150 ℃以上会变色分解,易溶于水和多种有机溶剂,对多种药物有较强的抑晶作用。成品对湿稳定性差,贮存过程中易吸湿而析出药物结晶。由于 PVP 熔点高,通常用于溶剂法制备固体分散体,不宜用熔融法。PVP 类现有规格包括:PVPk15(平均相对分子质量约 1 000)、PVPk30(平均相对分子质量约 4 000)及 PVPk90(平均相对分子质量约 360 000)等,在药物与 PVP 形成的共沉淀物中,PVP 的相对分子质量越小,越易形成氢键,形成的共沉淀物溶出速率越高。

3. 表面活性剂类

作为载体材料应用多为含聚氧乙烯基的非离子型表面活性剂,其特点是溶于水或有机溶剂,载药量大,在蒸发过程中可阻滞药物产生结晶,是较理想的速效载体材料。常用的有泊洛沙姆 188、吐温 80、聚氧乙烯等。表面活性剂的增溶和乳化性质能够阻滞药物聚集和结晶的变大,因此可与其他类载体合用,从而增加药物的润湿性或溶解性,但需注意加入表面活性剂可能会降低其他聚合物的玻璃化温度。

4. 有机酸类

该类载体材料的分子质量较小,如柠檬酸、酒石酸、琥珀酸、胆酸及脱氧胆酸等,易溶于水而不溶于有机溶剂。该类载体常用熔融法制备固体分散体,不适用于对酸敏感的药物。

5. 糖类与醇类

作为载体材料的糖类常用的有右旋糖、半乳糖和蔗糖等,醇类有甘露醇、山梨醇、木糖醇等。该类载体材料的特点是水溶性好、毒性小,因为分子中有多个羟基,可同药物以氢键结合生成固体分散体,适用于剂量小、熔点高的药物。

6. 尿素

尿素极易溶解于水。稳定性高是其特点。由于本品具有利尿和抑菌作用,主要应用于利尿药类或增加排尿量的难溶性药物作固体分散体的载体。如用于制备氢氯噻嗪和尿素的固体分散体(1∶19),最初的溶出速率为结晶的氢氯噻嗪 5 倍,如 52% 磺胺噻唑与 48% 尿素形成的低共熔混合物的熔点为 112 ℃,在室温呈固态。在水中尿素迅速溶解,析出的磺胺噻唑微晶形成混悬液,口服后达到最高血药浓度快,吸收量与排泄量也明显增加。

(二)难溶性载体材料

1. 乙基纤维素

乙基纤维素(EC)无毒,无药理活性,其特点是溶于有机溶剂,含有羟基能与药物形成氢键,有较大的黏性,载药量大,稳定性好、不易老化。

2. 聚丙烯酸树脂类

聚丙烯酸树脂类产品在胃液中可溶胀,在肠液中不溶,不被吸收,对机体无害,广泛用于制备具有缓释性的固体分散体。有时为了调节释放速率,可适当加入水溶性载体材料如 PEG 或 PVP 等。

3. 其他类

常用的有胆固醇,β-谷甾醇、棕榈酸甘油酯、胆固醇硬脂酸酯、巴西棕榈蜡及蓖麻油蜡等脂质材料,均可作成缓释性固体分散体。也可加入表面活性剂、糖类、PVP 等水溶性材料,以适当提高其释放速率,达到满意的缓释效果。

(三)肠溶性载体材料

1. 纤维素类

常用的有醋酸纤维素酞酸酯(CAP),羟丙甲纤维素酞酸酯(HPMCP)以及羧甲乙纤维素(CMEC)等,均能溶于肠液中,可用于制备胃中不稳定的药物在肠道释放和吸收、生物利用度高的固体分散体。由于它们化学结构不同,黏度有差异,释放速率也不相同。CAP 可与 PEG 联用制成固体分散体,可控制释放速率。

2. 聚丙烯酸树脂类

常用Ⅱ号及Ⅲ号聚丙烯酸树脂,Ⅱ号聚丙烯酸树脂在 pH 6 以上的介质中溶解,Ⅲ号聚丙烯酸树脂在 pH 7 以上的介质中溶解。有时两者联合使用,可制成缓释速率较理想的固体分散体。

三、固体分散体的制备方法

常用的固体分散体制备方法有很多,可根据不同药物性质和载体材料的结构、性质、熔点及溶解性能等进行选择。常用的制备方法如下:

(一)熔融法

熔融法是将药物与载体材料混匀后加热至熔融,或将载体材料加热熔融后再加入药物混匀,然后在剧烈搅拌下迅速冷却成固体;或将熔融物倾倒在不锈钢板上成薄层,在板的另一面吹冷空气或用冰水,使骤冷成固体。再将此固体在一定温度下放置变脆成易碎物,放置的温度及时间视不同的品种而定。如药物 PEG 类固体分散体只需在干燥器内室温放置一到数日即可,而灰黄霉素-柠檬酸固体分散体需 37 ℃ 或更高温度下放置多日才能完全变脆。为了缩短药物的加热时间,也可将载体材料先加热熔融后,再加入已粉碎的药物(过 60～80 目筛)。本法的关键在于必须由高温迅速冷却,以达到高的过饱和状态,使多个胶态晶核迅速形成而得高度分散的药物,而非粗晶。本法简便、经济,适用于对热稳定的药物,多用熔点低、不溶于有机溶剂的载体材料,如 PEG 类、柠檬酸、糖类等。也可将熔融物滴入冷凝液中使之迅速收缩、凝固成丸,这样制成的固体分散体俗称滴丸。常用冷凝液有液体石蜡、植物油、甲基硅油以及水等。在滴制过程中能否成丸。取决于丸滴的内聚力是否大于丸滴与冷凝液的黏附力。冷凝液的表面张力小,丸形就好。

热熔挤出技术是在传统熔融法基础上进一步改进,将药物与适宜比例的载体材料混合后加入热熔挤出机内,利用双螺旋的强力混合、剪切和挤出形成固体分散体。该方法不使用有机溶剂,制备温度可低于药物熔点和载体材料的软化点,操作步骤较少而且可以连续操作,较适用于工业化生产。

(二)溶剂法

溶剂法也称共沉淀法,是将药物与载体材料共同溶于有机溶剂中,蒸去有机溶剂后使药物与载体材料同时析出,即可得到药物在载体材料中混合而成的共沉淀固体分散体,经干燥即得。常用的有机溶剂有氯仿、无水乙醇、95％乙醇、丙酮等。本法的优点为避免高热,适用于对热不稳定或易挥发的药物。可选用能溶于水或多种有机溶剂、熔点高、对热不稳定的载体材料,如 PVP 类、半乳糖、甘露糖、胆酸类等。PVP 熔化时易分解,只能用溶剂法。但由于使用有机溶剂的用量较大,成本较高且易存在残留溶剂。固体分散体中含有少量有机溶剂残留除对动物体的危害外,还易引起药物重结晶而降低药物的分散度。不同有机溶剂所得的固体的分散度也不同,如螺内酯,在乙醇、乙腈和氯仿中,以乙醇所得的固体分散体的分散度最大,溶出速率也最高,而用氯仿所得的分散度最小,溶出速率也最低。

(三)溶剂-熔融法

溶剂-熔融法是将药物先溶于适当溶剂中,将此溶液直接加入已熔融的载体中搅拌均匀,按熔融法固化即得。该方法中药物溶液在固体分散体中所占的量一般不得超过 10％(w/w),否则难以形成脆而易碎的固体。本法可适用于液态药物,如鱼肝油、维生素 A、维生素 D、维生素 E 等。但只适用于剂量小于 50 mg 的药物。凡适用于熔融法的载体材料均可采用,通常药物先溶于溶剂再与熔融载体材料混合,必须搅拌均匀,防止固相析出。

(四)研磨法

研磨法是将药物与较大比例的载体材料混合后,强力持久地研磨一定时间,不需加溶剂而借助机械力降低药物的粒度,或使药物与载体材料以氢键相结合,形成固体分散体。研磨时间的长短因药物而异。常用的载体材料有微晶纤维素、乳糖、PVP 类、PEG 类等。

(五)溶剂-喷雾(冷冻)干燥法

该方法是将药物与载体材料共溶于溶剂中,然后喷雾或冷冻干燥,除尽溶剂即得。溶剂-喷雾干燥法可连续生产,溶剂常用 $C_1 \sim C_4$ 的低级醇或其混合物。而溶剂冷冻干燥法适用于易分解或氧化、对热不稳定的药物如红霉素、双香豆素等。此法污染少,产品含水量低(0.5％以下)。常用的载体材料为 PVP 类、PEG 类、β-环糊精、甘露醇、乳糖、水解明胶、纤维素类、聚丙烯酸树脂类等。

四、固体分散体的质量评价

固体分散体的质量评价主要包括固体分散体中药物分散状态的鉴别和稳定性检查。

(一)固体分散体的鉴别

固体分散体中药物分散状态有分子状态、亚稳定态、无定形态、胶体状态、微晶状态等。目前一般采用物理分析的方法来鉴别这些状态,如差示热分析法、差示扫描量热法、X 射线衍射法和红外光谱测定法等。较粗的分散系统还可应用显微镜法。

(二)固体分散体的稳定性

固体分散体中药物与载体比例不合适、贮存温度过高、湿度过大、存放时间太长,都会出现分散体系溶出降低、硬度变大、析出结晶等老化现象,因此需要注意提高其稳定性,如对贮存环境情况进行改善,加入稳定剂除去碱金属离子以延缓化学反应,采用联合载体等。

五、制备举例

例:恩诺沙星固体分散体制备

制法:取恩诺沙星与 PEG6 000 按重量比(一般为 1∶10)精密称量,置于乳钵中研匀,然后在蒸发皿中于水浴上加热搅拌。待熔融后,倾入预冷的不锈钢板上,摊成薄片,立即放入-10 ℃冷柜,待固化后干燥 24 h,刮下研细,过 60 目筛,即可。

第二节　包合技术

包合技术是指一种分子被包嵌于另一种分子中的空穴结构,形成包合物的技术。包合物是由主分子和客分子组成,主分子即包合材料,其具有较大的空间结构,可容纳一定量的小分子,形成分子囊;被包合在主分子内的小分子物质(药物)称为客分子。包合物根据主分子的构成可分为多分子包合物、单分子包合物和大分子包合物;根据主分子形成空穴的几何形状又分为管形包合物、笼形包合物和层状包合物。包合技术在药物制剂领域主要用于增加药物溶解度,提高药物稳定性,使液体药物粉末化,防止挥发性药物成分挥发,掩盖药物的不良气味或味道,调节释药速度和提高生物利用度等。包合物可进一步加工成其他剂型,如颗粒剂、粉散剂、片剂、注射剂等。

一、包合材料

包合物中处于包合外层的主分子物质称为包合材料。通常可用环糊精、胆酸、淀粉、纤维素、蛋白质等作包合材料。环糊精及其衍生物是目前较为常用的包合材料。

(一)环糊精

环糊精(cyclodextrin,CYD)是淀粉用嗜碱性芽孢杆菌经培养得到的环糊精葡萄糖转位酶作用后形成的产物,是由 6～12 个 D-葡萄糖分子以 1,4-糖苷键连接的环状低聚糖化合物,为水溶性的非还原性白色结晶状粉末,结构为中空圆筒形。对酸不太稳定,易发生酸解而破坏圆筒形结构。常见有 α、β、γ 三种,分别由 6、7、8 个葡萄糖分子构成,α-CYD 的立体结构如图 10-1 所示。三种环糊精中以 β-CYD 最为常见,其环状结构如图 10-2 所示。β-CYD 在水中的溶解度最小,易从水中析出晶体,随着温度升高溶解度增大,温度为 20 ℃、40 ℃、60 ℃、80 ℃、100 ℃时,其溶解度分别为 18.5 g/L、37 g/L、80 g/L、183 g/L、256 g/L。β-CYD 在不同有机溶剂中的溶解度也有较大差异。CYD 包合药物的状态与 CYD 的种类、药物分子的大小、药物的结构和基团性质等有关。β-CYD 经动物试验证明毒性很低。用放射性标记的淀粉和 CYD 作动物代谢试验,结果在初期 CYD 被消化的数量比淀粉低,但 24 h 后两者代谢总量相近,说明 CYD 可作为碳水化合物被机体吸收。

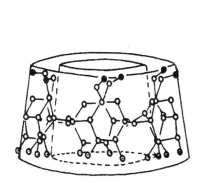

图 10-1 *α*-CYD 的立体结构

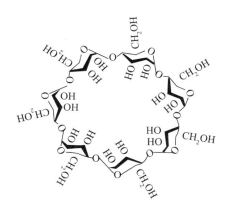

图 10-2 *β*-CYD 环状结构

(二)环糊精衍生物

环糊精衍生物更有利于容纳客分子,并可改善环糊精的某些性质。近年来主要对 *β*-CYD 的分子结构进行修饰,如将甲基、乙基、羟丙基、羟乙基、葡糖基等基团引入 *β*-CYD 分子中(取代羟基上的 H)。引入这些基团,破坏了 *β*-CYD 分子内的氢键,改变了其理化性质。

1. 水溶性环糊精衍生物

常用的有 *β*-CYD 的甲基衍生物、羟丙基衍生物、葡萄糖衍生物等。甲基 *β*-CYD 的水溶性较 *β*-CYD 大,如二甲基 *β*-CYD(DM-*β*-CYD)是将 *β*-CYD 分子中 C_2 和 C_4 位上两个羟基的 H 都甲基化,产物既溶于水,又溶于有机溶剂,25 ℃水中溶解度为 570 g/L,随温度升高,溶解度降低;在加热或灭菌时出现沉淀,浊点为 80 ℃,冷却后又可再溶解;在乙醇中溶解度为 *β*-CYD 的 15 倍。但急性毒性试验 DM-*β*-CYD 的 LD_{50}(小鼠)为 200 mg/kg,而 *β*-CYD 为 450 mg/kg,前者的刺激性较大,故不能用于注射与黏膜给药。葡萄糖衍生物是在 CYD 分子中引入葡糖基(用 G 表示)后其水溶性发生了显著改变,如 G-*β*-CYD、2G-*β*-CYD 溶解度(25 ℃)分别为 970、1 400 g/L(*β*-CYD 为 18.5)。G-*β*-CYD 为常用的包合材料,包合后可使难溶性药物增大溶解度,促进药物的吸收,溶血活性降低,还可作为注射剂的包合材料。

2. 疏水性环糊精衍生物

常用作水溶性药物的包合材料,以降低水溶性药物的溶解度,而具有缓释性。常用的有 *β*-CYD 分子中羟基的 H 被乙基取代的衍生物,取代程度越高,产物在水中的溶解度越低。乙基-*β*-CYD 微溶于水,比 *β*-CYD 的吸湿性小,具有表面活性,在酸性条件下比 *β*-CYD 更稳定。

二、包合物的制备

(一)饱和水溶液法

饱和水溶液法也称重结晶法或共沉淀法,是将 CYD 配成饱和溶液,加入药物(难溶性药物可用少量丙酮或异丙醇等有机溶剂溶解)在一定温度下搅拌一定时间,使药物与 CYD 起包合作用形成包合物,且可定量地将包合物分离出来。在水中溶解度大的药物,其包合物仍可部分溶解于溶液中,此时可加入某些有机溶剂,以促使包合物析出。将析出的包合物滤过,根据药物的性质,选用适当的溶剂洗净、干燥即得。

如大蒜油-β-CYD 包合物的制备:按大蒜油和 β-CYD 投料比 1:12 称取大蒜油,用少量乙醇稀释后,在不断搅拌下滴入 β-CYD 饱和水溶液中,调节 pH 约为 5,在 20 ℃搅拌 5 h,所得混悬液冷藏放置,抽滤,真空干燥,即得白色粉末状包合物,大蒜不良臭味基本上被遮盖。

(二)研磨法

研磨法一般取 β-CYD 加入 2~5 倍量的水混合,研匀,加入药物(难溶性药物应先溶于有机溶剂中),充分研磨至成糊状物,低温干燥后,用适宜的有机溶剂洗净,再干燥即得。

如维 A 酸-β-CYD 包合物的制备。维 A 酸容易氧化,制成包合物可提高稳定性。维 A 酸与 β-CYD 按 1:5 物质的量比称量,将 β-CYD 于 50 ℃水浴中用适量蒸馏水研成糊状,维 A 酸用适量乙醚溶解加入上述糊状液中,充分研磨,挥去乙醚后糊状物已成半固体物,将此物置于遮光的干燥器中进行减压干燥数日,即得。

(三)超声波法

超声波法是将 CYD 配成饱和水溶液加入客分子药物溶解,混合后用超声波破碎仪或超声波清洗机进行超声代替搅拌力。超声时选择合适的强度和时间,将析出沉淀经溶剂洗涤、干燥,即得稳定的包合物。

(四)冷冻干燥法和喷雾干燥法

该方法是按饱和水溶液法制得包合物溶液,不进行沉淀,可直接进行冷冻干燥或喷雾干燥,除去溶剂后可得到粉末状包合物。冷冻干燥法适用于制成包合物后易溶于水、且在干燥过程中易分解、变色的药物,所得成品疏松,溶解度好,可制成粉针剂。

上述几种方法适用的条件不一样,包合率与产率等也不相同。如维 A 酸-β-CYD 包合物采用研磨法与饱和水溶液法进行比较,结果在水中的溶解度,饱和水溶液法的包合物(维 A 酸 173 mg/L)>研磨法的包合物(维 A 酸 104 mg/L)>原药维 A 酸(0.2 mg/mL)。所以饱和水溶液法制得的包合物溶解度大,但研磨法操作较简易,所得包合物的溶解度也基本满意。

三、影响包合率的因素

1. 主、客分子的投料比例

以不同比例的主、客分子投料进行包合,预先测定不同包合物的含量和产率,选择合适的投料比例。大多数环糊精包合物,其主、客分子组成的物质的量比为 1:1 时形成稳定的单分子化合物。当环糊精过量时,虽然包合物饱和率高,但客分子药物含量低。

2. 包合方法

在实验室条件下,饱和水溶液法和研磨法较为常用。饱和水溶液法有一部分药物留在液体中,包合率低于其他方法;而研磨法要注意投料比,当环糊精过量时,包合物的产量低;用超声波法节省时间,收率较高;冷冻干燥法适用于注射用包合物的生产;喷雾干燥法快速高效,适用于大工业生产。

3. 其他因素

包合温度、搅拌速度及时间、干燥过程中的工艺参数等均可影响包合率。

四、包合物的质量评价

包合物的质量研究主要包括包合验证、包合物是否稳定、包合物药物溶解性能、包合率等。

环糊精与客分子药物是否形成包合物,即包合验证需要有一些特定的方法验证,主要有以下几种方法:

1. 相溶解度法

难溶性药物的包合物有改善药物溶出度的作用,测定包合物与普通混合物的累积溶出百分率可识别是否形成包合物。通过测定药物在不同浓度的环糊精溶液中的溶解度,绘制溶解度曲线,以药物浓度为纵坐标,环糊精浓度为横坐标作相溶度图,可从曲线判断包合物的形成并获得包合物的溶解度数据。

2. 扫描电子显微镜法

扫描电子显微镜可以直接观察到形成的包合物的微观结构,而含药包合物与不含药包合物的形态差别是晶格排列发生变化所致,在扫描电子显微镜下可观察到这种形态差别。需要注意不同包合物制备方法制得的包合物,其电镜下的形状也有可能不同,因此仅用这一种方法不足以确认包合物是否形成,应结合其他方法来验证。

3. 热分析

热分析法是基于结晶性药物在熔化过程中吸热来对其结晶程度进行定性或定量分析的方法。一般结晶性物质在熔点位置,因吸热会出现典型的吸热峰,而在加热至很高温度时药物分解,可检测到分解的放热峰。药物包合于环糊精后,药物的结晶程度大大减弱或消失,在热分析图谱上无法检测到药物结晶的热吸收峰。可以通过原料药物与环糊精包合物的图谱进行比较,验证包合作用。热分析法以差示热分析法(DTA)和差示扫描量热法(DSC)较为常用。

4. X 射线衍射法

本方法是利用结晶性药物的 X 射线衍射性质随药物的结晶度改变而变化的特点进行鉴别的,可进行定性分析,也可进行定量分析。一般结晶程度高的药物有比较强的特征衍射峰,在经环糊精包合后,结晶程度下降或消失,在 X 射线衍射图谱上原来药物的特征衍射峰会消失或减弱。

5. 紫外分光光度法

本方法主要从紫外吸收峰位置和高度来判断是否形成包合物。

6. 红外光谱法

本方法通过比较药物包合前后在红外区吸收的特征,根据吸收峰的变化情况,如果吸收峰降低,发生位移或消失,说明药物与环糊精产生了包合作用,协助确定包合物的结构,本方法多用于含碳基药物的包合物检测。

7. 核磁共振法

本方法可以从核磁共振谱上碳原子的化学结构位移大小,推断是否形成包合物。

五、制备举例

例:吲哚美辛-β-CYD 包合物的制备

制法:用饱和水溶液法。称取吲哚美辛 1.25 g,加 25 mL 乙醇,微温使溶解,滴入 500 mL、75 ℃的 β-CYD 饱和水溶液中,搅拌 30 min,停止加热再继续搅拌 5 h,得白色沉淀。室温静置 12 h,滤过。将沉淀在 60 ℃干燥,过 80 目筛,经 P_2O_5 真空干燥,即得包合率在 98% 以上的包合物。

第三节 微囊与微球化技术

微囊制备是利用天然的或合成的高分子材料(统称为囊材)作为囊膜壁壳,将固态药物或液态药物(统称为囊心物)包裹而成药库型微型胶囊,简称微囊。如果使药物溶解和(或)分散在高分子材料中,形成骨架型微小球状实体,则称为微球。微囊和微球的粒径范围在 $1\sim250~\mu m$,属于微米级,又统称微粒。

药物微囊化后可掩盖药物的不良气味及味道,提高药物的稳定性,防止药物在胃内失活或减少对胃的刺激,使液态药物固化,减少复方药物的配伍变化以及使药物具有缓释、控释或靶向作用,也可将活细胞生物活性物质包囊。

一、微囊与微球的载体材料

用于包囊所需的材料称为囊材。对囊材的一般要求是:①性质稳定;②有适宜的释药速率;③无毒,无刺激性;④能与药物配伍,不影响药物的药理作用及含量测定;⑤有一定的强度及可塑性,能完全包封囊心物;⑥具有符合要求的黏度、渗透性、亲水性、溶解性等特性。常用的囊材可分为下述三大类。

1. 天然高分子囊材

天然高分子材料是最常用的囊材,因其稳定、无毒、成膜性好。

(1)明胶 明胶分酸法明胶(A 型)和碱法明胶(B 型)。A 型明胶的等电点为 $7\sim9$,$10~g/L$ 溶液 25 ℃的 pH 为 $3.8\sim6.0$,B 型明胶稳定而不易长菌,等电点为 $4.7\sim5.0$,$10~g/L$ 溶液 25 ℃的 pH 为 $5\sim7.4$。两者的成囊性无明显差别,溶液的黏度均为 $0.2\sim0.75~cPa\cdot s$,可生物降解,几乎无抗原性,通常可根据药物对酸碱性的要求选用 A 型或 B 型,用于制备微囊的用量为 $20\sim100~g/L$。

(2)海藻酸盐 系多糖类化合物,常用稀碱从褐藻中提取而得,海藻酸钠可溶于不同温度的水中,不溶于乙醇、乙醚及其他有机溶剂;不同平均分子质量产品的黏度有差异。可与甲壳素或聚赖氨酸合用作复合材料。因海藻酸钙不溶于水,故海藻酸钠可用 $CaCl_2$ 固化成囊。

(3)壳聚糖 壳聚糖是由甲壳素脱乙酰化后制得的一种天然聚阳离子多糖,可溶于酸或酸性水溶液,无毒、无抗原性,在体内能被溶菌酶等酶解,具有优良的生物降解性和成膜性,在体内可溶胀成水凝胶。

(4)蛋白类及其他 蛋白类包括血清白蛋白、玉米蛋白、鸡蛋白、酪蛋白等,无明显抗原性,可生物降解,可加热交联固化或加入化学交联固化剂。其他还有羟乙淀粉、羧甲淀粉等淀粉衍生物和右旋糖酐及其衍生物。

2. 半合成高分子囊材

作囊材的半合成高分子材料多系纤维素衍生物,其特点是毒性小、黏度大、成盐后溶解度增大。

(1)羧甲基纤维素盐 羧甲基纤维素盐属阴离子型的高分子电解质,如羧甲基纤维素钠(CMC-Na)常与明胶配合作复合囊材,一般分别配 $1\sim5~g/L$ CMC-Na 及 $30~g/L$ 明胶,再按体积比 2：1 混合。CMC-Na 遇水溶胀，体积可增大 10 倍，在酸性溶液中不溶。水溶液黏度大，有抗盐能力和一定的热稳定性，不会发酵，也可以制成铝盐 CMC-Al 单独作囊材。

（2）醋酸纤维素酞酸酯　醋酸纤维素酞酸酯（CAP）在强酸中不溶解，可溶于 pH＞6 的水溶液，分子中含游离羧基，其相对含量决定其水溶液的 pH 及能溶解 CAP 的溶液的最低 pH。用作囊材时可单独使用，用量一般在 30 g/L 左右，也可与明胶配合使用。

（3）乙基纤维素　乙基纤维素（EC）的化学稳定性高，适用于多种药物的微囊化，不溶于水、甘油和丙二醇，可溶于乙醇，遇强酸易水解，故对强酸性药物不适宜。

（4）甲基纤维素　甲基纤维素（MC）用作微囊囊材的用量为 10～30 g/L，也可与明胶、CMC-Na、聚维酮（PVP）等配合作复合囊材。

（5）羧丙甲纤维素　羟丙甲纤维素（HPMC）能溶于冷水成为黏性溶液，长期贮存稳定，有表面活性。

3. 合成高分子囊材

作囊材用的合成高分子材料，有非生物降解的和生物降解的两类。非生物降解，且不受 pH 影响的囊材有聚酰胺、硅橡胶等。生物不降解，但可在一定 pH 条件下溶解的囊材有聚丙烯酸树脂、聚乙烯醇等。近年来，生物降解的材料得到广泛的应用，如聚碳酯、聚氨基酸、聚乳酸（PLA）、丙交酯乙交酯共聚物、聚乳酸—聚乙二醇嵌段共聚物（PLA-PEG）、ε-丙交酯与乙内酯共聚物等，其特点是无毒、成膜性好、化学稳定性高，可用于注射。

聚酯类是迄今研究最多、应用最广的生物降解合成高分子，它们基本上都是羟基酸或其内酯的聚合物。常用的羟基酸是乳酸和羟基乙酸。乳酸缩合得到的聚酯用 PLA 表示，由羟基乙酸缩合得到的聚酯用 PGA 表示；由乳酸与羟基乙酸直接缩合的用 PLAGA 表示。这些聚合物都表现出一定的降解、融蚀的特性。应用高分子附加剂并调整其他微囊化参数，可控制微囊的粘连和聚集。

二、微囊与微球的制备

（一）微囊的制备

根据药物和囊材的性质和微囊的粒径、释放性能以及靶向性要求，可选择不同的微囊化方法。可归纳为物理化学法、物理机械法和化学法三大类。

1. 物理化学法

本法微囊化在液相中进行，囊心物与囊材在一定条件下形成新相析出，故又称相分离法。其微囊化步骤大体可分为囊心物的分散、囊材的加入、囊材的沉积和囊材的固化四步。

根据形成新相方法的不同，相分离法又分为单凝聚法、复凝聚法、溶剂-非溶剂法、改变温度法和液中干燥法。相分离法现已成为药物微囊化的主要方法之一，它所用设备简单，高分子材料来源广泛，可将多种类别的药物微囊化。

（1）单凝聚法　单凝聚法是相分离法中较常用的一种，它是在高分子囊材（如明胶）溶液中加入凝聚剂以降低高分子材料的溶解度而凝聚成囊的方法，所得微囊粒径为 2～5 000 μm。常用的凝聚剂为 Na_2SO_4 等电解质或乙醇、丙酮等强亲水性非电解质。囊材可用明胶、甲基纤维素、聚乙烯醇等，以明胶较为常用。如将药物分散在明胶溶液中，然后加入凝聚剂，由于明胶分子水合膜的水分子与凝聚剂结合，使明胶溶解度降低，且分子间以氢键结合，最后从溶液中析出而凝聚成囊。高分子物质的凝聚是可逆的，促进凝聚的条件改变或消失，凝聚囊会很快消失,即出现解凝聚现象。在制备过程中利用此性质可进行多次凝聚,直到形成满意的凝聚囊为止。凝聚囊最后必须交联固化成不可逆的微囊。

单凝聚法以明胶为囊材的工艺流程:将药物与 3%～5%的明胶溶液混合成混悬液或乳浊液;在 50 ℃下,用 10%乙酸溶液调至 pH 3.5～3.8,加 60%Na$_2$SO$_4$溶液使成凝聚囊;再加入Na$_2$SO$_4$溶液(浓度比系统中 Na$_2$SO$_4$浓度增加 1.5%,温度为 15 ℃)进行稀释,得到沉降囊;然后加入 37%甲醛溶液,再用 20%NaOH 调至 pH 8～9,在 15 ℃以下固化,得固化囊;用水洗至无甲醛,即得微囊。

成囊条件如下:

①药物性质必须符合成囊系统要求。成囊系统含有药物、凝聚相(明胶)和水三相,药物若亲水性强,则只存在于水相而不能混悬于凝聚相中成囊;但也不能过分疏水,否则会形成不含药物的空囊。一般药物与明胶的亲和力大则易被微囊化。

②明胶溶液的浓度与温度。明胶溶液浓度增大可加速胶凝,反之浓度降低至一定程度则不能胶凝,同一浓度的明胶温度越低越易胶凝,高过某一温度则不能胶凝,浓度越高的可胶凝的温度上限也越高。如 5%明胶溶液在 18 ℃以下才胶凝,而 15%明胶在 23 ℃以下胶凝。通常明胶应在 37 ℃以上形成凝聚囊,然后在较低温度下黏度增加而胶凝。

③凝聚囊的流动性。为了得到良好的球形微囊,凝聚囊应有一定的流动性。对 A 型明胶用乙酸调至 pH 3.2～3.8,B 型明胶则不用调节 pH。

④药物与凝聚相的性质。单凝聚法在水性介质中成囊,因此要求药物难溶于水,但也不能过分疏水,否则仅能形成不含药物的空囊。成囊时系统含有互相不能溶解的药物、凝聚相和水三相。微囊化的难易取决于明胶同药物的亲和力,亲和力强的容易被微囊化。

⑤固化。凝聚囊最后必须交联固化成不可逆的微囊。常使用甲醛作固化剂,通过胺缩醛反应使明胶等高分子互相交联而固化,固化程度受甲醛的浓度、介质 pH、固化时间等因素影响,最佳 pH 范围应为 8～9。

⑥凝聚剂的种类和 pH。用电解质作凝聚剂时,阴离子对胶凝起主要作用,强弱次序为柠檬酸＞酒石酸＞硫酸＞乙酸＞氯化物＞硝酸＞溴化物＞碘化物,阳离子电荷数越高的胶凝作用越强。使用不同的凝聚剂,成囊系统对囊材的性质和系统 pH 要求也不同。如用甲醇作凝聚剂时,仅相对分子质量在 3 万～5 万的明胶在 pH 6～8 能凝聚成囊;而用硫酸钠作凝聚剂时,相对分子质量在 3 万～6 万的明胶在 pH 2～12 均能凝聚成囊。

⑦增塑。为了使制得微囊具有良好的可塑性、不粘连、分散性好,可加入适量增塑剂,如山梨醇、聚乙二醇、丙二醇等。

(2)复凝聚法　复凝聚法是利用两种具有相反电荷的高分子材料作囊材,将囊心物分散在囊材的水溶液中,在一定的条件下使相反电荷的高分子间反应并交联成复合物,溶解度降低,引起相分离而与囊心物凝聚成囊的方法,所得微囊粒径为 2～5 000 μm。可作复合囊材的有明胶-阿拉伯胶、明胶-羧甲基纤维素、海藻酸盐-聚赖氨酸、海藻酸盐-壳聚糖、阿拉伯胶-白蛋白等,以明胶-阿拉伯胶较为常用。复凝聚法是经典的微囊化方法,操作简便,适用于难溶性药物的微囊化。

复凝聚法以明胶-阿拉伯胶为囊材的基本原理:将药物分散在明胶-阿拉伯胶溶液中,将溶液 pH 调至明胶的等电点以下,使明胶带正电,而阿拉伯胶仍带负电,由于电荷相互吸引交联成正、负离子的络合物,溶解度降低而凝聚成囊。以明胶-阿拉伯胶为囊材的工艺流程:将药物与 2.5％～5％明胶和 2.5％～5％阿拉伯胶溶液混合成混悬液或乳浊液;在 50～55 ℃下,加入 5％乙酸溶液使成凝聚囊;加入成囊体系体积的 1～3 倍量水(水温 30～40 ℃),使成沉降囊;然后在 10 ℃以下,加入 37％甲醛溶液,用 20％NaOH 调至 pH 8～9,使成固化囊;水洗至无甲醛,即得微囊。为使药物易混悬于凝聚相中,可加入适当的润湿剂。

(3)溶剂-非溶剂法　溶剂-非溶剂法是指在药物与囊材溶液中加入一种对囊材不溶的液体,引起相分离而将药物包成微囊的方法。本法所用药物可以是固态或液态,但必须对溶剂或非溶剂均不溶解,也不起反应。

(4)改变温度法　改变温度法是指通过控制温度成囊,不需加入凝聚剂。如用乙基纤维素作囊材,可先高温溶解,再降温成囊。

(5)液中干燥法　液中干燥法是从乳浊液中除去分散相挥发性溶剂以制备微囊的方法,溶剂可采用加热、减压、冷冻干燥等方法除去。本法不需要调节 pH 或采用较高的加热条件,适用于水溶液中容易失活变质的药物。

2. 物理机械法

物理机械法是指在一定的设备条件下,将固态或液态药物在气相中制成微囊的方法,适用于水溶性或脂溶性的、固态或液态药物。常用的方法有以下几种。

(1)喷雾干燥法　喷雾干燥法又称液滴喷雾干燥法,系将囊心物分散于囊材溶液中,用喷雾法喷入惰性热气流,使液滴收缩成球形,进而干燥固化。本法可用于固态或液态药物的微囊化,所得微囊拉径为 5～600 μm,若药物不溶于囊材溶液,可得微囊;若能溶解可得微球。

微囊带电易引起粘连,尤其是在干燥阶段更易出现粘连现象,因此在制备时可加入适当的抗黏剂。常用的抗黏剂有二氧化硅、滑石粉及硬脂酸镁等。抗黏剂也可以粉状加在微囊成品中,以减少贮存时的粘连,或在加工成片剂、胶囊时改善微囊的流动性。

喷雾干燥法的工艺影响因素包括混合液的黏度、均匀性、药物及囊材的浓度、喷雾的速率、喷雾方法及干燥速率等。

(2)喷雾凝结法　喷雾凝结法是将囊心物分散于熔融的囊材中,然后将混合物趁热再喷于冷气流中凝聚而成囊的方法。所得微囊粒径为 5～600 μm,本法所用囊材应为在室温为固体,但在高温下能熔融的材料,如蜡类、脂肪酸和脂肪醇等。

(3)多孔离心法　多孔离心法是利用圆筒的高速旋转产生离心力,利用导流坝不断溢出囊材溶液形成液态膜,囊心物高速穿过液态膜形成微囊,再经过不同方法加以固化(用非溶剂、凝结或挥去溶剂等),即得微囊。该方法适用于固态或液态的药物。

(4)空气悬浮法　空气悬浮法又称为流化床包衣法,系利用垂直强气流使囊心物悬浮在包衣室中,囊材溶液通过喷嘴喷射于囊心物表面,囊心物悬浮的热气流将溶剂挥干,使囊心物表面形成囊材薄膜而成微囊。本法所得微囊粒径为 3.5～5 000 μm,囊材可多聚糖、明胶、蜡、树脂、纤维素衍生物及聚醇类合成高分子材料等,适用于固态药物,在制备中为防止粘连,可加入滑石粉或硬脂酸镁等抗黏剂。本法所用设备与片剂悬浮包衣装置基本相同。

(5)锅包衣法　锅包衣法是利用包衣锅将囊材溶液喷在固态囊心物上而挥干溶剂形成微囊的方法,适用于固态药物的微囊化。

以上几种物理机械法均可用于水溶性和脂溶性、固态或液态药物得微囊化,其中以喷雾干燥法最常用。采用物理机械法时囊心物都有一定损失且微囊有粘连,但囊心物损失在 5％左右、粘连在 10％左右,生产中一般都认为是合理的。

3. 化学法

化学法是指单体或高分子在溶液中通过聚合反应或缩合反应产生囊膜,而形成微囊的方法。本法通常先制成 W/O 型乳浊液,再利用化学反应交联固化,不需加入絮凝剂。常用的方法包括界面缩聚法、辐射化学法等。

(1)界面缩聚法　界面缩聚法也称界面聚合法,是指处于分散相的囊心物质与连续相界面间的单体发生聚合反应。其原理是两个不相溶的液相在界面处或接近界面处进行聚合反应,形成包囊材料,包于囊心物质的周围,从而形成单个的外形呈球状的半透性微囊。该方法适用于水溶性药物,特别适合于酶制剂和微生物细胞等具有生物活性的大分子物质的微囊化。由于反应过程有盐酸放出,不宜用于遇酸变质的药物。

(2)辐射化学法　辐射化学法是将聚乙烯醇或明胶等囊材制成乳浊液后,以 γ 射线照射使囊材发生交联形成微囊,然后将此微囊浸泡于药物的水溶液中使其吸收,待水分干燥后即得到含药物的微囊。此法工艺简单,容易成型,但由于辐射条件所限不易推广。

(二)微球的制备

微球的制备方法与微囊的制备方法类似,根据材料和药物性质的不同可采用不同的制备方法,常见的微球有明胶微球、白蛋白微球、淀粉微球、聚酯类微球、磁性微球等。

1. 明胶微球

明胶微球使用明胶等天然高分子材料,采用乳化交联法制备。以药物和高分子材料的混合水溶液为水相,以含有乳化剂的油为油相,混合、搅拌、乳化,形成稳定的 W/O 乳状液,加入化学交联剂使发生交联反应即可制得载药明胶微球。

2. 白蛋白微球

白蛋白微球可用液中干燥法或喷雾干燥法制备。制备白蛋白微球的液中干燥法以加热交联代替化学交联,使用的加热交联温度(100～180 ℃)可影响微球的平均粒径,一般在中间温度(125～145 ℃)时粒径较小;喷雾干燥法是将药物与白蛋白的溶液喷入干燥室内干燥即得,本方法制得的微球再进行热变形处理,可得到缓释微球。

3. 淀粉微球

将药物、亚甲蓝同碱性淀粉一起溶解在水中,分别加入甲苯、氯仿、液体石蜡等油相中,以司盘 60 为乳化剂,可形成 W/O 型乳状液,升高温度至 50～55 ℃,加入交联剂环氧丙烷适量,反应数小时后,去除油相,分别用乙醇、丙酮多次洗涤干燥,可得蓝色粉末球状亚甲蓝淀粉微球,其粒径范围 2～50 μm。

三、影响微囊大小的因素

(一)囊心物的大小

通常如果要求微囊的粒径约为 10 μm 时,囊心物的粒径应达到 1～2 μm;要求微囊的粒径约为 50 μm 时,囊心物粒径应在 6 μm 以下。对于不溶于水的液态药物,用相分离法制备微囊时,如果先乳化,降低囊心物的粒径,微囊化后可得到小而均匀的微囊。

(二)囊材的用量

一般药物粒子越小,其表面积越大,而制成囊壁厚度相同的微囊,所需囊材就越多。

(三)制备方法

制备方法影响微囊粒径,见表 10-1。

表 10-1 微囊化方法及其适用性和粒径范围

微囊化方法	适用的囊心物	粒径范围/μm
空气悬浮	固态药物	35~5 000*
相分离	固态和液态药物	2~5 000*
多孔离心	固态和液态药物	1~5 000*
锅包衣	固态药物	5~5 000*
喷雾干燥和凝结	固态和液态药物	5~600

*:最大粒径可以超过 5 000 μm。

(四)制备温度

制备温度可显著影响微囊的大小。以乙基纤维素为囊材制备茶碱微囊为例,囊心物与囊材的重量比为 1:1,甲苯-石油醚为 1:4,采用溶剂-非溶剂法,搅拌速率为 380 r/min,成囊温度分别为 0 ℃、20 ℃、40 ℃,微囊粒径见表 10-2。

表 10-2 温度对茶碱微囊粒径的影响

微囊粒径/μm		<90	<150	<180	<250	<350	<425	<710	<1 000
不同温度下的微囊总重/%	0 ℃	12.0	49.8	95.8	97.8	98.3	99.1	99.9	—
	20 ℃	2.2	15.7	42.1	84.7	73.1	77.9	91.4	94.8
	40 ℃	0.5	3.9	10.3	62.0	76.3	89.2	93.9	98.4

(五)制备时搅拌速率

在一定范围内高速搅拌,微囊粒径小,低速搅拌粒径大。但无限制地提高搅拌速度,微囊可能因碰撞合并而粒径变大。此外,搅拌速率又取决于工艺的需要,如明胶为囊材时,以相分离法制备微囊地搅拌速率不宜太高,所得微囊粒径为 50~80 μm;因高速搅拌产生大量气泡会降低微囊的产量和质量。

(六)附加剂的浓度

例如,采用界面缩聚法且搅拌速率一致,但分别加入浓度为 0.5% 与 5% 的司盘 85,前者可得到粒径小于 100 μm 的微囊,而后者则得到粒径小于 20 μm 的微囊。

四、影响微囊中药物释放速率的因素

(一)微囊的粒径

在囊壁的材料和厚度相同的条件下,微囊粒径越小,表面积越大,释药速率也越大。例如,磺胺嘧啶微囊累积释放速率随粒径减小而增高。

(二)囊壁的厚度

囊壁材料相同时,囊壁越厚释药越慢。例如,磺胺噻唑微囊以乙基纤维素为囊材,微囊的

囊壁厚度分别为 $5.04\ \mu m$、$13.07\ \mu m$、$20.12\ \mu m$，在人工胃液中做体外溶出速率测定，结果以 $t_{1/2}$ 表示，分别为 11 min、16 min 及 30 min。

(三)囊壁的物理化学性质

不同的囊材形成的囊壁具有不同的物理化学性质。如明胶所形成的囊壁具有网状结构，药物嵌入网状空隙中，空隙很大，因此药物能较快速释放。若囊壁由聚酰胺形成，其空隙半径小，药物释放比明胶微囊慢得多。

(四)药物的性质

药物的溶解度与药物释放速率有密切关系，在囊材等条件相同时，溶解度大的药物释放较快。例如，用乙基纤维素为囊材，分别制成巴比妥钠、苯甲酸和水杨酸微囊。这三种药物在 37 ℃水中溶解度分别为 255 g/L、9 g/L、0.63 g/L，以巴比妥钠的溶解度最大，而药物的释放速率也正是巴比妥钠最大。

(五)附加剂的影响

为了使药物延缓释放，可加入疏水性物质如硬脂酸、蜂蜡、十六醇以及巴西棕榈蜡等。

(六)工艺条件和剂型

成囊时虽采用其他工艺相同，仅干燥条件不同，则释药速率也不相同。例如冷冻干燥或喷雾干燥的微囊，其释药速率比烘箱干燥的微囊要大些，大概是由于后者每个干燥颗粒中所含的微囊数平均比前二者多，表面积大大减小，因而释药变慢。剂型对微囊中药物释放也有影响，如微囊与微囊片剂相比，后者的释药可能较快，因为经过压片后的囊壁可能变薄或破裂。

(七)pH 的影响

在不同 pH 条件下微囊的释药速率可能不同。

(八)溶出介质离子强度的影响

不同离子强度的相同介质，微囊释放药物的速率不同。

五、微囊(球)的质量评价

(一)微囊(球)的形态、粒径及其分布

微囊(球)的形态可以用光学显微镜扫描或投射电子显微镜观察，并提供照片，微囊的形态应为圆整球形或椭圆形的封闭物，微球应为圆整球形或椭圆形实体。不同制剂对微囊的粒径要求不同，如注射剂的微囊、微球的大小应能符合《中国兽药典》中混悬型注射剂的规定。可用带目镜测微仪的光学显微镜测定微囊的大小。也可用库尔特计数器测定微囊的大小与粒度分布。

(二)微囊(球)的载药量与包封率

微囊(球)的载药量测定一般采用溶剂提取法，选择的溶剂应使药物最大限度溶出而最少溶解载体材料，溶剂本身也不应干扰测定。对于粉末状微囊(球)，可以仅测定载药量；对于分散在液体介质中的微囊(球)，应通过适当方法(离心法、凝胶柱色谱法或透析法)进行分离后测定，计算其载药量和包封率。

(三)药物的释放速率

为了掌握微囊(球)中药物释放规律、释放时间及奏效部位，必须对微囊(球)进行释放速率

测定。可采用《中国兽药典》中溶出度测定法中的浆法进行测定,也可将试样置于薄膜透析管内按转篮法进行测定,或采用流池法测定。

六、制备举例

例：庆大霉素微囊制备

制法：取明胶 2.5 g 加水 25 mL 浸泡融胀,70 ℃水浴溶解成胶浆,加入庆大霉素 1.0 g,搅拌均匀。另将液体石蜡 300 mL 倒入盛有 50 g 司盘 80 的烧杯中,维持液温在 55 ℃,搅拌均匀。在中速搅拌下缓缓倒入明胶,搅拌 30 min 后迅速降温至 5 ℃,保持 20 min,再加入异丙醇 25 mL,使微囊进一步固化。静置,倾去上层液体石蜡后用异丙醇洗去残留的液体石蜡,抽滤,置烘箱中 55 ℃干燥即得。

第四节　脂质体技术

脂质体最早于 1965 年由英国学者 Bangham 等提出。当两亲性分子如磷脂分散于水相时,分子的疏水尾部倾向于聚集在一起,避开水相,而亲水头部暴露于水相,形成具有双分层结构的封闭囊泡。在囊泡内水相和双分子膜内可以包裹多种药物,类似于超微囊结构。这种将药物包封于类脂质双层分子层薄膜中所制成的超微球形载体制剂,称为脂质体,一般由磷脂和胆固醇构成,其结构示意图见图 10-3。脂质体制备技术,就是将药物包封于类脂质双分子层形成的薄膜中,制得超微型球状载体的技术。

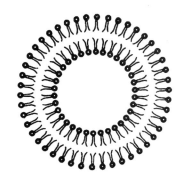

图 10-3　脂质体结构示意图

一、脂质体分类及特点

(一)脂质体的分类

按结构和粒径,脂质体可分为单室脂质体、多室脂质体、含有表面活性剂的脂质体。小单室脂质体一般粒径小于 200 nm,大单室脂质体粒径在 200～1 000 nm,多室脂质体的粒径在 1～5 μm。按性能,脂质体可分为一般脂质体(包括单室脂质体、多室脂质体和多相脂质体等)、特殊性能脂质体、热敏脂质体、pH 敏感脂质体、超声波敏感脂质体、光敏脂质体和磁性脂质体等。按荷电性,脂质体可分为中性脂质体、负电性脂质体、正电性脂质体。

(二)脂质体的特点

1. 剂型特点

①制备工艺简单,适合的药物都较容易包封于脂质体中。②脂质体的膜材多用磷脂,其生物相容性好,可血管内给药。③同一脂质体中可以包裹脂溶性和水溶性两种类型的药物,药物的包封率主要与药物本身的油水分配系数及膜材性质有关。④脂质体以非共价结合方式包裹药物,有利于药物在体内的释放,有利于保持药物本身的药理效应。⑤脂质体的物理和化学稳定性较差,这主要是由于磷脂分子的氧化所造成。可以通过改变磷脂分子的结构或加入附加

剂来提高其稳定性。

2. 作用特点

①脂质体具有靶向性：如被动靶向性脂质体静脉给药进入体内即被巨噬细胞作为外界异物而吞噬，从而主要分布于肝脏和脾脏，因此这类脂质体是治疗肝寄生虫病等疾病的理想药物载体。②脂质体具有长效作用（缓释性）：将药物包封成脂质体，可减少肾排泄和代谢而延长药物在血液中的滞留时间，使药物在体内缓慢释放，从而延长药物的作用时间，因此可以利用脂质体作为药物载体的长效作用和缓慢释放药物的特点将其做成药物贮库。③脂质体降低药物毒性：药物被脂质体包封后，主要被单核-巨噬细胞系统的巨噬细胞所吞噬而摄取，且在肝、脾和骨髓等单核-巨噬细胞较丰富的器官中浓集，而药物在心脏和肾脏的累积量比游离药物低得多，因此将对心脏、肾脏有毒的药物包封成脂质体可以明显降低这些药物的毒性。④提高药物稳定性：一些不稳定的药物被脂质体包封后可受到脂质体双层膜的保护，同时脂质体也可以增加药物在体内的稳定性。⑤脂质体具有细胞亲和性与组织相容性：因脂质体是类似生物膜结构的泡囊，具有很好的细胞亲和性与组织相容性。它可长时间吸附于靶细胞周围，使药物能透过靶细胞、靶组织，脂质体也能够通过融合进入细胞内，经溶酶体消化释放药物。

二、脂质体的结构、性质

(一)脂质体的结构

脂质体由双分子层所组成，成分有磷脂、胆固醇及附加剂。磷脂为两性物质，其结构中含有磷酸基团和含氨的碱基（均亲水）及两个较长的烃链（疏水链）。胆固醇也属于两亲物质，其结构中也具有疏水与亲水两种基团，但疏水性较亲水性强。用磷脂与胆固醇作脂质体的膜材时，必须先将二者溶于有机溶剂，然后蒸发除去有机溶剂，在器壁上形成均匀的类脂质薄膜，此薄膜是由磷脂与胆固醇混合分子相互间隔定向排列的双分子层所组成。磷脂与胆固醇排列成单室脂质体的方式，磷脂分子的极性端与胆固醇分子的极性基团相结合，故亲水基团上接有两个疏水链，其中之一是磷脂分子中两个烃基，另一个是胆固醇结构中的疏水链。

(二)脂质体的性质

1. 相变温度

脂质体膜的物理性质与介质温度有密切关系。当升高温度时，脂质双分子层中酰基侧链从有序排列变为无序排列，这种变化会引起脂膜物理性质的一系列变化，可由"胶晶"态变为"液晶"态，膜的横切面增加，双分子层厚度减小，膜流动性增加，这种转变时的温度称为相变温度。

2. 脂质体荷电性

含酸性脂质如含磷脂酸（PA）和磷脂酰丝氨酸（PS）等的脂质体荷负电，含碱基（胺基）脂质如含十八胺等的脂质体荷正电，不含离子的脂质体显电中性。脂质体表面荷电性对其包封率、稳定性、靶器官分布及对靶细胞作用影响较大。

3. 脂质体粒径和粒度分布

脂质体粒径大小和分布均匀程度与其包封率和稳定性有关，其直接影响脂质体在机体组织的吸收、分布等体内过程。

三、脂质体的制备技术

(一)薄膜分散法

薄膜分散法又称干膜分散法,是最早而至今仍常用的方法。本方法是将磷脂等膜材及脂溶性药物溶于适量的氯仿或其他有机溶剂中,然后在减压旋转下除去溶剂,使脂质在器壁形成薄膜后,加入含有水溶性药物的缓冲溶液,进行振摇,可制成大多层脂质体,其粒径范围 $1\sim5~\mu m$。

分散所形成的脂质体可用各种机械方法进一步分散,通过薄膜法制成的大多层脂质体再分散成各种脂质体的方法有以下几类:

(1)干膜超声法　将薄膜法制成的大多层脂质体用超声波仪超声处理,可根据所采用超声的时间长短而获得 $0.25\sim1~\mu m$ 的小单层脂质体。

(2)薄膜-振荡分散法　将制备的脂质体干膜加入缓冲溶液后,在 25 ℃振荡 12 min 可形成脂质体。

(3)薄膜-匀化法　将薄膜-搅拌分散法制备的较大粒径脂质体通过组织捣碎机或高压乳匀机匀化成较小粒径的脂质体。

(4)薄膜-挤压法　当把薄膜法制备的大小不一的脂质体连续通过孔径 $0.1\sim1.0~\mu m$ 的聚碳酸纤维膜后,脂质体的大小分布趋于均一,而且单层脂质体的比例也有增多。本方法在应用时可以用普通的微孔滤膜以注射器加压便可替代抽滤装置。

(二)逆相蒸发法

逆相蒸发法是将磷脂等膜材溶于有机溶剂,如氯仿、乙醚等,加入待包封药物的水溶液[水溶液:有机溶剂=$(1:3)\sim(1:6)$]进行短时超声,直至形成稳定的 W/O 型乳剂。然后减压蒸发除去有机溶剂,达到胶态后,滴加缓冲液,旋转帮助器壁上的凝胶脱落,然后在减压下继续蒸发,制得水性混悬液,通过凝胶色谱法或超速离心法,除去未包入的药物,即可得到大单层脂质体。此方法适用于大部分磷脂的混合物,包封容积和包封率可达 60% 左右。

(三)复乳法

复乳法又称二次乳化法,是将少量水相与较多量的磷脂油相进行第 1 次乳化,形成 W/O 型的反相胶团,减压除去部分溶剂,然后加较大量的水相进行第 2 次乳化,形成 W/O/W 型复乳,减压蒸发除去有机溶剂,即得脂质体。此法包封率为 20%~80%。

(四)熔融法

熔融法是将磷脂和表面活性剂加少量水相溶解,胆固醇熔融后与之混合,然后滴入 65 ℃左右的水相溶液中保温制得。此法由于不使用有机溶剂,因此比较适合于工业化生产。

(五)注入法

注入法是将磷脂、胆固醇等类脂质和脂溶性药物共溶于有机溶剂中(油相),然后把油相均速注射到高于有机溶剂沸点的恒温水相(如 $50\sim60$ ℃的磷酸盐缓冲液,含水溶性药物)中,搅拌挥尽有机溶剂,再乳匀或超声得到脂质体。注入法常用溶剂有乙醚、乙醇等。根据溶剂不同可分为乙醚注入法和乙醇注入法,一般来说,在相同条件下,乙醚注入法形成的脂质体比乙醇注入法的大。

此法优点是类脂质在乙醚中的浓度不影响脂质体大小。缺点是使用有机溶剂和高温,会使大分子物质变性和对热敏感的物质灭活,脂质体粒度不均匀。

(六)冷冻干燥法

冷冻干燥法是将类脂质高度分散在磷酸盐缓冲液中,加入冻干保护剂冷冻干燥后,再分散到含药的水性介质中,形成脂质体。冻干温度、速度及时间等因素对形成脂质体的包封率和稳定性都有影响。冻结保护剂能降低冷冻和融化过程对脂质体的损害,其选择是成功制备脂质体的关键因素。

(七)pH 梯度法

pH 梯度法可以通过调节脂质体内外水相的 pH,使内外水相之间形成一定的 pH 梯度差,根据弱酸或弱碱性药物在不同 pH 中存在的状态不同,产生分子型与离子型药物浓度之差,从而使药物以离子型包封在内水相中。

脂质体的制备方法还有很多,如表面活性剂处理法、离心法、前体脂质体法、钙融合法、加压挤出法等。

四、影响脂质体载药量的因素

载药量为脂质体中药物量与脂质体中药物、载体总量之和的比值,载药量的大小直接影响到药物的临床应用剂量。载药量与药物的性质有关,通常亲脂性药物或亲水性药物较易制成脂质体。影响脂质体载药量的因素有:

(1)类脂质膜材料的投料比　增加胆固醇含量时可提高水溶性药物的载药量。

(2)脂质体荷电性的影响　当相同电荷的药物包封于脂质体双层膜中,由于同种电荷相斥可使双层膜之间的距离增大,因而有利于包封更多亲水性药物。

(3)脂质体粒径大小的影响　当类脂质的量不变,类脂质双分子层的空间体积越大,载药物量越多。

(4)药物溶解度的影响　极性药物在水中溶解度越大,在脂质体水层中的浓度就越高。非极性药物的脂溶性越大,体积包封率越高,水溶性与脂溶性均小的药物体积包封率也低。

五、脂质体的质量评定

(一)粒径大小及形态

脂质体为封闭的多层囊状或多层圆球,可用高倍显微镜及扫描电镜或透射电镜观察其粒径大小与形态,也可用激光散射法、离心沉降法等测定脂质体粒径及其分布。

(二)包封率

对处于液体介质中的脂质体制剂,可通过超速离心法、透析法、超滤膜滤过法等分离脂质体,分别测定脂质体中和介质中的药量。按下式计算包封率:

$$包封率=[脂质体中的药量÷(介质中的药量+脂质体中的药量)]×100\%$$

(三)渗漏率

渗漏是脂质体主要的不稳定现象之一。渗漏率表示脂质体在液态介质中贮存期间包封率的变化。根据给药途径的不同,将脂质体分散贮存在一定的介质中,保持一定的温度,于不同时间进行分离处理,测定介质中的药量,按下式计算渗漏率:

渗漏率＝(贮存一定时间后渗漏到介质中的药量÷贮存前包封的药量)×100％

(四)主药含量

可采取适当的方法通过提取分离处理后,测定脂质体中主药的含量。

(五)释放度

可通过测其体外释药速率可初步了解其通透性的大小。

(六)药物体内分布的测定

药物体内分布的测定是将脂质体静脉注射给药,测定动物不同时间的血药浓度,并定时将动物处死,取脏器组织,捣碎分离取样,以同剂量药物作对照,比较各组织的药物浓度。

六、制备举例

例:吡喹酮脂质体的制备

制法:按 55∶45 的质量比称量氢化豆磷脂和胆固醇,加入 100 mL 茄形瓶中,按此膜材重量的 10％ 称取吡喹酮加入茄形瓶中,加入氯仿 6 mL 后超声使溶解,50 ℃水浴上旋转减压蒸馏除去氯仿,制成脂质体膜,加入适量 PBS 缓冲液(pH 7.4)使膜脱离瓶壁,按 PBS 缓冲液∶氯仿＝1∶4.5 比例加入氯仿,超声处理 10 min,使其形成稳定的 W/O 型乳剂。然后再减压蒸馏除尽氯仿,达到胶态样后用 PBS 缓冲液稀释至需要量(磷脂浓度为 12 μmol/L),摇匀,充氮气,密封包装即得。

第五节　靶向制剂技术

随着现代分子生物学、细胞生物学、药物化学和材料科学等学科的不断发展,人们开始针对特定疾病的相关靶点,设计和构建靶向制剂,如抗肿瘤靶向制剂能够较特异地作用于肿瘤细胞,把肿瘤的药物治疗带入了"分子靶向药物"时代。如果药物本身不具有分子靶向特性,但能通过使用制剂材料及结构的设计实现分子靶向效果,即能选择性地将药物定位或富集在靶组织、靶器官、靶细胞或细胞内结构的药物载药系统,也称为靶向制剂或靶向药物输送系统。

一、靶向制剂的分类

(一)根据靶向制剂在体内作用的靶标不同,通常将其分为三级

1. 一级靶向制剂

以特定器官和组织为靶标输送药物的制剂,如对肺黏膜组织的靶向制剂,对肝脏部位的靶向制剂等,临床上可通过局部给药或介入给药等方式实现。

2. 二级靶向制剂

以特定细胞为靶标输送药物的制剂,如针对肝实质细胞的药物输送,或针对肝肿瘤细胞的而药物输送等。

3. 三级靶向制剂

以细胞内特定部位或细胞器为靶标输送药物的制剂,如可作用于细胞内线粒体的药物。

(二)根据靶向制剂作用机制,目前主要有以下几类

1. 被动靶向制剂

是指由于载体的粒径、表面性质等特殊性使药物在体内特定靶点或部位富集的制剂,其与主动靶向制剂的最大区别在于载体构建上不含有具有特定分子特异性作用的配体、抗体等。

2. 主动靶向制剂

是指药物载体能对靶组织产生分子特异性相互作用的制剂。如药物载体表面链接靶组织标记蛋白的抗体或配体,分布到靶组织中的载体就能够与靶蛋白结合,从而诱导载体内吞或药物释放等。

3. 物理化学靶向制剂

本类靶向制剂还可称为物理或化学条件响应型制剂,即通过设计特定的载体材料和结构,使其能够响应于某些物理或化学条件而释放药物。物理或化学条件可以是外加的(体外控制型),也可以是体内某些组织所特有的(体内感应型)。体外控制型载体如磁性药物载体能在体外磁场的作用下,在体内随磁力线移动;又如热敏性脂质体,能在特定的加热区域释放药物等。体内感应型的载体可通过感应体内特定组织中的微环境而控制药物释放,如 pH 敏感型载体、氧化还原作用敏感型载体等。

二、靶向制剂的结构及分类

药物的靶向制剂由于需要同时具有药物装载、控制分布、释放等多种功能,因此其构建较复杂,如何将不同功能的基团有序、可控、稳定地组合起来,并在机体内能互不干扰,协调地发挥各自的功能,都是构建靶向制剂的重要内容。目前研究较多的主要有三种类型的靶向载体结构:

1. 药物大分子共价结合物

将药物以及各种功能分子通过化学反应与高分子载体(或蛋白)共价结合的化合物,其最终结构的相对分子质量大多在 20 000 以上,因此这类结构又被称为高分子靶向系统。这种相对分子质量较大的结构可以延长载体在体内的循环时间,降低系统的清除速率,从而提高靶向输送的效率。

2. 颗粒型靶向载体系统

是药物与载体及各种功能分子以非共价作用自组装形成的载体结构,大多由很多分子相互作用形成,所以稳定的结构一般呈近似球形。为使这类载体在体内循环过程中保持稳定、延长作用时间、降低清除速率,载体的粒径一般控制在 1 000 nm 甚至 100 nm 以下,因此这类载体系统也称为纳米靶向载体系统,最常见的有靶向脂质体、靶向胶束等。

3. 前药

是通过化学反应将药物活性基团改变结构或衍生形成的一种新的惰性结构,其本身不具有药理活性,在体内特定的靶组织中可以经过化学反应或酶降解,再生为活性药物而发挥治疗作用。例如一些小分子药物,可通过活性基团酯化或者羟基化等,在体内再通过水解或者酶的作用脱去保护基团,释放母体药物。

三、靶向制剂的评价

靶向制剂的评价应根据靶向的目标来确定,如对于组织靶向制剂,需要测定组织中的药物浓度;对于细胞靶向制剂或细胞器靶向制剂,则需要测定特定细胞内或细胞器内的药物浓度。根据测定结果,可以通过计算相对摄取率、靶向效率、峰浓度比等参数进行定量分析。

思考题

1. 固体分散技术的优点和缺点分别有哪些?
2. 固体分散体的制备方法有哪些?
3. 包合技术在药物制剂领域的应用有哪些?
4. 包合物的制备方法有哪些?
5. 药物微囊化有哪些作用?
6. 微囊与微球的制备方法分别有哪些?
7. 脂质体的特点有哪些?
8. 按照不同的分类方法,靶向制剂都有哪些类型?

第十一章　兽药新制剂的研发与注册

学习要求

1. 掌握兽药新制剂设计的内容和基本原则;新制剂设计的基本要素。

2. 熟悉兽药新制剂研发前准备工作内容;新制剂处方优化方法;新兽药报批与注册流程、资料及要求。

3. 了解新制剂研制程序,新兽药注册分类。

4. 初步具备兽药新制剂研发能力,培养科学严谨的工作作风和创新创业精神。

案例导入

氟苯尼考可溶性制剂的开发

案例:

氟苯尼考,临床推荐作为猪肺疫、猪传染性胸膜肺炎和副猪嗜血杆菌病的首选药物,特别是适用于对氟喹诺酮类及其他抗菌药物有耐药性细菌的治疗。猪内服几乎完全吸收,饲喂不影响其生物利用度。但氟苯尼考水溶性极差,仅能个体注射给药,而不适合群体饮水给药。因此市场急需一个能溶水后群体给药的氟苯尼考制剂。作为企业负责人该怎么做? 如何开发?

讨论:

理想答案:开发一个能溶水后群体给药的氟苯尼考制剂。研发应严格执行国家《兽药新制剂的研发与注册》。

第一节　概　述

兽药新制剂的设计是新兽药研究和开发的起点,是影响兽药的安全性、有效性、稳定性和质量可控性等的重要环节。兽药新制剂的设计应根据药物的理化性质、药理学与药动学特点和兽医临床的用药要求等因素,确定兽药适宜的给药途径和剂型。选择合适的辅料、制备工艺,筛选制剂的最佳处方和工艺条件,确定适宜包装,最终形成适合于生产和兽医临床应用的制剂产品。

一、兽药新制剂设计的内容

兽药制剂的设计贯穿于制剂研发的全过程,其内容主要包括以下几方面:

(1)处方设计前工作　通过查阅文献或实验研究获得所需要的科学情报资料,仿制药包括原研药物审批信息和专利信息,创新药物包括研究已经获得的药物的理化性质、药效学和药动学特点和适应证等。

(2)选择合适的剂型　根据药物的理化性质、生物学活性和治疗需要,结合各项临床前研究工作,确定适宜的给药途径,并结合靶动物的种类和群体用药等因素,确定合适的剂型。

(3)处方和制备工艺优化　根据所确定剂型的特点,选择适合于该剂型的辅料或添加剂,通过各种方法考察制剂的各项指标,采用实验设计优化法对处方和制备工艺进行优化。

二、兽药新制剂设计的基本原则

兽药新制剂设计应从原料来源、市场需求和临床需要等方面进行综合考虑,其基本原则主要包括安全性、有效性、可控性、稳定性、顺应性和经济性。

(1)安全性　兽药新制剂的设计应以避免或降低毒副作用、确保药物的安全性为基本原则。毒副反应是药物的主要不安全因素,主要来源于药物化学结构本身,也与药物制剂的设计有关。如硫酸新霉素在氨基糖苷类抗生素中毒性最大,一般禁用于注射给药,其制剂可设计为内服的片剂、可溶性粉、溶液剂或乳房、子宫灌注剂。一般来讲,吸收迅速的药物,在体内的药效作用强,产生的毒副作用也大。对于治疗指数低的药物,宜设计成控缓释制剂,以减小药物浓度的峰谷波动,维持较稳定的血药浓度水平,降低毒副作用。具有较强刺激性的药物,可通过调整处方和设计适宜的剂型降低刺激性。

(2)有效性　有效性是药品可使用的前提,尽管原料药物的药理活性被认为是药品发挥疗效的最主要因素,但其疗效往往受到剂型因素的影响。生理活性很强的药物,如果制剂设计不当,有可能无临床效果。药物的有效性不仅与给药途径有关,也与剂型及剂量等有关。如吉他霉素制成猪用的预混剂,由于吉他霉素属于碱性抗生素,内服容易受到胃酸的破坏,所以在实际生产中应先将吉他霉素用肠溶包衣材料进行包衣,再制备成为预混剂,才能保证其抗菌促生长效果。同一给药途径,如果选用不同剂型,其作用也会有很大的差别,如鸡用的片剂,普通片剂和泡腾片剂的药效就有一定的差别。

兽药制剂的设计应保证或提高药物的有效性,至少不能降低药物的效果。提高药物的疗效可根据药物的特点或治疗目的,采用制剂的手段避免其不足,充分发挥其作用。如对于在水中难溶的药物制备内服制剂时,可采用处方中加入增/助溶剂、制成环糊精包合物、微粉化或制成微乳剂等方法,增加药物的溶解度和溶出速度,提高其生物利用度。

(3)可控性　兽药制剂的质量是决定其有效性与安全性的重要保证。制剂设计必须做到质量可控,这也是药物制剂在注册审批过程中的基本要求之一。可控性主要体现在制剂质量的可预知性与重现性。按已建立的工艺技术所制备的合格制剂,应完全符合质量标准的要求。重现性指的是质量的稳定性,即不同批次的制剂均应达到质量标准的要求,不应有大的变异。质量可控要求在制剂设计时应选择较成熟的剂型、给药途径与制备工艺,以确保制剂质量符合标准的规定。实现可控性的要求应建立原料、辅料、制剂制备环境、包装材料等生产内控标准,生产应该使用符合标准的物料及包材。

（4）稳定性　兽药制剂的设计应使药物具有足够的稳定性。稳定性影响药物的有效性和安全性。药物制剂的稳定性包括物理、化学和生物学的稳定性。在处方设计的开始就要把稳定性纳入考虑范围，在组方时不可选用有配伍禁忌或在制备过程中影响药物稳定性的工艺。在兽药新制剂的制备工艺研究过程中首先要进行影响因素试验，即在高温、高湿和强光照射条件下考察处方及制备工艺对药物稳定性的影响，以筛选保证药物稳定的处方与制备工艺。其次需要开展加速试验，通过加速药物制剂的化学或物理变化，探讨药物制剂的稳定性，为处方设计、工艺改进、质量研究、包装改进、运输、贮存提供必要的资料。此外，还需进一步考察兽药制剂在贮藏和使用期间的稳定性。药物的不稳定性可能导致药物含量降低，产生有毒副作用的物质。液体制剂产生沉淀、分层等，固体制剂出现形变、破裂等现象。出现上述问题时，可采用调整处方、优化制备工艺或改变包装或贮存条件等方法进行解决。

（5）顺应性　指患病动物或临床兽医对所用药物的接受程度。目前畜禽养殖正向集约化转变，猪、禽的用药应优先设计为可群体用药的剂型，如预混剂、颗粒或可溶性粉。发热性疾病导致动物的采食量减少，其用药可设计为注射剂、溶液剂或可溶性粉。猪的味觉敏感，味苦或有异味的药物应设计为包被颗粒或注射剂。为了减少给药次数，时间依赖性抗菌药物如青霉素类和头孢菌素类可设计为长效注射剂。

（6）经济性　兽药制剂的价格必须符合经济效益的要求，制剂设计时还应考虑降低成本，简化制备工艺等。一些新剂型如脂质体、微乳、微球等由于辅料价格较高，尚不能在兽医药剂中得到广泛的应用。

第二节　兽药新制剂研发前的准备工作

兽药制剂处方前的准备工作包括通过实验研究或查阅文献资料获得所需的相关信息（如药物的性状、熔点、溶解度、多晶型、pK_a、分配系数等）。这些可作为研究人员在处方设计和产品开发中选择最佳剂型、工艺和质量控制的依据，不仅能使药物保持物理化学和生物学的稳定性，而且使制剂在兽医临床应用时能获得较高的生物利用度和最佳的疗效。处方前工作关系到药物制剂的安全性、有效性、稳定性和可控性。

一、熟悉药物的理化性质

熟悉药物的理化性质是兽药新制剂设计的基本要求。药物的理化性质主要包括性状、熔点、沸点、多晶型、pK_a、溶解度、分配系数、表面特性和吸湿性等。

（一）溶解度和 pK_a

无论何种性质的药物或通过何种途径给药，都必须具有一定的溶解度，因为药物处于溶解状态才能被吸收。处方前工作开始时，首先应熟悉药物的溶解度。溶解度在一定程度上决定药物能否制成注射液或溶液剂。在 pH 1～7 范围内（37 ℃），药物在水中的溶解度小于 1％时可能出现吸收问题，如果溶出速率大于 $1\,mg/(cm^2 \cdot min)$，吸收不会受限，小于 $0.1\,mg/(cm^2 \cdot min)$，吸收则受溶出速率限制。

如果不清楚某一药物的溶解度,应进行测定。溶解度的测定包括测定平衡溶解度和 pH-溶解度曲线。将过量药物置于欲测定的溶剂内测定平衡溶解度,一般可比较药物在水、0.9% NaCl、0.1 mol/L 的盐酸和 pH 为 7.4 的缓冲液中的溶解度。在一定温度下测定出达到平衡后的药物浓度即为其溶解度。通常需 60~72 h 才能达到平衡。测定时应注意同离子效应对溶解度的影响。测定药物的 pH-溶解度曲线时,可加过量药物(如酸,HA)于溶剂中溶解,测定低 pH 时 HA 的溶解度和高 pH 时 A^- 的溶解度。对某一 pH,溶液的溶解度 $S = S_{HA} + S_{A^-}$,其最后一项可通过 Handerson-Hasselbach 公式求得。对于非解离型物质,可加入非极性溶剂改善其溶解度。

在处方前工作中,一般采用半经验性方法。此类溶解度绝大多数随非极性溶剂的增加而改变。溶解度与介电常数有关,图 11-1 的曲线 A 是简单的增加函数形式。有时溶解度曲线有最大值,如图 11-1 的曲线 B 所示。

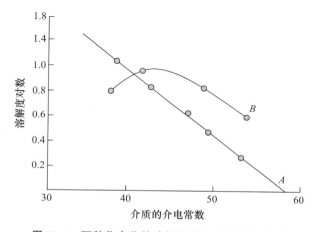

图 11-1　两种化合物的溶解度与介电常数的关系

通常情况下可利用介电常数进行溶剂系统选择,调节溶解度。一旦曲线建立后,可从已知的介电常数关系中求得溶剂系统中水和有机溶剂的最佳比例。

解离常数(pK_a)对药物的溶解性和吸收性也很重要。大多数药物是有机的弱酸和弱碱,在不同的 pH 介质中的溶解度不同。通常用 Handerson-Hasselbach 公式来说明药物的解离状态,pK_a 和 pH 的关系:

$$对弱碱性药物　pH = pK_a + \lg \frac{[B]}{[BH^+]}$$

$$对弱酸性药物　pH = pK_a + \lg \frac{[A^-]}{[HA]}$$

如果已知某一药物的解离常数,可以由药物的 pK_a 与吸收部位的 pH 的差值估算解离药物的百分比(表 11-1)。如果不了解药物的解离常数,可以采用滴定法进行测定。如测定某酸的 pK_a,可用碱滴定,结果以被中和的酸的分数(X)对 pH 作图,同时还需滴定水,得两条曲线,每一点时两者的差值也得一曲线,为校正曲线。pK_a 为 50% 的酸被中和时的 pH。(图 11-2)

表 11-1 （pK_a-pH）与药物解离（%）的关系

pK$_a$-pH	弱有机酸解离%	弱有机碱解离%
-3	99.9	0.10
-2	99.01	0.99
-1	90.91	9.01
0	50	50
1	9.09	90.91
2	0.99	99.01
3	0.10	99.9

水的曲线表示滴定水所需的碱量,酸的曲线为一般的滴定曲线,差值为校正曲线,即在水平线时(纵坐标相同时)酸的曲线和水的曲线之间的差值,如图 11-2 中 b 点等于 c 减去 a 值。

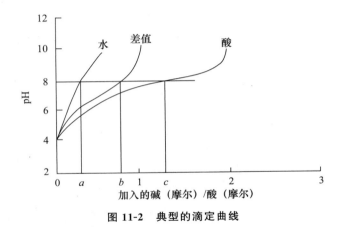

图 11-2 典型的滴定曲线

对于胺类药物,其游离碱难溶,pK$_a$ 的测定可在含有机溶剂(如乙醇)的溶剂中进行。用不同浓度的有机溶剂(如 5%、10%、15%、20%)进行测定,将结果外推至有机溶剂为 0 时,即可估算出水的 pK$_a$。

(二)分配系数

药物在体内的吸收与转运需通过生物膜。生物膜相当于类脂屏障,这种屏障作用与被转运药物分子的亲脂性有关。油/水分配系数(如辛醇/水,氯仿/水)是分子亲脂特性的度量,在药剂学中主要预见药物对体内组织的渗透性或吸收难易程度。

分配系数(partition coefficient,P)代表药物分配在油相和水相中的比例。

$$P = \frac{\text{在油相中药物的质量浓度}}{\text{在水相中药物的质量浓度}} \qquad \text{(式 11-1)}$$

测定的分配系数有很多的用途,如测定药物在水和混合溶剂中的溶解度,可预测同系列药物的体内吸收,有助于药物从样品中特别是生物样品(血、尿、组织)中的提取,在分配色谱法中有助于选择 HPLC 法的色谱柱和流动相、TLC 法的薄层板和展开剂等。

测定分配系数最简单的方法:使用一定体积的有机溶剂(V_2)提取一定体积的药物饱和水溶液(V_1),测得平衡时 V_2 的浓度为 C_2,水相中的剩余药量 $M = C_1V_1 - C_2V_2$,则分配系数可用下式求得:

$$P = \frac{C_2V_2}{M}$$

(式 11-2)

如果药物在两相中都是以单体存在,则分配系数变成药物在两相中的溶解度之比,只要测定两个溶剂中药物的溶解度即可求得分配系数。

测定油/水分配系数时有很多有机溶剂可选用,其中 N-辛醇用得最多。其主要原因是由于辛醇的极性和溶解性能比其他惰性溶剂好,药物分配进入辛醇较进入惰性溶剂(如烃类)更容易,易于测得结果。应注意,测定方法或溶剂不同,所得的 P 差别较大。

(三)熔点和多晶型

多晶型是药物的重要物理性质之一,即药物常存在有一种以上的晶型。多晶型药物的化学成分相同,晶型结构不同,某些物理性质如密度、熔点、溶解度和溶出速度等不同。如一个化合物具有多晶型,只有其中的一种晶型是稳定的,其他的晶型都不太稳定,为亚稳定型或不稳定型,它们最终都会转变成稳定型,这种转变可能需要几分钟到几年的时间。亚稳定型是药物存在的一种高能状态,通常熔点低、溶解度大。药物的晶型往往可以决定其吸收速度和临床疗效,其制剂学的意义在于转变到稳定型的快慢及转变后的物理性质。因此,处方前工作要研究药物是否存在多晶型,有多少种晶型,是否存在无定形,每一种晶型的溶解度和稳定性情况等。

研究多晶型药物的方法有:溶出速度法、X 射线粉末衍射法、红外分析法、差示扫描量热法、差示热分析法和热台显微镜法。如果药物的某一种晶型显示出所需的药学与生理学特征,制剂的研发工作应集中在这种晶型上。如果对药物的多晶型研究不充分,在制剂工作中可能出现的问题有:结晶析出、晶型转变、稳定性差、生物利用度低等。

(四)吸湿性

能从周围环境空气中吸收水分的药物称具有吸湿性。通常情况下,吸湿性取决于周围空气中的相对湿度(relative humidity,RH)。空气的 RH 越大,露置于空气中的物料越易吸湿。药物的水溶性不同,吸湿规律也不同,水溶性药物在大于其临界相对湿度的环境中吸湿量突然增加,而水不溶性药物随空气中相对湿度的增加缓缓吸湿。

绝大多数药物在 RH 为 $30\% \sim 45\%$(室温)时与空气水分达平衡状态,水分含量很低,在此条件下贮存的物质较稳定。因此,药物最好置于 RH 50% 以下贮藏。此外,采用合适的包装也可在一定程度上防止水分的影响。

测定吸湿性时可将药物置于已知相对湿度的环境中(如置于具有饱和盐溶液的干燥器中)进行。以一定的时间间隔称重,测定吸水量(增重)。

(五)粉体学性质

药物的粉体学性质(包括粒子形状、粒度大小及分布、密度、附着性、流动性、可压性、润湿性和吸湿性等)对兽药新制剂的处方设计、制剂工艺和制剂产品产生很大影响,如流动性、含量、均匀度、稳定性、颜色、味道、溶出速度和吸收速度等都受药物粉体学性质的影响。固体制剂所用的辅料如填充剂、崩解剂、润滑剂等的粉体学性质可改变主药的粉体学性质,选择适宜可以提高制剂的质量,选择不当则可能影响制剂的质量。

(六)药物的生物利用度和药动学参数

剂型因素可影响药物的吸收,从而影响兽药制剂的生物利用度和临床疗效。有些药物即使是同一主药、同一剂量、同一种剂型,其临床疗效也不一定相同,即不具有生物等效性。在兽药新剂型、新制剂的设计过程中,必须进行生物利用度和药动学的研究,以保证用药的安全性和有效性。作为处方前工作,应查阅相关文献,了解清楚药物本身的药动学特征,以便针对药物的吸收、分布、代谢和消除等特点,结合其物理化学性质,设计合适的给药途径和剂型。

二、稳定性研究

(一)药物的稳定性与剂型设计

处方设计前工作的一个重要内容是对新兽药的理化稳定性及其影响因素进行测定。热、光、氧气、水分、pH 及辅料等对药物的稳定性都可能产生较大影响。任何一个兽药制剂产品,在有效期和所要求的贮藏条件下,药品性状、药物含量或效价都应符合质量标准要求。药物稳定性研究对兽药制剂的处方筛选、生产工艺确定和包装设计等有重要的指导作用。

稳定性的常用测定方法有高效液相色谱法(HPLC)、薄层色谱法(TLC)、热分析法和漫反射光谱法。HPLC 法和 TLC 法能定量测定主药、分解产物和杂质。热分析法主要探测熔融吸热的变化,这对研究多晶型物、溶剂化物、药物与辅料的相互作用等很重要。漫反射分光光度法在一定程度上可用于检测药物与辅料的相互作用。

药物的稳定性实验研究热、氧气、水分及光线对药物稳定性的影响,同时也可用来确定合适的保管和贮存药物的条件和方法。

药物不同的晶型和不同的溶剂化物的稳定性不同。对具有多晶型药物的稳定性研究还涉及晶型转变的速度。对于液体药物制剂,可采用加速试验法进行动力学研究。光敏性药物可放置在强光下测定光敏性。溶液剂、注射剂等液体制剂可从实验数据估算出最适 pH,决定是否需要抗氧剂或是否需要避光保存。

(二)固体制剂的配伍研究

通常将少量药物和辅料混合,放入小瓶中,胶塞封蜡密闭,贮存于室温以及 55 ℃(硬脂酸、磷酸二氢钙一般用 40 ℃),于一定时间检查其物理性质,如结块、液化、变色、臭味等,同时用差示热分析(DTA)、差示扫描量热法(DSC)、TLC 或 HPLC 进行分析。除了以上样品外,还需要对药物和辅料在相同条件下进行对比实验。刚开始进行处方前工作时存在药物不纯的情况,进行 TLC 分析时可能出现杂质斑点,遇到这种情况,在选择与药物配伍的辅料时,通常以在相同条件贮存后(一般 55 ℃,两周)没有新的斑点出现或斑点的强度变化不明显为标准。磷酸二氢钙常应用于直接压片,因为它在温度较高时(超过 70 ℃)会自动转化成无水物,其配伍实验的温度一般不超过 40 ℃。

热分析方法可比较药物、辅料、药物与辅料混合物的热分析曲线,通过熔点、峰形和峰面积、峰位移等变化,可了解药物与辅料间的相互作用。

(三)液体制剂的配伍研究

1. pH-反应速度图

液体制剂进行配伍研究最重要的是建立 pH-反应速度关系图,以便在配制注射液或内服液体制剂时选择其最稳定的 pH 和缓冲液。

大多数药物的降解为水解和氧化反应,水解反应一般为伪一级反应,即浓度对时间的半对数图为直线。从斜率可求得一级速度常数 K。大多数的降解反应受缓冲液、H^+、OH^- 的催化作用的影响。对于药物溶液和药物混悬液,应研究其在酸性、碱性、高氧、高氮等环境以及加入螯合剂和稳定剂时,在不同温度条件下的稳定性。

2. 液体制剂

注射剂的配伍研究一般是将药物置于含有附加剂的溶液中进行,通常在含有重金属(同时含有或不含螯合剂)或抗氧剂(在含氧或氮的环境中)的条件下研究,目的是了解药物和辅料对氧化、曝光和接触重金属时的稳定性,为注射剂处方的初步设计提供依据。内服药物制剂通常研究药物与乙醇、甘油、糖浆、防腐剂和缓冲液的配伍。

第三节　兽药新制剂设计的基本要素

一、处方

处方是兽药新制剂研究的基础,也是制剂研究工作的核心。处方研究包括主药的确定、剂量的确定和辅料的筛选 3 个方面。

(一)主药的确定

处方中的主药是决定药物制剂能否发挥疗效作用的关键因素。化学药物的制剂处方分为单方(一个主药)和复方(两个或以上主药)。主药的确定,应根据药物的药理学特点和疾病的病理学特征,结合兽医临床用药目的,进行合理选择。如设计一个内服治疗仔猪白痢的处方,一方面要考虑临床大肠杆菌的耐药情况,另一方面要考虑白痢对仔猪的病理危害,可采取对症和对因相结合,选择硫酸新霉素和氢溴酸山莨菪碱作为主药。注意,如果主药是一个以上的药物,必须检查药物与药物之间有无物理性、化学性以及药理性配伍禁忌,通常不能出现处方中有配伍禁忌的情况。在某些特殊情况下,也可将具有拮抗作用的药物配伍使用,以突出主药的主要作用而降低其副作用,如苯甲酸钠咖啡因与溴化物制成复方制剂,能很好地调整机体兴奋与抑制的平衡。

中药制剂处方的设计,组方必须符合中兽医辨证论治的特点,如果处方来源于古方、验方,要结合现代中药药理学研究的成果进行方解和现代药理分析,必要时还应进行拆方研究,减去可不用的药物。

(二)剂量的确定

在处方主药确定以后,最重要的问题是确定药物的剂量。理想的剂量要求符合临床疗效最佳,不良反应最小。处方中的药物剂量是药效的基础,如果低于该剂量,一般不能产生治疗效果;如果剂量过大可能出现中毒。对于选择《中国兽药典》中已经载明的毒药和剧药,其剂量一定要遵循规定,并从严掌握。处方中药物剂量的确定以药物的药理学基本特性为基础,同时应考虑到动物种属、年龄、性别和机体状态等因素,进行适当调整。

(三)辅料的筛选

辅料是制剂中除主药以外的辅助物质。一般而言,药物疗效是由制剂中所含主药发挥作用,辅料与疗效无直接关系,但辅料影响制剂的生产、质量、使用以及显效快慢、作用强弱。因此,在制剂处方设计中必须使用适量的适宜辅料,药物方能制成一定的形式、规格,达到合格的质量要求,具备特定的疗效。

设计不同的剂型所需要的辅料不同。在处方设计中应根据主药的理化性质和剂型要求,反复进行多方面的试验筛选,最终确定制剂中所需要辅料的品种和数量。

二、给药途径和剂型的确定

(一)临床用药目的与给药途径和剂型的确定

兽药新制剂的设计目的是为了满足兽医临床防治疾病的需要,兽医临床用药涉及的动物种类和疾病种类繁多,用药方案较为复杂。不同的动物和疾病所要求的给药途径不一样,有的要求全身用药,有的要求局部用药;有的要求快速吸收,有的要求缓慢吸收。因此,动物种类和疾病的不同,需要不同的给药途径和相应的剂型和制剂。不同给药部位的生理及解剖特点不同,给药后在体内的吸收和转运过程有较大差异。根据临床用药目的,确定适宜的给药途径和剂型,对发挥药效、减少药物的毒副作用以及降低药物残留具有重要意义。

1. 内服给药

内服给药是兽医临床常用给药途径之一,特别适合群体动物给药。片剂、散剂、可溶性粉、颗粒剂和预混剂是兽医临床常用的内服剂型。内服给药虽然方便、安全,但易受胃肠生理因素的影响,临床疗效常有较大的波动。内服剂型设计时一般要求:①拟用于全身治疗的药物应在胃肠道内吸收良好。良好的崩解、分散、溶出和吸收是发挥疗效的重要保证;②避免胃肠道的刺激作用;③具有良好的内服顺应性,如适口性;④适于群体给药,如猪、禽的预混剂、可溶性粉等。

2. 注射给药

注射给药途径有皮下、肌内、血管内等。为了提高局部药物浓度还可在关节腔、腹腔、气管等组织或腔道内进行注射。注射给药的优点是起效快,可迅速地通过体循环将药物运送至全身各处,发挥药理作用。尤其适用于急救或快速给药的情况或无法采用其他方式给药的情况。也应注意,注射给药后药物快速进入体循环,产生的血药峰浓度高,可能超过其治疗窗,造成毒副反应。

设计注射剂型时,根据药物的性质与临床要求可选用溶液剂、混悬剂、乳剂等,并要求无菌、无热源、刺激性小等。需减少注射给药次数时可采用缓释注射剂。对于在溶液中不稳定的药物,可考虑制成冻干制剂或无菌粉末,临用时溶解。

3. 其他给药

皮肤、黏膜或腔道部位给药也是兽医临床的有用给药途径。皮肤给药的透皮(浇注)制剂可以节约人力,还可以避免某些药物吸收后受首过效应的影响。兽医临床上应用于黏膜或腔道部位的剂型有直肠灌注剂、阴道灌注剂、子宫灌注剂和乳房灌注剂,这些制剂既可以是以发挥局部治疗作用为目的,也可以是以发挥全身治疗作用为目的。

(二)药物的理化性质与给药途径和剂型的确定

药物的理化性质是兽药制剂设计中的基本要素之一。全面了解药物的理化性质,才能找出该药物在制剂研发中需重点解决的问题,从而选择适宜的剂型、辅料、制备工艺和包装。药物的某些理化性质在一定程度上限制了其给药途径和剂型的选择。在进行药物的制剂设计时,应充分考虑理化性质的影响,其中最重要的是溶解度和稳定性。

1. 溶解度

溶解度是药物的最基本性质之一。对于易溶于水的药物,可以制成各种固体或液体剂型,适合于各种给药途径。对于难溶性药物,其溶出是吸收的限速过程,从而是影响生物利用度的主要因素。难溶性药物如果要制成液体制剂,可以在处方中加入增溶剂,或者制成药物的可溶性盐。内服固体制剂可以通过原料药的微粉化来提高内服给药的生物利用度。

2. 稳定性

由于受到外界因素如空气、光、热、氧化、金属离子等的作用,药物可发生分解,从而使药物疗效降低,甚至产生未知的毒性物质。在进行药物剂型设计时,应将稳定性作为考察的主要内容之一。对于稳定性较差的药物,可以选择比较稳定的剂型,如固体剂型,还可采用包被隔离技术,以减少药物与外界的接触,从而减少药物的降解。

三、工艺流程

工艺是将药物加工成制剂的各种手段,任何一个制剂的制备都需确定适宜的工艺。一旦剂型确定后,首先应进行处方筛选,再进一步确定工艺流程和优化工艺参数。在制剂放大到工业化大生产时,还需要进行工艺优化和参数调整。

不同的剂型有不同的工艺流程,但都包括:物料的前处理、药物配制、半成品质量检查、分装和包装等环节。前处理环节包括主药的前处理和辅料的前处理两个方面。主药的前处理是按工艺要求对处方中的主药进行加工处理,特别是散剂、可溶性粉、片剂、软膏剂、糊剂、膏剂等固体和半固体制剂的原料药,都需要根据剂型设计要求和目的对其进行前处理过程,包括干燥、粉碎、过筛等环节。如果原料药是中药,其前处理过程还包括有效成分提取、浸提、浓缩与干燥等环节。辅料前处理是根据剂型设计要求和目的对其进行制剂成型前的处理,如片剂用淀粉的煮浆、注射用油的前处理、散剂中填充辅料的粉碎等。辅料的前处理对制剂的质量、稳定性以及制剂药效的发挥都会产生很大的影响。

下面以固体制剂举例(图 11-3)来说明制剂的工艺流程:

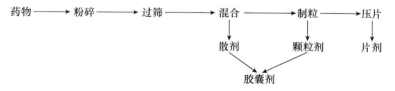

图 11-3 固体制剂工艺流程

四、制剂的评价

根据兽药新制剂的设计原则,一个成功的制剂应能保证药物的安全、有效和质量可控,具有良好的稳定性和顺应性,成本较低,适于大批量生产。在兽药新制剂的研制过程中,必须对制剂进行全面的评价,以确保应用于临床后能发挥最佳疗效,降低毒性。

(一)毒理学评价

兽用原料药的毒理学评价应根据农业部《兽药注册管理法规》所要求的内容进行毒理学研

究,包括急性毒性试验、蓄积毒性试验、遗传毒性试验、亚慢性毒性试验等,有时还要进行慢性毒性试验(包括致癌试验)。第二类、第三类、第四类和第五类的兽药新制剂,如果可检索到原料药的毒理学资料,可免做部分试验。局部用制剂和注射制剂应进行刺激性试验。静脉注射用制剂还应进行溶血试验、过敏试验和热源检查。

对于拟用于食品动物的兽药新制剂,应根据临床试验确定的剂量和用药期进行靶动物的残留研究,阐明药物在组织中的代谢和消除规律,明确残留标示物和残留靶组织,根据允许残留限量,确定临床用药的休药期。

(二)药效学评价

根据兽药新制剂的适应证进行相应的药效学评价,以确定该制剂是否有效。临床前研究通常在实验动物进行,临床研究则应在靶动物进行。

(三)药物动力学与生物利用度评价

药物动力学和生物利用度研究是兽药制剂评价的重要内容。对属于第一、第二、第三和第四类的新兽药制剂应进行靶动物的药物动力学研究。内服制剂一般采用血药浓度方法进行生物等效性试验,对难以采用血药浓度方法进行生物等效性试验的内服制剂可进行临床生物等效性试验。缓释和控释制剂应进行与普通制剂比较的单次和多次给药的生物等效性试验。

第四节　兽药新制剂处方的优化设计

通过适当的预实验选择基本的辅料和制备工艺后,再采用优化技术对处方和工艺进行优化设计,以达到制剂处方和工艺的最佳化。优化过程包括:①选择可靠的优化设计方案以适应线性或非线性模型拟合;②建立效应与因素之间的数学关系式,并通过统计学检验确保模型的可信度;③优选最佳工艺条件。

优化技术的进行先从制剂处方和工艺开始,通过改变某些因素观察制剂特性的变化,建立实测数据的数学模型,再应用建立的数学模型对制剂特性的变化进行优化,最终获得各因素的最佳水平。通过优化技术可以实现:①节省时间和成本;②提高最佳或近似最佳产品设计的可靠性;③提高和保证终产品的质量。

一、优化方法

(一)单纯形优化法

单纯形优化法是近年来应用较多的一种多因素优化方法,方法易懂,计算简便,不需要建立数学模型,不受因素个数的限制。基本原理是:若有 n 个需要优化设计的因素,单纯形则由 $n+1$ 维空间多面体所构成,空间多面体的各顶点就是试验点。比较各试验点的结果,去掉最坏的试验点,取其对称点作为新的试验点,该点称为"反射点"。新试验点与剩下的几个试验点又构成新的单纯形,新单纯形向最佳目标点更靠近。如此不断地向最优方向调整,最后找出最佳目标点。若单纯形中 j 点为最坏点,反射点的计算方法为:

$$反射点 = \frac{2}{n}\sum_{i=1(i \neq j)}^{n+1}（单纯形各点）- 最坏点 \qquad （式 11\text{-}3）$$

如果单纯形中最好点和最坏点的指标值分别为 $R(B)$ 和 $R(W)$，当 $\left|\dfrac{R(B)-R(W)}{R(B)}\right|$ 时，单纯形就停止推进，此时单纯形中的最好点就是所要寻找的最佳条件，E 为约定的收敛系数。

在单纯形推进过程中，有时出现新试验点的结果最坏的情况。如果取其反射点，就又回到以前的单纯形，这样就出现单纯形的来回"摆动"，无法继续推进的现象，在此情况下，应去掉单纯形的次坏点，使单纯形继续推进。

在上述基本单纯形法的基础上进一步改进，即根据实验结果，调整反射的距离，用"反射""扩大""收缩"的方法，加速优化过程，同时又满足一定的精度要求。

改进单纯形新试验点的计算方法为：

$$新试验点 = \frac{1+G}{n}\sum_{i=1(i \neq j)}^{n+1}（单纯形各点）- G（最坏点 \, i） \qquad （式 11\text{-}4）$$

式中，G 为单纯形推进系数；j 为单纯形中的最坏点；n 为优化的因素数。

若反射点的结果优于先前单纯形中各点的数值，则取 $G=2$ 进行"扩大"，若"扩大"点的结果比最好点还要好，则"扩大"成功，单纯形在此基础上继续进行。若"扩大"点的结果并不优于最好点，但优于其他各点，则认为"扩大"失败，取反射点组成新的单纯形。如果反射点的结果优于最坏点，但不如其余各点，取 $G=0.5$ 进行"收缩"。

（二）拉氏优化法

拉氏优化法（Lagrangian）是一种数学技术。对于有限制的优化问题，其函数关系必须在服从对自变量的约束条件下进行优化。此法是把约束不等式转化为等式，下列数学例子说明其优化方法。

寻找 $y = x_1^2 + x_2^2$ 的 x_1、x_2 值，使 y 值最小，同时符合：$x_1 + x_2 \geq 4$，首先必须引入松弛变量 q（必须是非负数）转化成等式：$x_1 + x_2 - q^2 = 4$，然后可建立拉氏函数式 F，F 等于目标函数式（$y = x_1^2 + x_2^2$）加上拉氏系数 λ 和约束等式的乘积，即

$$F = x_1^2 + x_2^2 + \lambda(x_1^2 + x_2^2 - q^2 - 4)$$

对上式取一阶偏导数，并设置为零。求得 $x_1 = 2$，$x_2 = 2$，$q = 0$，$\lambda = -4$，则 $y = 8$。

此法具有以下特点：①直接确定为最佳值，不需要搜索不可行的试验点；②只产生可行的可控变量值；③能有效地处理等式和不等式表示的限制条件；④可处理线形和非线形关系。

（三）响应面优化法

响应面优化法（response surface methodology）是通过一定的实验设计考察自变量，即影响因素对效应的作用并对其进行优化的方法。效应与考察因素之间的关系可用函数 $y = f(x_1, x_2, \cdots, x_k) + \varepsilon$（$\varepsilon$ 为偶然误差），该函数所代表的空间曲面就称为响应面。响应面优化法的基本原理是通过描绘响应对考察因素的效应面，从响应面上选择较佳的效应区，从而推出自变量取值范围即最佳实验条件的优化法。

二、试验设计

(一)析因设计

析因设计又称析因试验,是一种多因素的交叉分组试验。它不仅可以检验每个因素各水平间的差异,更主要的是检验各因素之间有无交互作用的一种有效手段。如果两个或多个因素之间有交互作用,表示这些因素不是各自独立发挥作用,而是互相影响,即一个因素的水平改变时,另一个或几个因素的效应也相应有所改变。反之,如果无交互作用,表示各因素具有独立性,即一个因素的水平改变时不影响其他因素的效应。在析因设计中,研究各因素的所有组合下的试验结果(效应),由此判断哪个因素对结果的影响最大,以及哪些因素之间有交互作用。

(二)正交设计

正交设计是一种用正交表安排多因素多水平的试验,并用普通的统计分析方法分析实验结果,推断各因素的最佳水平(最优方案)的科学方法。用正交表安排多因素多水平的实验,因素间搭配均匀,不仅能把每个因素的作用分清,找出最优水平搭配,而且可考虑到因素的联合作用,并可大大减少试验次数。

(三)均匀设计

均匀设计也是一种多因素试验设计方法,它具有比正交试验设计法试验次数更少的优点。进行均匀设计必须采用均匀设计表和均匀设计使用表。每个均匀设计表都配有一个使用表,指出不同因素数应选择哪几列以保证试验点分布均匀。例如,2 因素 11 水平的试验应选用 $U^{11}(11^{10})$ 表,表中共有 10 列,根据 $U^{11}(11^{10})$ 的使用表,应取 1,7 两列安排试验。若有 4 因素应取 1,2,5,7 列进行试验。其试验结果采用多元回归分析、逐步回归分析法得多元回归方程。通过求出多元回归方程的极值即可求得多因素的优化条件。目前已有均匀设计程序,用程序进行试验设计和计算,更快捷和方便。

(四)星点设计

星点设计(CCD)是多因素五水平的实验设计,是在二水平析因设计的基础上加上星点和中心点构成的。CCD 设计表由三部分组成:①$2^K$ 或 $2^K \times 1/2$ 析因设计。②星点。由于二水平的析因设计只能用作线性考察,需再加上第二部分星点,才适合于非线性拟合。星点在坐标轴上的位置可表示为坐标$(\pm\alpha, 0, \cdots, 0), (0, \pm\alpha, \cdots, 0), \cdots, (0, 0, \cdots, \pm\alpha)$,又称为轴点。③一定数量的中心点重复试验。

第五节　兽药新制剂的注册与申报

我国农业部于 1989 年 9 月 2 日曾发布实行《新兽药及新制剂管理办法》,为我国新兽药的研发和兽药工业的发展起到了重要作用。2004 年 3 月 24 日国务院第 45 次常务会议又通过了新的《兽药管理条例》(国务院令第 404 号),自 2004 年 11 月 1 日起施行。根据该条例,农业部于 2004 年 11 月 24 日发布《兽药注册办法》(农业部令第 44 号),自 2005 年 1 月 1 日开始施行,发布该办法的目的是规范兽药注册的行为,保证兽药的安全、有效和质量可控,适用于在中华人民共和国境内从事新兽药研制,申请兽药临床研究、兽药生产或者进口,以及进行相关的兽药注册检验和监督管理。目前农业农村部畜牧兽医局已对《兽药注册管理办法(修订草案征求意见稿)》进行了多次修改完善,最新版《兽药注册管理办法》于 2022 年 9 月 5 日颁布。2004 年 12 月 22 日农业部发布《兽药注册分类及注册资料要求》442 号公告,自 2005 年 1 月 1 日开始施行。2005 年 8 月 31 日农业部重新发布《新兽药研制管理办法》(农业部令第 55 号),自 2005 年 11 月 1 日开始施行。

一、注册申请

兽药注册是指依照《兽药注册办法》中法定程序,对拟上市销售兽药的安全性、有效性、质量可控性等进行系统评价,并做出是否同意进行兽药的临床研究和残留研究、兽药生产或者兽药进口而决定的审批过程。兽药注册申请包括新兽药注册申请、已有国家标准兽药的注册申请、进口兽药注册申请和兽药变更注册申请。

新兽药申请是指未曾在中国境内上市销售兽药的注册申请。已上市兽药改变剂型、改变给药途径的,按照新兽药管理。已有国家标准的兽药注册申请,是指在国内已经生产并有农业部颁布标准的兽药注册申请。进口兽药申请是指在境外生产的兽药在中国上市销售的注册申请。兽药变更注册申请是指已经注册的兽药改变、增加或取消原批准事项或内容的注册申请。

农业农村部兽药审评委员会负责新兽药和进口兽药注册资料的评审工作。中国兽医药品监察所和农业农村部指定的其他兽药检验机构承担兽药注册的复核检验工作。新兽药注册申请人在完成临床试验后向农业部提出注册申请,并按《兽药注册办法》报送有关资料。

二、新兽药注册分类

(一)化学药品注册分类

兽用化学药品在《兽药注册办法》中共分为 5 类。

第一类是指未在国内外上市销售的原料及其制剂,包括通过合成或者半合成的方法制得的原料药及其制剂、天然物质中提取或者通过发酵提取的新的有效单体及其制剂、用拆分或者合成等方法制得的已知药物中的光学异构体及其制剂、由已上市销售的多组份药物制备为较少组份的原料及其制剂和其他。

第二类是指国外已上市销售但在国内未上市销售的原料及其制剂。

第三类是指改变国内外已上市销售的原料及其制剂,包括改变药物的酸根、碱基(或者金属元素),改变药物的成盐、成酯和人用药物转为兽药。

第四类是指国内外未上市销售的制剂,包括以西药为主的中、西兽药复方制剂和单方制剂。

第五类是指国外已上市销售但在国内未上市销售的制剂,主要是包括以西药为主的中、西兽药复方制剂和单方制剂。

(二)中兽药、天然药物注册分类

中兽药、天然药物在《兽药注册办法》中共分为 4 类。

第一类是指未在国内上市销售的原药及其制剂,包括从中药、天然药物中提取的有效成分及其制剂、来源于植物、动物、矿物等药用物质及其制剂和中药材的代用品。

第二类是指未在国内上市销售的部位及其制剂,包括中药材新的药用部位制成的制剂和从中药、天然药物中提取的有效部位制成的制剂。

第三类是指未在国内上市销售的制剂,包括传统中兽药复方制剂、现代中兽药复方制剂,包括以中药为主的中、西兽药复方制剂、兽用天然药物复方制剂和由中药、天然药物制成的注射剂。

第四类改变国内已上市销售产品的制剂,包括改变剂型的制剂和改变工艺的制剂。

(三)兽用消毒剂注册分类

兽用消毒剂在《兽药注册办法》中共分为3类。

第一类是指未在国内外上市销售的兽用消毒剂,包括通过合成或者半合成的方法制得的原料药及其制剂、天然物质中提取的新的有效单体及其制剂和新的复方消毒剂。

第二类是指已在国外上市销售但未在国内上市销售的兽用消毒剂,包括通过合成或者半合成的方法制得的原料药及其制剂、天然物质中提取的新的有效单体及其制剂和新的复方消毒剂。

第三类是指改变已在国内外上市销售的处方、剂型等的消毒剂。

三、新兽药的注册资料项目

(一)兽用化学药品注册资料项目

兽用化学药品注册资料项目包括综述资料、药学研究资料、药理毒理研究资料、临床试验资料、残留试验资料和生态毒理性研究资料。不同类别新兽药申请注册的资料要求不同,所提供的资料见表11-2。

1. 综述资料

①兽药名称。②证明性文件。③立题目的与依据。④对主要研究结果的总结及评价。⑤兽药说明书样稿、起草说明及最新参考文献。⑥包装、标签设计样稿。

2. 药学研究资料

①药学研究资料综述。②确证化学结构或者组份的试验资料及文献资料。③原料药生产工艺的研究资料及文献资料。④制剂处方及工艺的研究资料及文献资料;辅料的来源及质量标准。⑤质量研究工作的试验资料及文献资料。⑥兽药标准草案及起草说明。⑦兽药标准品或对照物质的制备及考核材料。⑧药物稳定性研究的试验资料及文献资料。⑨直接接触兽药的包装材料和容器的选择依据及质量标准。⑩样品的检验报告书。

3. 药理毒理研究资料

①药理毒理研究资料综述。②主要药效学试验资料(药理研究试验资料及文献资料)。③安全药理学研究的试验资料及文献资料。④微生物敏感性试验资料及文献资料。⑤药代动力学试验资料及文献资料。⑥急性毒性试验资料及文献资料。⑦亚慢性毒性试验资料及文献资料。⑧致突变试验资料及文献资料。⑨生殖毒性试验(含致畸试验)资料及文献资料。⑩慢性毒性(含致癌试验)资料及文献资料。⑪过敏性(局部、全身和光敏毒性)、溶血性和局部(血管、皮肤、黏膜、肌肉等)刺激性等主要与局部、全身给药相关的特殊安全性试验资料。

4. 临床试验资料

①国内外相关的临床试验资料综述。②临床试验批准文件,试验方案、临床试验资料。③靶动物安全性试验资料。

5. 残留试验资料

①国内外残留试验资料综述。②残留检测方法及文献资料。③残留消除试验研究资料,包括试验方案。

6. 生态毒性试验资料

生态毒性试验资料及文献资料。

表 11-2　化学药品注册分类及资料项目要求

资料分类	资料项目	注册分类及资料项目要求				
		第一类	第二类	第三类	第四类	第五类
综述资料	1	＋	＋	＋	＋	＋
	2	＋	＋	＋	＋	＋
	3	＋	＋	＋	＋	＋
	4	＋	＋	＋	＋	＋
	5	＋	＋	＋	＋	＋
	6	＋	＋	＋	＋	＋
药学研究资料	7	＋	＋	＋	＋	＋
	8	＋	＋	＋	＋	－
	9	＋	＋	＋	－	－
	10	＋	＋	＋	＋	＋
	11	＋	＋	＋	＋	＋
	12	＋	＋	＋	＋	＋
	13	＋	＋	＋	＋	＋
	14	＋	＋	＋	＋	＋
	15	＋	＋	＋	＋	±
	16				＋	＋
药理毒理研究资料	17	＋	＋	＋	＋	＋
	18	＋	±	＊8	＊9	＊9
	19	＋	±	＊8	＊9	＊9
	20	＋	±	＊8	＊9	＊9
	21	＋	±	＋	＊11	＊11
	22	＋	±	＊8	－	－
	23	＋	±	±	－	－
	24	＋	±	±	－	－
	25	＋	±	±	－	－
	26	＊5	＊5	＊5	－	－
	27	＊10	＊10	＊10	＊10	＊10
临床试验资料	28	＋	＋	＋	＋	＋
	29	＋	5-3	5-3	5-4	5-4
	30	＋	5-3	5-3	5-4	5-4
残留试验资料	31	＋	＋	＋	＋	＋
	32	＋	＋	＊12	＊13	＊13
	33	＋	＋	＊12	＊13	＊13
生态毒性试验资料	34	＋	＋	±	±	±

注:(1)"＋":指必须报送的资料;(2)"±":指可以用文献综述代替试验资料;(3)"－":指可以免报的资料;(4)"＊":按照《兽药注册办法》说明的要求报送资料,如＊4,指见说明之第4条。(5)"5-3"或"5-4"按照《兽药注册办法》资料要求"五、临床试验要求"中第3条或第4条执行。

(二)中兽药、天然药物注册资料项目

中兽药、天然药物新兽药注册资料项目包括综述资料、药学研究资料、药理毒理研究资料、临床试验研究资料。不同类别新兽药申请注册的资料要求不同,所提供的资料具体见表11-3。

表 11-3　中兽药、天然药物注册资料项目表

资料分类	资料项目	第一类 (1)	第一类 (2)	第一类 (3)	第二类 (1)	第二类 (2)	第三类 (1)	第三类 (2)	第三类 (3)	第三类 (4)	第四类
综述资料	1	+	+	+	+	+	+	+	+	+	+
	2	+	+	+	+	+	+	+	+	+	+
	3	+	+	+	+	+	+	+	+	+	+
	4	+	+	+	+	+	+	+	+	+	+
	5	+	+	+	+	+	+	+	+	+	+
	6	+	+	+	+	+	+	+	+	+	+
药学资料	7	+	+	+	+	+	+	+	+	+	+
	8	+	+	+	+	+	+	+	+	+	+
	9	−	+	▲	+	▲	+	▲	▲	▲	+
	10	−	+	▲	+	▲	+	▲	▲	▲	+
	11	−	+	▲	−	+	+	▲	▲	▲	+
	12	+	+	▲	+	+	+	+	+	+	+
	13	+	+	±	+	±	−	*6	*7	±	+
	14	+	+	±	+	±	±	±	±	+	+
	15	+	+	▲	+	+	+	+	+	+	+
	16	+	+	+	+	+	+	+	+	+	+
	17	+	+	▲	+	+	+	+	+	+	+
	18	+	+	+	+	+	+	+	+	+	+
药理毒理资料	19	+	+	*2	+	+	*5	+	+	+	*11
	20	+	+	*2	+	+	−	+	+	+	*11
	21	+	+	*2	+	+	−	*6	*7	+	−
	22	+	+	*2	+	+	*5	+	+	+	*11
	23	+	+	*2	+	+	*5	+	+	+	*11
	24	+	+	▲	+	▲	−	*6	*7	▲	−
	25	+	+	▲	+	▲	−	*6	*7	▲	−
	26#	+	+	▲	+	▲	−	*6	*7	▲	−
	27	*9	*9	*9	*9	*9	*9	*9	*9	*9	*9
临床资料	28	+	+	+	+	+	+	+	+	+	+
	29	+	+	+	+	+	+	+	+	+	*11
	30	+	+	+	+	+	+	+	+	+	*11
	31	+	+	*2	−	+	−	*6	*7	−	−

注:"＋":指必须报送的资料;"±":指可以用文献综述代替试验研究的资料;"－":指可以免报的资料;"＊":按照《兽药注册办法》说明的要求报送的资料,如＊7,指见说明之第7条;"26♯":与已知致癌物质有关、代谢产物与已知致癌物质相似的新兽药,在长期毒性试验中发现有细胞毒作用或对某些脏器、组织细胞有异常显著促进作用的新兽药,致突变试验阳性的新兽药,均需报送致癌试验资料;"▲":具有兽药国家标准的中药材、天然药物(除"♯"所标示的情况外)可以不提供,否则必须提供资料。

1. 综述资料

①兽药名称。②证明性文件。③立题目的与依据。④对主要研究结果的总结及评价。⑤兽药说明书样稿、起草说明及最新参考文献。⑥包装、标签设计样稿。

2. 药学研究资料

①药学研究资料综述。②药材来源及鉴定依据。③药材生态环境、生长特征、形态描述、栽培或培植(培育)技术、产地加工和炮制方法等。④药材性状、组织特征、理化鉴别等研究资料(方法、数据、图片和结论)及文献资料。⑤提供植、矿物标本,植物标本应当包括花、果实、种子等。⑥生产工艺的研究资料及文献资料,辅料来源及质量标准。⑦确证化学结构或组分的试验资料及文献资料。⑧质量研究工作的试验资料及文献资料。⑨兽药质量标准草案及起草说明,并提供兽药标准物质的有关资料。⑩样品及检验报告书。⑪药物稳定性研究的试验资料及文献资料。⑫直接接触兽药的包装材料和容器的选择依据及质量标准。

3. 药理毒理研究资料

①药理毒理研究资料综述。②主要药效学试验资料及文献资料。③安全药理研究的试验资料及文献资料。④急性毒性试验资料及文献资料。⑤长期毒性试验资料及文献资料。⑥致突变试验资料及文献资料。⑦生殖毒性试验资料及文献资料。⑧致癌试验资料及文献资料。⑨过敏性(局部、全身和光敏毒性)、溶血性和局部(血管、皮肤、黏膜、肌肉等)刺激性等主要与局部、全身给药相关的特殊安全性试验资料和文献资料。

4. 临床研究资料

①临床研究资料综述。②临床研究计划与研究方案。③临床研究及试验报告。④靶动物药代动力学和残留试验资料及文献资料。

(三)兽用消毒剂注册资料项目

兽用消毒剂注册需上报的项目包括综述资料、药学研究资料、毒理研究资料、消毒试验和残留研究资料。不同类别新兽药申请注册的资料要求不同,所提供的资料具体见表11-4。

1. 综述资料

①消毒剂名称。②证明性文件。③立题目的与依据。④对主要研究结果的总结及评价。⑤消毒剂说明书样稿、起草说明及最新参考文献。⑥包装、标签设计样稿。

2. 药学研究资料

①消毒剂生产工艺的研究资料及文献资料。②确证化学结构或者组份的试验资料及文献资料。③质量研究工作的试验资料及文献资料。④兽药标准草案及起草说明,并提供兽药标准品或对照物质。⑤辅料的来源及质量标准。⑥样品的理化指标检验报告书。⑦药物稳定性研究的试验资料及文献资料。⑧直接接触兽药的包装材料和容器的选择依据。

3. 毒理研究资料

①毒理研究综述资料及文献资料。②急性毒性研究的试验资料及文献资料。③长期毒性试验资料及文献资料。④致突变试验资料及文献资料。⑤生殖毒性试验资料及文献资料。⑥致癌试验资料及文献资料。⑦过敏性(局部和全身)和局部(皮肤、黏膜等)刺激性等主要与局部消毒相关的特殊安全性试验研究及文献资料。⑧复方消毒剂中多种成分消毒效果、毒性相互影响的试验资料及文献资料。

4. 消毒试验和残留研究资料

①样品杀灭微生物效果试验资料。②环境毒性试验资料及文献资料。③残留研究资料。

表 11-4　环境消毒剂注册资料项目

资料分类	资料项目	环境消毒剂注册分类			食品动物体表或带畜消毒剂注册分类		
		1	2	3	1	2	3
综述资料	1	+	+	+	+	+	+
	2	+	+	+	+	+	+
	3	+	+	+	+	+	+
	4	+	+	+	+	+	+
	5	+	+	+	+	+	+
	6	+	+	+	+	+	+
药学研究资料	7	+	+	+	+	+	+
	8	+	+	+	+	+	+
	9	+	+	+	+	+	+
	10	+	+	+	+	+	+
	11	+	+	+	+	+	+
	12	+	+	+	+	+	+
	13	+	+	+	+	+	+
	14	+	+	+	+	+	+
毒理研究资料	15	+	+	+	+	+	+
	16	+	±	−	+	±	−
	17	+	±	−	+	±	−
	18	+	±	−	+	±	−
	19	+	±	−	+	±	−
	20	+	±	−	+	±	−
	21	−	−	−	＊5	＊5	＊5
	22	＊4	＊4		＊4	＊4	
消毒试验和残留研究资料	23	+	+	+	+	+	+
	24	+	±	−	+	±	−
	25	−			+	±	−

注：(1)"＋":指必须报送的资料;(2)"±":指可以用文献综述代替试验资料;(3)"−":指可以免报的资料;(4)"＊":按照《兽药注册办法》说明的要求报送资料,如＊5,指见说明之第5条。

第六节　兽药新制剂的研制程序

药物制剂是药物临床使用的形式。一个良好的药物制剂应具备良好的外在特性和优良的内在质量。良好的外在特性是指制剂的稳定性和方便性,稳定性包括制剂的物理稳定性和化学稳定性;方便性是指兽医临床给药方便和携带完整性。优良的内在质量是指药物从进入体内至排出体外全过程的作用质量,包括有效、副作用小、低毒性和低残留。兽药新制剂的研究开发是一个系统性工作,其全部过程除了处方设计外,还包括药理学评价、毒理学评价、兽医临床试验或生物等效性试验以及新兽药注册等一系列的内容,需要多学科相互协作才能完成。

现以治疗猪传染性胸膜肺炎为例,设计一个中药注射液,将兽药制剂的设计与研究程序分5个阶段分述于下(图 11-4)。

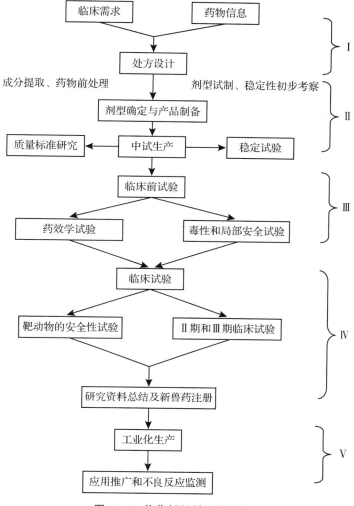

图 11-4 兽药新制剂设计程序

一、第一阶段——处方设计

①剂型选择:猪附红细胞体病发病后表现为食欲不振,因而注射给药是适宜的剂型。

②药物信息:根据中兽医"卫气营血"辨证将猪附红细胞体病辨为"热入血分",再根据现代中药药理研究的成果,选择以水牛角、茵陈、丹皮等三味药物为主方。

二、第二阶段——剂型确定与产品制备

①原药准备和有效成分提取:根据文献资料和试验,确定处方药材有效成分的提取工艺和技术路线。

②注射液的试配。

③初步稳定性考察,确定附加剂。

④注射液的中试生产。

⑤质量标准研究。

⑥稳定性试验,包括影响因素试验、加速试验和长期试验。

三、第三阶段——临床前试验

①药效学试验:体外抗病原体试验、解热试验(人工致热家兔退热试验和自然发热病猪退热试验)、抗炎试验等。

②局部毒性试验:局部刺激性试验(家兔股四头肌注射法)、溶血试验和过敏试验。

③毒理学试验:实验动物的急性毒性试验(LD_{50}的测定)和长期毒性试验。

④对临床适应证疗效的初步观察。

四、第四阶段——临床试验

①靶动物的安全性试验。

②临床试验(Ⅱ期和Ⅲ期临床试验)。

③产品说明书的起草。

④新兽药的注册申报。

五、第五阶段——工厂化生产及上市

①设计并确定工厂化生产工艺流程。

②兽药产品的应用推广。

③兽药上市后的不良反应监测。

思考题

1. 兽药新制剂设计的主要内容和遵循的原则是什么?

2. 兽药新制剂的处方设计包括哪几方面?

3. 兽药新制剂设计给药途径与剂型应从哪些方面考虑?

4. 兽用化学药品注册需要提供哪些方面的试验资料和文献资料?

5. 兽药新制剂处方的优化设计常用哪些试验设计方法?

6. 如何评价一个兽药新制剂?

附录一　动物药剂学实验指导

【实验须知】

动物药剂学基础是一门综合性应用技术学科,具有工艺学性质。在整个教学过程中,实验课占总学时数的二分之一。实验教学突出动物药剂学理论知识的应用与实际动手能力的培养,以实用性、应用性为原则,把掌握基本操作、基本技能放在首位。通过实验应使学生掌握药物配制的基本操作,会使用常见的衡器、量器及制剂设备,能制备常用的动物药物制剂;通过实验使学生具有一定的分析问题、解决问题和独立工作的能力。

实验内容选编了具有代表性的常用剂型的制备及质量评定、质量检查方法,介绍了动物药剂学实验中常用仪器和设备的应用。

实验时要求学生做到以下各项:

①实验前充分做好预习,明确本次实验的目的和操作要点。

②进入实验室必须穿好实验服,准备好实验仪器药品,并保持实验室的整洁安静,以利实验进行。

③严格遵守操作规程,特别是称取或量取药品,在拿取、称量、放回时应进行三次认真核对,以免发生差错。称量任何药品,在操作完毕后应立即盖好瓶塞,放回原处,凡已取出的药品不能任意倒回原瓶。

④要以严肃认真的科学态度进行操作。实验失败时,先要找出失败的原因,考虑如何改正,再征询指导老师意见,是否重做。

⑤实验中要认真观察,联系所学理论,对实验中出现的问题进行分析讨论,如实记录实验结果,写好实验报告。

⑥严格遵守实验室的规章制度,包括报损制度、赔偿制度、清洁卫生制度、安全操作规则以及课堂纪律等。

⑦要重视制品质量。实验成品须按规定检查合格后,再由指导老师验收。

⑧注意节约,爱护公物,尽量避免破损。实验室的药品、器材、用具以及实验成品,一律不准擅自携出室外。

⑨实验结束后,须将所用器材洗涤清洁,妥善安放保存。值日生负责实验室的清洁、卫生、安全检查工作,将水、电、门、窗关好,经指导老师允许后,方可离开实验室。

【如何写好实验报告】

实验报告既是实验者对特定条件下实验内容的书面概括,又是对实验原理、现象和结果的分析和总结;既是考察学生分析、总结实验资料能力和综合概括能力以及文字表达能力的重要内容,又是评定实验成绩的主要依据,也是完成实验的最后环节。实验报告应使用统一的实验报告本(纸)。在实验报告中,首先应列出实验序号和实验题目,具体内容应包括实验目的要求、处方、制法、现象或/和结果以及讨论小结等。处方应按药典格式写出实验用原、辅材料的名称与用量,必要时进行组方原理及附加剂作用等的简要分析说明。制法项下应详述各操作方法、步骤及条件控制,要如实、准确表述实验方法、实验条件、实验原、辅材料及试剂等的实际用量等。实验现象或/和结果项下,要客观地记录实验中观察到的有关现象及测定数据,或制成图、表等,不可凭主观想象或简单地以书本理论替代实验结果。实验小结应是实验结果的概括性总结,要注意科学性和逻辑性,不要单纯地重复实验结果,也不要超出实验范围任意扩大,必要时可对实验结果或异常的原因加以分析。同时对与实验直接相关的思考题做出简答。实验收获、教训、建议和要求等宜单列另加以说明。文字务求简练、工整。

实验成绩的评定一般由实验预习、实验操作、实验结果、实验报告、卫生纪律、实验理论考试等方面组成,而实验操作和实验报告各占25%比例。实验报告应按要求及时集中上交实验指导老师评阅,如拖延上交时间,将酌情扣减实验成绩。

【附】实验报告参考格式

科目:××   年级:××级××班   姓名:××   学号:××   第×实验室

> 实验××   ××××××(实验序号,实验题目)
>
> 【目的与要求】明确本次实验的目的与要求。
>
> 【仪器与材料】写出本次实验所需要使用的仪器、药材以及各种试剂。
>
> 【方法与结果】写出本次实验的工艺流程,详述各步骤的操作方法及控制的条件。要如实、准确表述实验方法、实验条件、实验原、辅材料及试剂等的实际用量,并客观地记录实验中观察到的有关现象及测定的数据,或制成图、表等。
>
> 【小结与讨论】实验小结应是实验结果的概括性总结,要注意科学性和逻辑性。必要时可对实验结果或异常的原因加以分析,同时应对与实验相关的思考题做出简答;还可以谈谈自己本次实验的收获、教训,也可对实验的开设提出合理的建议与要求等。

实验一 青霉素 G 钾盐的稳定性加速实验

【实验目的】

1. 初步了解化学动力学在药物制剂稳定性考察中的应用。
2. 掌握恒温加速实验预测药物制剂贮存期或有效期的方法(经典恒温法)。

【实验原理】

青霉素 G 钾盐在水溶液中迅速破坏,残余未被破坏的青霉素 G 钾盐可用碘量法测定。即

先经碱处理,生成青霉酸,后者可被碘氧化,过量的碘则用硫代硫酸钠溶液回滴,反应方程式如下:

随着青霉素 G 钾盐溶液放置时间的增长,主药分解越来越多,残余未破坏的青霉素 G 钾盐越来越少,故碘液消耗量也相应减少,根据碘液消耗量(mL 数)的对数对时间作图,得到一条直线,表明青霉素 G 钾盐溶液的破坏为一级反应,因为这个反应与 pH 有关,故实际上是一个伪一级反应。

一级反应的速度方程式如下:

$$-\frac{\mathrm{d}c}{\mathrm{d}t}=kc$$

对公式进行积分即得:

$$\lg c = -\frac{k}{2.303}t + \lg c_。 \qquad\qquad （实一式 1）$$

式中,c 为 t 时间尚未分解的青霉素 G 钾的浓度;$c_。$为初浓度;k 为反应速度常数。

此式为一直线方程。其斜率为 $m=-\dfrac{k}{2.303}$,截距为 $\lg c_。$,用速度方程的斜线求出各种温度的反应速度常数。

反应速度常数和绝对温度 T 之间的关系可用阿伦尼乌斯公式表示:

$$\lg k = -\frac{E}{2.303R} \cdot \frac{1}{T} + \lg A \qquad\qquad （实一式 2）$$

此式仍为一直线方程,若按照实一式 1 求得几个温度的 k 值,则可用实一式 2,以 $\lg k$ 对绝对温度的倒数作图,可得一直线,再以外推法求出室温时(25 ℃)的 k 值($k_{25℃}$)。根据 $t_{0.5}=\dfrac{0.693}{R}$ 和 $t_{0.1}=\dfrac{0.105}{k}$ 即可求出在室温时药物半衰期和有效期。

【实验材料和仪器】

1. 药品

青霉素 G 钾盐、柠檬酸-磷酸氢二钠缓冲液、1 mol/L 的氢氧化钠溶液、1 mol/L 的盐酸溶液、乙酸缓冲溶液、0.01 mol/L 硫代硫酸钠溶液、0.01 mol/L 碘液、淀粉指示剂。

2. 器材

100 mL 容量瓶、水浴锅、碘量瓶、5 mL 移液管、10 mL 移液管、滴定管。

【实验内容】

精密称取青霉素 G 钾盐 70 mg,置 100 mL 干燥容量瓶中,用 pH 4 的缓冲液(柠檬酸-磷酸氢二钠缓冲液)定容,将此容量瓶置恒温水浴中,立即用 5 mL 移液管移取该溶液 2 份,每份 5 mL,分别置于两个碘量瓶中(一份为检品,另一份为空白),并同时以该时刻为零时刻记录取样时间,以后每隔一定时间取样一次,方法和数量同上。

每次取样后,立即按下法进行含量测定:

向盛有 5 mL 检品的碘量瓶中加入 1 mol/L 的氢氧化钠溶液 5 mL,放置 15 min,使充分反应后,加入 1 mol/L 的盐酸溶液 5 mL,乙酸缓冲液(pH 4.5)10 mL,摇匀,精密加入 0.01 mol/L 碘液 10 mL,在暗处放置 15 min,立即用 0.01 mol/L 硫代硫酸钠溶液回滴,以淀粉液为指示剂,至蓝色消失,消耗硫代硫酸钠溶液的量记录为 b。

向盛有 5 mL 空白的另一个碘量瓶中加 pH 4.5 乙酸缓冲溶液 10 mL,精密加入 0.01 mol/L 碘液 10 mL,放置 1 min,用 0.01 mol/L 硫代硫酸钠溶液回滴,消耗硫代硫酸钠溶液的量记录为 a,$a-b$ 即为实际消耗碘液量。

实验温度选择 30 ℃、35 ℃、40 ℃、45 ℃四个温度,取样时间应视温度而定,温度高,取样间隔宜短,一般实验温度为 30 ℃,两次取样间隔 60 min;实验温度为 35 ℃,间隔时间 30 min;实验温度 40 ℃,间隔时间 20 min;实验温度 45 ℃,间隔时间为 15 min(表实 1)。

表实 1   实验温度及取样间隔时间表

实验温度/℃	30	35	40	45
间隔时间/min	90	30	20	15

【实验数据记录】

将数据记录于表实 2。

表实 2   实验温度为 30 ℃时不同取样时间实验记录表

结果记录	取样时间/min				
	0	90	180	270	360
a/mL					
b/mL					
$(a-b)$/mL					
$\lg(a-b)$					

注:其他温度的数据均按此格式记录。

【实验数据的处理】

(一)作图法求室温时的半衰期和有效期

1. 求各温度的反应速度常数 k

①求直线的斜率(m),可在直线上任取两点,它们的横坐标之差为 t_2-t_1,纵坐标之差为 $\lg(a_2-b_2)$,则直线的斜率为:

$$m = \frac{\lg(a_2 - b_2) - \lg(a_1 - b_1)}{t_2 - t_1} \qquad （实一式3）$$

②求反应速度。

根据 $m = \dfrac{k}{2.303}$，得 $k = 2.303 \times m$。

将如此求得的四个温度的 k 值与其绝对温度列于表实3：

表实3　温度与 k 值表

T/K	$273 + 30$	$273 + 35$	$273 + 40$	$273 + 45$
$1/T \times 10^3$				
k				
$\lg k$				

2. 求室温下的反应速度常数 k

用 $\lg k$ 对 $1/T \times 10^3$ 作图，得一直线，用外推法可求出室温的反应速度常数 k。

3. 求室温时的有效期和半衰期

$$t_{0.5} = \frac{0.693}{R} \qquad t_{0.1} = \frac{0.105}{k} \qquad （实一式4）$$

（二）用回归方程求室温时的半衰期和有效期

回归方程中直线的斜率 b，截距 a 的求算公式如下：

$$a = \frac{\sum x_i^2 y_i - \sum x_i \sum x_i y_i}{n \sum x_i - \left(\sum x_i\right)^2} \qquad （实一式5）$$

$$b = \frac{n \sum x_i y_i - \sum x_i \sum y_i}{n \sum x_i - \left(\sum x_i\right)^2} \qquad （实一式6）$$

由（实一式6）可知 $b = \dfrac{k}{2.303}$，则某一温度下的速度常数 $k = -2.303 \times b$，设加速实验中某温度下取样时间 t_i 为 x_i，检品实际消耗碘液量的对数 $\lg(a-b)_i$ 为 y_i，结果记录与表实4中。

表实4　回归计算表

温度	n	x_i（取样时间）	$\lg(a-b)$	x^2	xy
	1				
	2				
	3				
	4				
	5				

续表表实 4

温度	n	x_i(取样时间)	$\lg(a-b)$	x^2	xy
	$\sum$				
	$\sum^2$				

将此表值带入公式可求出斜率 b,从而求出 k 值,将 4 个温度的 k 值与其绝对温度的倒数列于表实 5。

表实 5   温度与 k 值表

T/K	303	308	313	318
$1/T \times 10^3$				
k				
$\lg k$				

再设 x_i 为 $1/T \times 10^3$,y_i 为 $\lg k$,列于下列回归计算表(表实 6)。

表实 6   回归计算表

n	$x_i(1/T \times 10^3)$	$y_i(\lg k)$	x^2	xy
1				
2				
3				
4				
5				
$\sum$				
$\sum^2$				

将此表之值代入公式可求出斜率 b 和截距 a,由公式可知:

$$b = \frac{E}{2.303R} \quad a = \lg A \qquad \text{(实一式7)}$$

从而求出活化能 E 与频率因子 A,将 E 和 A 代入公式便可求出室温时的 k,然后代入公式 $t_{0.5} = \dfrac{0.693}{R}$ 和 $t_{0.1} = \dfrac{0.105}{k}$,即可求出半衰期和有效期。

实验二 溶液型和胶体型液体药剂的制备

【实验目的】

1. 了解各类液体药剂的分类及特点。
2. 掌握常用液体药剂的制备方法及稳定措施。
3. 熟悉影响液体药剂质量的因素以及评定质量的方法。

【实验原理】

液体药剂按分散系统分为溶液型、胶体型、混悬型和乳浊型。属于同一分散系统的液体药剂,往往由于医疗上的作用和用途不同,其制法和组成等要求也不相同。这就出现了按给药途径与应用方法加以区别和命名的制剂,这类制剂在医疗实践中应用甚广。故制备时,可参考各类型液体药剂的制备方法进行。

溶液剂供内服和外用,除主药含量应准确外,还不得有沉淀浑浊或异物,为增加药物的溶解度可加入助溶剂、增溶剂,为使溶液稳定可加入抗氧剂,如亚硫酸氢钠、焦亚硫酸钠、乙二胺四乙酸二钠等。

溶液型液体药剂多采用溶解法制备,即把药物溶解于分散介质中,如水杨酸钠合剂采用此法制备。

制备亲水性胶体溶液,基本上和真溶液相同,只是将药物溶解时,首先要经过溶胀过程,即水分子钻到亲水胶体分子间的空隙中,与亲水基团发生水化作用,最后使胶体分子完全分散在水中形成亲水胶体溶液。

【实验材料和仪器】

1. 药品

碘、碘化钾、乙醇、水杨酸钠、碳酸氢钠、焦亚硫酸钠、乙二胺四乙酸二钠、胃蛋白酶(1∶3 000)、稀盐酸、橙皮酊、甘油、煤酚、软皂、蒸馏水。

2. 器材

量筒、烧杯、玻璃棒、刻度吸管、天平。

【实验内容】

(一)溶液型液体药剂

1. 碘酊

(1)处方 碘 1.0 g、碘化钾 0.8 g、乙醇 25.0 mL、水适量、全量 50.0 mL。

(2)制法 取碘化钾,加水约 1 mL 溶解后,加碘及乙醇,搅拌使溶解,再加水适量使成 50 mL,搅匀,即得。

(3)注解 碘在水中的溶解度为 1∶2 950,加入碘化钾可与碘生成易溶于水的络合物

KI_3,同时使碘稳定不易挥发,并减少其刺激性。

【思考题】

①碘化钾在此方中起何作用?

②为何先用少量水溶解碘化钾和碘?

③请设计2%碘酊的处方,并说明制备方法和原理。

2. 水杨酸钠合剂

(1)处方　水杨酸钠10.0 g、碳酸氢钠5.0 g、焦亚硫酸钠0.1 g、乙二胺四乙酸二钠0.02 g、蒸馏水适量、全量100.0 mL。

(2)制法　取碳酸氢钠、焦亚硫酸钠、乙二胺四乙酸二钠溶于适量蒸馏水中,加入水杨酸钠溶解,滤过,加蒸馏水至100 mL,搅匀,即可。

(3)稳定性考察　以上处方按以下两种情况配制:

①照原处方配制。

②原处方不加稳定剂配制。

将制得的两种溶液在室内放置一周后比较A、B两组溶液变化情况,并说明原因及生成物。

组别	变化情况	生成物

(二)胶体型液体药剂

1. 胃蛋白酶合剂

(1)处方　胃蛋白酶(1:3 000)2.0 g、稀盐酸1.3 mL、橙皮酊2.0 mL、甘油17.0 mL、蒸馏水适量、全量100.0 mL。

(2)制法　取稀盐酸加水约30 mL,混匀,将胃蛋白酶撒在液面上,自然膨胀,轻轻搅拌使溶解,再加水至100 mL,搅拌均匀,即得。

(3)注解　胃蛋白酶极易吸潮,故称取时应迅速。胃蛋白酶在pH 1.5～2.0时活性最强,盐酸的量若超过0.5%时会破坏其活性,也不可直接加入未经稀释的稀盐酸。操作中的强力搅拌以及用棉花、滤纸滤过等,都会影响本品的活性和稳定性。

【思考题】

①胃蛋白酶的消化力1:3 000是指什么?

②处方中为什么要加稀盐酸?将稀盐酸与蛋白酶直接混合是否合理?

2. 煤酚皂溶液

(1)处方　煤酚25.0 mL、软皂25.0 g、蒸馏水适量、全量50.0 mL。

(2)制法　将煤酚、软皂加在一起搅拌(必要时加热),使其混溶至足量,搅拌均匀,即得。

注解:煤酚原称煤馏油酚或称甲酚,与酚的性质相似,但杀菌力较酚强,在水中溶解度小(1:50)。本实验依靠软皂的增溶作用,使煤酚在水中的溶解度增至50%,故该溶液是甲酚皂的缔合胶体溶液。

（3）检查　取本品加蒸馏水，配制成 25％、10％、5％等浓度溶液，观察澄明度，并在放置 3 h 后再进行观察，如成品稀释后变浑浊，分析原因。

【思考题】

软皂在此溶液中的作用是什么？

实验三　混悬剂的制备

【实验目的】

1. 掌握亲水性、疏水性药物制成混悬剂的一般制备方法。
2. 了解助悬剂、润湿剂、絮凝剂等在混悬液中的应用。

【实验原理】

混悬液为不溶性固体药物微粒分散在液体分散媒中形成的非均相体系，可供口服、局部外用和注射。

混悬剂的配制方法有分散法（如研磨粉碎）和凝聚法（如化学反应和微粒结晶）。

分散法：将固体药物粉碎成微粒，再根据主药性质混悬于分散介质中，加入适宜的稳定剂。亲水性药物先干研至一定细度，再加液研磨（通常 1 份固体药物，加 0.4～0.6 份液体为宜）；疏水性药物则先用润湿剂或高分子溶液研磨，使药物颗粒润湿，最后加分散介质稀释至总量。

凝聚法：将离子或分子状态的药物借助物理或化学方法凝聚成微粒，再混悬于分散介质中形成混悬剂。

混悬剂成品的标签上应注明"用时摇匀"。为安全起见，剧毒药不应制成混悬剂。

【实验材料和仪器】

1. 药品

磺胺嘧啶、尼泊金乙酯、1％糖精钠、羧甲基纤维素钠、香精、氢氧化钠、柠檬酸钠、苯甲酸钠、蒸馏水。

2. 器材

量筒、烧杯、玻璃棒、刻度吸管、天平、研钵、电炉。

【实验内容】

磺胺嘧啶合剂

处方一：磺胺嘧啶 10.0 g、尼泊金乙酯 0.04 g、1％糖精钠适量、羧甲基纤维素钠 1.0～1.2 g、香精适量、蒸馏水加至 100.0 mL。

制法:加助悬剂法取 CMC-Na 加入 2/3 量的蒸馏水,待溶解后与磺胺嘧啶在乳钵中充分研磨,然后加入其余成分并加蒸馏水至全量即可。

处方二:磺胺嘧啶 10.0 g、氢氧化钠 1.6 g、柠檬酸钠 6.5 g、苯甲酸钠 0.2 g、1％糖精钠适量、香精适量、蒸馏水加至 100.0 mL。

制法:微粒结晶法操作如下。

①取氢氧化钠加入经煮沸后的蒸馏水 25 mL 中搅拌溶解,然后趁热将磺胺嘧啶分次加入,并不断搅拌使溶解,放冷,得淡黄色液体,为"甲液"。

②取柠檬酸加蒸馏水至 10 mL。搅拌溶解为"乙液"。

③取柠檬酸钠、苯甲酸钠及 1％糖精钠一次加入蒸馏水约 30 mL 中,搅拌溶解为"丙液"。

④将甲液与乙液按 3∶1 的比例,分次交替加入丙液中,边加边搅拌,直至加完为止,并继续搅拌片刻,此时磺胺嘧啶即以微粒结晶状态混悬于水,最后添加适量蒸馏水至 100 mL,搅拌均匀即得。

注解:①难溶性固体药物粒子大小,对于溶解、吸收有一定的影响,一般粒子越细则越有利于溶解和吸收。②磺胺类药物不溶于水,可溶于碱液形成盐,但钠盐水溶液不稳定,极易吸收空气中的 CO_2 而析出沉淀,用时也易受光线重金属离子的催化而氧化变色,所以实际工作中一般不用钠盐制成溶液剂供内服。然而,在其磺胺钠盐(碱性溶液)中用酸调解时即转变成磺胺类微粒结晶析出,利用此微晶直接配制成分布均匀的混悬液,此法制成的混悬微粒的直径比原粉减小 4～5 倍(通常可得到 10 μm 以下的晶体)。故混悬微粒沉降缓慢,克服了用助悬剂法制备磺胺类混悬液所常出现的易分层黏瓶,不宜摇匀吸收性差等缺点。

列表,比较两法制品的外观、流动性和黏度。

【思考题】

比较两种制法制备的磺胺嘧啶合剂的质量状况,并进行讨论。

实验四　混悬剂的稳定性评定

【实验目的】

1. 掌握混悬剂稳定性影响因素。
2. 熟悉助悬剂、润湿剂、絮凝剂及反絮凝剂等在混悬液中的应用。

【实验原理】

优良的混悬剂应符合一定的质量要求:药物颗粒细小,并且分散均匀,颗粒下降缓慢,颗粒沉降后,经振摇又能重新分散,而不宜结成硬块。

根据斯托克斯定律可以看出,减少颗粒半径,增加分散的黏度可降低颗粒的沉降速度。因此制备混悬液时,常用加液研磨法制备悬浊液以减小固体分散相粒径,并加入一些助悬剂等稳定剂以增加分散介质的黏度,降低沉降速度和增加稳定性。混悬剂的稳定剂一般分为三类:①助悬剂;②润湿剂;③絮凝剂与反絮凝剂。如为防止小颗粒的絮凝聚集,常用西黄蓍胶和甲基纤维素钠等反絮凝剂,除使分散介质黏度增加外,还能形成一个带电水化膜包在颗粒表面。

【实验材料和仪器】

1. 药品与试剂

氧化锌、50%甘油、甲基纤维素、西黄蓍胶、精制硫黄、乙醇、软皂液、吐温 80、碱式硝酸铋、1%柠檬酸钠溶液。

2. 器材

量筒、烧杯、玻璃棒、120 目筛、滴管、刻度吸管、天平、研钵、试管。

【实验内容】

(一)亲水性药物混悬剂的制备及沉降容积比的测定

1. 处方

氧化锌混悬剂各处方见表实 7。

表实 7　氧化锌混悬剂各处方

药品	处方号			
	1	2	3	4
氧化锌/g	0.5	0.5	0.5	0.5
50%甘油/mL	—	6.0	—	—
甲基纤维素/g	—	—	0.1	—
西黄蓍胶/g	—	—	—	0.1
蒸馏水加至/mL	10	10	10	10

2. 操作

(1)处方 1、处方 2 的配制　称取氧化锌细粉(过 120 目筛),置乳钵中,分别加 0.3 mL 蒸馏水或甘油研成糊状,再各加少量蒸馏水或余下甘油研磨均匀,最后加蒸馏水稀释并转移至 10 mL 刻度试管中,加蒸馏水至刻度。

(2)处方 3 的配制　称取甲基纤维素 0.1 g,加入蒸馏水研成溶液后,加入氧化锌细粉,研成糊状,再加蒸馏水研匀,稀释并转移至 10 mL 刻度试管中,加蒸馏水至刻度。

(3)处方 4 配制　称取西黄蓍胶 0.1 g,置乳钵中,加乙醇几滴润湿均匀,加少量蒸馏水研成胶浆,加入氧化锌细粉,以下操作同处方 3 配制。

(4)沉降容积比测定　将上述 4 个装混悬液的试管,塞住管口,同时振摇相同次数(或时间)后放置,分别记录 0 min、5 min、10 min、30 min、60 min、90 min、120 min 沉降物的高度(mL),计算沉降容积比,结果填入表实 9。根据数据,绘制各处方的沉降曲线(加甘油作助悬剂,会出现两个沉降面,这是因为甘油对小粒子的助悬效果好,而对大粒子助悬效果差,观察时应同时记录两个沉降体积)。

3. 操作注意

①各处方配制时,加液量、研磨时间及研磨用力应尽可能一致。

②用于测定沉降容积比的试管直径应一致。

③由于甘油为低分子助悬剂,助悬效果不很理想,研磨力度、时间应保持一致,否则不易观察。

④西黄蓍胶粉先加数滴乙醇润湿,再加蒸馏水研成胶液。

(二)疏水性药物混悬剂的制备,比较几种润湿剂的作用

1. 处方

硫黄洗剂的处方组成见表实8。

表实8　硫黄洗剂处方组成

药品	处方号			
	1	2	3	4
精制硫黄/g	0.2	0.2	0.2	0.2
乙醇/mL	—	2.0	—	—
50%甘油/mL	—	2.0	—	—
软皂液/g	—	—	1	—
吐温80/g	—	—	—	0.03
蒸馏水加至/mL	10	10	10	10

2. 操作

称取精制硫黄置乳钵中,各处方分别按加液研磨法依次加入少量蒸馏水、乙醇、甘油、软皂液或吐温80(加少量蒸馏水)研磨,再向各处方中缓缓加入蒸馏水至全量。振摇,观察硫黄微粒的混悬状态,记录。

3. 操作注意

为保证结果观察准确,硫黄称量要准确。

(三)絮凝剂对混悬剂再分散性的影响

1. 处方

①碱式硝酸铋1.0 g、蒸馏水适量、共制成10 mL。

②碱式硝酸铋1.0 g、1%柠檬酸钠溶液1.0 mL、蒸馏水适量、共制成10 mL。

2. 操作

①取碱式硝酸铋2.0 g置乳钵中,加0.5 mL蒸馏水研磨,加蒸馏水分次转移至10 mL试管中,摇匀,分成2等份,一份加水至10 mL,为处方(1);另一份加蒸馏水至9 mL,再加1%柠檬酸钠溶液1.0 mL。两试管振摇后放置2 h。

②首先观察试管中沉降物状态,然后再将试管上下翻转,观察沉降物再分散状况,记录翻转次数与现象。

3. 操作注意

用上下翻转试管的方式振摇沉降物,两管用力要一致。注意用力不要过大,切勿横向用力振摇。

【数据记录】

①将沉降容积比测定结果填入表实9。

表实9　沉降容积比与时间的关系

时间/min	处方号							
	1		2		3		4	
	H_u	H_u/H_0	H_u	H_u/H_0	H_u	H_u/H_0	H_u	H_u/H_0
5								
10								
30								
60								
90								
120								

注:H_0 为混悬液的高度;H_u 为沉降物的高度。

②根据表实9数据,以 H_u/H_0(沉降容积比)为纵坐标,时间为横坐标,绘制各处方沉降曲线,比较几种助悬剂的助悬能力。

③记录碱式硝酸铋混悬剂2 h沉降物状态及再分散翻转次数,沉降物的状态。

④记录硫黄洗剂各处方的混悬情况,讨论不同润湿剂的稳定作用。

⑤记录分散法与凝聚法制备硫黄洗剂的混悬情况,讨论不同制备方法对制剂稳定性及分散状况的影响。

【思考题】

根据斯托克斯定律并结合处方分析影响混悬剂稳定性的主要因素有哪些?应采取哪些措施增强混悬剂稳定性?

实验五　乳剂的制备及所需 HLB 的测定

【实验目的】

1. 掌握乳剂的几种制备方法。
2. 通过对液体石蜡所需 HLB 的测定,学习选择合适乳化剂的方法。
3. 熟悉乳剂类型的鉴别方法及了解乳剂转型的条件。

【实验原理】

乳剂是两种互不混溶的液体(通常为水或油)组成的非均相分散体系,是制备时加乳化剂,通过外力做功,使其中一种液体以小液滴形式分散在另一种液体中形成的液体制剂。乳剂的类型有水包油(O/W)型和油包水(W/O)型等。乳剂的类型主要取决于乳化剂的种类、性质及两相体积比。制备乳剂时应根据制备量和乳滴大小的要求选择设备。小量制备多在乳钵中进行,大量制备可选用搅拌器、乳匀机、胶体磨等器械。制备方法有干胶法、湿胶法或直接混合法。乳剂类型的鉴别,一般用稀释法或染色法。

【实验材料和仪器】

1. 药品与试剂

液体石蜡、阿拉伯胶、5%尼泊金乙酯醇溶液、0.3%氢氧化钙溶液、花生油、吐温 80、司盘 80、油溶性染料苏丹红、水溶性染料亚甲蓝、蒸馏水等。

2. 器材

量筒(10 mL、100 mL)、25 mL 干燥有塞量筒、烧杯(50 mL、100 mL)、具塞三角烧瓶(250 mL)、玻璃棒、滴管、刻度吸管、天平、研钵、试管、显微镜、载玻片等。

【实验内容】

(一)液体石蜡乳

1. 处方

液体石蜡 12.0 mL、阿拉伯胶 4.0 g、5%尼泊金乙酯醇溶液 0.05 mL、蒸馏水加至 30.0 mL。

2. 制法

①将阿拉伯胶粉置于干燥乳钵中分次加入液体石蜡,研匀,一次加水 8 mL,迅速向同一方向研磨至发劈啪声,即成初乳,再加水 5 mL 研磨后,加尼泊金乙酯醇液,蒸馏水边加边研至全量。②使用高速捣碎机。

(二)石灰搽剂

1. 处方

0.3%氢氧化钙溶液 15.0 mL、花生油 15.0 mL。

2．制法

将氧氧化钙溶液与花生油混合用力振摇使成乳浊液即得。

(三)乳剂类型的鉴别

(1)稀释法取试管 2 支,分别加入液体石蜡乳和石灰搽剂各一滴,再加入蒸馏水约 5 mL,振摇观察是否能均匀混合,根据实验结果判断上述两种乳剂类型。

(2)染色法将上述两种乳剂分别涂在载玻片上,加油溶性染料苏丹红染色和加水溶性染料亚甲兰染色,在显微镜下观察染料分布情况,根据检查结果,判断乳剂类型。

(四)液体石蜡所需最适 HLB 的测定

用吐温 80(HLB＝15.0)及司盘 80(HLB＝4.7)配成 HLB 为 8.0、10.0、12.0 及 14.0 的四种混合乳化各 5 g,计算各单个乳化剂的用量,填于表实 10。

表实 10　不同 HLB 下各个乳化剂用量

乳化剂	HLB			
	8.0	10.0	12.0	14.0
吐温 80				
司盘 80				

取四支 25 mL 干燥有塞量筒,各加入 6.0 mL 液体石蜡,再分别加入上述不同 HLB 的混合乳化剂 0.5 mL,剧烈振摇 10 s,然后再加蒸馏水 2 mL 振摇 20 次,最后沿管壁慢慢加蒸馏水使成全量 20 mL,振摇 30 次即可成乳。放置 5 min、10 min、30 min、60 min 后,分别观察并记录各乳剂分层毫升数(表实 11)。

表实 11　不同 HLB 的乳剂放置不同时间分层毫升数

项目	HLB			
	8.0	10.0	12.0	14.0
5 min 后分层毫升数				
10 min 后分层毫升数				
30 min 后分层毫升数				
60 min 后分层毫升数				

根据以上观察结果,液体石蜡所需 HLB 为_____,做成乳剂属_____型。

【思考题】

1. 乳化剂有哪几类?制备乳剂时应如何选择乳化剂?

2. 所制备的液体石蜡乳和石灰搽剂二处方中,分别以何物作为乳化剂?成品为何种类型乳剂?

实验六 输液的制备

【实验目的】

1. 通过实验建立无菌概念,掌握无菌制剂输液剂的关键操作。
2. 熟悉输液剂的质量检查内容和方法。

【实验原理】

一个合格的输液剂必须是澄明度合格、无菌、无热原、安全性合格(无毒性、溶血性和刺激性)、在贮存期内稳定有效,pH、渗透压(大容量注射剂)和药物含量应符合要求。输液的 pH 应接近体液,一般控制在 4～9 范围内,特殊情况下可以适当放宽,如葡萄糖注射液的 pH 为 3.2～5.5,最稳定的 pH 为 3.6～3.8,葡萄糖氯化钠注射液的 pH 为 3.5～5.5。具体输液剂品种的 pH 的确定主要依据以下三个方面,首先是满足临床需要,其次是满足制剂制备、贮藏和使用时的稳定性,最后要满足生理可承受性。凡大量静脉注射或滴注的输液,还应调节其渗透压与血浆渗透压相等或接近,且不能加非生理性的附加剂。

【实验材料和仪器】

1. 药品与试剂

葡萄糖(注射用)、盐酸、注射用水等。

2. 器材

隔离膜、微孔滤膜、灌装机、洗瓶机等。

【实验内容】

(一)5%葡萄糖的制备

1. 处方

葡萄糖(注射用)50.0 g、盐酸适量、注射用水加至 1 000.0 mL。

2. 操作

(1)容器的准备

①输液瓶的处理。先以水冲洗,再用 2%氢氧化钠溶液(50～60 ℃)或 2%～3%碳酸氢钠溶液(50～60 ℃)浸泡并刷洗,再用水冲洗至中性,最后用蒸馏水或去离子水冲洗。临用前尚需用注射用水冲洗两次。忌用旧瓶。

②橡皮塞的处理。橡皮塞先用水搓洗,用 0.5%～1%氢氧化钠溶液煮沸约 30 min,热水洗净,再用 0.5%～1%盐酸煮沸约 30 min,水洗净,用蒸馏水或去离子水漂洗并煮沸 30 min,临用前再用注射用水至少洗三次。

③隔离膜的处理。将膜用 75%～95%乙醇浸洗或用注射用水煮沸 30 min,再用注射用水反复漂洗,至漂洗后的注射用水澄明无异物为止。

（2）配制　按处方量称取葡萄糖,加适量热注射用水溶解,配成50%～60%的浓溶液,用盐酸调节pH至3.8～4.0;加上述浓溶液量的0.1%～0.3%(g/mL)注射剂用活性炭,活性炭要求必须用针用级别,用前应活化。搅匀、加热煮沸15 min,趁热滤过除炭。滤液加注射用水至配制量,测pH及含量合格后用适宜滤器预滤,最后用微孔滤膜(孔径0.8 μm)滤过,检查澄明度合格,即可灌装。

（3）灌装　输液瓶临用前用新鲜的澄明度合格的注射用水再冲洗两次。将合格滤液立即灌装,并随即用漂洗合格的涤纶膜盖好,加橡皮塞,铝帽封口。此过程要求在100级洁净条件下无菌生产。

（4）灭菌与检漏　灌封好的输液应及时于115 ℃热压灭菌30 min。灭菌过程应严格按照操作规程,预热时排尽锅内空气再使温度上升,并控制好灭菌温度和时间。灭菌结束立即停止加热,并缓慢放气使压力表指针回复至零,温度表降温至90 ℃以下,开启锅盖,取出输液,冷至50 ℃,将药瓶轻轻倒置,不得有漏气现象。

3. 操作注意

①配制前注意原、辅料的质量、浓配、加热、加酸、加注射剂用炭吸附以及包装用输液瓶、橡皮塞、涤纶膜的处理等,都是消除注射液中小白点,提高澄明度,除去热原、霉菌等的有效措施。

②本品易生长霉菌等微生物,又不能添加任何抑菌剂,故在全部制备过程应严防污染,从配制至灭菌,应严密控制时间以免产生热原反应。

③输液的滤过要求滤速快、澄明度好。滤过除炭,要防止漏炭。预滤常用砂滤棒,垂熔玻璃滤棒或漏斗,最后用微孔滤膜(孔径为0.8 μm)作终端滤器。近年来有用单向复合膜滤器(用1.2 μm,0.8 μm、0.65 μm三种孔径的滤膜分三层同放在一个滤器中),输液可以一次滤过完成除炭、预滤和精滤。

④灭菌温度超过120 ℃,时间超过30 min,溶液开始变黄,色泽的深浅与5-羟基糠醛产生的量成正比。故应注意灭菌温度和时间。灭菌完毕后,及时打开锅盖冷却。但要特别注意降温降压后才能启盖。

⑤葡萄糖溶液在灭菌后,常使pH下降,故经验认为溶液pH先调节至3.8～4.0,再加热灭菌后pH降低0.1～0.2。

（二）输液剂质量检查与评定

①澄明度按农业部关于注射剂澄明度检查的规定检查,应符合规定要求。

②pH应为3.6～3.8,注意灭菌前后pH变化。

③不溶性微粒除另有规定外,溶液型静脉注射液,照不溶性微粒检查法(《中国兽药典》附录)检查,均应符合规定。

④热原或细菌内毒素除另有规定外,静脉注射剂按各品种项下的规定,照细菌内毒素检查法(《中国兽药典》附录)或热原(《中国兽药典》附录)检查,应符合规定。

⑤装量:注射液装量按《中国兽药典》附录装量检查,应符合规定。

【思考题】

1. 输液灭菌的温度和时间如何控制?

2. 输液中为什么不能加非生理性的附加剂?

3. pH对葡萄糖溶液的色泽有什么影响?产生的色泽是什么物质?

实验七 粉散剂的制备

【实验目的】

1. 掌握粉散剂的制备工艺流程及制备方法。
2. 熟悉等量递增的混合方法与散剂的常规检查方法。

【实验原理】

粉散剂系指药剂或与适宜辅料经粉碎均匀混合而制成的干燥粉末状剂型,供内服或外用。按药物性质分为一般散剂、含毒性成分散剂、含液体成分散剂、含共熔成分散剂。其外观应干燥、疏松、混合均匀、色泽一致且装量差异限度、水分及微生物限度应符合规定。

制备工艺流程:物料准备→粉碎→过筛→混合→分剂量→质检→包装。

混合操作是制备散剂的关键。目前常用的混合方法有研磨混合法、搅拌混合法和过筛混合法。

【实验材料和仪器】

1. 药品与试剂

氯化钠、碳酸氢钠、氯化钾、葡萄糖、地克珠利、淀粉、雄黄、藿香等。

2. 器材

天平、粉碎机、白瓷盘,封口机等。

【实验内容】

(一)粉散剂的制备

1. 口服补液盐

处方

氯化钠 17.5 g、碳酸氢钠 12.5 g、氯化钾 7.50 g、葡萄糖 110.0 g、制成 10 包。

制法:取葡萄糖、氯化钠粉碎成细粉,混匀,分装于大袋中;另取氯化钾、碳酸氢钠碎成细粉,混匀,分装于小袋中;将大小袋同装于一包,即得。

2. 止痢散

处方

雄黄 40.0 g、藿香 110.0 g、滑石 150.0 g。

制法:以上 3 味,粉碎,过筛,混匀,每 100 g 制成 1 包装即得。

3. 冰硼散

处方

冰片 5 g、硼砂(煅)50 g、朱砂 6 g、玄明粉 50 g。

制法:粉碎、过筛。水飞朱砂。取超过处方量的朱砂,除去杂质,用磁铁吸尽铁屑,研细过筛,然后将朱砂粉末倒入乳钵内,加少量水湿润后研磨成糊状,继续研磨,然后稍静置,用皮纸掠去水面的浮沫,再研至极细,用手指沾朱砂,捻之细腻无粗末。在乳钵内注满清水,搅动,使细粉悬浮,上层的混悬液倾入另一容器中,留下的粗末,再研再飞,直至不出现能研细之粗粒(残渣或杂质)时为止,混悬液静置沉降后,倾去清水,沉淀物取出干燥,研细,过8号筛,即得。硼砂粉碎成细粉,过5号筛;将冰片研细,备用。

混合、过筛。取玄明粉与朱砂用"打底套色法"和"等量递增法"混匀,混合时先取少量玄明粉置于乳钵内先行研磨,以饱和乳钵的表面能,再将朱砂乳钵中,逐渐加入等量玄明粉研匀,再与硼砂用"等量递增法"混匀,后加入冰片混匀,过筛,混匀,即得。

注解:①本品为一般散剂,因处方组分比例和色泽均相差悬殊,故采用"打底套色法"和"等量递增法"混匀。②冰片为挥发性药物,故在制备散剂时最后加入,以防生产过程中成分挥发。

(二)粉散剂的装量差异检查

按《中国兽药典》附录相关页最低装量。

取供试品5包(50 g以上取3个),除去外盖和标签,容器用适宜的方法清洁并干燥,分别精密称定质量,除去内容物,容器用适宜的溶剂洗净并干燥,再分别精密称定空容器的质量,求出每个容器内容物的装量和平均装量,均应符合表实12的有关规定。如有1个容器装量不符合规定,则另取5个(或3个)复试,应全部符合规定。

表实12 粉散剂的装量差异

标示装量	平均装量	每个容器装量
20 g以下		不少于标示装量的93%
20～50 g		不少于标示装量的95%
50～500 g	不少于标示装量	不少于标示装量的97%
500 g以上		不少于标示装量的98%

【思考题】

1. 写出散剂的制备工艺流程。

2. 若粉散剂成分中有剧毒药、含量少的药物、小量易挥发液体,不挥发药物的酊剂,浸膏等时,如何制备?

3. 粉散剂在存放过程中结块或变色是为什么?

实验八 颗粒剂的制备

【实验目的】

1. 掌握颗粒剂的制备方法。

2. 熟悉中药颗粒剂制备的工艺流程与方法。

【实验指导】

颗粒剂是新兽药剂型,其优点非常适合应用于兽医临床。在粉散剂的基础上进一步制得,而且还可加工成片剂等其他固体制剂。

【实验材料和仪器】

1. 药品与试剂

甲磺酸培氟沙星、淀粉、蔗糖、10%淀粉浆、食用香精、板蓝根、糊精、乙醇等。

2. 器材

100 目筛、16 目筛、粉碎机、电炉、大烧杯、混合机、制粒机等。

【实验内容】

1. 甲磺酸培氟沙星颗粒

(1)处方 甲磺酸培氟沙星 200.0 g、淀粉 6 000.0 g、蔗糖 3 000.0 g、10%淀粉浆 800.0 g、食用香精适量。

(2)制法 蔗糖粉碎,过 100 目筛,细粉备用;甲磺酸培氟沙星、淀粉分别过 100 目筛,备用;冲成 10%的淀粉浆,放凉至 50 ℃以下,备用;将以上各部分在混合机中混合 15～30 min,再加入淀粉浆制成软材,用制颗粒机制成适宜大小的颗粒,60 ℃干燥,在缓慢搅拌下喷入食用香精,闷 30 min,含量测定合格后,然后分装成 100 g 包装,密封,包装,即得。

2. 板蓝根颗粒剂的制备

(1)处方 板蓝根 500.0 g、蔗糖适量、糊精适量。

(2)制法 取板蓝根 500 g,加水适量浸泡 1 h,煎煮 2 h,滤出煎液,再加水适量煎煮 1 h,合并煎液,滤过。滤液浓缩至适量,加乙醇使含醇量为 60%,搅匀,静置过夜,取上清液回收乙醇,浓缩至相对密度为 1.30～1.33(80 ℃)的清膏。取膏 1 份、蔗糖 2 份、糊精 1.3 份,制成软材,过 16 目筛制颗粒,干燥、每袋 10 g 分装即得。

注解:由于本实验煎煮、精制等费时间较长,可安排与前一个实验交叉进行,或每组直接分给板蓝根清膏 50 mL。

【思考题】

兽药颗粒剂的应用特点有哪些?

实验九　片剂的制备及质量检查

【实验目的】

1. 通过片剂制备,掌握湿法制粒压片的工艺过程。

2. 掌握单冲压片机的使用方法及片剂质量的检查方法。

【实验指导】

片剂是应用最为广泛的药物剂型之一。片剂的制备方法有制颗粒压片(分为湿法制粒和干法制粒)、粉末直接压片和结晶直接压片。其中,湿法制粒压片最为常见。

制备片剂的药物和辅料在使用前必须经过干燥、粉碎和过筛等处理,方可投料生产。为了保证药物和辅料的混合均匀性以及适宜的溶出速度,药物的结晶须粉碎成细粉,一般要求粉末细度在 100 目以上。

向已混匀的粉料中加入适量的黏合剂或润湿剂,用手工或混合机混合均匀制成软材,软材的干湿程度应适宜,除用微机自动控制外,也可凭经验掌握,即以"握之成团,轻压即散"为度。

制好的湿颗粒应尽快干燥,干燥的温度由物料的性质而定,对湿热稳定者,干燥温度可适当提高。湿颗粒干燥后,需过筛整粒以便将结块的颗粒散开,同时加入润滑剂和外加法需加入的崩解剂并与颗粒混匀。整粒用筛的孔径与制粒时所用筛孔相同或略小。

【实验材料和仪器】

1. 药品与试剂

大黄、碳酸氢钠、薄荷油、淀粉、10%淀粉浆、硬脂酸镁、滑石粉。

2. 器材

筛子、单冲压片机、崩解仪、恒温干燥箱、电子天平、药筛、烧杯、胶头滴管、玻璃棒、白瓷盘。

【实验内容】

(一)片剂的制备

1. 崩解剂外加法制碳酸氢钠片(手工单冲法)

处方(100 片用量):

碳酸氢钠 30.0 g、薄荷油 0.2 mL、淀粉(干)1.5 g(干颗粒的 5%)、10%淀粉浆适量、硬脂酸镁 0.15 g。

制法:取碳酸氢钠通过 80 目筛,加入 10%淀粉浆拌和制成软材通过 14 目筛制粒,湿粒于 50 ℃以下烘干,温度可逐渐增至 65 ℃,使其快速干燥,用快速水分测定仪测水分,之后干粒通过 14 目筛,再用 80 目筛筛出部分细粉,将此细粉与薄荷油拌匀,再加入干淀粉和硬脂酸镁,混合,在密闭容器中放置 4 h,使颗粒将薄荷油吸收后压片。

注意事项

(1)本品用 10%淀粉浆作黏合剂,用量约 50 g,也可用 12%淀粉浆。淀粉浆制法:a. 煮浆法。取淀粉徐徐加入全量的水,不断搅匀,避免结块,加热并不断搅拌至沸,放冷即得。b. 冲浆法。取淀粉加少量冷水,搅匀,然后冲入一定量的沸水,不断搅拌,至成半透明糊状。此法适宜小量制备。

(2)湿粒干燥温度不宜过高,因其在潮湿情况下受高温易分解,生成碳酸钠,使颗粒表面带黄色。$2NaHCO_3 \rightarrow Na_2CO_3 + H_2O + CO_2$。为了使颗粒快速干燥,故调制软材时,黏合剂用量不宜过多,调制不宜太湿,烘箱要有良好的通风设备,开始时在 50 ℃以下将大部分水分逐出后,再逐渐升高至 65 ℃左右,使其完全干燥。

（3）本品干粒中须加薄荷油，压片时常易造成裂片现象，故湿粒应制得均匀，干粒中通过60目筛的细分不得超过1/3。

（4）薄荷油也可用少量稀醇稀释后，用喷雾器喷于颗粒上，混合均匀，在密闭容器中放置24～48 h，然后进行压片，否则压出的片剂呈现油的斑点。

（5）黏合剂用量要适当，使软材达到以手握之可成团块、手指轻压时又能散裂而不成粉状为度。再将软材挤压过筛，制成所需大小的颗粒，颗粒应以无长条、块状和过多的细粉为宜。

2. 崩解剂内加法制备碳酸氢钠片（手工单冲法）

处方：同1。

制法：取碳酸氢钠30 g，和干淀粉混合，加10%淀粉浆制软材，14目筛制粒，干燥，测水分，整粒。加薄荷油，再加入硬脂酸镁，混匀压片。

3. 大黄碳酸氢钠片制备（全机械制片法）

处方（100片用量）：大黄15.0 g、碳酸氢钠15.0 g、薄荷油0.2 mL、淀粉（干）1.5 g、10%淀粉浆适量、硬脂酸镁0.15 g、滑石粉0.15 g。

制法：将大黄粉碎成细粉，过80目筛，与过80目筛的碳酸氢钠混合均匀，然后按照1中步骤制备软材和颗粒，干燥整粒，吸收挥发性薄荷油，加辅料后采用全机械法压片。

（二）质量检查

将上述三种片剂成品按下述方法进行质量检查。

1. 片重差异

取20片精密称定总重，求得平均片重，再分别精密称定各片的重量（凡无含量测定的片剂，每片重量应与标示片重比较）。按照表实13中的规定，超出重量差异限度的不得多于2片，并不得有1片超出限度1倍。

表实13　片重差异

平均片重或标示片重	重量差异限度
0.3 g以下	±7.5%
0.3 g至1.0 g以下	±5%
1.0 g及1.0 g以上	±2%

$$片重差异（\%）=\frac{平均片重-单个片重}{平均片重}\times100\%$$

2. 崩解时限

吊篮法：应用智能崩解仪进行测定，按《中国兽药典》附录规定方法检查出各种片的崩解时限标准。取三种片剂各6片，分别置于崩解仪吊篮的6个玻璃管中，开动仪器使吊篮浸入（37±1）℃水中，并按一定的频率和幅度往复运动（30～32次/min）。从片剂置于玻璃管时开始计时，至片剂全部崩解成碎片并全部通过玻璃管底部的筛网（Φ2.0 mm）为止，该时间即为片剂的崩解时间，应符合规定崩解时限（一般压制片为15 min）。如有1片不符合要求，应另取6片复试，均应符合规定。

【实验记录与结果】

将结果记录于表实 14。

表实 14 复方碳酸氢钠压制片硬度和崩解时限

项目	片剂组别	1	2	3	4	5	6	平均	结论
硬度/Pa	崩解剂外加法制碳酸氢钠片								
崩解时限/min					—	—	—		
硬度/Pa	崩解剂内加法制碳酸氢钠片								
崩解时限/min									
硬度/Pa	大黄碳酸氢钠片								
崩解时限/min					—	—	—		

【思考题】

1. 崩解剂内加、外加对片剂的影响有哪些？
2. 说明制湿颗粒的操作要点和对颗粒的质量要求。
3. 各种类型片剂的崩解时限为多少？
4. 片剂的崩解时限合格，是否还需要测定其溶出度？

实验十 浸出制剂

【实验目的】

1. 掌握用渗漉法制备酊剂方法。
2. 熟悉浸出制剂的类型和常用制备方法。

【实验指导】

浸出制剂是指用适当的浸出溶剂和方法从药材(动、植物)中浸出有效成分所制成的供内服或外用的药物制剂。可采用煎煮法、浸渍法、渗漉法制备。

流浸膏剂是指药材用适宜的溶剂浸出有效成分,蒸去部分或全部溶剂,调整浓度至规定标准的制剂。除另有规定外,流浸膏剂每 1 mL 应相当于原药材 1 g,即浓度为 1∶1(mL∶g)。流浸膏剂大多作为半成品,供配制酊剂、合剂、糖浆剂等使用,少数可直接使用。

流浸膏剂多用渗漉法制备,某些以水为溶剂的中药流浸膏也可用煎煮法制备,也可用浸膏加规定溶剂稀释制成。渗漉法制取流浸膏剂的工艺流程为:药材粉碎→润湿→装筒→排气→浸渍→渗漉→浓缩→调整含量。

【材料与仪器】

1. 材料

干橙皮、60%乙醇。

2. 仪器

中草药粉碎机、广口瓶（500 mL）、纱布、脱脂棉、烧杯（500 mL）、渗漉筒（500 mL）、接收瓶（250 mL）、滤纸、酒精密度计等。

【实验内容】

橙皮酊的制备

处方一：橙皮（粗粒）20.0 g、60％乙醇适量，共制成 100.0 mL。

制法一：取橙皮粗粒，置磨口广口瓶中，加入 60％乙醇 100 mL，密闭浸渍 24 h 以上，以脱脂棉滤过，挤压残渣滤过，即得。

处方二：橙皮（粗粉）20.0 g、60％乙醇适量，共制成 200.0 mL。

制法：用渗漉法制备，称取橙皮粗粉，置有盖容器中，加 60％乙醇 30～40 mL，均匀湿润后，密闭，放置 30 min，另取脱脂棉一块，用溶剂润湿后平铺渗漉筒底部，然后分次将已湿润的粉末投入渗漉筒内，每次投入后，用木槌均匀压平，投完后，在药粉表面盖一层滤纸，纸上均匀铺压碎瓷石，然后将橡皮管夹放松，将渗漉筒下连接的橡皮管口向上，缓缓不间断地倒入适量 60％乙醇并始终使液面离药物数厘米。待溶液自出口流出，夹紧螺丝夹，流出液可倒回筒内（量多时，可另器保存）加盖，浸渍 24 h 后，缓缓渗漉（3～5 mL/min）至渗漉液达酊剂需要量的 3/4 时停止渗漉，压榨残渣。压出液与渗漉液合并，静置 24 h，滤过，测含醇量，然后添加适量乙醇至规定量，即得。

注意事项：

①橙皮中含有挥发油及黄酮类成分，用 60％乙醇能使橙皮中的挥发油全部提出，且防止苦味树脂等杂质的溶出。

②新鲜橙皮与干燥橙皮的挥发油含量相差较大，故规定用干橙皮投料。

【思考题】

1. 橙皮酊除用渗漉法制备外，还可用哪些方法以增加浸出效率？

2. 渗漉法制备浸出制剂时，粗粉先用溶媒润湿膨胀，浸渍一定时间并先收集药材量 85％的初漉液另器保存，去除溶媒须在低温下进行，说明原因。

实验十一　药物制剂的物理化学配伍变化

【实验目的】

1. 了解注射液产生物理化学配伍变化的因素，并初步掌握配伍变化处方的处理方法。

2. 初步掌握药物配伍变化的实验方法。

【实验指导】

注射液的配伍变化同样有药理的配伍变化和物理化学的配伍变化。物理化学的配伍变化通常是指注射液在注射前配伍后产生的物理化学反应。注射液的物理化学变化可分为可见的配伍变化和不可见的配伍变化,可见的配伍变化是指配伍后产生用肉眼能够观察到的变化如浑浊、沉淀、变色、产生气体等;而不可见的配伍变化通常是指一些在水溶液中不稳定的药物,配伍后药物渐渐分解失效,但这个过程用肉眼观察不到。

使注射液产生物理化学配伍变化的原因很多,如溶液的 pH,溶媒性质的改变,以及药物之间相互反应等。

凡产生可见的配伍变化的注射液的混合液,不宜供静脉注射用。而产生不可见的配伍变化的注射液应根据其失效多少情况来决定。

可见的配伍变化应按原处方配伍比例进行试验和观察,也可按比例减少进行试验;不可见的配伍变化需要按处方配伍后进行试验。

【实验材料和仪器】

1. 药品与试剂

磺胺嘧啶钠注射液、5%葡萄糖注射液、维生素 C 注射液、盐酸四环素注射液、抗坏血酸注射液、氯霉素注射液、0.9%氯化钠注射、柠檬酸小檗碱注射液、盐酸氯丙嗪注射液。

2. 器材

刻度吸管、试管、三角烧瓶、滴定管。

【实验内容】

(一)注射液可见的配伍变化

1. 磺胺嘧啶钠注射液配伍变化

(1)取磺胺嘧啶钠注射液 1 mL(含 20%SD),加 5%葡萄糖注射液(pH 3.5)25 mL,观察结果(测定溶液的 pH)。

(2)取磺胺嘧啶钠注射液 1 mL(含 20%SD),加 5%葡萄糖注射液(pH 3.5)25 mL,观察结果(测定溶液的 pH)再加维生素 C 注射液 1 mL,观察结果(测定溶液的 pH),再加入 1 mL 注射液,观察结果,测定混合溶液的 pH。

2. 盐酸四环素注射液的配伍变化

取每 1 mL 含盐酸四环素 20 mg 的注射液 1 mL,加 5%葡萄糖注射液 10 mL,观察结果(测定溶液的 pH)。再加入抗坏血酸注射液 0.5 mL(测定溶液 pH),放置,观察现象,再加抗坏血酸注射液 1 mL(测定溶液 pH)观察结果。

3. 氯霉素注射液的配伍变化

取氯霉素注射液 1 mL 于干燥的三角烧瓶中,用滴定管滴加 0.9%氯化钠注射液仔细观察记录开始出现浑浊时所需加 0.9%氯化钠注射液的体积(mL),继续滴加 0.9%氯化钠注射液,观察使沉淀完全溶解所需氯化钠注射液的体积(mL)。

4. 柠檬酸小檗碱注射液的配伍变化

(1)取柠檬酸小檗碱注射液 0.5 mL 与 0.9%氯化钠注射液 10 mL 混合(于试管中)放置,观察变化情况。

(2)取柠檬酸小檗碱注射液 0.5 mL 与 5%葡萄糖注射液(pH 约 5.0)10 mL 混合(于试管中)放置,观察变化情况,再加入 0.5 mL 盐酸氯丙嗪注射液,观察变化情况。

(二)静脉滴注药物变化的实验方法

1. 药物溶液的配制方法

药物溶液的配制方法见表实 15。

表实 15　药物溶液的配制方法

药物名称	规格	用量	浓缩液配制方法	稀溶液配制方法	分装瓶/(mL/瓶)	与其他药液配伍时取浓溶液的量/mL
碳酸氢钠	5％ 500 mL/瓶	1 瓶	原液	原液	6×50	
青霉素G钾	80 万 U/瓶	3 瓶	每瓶各加水 5 mL 溶解	浓液 9.47 mL±5％GS 至 300 mL	5×50	1.56
强力霉素	0.2 g/支	2 支	原液	原液 2.5 mL±5％GS 至 250 mL	4×50	0.56
硫酸卡那霉素	0.5 g/2 mL	4 mL	原液	原液 1.6 mL±5％GS 至 2 000 mL	3×50	0.40
磺胺嘧啶钠	0.4 g/2 mL	6 mL	原液	原液 3.0 mL±5％GS 至 150 mL	2×50	1.00
复方冬眠灵	氯丙嗪、异丙嗪各 25 mg/mL	4 mL	原液	原液 0.8 mL±5％GS 至 100 mL	2×50	0.40

2. 药物配伍变化实验方法

药物配伍变化实验顺序按"表实 16"进行,即取某液的稀释溶液 50 mL,加入欲配伍药物的浓溶液适量(即"表实 15"最后一栏规定的浓度液量)使配伍后药物浓度如"表实 16"中所示浓度,配伍后取来配伍之单药药液 50 mL 作对照,立即在灯检台下仔细观察,对比有无沉淀、浑浊颜色、乳光、气体等现象发生。3 h 后再如法检查,若两次检查均无上述变化产生,则可以认为基本无可见的配伍变化。碳酸氢钠 5％以"＋"(有变化)、"－"(无变化)符号填入表实 16 内。

表实 16　药物配伍变化实验顺序

5％碳酸氢钠					
11	青霉素 G 钾 0.5 万 U/mL				
		强力霉素 0.4 mg/mL			
			硫酸卡那霉素 2 mg/mL		
				磺胺嘧啶钠 4 mg/mL	
					复方冬眠灵
					氯丙嗪、异丙嗪各 0.05 mg/mL

3. 变化点 pH 的测定

精密取"表实 15"中 6 种药物的稀释溶液各 20 mL,分别用 pH 计测定其 pH,此即单一药物溶液的 pH,然后用 0.1 mol/L HCl 滴定有机盐酸,再用 0.1 mol/L NaOH 滴定有机碱的盐,每次滴定均滴至溶液发生外观变化,如沉淀、浑浊、变色、乳光等,记录所用酸碱的量,并测定其 pH。若消耗酸或碱的量使药液 pH 低于 2 或高于 11 时仍无变化,则认为该药液对酸碱液较为稳定,将此数据和观察到的现象填入表实 17。

表实 17　不同浓度药物的 pH 变化

药物名称	酸碱浓度取用量	药液 pH	变化点 pH	变化情况
碳酸氢钠				
青霉素 G 钾				
强力霉素				
硫酸卡那霉素				
磺胺嘧啶钠				
复方冬眠灵				

4. 测定配合药液 20 mL

于 pH 计上测定其 pH,将结果填入表实 18 并与单一药物溶液 pH 及变化点的 pH 比较,说明测定该 pH 有何实际意义。

表实 18　药物溶液 pH 及变化点的 pH

5%碳酸氢钠					
11	青霉素 G 钾 0.5 万 U/mL				
		强力霉素 0.4 mg/mL			
			硫酸卡那霉素 2 mg/mL		
				磺胺嘧啶钠 4 mg/mL	
					复方冬眠灵 0.1 mg/mL

(三)举例

将不同的注射剂进行混合其结果见表实 19。

表实 19　不同注射剂混合结果

组号	A 注射剂	B 注射剂	混合后现象
1	2.5%氨茶碱 5 mL	20%磺胺嘧啶钠 5 mL	
	2.5%氨茶碱 5 mL	5%盐酸四环素 5 mL	
2	12.5%氯霉素 1 mL	5%葡萄糖 1 mL	
	12.5%氯霉素 1 mL	5%葡萄糖 10 mL	
3	2%维生素 C 2 mL	0.25%碘解磷定 mL	
	2%维生素 C 2 mL	0.25%碘解磷定、1%亚硫酸氢钠、1%EDTA 各 1 mL	

【思考题】

1. 药物制剂配伍变化的类型有哪些？
2. 为什么非离子型药物的注射剂配伍变化较少,而离子型药物的注射剂配伍变化较多?

实验十二　栓剂的制备

【实验目的】

1. 掌握热熔法制备栓剂的工艺和操作要点。
2. 掌握置换价的测定方法和应用。
3. 熟悉栓剂基质的分类和应用。
4. 了解栓剂的质量评价。

【实验原理】

栓剂是指将药物和适宜的基质制成的具有一定形状以供腔道给药的固体状外用制剂。常用的栓剂有肛门栓和阴道栓。

栓剂中的药物与基质应混合均匀,无刺激性,外形完整光滑,塞入腔道后,应能融化、软化或溶解,并与分泌液混合,逐渐释放出药物,发挥局部或全身作用;有适宜的硬度,以便于使用、包装、贮藏。

栓剂的制法有搓捏法、冷压法、热熔法三种。其中热熔法最为常用。

为了使栓剂冷却成形后易从栓模中推出,模子内侧应涂润滑剂,水溶性基质涂油溶性润滑剂,如液体石蜡;油溶性基质涂水溶性润滑剂。

【实验材料和设备】

1. 试剂与药品

恩诺沙星、半合成脂肪酸甘油酯、液体石蜡、甘油、硬脂酸钠、磺胺喹噁啉、PEG4 000、PEG6 000、软皂。

2. 设备与仪器

栓模、烧杯、电炉、玻璃棒。

【实验内容】

(一)置换价的测定

以恩诺沙星为模型药物,用半合成脂肪酸甘油酯为基质,进行置换价的测定。

1. 纯基质栓的制备

处方:半合成脂肪酸甘油酯 10 g、制成空白栓剂 5 枚。

制法：

①称处方量的半合成脂肪酸甘油酯于小烧杯中，在电炉上加热熔化。

②将熔化的基质倾入涂有软皂的栓剂模子中。

③冷却凝固后削去溢出部分，脱模，得完整的纯基质栓数枚，称重，并计算每粒栓剂的平均重量(g/粒)。

2. 含药栓的制备

处方：恩诺沙星 1 g、半合成脂肪酸甘油酯 10 g，制成栓剂 5 枚。

制法：

①称处方量的半合成脂肪酸甘油酯于小烧杯中，在电炉上加热熔化。

②缓慢加入药物到混合基质中并用玻璃棒搅匀。

③倾入涂有软皂的栓剂模具中，冷却凝固后削去溢出部分，脱模，得完整的纯基质栓数枚，称重，并计算每粒栓剂的平均重量 M(g/粒)。含药量 $W = MX$，X 为药物百分含量。

3. 置换价的计算

将上述计算得到的数值代入置换价计算公式，求得恩诺沙星对混合半合成脂肪酸甘油酯基质的置换价。

(二)恩诺沙星栓剂的制备

1. 处方

恩诺沙星 0.8 g、基质适量、制成栓剂 8 枚

2. 制法

(1)按求得的恩诺沙星对混合基质总置换价，计算每粒栓剂需加的基质重量及 8 枚栓剂需用的基质重量。

(2)根据处方量按上述方法制备出恩诺沙星栓剂。

3. 用途与用法

主要用于治疗支原体和细菌感染。一次量，每千克体重，犬、猫 2.5～5 mg，每日 2 次，连用 3～5 次。

4. 注意事项

(1)药物与基质应混合均匀。

(2)利用电炉熔化时温度要控制好，避免过高使基质和药物糊化。

(3)混合物灌模时温度适宜，过高易引起中空和顶端凹陷，过低难以一次性完成灌模。灌好的栓模应在适宜的温度下冷却一定的时间，以保证脱模的顺利进行。

(三)甘油栓的制备

1. 处方

甘油 15 mL、硬脂酸钠 15 g，制成栓剂 8 枚。

2. 制法

(1)称处方量的甘油和硬脂酸钠在小烧杯中，于电炉上加热熔化。缓缓加入硬脂酸钠细粉，边加边搅拌，直至溶液澄明。

(2)将此溶液倾入涂有液体石蜡的栓模中，冷却成形，脱模即可。

3. 用途与用法

用于动物便秘治疗，尤其适用于幼畜及年老牲畜。每次给动物肛门内塞 1 支，保留 30 min

后,效果较好。

4. 注意事项

(1)利用电炉熔化时温度要控制好,避免过高使基质和药物糊化。

(2)搅拌时不宜太快,否则会引入气泡,使成品浑浊不澄明。

(四)磺胺喹噁啉栓的制备

1. 处方

磺胺喹噁啉 1 g、PEG4 000 5 mL、PEG6 000 15 g,制成栓剂 8 枚。

2. 制法

(1)称取处方量的 PEG4 000 和 PEG6 000 置于小烧杯中,在电炉上加热熔融混匀。

(2)加入处方量的磺胺喹噁啉与熔融的 PEG 混匀。

(3)将此溶液趁热倾入涂有液体石蜡的栓模中,冷却成形,脱模即可。

3. 用途与用法

磺胺类高效抗球虫、抗菌药。每次给动物肛门内塞 1 支,保留 0.5 h。

4. 注意事项

(1)药物与基质应混合均匀。

(2)利用电炉熔化时温度要控制好,避免过高使基质和药物糊化。

【实验结果和讨论】

(1)描述所制备的栓剂的外观。

(2)从实验内容(二)(三)(四)中所制备的栓剂中选出外形比较好的 5 枚栓剂,参考《中国兽药典》的栓剂装量差异限度标准,测定它们的质量差异,将实验结果记录于表实 20、表实 21 和表实 22。

表实 20　恩诺沙星栓的质量差异记录表

编号	1	2	3	4	5
栓剂质量					
质量差异					

表实 21　甘油栓的质量差异记录表

编号	1	2	3	4	5
栓剂质量					
质量差异					

表实 22　磺胺喹噁啉栓的质量差异记录表

编号	1	2	3	4	5
栓剂质量					
质量差异					

【思考题】

1. 什么情况下需要计算置换价？还有什么计算方法？
2. 热熔法制备磺胺嘧啶栓应注意哪些问题（如基质的选择、制备工艺）？
3. 栓剂的润滑剂有两种，分别是什么？
4. 哪些药物通常适合制成栓剂？

实验十三　软膏剂的制备

【实验目的】

1. 掌握各种不同类型、不同基质软膏剂的制法、操作要点及操作注意事项。
2. 掌握软膏剂中药物的加入方法。

【实验材料和仪器】

1. 药品与试剂

氧化锌、淀粉、凡士林、水杨酸、升华硫、羊毛脂、凡士林。

2. 器材

烧杯、水浴锅、研钵、60目筛、酒精灯、玻璃棒。

【实验原理】

软膏剂(ointments)指药物与适宜基质均匀混合制成的具有一定稠度的半固体外用制剂。常用基质分为油脂性、水溶性和乳剂型基质，其中用乳剂基质制成的易于涂布的软膏剂称乳膏剂。因药物在基质中分散状态不同，有溶液型软膏剂和混悬型软膏剂之分。溶液型软膏剂为药物溶解或共熔于基质或基质组分中制成的软膏剂；混悬型软膏剂为药物细粉均匀分散于基质中制成的软膏剂。软膏剂基质可分为油脂性基质和水溶性基质。油脂性基质常用的有凡士林、石蜡、液体石蜡、硅油、蜂蜡、硬脂酸、羊毛脂等，水溶性基质主要有聚乙二醇。

【实验内容】

(一)水杨酸硫黄软膏的制备

1. 处方

水杨酸 0.5 g，升华硫 0.5 g，羊毛脂 1.0 g，凡士林 8.0 g。

2. 制法

(1)先将羊毛脂与凡士林研匀制成基质，水浴加热。

(2)称量水杨酸、升华硫细粉混匀后与适量基质研匀。

(3)采用等量递加法分次加入剩余的基质研匀，共 10.0 g，冷凝。

3．用途与用法

本品为局部外用药，取适量药物涂于患处，每日2次。

4．注意事项

(1)采用等量递加法将药物与基质混匀。

(2)制备的软膏色泽应一致，质地细腻，无污物，无粗糙感。

(二)复方锌糊

1．处方

氧化锌1.0g、淀粉1.0g、凡士林、5.0g。

2．制法

(1)称取的氧化锌过6号筛，置于研钵中，碾碎。

(2)称取凡士林加热融化，加入氧化锌，搅拌均匀。

(3)待温度降至50℃以下时加入淀粉，搅拌至冷凝。

3．用途与用法

用于急性、亚急性、慢性皮炎或湿疹。外用，涂抹于患部。

4．注意事项

待温度低于50℃后再加入淀粉，以免糊化。

【思考题】

1．制备糊剂的注意事项有哪些？

2．什么是等量递加法？在什么情况下使用？

3．试述软膏剂和乳膏剂的异同。

4．软膏剂的质量检查有哪些方面？

实验十四　β-环糊精包合物的制备

【实验目的】

1．掌握饱和水溶液法制备包合物的操作方法及操作要点。

2．了解β-环糊精的性质及其包合物在中药制剂中的应用。

【实验原理】

一种分子被包嵌于另一种分子的空穴结构内形成的物质称为包合物，这种技术称为包合技术。以β-环糊精为主分子，包合某种客分子，形成的包合物称为β-环糊精包合物。

包合物制备方法有饱和水溶液法、喷雾干燥法、冷冻干燥法、研磨法、混合溶剂法等。在制备时应根据环糊精和药物的性质，且结合实际生产条件选用。并非所有的药物均能制成包合物，无机药物绝大多数不宜被环糊精包合。

【实验材料和仪器】

1. 药品与试剂

β-环糊精、薄荷油、纯化水、丹皮酚、40%乙醇、硅胶 G、羧甲基纤维素钠、石油醚、乙酸乙酯、1%香荚兰醛硫酸液、$FeCl_3$ 试剂等。

2. 器材

250 mL 具塞锥形瓶、水浴锅、搅拌器、干燥器、超声仪、层析缸、荧光灯等。

【实验内容】

(一)薄荷油 β-环糊精包合物

处方：

β-环糊精 8 g、薄荷油 2 mL、纯化水 100 mL。

制法：

①β-环糊精饱合溶液的制备。称取 β-环糊精 8 g，置 250 mL 具塞锥形瓶中，加入纯化水 100 mL，加热溶解。

②包合物的粗制。将 β-环糊精饱合溶液降温至 50 ℃，滴加薄荷油 2 mL，恒温搅拌 2.5 h，冷藏 24 h，待沉淀完全后，滤过。

③包合物的精制。沉淀用无水乙醇 5 mL 分 3 次洗涤，至沉淀表面近无油渍，将包合物置干燥器中干燥，即得。

注解：

①本品为白色干燥粉末，无明显的薄荷油气味。

②本品采用饱和水溶液法制备，无水乙醇洗涤是为了除去未包合的薄荷油。

③在制备过程中，应控制好温度。包合完成后降低温度，便于包合物从水中沉淀析出。包合率取决于薄荷油与环糊精的配比量及包合时间等，所以制备时应按实验要求进行操作。

(二)丹皮酚 β-环糊精包合物

处方：β-环糊精 8 g、丹皮酚 1 g、40%乙醇 24 mL。

制法：

①β-环糊精饱合溶液的制备。称取 β-环糊精 8 g，置 250 mL 具塞锥形瓶中，加入 40%乙醇 24 mL，搅拌使溶解。

②包合物的粗制：取 β-环糊精饱合溶液，加入丹皮酚 1 g，搅拌全溶后置超声仪中，30 ℃超声 40 min，取出，冷藏，滤过。

③包合物的精制：沉淀先用水洗涤，再用乙酸乙酯洗涤，将包合物在 50 ℃吹风干燥 3 h，即得。

注解：

①本品为白色疏松状干燥粉末，无明显的丹皮酚气味。

②本品采用超声波法制备包合物，用超声一定时间代替搅拌，可大大缩短包合时间，操作简便，适合工业化生产。

③包封液的乙醇浓度对丹皮酚包封率的影响最为明显；固-液比例对其收得率有明显影响。另外，超声处理时间的长短也会影响其包封率。

(三)验证包合物的形成

1. 薄荷油 β-环糊精包合物的验证——薄层色谱分析(TLC)

(1)硅胶 G 板的制作　将硅胶 G 和 3 g/L 羧甲基纤维素钠水溶液按 1 g∶3 mL 的比例,调匀,铺板,110 ℃ 活化 1 h,置干燥器中,备用。

(2)样品的制备　取薄荷油 β-环糊精包合物 0.5 g,加入 95% 乙醇 2 mL 溶解,滤过,滤液为样品 a;薄荷油 2 滴,加 95% 乙醇 2 mL 混合溶解,为样品 b。

(3)TLC 条件　取样品 a 与 b,点于同一硅胶板上,石油醚-乙酸乙酯(3∶17)为展开剂,展开前将薄层板置展开槽中饱和 5 min,上行展开,以 1% 香荚兰醛硫酸液为显色剂,喷雾烘干显色。

2. 丹皮酚 β-环糊精包合物的质量评价

(1)显微观察　将 β-环糊精按上述实验方法制成不含药物的空白包合物。取空白包合物及丹皮酚包合物各少许,分别置 10×3.3 倍显微镜下观察,记录结果(提示:空白包合物为规则的板状结晶,丹皮酚 β-环糊精包合物为不规则的粉末)。

(2)丹皮酚 β-环糊精包合物的 $FeCl_3$ 试剂反应　首先将丹皮酚、β-环糊精和它们的包合物,以及丹皮酚与 β-环糊精的物理混合物分别于荧光灯下观察荧光,然后观察与 $FeCl_3$ 试剂反应,再在荧光灯下观察,记录结果。

3. 计算包合物收率及包合物含油率

(1)包合物的收率 $=\dfrac{\text{包合物量(g)}}{\beta\text{-环糊精量(g)}+\text{药物量(g)}}\times100\%$

(2)油的利用率 $=\dfrac{\text{包合物中实际含油量(g)}}{\text{实际投油量(g)}}\times100\%$

(3)包合物含药率 $=\dfrac{\text{包合物中药物(油)的量(g)}}{\text{包合物量(g)}}\times100\%$

【思考题】

1. 制备 β-环糊精包合物的方法有哪些? 操作的关键是什么?
2. 简述 β-环糊精包合物的作用特点。

实验十五　微囊的制备

【实验目的】

1. 掌握制备微囊的复凝聚工艺或单凝聚工艺。
2. 掌握光学显微镜目测法测定微囊粒径的方法。

【实验原理】

微囊系指用天然的或合成的高分子材料(囊材)作为囊膜,将固态或液态药物(囊心物)包裹而成的药库型微型胶囊,其粒径通常在 $1\sim250\ \mu m$ 范围内。

药物制成微囊后有如下特点:掩盖药物的不良气味或口味;提高药物(如活细胞、基因、酶等)的稳定性;防止药物在胃内失活或减少对胃的刺激;使液态药物固态化便于应用与贮存;减少复方药物的配伍变化;可制备控释及缓释制剂;使药物浓集于靶区,提高疗效,降低毒副作用。

【实验材料和仪器】

1. 药品

液体石蜡、明胶、阿拉伯胶、5%乙酸溶液、36%～37%的甲醛溶液、20%氢氧化钠、蒸馏水。

2. 器材

研钵、烧杯、玻璃棒、水浴锅、显微镜、载玻片与盖玻片、胶头滴管。

【实验内容】

以复凝聚法制备石蜡微囊制备为例。

1. 处方

液体石蜡 1.5 g、明胶 1.5 g、阿拉伯胶 1.5 g、5%乙酸液约 2.5 mL、36%～37%甲醛液约 1 mL、蒸馏水约 180 mL。

2. 制法

(1)明胶溶液的制备 称取处方量明胶于小烧杯内,用蒸馏水适量浸泡待完全溶胀后加蒸馏水至 30 mL,搅拌溶解(必要时可微热助溶)即得。

(2)液体石蜡乳的制备 称取处方量液体石蜡和阿拉伯胶于干燥研钵中混匀,加入 3 mL 蒸馏水,迅速朝同一方向研磨直至初乳形成;然后再加入 27 mL 蒸馏水混匀,再加入上述明胶溶液,即得。在显微镜下观察液体石蜡乳的形态,绘图并测定 pH。

(3)微囊的制备 将制备好的液体石蜡乳置于 400 mL 烧杯中,在约 50 ℃的恒温水浴锅上加热并搅拌,滴加 5%乙酸液,于显微镜下观察微囊形成(pH 约为 4)。加入约 30 ℃蒸馏水 120 mL 稀释(稀释后观察更明显),取出烧杯,不停搅拌至 10 ℃以下,加甲醛液搅拌混匀,然后用 20%氢氧化钠液调节 pH 至 8～9,搅拌混匀。取上层液观察,绘图。

(4)微囊粉末的制备 将制备好的微囊静置,待完全分层后倾去下层液体,,将上层滤过后用蒸馏水洗至无甲醛味,pH 近中性,抽干即得。

3. 用途与用法

润滑肠壁和粪便,阻止肠内水分吸收,软化大便,使之易于排出。

4. 注意事项

(1)复凝聚工艺制成的微囊不可室温或低温烘干,以免黏结成块。欲得固体,可加辅料如淀粉、糊精等制成颗粒。欲得其他微囊剂型,可暂时混悬于蒸馏水中。

(2)操作过程中的水均系蒸馏水或去离子水,否则因有离子存在可干扰凝聚成囊。

(3)制备微囊的搅拌速度应以产生泡沫最少为宜,必要时加入几滴戊醇或辛醇消泡,可提高效率。在固化前勿搅拌,以免微囊粘连成团。

(4)加入甲醛使微囊变性,因此,甲醛用量多少能影响变性程度,最后混合物用 20%氢氧化钠调节 pH 以加强甲醛与明胶的交联作用,使凝胶的网状空隙缩小。

5. 微囊大小的测定

本实验制备的微囊均为类球形，可以用光学显微镜目测微囊大小。具体操作为：取少许湿微囊，加蒸馏水分散于载玻片上，盖上盖玻片，注意除尽气泡。用有刻度标尺的显微镜测量600 个微囊，按微囊的不同大小计数。

【实验结果和讨论】

1. 绘制微囊形态图，并讨论制备过程中的现象与问题。
2. 分别将制得的微囊大小记入表实 23。

表实 23　微囊大小记录

微囊直径/μm	<10	10~20	20~30	30~40	40~50	50~60	60~70	70~80	>80
个数比率/%									

注：微囊以每隔 10 μm 为一单元，每个单元的微囊个数除以总个数得微囊分布的频率。

【思考题】

1. 微囊的单凝聚工艺和复凝聚工艺的区别是什么？
2. 在微囊的凝聚过程中，37%甲醛溶液和 2%氢氧化钠分别起什么作用？

实验十六　脂质体的制备

【实验目的】

1. 掌握薄膜分散法制备脂质体的工艺。
2. 熟悉脂质体形成原理与作用特点。
3. 了解脂质体的质量评定方法。

【实验原理】

脂质体是由磷脂与附加剂为骨架形成的具有双分子层结构的封闭囊状体。在水中磷脂分子亲水头部插入水中，脂质体疏水尾部伸向空气，搅动后形成双层脂分子的球形脂质体。脂质体可用于转基因或制备药物，利用脂质体可以和细胞膜融合的特点，将药物送入细胞内部。

脂质体制备方法有：注入法、薄膜分散法、超声波分散法、逆相蒸发法、冷冻干燥法等。

【实验材料和仪器】

1. 药品与试剂
硫酸卡那霉素、胆固醇、卵磷脂、乙醚、蒸馏水。
2. 器材
烧瓶、烧杯、玻棒、磁力搅拌器、显微镜。

【实验内容】

1. 处方

胆固醇 0.2 g、卵磷脂 0.6 g、乙醚 10 mL、硫酸卡那霉素溶液(2 mg/mL)30 mL,共制成脂质体 30 mL。

2. 制法

(1)硫酸卡那霉素溶液　称取 0.06 g 硫酸卡那霉素用 30 mL 蒸馏水配成 2 mg/mL 即可。

(2)脂质体制备　按处方量称取胆固醇、卵磷脂置于 100 mL 烧瓶中,加乙醚 100 mL 搅拌溶解。于 50～55 ℃ 水浴中手动旋转蒸发,使磷脂的乙醚溶液在壁上形成膜,并除乙醚,制备磷脂膜。

(3)另取硫酸卡那霉素溶液 30 mL 于小烧杯内,同置于 50～55 ℃ 水浴中保温,备用。

(4)取热的硫酸卡那霉素溶液 30 mL,加至含有磷脂膜的烧瓶中,转动,于 50～55 ℃ 水浴中水化 30 min。取出脂质体液体于烧杯内,置于磁力搅拌器上,室温下搅拌 60 min,如果液体体积减小,可补加蒸馏水至 30 mL,混匀即得。

(5)取样,在电子显微镜下观察脂质体的形态,画出所见脂质体结构,记录最多和最大脂质体的粒径;随后将所得脂质体液体通过 0.8 μm 微孔滤膜两遍,进行整粒,再于电镜下观察脂质体的形态。画出所见脂质体结构,记录最多和最大的脂质体的粒径。

3. 用途与用法

本药物主要内服用于治疗敏感菌所致的肠道感染。肌内注射用于敏感菌所致的各种严重感染,如败血症、泌尿生殖道感染、呼吸道感染、皮肤和软组织感染等。

【注意事项】

1. 在整个实验过程中禁止用火。
2. 磷脂和胆固醇的乙醚溶液应澄明,不能在水浴中放置过长时间。
3. 磷脂、胆固醇形成的薄膜应尽量薄。
4. 在 50～55 ℃ 水浴中搅拌(或转动)水化 30 min 时,一定要充分保证所有脂质水化,不得存在脂质块。

【思考题】

1. 注入法制备脂质体成败的关键是什么?
2. 制备脂质体时加入胆固醇的目的是什么?

附录二　综合性实验

实验一　注射剂的制备及质量评价

本实验项目共分三次完成,分别为注射用水的制备及质量控制、注射剂的制备及质量评价及影响注射液稳定性因素的考察。

一、注射用水的制备及质量控制

【实验目的】

1. 掌握几种制备注射用水方法的原理,了解所用设备的性能。
2. 熟悉注射用水质量控制的内容和方法。

【实验原理】

在普通制剂的制备过程中,无论是液体制剂还是固体制剂都必须使用蒸馏水,而注射剂、输液的制备过程中必须使用注射用水。

注射用水的质量要求比一般蒸馏水高,在《中国兽药典》中有严格规定。注射用水制备一般工艺流程为:自来水→细滤过器→电渗析装置或反渗透装置→阳离子树脂床→脱气塔→阴离子树脂床→混合树脂床→多效蒸馏水机或气压式蒸馏水机→热贮水器(80 ℃)→注射用水。其关键工艺流程为原水处理和蒸馏法制备注射用水。

1. 原水处理

原水处理方法有离子交换法、电渗析法及反渗透法。

2. 蒸馏法制备注射用水

蒸馏法是制备注射用水最经典的方法。主要有塔式和亭式蒸馏水器、多效蒸馏水器和气压式蒸馏水器。

不管用什么方法制备注射用水,都应进行质量检查,包括氯化物、酸碱度、碳酸盐、易氧化物,不挥发物,氨、重金属和热原等,并注意在制备过程中对 pH、热原、比电阻和电导率四个方面加以控制。

【实验材料和仪器】

1. 药品与试剂

氯化钠、蒸馏水。

2. 器材

酸度计、电阻测定仪、电导率测定仪、注射器。

【实验内容】

1. 用塔式蒸馏水器制备注射用水

所用设备为不锈钢蒸馏水器,熟悉操作方法。

2. 质量控制方法

注射用水生产过程中的质量控制主要通过控制其 pH、热原、比电阻和电导率四项来实现。注射用水的实验室化学检验包括酸碱度、氯化物、硫酸盐与钙盐、硝酸盐与亚硝酸盐、二氧化碳、易氧化物,不挥发物,氨、重金属等。

(1)注射用水生产过程中的质量控制

①pH 测定照《中国兽药典》附录中 pH 测定规定,用酸度计测定,应符合规定(一般控制其 pH 为 5.0～7.0)。

②热原检查照《中国兽药典》附录中热原检查法,即家兔法和鲎试剂法进行检查。A. 家兔法取本品,加入在 250 ℃加热 1 h 或用其他方法除去热原的氯化钠使溶解成 0.9% 的溶液后,依法检查,剂量按家兔体重每千克注射 10 mL,应符合规定。B. 鲎试剂法按操作规程进行。

③比电阻采用比电阻测定仪测定练习。纯化水和蒸馏水的比电阻应分别在 100 万 Ω·cm 和 300 万 Ω·cm 以上。

④电导率采用电导率测定仪测定练习。纯化水和蒸馏水的电导率应分别在 3 μS/cm 和 0.2 μS/cm 以下。

(2)注射用水的实验室化学检验

在制剂分析与检验课程中完成。

【思考题】

1. 塔式蒸馏水器、去离子树脂交换法生产注射用水的原理如何?

2. 一般情况下塔式蒸馏水器和离子交换法生产的蒸馏水能否做为注射用水?

3. 注射用水中含有氯离子、氨盐、重金属离子时说明什么问题?

二、注射剂的制备及质量评价

【实验目的】

1. 掌握注射剂的生产工艺过程和操作要点。

2. 掌握注射剂成品质量检查的标准和方法。

3. 掌握注射剂稳定化方法。

4. 了解注射剂灌装量的调节要求。

【实验原理】

注射剂又称针剂,系将药物制成供注入体内的无菌制剂。注射剂按分散系统可分为四类,即溶液型注射剂、悬型注射剂、乳剂型注射剂、注射用无菌粉末(无菌分装及冷冻干燥)。根据医疗上的需要,注射剂的给药途径可分为静脉注射、脊椎腔注射、肌肉注射、皮下注射和皮内注射五种。由于注射剂直接注入人体内部,故吸收快,作用迅速。为保证用药的安全性和有效性,必须对成品生产和成品质量进行严格控制。

【实验材料和仪器】

1. 药品与试剂

维生素 C、碳酸氢钠、乙二胺四乙酸二钠、焦亚硫酸钠、注射用水。

2. 器材

垂熔玻璃滤漏斗和滤球、微孔滤膜、澄明度检查仪、拉丝灌封机、磁力搅拌器、烧杯、玻璃棒、微孔滤器、0.22 μm 滤膜、安瓿瓶、注射器及针头、pH 试纸。

【实验内容】

1. 处方

维生素 C	5 000 g
碳酸氢钠	约 2 400 g（调 pH 5.0～7.0）
乙二胺四乙酸二钠	5 g
焦亚硫酸钠	200 g
注射用水	加至 100 L

2. 制法

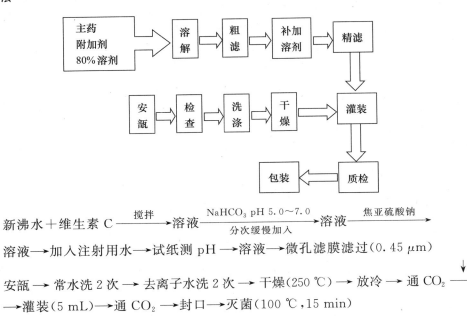

3. 操作

(1)空安瓿的处理　空安瓿在用前先用常水冲刷外壁,然后将安瓿中灌入常用水甩洗 2 次(如果安瓿清洁度差,须用 0.5%乙酸或盐酸溶液灌满,100 ℃加热 30 min),再用滤过的蒸馏水或去离子水甩洗两次,最后用澄明度合格的注射用水洗一次,120～140 ℃烘干,备用。练习安瓿注水机和甩水机的使用。

(2)配制用具的处理

①垂熔玻璃滤器常用的垂熔玻璃滤器有漏斗和滤球,处理时可先用水反冲,除去上次滤过留下的杂质,沥干后用洗液(1%～2%硝酸钠硫酸洗液)浸泡处理,用水冲洗干净,最后用注射用水滤过,至滤出水检查 pH 不显酸性,并检查澄明度至合格为止。

②微孔滤膜常用的是由醋酸纤维素、硝酸纤维素混合酯组成的微孔滤膜。经检查合格的

微孔滤膜（0.22 μm 可用于除菌滤过、0.45 μm 可用于一般滤过）浸泡于注射用水中 1 h，煮沸 5 min，如此反复三次；或用 80 ℃ 注射用水温浸 4 h 以上，室温则需浸泡 12 h，使滤膜中纤维充分膨胀，增加滤膜韧性。使用时用镊子取出滤膜且使毛面向上，平放在膜滤器的支撑网上，平放时注意滤膜不皱折或无刺破，使滤膜与支撑网边缘对齐以保证无缝隙，无泄漏现象。装好盖后，用注射用水滤过，滤出水澄明度合格，即可备用。

③配制容器　配制用的一切容器使用前要用洗涤剂或硫酸清洁液处理洗净。临用前用新鲜注射用水荡洗，以避免引入杂质及热原。

④乳胶管先用水揉洗，再用 0.5%～1% 氢氧化钠液适量，煮沸 30 min，洗去碱液；再用 0.5%～1% 盐酸水适量，煮沸 30 min，用蒸馏水洗至中性，再用注射用水煮沸即可。

⑤因维生素 C 极易氧化，故配制时需通惰性气体，常用的是二氧化碳或氮。使用纯度较低的二氧化碳时依次通过分别装有浓硫酸除去水分、1% 硫酸铜除去有机硫化物、1% 高锰酸钾溶液除去微生物，最后通过注射用水，除去可溶性杂质和二氧化硫。目前生产常用的高纯氮（含 N_2 99.99%），可不经处理，或仅分别通过 50% 甘油、注射用水洗气瓶即可使用。

二氧化碳在水中溶解度及密度都大于氮气，故药物与二氧化碳不发生作用时通入二氧化碳比通入氮气好，但注意二氧化碳会使药液的 pH 下降，要考虑到 pH 对药物稳定性的影响，故对酸敏感的药物不宜通二氧化碳。

（3）注射液的配制　取注射用水，煮沸，放置至室温，或通入二氧化碳（20～30 min）使其饱和，以除去溶解其中的氧气，备用。按处方，称取乙二胺四乙酸二钠加入于处方量 80% 的注射用水中，溶解，加维生素 C 使溶解，分次缓慢地加入碳酸氢钠固体，不断搅拌至完全溶解。继续搅拌至无气泡产生后，加焦亚硫酸钠溶解，加碳酸氢钠固体调节药液 pH 至 5.8～6.2，最后加用二氧化碳饱和的注射用水至全量。用 G3 垂熔玻璃漏斗预滤，再用 0.45 μm 孔径的微孔滤膜精滤，检查滤液澄明度，合格后即可灌装。

（4）灌封　灌封机的调节包括灌注器、火焰、装量、充气等调节，练习拉丝灌封机的使用。

（5）灯检　练习澄明度检查仪的使用。

（6）灭菌与检漏　灌封好的安瓿，应及时灭菌，小容量针剂从配制到灭菌应在 12 h 内完成，大容量针剂应在 4 h 内灭菌。小容量针剂可采用 100 ℃ 流通蒸汽灭菌 15 min。大容量针剂一般采用 115 ℃ 热压灭菌 30 min。灭菌完毕立即将安瓿放入 1% 亚甲蓝或曙红溶液中，挑出药液被染色的安瓿。将合格安瓿外表面用水洗净，擦干，供质量检查用。

4. 操作注意

①配液时，将碳酸氢钠加入于维生素 C 溶液中时速度要慢，以防止产生大量气泡使溶液溢出，同时要不断搅拌，以防局部碱性过强，造成维生素 C 破坏。

②维生素 C 容易氧化，致使含量下降，颜色变黄，金属离子可加速这一反应过程，同时 pH 对其稳定性影响也较大。因此在处方中加入抗氧剂、通入二氧化碳、加入金属离子络合剂，同时加入碳酸氢钠。在制备过程中应避免与金属用具接触。

5. 质量检查与评定

①装量按照《中国兽药典》检查方法进行，不大于 2 mL 安瓿检查 5 支，每支装量均不得少于其标示量装量；2 mL 至 50 mL 者检查 3 支。

②澄明度除另有规定外，按照《澄明度检查细则和判断标准》的规定检查，应符合规定。

③热原除另有规定外，静脉用注射剂按各品种项下的规定，按照《中国兽药典》检查方法检

查,应符合规定。

④无菌检查按照《中国兽药典》检查,应符合规定。

⑤不溶性微粒除另有规定外,溶液型静脉注射液按《中国兽药典》规定检查,应符合规定。

⑥有关物质按各品种项下规定,照《中国兽药典》(2020年版)一部附录注射剂项下检查。

【实验结果与讨论】

1. 澄明度检查结果见表综1。

表综1　澄明度检查结果

检查总数	废品数(支)						合格数/支	合格率/%
	玻屑	纤维	白点	焦头	其他	总数		

2. 将质量检查各项结果进行分析讨论。

【思考题】

1. 制备易氧化药物的注射液应注意哪些问题?

2. 制备维生素C注射液为什么要通入二氧化碳,不通可以吗?

3. 制备注射剂的操作要点是什么?

4. 为什么可以采用分光光度法检查颜色,目的是什么?

三、影响注射液稳定性因素的考察

【实验目的】

1. 掌握影响维生素C注射液稳定性的主要因素。

2. 了解处方设计中稳定性实验的一般方法。

【实验原理】

药物制剂的基本要求应该是安全、有效、稳定。药物若分解变质,不仅可使疗效降低,有些药物甚至产生毒副作用,故药物制剂的稳定性对保证制剂安全有效是非常重要的。注射剂的稳定性更有重要的意义。若有变质的注射液注入人体,则非常危险。药物的不稳定性主要表现为放置过程中发生降解反应。药物由于化学结构不同,其降解反应也不相同。水解和氧化是药物降解的两个主要途径。

维生素C分子结构中,在羰基吡邻的位置上有两个烯醇基,很容易被氧化,氧化过程极为复杂,在有氧条件下,先氧化成去氢维生素C,然后水解为2,3-二酮古洛糖酸,此化合物进一步氧化为草酸与L-丁糖酸。

维生素 C　　　　　　　　　　去氢维生素 C

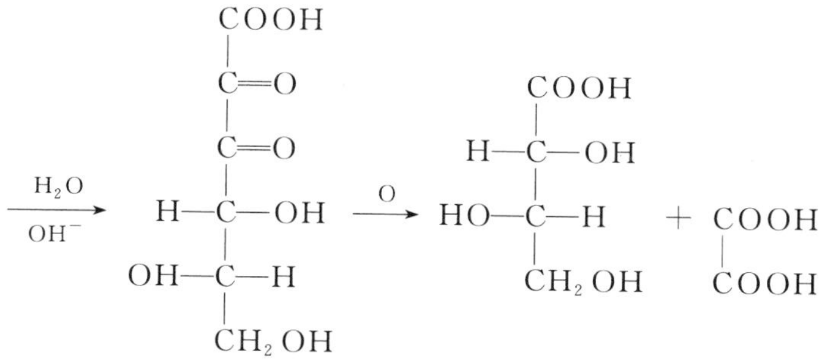

2,3-二酮古洛糖酸　　　L-丁糖酸草酸

在无氧条件下,发生脱水作用和水解作用生成呋喃甲醛和二氧化碳。由于 H^+ 的催化作用,在酸性介质中脱水作用比碱性介质中快。

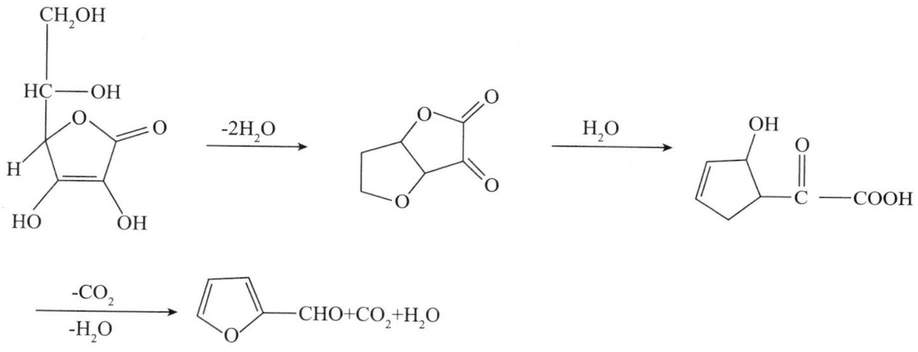

呋喃甲醛

影响维生素 C 溶液稳定性的因素,主要有空气中的氧、pH、金属离子、温度及光线等,对固体维生素 C,水分与湿度影响很大。维生素 C 的不稳定主要表现在放置过程中颜色变黄和含量下降。《中国药典》规定,对于维生素 C 注射液应检查颜色,按照分光光度法在 420 nm 处测定,吸收度不得超过 0.06。维生素 C 的含量测定采用碘量法,主要利用维生素的还原性,可与碘液定量反应,反应式如下:

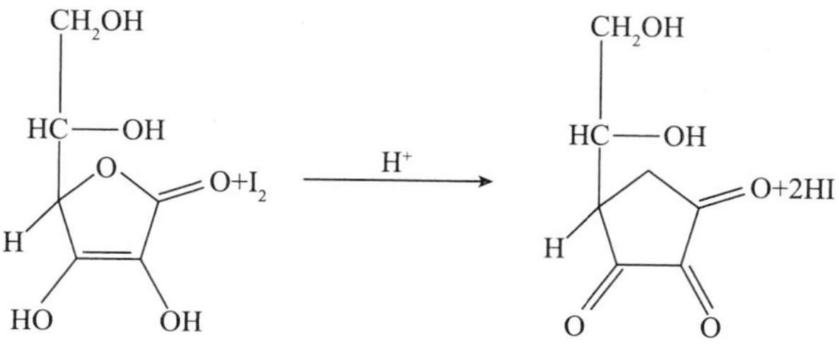

本实验以颜色变化和含量下降为指标,考察 pH、空气中的氧、抗氧剂、金属离子及加金属离子络合剂对维生素 C 注射液质量的影响。

【实验材料和仪器】

1. 药品与试剂

维生素 C、碳酸氢钠、乙二胺四乙酸二钠、焦亚硫酸钠、注射用水、丙酮、稀乙酸、硫酸铜。

2. 器材

垂熔玻璃滤漏斗和滤球、微孔滤膜、澄明度检查仪、拉丝灌封机、酸度计、注射器。

【实验内容】

1. 影响维生素 C 注射液稳定性因素考察

(1)维生素 C 注射液的制备　取注射用水 500 mL 煮沸，放冷至室温，备用。取维生素 C 20 g，加放冷至室温的注射用水溶解并稀释至 400 mL 制成 5% 的维生素 C 注射液，备用。取样进行含量测定，同时测定注射液在 420 nm 处的吸光度，做为 0 时的含量及吸光度。

(2)pH 对维生素 C 注射液稳定性的影响　取制备的注射液 200 mL 分成 4 份(容器应干燥)，每份 50 mL，分别用 $NaHCO_3$ 粉末调节 pH 至 4.0、5.0、6.0、7.0(允许误差为 ±20%，先用 pH 计纸调，后用 pH 计测定)。用微孔滤膜滤过，用注射器将上述溶液分别灌入 2 mL 安瓿中，每个 pH 溶液灌装 8 支。另取安瓿 4 支，分别封入标有 4 种 pH 的纸条，再与已灌装的对应 pH 的注射液放在一起，分别用皮套捆扎后同时放入 100 ℃ 水浴中加热 1 h，观察不同时间溶液颜色变化，按表 1 以 ＋＋＋…… 表示颜色变化进行记录，测定 1 h 时的药物含量，记录消耗碘液的毫升数，同时测定注射液的吸收度。

(3)空气中的氧及抗氧剂对维生素 C 注射液稳定性的影响　取配制的注射液 150 mL，加 $NaHCO_3$ 粉末调节 pH 至 6.0，方法同前。取其中 50 mL，分成 3 份：①于 2 mL 安瓿灌装 2 mL 后熔封，共灌 8 支；②于 2 mL 安瓿灌装 1 mL 后熔封，共灌 12 支；③于 2 mL 安瓿灌装 2 mL 后，通入 CO_2(约 5 s)，立即熔封，共灌 8 支。上述样品用于考察不同含氧量对维生素 C 稳定性的影响。取剩余的 100 mL 注射液分成 2 份，每份 50 mL。一份中加入 $Na_2S_2O_5$ 0.12 g，第二份作对照。将上述 2 份溶液分别灌于 2 mL 安瓿中，每份 8 支。上述样品用于考察加与不加抗氧剂对维生素 C 稳定性的影响。另取安瓿 5 支同③将上述样品做好标记后同时放入 100 ℃ 水浴中加热 1 h，观察不同时间溶液的变化，按表 2、3 以 ＋＋＋…… 表示颜色变化进行记录，测定 1 h 时的药物含量，记录消耗碘液的毫升数，同时测定注射液的吸光度。

(4)金属离子及加金属离子络合剂的影响　取维生素 C 12.5 g 加蒸馏水适量搅拌溶解，加蒸馏水至 100 mL。分别精密量取 20 mL 放入 50 mL 容量瓶中，共 4 份样品。第 1、2 样品为 A 组，第 3、4 号样品为 B 组，于第 1、2 号样品中分别加入 0.000 1 mol/L $CuSO_4$ 溶液 10 mL，第 3、4 号样品中分别加入 0.001 mol/L $CuSO_4$ 溶液 5 mL(用移液管量取)再于第 2、4 号样品加入 5%EDTA-2Na 溶液 1 mL，最后 4 份样品分别加蒸馏水至 50 mL 摇匀，取出其中任意一份样品立即测定含量作为原始含量，然后将 4 份样品分别灌于 2 mL 安瓿中，作好标记放沸水浴中加热，按表综 2 所示观察色泽与含量。

(5)分解类型的确定　溶液中及安瓿空间含氧量的影响，100 ℃ 加速实验时间对维生素 C 溶液色泽的影响。

表综 2　含氧量及加速时间对维生素 C 溶液色泽的影响

样品号	操作
1	配制 5% 的维生素 C 溶液 250 mL，取样测定含量，并取 4 mL 左右在波长 430 nm 处测定透光率，取 40 mL 灌注于 2 mL 的安瓿内，每支 2 mL 熔封，标上样品号，并测定溶液及安瓿空间的含氧量。测氧仪使用方法略。

续表综2

样品号	操作
2	取1号剩余维生素C溶液50 mL,灌于2 mL安瓿内,每1支灌1 mL,共灌45支左右,熔封,标上样品号。
3	取1号剩余维生素C溶液50 mL,灌于2 mL安瓿内,每1支灌2 mL,,安瓿空间充CO_2或N_2 30 s,立即熔封,标上样品号并测定溶液及安瓿空间氧含量。
4	取1号剩余维生素C溶液100 mL,并通过CO_2或N_2 2～3 min,立即灌装于2 mL安瓿,其中25支熔封,标上样品号并测定溶液及安瓿空间氧含量。
5	取4号上下的25支灌好的安瓿,在安瓿空间通以CO_2或N_2,立即熔封,标上样品号并测定溶液及安瓿空间氧含量。

将上述5种样品分别装于布袋同时放入沸水浴进行加速试验,按时取样测透光率(同时与标准色比较,标准比色液的配置略)。

2. 维生素C含量测定方法

精密吸取5%维生素C注射液2 mL(约相当于0.1g维生素C),加蒸馏水15 mL及丙酮2 mL,振摇,放置5 min,加稀乙酸4 mL,淀粉指示液1 mL,用0.1 mol/L碘液滴定,至溶液呈持续的蓝色30 s不褪即得,记下消耗碘液的毫升数(每毫升碘液相当于8.806 mg的维生素C)。

3. 操作注意

(1)碘量法测定维生素C含量多在酸性溶液中进行,因在酸性介质中维生素C受空气中氧化作用减弱,较为稳定。但供试品溶于稀酸后仍需立即滴定。制剂中常有还原性物质的存在对此测定方法有干扰,如注射剂中常含有作为抗氧剂的亚硫酸氢钠,应在滴定之前加入丙酮,使之与亚硫酸反应生成加成物掩蔽起来,以消除滴定的干扰。

(2)配液时,将碳酸氢钠加入于维生素C溶液中时速度要慢,以防止产生大量气泡使溶液溢出,同时要不断搅拌,以防局部碱性过强,造成维生素C破坏。

【实验结果与讨论】

1. 将上述实验结果列于表综3至表综7。

表综3　pH对维生素C注射液稳定性的影响

样品号	pH	颜色变化					耗 I_2 量/mL		吸光度
		10'	20'	30'	45'	60'	0'	60'	(420 nm)
1									
2									
3									
4									
结论									

表综 4　空气中氧对维生素 C 注射液稳定性质量的影响

样品号	条件	颜色变化					耗 I_2/mL		吸光度
		10′	20′	30′	45′	60′	0′	60′	(420 nm)
1									
2									
3									
结论									

表综 5　抗氧剂对维生素 C 注射液稳定性质量的影响

样品号	抗氧剂	颜色变化					耗 I_2/mL		吸光度
		10′	20′	30′	45′	60′	0′	60′	(420 nm)
1									
2									
结论									

表综 6　金属离子及加金属离子络合剂的影响

样品		0.000 1 mol/L $CuSO_4$/mL	5%EDTA-2Na/ mL	煮沸时间与色泽变化						
组别	编号			0′	15′	30′	60′	5 h	10 h	15 h
A	1									
	2									
B	3									
	4									

表综 7　时间对维生素 C 溶液色泽与含量的影响

样品号	含氧量/ %		100 ℃不同时间加速实验结果																180 min
			0 min			15 min		60 min		90 min		120 min		150 min		180 min			含量下降值
	溶液	安瓿空间	色号	透光率	含量	色号	透光率	色号	透光率	色号	透光率	色号	透光率	色号	透光率	色号	透光率	含量	
1																			
2																			
3																			
4																			
5																			

2. 讨论所得结果,是否与理论相符,并对结果进行分析。

【思考题】

维生素 C 注射液的稳定性主要受哪些因素的影响？

实验二　中药制剂研制与开发

中药制剂的开发对于加速我国中药的现代化进程具有十分重要的意义,中药制剂的系统研究法主要包括:选题、设计处方、选择剂型及制备工艺、建立质量标准、药品稳定性试验、临床前药效学和毒理学研究、临床研究。本次综合性实验的开展,目的是使学生掌握药品注册申请的分类及申报资料要求,药物制剂的药学研究内容和实验实训方案的设计,药品注册申请资料的撰写;熟悉新药研究课题的选择,临床前药效学研究,药理学研究;了解新药的临床研究和新药临床试验的基本要求,以及各期临床试验的目的。

一、益母草颗粒的制剂工艺研究

(一)实训目的

1. 掌握益母草颗粒的制剂工艺设计与研究实训方法。
2. 熟悉中药制剂申报资料中生产工艺的研究资料及文献资料的撰写。

(二)实训提示

选定课题研究为已有国家标准的益母草膏及益母草口服液的剂型改变为颗粒剂,属于中药、天然药物注册分类第 8 类改变国内已上市销售中药、天然药物剂型的制剂。要求按国家食品药品监督管理局中药、天然药物注册分类及申报资料要求,完成申报资料 12(生产工艺的研究资料及文献资料,辅料来源及质量标准)的有关研究内容和申请资料。

(三)实训内容

(1)药材的提取工艺研究

①药材的前处理与质量控制。原药材必须经过鉴定,检验符合有关规定。前处理包括净制、切制、炮制、粉碎等加工处理。凡需特殊加工处理的药材,应说明目的与方法依据。

②提取工艺路线的设计。设计原则主要包括:保留药效、缩小体积、减少毒性;单味药提取、复方混合提取、分类提取;提取混合物或精制到"纯品";根据方药的性质、剂型、给药途径、功能主治、化学成分和药效资料,结合临床要求统筹考虑。

③提取工艺技术条件。提取工艺技术条件的筛选主要采用正交试验、均匀设计、简单比较等方法。提取工艺技术条件主要有:溶剂、温度、设备、溶剂量、时间。

(2)分离、纯化、浓缩与干燥工艺研究

①分离与纯化工艺研究。根据粗提取物的性质和新药类别、剂型、给药途径、处方量及与质量有关的提取成分的理化性质选择相应的分离方法与条件,除去无效和有害组分,保留有效成分或有效部位,为新药和剂型提供合格的原料或半成品。

②浓缩与干燥工艺研究。根据物料的性质及影响浓缩、干燥效果的因素优选方法与条件,达到一定的相对密度或含水量。以浓缩、干燥物的收率及指标成分含量,评价其工艺过程的合

理性与可行性。建立半成品控制标准。

③制剂成型工艺研究。制剂成型工艺研究是按照制剂处方研究的内容,将经提取、纯化后所得半成品或部分生药粉与辅料进行加工处理,按照合适的评价指标进行筛选,并优选、确定适当的辅料、制剂技术和设备,制成一定的剂型并形成最终产品的过程。制剂成型工艺研究是处方设计的具体实施过程,并通过研究进一步改进和完善处方设计,选定制剂处方、制剂技术和设备。

(3)样品的制备　确定制剂工艺后制备样品,验证制备工艺的可行性。所制样品用于质量研究和稳定性试验。

根据样品试制的情况确定药品质量标准草案中的制剂工艺。

二、草颗粒的质量标准的研究

(一)实训目的

掌握益母草颗粒的质量标准研究方法。

(二)实训提示

药品质量标准是国家对药品质量及检验方法所做的技术规定,是药品生产、经营、使用、检验和监督管理部门共同遵循的法定依据,也是新药研究中的重要组成部分。

不仅要体现"有效安全、技术先进、经济合理"的原则,而且对于指导生产,提高质量,保证用药有效安全,促进对外贸易等方面均具有非常重要的意义。

药制剂质量标准必须在处方(药味、用量)固定和原料(净药材、饮片、提取物)质量稳定,制备工艺相对固定的前提下,用"中试"产品(不少于 3 批)研究制订。须在大生产条件下制备 10批样品,加以验证和修改。

在药理试验完成之后,药品送临床试验之前,必须完成药品质量规格的研究。临床研究的药品先要通过质量规格的检验,保证多批产品质量相同,否则很难判定实训中出现的差异和变化是来自药品本身的不一致或不稳定。

质量标准的内容一般包括:名称、汉语拼音、处方、制法、性状、鉴别、检查、浸出物测定、含量测定、功能与主治、用法与用量、注意、规格、贮藏、使用期限等项目。

(三)实训内容

益母草颗粒的质量研究

1. 性状

色泽、形态、嗅味等。通常应该是中试产品。

2. 鉴别

根据处方组成的实际情况,选择鉴别药味和专属、灵敏、快速、简便的鉴别方法,以判断制剂的真实性。

(1)鉴别药味的选择　原则上各药味均进行试验研究,选择列入标准中。首选君药、贵重药、毒性药。如鉴别特征不明显,或用量较小而不能检出,或难以排除干扰成分,也可选其他药,应在起草说明中写明理由。如为单味药制剂,成分无文献报道的,应进行植化研究,搞清大类成分及至少一个单体成分,借以建立鉴别及含量测定项目。

(2)鉴别方法　显微鉴别、理化鉴别、光谱鉴别、色谱鉴别等,要求专属性强、灵敏度高、重现性较好。叙述应准确,术语、计量单位应规范。色谱法鉴别应选定适宜的对照品或对照药材做实训。

3.检查

控制药材或制剂中可能引入的杂质或与药品质量有关的项目。不同剂型要求检查的项目不同。

颗粒剂要求测定水分溶化性等。各种制剂均应作微生物限度检查。药典附录通则以外的检查项目应说明所列检查项目的制订理由，列出实训数据及确定各检查限度的依据。

4.浸出物测定

若复方中已知成分不能代表方剂的功能主治，或有效成分含量太低，有时采用浸出物测定法。

常用溶剂为：正丁醇、乙醚等。说明规定该项目的理由，所采用溶剂和方法的依据，列出实训数据，各种浸出条件对浸出物的影响，确定浸出物量限(幅)度的依据和试验数据。

5.含量测定

含量测定是质量控制中最能有效地考察制剂内在质量的项目，也是药品稳定性考察最重要的依据。

方案设计参照"技术要求"及现国家标准中有关质量标准要求的条件，紧密地结合处方组成、制备工艺等。中药新制剂处方药物成杂，难以用其中某个化学成分或某个有效成分来完全阐述清楚，疗效的发挥是要归结到其物质基础。含量测定则是应用现代理化分析手段中药新制剂中的物质基础，并得到的量化结果。因此正确合理的含量测定设计方案，是提高中药新制剂质量标准可靠性的关键。

三、益母草颗粒稳定性试验研究

(一)实训目的

1.掌握益母草颗粒的稳定性实训研究方法。

2.熟悉中药制剂稳定性研究的试验资料及文献资料撰写。

(二)实训指导

药品稳定性研究是新药研究中不可缺少的重要环节，是新药质量的重要评价指标之一，也是核定新药有效期的主要依据。申请临床试验时需报送稳定性"加速试验"资料及文献资料。在申请生产时需报送。稳定性"长期试验"资料及文献资料。试验内容见中药制剂稳定性试验要求。

(三)实训内容

1.母草颗粒稳定性加速试验的研究

可于37~40℃和相对湿度75%条件下，加速试验当月(0月)考察1次，在1个月、2个月、3个月、6个月末各取样考察1次，应有0月、1月、2月、3月、6月等5个贮存时间的实训结果与结论。如稳定，可以进入临床研究，有效期可暂定为2年。

2.母草颗粒长期稳定性试验

供试品三批，在上市包装条件下，温度(25±2)℃、相对湿度60%±10%的条件下保存。第0个月、第3个月、第6个月、第9个月、第12个月、第18个月、第24个月末分别取样一次，按稳定性考察项目的检测方法进行检测。如所规定的考核时间为1年或1.5年，可相应减少最后1~2次实训，然后根据考察结果作出结论。申报生产时，应继续稳定性考察，标准转正时，据此确定有效期。

3.益母草颗粒稳定性研究的试验资料及文献资料撰写

按申报资料项目要求，根据上述研究结果写出益母草颗粒稳定性研究的试验资料及文献资料。

参考材料一：

检验报告书

检品名称	××××颗粒	检验目的	报批检验
批　号		取样日期	年　月　日
规　格	每袋装 Xg	报告日期	年　月　日

检验依据	××××颗粒生产用试行质量标准以及《中国药典》		
检验项目	标准规定		检验结果
[性状]			
[鉴别]			
（1）	应呈正反应		呈正反应
（2）	供试品色谱中,在与对照药材色谱相应的位置上,显相同颜色的荧光斑点		显相同颜色的荧光斑点
[检查]			
水分	应不得超过 6.0%		4.6%
粒度			7%
溶化性	应符合规定		符合规定
装量差异	应符合规定		符合规定
微生物限度	细菌总数:每1g不得超过1 000 个 霉菌酵母菌:每1g不得超过100 个 致病菌:不得检出 活螨:不得检出		150 个 10 个 未检出 未检出
[含量测定]	本品每袋含××以×××($C_{10}H_{10}O_4$)计不得少于 0.40 mg。		0.78 mg

结论:本品按×××颗粒生产用试行质量标准以及《中国药典》一部检查,结果符合规定。

检验人:_____　　　　　　　复核人:_____

参考材料二：　　　　　　　　　　**制剂稳定性试验结果**

（一）制剂稳定性加速试验结果

样品名称：×××　　　　　　　　批号：　　生产日期　　年　月　日

项目 ＼ 时间	0月 （3月18日）	1月 （4月19日）	2月 （5月17日）	3月 （6月18日）	6月 （9月17日）
性状	本品为××色的颗粒；气×,味×				
鉴别　　（1） 　　　　（2）	呈正反应 显相同颜色的荧光斑点	呈正反应 显相同颜色的荧光斑点	呈正反应 显相同颜色的荧光斑点	呈正反应 显相同颜色的荧光斑点	呈正反应 显相同颜色的荧光斑点
水分/%	4.7	4.8	4.7	4.9	4.9
粒度/%	7	8	8	7	8
溶化性	合格	合格	合格	合格	合格
装量差异	合格	合格	合格	合格	合格
微生物限度　细菌/（个/g）	45	20	20	25	35
微生物限度　霉菌/（个/g）	35	15	10	10	15
微生物限度　大肠杆菌	未检出	未检出	未检出	未检出	未检出
微生物限度　活螨	未检出	未检出	未检出	未检出	未检出
×××含量/（mg/袋）	0.93	0.93	0.92	0.92	0.91

（二）制剂稳定性长期试验结果

样品名称：×××颗粒　　　　　　　批号：　　生产日期：　　年　月　日

项目 ＼ 时间	0月 （3月18日）	3月 （6月18日）	6月 （9月17日）
性状	本品为××色的颗粒；气×,味×		
鉴别　　（1） 　　　　（2）	呈正反应 显相同颜色的荧光斑点	呈正反应 显相同颜色的荧光斑点	呈正反应 显相同颜色的荧光斑点
水分/%	4.7	4.8	4.8
粒度/%	7	7	8
溶化性	合格	合格	合格
装量差异	合格	合格	合格
微生物限度　细菌/（个/g）	45	30	30
微生物限度　霉菌/（个/g）	35	10	15
微生物限度　大肠杆菌	未检出	未检出	未检出
微生物限度　活螨	未检出	未检出	未检出
×××含量/（mg/袋）	0.93	0.93	0.92

参考材料三：　　　　　　　　综合性实验涉及主要操作规程

称量岗位标准操作规程

目的　建立称量工序的标准操作程序,使称量操作标准化、规范化。

范围　生产所需的原料、辅料。

责任者　操作工、质量监督员、车间管理人员。

程序

1. 操作人员按洁净区更衣程序进入工作岗位。

2. 工前检查及准备

(1)检查上班次的清场合格证。

(2)检查容器、设备、场地的卫生。

(3)取下设备状态标志、清场状态标志,挂上工序卡。

(4)仔细阅读有关的生产指令,认真核对物料盛装容器上标签的程序。

(5)填写工前检查记录。

3. 操作步骤

(1)称定空配料容器(带盖)的皮重,在配料单上记录容器的皮重。

(2)按规定的方法,准确称取处方量的物料,在配料单上记录物料的净重。需分几次称量的,在配好的每个包装上,均须贴有配料标签,在配料标签右上角应注明该包装是第几包装。

(3)需根据含量计算重量时,配料员必须按领料单上给定的要料量及检验报告书上的实际含量计算要料量,将含量注明,交其主管负责人审核签字。

(4)所有的称量作业必须有人进行复核,复核人进行复核无误后,在配料单上签字。

(5)称量或复核过程中,每个数值必须与规定数值一致。

(6)称量过程中所用称量器具应每料一个不得混用,以避免造成交叉污染。

(7)填写记录。

4. 质量监督人员应对上述过程进行监控,并在记录上签字。

5. 工后清场

(1)按标准操作规程的要求,进行设备清洗。

(2)按相关的标准操作规程进行容器、场地的清洁。

(3)取下工序卡,挂上设备状态标志、清场状态标志。

(4)关好水、电开关。

(5)填写清场记录。

配料岗位标准操作规程

目的　建立配料工序的标准操作程序,使配料操作标准化、规范化。

范围　所有产品的配料过程。

责任者　操作工、质量监督人员、车间管理人员。

程序

1. 操作工按洁净区更衣程序进入工作岗位。

2. 工前检查及准备

(1)检查上班次的清场合格证。

（2）检查容器、设备、场地的卫生。

（3）取下设备状态标志、清场状态标志，挂上工序卡。

（4）仔细阅读有关的生产指令，认真核对物料盛装容器上标签的程序。

（5）填写工前检查记录。

3. 操作步骤

（1）操作人员按规定的称量方法和指令进行称量，放于规定的容器内。

（2）填写称量单，注明生产的品名、批号、批量、规格及称量的物料品名、代号、批号、检验单号、数量、由称量人签名，注明日期，贴于容器外。

（3）详细填写批配料记录。

（4）复核人对上述过程进行监督、复核。确认所用物料为检验合格的，原料的名称、代号、数量与主配方一致，容器外标志准确无误。

（5）经复核后，复核人在标志单上签名，并再次复核称量人填写的批记录与配料过程准确无误，在批记录的复核人项下签名。

（6）称量的物料与批配方记录完全一致，无多余、遗漏后，放于指定的地点，经质量监督人员复审后，在批配料记录上签字。

（7）物料进入下一工序时应填写好交接记录，交接双方均应在记录上签字。

（8）在称量或复核过程中，每个数值都必须与规定值一致，如发现有偏差，必须及时分析，并立即报告。直到做出合理的解释，由生产部与质量管理部有关人员共同签发，方可进入下一步工序，同时在批记录上详细记录，并有分析、处理人员的签名。

4. 工后清场

（1）按标准操作规程的要求，进行设备清洗。

（2）按相关的标准操作规程进行容器、场地的清洁。

（3）取下工序卡，挂上设备状态标志、清场状态标志。

（4）关好水、电开关。

（5）填写清场记录。

注射剂稀配岗位标准操作规程

目的　建立稀配岗位标准操作规程，使稀配岗位的操作规范化、标准化，符合生产工艺的要求，保证产品质量的稳定。

范围　小容量注射剂车间灌封工序稀配岗位的操作。

责任　稀配岗位操作工、灌封工序班长。

内容

1. 生产前准备

（1）灌封工序班长到车间主任办公室领取批生产记录（含指令）和空白状态标识。

（2）稀配岗位操作工执行一般生产区人员出入更衣、更鞋标准操作规程，提前 10 min 进入一般生产区。

（3）稀配岗位操作工执行万级洁净区人员出入更衣、更鞋标准操作规程，进入万级洁净区。

（4）进入生产岗位

①检查是否有前次清场合格证副本。

②检查稀配室是否有已清洁状态标识，且在有效期内。

③检查稀配罐、高位槽和除菌滤过器是否有已清洁状态标识和完好状态标识,且在有效期内。

④检查容器具、工器具是否有已清洁状态标识,且在有效期内。

⑤检查蒸汽压力表、温度计,是否有计量检验合格证,且在有效期内。

⑥检查是否有与本次生产无关的文件,确认无上次生产遗留物。

⑦检查温度和相对湿度(温度:18～26 ℃,相对湿度:45%～65%)是否在规定的范围内,并记录。

(5)检查合格后,经质量保证部监控员确认,签发准许生产证,班长根据生产指令取下现场状态标识牌,换上生产运行中和设备运行中状态标识,标明本岗位需要生产的药品品名、批号、规格、生产批量、生产岗位、生产日期、操作人、复核人。

(6)使用前开动搅拌桨、滤过器和各阀门开关,空机运转2 min,运转正常可进行生产,如果出现异常,按异常情况处理管理规程进行处理,再试验压力表灵敏度是否符合标准。

(7)接收称量岗位操作工送交的辅料(160 g氢氧化钠,100 g亚硫酸氢钠,1 000 g吐温80)根据批生产记录(含指令)核对,确认无误后,将辅料拿到稀配室,放于操作架上。

2. 生产操作过程

(1)40%氢氧化钠溶液的制备

①从容器具清洁间内取一个500 mL量筒和一个玻璃棒拿到稀配室,向量筒中注入400 mL注射用水。

②打开包有氢氧化钠的灭菌滤纸,用玻璃棒在搅拌情况下向量筒中慢慢加入氢氧化钠,直至全部溶解,制成40%的氢氧化钠溶液。

(2)亚硫酸氢钠溶液的制备

将盛有亚硫酸氢钠的量杯中加入少量注射用水,振摇量杯,让亚硫酸氢钠溶解,配成300 mL亚硫酸氢钠溶液。

(3)吐温80溶液的制备

①从容器具清洁间内取一个不锈钢棒拿到稀配室,将棒放于盛吐温80的不锈钢桶中。

②向盛有吐温80的不锈钢桶中加入10 000 mL注射用水,边加边搅拌,直至表面无乳浊状小油滴,吐温80在水中分布比较均匀。

(4)稀配

①打开搅拌桨开关和稀配罐盖,在搅拌情况下分次加入40%氢氧化钠溶液400 mL调pH至6.5～7.0。

②检查吐温80溶解情况,如果溶解不完全,继续搅拌直至溶解完全;如果溶解完全,用不锈钢棒不断搅拌情况下缓慢加入正在搅拌的稀配罐中。

③在搅拌情况下缓慢向稀配罐中加入亚硫酸氢钠溶液。

④在搅拌情况下向稀配罐中加注射用水至100 000 mL。由液位计测药液的体积,做好批生产记录。

⑤稀配岗位操作工填写请验单,交给质量保证部监控员,经核对无误后,质量保证部监控员填写取样通知单,通知化验室取样员取样,核对取样员送交的取样通知单,确认无误后,将取样通知单贴于批生产记录上,由取样员进行取样,执行取样标准操作规程,稀配岗位操作工记录取样量。

3. 生产结束后的操作要求

(1)将使用的容器具送到容器具清洁间,挂上待清洁标识牌。由稀配工序班长取下生产运行中和设备运行中状态标识,纳入本批批生产记录,换上待清洁状态标识。

(2)填写中间产品递交单,进行中间产品的交接,中间产品转入灌封岗位;中间产品递交单自留一份贴于批生产记录上,交给灌封岗位操作工一份。

(3)执行稀配滤过系统清洁标准操作规程,万级洁净区容器具及工器具清洁标准操作规程,万级洁净区厂房清洁标准操作规程,洁净区地漏清洁标准操作规程进行各项清洁。

(4)灌封工序班长检查合格后,取下待清洁标识,换上已清洁标识,注明有效期。

(5)稀配岗位操作工填写清洁记录,并上交给灌封工序班长。

(6)按清场管理规程、稀配岗位清场标准操作规程进行清场,灌封工序班长填写清场记录。

(7)质保部监控员检查合格,在清场记录上签字,并签发清场合格证正副本。

(8)灌封工序班长将正本清场合格证、清洁记录和清场记录纳入本批批生产记录,副本清场合格证插入厂房已清洁标识牌上,作为下次生产前检查的凭证,纳入下批批生产记录中。

(9)灌封工序班长将填写好的批生产记录整理后交给车间主任。

注射剂车间灌封岗位标准操作规程

目的　建立灌封岗位标准操作规程,使灌封岗位的操作规范化、标准化,符合生产工艺要求,保证产品质量的稳定。

范围　小容量注射剂车间灌封工序灌封岗位的操作。

责任　灌封岗位操作工、灌封工序班长。

内容

1. 生产前准备

(1)灌封工序班长到车间主任办公室领取批生产记录(含指令)和空白状态标识。

(2)灌封岗位操作工执行一般生产区人员出入更衣、更鞋标准操作规程,提前 10 min 进入一般生产区。

(3)灌封岗位操作工执行万级洁净区人员出入更衣、更鞋标准操作规程,进入万级洁净区。

(4)进入生产岗位。

①检查是否有前次清场合格证副本。

②检查灌封室是否有已清洁状态标识,且在有效期内。

③检查安瓿拉丝灌封机是否有已清洁状态标识和完好状态标识,且在有效期内。

④检查容器具、工器具是否有已清洁状态标识,且在有效期内。

⑤检查是否有与本次生产无关的文件,确认无上次生产遗留物。

⑥检查温度和相对湿度(温度:18～26 ℃,相对湿度:45%～65%)是否在规定的范围内,并记录。

(5)检查合格后,经质量保证部监控员确认,签发准许生产证,班长根据生产指令取下现场状态标识牌,换上生产运行中和设备运行中状态标识,标明本岗位需要生产的药品品名、批号、规格、生产批量、生产岗位、生产日期、操作人、复核人。

(6)使用前接通电源,打开灌封机电源开关,按下复位键和点动按钮,空机运转 2 min,运转正常可进行生产,如果出现异常,按异常情况处理管理规程进行处理。

2. 生产操作过程

(1)接选安瓿和接收药液

①接选安瓿。

A. 接瓶操作工从容器具清洁间容器具存放处取一个镊子、一副隔温手套、一个洁净塑料袋和一个不锈钢桶送到灌封室,将镊子放在隧道灭菌烘箱出口处,将塑料袋套在不锈钢桶上备用。

B. 戴隔温手套。

a. 将左手的拇指伸右手手套正面进口,合并拇指和食指,捏住右手手套正面进口,将右手手套从放置地点提起,使右手手套进口张开。

b. 右手手指并拢,伸向手套进口,直到进入手套中,将拇指和四指分开。

c. 左手向上提手套,使拇指和四指伸进指套中,戴上右手手套。

d. 以同样的方式戴上左手手套。

C. 将灭菌烘干后由传送链传送的周转盘一手握住挡板端中间,一手握住闭口端中间,搬起后交替放于旁边的操作架上。

D. 用镊子从周转盘两端夹起 2 支瓶,翻转 180°,使瓶口朝下,观察瓶内壁有无水珠或水流动的痕迹。将瓶放回原处,将镊子也放回原处。

E. 将烘干效果不符合标准的安瓿,送交洗烘瓶岗位重新灭菌烘干,做好记录。

F. 一手握住挡板端中间,一手握住闭口端中间,搬起一装安瓿周转盘,靠近灯光,逐支检查周转盘内各瓶有无破损后,放于灌封机对面另一操作架上,在上面盖上盖好。如果有破损的安瓿,用镊子夹出,放于套有塑料袋的不锈钢桶中。

②接收药液。

灌封岗位操作工接收药液,核对数量,确认无误后,在中间产品递交单上签字,由稀配岗位操作工滤过。

(2)送空安瓿

①灌封岗位操作工从容器具清洁间容器具存放处取四个 2 mL 注射器、一个毛刷、一个镊子、一块洁净擦布、两个不锈钢盆、一个不锈钢桶和一块脱脂纱布送到灌封室。

②将注射器、毛刷和镊子放在灌封机的台面上;将一个不锈钢盆接半盆注射用水,放在灌封机出瓶斗下面的操作架上,将一块洁净擦布放在盆中;将不锈钢桶口上盖一块脱脂纱布,绑好后和另一个不锈钢盆共同放在操作架上。

③从操作架上拿起一盘安瓿,检查一遍有无破损后,挡板端斜向下,将周转盘送入进瓶斗中,撤下挡板,折起端向外,挂在进瓶斗上,有破损的安瓿用镊子夹出,放于废弃物桶中。

④双手抓住周转盘上壁,轻轻上提周转盘,将周转盘从进瓶斗中撤下,挡上挡板,挡板端朝上,斜放于操作架上的不锈钢盆中备用。

(3)点燃喷枪　打开捕尘装置下部止回阀和氢氧发生器的燃气阀,点燃喷枪,调节助燃气减压稳压阀,缓缓打开助燃气阀,将火头调解好。

(4)排管道　将灌封机灌液管进料口端管口与高位槽底部放料口端管口连接好,打开高位槽放料阀,使药液流到灌液管中,排灌液管中药液并回收,尾料不超过 500 mL,装入尾料桶中。

(5)调装量　打开灌封机电源开关,按下复位键和点动按钮,试灌装 10 支,关闭点动按钮,右手取一只灌装的安瓿,左手从台面上取一个备用注射器,抽取灌装药液后的安瓿量装量,调试好灌装量(每只 2.05～2.10 mL),将注射器中药液倒入绑脱脂纱布的尾料桶中,将安瓿倒放在不锈钢盆上的周转盘中,及时送交洗烘瓶岗位操作工重新进行清洗。

(6)熔封

①打开点动按钮,对灌装药液后的安瓿进行熔封,调整助燃气阀,使封口完好。

②直至出现很少的问题(剂量不准确、封口不严、出现鼓泡、瘪头、焦头)时,开始灌封,执行安瓿拉丝灌封机的标准操作规程进行灌封操作。

③随时向进瓶斗中加安瓿,随时检查灌封的装量和熔封效果,对装量和熔封不合格的安瓿取出,单独存放于周转盘中回收。将从进瓶斗中撤下的周转盘,挡板端放于周转盘中,放于周转窗旁边的地面上。

④对炸瓶时溅出的药液,及时用不锈钢盆中的擦布擦干净,停机对炸瓶附近的安瓿进行检查。

(7)接中间产品

①从放空周转盘的操作架上取一空周转盘和挡板,将挡板放于电气操作箱上,将周转盘开口端朝内,推到灌封机出瓶斗上。

②用两块切板挡住灌封机出瓶轨道的安瓿,将安瓿送入周转盘内。

③当周转盘内充满中间产品时,两切板被推到闭口端,取出一切板,根据周转盘的装量,从周转盘开口端附近的一面切向另一面,将盘中的中间产品和出瓶轨道的中间产品隔开。

④将另一切板取出,接第一个切板切入的地方重新切入靠近周转盘一面的安瓿,挡住盘中的中间产品,将周转盘从出瓶斗中推出,将切板贴在另一切板上。排列好中间产品,挡上挡板,搬起周转盘,双手向外用力将周转盘倾斜一个角度,利用灯光反射作用查看有无碳化现象,有碳化的安瓿取出,单独放于周转盘中回收;将合格中间产品放入传递窗内,执行传递窗标准操作规程,由灭菌岗位操作工接收。

⑤反复操作直至灌封结束,将装量和熔封不合格的药液回收,做好记录,高压灭菌后,执行脉动真空矩型压力蒸气灭菌柜标准操作规程。未用的安瓿送交摆选瓶岗位操作工。

3. 生产结束后的操作

(1)由灌封工序班长取下生产运行中"和"设备运行中"状态标识,纳入本批批生产记录。换上"待清洁"状态标识。

(2)灌封工序灌封岗位操作工填写中间产品"递交单",进行中间产品的交接,中间产品转入灭菌(灭菌后室)岗位;中间产品"递交单"自留一份贴于批生产记录上,交给灭菌(灭菌后室)岗位操作工一份。

(3)执行万级洁净区容器具及工器具清洁规程、万级洁净区厂房清洁规程、洁净区周转车清洁规程、灌封机清洁规程,进行各项清洁;当各项清洁结束后,对容器具清洁间进行清洁。

(4)灌封工序班长检查合格后,取下"待清洁"标识,换上"已清洁"标识,注明有效期。

(5)灌封岗位操作工填写"清洁记录",并上交给班长。

(6)按清场管理规程、小容量注射剂灌封岗位清场标准操作规程进行清场,班长填写"清场记录"。

(7)监控员检查合格,在"清场记录"上签字,并签发"清场合格证"正副本。

(8)灌封工序班长将正本清场合格证、清洁记录、清场记录"纳入本批批生产记录,副本清场合格证插入灌封室"已清洁"标识牌上,作为下次生产前检查的凭证,纳入下批批生产记录中。

(9)灌封工序班长将填写好的批生产记录整理后交给车间主任。

注射剂车间灌装岗位标准操作规程

目的　建立灌装岗位的标准操作规程,使操作达到规范化、标准化,保证工艺质量。

适用范围　适用于灌封岗位的操作。

职责　灌装组长、操作人员对本标准实施负责;车间主任、QA 质监员负责监督。

程序

1. 灌装前的检查及准备

(1)灌装岗位操作人员按进出 100 000 级洁净区更衣规程进行更衣。

(2)手用 75％乙醇溶液消毒后,进入灌装室。

(3)检查有无上批清场合格证副本并入批生产记录。

(4)灌装室按灌装室清洁、消毒规程清洁、消毒。

(5)使用工具用 75％乙醇溶液消毒后使用。

(6)用 75％乙醇溶液清洁消毒灌装机的进出瓶轨道、等分盘及外壁。

(7)将已消毒灌装器具传入灌装室。

2. 操作过程

(1)按灌装机操作规程将灌注各部件组装成灌装系统,安装在灌装机上。

(2)检查灌装系统安装无误后,开机进行操作。

(3)开机点动,检查灌装机各部件运转情况,有无异常声响、震动等,并在各运转部位加润滑油。

(4)灌装操作:药液灌装前检查半成品检验员开据的半成品检验报告单。通知配料人员,将配制好的药液输入高位槽。

①整理好药瓶,开启传送带。

②调整灌装针头与装量。

③根据批生产记录,核对品名、批号、装量及药液体积。

④检查药液的澄清度、色泽,均应符合质量控制标准,用量筒测出标准装量,应符合质量控制标准。

⑤开启传送带,将灌装好的药瓶传至旋盖机、铝箔封口机封好口后传至外包装间。

⑥需停机时,必须先停灌装机,再停旋盖机、铝箔封口机。

⑦将灌装、旋盖后剩余的洁净瓶办理包材回单退回仓库。

3. 灌装结束后拔下电源插头

4. 清洁清场

(1)按灌装机清洁消毒规程拆卸灌注系统,并对灌注器、灌装机清洁消毒。

(2)灌装室按灌装室清洁、消毒规程进行清洁、消毒。

(3)清场结束后,填写清场记录,经 QA 质监员检查合格,在批生产记录上签字,并签发"清场合格证"。

5. 质量控制标准

(1)室内温度、相对湿度应符合标准,温度 18～26 ℃,相对湿度 30％～65％。

(2)药液色泽、澄清度符合标准。

(3)装量符合标准,差异±3％。

（4）灌装起始时间到灌装结束时间不超过 3 h。

6. 灌装时注意事项

（1）裸手操作时，手部每隔 30 min 用 75％乙醇溶液消毒 1 次。

（2）调整机器各部件后，必须拧紧螺丝。

（3）机器运转中，手或工具不准伸入转动部位。

（4）装量、药液澄清度每隔 30 min 检查 1 次，每次取 4 瓶。

7. 异常情况处理

如设备发生故障、药液发生浑浊影响正常工作时，应填写《偏差处理单》，交车间技术人员及时处理。

隧道灭菌烘箱清洁消毒与保养规程

目的　建立隧道灭菌烘箱的清洁、消毒与保养规程，确保灭菌环境符合工艺卫生要求，设备运行正常。

范围　适用于隧道灭菌烘箱的清洁消毒与保养操作。

责任　设备操作人员严格按本规程进行设备清洁保养，车间工艺员检查执行情况，生产部负责人、车间负责人监督执行。

内容

1. 清洁消毒规程

（1）清洁方法及时间间隔

①使用消毒剂、工具及清洁方法。

按《消毒剂与清洁剂管理制度》使用配制消毒剂，配制 75％乙醇溶液或 0.1％新洁尔灭溶液，每月更换一次，用无尘抹布为工具进行机器表面、腔室、链条等部位的擦拭清洁消毒。

②方法及周期。

通常清洁：每次生产后。

定期清洁：每月一次大清洁，每周一次中清洁。

随时清洁：生产操作中防止交叉污染为目的对个别操作场作和部位的清洁。

紧急清洁：发生污染时对发生地进行的清洁。

根据设备使用情况决定使用何种清洁为主，本设备以通常清洁为主。

（2）清洁程序

①清洁前检查电源是否切断。

②用无尘抹布沾取消毒液擦拭机器外表面。

③将无尘抹布裹在经清洁的不锈钢棒上，沾取消毒液伸入机器的腔室对腔室内壁、链条表面进行清洁消毒。

④待消毒液风干后方可使用，消毒后 24 h 内使用。

⑤机器清洁灭菌后应保持环境清洁避免因环境或人员造成再次污染。

（3）清洁评价方法

清洁状态采取目测及吸收纸或纱布检查法，观察设备内外表面，特别是死角部位不得有可见颗粒物，用洁净抹布擦拭表面及死角部位，不得有尘粒及污垢。

（4）清洁工具的清洁方法和存放地点：按《洁具间及洁具的清洁规程》将洁具清洁并存放于洗瓶、灭菌专用的 100 000 级洁具间内。

2. 保养规程

(1)定期清理垃圾及其他杂物。

(2)三个月或半年做一次机器内外清洁工作,并在主要传动部件处加注少量润滑油。

(3)视使用情况,定期对机器进行一次检修,检修内容有:

①调换减速箱油(可用 30♯机油),检查减速箱内零件,磨损严重的及时更换。

②必要时拆下烘箱,清除杂物或碎屑。

③各轴承圈加入适量黄油。

(4)每次使用都应检查电热管情况,有损坏的及时通知维修人员给予更换。

(5)定期检查层流部分的风机,中效、高效阻塞情况及显示仪器的检查以及更换。

(6)对损坏零件的更换。

(7)启动"直流电机"开关前"链带调速"旋钮应在"O"位,严禁直接启动电机输送链带。

安瓿灌封机使用说明

(一)安瓿拉丝灌封机各部调节的方法

1. 灌封机进料斗的调节

(1)在生产过程中,5 mL 或 10 mL 规格调换时,进料斗略需调节,就可通用,但与其相关零件须进行调节。先将拦板调至安瓿在转盘上能通过。

(2)"E"为调节规共有一件,"F"为调节杆一件,其作用是使进瓶转盘连续送出的一只安瓿分开,以便于转动齿板搬送安瓿。

2. 安瓿拉丝灌封机针头组的调节

针头组的作用就是使泵打出来的药水及时地输送到每一只安瓿内,因此,针头在进入安瓿时必须时机适当,又必须不磨擦安瓿口,为了达到此目的,可以按照下列步骤调节。

(1)用摇手柄摇转主轴,其针头架之针头上下移动的时机应该是:当安瓿刚搁到灌注药液的档齿时,针头应开始插入安瓿口,当药液灌注好后,针头应在安瓿搬动前全部退至安瓿口外,发现针头上下动作配合不够准确,当时,可以松开侧凸轮的固定螺钉,顺转或倒转侧凸轮,使其动作适合上述要求。

(2)为了使针头进主安瓿时不与安瓿口磨擦,可以利用针头调节片调节,使针头对准安瓿之中心线,经过调节以后,必须用摇手柄多转几圈,查看此部件工作情形。但必须注意,每当动过任何一紧定螺钉后,一定要在调整后紧牢,否则会影响机器的正常运转。

3. 安瓿拉丝灌封机药液装的调节

调节药液装置大小的方法有两种:

(1)用拉杆 1 进行调节装置。松开拉杆 1 之固定螺钉,将拉杆移至 A 方向则装量增加,若将拉杆移至 B 方向则装量减少。利用拉杆 1 调节装量时,装量变化较大。

(2)用调节螺帽 2 进行调节装量。松开调节螺帽 2,移至 C 方向,则装量增加,移至 D 方向,则装量减少。利用调节螺帽 2 调节装量时,装量变化较小。当装上玻璃泵浦后,一事实上要防止玻璃泵浦的内筒活动距离太大,顶穿外筒,因此,在装泵浦时,不要将整个泵浦装得太靠上,即玻璃泵浦底部应留有余隙,其高度不低于 15 mm。

(二)安瓿拉丝灌封机机器的搬运及安装

1. 机器的搬运

机器在装箱前,应将易锈部位涂以防锈油,并包以薄油纸,装箱时,撑板,压板要牢靠,在接触机器处,就垫以厚层羊毛毡,防止碰坏机器,并在本箱内存放适量的防潮砂。

本箱在吊运时,要注意箱子是否捆牢,在升降时不许有动荡和冲击,切勿倒放。拆箱后的搬运,可将机器分开两部分搬动(即机器与支架两部分)。

搬动机器时,可由两个人进行,一人站在机器前面,另一人站在机器后面,用手抓住上圆柱,用力往上抬起,但请注意:

(1)在搬动前,要将机器与支架间所有连系在一起的皮带、管子等剪开后,再进行搬动。

(2)严禁抓在主轴或杠杆等位置上。

另外在搬动支架时,可用绳索穿于其底部,杆或吊,但要注意绳索是否牢靠,在绳索与支架磨擦处,应垫以厚羊毛毡,防止碰坏油漆或损坏机器。

2. 机器的安装注意事项

(1)机器安装接线时,应先用煤油将机器清洗干净。

(2)将机器检查一下,察看在装运过程中有无损坏、松动、锈蚀。

(3)将各润滑点加以新润滑油。

(4)用摇手柄转动机器几圈,检查机器是否灵活,动于配合是否正确。

(5)把控电路系统,灌注系统,燃气系统的连接。在电路接好后,请检查一下电动机是否反转。为此必须先将边接电动机和主轴间之皮带脱开,然后打开电门,查看电动机之皮带盘是否作顺时针方向旋转。方可套上皮带开车。电动机旋向是否面对电动机出轴为顺时针方向。

(6)根据机器定时动作,检查每一部件的工作情况,判明动作正常后,方可投入生产。

(7)注意　空车试车时,若无安瓿,则必须将电磁铁的电源开关 K2 断路,否则电磁铁线圈将被烧毁。

操作要求:在开车前首先将稳压器压力表调至 $0.3\,kg/cm^2$,并要求经常放油,以免火焰温度降低,影响拉丝合格率。

湿法制粒岗位标准操作规程

目的　建立湿法制粒岗位标准操作程序。

范围　湿法制粒岗位生产过程中的所有操作。

责任者　操作人员、质量监督人员、车间管理人员。

程序

1. 操作人员按规定进行更衣后进入岗位。

2. 工前检查及准备

(1)检查上班次的清场合格证。

(2)检查容器、设备、场地的卫生。

(3)取下设备状态标志、清场状态标志,挂上工序卡。

(4)仔细阅读有关的生产指令,认真核对物料盛装容器上标签的内容。

(5)填写工前检查记录。

3. 操作步骤

(1)接通电源、汽、气等。

(2)将物料投入设备内。

(3)设定工艺参数后,按设备操作程序进行操作。

(4)符合工艺要求后,出料,填写好盛装单,将物料送至规定的地点。

(5)填写好生产记录。

4．工后清场

(1)按设备清洁标准操作规程的相关要求进行设备清洁工作。

(2)按有关的标准操作规程进行容器、场地的清洁工作。

(3)取下工序卡,挂上设备状态标志、清场状态标志。

(4)关水、电开关。

(5)填写清场记录。

整粒岗位标准操作规程

目的　建立整粒岗位的标准操作程序,使整粒工序的操作规范化。

范围　整粒工序的全过程。

责任者　操作工、车间管理人员、质量监督人员。

程序

1．操作工按洁净区更衣程序进入工作岗位。

2．工前检查及准备

(1)检查上班次的清场合格证。

(2)检查容器、设备、场地的卫生。

(3)取下设备状态标志、清场状态标志,挂上工序卡。

(4)仔细阅读有关的生产指令,认真核对物料盛装容器上标签的程序。

(5)填写工前检查记录。

3．操作步骤

(1)取指令规定目数的筛网,装好。

(2)接通电源,开机检查有无异常,调节转速至指令的要求。

(3)将接料容器放好,加料进行整粒。

(4)整粒结束后,称重,填写好标签,贴在容器上。

(5)将颗粒送至总混工序,做好有关的交接手续。

(6)填写生产记录。

(7)注意事项　加料时应注意加料速度,不要太快,以防堵塞;如有堵塞,应立即停机,按规定拆机处理。

4．工后清场

(1)按整粒机清洗标准操作规程,进行设备清洁卫生。

(2)按相关的标准操作规程,进行容器、场地的清洁卫生。

(3)关好水、电开关。

(4)填写清场记录。

参考材料四： **生产记录表**
称量配料岗位生产记录

产品名称：	规格：	生产批号：	生产日期： 年 月 日

生产前检查:1. 计量器具有"周检合格证",并在周检效期内;(　　)
　　　　　　2. 设备有"完好"证及"已清洁"状态标记;(　　)
　　　　　　3. 容器具有"已清洁"状态标记;(　　)
　　　　　　4. 该岗位门外有"清场合格证";(　　)
　　　　　　5. 岗位有"准许生产证";(　　)
　　　　　　6. 物料有"物料标示卡""流转证""检验报告单";(　　　)
　　　　　　7. 岗位现场无上批生产遗留物。(　　)

检查人:　　　　　复核人:　　　　　日期:　　年　月　日　时　分

生产操作:1. 执行称量配料岗位生产操作规程;
　　　　　2. 依据该产品的工艺规程及主配方操作;
　　　　　3. 设备执行电子秤使用操作规程。

序号	物料名称	批号	毛重	件数	净重	报告单号
1						
2						
3						
4						
5						
6						
7						
8						
9						
10						
11						
12						

投料量:　　kg　产出量:　　kg　废品量:　　kg　物料平衡:　　%(限度　　　)

操作人:　　　　　复核人:　　　　　日期:　　年　月　日　时　分

清场:1. 生产操作区按"洁净区生产操作区清洁规程"清洁;
　　　2. 容器具按"洁净区容器具清洁规程"清洁;
　　　3. 设备按"设备清洁规程"清洁。

操作人:　　　　　复核人:　　　　　日期:　　年　月　日　时　分

质量监控:　结论:　　　QA监控员:　　　　　日期:　　年　月　日

移交数量:　　kg,共　　件　移交人:　　　　　接收人:　　　　　日期:　　年　月　日

☆生产过程异常情况:无　□
　　　　　　　　　　有　□"生产过程偏差处理管理规程"处理并附相应的记录。

备注:物料平衡公式 (产出量＋废品量)/投料量×100％

理瓶、洗瓶、干燥岗位生产记录

产品名称：	规格：	生产批号：	生产日期：　年　月　日

生产前检查：1. 计量器具有"周检合格证"，并在周检效期内；（　）
2. 设备有"完好"证及"已清洁"状态标记；（　）
3. 容器具有"已清洁"状态标记；（　）
4. 该岗位门外有"清场合格证"；（　）
5. 岗位有"准许生产证"；（　）
6. 物料有"物料标示卡""流转证""检验报告单"；（　）
7. 岗位现场无上批生产遗留物。（　）
检查人：　　　　　复核人：　　　　　　日期：　年　月　日　时　分

生产操作：1. 执行理瓶、洗瓶、配制岗位生产操作规程；2. 依据该产品的工艺规程及主配方操作；
3. 执行设备操作规程（　　　　　　　　　）

理瓶数量：　　个　　个/盘	损耗数：　　个	理瓶人：	复核人：

洗瓶		烘瓶	
开始加热时间		烘干预热段温度/压力	
开始送瓶时间		烘干灭菌段温度/压力	
洗瓶段压力		烘干冷却段温度/压力	
进盘速度		出盘数量	
停止送瓶时间		停机时间	

投入量：　　个　产出量：　　个　废品量：　　个　物料平衡：　　%（　　　　）
操作人：　　　　　复核人：　　　　　　日期：　年　月　日　时　分

清场：1. 生产操作区按"洁净区生产操作区清洁规程"清洁；
2. 容器具按"洁净区容器具清洁规程"清洁；
3. 设备按"清洁规程"清洁。
操作人：　　　　　复核人：　　　　　　日期：　年　月　日　时　分

质量监控：结论：　　　QA 监控员：　　　　　日期：　年　月　日

移交数量：　　个	移交人：	接收人：	日期：　年　月　日

☆生产过程异常情况：无　□
有　□"生产过程偏差处理管理规程"处理并附相应的记录。

备注：物料平衡公式　（产出量＋废品量）/投料量×100%

灌装、压盖岗位生产记录

产品名称：		规格：	生产批号：
生产批量：		生产日期：　　年　月　日	

生产前检查:1. 计量器具有"周检合格证",并在周检效期内;(　　　)

　　　　　　2. 设备有"完好"证及"已清洁"状态标记;(　　　)

　　　　　　3. 容器具有"已清洁"状态标记;(　　　)

　　　　　　4. 该岗位门外有"清场合格证";(　　　)

　　　　　　5. 岗位有"准许生产证";(　　　)

　　　　　　6. 物料有"物料标示卡""流转证""检验报告单";(　　　)

　　　　　　7. 岗位现场无上批生产遗留物。(　　　)

检查人:　　　　　复核人:　　　　　日期:　　年　月　日　时　分

生产操作:1. 执行灌装、压盖岗位生产操作规程;2. 依据该产品的工艺规程及主配方操作;

　　　　　3. 执行设备操作规程(　　　　　　　　)

药液总量:　　　　　mL

项目	灌装机号			合计
	1	2	3	
开车起止时间				
抽查装量/时间				
理瓶数量				
灌装数量				
压盖力				

半成品:投入量:　　　　产出量:　　　　废品量:　　　　物料平衡:　　%(　　　)

瓶:投入量:　　　　使用量:　　　　废品量:　　　剩余量:　　　物料平衡:　　%(　　　)

塞:投入量:　　　　使用量:　　　　废品量:　　　剩余量:　　　物料平衡:　　%(　　　)

操作人:　　　　　复核人:　　　　　日期:　　年　月　日　时　分

清场:1. 生产操作区按"洁净区生产操作区清洁规程"清洁;

　　　2. 容器具按"洁净区容器具清洁规程"清洁;

　　　3. 设备按"清洁规程"清洁。

操作人:　　　　　复核人:　　　　　日期:　　年　月　日　时　分

质量监控:　结论:　　　　QA监控员:　　　　　日期:　　年　月　日

半成品移交数量:	移交人:	接收人:	日期:　　年　月　日
瓶移交数量:	移交人:	接收人:	日期:　　年　月　日
塞移交数量:	移交人:	接收人:	日期:　　年　月　日

☆生产过程异常情况:无　□

　　　　　　　　　　有　□"生产过程偏差处理管理规程"处理并附相应的记录。

备注:物料平衡公式　1.(产出量＋废品量)/投料量×100%　2.(使用量＋废品量＋剩余量)/投料量×100%

灭菌岗位生产记录

产品名称：		规格：	生产批号：

生产批量：　　　　　　　　　　　　　生产日期：　　年　　月　　日

生产前检查:1. 计量器具有"周检合格证",并在周检效期内;(　　　)

　　　　　　2. 设备有"完好"证及"已清洁"状态标记;(　　　)

　　　　　　3. 容器具有"已清洁"状态标记;(　　　)

　　　　　　4. 该岗位门外有"清场合格证";(　　　)

　　　　　　5. 岗位有"准许生产证";(　　　)

　　　　　　6. 物料有"物料标示卡""流转证""检验报告单";(　　　)

　　　　　　7. 岗位现场无上批生产遗留物。(　　　)

检查人:　　　　复核人:　　　　　日期:　　年　　月　　日　　时　　分

生产操作:1. 执行灌装、压盖岗位生产操作规程;2. 依据该产品的工艺规程及主配方操作;

　　　　　3. 执行设备操作规程(　　　　　　　　　　)

半成品总量:　　　　支

项目	灭菌柜号			备注
	1	2	3	
装柜时间				
装柜数量				
开汽时间				
灭菌温度				
保温时间				
结束时间				

投入量:　　　支　产出量:　　　支　废品量:　　　支　物料平衡:　　%(　　　　)

操作人:　　　　复核人:　　　　　日期:　　年　　月　　日　　时　　分

清场:1. 生产操作区按"洁净区生产操作区清洁规程"清洁;

　　　2. 容器具按"洁净区容器具清洁规程"清洁;

　　　3. 设备按"清洁规程"清洁。

操作人:　　　　复核人:　　　　　日期:　　年　　月　　日　　时　　分

质量监控:　结论:　　　　QA监控员:　　　　　日期:　　年　　月　　日

移交数量:　　　　　移交人:　　　　接收人:　　　　日期:　　年　　月　　日

☆生产过程异常情况:无　□

　　　　　　　　　有　□"生产过程偏差处理管理规程"处理并附相应的记录。

备注:物料平衡公式　(产出量＋废品量)/投料量×100%

灯检岗位生产记录

产品名称:		规格:	生产批号:
生产批量:		生产日期:	年　月　日

生产前检查:1. 计量器具有"周检合格证",并在周检效期内;(　　　)

　　　　　　2. 设备有"完好"证及"已清洁"状态标记;(　　　)

　　　　　　3. 容器具有"已清洁"状态标记;(　　　)

　　　　　　4. 该岗位门外有"清场合格证";(　　　)

　　　　　　5. 岗位有"准许生产证";(　　　)

　　　　　　6. 物料有"物料标示卡""流转证""检验报告单";(　　　)

　　　　　　7. 岗位现场无上批生产遗留物。(　　　)

检查人:　　　　　复核人:　　　　　　日期:　　年　月　日　时　分

生产操作:1. 执行灌装、压盖岗位生产操作规程;2. 依据该产品的工艺规程及主配方操作;

　　　　　3. 执行设备操作规程(　　　　　　　　　)

上工序移交数量:　　　　　万支

项目		灯检人员					合计
不合格项目	玻璃						
	异物						
	装量						
	瓶盖						
	破损						
	小计						

投入量:　　　支　产出量:　　　支　废品量:　　　支　物料平衡:　　　%(　　　)

操作人:　　　　　复核人:　　　　　　日期:　　年　月　日　时　分

清场:1. 生产操作区按"洁净区生产操作区清洁规程"清洁;

　　　2. 容器具按"洁净区容器具清洁规程"清洁;

　　　3. 设备按"清洁规程"清洁。

操作人:　　　　　复核人:　　　　　　日期:　　年　月　日　时　分

质量监控:　结论:	QA监控员:	日期:　　年　月　日
移交数量:	移交人:　　　　接收人:	日期:　　年　月　日

☆生产过程异常情况:无　□

　　　　　　　　　　有　□"生产过程偏差处理管理规程"处理并附相应的记录。

备注:物料平衡公式　(产出量＋废品量)/投料量×100%

煎煮岗位生产记录

产品名称：	规格：	生产批号：	生产日期：　　年　月　日

生产前检查：1. 计量器具有"周检合格证"，并在周检效期内；（　　　）

2. 设备有"完好"证及"已清洁"状态标记；（　　　）

3. 容器具有"已清洁"状态标记；（　　　）

4. 该岗位门外有"清场合格证"；（　　　）

5. 岗位有"准许生产证"；（　　　）

6. 物料有"物料标示卡""流转证""检验报告单"；（　　　）

7. 岗位现场无上批生产遗留物。（　　　）

检查人：　　　　复核人：　　　　　日期：　　年　月　日　时　分

生产操作：1. 执行中药煎煮岗位生产操作规程；　2. 依据该产品的工艺规程及主配方操作；

3. 设备执行　　　　　　　　操作规程操作。

药材名称						
批　　号						
数量/Kg						

投料人：　　　　复核人：　　　　总投料量：　　　　kg　　投料时间：

次数	项目	提取罐号			合计
		1	2	3	
	投入药材量/kg				
第一次	加水量/kg				
	沸腾起止时间				
	温度/℃				
	出液时间				
	药液贮罐号				
	出液数量/kg				
第二次	加水量/kg				
	沸腾起止时间				
	温度/℃				
	出液时间				
	药液贮罐号				
	出液数量/kg				

出药液总量：　　　kg	投入总量：　　　kg	收率：　　%（限度：　　　）

操作人：　　　　复核人：　　　　　日期：　　年　月　日　时　分

清场：1. 生产操作区按"一般区生产操作区清洁规程"清洁；

2. 容器具按"一般区容器具清洁规程"清洁；　3. 设备按"提取罐清洁规程"清洁。

操作人：　　　　复核人：　　　　　日期：　　年　月　日　时　分

质量监控：结论：　　QA监控员：　　　　日期：　　年　月　日

移交/入库数量：　　kg,共　件	移交人：	接收人：	日期：　　年　月　日

☆生产过程异常情况：无　□

有　□"生产过程偏差处理管理规程"处理并附相应的记录。

备注：收率公式　产出量/投料量×100%

浓缩岗位生产记录

产品名称：	规格：	生产批号：	生产日期：　　年　月　日

生产前检查:1. 计量器具有"周检合格证",并在周检效期内;(　　　)

　　　　　　2. 设备有"完好"证及"已清洁"状态标记;(　　　)

　　　　　　3. 容器具有"已清洁"状态标记;(　　　)

　　　　　　4. 该岗位门外有"清场合格证";(　　　)

　　　　　　5. 岗位有"准许生产证";(　　　)

　　　　　　6. 物料有"物料标示卡""流转证";(　　　)

　　　　　　7. 岗位现场无上批生产遗留物。(　　　)

检查人:　　　　复核人:　　　　　　日期:　　年　月　日　时　分

生产操作:1. 执行中药浓缩岗位生产操作规程;　2. 依据该产品的工艺规程及主配方操作;

　　　　　3. 设备执行　　　　　　操作规程操作。

药液来源:	贮罐容器号:	批药液总量:

项目	浓缩设备号			合计
	1	2	3	
浓缩起止时间				
进液速度				
真空度/蒸汽压力				
浓缩温度/℃				
回收溶剂量				
浓缩液/浸膏量/kg				
浓度/温度				

浓缩液/浸膏总量:	浓度/温度:
回收溶剂总量:	浓度:

出膏量:　　kg	投入量:　　kg	收率:　　%(限度:　　)

操作人:　　　　复核人:　　　　　　日期:　　年　月　日　时　分

清场:1. 生产操作区按"一般区生产操作区清洁规程"清洁;

　　　2. 容器具按"一般区容器具清洁规程"清洁;

　　　3. 设备按"清洁规程"清洁。

操作人:　　　　复核人:　　　　　　日期:　　年　月　日　时　分

质量监控:　结论:　　　QA监控员:　　　　日期:　　年　月　日

移交/入库数量:　　kg共　　件	移交人:	接收人:	日期:　　年　月　日

☆生产过程异常情况:无　　□

　　　　　　　　　有　　□"生产过程偏差处理管理规程"处理并附相应的记录。

备注:收率公式　产出量/投料量×100%

混合制粒岗位生产记录

产品名称：	规格：	生产批号：	生产日期： 年 月 日

生产前检查:1. 计量器具有"周检合格证",并在周检效期内;(　　)

　　　　　2. 设备有"完好"证及"已清洁"状态标记;(　　)

　　　　　3. 容器具有"已清洁"状态标记;(　　)

　　　　　4. 该岗位门外有"清场合格证";(　　)

　　　　　5. 岗位有"准许生产证";(　　)

　　　　　6. 物料有"物料标示卡""流转证""检验报告单";(　　)

　　　　　7. 岗位现场无上批生产遗留物。(　　)

检查人:　　　　复核人:　　　　日期:　年　月　日　时　分

生产操作:1. 执行混合制粒岗位生产操作规程;2. 依据该产品的工艺规程及主配方操作;

　　　　　3. 设备执行混合制粒机操作规程、摇摆式颗粒机操作规程操作。

投料量:　　　　kg

项　　目	参数	第1锅	第2锅	第3锅	操作记录:
开始时间					
混合时间					
搅拌功率					
黏合剂量					
搅拌速度					
搅拌时间					
颗粒筛目					
产 出 量	—				

产出总重量:　　　　kg

操作人:　　　　复核人:　　　　日期:　年　月　日　时　分

清场:1. 生产操作区按"洁净区生产操作区清洁规程"清洁;

　　　2. 容器具按"洁净区容器具清洁规程"清洁;

　　　3. 设备按"该设备清洁规程"清洁。

操作人:　　　　复核人:　　　　日期:　年　月　日　时　分

质量监控: 结论:	QA监控员:	日期:　年　月　日
移交数量:　　kg,共　　件	移交人:	接收人:	日期:　年　月　日

☆生产过程异常情况:无　□

　　　　　　　　有　□"生产过程偏差处理管理规程"处理并附相应的记录。

干燥岗位生产记录

产品名称：	规格：	生产批号：	生产日期：　　年　月　日

生产前检查:1. 计量器具有"周检合格证",并在周检效期内;（　　　）
2. 设备有"完好"证及"已清洁"状态标记;（　　　）
3. 容器具有"已清洁"状态标记;（　　　）
4. 该岗位门外有"清场合格证";（　　　）
5. 岗位有"准许生产证";（　　　）
6. 物料有"物料标示卡""流转证";（　　　）
7. 岗位现场无上批生产遗留物。（　　　）
检查人:　　　　　复核人:　　　　　日期:　　年　月　日　时　分

生产操作:1. 执行干燥岗位生产操作规程;　　2. 依据该产品的工艺规程及主配方操作;
3. 设备执行沸腾干燥机操作规程操作。

投料量：　　　　　　kg

项　　目	参数	第1锅	第2锅	第3锅	操作记录：
开始时间					
干燥温度					
干燥时间					
整粒筛目					
产　出　量	—				

投料量:　　　kg;产出量:　　　kg;废品量:　　　kg;物料平衡:　　％(限度:　　　)
操作人:　　　　　复核人:　　　　　日期:　　年　月　日　时　分

清场:1. 生产操作区按"洁净区生产操作区清洁规程"清洁;
2. 容器具按"洁净区容器具清洁规程"清洁;
3. 设备按"设备清洁规程"清洁。
操作人:　　　　　复核人:　　　　　日期:　　年　月　日　时　分

质量监控:　结论:　　　QA监控员:　　　　日期:　　年　月　日
移交数量:　　　kg,共　　件　　移交人:　　　接收人:　　　日期:　　年　月　日

☆生产过程异常情况:无　□
有　□"生产过程偏差处理管理规程"处理并附相应的记录。

备注:物料平衡公式　（产出量＋废品量)/投料量×100％

总混岗位生产记录

产品名称：	规格：	生产批号：	生产日期： 年 月 日

生产前检查：1. 计量器具有"周检合格证"，并在周检效期内；（ ）
2. 设备有"完好"证及"已清洁"状态标记；（ ）
3. 容器具有"已清洁"状态标记；（ ）
4. 该岗位门外有"清场合格证"；（ ）
5. 岗位有"准许生产证"；（ ）
6. 物料有"物料标示卡""流转证""检验报告单"；（ ）
7. 岗位现场无上批生产遗留物。（ ）
检查人：　　　　复核人：　　　　日期： 年 月 日 时 分

生产操作：1. 执行总混岗位生产操作规程；　2. 依据该产品的工艺规程及主配方操作；
3. 设备执行总混机操作规程操作。

外加辅料名称	批号	数量

前工序流转量：　　　　kg　　　　总投料量：　　　　kg

项　　目	参　　数	操作记录：
开始时间		
混合时间		
结束时间		

投料量：　kg　产出量：　　kg 废品量：　　kg 取样量：　　kg
物料平衡：　%（限度：　　　　）
操作人：　　　　复核人：　　　　日期： 年 月 日 时 分

清场：1. 生产操作区按"洁净区生产操作区清洁规程"清洁；
2. 容器具按"洁净区容器具清洁规程"清洁；
3. 设备按"设备清洁规程"清洁。
操作人：　　　　复核人：　　　　日期： 年 月 日 时 分

质量监控：结论：　　QA 监控员：　　　　日期： 年 月 日
移交数量：　kg,共　件　移交人：　　　接收人：　　　日期： 年 月 日

☆生产过程异常情况：无　□
有　□"生产过程偏差处理管理规程"处理并附相应的记录。

备注：物料平衡公式　（产出量＋废品量＋取样量）/投料量×100％

颗粒包装岗位生产记录

产品名称:	规格:	生产批号:	生产日期:　年　月　日

生产前检查:1. 计量器具有"周检合格证",并在周检效期内;(　　)

　　　　　2. 设备有"完好"证及"已清洁"状态标记;(　　)

　　　　　3. 容器具有"已清洁"状态标记;(　　)

　　　　　4. 该岗位门外有"清场合格证";(　　)

　　　　　5. 岗位有"准许生产证";(　　)

　　　　　6. 物料有"物料标示卡"、流转证、检验报告单;(　　)

　　　　　7. 岗位现场无上批生产遗留物。(　　)

检查人:　　　　　复核人:　　　　　日期:　　年　月　日　时　分

生产操作:1. 执行颗粒包装岗位生产操作规程;　2. 依据该产品的工艺规程及主配方操作;

　　　　　3. 设备执行颗粒包装机操作规程操作。

颗粒投料量:　　kg	颗粒含量:	理论装重:　　g	应装袋重:　　g
装量差异:±　　%	应装装量范围:		理论产量:　　万袋
复合膜批号:	规格:	领用量:	理论空袋重:
每格时间:　　min	每格重量:　　mg	热封温度:	开始时间:

<table>
<tr><td colspan="2">装量＼时间</td><td colspan="11">称量记录</td></tr>
<tr><td rowspan="18">第一台</td><td></td><td></td><td></td><td></td><td></td><td></td><td></td><td></td><td></td><td></td><td></td><td></td></tr>
<tr><td></td><td></td><td></td><td></td><td></td><td></td><td></td><td></td><td></td><td></td><td></td><td></td></tr>
<tr><td></td><td></td><td></td><td></td><td></td><td></td><td></td><td></td><td></td><td></td><td></td><td></td></tr>
<tr><td></td><td></td><td></td><td></td><td></td><td></td><td></td><td></td><td></td><td></td><td></td><td></td></tr>
<tr><td></td><td></td><td></td><td></td><td></td><td></td><td></td><td></td><td></td><td></td><td></td><td></td></tr>
<tr><td></td><td></td><td></td><td></td><td></td><td></td><td></td><td></td><td></td><td></td><td></td><td></td></tr>
<tr><td></td><td></td><td></td><td></td><td></td><td></td><td></td><td></td><td></td><td></td><td></td><td></td></tr>
<tr><td></td><td></td><td></td><td></td><td></td><td></td><td></td><td></td><td></td><td></td><td></td><td></td></tr>
<tr><td></td><td></td><td></td><td></td><td></td><td></td><td></td><td></td><td></td><td></td><td></td><td></td></tr>
<tr><td></td><td></td><td></td><td></td><td></td><td></td><td></td><td></td><td></td><td></td><td></td><td></td></tr>
<tr><td></td><td></td><td></td><td></td><td></td><td></td><td></td><td></td><td></td><td></td><td></td><td></td></tr>
<tr><td></td><td></td><td></td><td></td><td></td><td></td><td></td><td></td><td></td><td></td><td></td><td></td></tr>
<tr><td></td><td></td><td></td><td></td><td></td><td></td><td></td><td></td><td></td><td></td><td></td><td></td></tr>
<tr><td></td><td></td><td></td><td></td><td></td><td></td><td></td><td></td><td></td><td></td><td></td><td></td></tr>
<tr><td></td><td></td><td></td><td></td><td></td><td></td><td></td><td></td><td></td><td></td><td></td><td></td></tr>
<tr><td></td><td></td><td></td><td></td><td></td><td></td><td></td><td></td><td></td><td></td><td></td><td></td></tr>
<tr><td></td><td></td><td></td><td></td><td></td><td></td><td></td><td></td><td></td><td></td><td></td><td></td></tr>
<tr><td></td><td></td><td></td><td></td><td></td><td></td><td></td><td></td><td></td><td></td><td></td><td></td></tr>
</table>

操作人:　　　　　　　　　　　复核人:

续表

装量\时间	称量记录
第一台	

操作人：　　　　　　　　　　　　　复核人：

产出量：1.　　　kg　　　2.　　　kg　　　3.　　　kg　　　4.　　　kg
　　　　5.　　　kg　　　6.　　　kg　　　7.　　　kg　　　8.　　　kg
　　　　9.　　　kg　　　10.　　　kg　　　11.　　　kg　　　12.　　　kg
　　　　13.　　　kg　　　14.　　　kg　　　15.　　　kg　　　16.　　　kg

小袋物料平衡：
投料量：　　　kg　　产出量：　　　kg 废品量：　　　kg 物料平衡：　　　%（限度：　　　）

复合膜物料平衡：投料量：　　　kg　　　使用量：　　　kg　废品量：　　　kg
　　　　　　　剩余量：　　　kg　　物料平衡：　　　%（限度：　　　）

操作人：　　　　　复核人：　　　　　日期：　　年　　月　　日　　时　　分

清场：1. 生产操作区按"洁净区生产操作区清洁规程"清洁；
　　　2. 容器具按"洁净区容器具清洁规程"清洁；
　　　3. 设备按"颗粒包装机清洁规程"清洁。

操作人：　　　　　复核人：　　　　　日期：　　年　　月　　日　　时　　分

质量监控：结论：　　　　　QA 监控员：　　　　　日期：　　年　　月　　日

小袋移交数量：　　　kg,共　　件	移交人：	接收人：	日期：　年　月　日
复合膜移交数量：　　　kg	退料人：	接收人：	日期：　年　月　日

☆生产过程异常情况：无　□
　　　　　　　　　有　□"生产过程偏差处理管理规程"处理并附相应的记录。

备注：物料平衡公式　1. 小袋　（产出量＋废品量）/投料量×100%
　　　　　　　　　　2. 复合膜　（产出量＋废品量＋剩余量）/投料量×100%

参考文献

[1]中华人民共和国兽药典委员会.中华人民共和国兽药典 2020 年版:一部[M].北京:中国农业出版社,2020.

[2]中华人民共和国兽药典委员会.中华人民共和国兽药典 2020 年版:二部[M].北京:中国农业出版社,2020.

[3]中国兽药协会.兽药生产质量管理规范 2020 年修订指南[M].北京:中国农业出版社,2021.

[4]方亮.药剂学[M].8 版.北京:人民卫生出版社,2016.

[5]孟胜男,胡容峰.药剂学[M].2 版.北京:中国医药科技出版社,2021.

[6]胡功政.兽医药剂学[M].2 版.北京:中国农业出版社,2016.

[7]杨明.中药药剂学[M].6 版.北京:中国中医药出版社,2021.

[8]陈杖榴,曾振灵.兽医药理学[M].4 版.北京:中国农业出版社,2017.

[9]陆彬.药物新剂型与新技术[M].北京:人民卫生出版社,2005.

[10]张强.中华医学百科全书-药剂学[M].北京:中国协和医科大学出版社,2020.

[11]李范珠.药剂学[M].北京:中国中医药出版社,2020.

[12]杨明,李小芳.药剂学[M].2 版.北京:中国医药科技出版社,2018.

[13]唐星.药剂学[M].4 版.北京:中国医药科技出版社,2019.

[14]何勤,张志荣.药剂学[M].3 版.北京:高等教育出版社,2019.

[15]潘卫三.工业药剂学[M].4 版.北京:中国医药科技出版社,2019.

[16]崔耀明.兽药制剂工艺[M].2 版.北京:中国农业大学出版社,2014.

[17]中华人民共和国国务院.兽药管理条例[Z].中华人民共和国国务院令〔2004〕404 号.北京:中华人民共和国国务院,2004.

[18]中华人民共和国农业农村部.兽药生产质量管理规范(2020 年修订)[Z].中华人民共和国农业农村部令〔2020〕3 号.北京:中华人民共和国农业农村部,2020.

[19]中华人民共和国农业部.兽药经营质量管理规范[Z].中华人民共和国农业部令〔2010〕3 号.北京:中华人民共和国农业部,2010.

[20]中华人民共和国农业部.兽药注册办法[Z].中华人民共和国农业部令〔2004〕44 号.北京:中华人民共和国农业部,2004.

[21]中华人民共和国农业部.新兽药研制管理办法[Z].中华人民共和国农业部令〔2005〕55 号.北京:中华人民共和国农业部,2005.

[22]周建平,蒋曙光.药剂学实验与指导[M].2 版.北京:中国医药科技出版社,2020.

[23]韩丽.药剂学实验[M].北京:中国医药科技出版社,2020.

[24]傅超美.中药药剂学实验[M].2 版.北京:中国医药科技出版社,2017.